工业和信息化普通高等教育"十二五"规划教材立项项目
21 世纪高等学校计算机规划教材
21st Century University Planned Textbooks of Computer Science

微机原理、汇编语言与接口技术

Microcomputer Principle、Assemble Language and Interface Technology

周杰英 张萍 郭雪梅 黄方军 编著

高校系列

人民邮电出版社
北 京

图书在版编目（CIP）数据

微机原理、汇编语言与接口技术 / 周杰英等编著
. -- 北京 : 人民邮电出版社, 2011.3
21世纪高等学校计算机规划教材
ISBN 978-7-115-23317-2

Ⅰ. ①微… Ⅱ. ①周… Ⅲ. ①微型计算机－理论－高等学校－教材②汇编语言－程序设计－高等学校－教材③微型计算机－接口－高等学校－教材 Ⅳ. ①TP36②TP313

中国版本图书馆CIP数据核字(2011)第012627号

内容提要

本书全面系统地论述了 Intel 80x86 系列机中 16 位微型计算机的基本原理、汇编语言程序设计和接口技术，并介绍了 32 位微机系统的相关技术以及 64 位微机系统的新发展。主要内容包括：Intel 80x86 系列微处理器的内部结构、指令系统与汇编语言程序设计；系统总线，半导体存储器的结构及其与系统总线的连接；I/O 接口和中断系统，常用微机接口芯片 8259A、8255A、8253/8254 及 8250/8251 的技术和应用，A/D、D/A 转换技术与编程；Intel 80x86 系列微处理器的技术发展等。

本书可作为高等院校微机原理与应用、微机接口技术、汇编语言程序设计或计算机组成原理等课程的教材或参考书，适合计算机类、电子类、通信类、自控类等相关专业本科学生及成教学生阅读，也可作为从事微机软硬件开发的工作人员和希望学习微机应用技术的读者的参考书。

◆ 编　　著　周杰英　张　萍　郭雪梅　黄方军
　责任编辑　武恩玉
◆ 人民邮电出版社出版发行　北京市丰台区成寿寺路 11 号
　邮编　100164　电子邮件　315@ptpress.com.cn
　网址　http://www.ptpress.com.cn
　廊坊市印艺阁数字科技有限公司印刷
◆ 开本：787×1092　1/16
　印张：24　　　2011 年 3 月第 1 版
　字数：732 千字　　　2024 年 7 月河北第 20 次印刷

ISBN 978-7-115-23317-2

定价：39.50 元

读者服务热线：(010) 81055256　印装质量热线：(010) 81055316
反盗版热线：(010) 81055315
广告经营许可证：京东市监广登字20170147号

前　言

随着计算机技术的飞速发展，微型计算机在办公自动化、工业控制、智能仪器仪表、家用电器、卫星、导弹、气象预测、石油勘探、通信等各领域已被广泛应用，在我国开发具有自主产权的计算机软硬件产品及大规模地对生产技术进行改造的进程中，十分需要既具备软件编程能力，又了解硬件知识的复合人才。为此，各个高校都为电子、通信、自控、计算机等理工科专业开设微机原理、汇编语言及接口技术等系列课程,其目的就是要让学生掌握微型计算机的基本组成、工作原理、接口功能及其与系统的连接，从而建立微型计算机的整机概念，并在此基础上让学生具有微机应用系统软硬件开发的初步能力。

为了满足这一教学需求，我们在多年的微机原理与应用、汇编语言程序设计、微机接口技术及计算机组成原理等系列课程的理论课和实验课教学的基础上，编写了该《微机原理、汇编语言与接口技术》教材。

该教材全面系统地论述了 Intel 80x86 系列机中 16 位微型计算机的基本原理、汇编语言程序设计和接口技术，并介绍了 32 位微机系统的相关技术以及 64 位微机系统的新发展。全书内容丰富，在教学过程中可以根据教学需要进行选择，一般要求学生掌握以 8086/8088 为 CPU 的微型计算机的基本原理、指令系统和汇编语言程序设计以及相关存储技术和接口技术，了解以 80x86 32 位微机系统的相关技术以及 64 位微机系统的新发展，了解描述微机系统性能的技术指标。

本书由周杰英主持编写，张萍主要负责 32 位机相关内容的编写；郭雪梅编写了可编程通用同步/异步收发器的内容；其余内容由周杰英负责编写；黄方军校对了教材的大部分内容。全书由周杰英统稿，其研究生们在编写过程中做了许多工作。编写过程中还得到许多老师和学生的帮助，在此一并表示感谢。

由于时间有限，此外限于编者的学识水平，本书难免有疏漏和不当之处，敬请广大同行及读者指正。

编　者

2011 年 1 月

于中山大学

目 录

第1章 绪论

本章介绍了微型计算机的发展历史，概述了微型计算机的基本组成，并介绍了计算机中的数据表示方法，为后面深入学习微型计算机的软硬件知识打下基础。

1.1 微型计算机的组成原理

一个微型计算机系统应包括硬件和软件两大部分。微型计算机的软件是为了运行、管理和维护微机而编制的各种程序的总和，它包括系统软件和应用软件。系统软件通常包括操作系统、语言处理程序、诊断调试程序、设备驱动程序以及为提高微型计算机效率而设计的各种程序。应用软件是指用于特定应用领域的专用软件，它又分为两类：一类是为解决某一具体应用、按用户的特定需要而编制的应用程序；另一类是可以适合多种不同领域的通用性的应用软件，如文字处理软件、绘图软件、财务管理软件等。

本节介绍微型计算机的硬件系统的各个组成部分，并结合一个模型机介绍程序在计算机中的运行过程。在后续章节中将介绍 Intel 80x86CPU 的指令系统及汇编语言程序设计。

1.1.1 微型计算机的硬件组成

基本的微型计算机的硬件由微处理器、内存储器、系统总线、I/O 接口和外部设备等构成，如图 1-1 所示。微处理器由运算器和控制器两部分组成，是计算机的核心，负责对数据的处理及对整个计算机的控制。内存又分为随机存取存储器 RAM 和只读存储器 ROM，用来存储数据、程序、运算的中间结果和最后结果。输入/输出接口电路将外围设备连接到系统总线上，起到主机和外设之间信息传递时的匹配和缓冲的作用。微型计算机的系统总线则用来实现各部件间的信息传递。

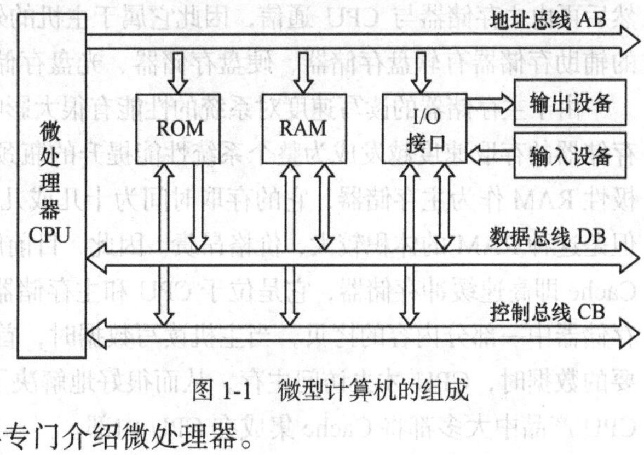

图 1-1 微型计算机的组成

本小节先介绍存储器、外设接口和外围设备、总线的功能，在 1.3.2 小节再专门介绍微处理器。

1. **存储器**

内存储器又称主存储器，它是微型计算机的存储和记忆装置，用以存放数据和程序。CPU 对内存的操作有两种：读和写。读操作是 CPU 将内存单元的内容读入 CPU 内部，而写操作是 CPU 将其内部信息传送到内存单元保存起来。内存又分为 RAM（Random Access Memory，随机访问存储器）和 ROM（Read Only Memory，只读存储器）两类。RAM 也被称为读写存储器，用来临时存放程序和数据，电源掉电时信息丢失，是一种易失性的存储器。ROM 工作时只能读不能写，电源掉电时信息不会丢失，是一种非易失性的存储器。输入/输出设备通过输入/输出接口与系统总线相连，外存也是一种输入/输出设备。程序和数据都以二进制形式存放在存储器中。程序一般按照指令在存储器中的存放顺序执行，碰到转移指令则转向目标地址执行。开机时首先运行 ROM 中的引导程序，由引导程序将外存中的操作系统装入 RAM 中运行，之后由操作系统管理微型计算机运行。

存储器是用来存放数据和程序的部件。为了满足存储容量和存取速度的需要，存储器一般采用分级存储方式。即用速度较高的半导体存储器作为内存，也称为主存储器。而用容量较大，存取速度相对较低的磁表面存储器或光盘存储器作为外存储器，也称为辅助存储器。

主存储器用来存放计算机当前执行的程序和需要使用的数据，它的存取速度快，CPU 可以直接对它进行访问。主存储器主要由半导体器件组成，分为 RAM 和 ROM 两类。主存储器包括存储体、地址寄存器、选址部件、数据缓冲寄存器以及读写控制电路等基本部件，其中存储体是存放信息的实体，把它分为若干个存储单元，每个存储单元存放一串二进制数（如一个字节或一个字）。为了能够区分存储器中的不同单元，按照一定顺序（如按字节或按字）对它们进行编号，这些编号就称为存储地址，简称地址。如图 1-2 所示，存储器共有 N 个存储单元，地址编号为 $0\sim(N-1)$，每个地址单元中存放的数据称为该地址单元的内容（简称内容），CPU 可以对每个地址所对应单元中的内容进行读写。

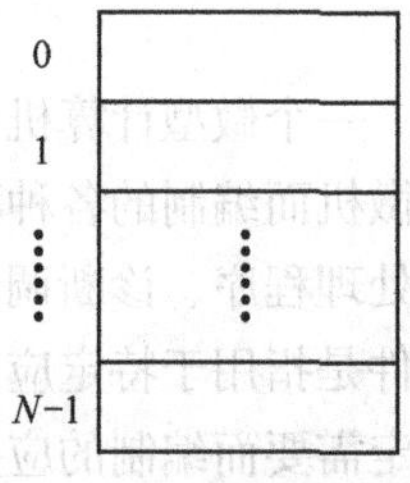

图 1-2　存储器的存储单元

存储器包含的存储单元总数称为存储容量，它由 CPU 的地址总线根数决定。例如，8086CPU 有 20 条地址总线，因此它能访问的内存容量为 1MB（2^{20}），PentiumⅡCPU 有 36 条地址总线，因此它能访问的内存容量为 64GB（2^{36}）。

辅助存储器是作为主存储器的后备和补充而被人们广泛使用的存储设备，它的特点是存储容量大、成本低、可脱机保存信息，主要用于存放不是当前正在运行的程序和用到的数据。由于辅助存储器的存取周期比主存储器长，不直接和 CPU 交换数据，而是先与各主存储器成批交换数据，然后再由主存储器与 CPU 通信，因此它属于主机的外部设备，简称外存。在微型计算机中，常见的辅助存储器有软盘存储器、硬盘存储器、光盘存储器以及闪存。

由于主存储器的读写速度对系统的性能有很大影响，近年来，随着 CPU 时钟频率的不断提高，存储器的存取速度越发成为整个系统性能提升的瓶颈。为了解决这一问题，开发出了采用高速双极性 RAM 作为主存储器，它的存取时间为十几或几十个纳秒（ns），可以与 CPU 的速度相匹配，但是这种 RAM 的体积较大，价格昂贵。因此，目前解决这一问题的较好方案是采用 Cache 技术。Cache 即高速缓冲存储器，它是位于 CPU 和主存储器之间规模较小但速度很高的存储器，保存主存储器中一部分内容的拷贝，当主机读写数据时，首选访问 Cache，只有在 Cache 中不含有所需要的数据时，CPU 才去访问主存，从而很好地解决了 CPU 和主存之间的速度匹配问题。目前的 CPU 产品中大多都将 Cache 集成在 CPU 内部。

随着程序占用存储器容量的增加和多用户、多任务操作系统的出现，主存的容量往往已不能满足程序所需存储容量的需要。为此，引入了虚拟存储器（简称虚存）技术。虚拟存储器是一种由价格较高、速度较快、容量较小的主存储器和一个价格低廉、速度较慢、容量巨大的辅助存储器组成的多层次存储，在系统软件和辅助硬件的管理下就像一个单一的、可直接访问的大容量存储器，以透明方式为用户程序提供一个远大于主存容量的存储空间。

2. I/O 接口和外部设备

外部设备是指微型计算机上配备的输入/输出设备，其功能是为微型计算机提供具体的输入/输出手段。常用的输入设备有键盘、鼠标和扫描仪等，常用的输出设备有显示器、打印机和绘图仪等，磁盘、光盘既是输入设备，又是输出设备。

由于各种外部设备的工作速度、驱动方法差别很大，无法与 CPU 直接匹配，所以不能将它们简单地连接到系统总线上。需要有一个接口电路来充当它们和 CPU 之间的桥梁，通过接口电路来完成信号变换、数据缓冲、与 CPU 联络等工作。这种接口电路就称为 I/O 接口。

外设接口中用于存放数据、状态和控制信息的 8 位寄存器一般称为端口，对外设端口也需要进行编址，以便寻找所要的端口。对外设端口的编址可以和内存单元统一编址，也可以独立编址。Intel 80x86/Pentium 中采用独立编址方式。

3. 系统总线

微型计算机的硬件主要由微处理器、内存、I/O 接口和外部设备组成，它们之间是用总线连接的。总线就是在微机的各部件间传送信息的公共导线。按照传送信号的性质，总线可分为数据总线（DB）、地址总线（AB）和控制总线（CB），它们分别用于传送数据、地址和控制信号。而按照总线连接的对象不同，总线又可分为系统总线、局部总线和外部总线。其中系统总线用于微机内各部件之间的连接，如图 1-1 所示的连接微处理器、存储器和外设接口的系统总线；局部总线用于微机内 CPU 与各外围支持芯片之间的连接；外部总线则用于微机与外部设备或其他计算机之间的连接。

图 1-1 所示为单处理器的微机中使用单一的系统总线来连接 CPU、主存和 I/O 设备的示意图，该系统总线由地址总线、数据总线和控制总线组成。在第 5 章将介绍多级总线结构的组成情况。总线中的地址总线、数据总线和控制总线的用法如下。

① 地址总线 AB（Address Bus）：用来传送 CPU 发出的地址信息，确定被访问的存储单元、I/O 端口。由于地址总是从 CPU 送出去的，所以和数据总线不同，地址总线是单向的。地址总线的位数决定了 CPU 可以直接寻址的内存或 I/O 端口的范围。比如，16 位 8086 微型计算机的地址总线为 20 位，所以，最大内存容量为 2^{20} 个存储单元。

② 数据总线 DB（Data Bus）：用来在 CPU 与存储器、I/O 接口之间进行数据传送。数据总线是双向的，CPU 既可通过 DB 从内存或输入设备读入数据，又可通过 DB 将 CPU 内部数据送至内存或输出设备。数据总线的位数（也称为宽度）是微型计算机的一个很重要的指标。它和微处理器的位数相对应，对 16 位微型计算机而言，其数据总线的带宽为 16 位。

③ 控制总线 CB（Control Bus）：用来传输控制信号。其中包括 CPU 送往存储器和输入/输出接口电路的控制信号，如读信号、写信号和中断响应信号等；还包括其他部件送到 CPU 的信号，比如，时钟信号、中断请求信号和准备就绪信号等。因此，CB 中每一根线的传送方向是一定的。

1.1.2 微处理器的组成

本小节结合图 1-3 给出的典型的 8 位微处理器讲解微处理器（CPU）的基本组成，以便为后续章节学习 Intel 80x86/Pentium 系列微处理器打下基础。8 位微处理器主要包括运算器和控制器两大部件，下面分别介绍这两个部件的基本组成和工作原理。

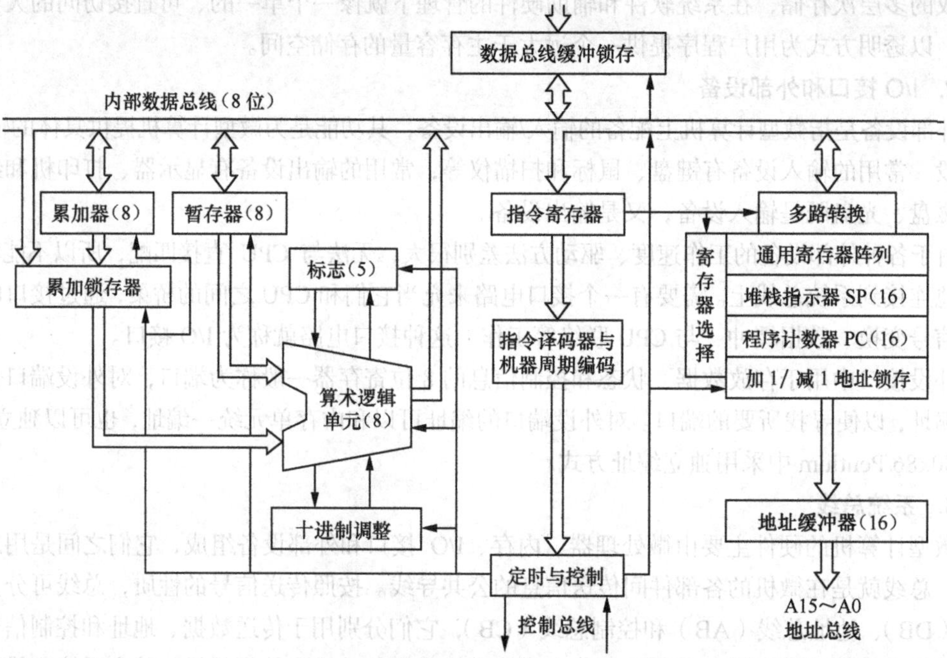

图 1-3　典型的 8 位微处理器的基本结构

1. 运算器

运算器是对数据进行加工处理的部件，主要完成算术运算和逻辑运算。不同的计算机，运算器的结构也不同，但最基本的结构都是由算术逻辑单元（Arithmetical and Logical Unit，ALU）、累加器、寄存器组、多路转换器和数据总线等逻辑部件组成。其中算术逻辑单元是运算器的主要部件，加、减、乘、除等基本运算都在这里进行。此外，该部件还具有移位功能，并可以执行“与”、“或”、“非”等逻辑运算和求补操作。

由于运算过程中可能会涉及一些数据，因此在微处理器中设置若干通用寄存器或通过堆栈指针访问内存中的一个所谓堆栈区是非常必要的，它们可以用来传递或存放参加运算的数据、运算结果以及表示运算特征的一些标志，如进位标志、符号标志等。这些寄存器的存在不仅减少了访问存储器的次数，提高了运算速度，而且程序员可以利用这些寄存器存放各种数据，从而给程序设计带来了很大的方便。

2. 控制器

控制器是一个非常关键的部件，它根据预先存放在存储器中的程序对计算机进行控制。控制器一般由指令寄存器、指令译码器和控制电路组成，它根据程序中每一条指令的要求，对微型计算机各部件发出相应的控制信息，使这些部件协调地工作，实现程序指定的功能。

计算机的工作过程就是执行程序中一条条指令的过程。指令由一组二进制代码表示，分为操作码和操作数两部分。操作码表示计算机执行什么操作，而操作数则指明参加运算的数或数的地址。一台计算机能执行的全部指令的集合称为指令系统，它反映了计算机的基本功能。计算机的内部结构确定以后，其指令系统也随之确定。不同的计算机有不同的指令系统。

为了完成某一任务的一组指令的集合即为程序。微型计算机是根据冯·诺依曼关于程序存储和程序控制的基本原理设计出来的。微型计算机的整个工作过程是周而复始地取指令、分析指令、执行指令的过程。

为了实现这一过程，控制器是一个非常关键的部件，它根据预先存放在存储器中的程序对计算机进行控制。控制器的主要功能是从内存中取出指令，并指出下一条指令在内存中的位置。将取出的指令经指令寄存器送往指令译码器，经过对指令的分析发出相应的控制和定时信息，控制和协调计算机的各个部件有条不紊地工作，以完成指令所规定的操作。由此可见，控制器的这种工作过程实质上就是取指令、分析指令、执行指令、再取下一条指令，周而复始地使计算机工作的过程。

控制器的组成与指令格式、控制方式、总线结构等因素有关，并因机型不同而稍有差异，但一般来说，控制器必须包含以下几个部件：

（1）程序计数器（Program Counter，PC）

程序计数器又称为指令地址寄存器，它的功能是指示程序执行的顺序。在取指令阶段，它用于指示本指令的地址；而当指令执行完毕后，它又用来存放一条将要执行的指令地址。

（2）指令寄存器（Instruction Register，IR）

指令寄存器保存计算机正在执行的指令代码，该代码是从存储器读出后送来的。一般情况下，指令执行期间指令寄存器的内容是不会改变的，但是当一条指令执行完毕后，新的指令将会从存储器读入到该寄存器中。

（3）指令译码器（Instruction Decoder，ID）

指令译码器就是指令分析器，它根据指令的内容及各种标志进行分析后，产生本条指令所需要的各种操作信号，并送往各个执行部件。

（4）时序产生器及启停线路

微型计算机是一种极为复杂的同步时序装置，它的每一个操作步骤都是严格按照时序要求进行的。不同的指令，执行的时间也不相同。时序部件用来产生执行各种基本操作所需要的一系列控制信号，以保证计算机能够正确地完成规定的运算任务。当然，时序信号是否发出，还需要有一个启停线路来进行控制。启停线路将综合硬件、程序以及人工的操作要求，适时地发出所需要的启停信号。

（5）状态/条件寄存器

状态/条件寄存器用于保存指令执行完成后产生的条件码，例如，运算是否溢出，结果为正还是为负，是否有进位等。此外，状态/条件寄存器还保存中断和系统工作状态等信息。

（6）微操作信号发生器

微操作信号发生器把指令提供的操作信号、时序产生器提供的时序信号以及由控制功能部件反馈的状态信号等综合成特定的操作序列，从而完成取指令的执行控制。

由上述可知，控制器凭借这些基本的控制部件，就可以方便地完成取指令、分析指令、执行指令、再取下一条指令等一系列控制工作。但要说明的是，控制器中除了上述必不可少的部件外，一般还包括中断控制、地址形成等功能部件，这些部件可用来完成中断处理、形成指令地址等操作。

微处理器执行一条指令的步骤如下。

① 将程序计数器 PC 保持的指令地址送入地址总线，PC 内容加 1，为取指令的下一字节或下一条指令做准备。

② 通过数据总线将指令码（操作码）从存储器取出并送入指令寄存器 IR。

③ 指令译码器 ID 对操作码译码，定时与控制部件根据译码器的输出产生完成该指令的各种

控制信号；如有需要，则继续从存储器取出指令码的后续字节或操作数，或检测表示处理器状态的标志信号或从其他部件送来的状态信号。

④ 产生必要的内部或外部控制信号，完成指令规定的操作。

⑤ 在完成操作之后，检查有无外部设备的请求信号（如中断信号），并做出相应的处理。

1.1.3 微型计算机的工作过程

下面以一个简单的程序在典型的 8 位模型机上的运行过程为例来说明微机的工作过程。例如，计算机如何解决 3+7 = ？为了实现这一简单的功能，需要编写一段程序给计算机执行。计算机只能识别用二进制代码表示的机器语言源程序，但机器语言源程序人们书写时容易出错，而且不好记忆。因此，一般先编写用助记符和十进制数或十六进制数等表示的汇编语言源程序，然后翻译成机器语言源程序给计算机执行。

实现 3+7 = ？的 Intel 80x86 系列微处理器的汇编语言程序、机器指令及对应操作如下。

汇编语言程序	对应的机器指令	对应的操作
MOV AL, 3	10110000	立即数 1 传送到累加寄存器 AL 中
	00000011	
ADD AL, 7	00000100	计算两个数的和，结果存放到 AL 中
	00000111	
MOV [3008], AL	10100010	将 AL 中的数传送到地址为 3008H 的内存单元
	00001000	
	00110000	
HLT	11110100	停机

整个程序由 4 条指令 8 个字节组成，假设存放在 8 位模型机存储器的 0000H～0007H 的 8 个单元中，如图 1-4 所示。

这个程序的执行过程如下。

① 先将程序的第 1 条指令的存储地址 3000H 送到程序计数器 PC 中，计算机按 PC 所指地址开始执行上述程序。具体过程是：

进入第 1 条指令的取指周期。把 PC 的内容 3000H 送到地址总线 AB 上；PC 的值加 1，变为 3001H，为取内存下一单元的内容（立即数 03H）做好准备。根据 AB 上的地址，把 3000H 单元中第 1 条指令的操作码读出，经数据总线 DB 送到指令寄存器 IR。指令译码器 ID 对 IR 的内容进行译码，译码后知道这条指令的功能是将下一单元的内容送 AL，并由操作控制部件发出执行该命令的一系列控制信号。然后进入第 1 条指令的执行周期。把 PC 的内容 3001H 送到地址总线 AB 上；PC 的值加 1，变为 3002H。为取内存中下一单元的内容（第 2 条指令的操作码 04H）做好准备。由前面译码知道需将下一单元的内容送 AL。为此，根据 AB 上的地址，把内存 3001H 单元的内容，即第 1 条指令的操作数 31H 读出，经数据总线 DB 送到累加器 AL 中。此时，第 1 条指令执行完毕。

② 进入第 2 条指令的取指周期。把 PC 的内容 3002H 送到地址总线 AB 上；PC 的值加 1，变为 3003H，为取内存下一单元的内容（立即数 04H）做好准备。根据 AB 上的地址，选中 3002H 单元，并把第 2 条指令的操作码 04H 读出，经数据总线 DB 送到指令寄存器 IR。指令译码器 ID 对 IR 的内容进行译码，并由控制信号发生器发出执行该指令的一系列信号。然后进入第 2 条指令的执行周期。把 PC 的内容 3003H 送到地址总线 AB；PC 的值加 1，变成 3004H，为取内存中第 3 条指令的操做码做好准备。根据 AB 上的地址，把第 2 条指令的操作数 07H 读出，经数据总线

DB 送入算术逻辑单元 ALU 的一个输入端 I2。累加器 AL 的内容 03H 送入 ALU 的另一个输入端 I1 执行加法操作。相加结果为 0AH，通过 ALU 输出端口送至累加器 AL 中。此时，第 2 条指令执行完毕。

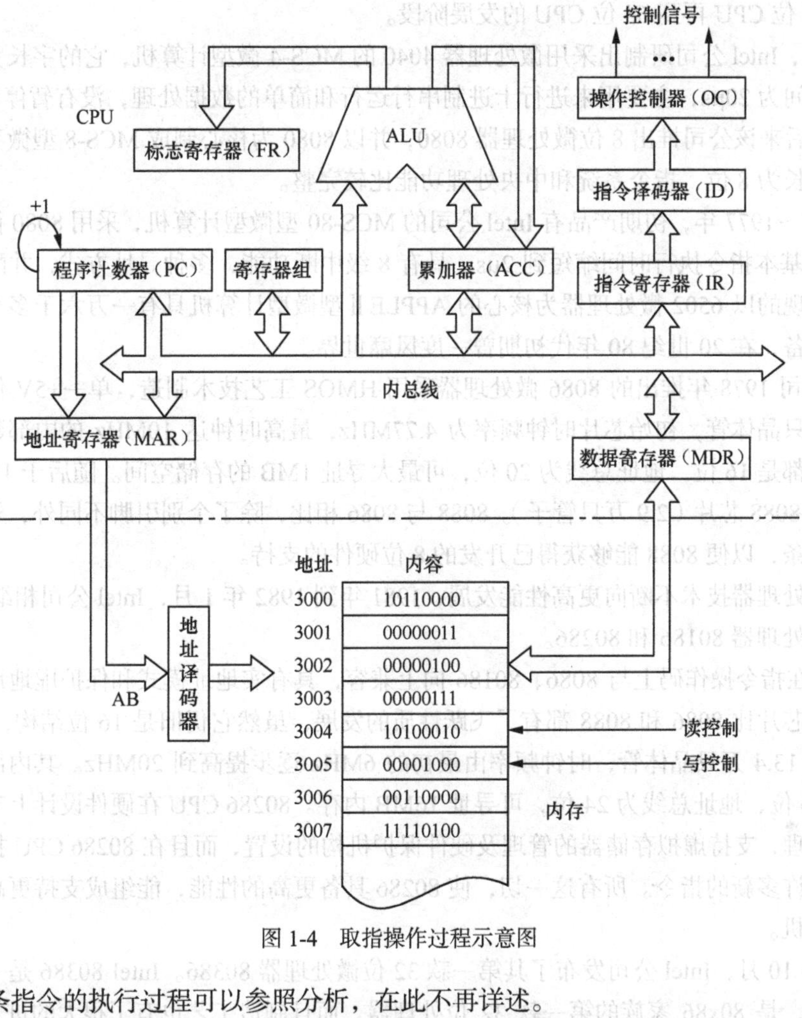

图 1-4　取指操作过程示意图

后面两条指令的执行过程可以参照分析，在此不再详述。

上述程序的执行过程是典型的 8 位微处理器的执行过程，即取一条指令，然后执行一条指令，周而复始，直至整个程序执行完毕，这种程序的执行方式被称为串行工作方式。

在后面的章节中将会介绍 16 位以上 CPU 的结构及工作流程，可以看到 16 位以上的 CPU 采用并行方式（也称为流水线方式）工作。

1.2　微型计算机的发展

在微型计算机中，采用超大规模集成电路技术，将计算机的运算器和控制器——中央处理器（CPU）集成在单个芯片上，通过它来控制计算机各部分有节奏地协调工作，并对数据进行算术运算或逻辑运算。该集成电路器件起到一般计算机的中央处理器（CPU）的作用，相对于以前的 CPU 体积大大缩小，因此被称为微处理器。习惯上，微处理器也叫做 CPU。

微型计算机是指以微处理器为核心，配以存储器、输入/输出接口电路以及系统总线所组成的计算机。微型计算机的发展是以微处理器的发展为表征的。随着大规模集成电路技术的飞速发展，微处理器自 1971 年问世以来，以其字长和功能来划分，已经历了从 4 位 CPU 到 8 位 CPU、16 位 CPU、32 位 CPU 再到 64 位 CPU 的发展阶段。

1971 年，Intel 公司研制出采用微处理器 4040 的 MCS-4 微型计算机，它的字长为 4 位，平均指令执行时间为 20μs，主要用来进行十进制串行运行和简单的数据处理，没有暂停和中断功能，灵活性差。后来该公司推出 8 位微处理器 8080，并以 8080 为核心制成 MCS-8 型微型计算机。这种机型的字长为 8 位，指令系统和中央处理功能比较完整。

1973 年～1977 年，初期产品有 Intel 公司的 MCS-80 型微型计算机，采用 8080 微处理器，字长为 8 位，基本指令执行时间缩短到 2μs，具有 8 级中断功能，多种寻址方式，并配备有高级语言。后期出现的以 6502 微处理器为核心的 APPLE Ⅱ型微型计算机具有一万六千多个应用程序和大量外围设备，在 20 世纪 80 年代初期曾一度风靡世界。

Intel 公司 1978 年推出的 8086 微处理器采用 HMOS 工艺技术制造，单一+5V 供电，芯片内包括四万多只晶体管，初始芯片时钟频率为 4.77MHz，最高时钟达 10MHz 的内部数据总线和外部数据总线都是 16 位，地址总线为 20 位，可最大寻址 1MB 的存储空间。随后于 1979 年推出了成本更低的 8088 芯片（2.9 万只管子）。8088 与 8086 相比，除了个别引脚不同外，外部的数据信号线降到 8 条，以便 8088 能够获得已开发的 8 位硬件的支持。

随着微处理器技术不断向更高性能发展，1981 年到 1982 年 1 月，Intel 公司相继推出了 8086 的改进型微处理器 80186 和 80286。

80286 在指令操作码上与 8086、80186 向上兼容，具有实地址模式和保护虚地址模式两种运行方式。该芯片比 8086 和 8088 都有了飞跃性质的发展，虽然它仍旧是 16 位结构，但是在 CPU 的内部含有 13.4 万只晶体管，时钟频率由最初的 6MHz 逐步提高到 20MHz。其内部和外部数据总线皆为 16 位，地址总线为 24 位，可寻址 16MB 内存。80286 CPU 在硬件设计上支持多用户、多任务的处理，支持虚拟存储器的管理及硬件保护机构的设置，而且在 80286 CPU 指令系统设置上也增加了许多新的指令。所有这一切，使 80286 具备更高的性能，能组成支持更高级操作系统的微型计算机。

1985 年 10 月，Intel 公司发布了其第一款 32 位微处理器 80386。Intel 80386 是一个具有时代意义的产品，是 80x86 家族的第一款 32 位处理器。而且制造工艺也有了很大的进步，与 80286 相比，80386 内含 27.5 万只晶体管，时钟频率为 12.5MHz，后提高到 20MHz、25MHz、33MHz。80386 的内部和外部数据总线都是 32 位，地址总线也是 32 位，可寻址高达 4GB 内存。它除具有实模式和保护模式外，还增加了一种叫做虚拟 86 的工作方式，可以通过同时模拟多个 8086 处理器来提供多任务能力。

80386 是一种与 80286 相兼容的高性能全 32 位微处理器，它是为需要高性能的应用领域和多用户、多任务操作系统而设计的。在 80386 芯片内部集成了存储器管理部件和硬件保护机构。其内部寄存器的结构及操作全都是 32 位的。它的地址总线为 32 位，故可寻址的物理内存空间高达 4GB。它的虚拟存储器空间则可达到 64TB（即 64MMB）。

从结构上看，80486 是由 80386 处理器、80387 数字协处理器、8KB 的高速缓存（Cache）以及支持构成多微处理器的硬件组成的。但是，从程序设计角度看，其体系结构几乎没有变，可以说是对 80386 的照搬。在相同的工作频率下，其处理速度比 80386 提高了 2～4 倍，80486 的最低工作频率为 25MHz，最高工作频率可达 132MHz。

1993 年，Intel 公司又率先推出了中文译名为“奔腾”（Pentium）的微处理器，它具有 64 位的内部数据通道，故可称为 64 位处理器。有人将开始开发出来的 Pentium 处理器产品称为 80586，而将后来的 Pentium 称做 80686 等；还有人把后来开发出来的 Pentium 产品叫做多能 Pentium 或高能 Pentium。20 世纪末，Intel 公司推出 P6 和 P7 微处理器，单芯片上集成晶体管数在 1 000 万只以上，速度达 10 亿次/s。

2001 年，Intel 和 HP 公司推出了基于新的指令系统体系结构 IA-64 的 64 位微处理器芯片 Merced；2002 年，推出了第 2 代芯片 McKinley，第 3 代芯片名为 Madison，目前统称为 Itanium 处理器系列（IPF）。Itanium 是第一个开放式的 64 位处理器，它打破了 RISC 的垄断，为高端计算设备市场提供了第一个开放硬件平台。IPF 系列处理器能够全面用于装备从服务器、工作站到超级计算机，面向高性能计算、Internet、电子商务和其他企业高端应用，为高端计算提供统一的平台，开创了开放性企业计算的新时代。

1.3 数据的表示方法

计算机是对信息进行高速自动化处理的机器。这些信息是以数字、字符、符号、图形、声音等形式出现的，它们用二进制编码形式与机器的电子元件状态相对应。因此，要了解计算机的基本构造及工作原理，就应了解计算机中符号与数字的组成格式和编码规则等基础知识。

在计算机中，采用的是“0”和“1”两个基本符号组成的二进制码，这是因为：计算机内部记忆信息的设备由两个状态的器件组成，因而计算机内部的任何信息只能用“0”或“1”这两个状态来表示；二进制数的编码、计数、加减运算规则简单；二进制的两个符号“0”和“1”正好与逻辑运算的两个值“真”和“假”相对应。二进制码为计算机中实现逻辑运算和程序中的逻辑判断提供了便利的条件。

将多个 0 和 1 组合在一起，便可表示任意多个不同的数，组合在一起的 1 和 0，称为位串，只有一个 1 或 0 的组合称为二进制的一位。计算机中用位串来表示数、字母、标点符号和其他任何有用的信息。按一定格式构成的位组合状态用来表示数据，数据有 3 种基本格式：二进制定点数、二进制浮点数、二-十进制编码数（BCD 数）。与字母、数字或其他字符对应的位组合格式称为字母数字代码。

1.3.1 进位计数制

按进位的方法进行计数，称为进位计数制。在进位制中每个数规定使用的数码符号的数量，称为进位基数，用 R 表示。使用 R 为基数的计数制称为 R 进制数，常用的有十进制数、二进制数、十六进制数、八进制数等。若每位数码用 a_i 来表示（下标 i 指示位数），则进位计数制表示的方法为

$$N=(a_{n-1}\,a_{n-2}\cdots a_i\cdots\ a_1\,a_0)_R\ （数码）$$
$$R^{n-1}, R^{n-2}, \cdots, R^i, \cdots, R^1, R^0\quad（权值）$$

数 N 由 n 位数码组成，习惯上把最右边一位称为最低位，最左边一位称为最高位，各位的数码为 1 时所表示的数值，称为该位的权值。权值随数位的增加而呈指数规律增加，最低位的权值 $R^0=1$，第 i 位的权值为 R^i。这样，第 i 位数码 a_i 所表示的绝对值就是数码 a_i 乘上该位的权值，即 $a_i\times R^i$。

建立了权值的概念后，可把 R 进位制中数 N 写成下列按权展开的多项式：

$$N_R = a_{n-1}R^{n-1} + \cdots + a_iR^i + \cdots a_0R^0 + a_{-1}R^{-1} + a_{-2}R^{-2} + \cdots + a_{-m}R^{-m}$$

上式对任何进位制都适用。式中，n 和 m 为整数，它们分别表示整数部分和小数部分的位数，$n+m$ 为总共的位数，i 为数位的序号，a_i 为第 i 位的数码，R 为进位制数，同时也为进位基数，R^i 为第 i 位的权值。

当进位基数 $R=10$，则为十进制，这是我们非常熟悉的数制。它的每位数可用 10 个数码（0，1，2，3，4，5，6，7，8，9）之一表示。

一个多位十进制整数 N_{10} 的按权展开式为

$$N_{10} = 10^{n-1} \times a_{n-1} + \cdots + 10^2 \times a_2 + 10^1 \times a_1 + 10^0 \times a_0$$

各位的权值就是通常所说的"个"、"十"、"百"、"千"、"万"等。

进位基数 $R=2$ 时，称为二进制。二进制的每位数码只有两个符号：0 和 1。

二进制是"逢 2 进 1"。也就是说，每位数最多只能累计到两个，计满两个就向高位进 1。二进制的基数为 2，数码只有两个，并且只能用 0 或 1 来表示。

二进制整数表示为

$$N_2 = a_{n-1} \ldots a_2a_1a_0$$

二进制整数的按权展开式为

$$N_2 = 2^{n-1} \times a_{n-1} + \cdots + 2^2 \times a_2 + 2^1 \times a_1 + 2^0 \times a_0$$

计算机中常用的几种进位数制如表 1-1 所示。

表 1-1　计算机中常用的几种进位数制

数　制	基　数	数　符
二进制（B）	$R=2$	0，1
八进制（O，Q）	$R=8$	0，1，2，3，4，5，6，7
十六进制（H）	$R=16$	0，1，2，3，4，5，6，7，8，9，A，B，C，D，E，F （其中 A～F 分别表示十进制 10，11，12，13，14，15）
十进制（D）	$R=10$	0，1，2，3，4，5，6，7，8，9

1.3.2 数制间的相互转换

1. 非十进制数转换为十进制数

将基数为 R 的数（R 进制数）转换成基数为 10 的数（十进制数）的过程是根据下式中已知的 a_i 求 d_i：

$$a_nR^n + a_{n-1}R^{n-1} + \cdots + a_iR^i + \cdots + a_0 = d_m10^m + d_{m-1}10^{m-1} + \cdots + d_i10^i + \cdots + d_110 + d_0$$

这一过程比较简单，只要将 R^i 和 a_i 用十进制表示，然后作十进制运算即可得到需要的结果。

【例 1.1】 $(1011.101)_2 = 1 \times 2^3 + 1 \times 2^1 + 1 \times 2^0 + 1 \times 2^{-1} + 1 \times 2^{-3} = (11.625)_{10}$

【例 1.2】 $(3B6)_{16} = 3 \times 16^2 + 11 \times 16^1 + 6 = 768 + 176 + 6 = (950)_{10}$

2. 十进制数转换为非十进制数

十进制整数转换为非十进制整数可以采用下式计算：

$$(N)_{10} = a_nR^n + a_{n-1}R^{n-1} + \cdots + a_1R + a_0 = ((\cdots(a_nR + a_{n-1})R\cdots)R + a_1)R + a_0$$

由上式可见，当需将十进制数转换为 R 进制数时，可采用“除 R 取余”法：即只需将要被转换的十进制数，连续除以 R，直至商等于零为止。第一次除法的余数是 a_0，而最后一次除法的余数为 a_n，将 a_n～a_1 从高到低排列得 $a_n \cdots a_1$，即为所求 R 进制数。

【例 1.3】 $(251)_{10}$ 转换为二进制数（$R=2$）的过程如下。

2 ∣ 251	……	余数 $1=a_0$	低位
2 ∣ 125	……	余数 $1=a_1$	↑
2 ∣ 62	……	余数 $0=a_2$	
2 ∣ 31	……	余数 $1=a_3$	
2 ∣ 15	……	余数 $1=a_4$	
2 ∣ 7	……	余数 $1=a_5$	
2 ∣ 3	……	余数 $1=a_6$	
2 ∣ 1	……	余数 $1=a_7$	高位
0	……	商数 0	

故 $(251)_{10}=(11111011)_2$。

【例 1.4】 $(251)_{10}$ 转换为十六进制数（$R=16$）的过程如下。

16 ∣ 251		
16 ∣ 15	……	余数 11，a_0= B
0	……	余数 15，a_1= F

故 $(251)_{10}=(FB)_{16}$。

设 N 为任一十进制小数，若要把它转换为 m 位 R 进制小数，即

$$N=K_{-1}R^{-1}+K_{-2}R^{-2}+\cdots+K_{-m}R^{-m}$$

等式两边同乘以基数 R，得到

$$N\times R=K_{-1}+K_{-2}R^{-1}+\cdots+K_{-m}R^{-m+1}$$

其中 K_{-1} 为整数部分，它正好是所要求的 R 进制小数的最高位，而新的小数部分为

$$K_{-2}R^{-1}+\cdots+K_{-m}R^{-m+1}$$

若再将新的小数部分乘以 R 便得到

$$K_{-2}+K_{-3}R^{-1}+\cdots+K_{-m}R^{-m+2}$$

K_{-2} 为整数部分，它正好是所要求的 R 进制小数的次高位。如此继续下去，直到小数部分为零时为止。若乘积的小数部分始终不为 0，说明与该十进制小数相对应的 R 进制小数为不尽小数。这时，乘到能满足计算机精度要求为止。

综上所述，把十进制小数转换为相应 R 进制小数时，可以采用“乘 R 取整法”：即对该小数或乘以基数 R 后所得的新的小数部分进行乘以基数 R 的操作，所得整数为 R 进制的小数位，第一次乘法的余数是 K_{-1}，而最后一次乘法的余数为 K_{-n}，将 K_{-1}～K_{-n} 从高到低排列得 $K_{-1}\cdots K_{-n}$，即为所求 R 进制小数。

【例 1.5】 将 0.687 5 分别转换为二进制及十六进制小数。

转换为二进制的过程如下。

0.6875		整数	二进制小数
× 2			
1.375	……	$K_{-1}=1$	高位
× 2			↓
0.75	……	$K_{-2}=0$	
× 2			
1.5	……	$K_{-3}=1$	
× 2			
1.0	……	$K_{-4}=1$	低位

故$(0.6875)_{10}=(0.1011)_2$。

转换为十六进制的过程如下。

$$0.6875\times16=11.0 \quad \cdots\cdots \quad K_{-1}=\text{B}$$

故$(0.6875)_{10}=(0.\text{BH})_{16}$。

【例 1.6】 将 0.734 转换为二进制小数，转换过程如下。

0.734		整数	二进制小数
× 2			
1.468	……	$K_{-1}=1$	高位
× 2			↓
0.936	……	$K_{-2}=0$	
× 2			
1.872	……	$K_{-3}=1$	
× 2			
1.744	……	$K_{-4}=1$	
× 2			
1.488	……	$K_{-5}=1$	
× 2			
0.976	……	$K_{-6}=0$	低位

故$(0.734)_{10}=(0.101110)_2$（无穷小数）。

上面分别讨论了十进制整数转换为非十进制整数和十进制小数转换为非十进制小数的方法。如果一个任意十进制数要转换为非十进制数，可以把整数部分和小数部分分别加以转换，然后把转换后的整数部分和小数部分相加。

【例 1.7】 将 251.687 5 分别转换为二进制数和十六进制数。

由例 1.3、例 1.4、例 1.5 可得

$$(251.6875)_{10}=(11111011.1011)_2=(0\text{FB.B})_{16}$$

将二进制转换为十六进制数，只要从低到高按 4 位一组进行分组，然后每一组以一位十六进制数表示即可，若高位组不够 4 位，则应以 0 补够 4 位，例如：

$$\underline{1010}\quad\underline{0101}\quad\underline{1100}$$
$$\text{A}\qquad\ 5\qquad\ \text{C}$$

即$(101001011100)_2=(\text{A5C})_{16}$，又如：

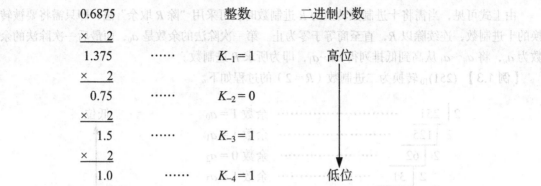

$$\underline{10}\quad\underline{0110}\quad\underline{1101}.\underline{1100}$$
$$2\qquad 6\qquad \text{D}\ .\ \text{C}$$

我们需要在最高位的 10 前面添上 00，成为 0010，其对应的十六进制数为 2；在最后的 11 后面添上 00，成为 1100，其对应的十六进制数为 C。因此，$(1001101101.11)_2=(26D.C)_{16}$。

反过来，若要将十六进制数转换为二进制数，则只要把每位十六进制数以相应的 4 位二进制数表示即可，例如：

$$\underline{\text{E}}\qquad \underline{3}\qquad \underline{9}$$
$$1110\qquad 0011\qquad 1001$$

即$(E39)_{16}=(111000111001)_2$。

若要将二进制转换为八进制数，只需按 3 位一组进行分组，然后每一组以 1 位八进制数表示即可，若高位不够 3 位，则以 0 补足 3 位。

计算机只能识别二进制数，但二进制数的书写与阅读都不方便。而二进制数与八进制或十六进制数间的转换很方便，因此，常以八进制数或十六进制数表示二进制数。

1.3.3　带符号数的表示法

前面接触的二进制数均为无符号数，然而实际的数值通常是带有符号的，既可能是正数，也可能是负数。这样就存在一个带符号二进制数的表示方法问题。

（1）机器数与真值

为了表示一个有符号数，除了数值位以外还应指定符号位，通常以这个数的最高位为符号位，并规定 0 表示正数的符号“+”；1 表示负数的符号“−”。这样，数的符号在机器中也数字化了，符号位和数值位一起完整地表示有符号二进制数。我们把一个数在机器中的表示形式称为机器数，而把它们的实际数值称为机器数的真值。计算机中，有符号的二进制数可由不同的编码形式表示，它们是原码、补码与反码。进行算术运算操作通常以补码形式表示。

（2）原码表示法

原码表示法是一种简单的机器数表示法，即符号和数值表示法，设 X 为真值，$[X]_{原}$为机器数表示，则 n 位数 X 的原码定义为

$$[X]_{原}=\begin{cases}X & 0\leqslant X<2^{n-1}\\ 2^{n-1}-X & -2^{n-1}<X<0\end{cases}$$

原码表示法中，将数的真值形式中的正负号用代码 0 或 1 来表示。

【例 1.8】 假设字长为 8 位，则

$X=(+66)_{10}=+1000010$，其原码 $[X]_{原}=01000010$

$X=(-66)_{10}=-1000010$，其原码 $[X]_{原}=11000010$

原码的性质如下。

① 在原码表示中，机器数的最高位是符号位，0 代表正号，1 代表负号，以后各位是数的绝对值，即$[X]_{原}$=符号位+$|X|$。

② 在原码中，零有两种表示形式，即$[+0]_{原}=00000$；$[-0]_{原}=10000$。

③ 原码表示法简单并易于理解，与真值的转换也方便，这是它的优点。缺点是进行加减运算时很麻烦。参加运算的数可能为正，也可能为负。这时不仅要考虑运算是加还是减，还要考虑数的绝对值大小。例如，两数相加时要进行判断：如果两数同号，数值部分相加，符号不变；若异号，数值部分实际相减，而且要比较两数的绝对值大小才能确定实际的被减数。因此采用原码表示后，将使运算器的逻辑复杂化或增加机器运行时间。为此，引入了补码表示法，它可以使正、

负数的加法和减法运算简化为单一的相加运算。

（3）反码表示法

正数的反码就是真值本身，负数的反码，只需对原码除符号位外，逐位求反即可。反码的定义为

$$[X]_{反}=\begin{cases}X & 0\leqslant X<2^{n-1}\\ 2^n-1+X & -2^{n-1}<X\leqslant 0\end{cases}$$

【例 1.9】 设 $X=+1100110$，则$[X]_{反}=01100110$；$X=-1100110$，则$[X]_{反}=10011001$。

反码的性质如下。

① 正数的反码与其原码、补码相同，负数的反码为补码的最低位减 1。

② 反码最高位为符号位，0 代表正号，1 代表符号，反码是以（2^n-1）为模的补码，也称为对 1 的补码。

③ 反码表示中，零有两个编码，即

$$[+0]_{反}=00000 \qquad [-0]_{反}=11111$$

反码运算不方便，0 值又有两个编码，用得不很普遍。

（4）补码表示法

根据同余的概念有

$$a+NK=a \quad (\bmod K)$$

其中 K 是模，N 为任意整数。就是说，在模的意义下，数 a 与该数本身加上其模的任意整数倍之和相等。

在数 a 的无数个 $a+NK$ 同余数中，我们感兴趣的是 N 为 1 的同余数，即补数：

$$[a]_{补数}=a+K \quad (\bmod K)$$

$$=\begin{cases}a & 0\leqslant a<K\\ K-|a| & -K<a<0\end{cases}$$

由上式确定的两种条件下数 a 的补数，正是补码的定义和补码的编码规则的基础。

在计算机运算过程中，数据的位数，即字长总是有限的。这里假设字长为 n，两数相加求和时，如果 n 位的最高位产生了进位，就会丢掉。这正是在模的意义下相加的概念。相加时丢掉的进位即等于模。

所以，当 n 位表示整数时（1 位为符号位，$n-1$ 位为数值位），它的模为 2^n，把 X 的补码记为$[X]_{补}$，补码可定义为

$$[X]_{补}=\begin{cases}X & 0\leqslant X<2^{n-1}\\ 2^n+X & -2^{n-1}\leqslant X<0\end{cases} \quad (\bmod\ 2^n)$$

从定义可见，正数的补码与其原码相同，只有负数才有求补的问题。所以，严格地说，补码表示法应称为“负数的补码表示法”。

利用补码可以将复杂的减法运算通过加法来实现。其一般规则有

$$A-B=A+(-B+M) \quad (以 M 为模)$$

$$=A+(-B)_{补}$$

如 $A=10$，$B=3$，$M=12$，则 $(-B)_{补}=-B+M=-3+12=9$；$A-B=10-3=6$；

$A+(-B+M)=A+(-B)_补=10+9=19=12+7=7$。所以 $A-B=A+(-B)_补$，减法运算转换为加法运算。

补码的性质如下。

① 当 X 为正数，补码和原码相同；当 X 为负数，负数的补码等于 $2^n+X=2^n-|X|$。

② $[+0]_补$和$[-0]_补$是相同的，所以在补码表示中，"0" 的表示是唯一的。

③ 字长为 n 位的补码，可表示的数 X 的范围为

$$-2^{n-1} \leqslant X < 2^{n-1}$$

求补码的方法为：根据补码的性质，正数的补码是它本身，只有负数才有求补码的问题。这里介绍两种求补码的方法。

① 根据定义求补码。

$$[X]_补=2^n+X=2^n-|X|，X<0$$

【例 1.10】 $X=-1010111B$，$n=8$，则

$$\begin{aligned}[X]_补 &= 2^8+(-1010111B) \\ &= 2^8-|-1010111| \\ &= 100000000-1010111 \\ &= 10101001（\mathrm{mod}\ 2^8）\end{aligned}$$

这种方法要做一次减法，很不方便。

② 利用原码求补码——符号位除外，求反加 1。

计算机通常将原码数值部分按位求反，即 "1" 变 "0"，"0" 变 "1"，再在最低位加 1，而符号位不变。仍以【例 1.10】为例：

$X=-1010111B$，$n=8$，则

$$[X]_原=11010111B$$

$$[X]_补=10101000B+1=10101001B$$

一个用补码表示的负数，如将$[X]_补$再求一次补就可得到$[X]_原$。用下式表示为

$$[[X]_补]_补=[X]_原（证明从略）$$

对$[X]_补$的每一位（包括符号位）都按位求反，然后再加 1，结果即为$[-X]_补$。

① 补码运算：带符号数的运算的基本规定如下。

a. 数的最高位是符号位，0 代表正数，1 代表负数，把符号也看成数，一同参加运算。

b. 参加运算的数都采用补码方式表示。

c. 对于补码的加减法，用下面一般公式表示为

$$[X \pm Y]_补=[X]_补+[\pm Y]_补$$

即无论是加法还是减法运算，都由加法运算来实现，运算结果（和或差）也以补码表示。要得到真值，还需转换。若运算结果不产生溢出，且最高有效位为 0，则表示结果为正数，若为 1，则为负数。

② 补码溢出判别：如果计算机的字长为 n 位，n 位二进制数的最高位为符号位，其余 $n-1$ 位为数值位，无论哪一种方法表示数，n 位数的表示范围是有限的，若运算结果超出 n 位数所能表示数的范围，则运算出错，称为"溢出"。计算机采用"双高位"法判别"溢出"。

所谓"双高位"法，就是用字长最高位的进位状态来判别溢出的方法，两数相加发生溢出，只可能有两数同时为正或为负，并且其和的绝对值又大于等于 2^{n-1}。两个正数相加，若数值部分之和大于等于 2^{n-1}，则数值部分必有进位，Cp = 1，而符号位必无进位，Cs = 0，这种 CsCp 的状

态为“01”时的溢出称为“正溢出”。同样，若两负数相加，如果数值部分无进位，Cp = 0，而符号位有进位，Cs = 1，这时 CsCp 的状态为“10”，这种溢出现象可称为“负溢出”。当两数相加或相减时，最高位和次高位若同时有进位或同时无进位，则不产生溢出，得到正确的运算结果。因而补码运算结果是否产生溢出可由下列运算来判断：

$$V = Cs \oplus Cp$$

式中 Cs 表示最高位的进位状态，若有进位，Cs=1，无进位 Cs=0，而 Cp 表示次高位的进位状态，同样，有进位 Cp=1，无进位 Cp=0。上式运算结果若 V=1，则表示溢出（运算结果超出了 n 位补码所能表示的数的范围，即结果$\geqslant 2^{n-1}$，或结果$<-2^{n-1}$），若 V = 0，则表示运算结果正确，不产生溢出。

（5）原码、补码、反码间的转换

当数 X 的真值为正数时，则有

$$[X]_{原} = [X]_{补} = [X]_{反}$$

若数 X 的真值为负，且$-2^{n-1} < X \leqslant 0$ 时，3 种编码之间有以下转换方式：

$$[X]_{原} \xleftrightarrow{\text{符号不变，其余位取反}} [X]_{反}$$

若数 X 的真值为负，且$-2^{n-1} < X < 0$，则

$$[X]_{原} \xleftrightarrow{\text{符号不变，其他位取反，末位加 1}} [X]_{补}$$

当$-2^{n-1} < X < 0$ 时，则

$$[X]_{反} \underset{\text{末位减 1}}{\overset{\text{末位加 1}}{\rightleftarrows}} [X]_{补}$$

当$-2^{n-1} < X \leqslant 0$ 时，则

$$[X]_{补} \xleftrightarrow{\text{所有位取反，末位加 1}} [-X]_{补}$$

1.3.4 二—十进制编码（BCD 码）

1. BCD 码简介

计算机中是使用二进制码工作的，但由于长期的习惯，人们最熟悉的数制是十进制。为解决这一矛盾，提出了 BCD 码（Binary-Coded Decimal）。

最常用的 BCD 码是 8421BCD 码，它用等值的 4 位二进制数来表示 1 位十进制数字，即二进制编码的十进制数。这类数有两种基本格式：组合式 BCD 格式和分离式 BCD 格式。

在组合式 BCD 格式中，每位十进制数以 4 位 BCD 码表示，2 位十进制数存放在一个字节中。如数 9502 的存放形式为

1001 0101 0000 0010

在分离式 BCD 格式中，每个十进制数的 BCD 码存在 8 位字节的低位部分，高位内容无关紧要。在此格式中，9502 应按下列形式表示：

*uuuu*1001 *uuuu*0101 *uuuu*0000 *uuuu*0010

其中 u 代表无关值。

2. BCD 码的加减法运算

下面以组合 BCD 码格式为例讨论 BCD 码的加减法运算。由于 BCD 码是将每个十进制数用一组 4 位二进制数来表示，因此，若这种 BCD 码直接交由计算机去运算，由于计算机总是把数当二进制来运算，所以结果可能出错。

例如，用 BCD 码求 38+49：

	0011 1000	38 的 BCD 码
+	0100 1001	49 的 BCD 码
	1000 0001	81 的 BCD 码

对应十进制数为 81，正确结果为 87，显然结果是错误的。其原因是，十进制相加应是“逢 10 进 1”，而计算机按二进制数运算，每 4 位为一组，低 4 位向高 4 位进位与十六进制数低位向高位进位的情况相同，是“逢 16 进 1”，所以当相加结果超过 9 时将比正确结果少 6。因此，结果出错。解决的办法是，对二进制加法运算的结果采用“加 6 修正”，将二进制加法运算的结果修正为 BCD 码加法运算的结果。两个 2 位 BCD 数相加时，对二进制加法运算修正的规则如下。

① 如果任何两个对应位 BCD 数相加的结果向高一位无进位时，若得到的结果小于或等于 9，则该位不需修正；若得到的结果大于 9 且小于 16，该位进行加 6 修正。

② 如果任何两个对应位 BCD 数相加的结果向高一位有进位（即结果大于或等于 16），该位进行加 6 修正。

③ 低位修正结果使高位大于 9 时，高位进行加 6 修正。

【例 1.11】 用 BCD 码求 35 + 21。

	0011 0101	35
+	0010 0001	21
	0101 0110	56

由于低 4 位、高 4 位均不满足修正法则，所以结果正确，不需修正。

【例 1.12】 用 BCD 码求 25 + 37。

	0010 0101	25	
+	0011 0111	37	
	0101 1100		低 4 位满足法则 1
+	0000 0110		加 6 修正
	0110 0010	62	结果正确

【例 1.13】 用 BCD 码求 94 + 7。

	1001 0100	94	
+	0000 0111	7	
	1001 1011		低 4 位满足法则 1
+	0000 0110		加 6 修正
	1010 0001		高 4 位满足法则 3
+	0110 0000		加 6 修正
	[1]0000 0001	101	结果正确

【例 1.14】 用 BCD 码求 91 + 83。

```
      1001 0001      91
   +  1000 0011      83
   ─────────────────────
   [1]0001 0100            高 4 位满足法则 2
   +  0110 0000            加 6 修正
   ─────────────────────
   [1]0111 0100     174    结果正确
```

【例 1.15】 用 BCD 码求 76 + 45。

```
      0111 0110      76
   +  0100 0101      45
   ─────────────────────
      1011 1011            低 4 位、高 4 位均满足法则 1
   +  0110 0110            同时加 6 修正
   ─────────────────────
   [1]0010 0001     121    结果正确
```

两个 BCD 码进行减法运算时，当低位向高位有借位时，由于“借 1 作 16”与“借 1 作 10”的差别，将比正确结果多 6，所以有借位时，可采用“减 6 修正法”来修正。实际上，计算机中有 BCD 调整指令，两个 BCD 码进行加减时，先按二进制加减指令进行运算，再对结果用 BCD 调整指令进行调整，就可得到正确的十进制运算结果。

另外，BCD 码的加减运算，也可以在运算前由程序先变换成二进制数，然后由计算机对二进制数进行运算处理，运算以后再将二进制数结果由程序转换为 BCD 码。

1.3.5 字符编码

现代计算机使用各种不同的设计语言，但任何语言都是由字母、数字和符号组成的。要输入程序，计算机必须接受由字母、数字和符号组成的信息；用户在计算机上操作时，总要输入许多监控程序或操作系统所能识别的各种命令，命令也是由字母、数字和符号打印出来或显示在屏幕上的。

1. ASCII 码

目前国际上使用的字符编码系统有很多。在微型计算机中普遍采用的是美国国家信息交换标准字符码，即 ASCII 码（American Standard Code for Information Interchange）。

ASCII 码采用 7 位二进制代码来对字符进行编码。它包括 32 个通用控制符号，10 个阿拉伯数字，52 个英文大、小写字母，34 个专用符号，共 128 个。并非所有的 ASCII 字符都能打印，有些字符用来控制终端退格、换行和回车等。

通常，7 位 ASCII 代码在最高位添加一个“0”组成 8 位代码。因此，字符在计算机内部按 8 位一组存储，正好占一个字节。在存储和传送信息时，最高位常作为奇偶校验位，用来检验代码在存储和传送过程中是否发生错误。偶校验时，每个代码的二进制形式中应有偶数个“1”。例如，传送字母“G”，其 ASCII 码的二进制形式为 100111，因有 4 个 1，故奇偶校验位为 0，8 位代码将是 01000111。奇校验每个代码中应有奇数个“1”，若用奇校验传送字符“G”，则 8 位代码将是 11000111。

2. 汉字编码

ASCII 码是计算机处理英文字符的编码系统，如果想要计算机处理汉字信息，则要对汉字进行编码。显然像字符那样用 8 位编码来表示汉字是不够的，所以在计算机上输入、存储、处理汉字信息要采用不同的编码方式。

汉字编码分为内码与外码。外码指用于汉字输入方式的输入码、打印码、显示码等。输入码常用的有区位码、拼音码、五笔字型码、自然码等。内码是计算机内部处理汉字使用的编码，目前主要使用国家标准信息交换用的字符编码 GB 2312—80，称为国标码。这个标准字符集共收录汉字和图形符号 7 445 个，其中包括：

① 一般符号 202 个，包括间隔符、标点、运算符、单位符号和制表符等。

② 序号 60 个，它们是 1~20（20 个）、（1）～（20）（20 个）、①~⑩（10 个）和⊕等（10 个）。

③ 数字 22 个，它们是 0~9 和Ⅰ～Ⅻ。

④ 英文字母 52 个，大小写各 26 个。

⑤ 日文假名 169 个，其中平假名 83 个，片假名 86 个。

⑥ 希腊字母 48 个，其中大小写各 24 个。

⑦ 俄文字母 66 个，其中大小写各 33 个。

⑧ 汉语拼音符号 26 个。

⑨ 汉语注音字母 37 个。

⑩ 汉字 6 763 个，其中一级汉字 3 755 个，二级汉字 3 008 个。

国标码中的字符采用两个 7 位的字节表示（在计算机中采用两个 8 位字节，每个字节最高位用 1 表示）。

此外，还有其他的一些计算机所使用的字符编码，这里就不一一介绍了。

习　题

1. 把下列二进制数转换成十进制数、十六进制数及 BCD 码形式。

（1）10110010B　（2）01011101.101B

2. 把下列十进制数转换成二进制数。

（1）100D　（2）1000D　（3）67.21D

3. 把下列十六进制数转换成十进制数、二进制数。

（1）2B5H　（2）4CD.A5H

4. 计算下列各式。

（1）A7H+B8H　（2）E4H−A6H

5. 写出下列十进制数的原码、反码和补码。

（1）+89　（2）−37

6. 求下列用二进制补码表示的十进制数。

（1）$(01001101)_补$　（2）$(10110101)_补$

7. 用 8 位二进制数写出下列字符带奇校验的 ASCII 码。

（1）C：1000011　（2）O：1001111　（3）M：1001101　（4）P：1010000

8. 用 8 位二进制数写出下列字符带偶校验的 ASCII 码。

（1）+：0101011　（2）=：0111101　（3）#：0100011　（4）>：0111110

9. 简述微型计算机系统的硬件组成及各部分的作用。

10. CPU 由哪几部分组成，各部分的作用如何？其中程序计数器 PC 的作用是什么？

11. 指令和数据均存放在内存中，计算机如何区分它们是指令还是数据？

12. 微型计算机中系统总线的作用是什么？按照传送信号的性质来分，系统总线又可分为哪三组总线？这三组总线的作用是什么？

第2章 Intel 微处理器的结构

本章将介绍最具有代表性的 Intel 系列微处理器的功能结构、寄存器结构、存储器组织以及工作方式等，为随后学习指令系统和汇编语言程序设计打下基础。2.1 节以 8086/8088 CPU 为例介绍 16 位微处理器的结构，第 2.2 节以 80386 CPU 为例重点介绍 32 位微处理器的体系结构，2.3 节介绍 Pentium CPU 的体系结构。

2.1 Intel 8086/8088 微处理器的结构

Intel 8086/8088 CPU 是 Intel 系列微处理器中最基本的一个 CPU 实例，在此后的 Intel 系列处理器的不断发展中，除了运算速度的增强，还加入了保护模式，使寻址能力得到增强。80386、Pentium 等 CPU 中的实模式与虚拟 8086 模式可以实现与 8086/8088 的完全兼容，实模式可以看作是一个快速的 8086CPU。要学习保护模式，必须先掌握实模式下的运行状态。另外，8086/8088 CPU 的汇编语言指令是 Intel 80x86/Pentium 架构中最少的。在后期的 CPU 中，为了保证与 8086/8088 CPU 的兼容，在 8086/8088 CPU 的寄存器基础上新增了一些寄存器，在 8086/8088 CPU 的汇编语言指令基础上增加了一些指令。因此，8086/8088 汇编语言程序在后期 CPU 实模式状态下都可以编译通过。初学者往往用最简单的实例开始学习，掌握以 8086/8088 为 CPU 的微机原理、汇编语言及接口技术是学习 32 位机、64 位机的基础，是这门课的重要学习内容之一。

2.1.1 8086/8088 CPU 的功能结构

8086/8088 CPU 具有 20 条地址线，直接寻址能力达 1MB。8086 CPU 具有 16 条数据总线，而 8088 CPU 具有 8 条数据总线，它们的内部结构基本相同，内部总线和 ALU 均为 16 位，可进行 8 位和 16 位操作。8086 CPU 是 16 位微处理器，8088 CPU 称为准 16 位微处理器。8086/8088 CPU 具有完全相同的指令系统。8086/8088 CPU 采用不同于 8 位微处理器的一种全新结构形式，均由两个独立的逻辑单元组成，一个称为总线接口单元（Bus Interface Unit，BIU），另一个称为执行单元（Execution Unit，EU），其功能框图如图 2-1 所示。

8086 和 8088 两种 CPU 的执行单元需完全相同，而总线接口单元有些不同。8086 CPU 数据总线 16 位，指令队列为 6 个字节；8088 CPU 数据总线 8 位，指令队列为 4 个字节。

总线接口单元 BIU 包括 4 个段寄存器、指令指针 IP（相当于 8 位机中的 PC）、指令队列寄存器（相当于 8 位机中的 IR）、完成与 EU 通信的内部寄存器、加法器和总线控制逻辑。加法器将指令指定的段寄存器保存的 16 位段地址左移 4 位，再和 IP 或 EU 部件提供的偏移地址（均为 16

位）相加形成 20 位的物理地址。BIU 的任务是执行总线周期，完成 CPU 与存储器和 I/O 设备之间信息的传送。具体地讲，取指令时，从存储器指定地址取出指令送入指令队列排队。执行指令时，根据 EU 命令对指定存储器单元或 I/O 端口存取数据。需说明的是，8086 的指令队列为 6 个字节，而 8088 的指令队列为 4 个字节。

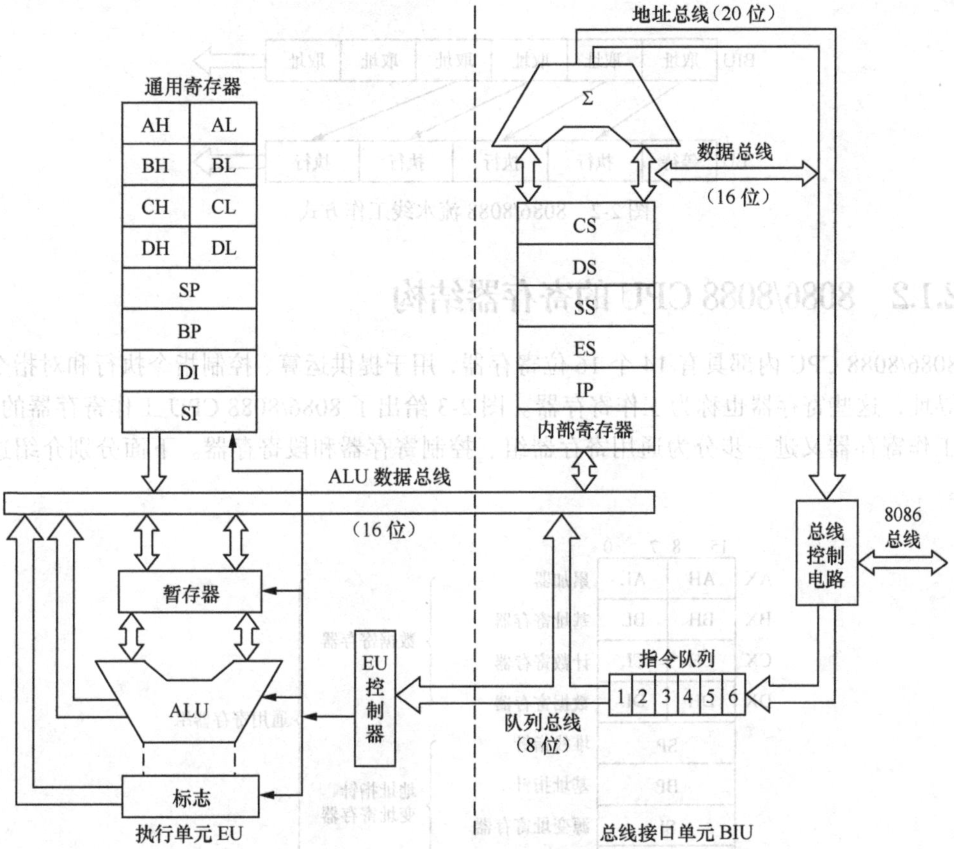

图 2-1　8086 CPU 的功能框图

执行单元 EU 由逻辑运算单元 ALU、暂存器、标志寄存器（即 PSW 寄存器）、通用寄存器和 EU 控制器构成。其任务是执行指令，进行全部算术逻辑运算、完成偏移地址的计算，向总线接口单元 BIU 提供指令执行结果的数据和偏移地址，并对通用寄存器和标志寄存器进行管理。

16 位的 ALU 总线和 8 位队列总线分别用于 EU 内部和 EU 与 BIU 之间的通信。

EU 单元执行完一条指令后，就从 BIU 的指令队列中取出预先读入的指令代码加以执行。如此时执行指令队列是空的，EU 处于等待状态。一旦指令队列中出现指令，EU 立即取出执行。在执行指令过程中，若需要访问寄存器单元和 I/O 接口，EU 就会发出命令，使 BIU 进入访问存储器或 I/O 的总线周期。若此时 BIU 正处于取指令总线周期，则必须在其指令总线周期后，BIU 才能对 EU 的命令进行处理。

8086 CPU 中，若 6 个字节的指令队列中出现两个空闲字节（对 8088 CPU 是一个空闲字节），且 EU 没有命令 BIU 进入访问存储器和 I/O 端口的总线周期，则 BIU 将自动执行其总线周期来填满指令队列。当指令队列中已填满指令，而 EU 单元又无进入访问存储器和 I/O 端口的总线周期的命令时，BIU 进入空闲状态。在执行转移、子程序调用和返回命令时，指令队列的内容就被清除。BIU 是通过对内部寄存器的检测来查看 EU 是否有对寄存器和 I/O 端口的存取要求的，因此 EU 和 BIU 进行操作时是并行的。即 EU 从指令队列中取指令、执行指令和 BIU 补充指令队列的工作是同时进行的（见图 2-2）。这样就大大提高了 CPU 利用率，降低了系统对存储器速度的要求。

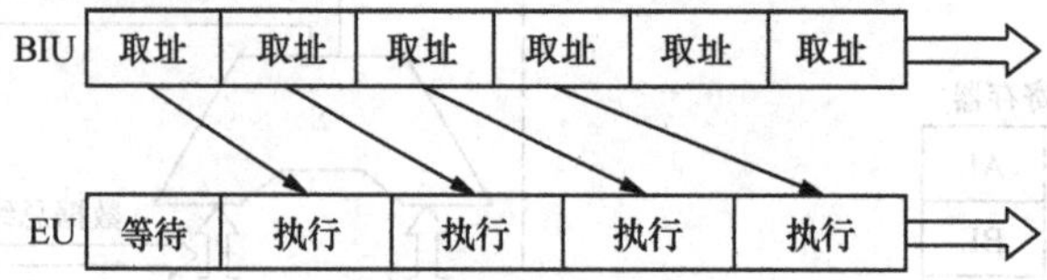

图 2-2　8086/8088 流水线工作方式

2.1.2　8086/8088 CPU 的寄存器结构

8086/8088 CPU 内部具有 14 个 16 位寄存器，用于提供运算、控制指令执行和对指令及操作数寻址，这些寄存器也称为工作寄存器。图 2-3 给出了 8086/8088 CPU 工作寄存器的结构，这些工作寄存器又进一步分为通用寄存器组、控制寄存器和段寄存器。下面分别介绍这些寄存器。

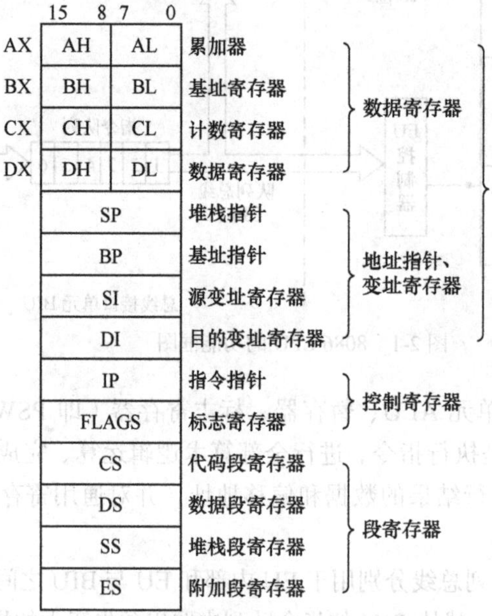

图 2-3　8086/8088 CPU 的寄存器结构

1. 通用寄存器组

6 位通用寄存器组中的 8 个寄存器可分为两组，一组是数据寄存器，另外一组是地址指针和变址寄存器。

（1）数据寄存器

数据寄存器包括 AX、BX、CX、DX，主要用来保存算术或逻辑运算的操作数、中间运算结果。上述 4 个数据寄存器既可以作为一个 16 位寄存器使用，也可以分别作为两个 8 位寄存器使用。因而，每个数据寄存器的高字节和低字节都有它自己的名称：低字节寄存器分别为 AL、BL、CL、DL，高字节寄存器分别为 AH、BH、CH、DH。这些寄存器的双重性既使得 8086/8088 容易处理字节和字的数据，又保证了 8086/8088 向上和 8080/8085 的兼容性。

数据寄存器既可以用来存放算术逻辑运算的源操作数，也可以用来存放目标操作数，且任一数据寄存器都可存放运算结果。由于这些寄存器具有良好的通用性，使用十分灵活，因而也称为通用寄存器。但在某些指令中规定了某些通用寄存器的专门用法，这样可以缩短指令代码长度，或使这些寄存器的使用具有隐含性质，以简化指令的书写形式（即在指令中不必指出使用的寄存器名称）。例如，CX 在字符串操作指令中用来作为计数器，在循环操作指令中也被用来做计数器，又如 BX 常被用来作为存储器操作数的基地址寄存器。根据这些寄存器具有某些专门用法，又常把 AX、BX、CX、DX 分别称为累加器、基址寄存器、计数寄存器和数据寄存器。

（2）地址指针和变址寄存器

地址指针和变址寄存器包括 SP、BP、SI 和 DI。这组寄存器在功能上的共同点是，在对存储器操作数寻址时，用于形成 20 位物理地址码的组成部分。在任何情况下，它们都不能独立地形成访问内存的地址码，因为它们都是 16 位。访问存储器的地址码由段地址（存放在段寄存器中）和段内偏移地址两部分组成。而这 4 个寄存器用于存放段内偏移地址的全部或一部分，后面将说明段寄存器和地址形成的方法。

① SP（Stack Pointer）堆栈指针。用于存放堆栈操作（压入和弹出）地址的段内偏移地址。其段地址由段寄存器 SS 提供。

② BP（Base Pointer）基址指针。在某些间接寻址方式中，BP 用来存放段内偏移地址的一部分，后面讨论寻址方式时将进一步说明。特别值得注意的是，凡包含有 BP 的寻址方式中，如果无特别说明，其段地址由段寄存器 SS 提供。这就是说，该寻址方式是对堆栈区的存储单元寻址的。

③ SI（Source Index）和 DI（Destination Index）变址寄存器。在某些间接寻址方式中，SI 和 DI 用来存放段内偏移地址的全部或一部分。在字符串操作指令中，SI 用作源变址寄存器，DI 用作目的变址寄存器。

这组寄存器主要用来存放地址，也可以存放数据。

以上 8 个 16 位通用寄存器在一般情况下都具有通用性，从而提高了指令系统的灵活性。通用寄存器还各自具有特定的用法，有些指令中还隐含地使用这些寄存器。表 2-1 给出了通用寄存器的特定用法。

表 2-1 通用寄存器的特定用法

寄存器名称	特 定 用 法
AX、AL	乘法及除法指令中作为累加器；I/O 指令中作为数据寄存器
AH	LAHF 指令中作为目的寄存器
AL	BCD 码与 ASCII 码运算指令中作为累加器；XLAT 指令中作为累加器
BX	间接寻址中作为基址或地址寄存器；XLAT 指令中作为基址寄存器
CX	循环指令和字符串指令中作为循环次数计数寄存器，每做一次循环，CX 内容自动减 1
CL	移位及循环移位指令中作为移位位数及循环移位次数的寄存器
DX	I/O 指令间接寻址时作为地址寄存器 乘、除法指令中作为辅助累加器（但乘积或被除数为 32 位时存放高 16 位）

续表

寄存器名称	特 定 用 法
BP	间接寻址中作为基址寄存器
SP	堆栈操作中作为堆栈指针
SI	字符串指令中作为源变址寄存器；间接寻址中作为地址寄存器
DI	字符串指令中作为目的变址寄存器；间接寻址中作为地址寄存器

2. 控制寄存器组

（1）指令指针

指令指针（Instruction Pointer，IP）相当于 8 位机中的程序计数器 PC，它保存下一次要取出指令的偏移地址。在用户程序中不能使用该寄存器，但可以用调试程序 DEBUG 中的命令改变其值，以改变程序执行地址，用于调试程序。某些指令如转移指令、过程的调用指令和返回指令将改变 IP 的内容。

（2）标志寄存器

标志寄存器 FLAG 也称为处理器状态字 PSW（Processor Status Word）。8086/8088 CPU 设立了一个两字节的标志寄存器，共 9 个标志，如图 2-4 所示。其中标志位 O、S、Z、A、P、C 是反映前一次涉及 ALU 操作结果的状态标志，也称为状态标志位；D、I、T 是控制 CPU 操作特征的控制标志，也称为控制标志位。下面分别介绍这些标志位的意义。

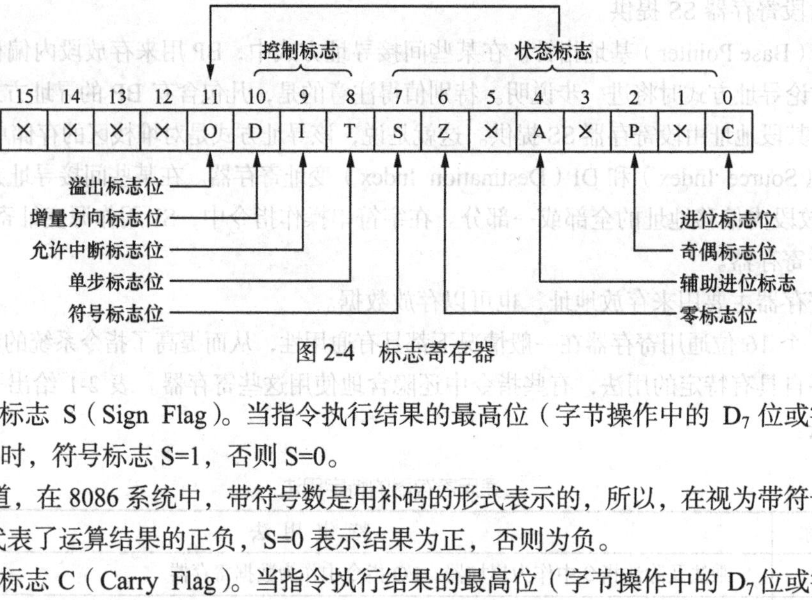

图 2-4 标志寄存器

① 符号标志 S（Sign Flag）。当指令执行结果的最高位（字节操作中的 D_7 位或字操作中的 D_{15} 位）为 1 时，符号标志 S=1，否则 S=0。

我们知道，在 8086 系统中，带符号数是用补码的形式表示的，所以，在视为带符号数的情况下，S 的值代表了运算结果的正负，S=0 表示结果为正，否则为负。

② 进位标志 C（Carry Flag）。当指令执行结果的最高位（字节操作中的 D_7 位或字操作中的 D_{15} 位）产生进位或借位时，C=1，否则 C=0。对于算术运算操作，可理解为：无符号数运算后结果超出一个字节或一个字所能容纳的范围（在无符号数情况下，一个字节所能容纳的范围为 0～255，一个字所能容纳的范围为 0～65 535）时，进位标志 C=1，否则 C=0。

例如，在计算字节相加“11001100B+10101010B”（当成无符号数，即为“204 + 170”）时，结果 D_7 位产生进位，可理解为 204 + 170 = 374＞255，因此 C=1。又如，在计算字节相减“11001100B+10101010B”（当成无符号数，即为“204−170”）时，结果 D7 位并不需要借位，可理解为 204 − 170 = 34＞0，因此 C = 0。

③ 溢出标志 O（Overflow Flag）。在算术运算操作中，如果带符号数运算后结果超出一个字节或一个字所能容纳的范围（在带符号数情况下，一个字节所能容纳的范围为 (−128)～(+127)，一个字所能容纳的范围为 (−32768)～(+32767) 时，溢出标志 O = 1，否则 O = 0。

例如，在计算字节相加“10001000B+10000010B”（当成带符号数，即为“(−78H)+(−7EH)”）时，可理解为 (−120) + (−124) = −244＜−128，所以结果产生溢出，O = 1。

需要注意的是，进位和溢出并没有必然的联系，两个数进行相加减，结果有进位时不一定有溢出，有溢出时也不一定有进位。

④ 辅助进位标志 A（Auxiliary Carry Flag）。在执行加减运算指令时，如果最低半字节的最高位向前一位有进位或借位（即 D_3 位向 D_4 位有进位或借位），则 A=1，否则 A=0。

⑤ 零标志 Z（Zero Flag）。如果指令执行结果为 0，则 Z=1，否则 Z=0。

⑥ 奇偶标志 P（Parity Flag）。在字节操作指令中，如果结果中“1”的个数为偶数，则 P=1，否则 P=0；在字操作指令中，如果结果的低字节（即 D_7～D_0）中“1”的个数为偶数，则 P=1，否则 P=0。高字节部分（即 D_{15}～D_8）并不影响奇偶标志位。

以上 6 个状态标志位可以体现到目前程序运算结果的一些数值特征。例如，对于下列程序段：

```
MOV      BL,63H    ;BL←63H
ADD      BL,38H    ;BL←(BL)+38H
```

上面第 1 条指令是将立即数 63H 送给寄存器 BL；第 2 条指令是将寄存器 BL 的内容（即 63H）与 38H 相加，结果送回给寄存器 BL。

执行完 ADD 指令后，6 个状态标志位都会产生变化（见图 2-5）：

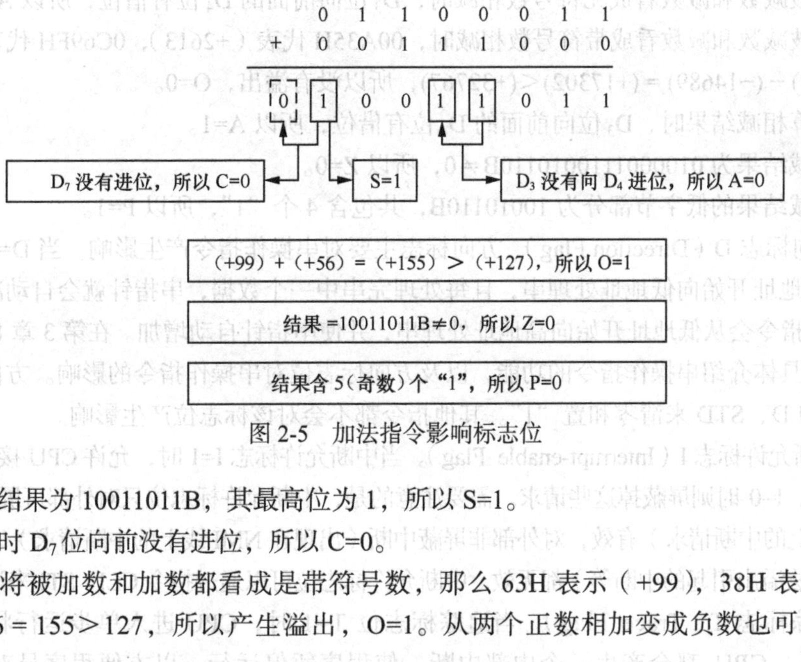

图 2-5　加法指令影响标志位

- 相加结果为 10011011B，其最高位为 1，所以 S=1。
- 相加时 D_7 位向前没有进位，所以 C=0。
- 如果将被加数和加数都看成是带符号数，那么 63H 表示（+99），38H 表示（+56），由于 99 + 56 = 155＞127，所以产生溢出，O=1。从两个正数相加变成负数也可以推出产生了溢出。
- 执行加法操作时，D_3 没有向 D_4 进位，所以 A=0。
- 相加结果为 10011011B≠0，所以 Z=0。
- 相加结果为 10011011B，共包含 5 个“1”，因此 P=0。

又如，对于下列程序段：

```
MOV     BX,0A35H  ;BX←0A35H
SUB     BX,0C69FH  ;BX←(BX)-0C69FH
```

上面第 1 条指令是将立即数 0A35H 送给 16 位的寄存器 BX；第 2 条指令是将寄存器 BX 的内容（即 0A35H）减去 0C69FH，结果送回给寄存器 BX。执行完 SUB 指令后，6 个状态标志位都会产生变化（见图 2-6）：

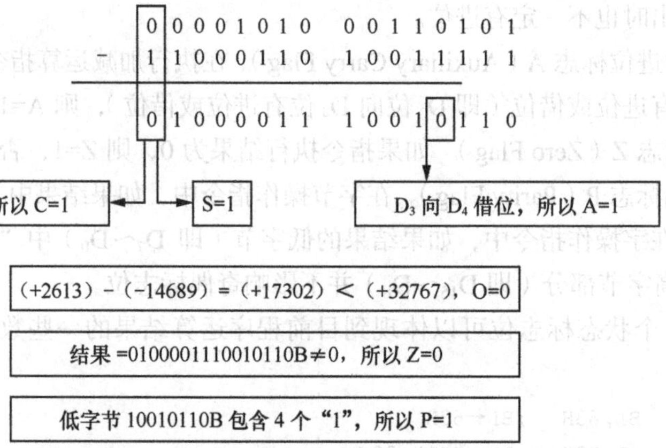

图 2-6　减法指令影响标志位

- 相减结果为 0100001110010110B，最高位为 0，所以 S=0。
- 把被减数和减数看成无符号数相减时，最高位 D_{15} 向前有借位，所以 C=1。
- 把被减数和减数看成无符号数相减时，D_3 位向前面的 D_4 位有借位，所以 A=1。
- 把被减数和减数看成带符号数相减时，00A35H 代表（+2613），0C69FH 代表（−14689），由于 (+2613) − (−14689) = (+17302)＜(+32767)，所以没有溢出，O=0。
- 计算相减结果时，D_3 位向前面的 D_4 位有借位，所以 A=1。
- 相减结果为 0100001110010110B≠0，所以 Z=0。
- 相减结果的低字节部分为 10010110B，共包含 4 个“1”，所以 P=1。

⑦ 方向标志 D（Direction Flag）。方向标志主要对串操作指令产生影响。当 D=1 时，串操作指令会从高地址开始向低地址处理串，且每处理完串中一个数据，串指针就会自动减小；当 D=0 时，串操作指令会从低地址开始向高地址处理串，并使串指针自动增加。在第 3 章 80X86 指令系统中，将会具体介绍串操作指令的功能，以及方向标志位对串操作指令的影响。方向标志位可以通过指令 CLD、STD 来清零和置“1”。其他指令都不会对该标志位产生影响。

⑧ 中断允许标志 I（Interrupt-enable Flag）。当中断允许标志 I=1 时，允许 CPU 接收外部的可屏蔽中断请求，I=0 时则屏蔽掉这些请求。需要注意的是，中断允许标志位只对外部可屏蔽中断（出现在 INTR 线上的中断请求）有效，对外部非屏蔽中断（出现在 NMI 线上的中断请求）以及 CPU 内部中断（如除法溢出引起的中断等）都无效。中断允许标志位可以通过指令 CLI、STI 来清零和置“1”。

⑨ 追踪标志 T（Trace Flag）。当追踪标志位 T=1 时，CPU 进入单步运行状态，每执行一条指令后，CPU 都会产生一个内部中断，使程序暂停运行，以方便程序员对程序的跟踪和检查；当 T=0 时 CPU 可恢复正常状态。在 8086 系统中，并没有指令可以直接修改追踪标志位 T。但可以利用将标志寄存器的内容压入堆栈间接修改，之后再送回给标志寄存器，来实现 T 标志位的修改。

3. 段寄存器组

CPU 访问存储器的逻辑地址由段地址和段内偏移地址两部分组成。段寄存器用来存放段地址。总线接口单元 BIU 设置 4 个段寄存器。CPU 可通过 4 个段寄存器访问存储器中 4 个不同的段（每段 64KB）。4 个段寄存器分别是 CS、DS、SS、ES。

① 代码段寄存器（Code Segment，CS）存放当前执行程序所在段的段地址，CS 的内容左移 4 位再加上指令指针 IP 的内容就是下一条要执行的指令物理地址。

② 数据段寄存器（Data Segment，DS）存放当前数据段的段地址。通常数据段用来存放数据和变量。DS 的内容左移 4 位再加上按指令中存储器寻址方式计算出来的偏移地址，即为对数据段指令单元进行读写的物理地址。

③ 堆栈段寄存器（Stack Segment，SS）存放当前堆栈段的段地址。堆栈是存储器中开辟的按后进先出原则组织的一个特别存储区。主要用于调用子程序时，保留返回主程序的地址和保存进入子程序将要改变其值的寄存器的内容。对堆栈进行操作（压入或弹出）的物理地址由 SS 的内容左移 4 位加上 SP 的内容得到。

④ 附加段寄存器（Extra Segment，ES）存放附加段的段地址。附加段是一个附加设计段，是在进行字符串操作时作为目的区地址使用的，DI 存放目的区的偏移地址。

DS 和 ES 都要由用户用程序设置初值。若 DS 和 ES 的初值相同，则数据段和附加段重合。

下面将详细讨论存储器的分段结构和物理地址的形成。

2.1.3 8086/8088 的存储器组织结构

1. 存储器的分段和物理地址的形成

8086/8088 CPU 地址总线共有 20 条，存储器地址空间为 1MB。但 CPU 内部可以提供地址的寄存器 BX、IP、SP、BP、SI 和 DI 及逻辑运算单元 ALU 都是 16 位，只能直接处理 16 位地址，即寻址范围为 64KB。因此，扩大寻址范围成为一个难题。8086/8088 CPU 巧妙地了地址分段的方法，将寻址范围扩大到 1MB。

在 8086/8088 中，把 1MB 的存储器空间划分为若干个逻辑段，每段最多为 2^{16} 个存储单元。各逻辑段的起始地址必须是能被 16 整除的地址，即段的起始地址的低 4 位二进制码必须是 0。一个段的起始地址的高 16 位称为该段的段地址。显然，在 1MB 的存储器地址空间中，可以有 2^{16} 个段地址。任意相邻的两个段地址相距 16 个存储单元。段内一个存储单元的地址，可用相对于段起始地址的偏移量来表示，这个偏移量称为段内偏移地址，也称为有效地址 EA。偏移地址也是 16 位的，所以，一个段最大可以包括一个 64KB 的存储空间。在访问存储器时，段地址总是由段寄存器提供的。8086/8088 微处理器的 BIU 单元设有 4 个段寄存器（CS、DS、SS、ES），所以 CPU 可通过这 4 个段寄存器来访问 4 个不同的段。当前可寻址的存储段提供一个很大的暂存工作空间：代码段 64KB 存放指令，堆栈段 64KB 作为堆栈，数据段和附加段共 128KB 存储数据。存储器的分段结构如图 2-7 所示。

8086/8088 系统中每个存储单元都有一个物理地址，物理地址就是存储单元的实际地址编码。在 CPU 与存储器之间进行任何信息交换时，需利用物理地址来查找所需要访问的存储单元。逻辑地址由段地址和偏移地址两部分组成。段地址和偏移地址都是无符号的 16 位二进制数，常用 4 位十六进制数表示。

逻辑地址的表示格式为

段地址:偏移地址

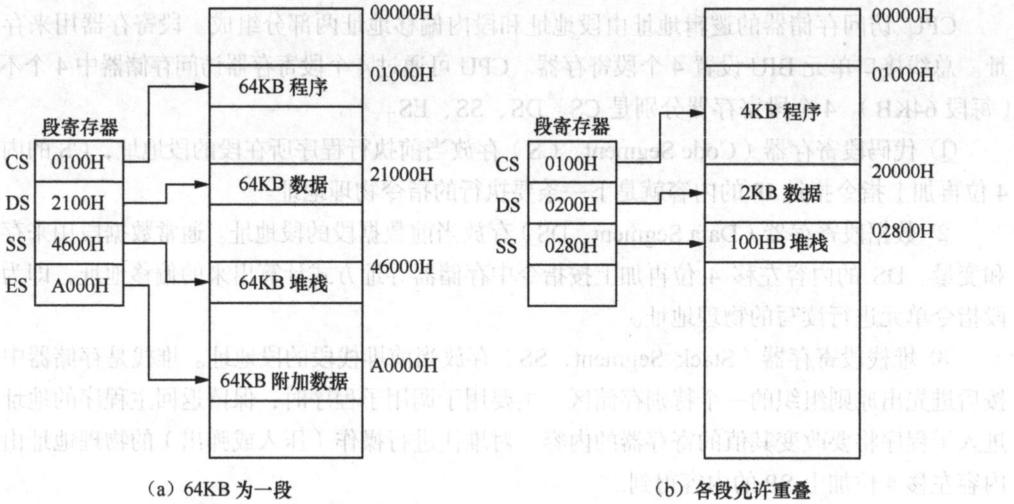

图 2-7　存储器典型的分段结构

例如，逻辑地址 9000:0300 表示段地址为 9000H，偏移地址为 0300H。知道了逻辑地址，可以求出它对应的物理地址。

物理地址 = 段地址 × 10H + 偏移地址

因此 9000:0300 的物理地址为 90300H。8086/8088 CPU 中 BIU 单元的加法器用来完成物理地址计算，如图 2-8 所示。

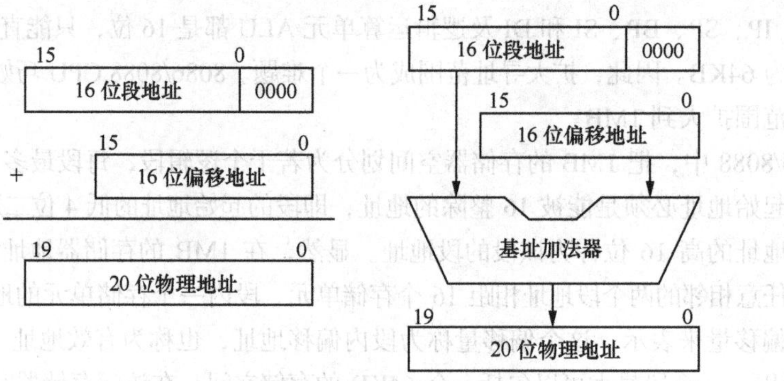

图 2-8　20 位物理地址的形成

2．信息的分段存储

段寄存器的利用不仅使存储器地址空间扩大到 1MB，而且为信息按特征的存储带来了方便。存储器中的信息可分为程序、数据和计算机的状态等信息。为了操作方便，存储器可相应的划分为：程序区，该区存储程序的指令代码；数据区，它存储原始数据、中间结果和最后结果；堆栈区，用于存储需要压入堆栈的数据或状态信息。段寄存器的分工是：代码段寄存器 CS 划定并控制着程序区；数据段寄存器 DS 和附加段寄存器 ES 控制着数据区；堆栈段寄存器对应着堆栈段存储区。表 2-2 列出了各种操作类型访问存储器时所要使用的段寄存器和段内偏移地址的来源，它规定了为各种目的访问存储器时形成 20 位物理地址的计算方法。

表 2-2 逻辑地址的来源

操作类型	正常使用（隐含）段寄存器	可替换段寄存器	偏移地址	物理地址计算
取指令	CS	无	IP	(CS) × 16d + (IP)
堆栈操作	SS	无	SP	(SS) × 16d + (SP)
BP 间址	SS	CS，DS，ES	有效地址 EA	(SS) × 16d + EA
存取变量	DS	CS，ES，SS	有效地址 EA	(DS) × 16d + EA
源字符串	DS	CS，ES，SS	SI	(DS) × 16d + (SI)
目标字符串	ES	无	DI	(ES) × 16d + (DI)

对表 2-2 的几点说明如下。

① 任何操作类型访问主机时，其段地址要么由默认段寄存器提供，要么由“指定”的可替换段寄存器提供。

所谓默认段寄存器是指在对应操作的指令中不需写出该段寄存器的情况，这时就由默认段寄存器提供访问内存的段地址。实际程序设计时，绝大多数属于这种情况，因此要熟记各种操作类型访问内存的段寄存器。

有几种操作类型访问存储器时允许指定另外的段寄存器，这为访问不同的存储器段提供了方便。段寄存器的指定是由在指令码中增加一个字节的前缀码实现的，程序书写时可写为段寄存器加冒号表示。如访问内存单元[2000H]，默认的段值是由 DS 段寄存器提供；若要由 ES 提供段值，则需表示为：ES:[2000]。

指令举例如下。

```
MOV   DX,[2000H];
MOV   DX,ES:[2000H];
```

上面第 1 条指令实现将内存单元 DS:［2000H］的内容送 DX 寄存器，该内存单元的段值由 DS 提供，DS 是默认段寄存器，指令中可以不用写出，该内存单元的偏移量为 2000H；第 2 条指令实现将内存单元 ES:［2000H］的内容送 DX 寄存器，该内存单元的段值由 ES 提供，ES 不是默认段寄存器，指令中必须写出，该内存单元的偏移量也为 2000H。

有些操作类型访问存储器时不允许指定另外的段寄存器。取指令码访问内存时，段寄存器一定是 CS；堆栈操作时，段寄存器一定是 SS；字符串处理指令的目的地址，其段寄存器一定是 ES。

② 段寄存器 DS、ES 和 SS 的内容是用传送指令置入的，但任何传送型指令不能向段寄存器 CS 中置入数。

例如，“MOV CS,AX”指令，这条送数指令实现将 AX 寄存器的内容送 CS 段寄存器的功能。这条指令本身没有错误，但结果是修改了程序的段值，改变了程序的执行顺序。

以后将讲到，JMP、CALL、RET、INT 和 IRET 等指令可以设置和影响 CS 的内容，更改段寄存器的内容，意味着存储区的移动。这说明无论程序区、数据区还是堆栈区都可以不限于 64KB 的容量，都可以通过重置段寄存器内容的方法予以扩大，而且各存储区都可以在存储器中浮动。

③ 表中的“段内偏移地址”一栏中，除了两种操作类型访问存储器是“有效地址 EA”外，其他都指明了一个 16 位的指针寄存器或变址寄存器。如取指令访问内存时，段内偏移地址只能由指令指针 IP 提供；堆栈的压入、弹出操作时，段内偏移地址只能由 SP 提供；字符串操作时，源地址和目的地址中的段内偏移地址分别由 SI 和 DI 提供。除此之外，为存取操作数而访问内存时，

段内偏移地址将由以后讨论的指令代码规定的寻址方式求得。

3. 8086/8088 系统的存储器结构

8086 和 8088 CPU，具有 1MB 的寻址能力，但由于其数据总线宽度不同，存储器结构也有所不同。

（1）8086 系统的存储结构

8086 CPU 具有 16 位宽的数据总线，但这并不意味着 CPU 每次访问存储器或外围设备都传送 16 位数据。8086 的有些指令仅用来访问（读或写）一个字节数据，该字节数据可能存放于偶数地址单元也可能存放于奇数地址单元；而另一些指令用来访问字，即 16 位数据。16 位数据（字数据）总是存放在相邻的两个单元内，且低位字节（低 8 位）总是存放在地址较低的那个单元，并把该单元地址称为该字的存放地址。显然，字地址可以是偶数，也可以是奇数，我们把存放在偶地址的字称为规则字。8086CPU 的 BIU 是这样设计的：若存取一个字节的数据，总是用一个总线周期来完成该操作；若一个规则字，只用一个总线周期来完成 16 位数据的传送；而存取非规则字则用相邻两个总线周期来完成该字的存储操作，先取其奇地址字节（即数据的低位字节），然后存取偶地址字节。

以 8086 为 CPU 的存储系统中，总是偶地址单元的数据通过 AD_0～AD_7 传送，而奇地址单元的数据通过 AD_8～AD_{15} 传送，即通过总线高字节传送。显然，并不是每一个总线周期都存取总线高字节，只有存取规则字、奇地址的字节或不规则字的低 8 位，才进行总线高字节传送。进行总线高字节传送时，CPU 的 $\overline{BHE}$ 引脚送出有效的低电平信号，作为基地址库的选择信号。任何偶地址的 A_0=0，$\overline{BHE}$ 与 A_0 配合可能进行的操作如表 2-3 所示。

表 2-3　存储器库选择

操　作	$\overline{BHE}$	A0	使用的数据总线
存取规则字	0	0	AD_{15}～AD_0
传送偶地址的一个字节	1	0	AD_7～AD_0
传送奇地址的一个字节	0	1	AD_{15}～AD_8
存取非规则字	0	1	AD_{15}～AD_8（第 1 个总线周期）
	1	0	AD_7～AD_0（第 2 个总线周期）
	1	1	为非法码

根据表 2-3 所示，以 8086 为 CPU 的存储系统中，为保证能完成规定的操作要求，将 1MB 存储器分为两个库，每个库的容量都是 510KB。其中和数据总线 D_{15}～D_8 相连的库全部由奇地址单元组成，称为高字节库或奇地址库，并用 $\overline{BHE}$ 信号作为该库的选择信号；另一个库和数据总线的 D_7～D_0 相连接，由偶地址单元组成，称为低字节库或偶地址库，利用 A_0 信号作为该库的选择信号。显然，只需 A_{19}～A_1 这 19 个地址用来作为两个库内的单元寻址。图 2-9 所示为 8086 系统的存储结构。

因此，编写程序时最好按规则字访问内存单元。下面举例说明两条简单的访问内存的指令。

```
MOV  AX,[2000H]
MOV  AX,[2001H]
```

上面第 1 条指令，一次总线操作就可以完成 16 位数的传送；而第 2 条指令需要分两次传送，第 1 次将[2001H]单元的内容通过数据总线 D_{15}～D_8 传送给 AL 寄存器，第 2 次将[2002H]单元的内容通过数据总线 D_7～D_0 传送给 AX 寄存器。

（2）8088 系统的存储结构

8088 CPU 的数据总线为 8 位，因而，无论是字操作，还是字节操作，也无论字地址是偶数还是奇数，CPU 的每一个总线周期只能完成一个字节的传送操作。字操作周期由相邻的两个总线周期实现，并由 CPU 自动完成，不需要应用软件进行干预。这样，8088 CPU 的 20 位地址总线 A_0～A_{19} 中的 A_0 也和其他地址位一起参加寻址操作，和 8088 对应的存储器结构也就由单一的存储器组成，如图 2-10 所示。

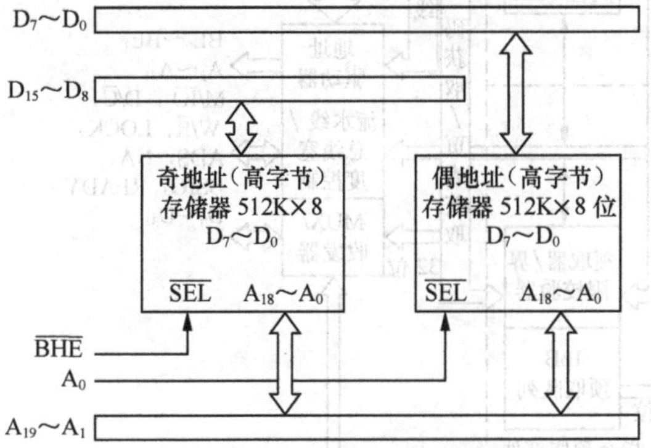

图 2-9　8086 系统的存储结构

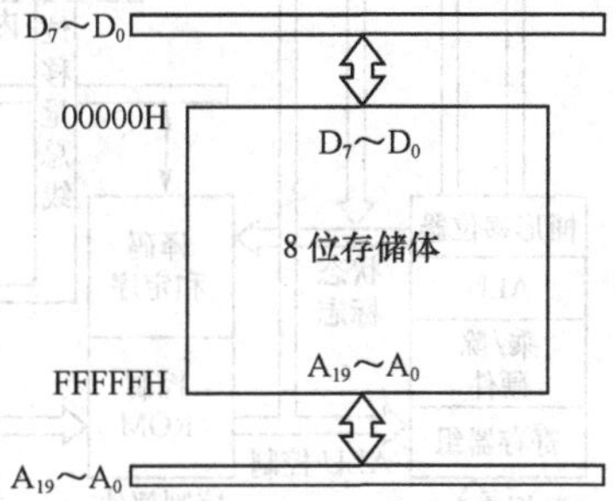

图 2-10　8088 系统的存储结构

2.2　Intel 80386 微处理器的结构

Intel 80386 微处理器是 Intel 80x86 系列处理器发展史上的一个里程碑，是 Intel 公司推出的第 1 个 32 位的微处理器。80386 的出现完成了 16 位微处理器到 32 位微处理器的过渡，也为后来的 80486 及 Pentium 系列处理器的发展打下了基础。

80386 的地址总线和数据总线都是 32 位的，支持 4GB 的物理地址空间。80386 可以在 3 种模式下工作：实地址模式（简称实模式）、受保护的虚拟地址模式（简称保护模式）和虚拟 8086 模式。实模式与虚拟 8086 模式是 80386 兼容 8086 程序的两种方法。

80386 扩展字长的同时，还提供许多增强的功能及特性，如多任务支持、内存管理、虚拟存储、软件保护机制以及更大的地址空间。这些功能和特性为现代操作系统的设计与实现奠定了硬件基础。

2.2.1　80386 微处理器的功能结构

Intel 80386 微处理器的功能结构如图 2-11 所示。Intel 80386 微处理器在结构上由 6 个独立的部分组成：总线接口部件 BIU、指令预取部件、指令译码部件、分段部件、分页部件、指令执行与控制部件，6 个部件是并行操作的。这些部件按照流水线结构设计，指令的预取、译码和执行均由各个处理部件协调并行处理，这样可以同时处理多条指令，从而提高处理器的执行速度。

总线接口部件（Bus Interface Unit，BIU）由请求判优控制器、地址驱动器、流水线总宽控制、多路转换/收发器等组成，主要用于将 CPU 与外部总线连接起来。它接收来自指令预取部件的取指令请求和来自执行部件的传送数据请求，判断哪个请求需要优先处理，发出或处理进行总线操作的信号，读取指令和读写数据。另外，它还控制同外部的其他需要使用总线的处理器的接口操作。

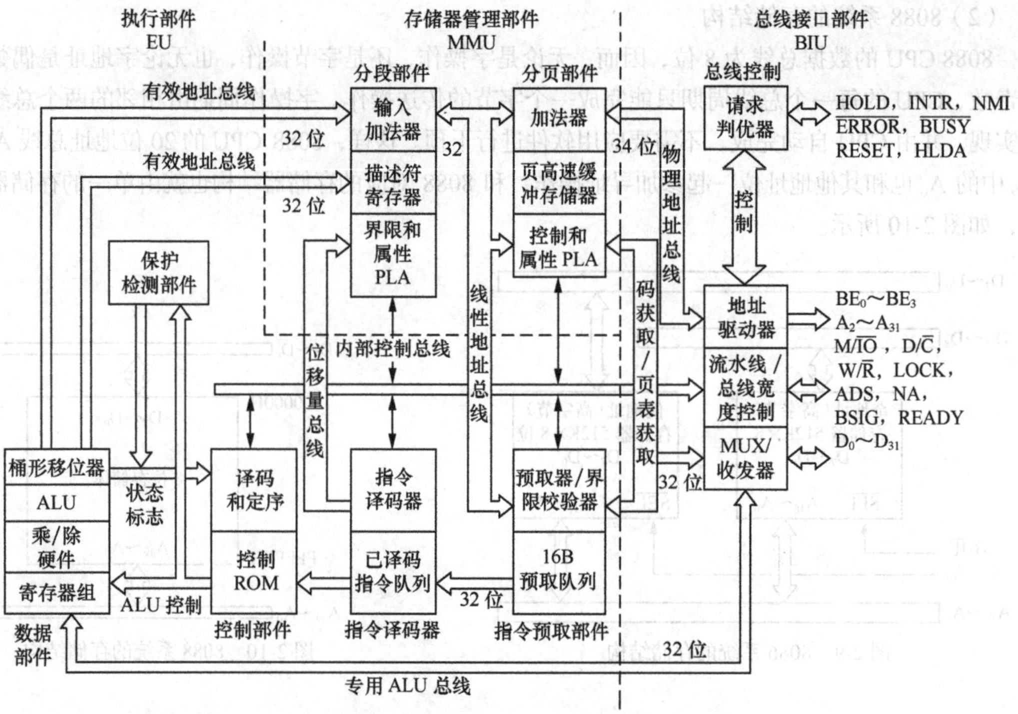

图 2-11　80386 微处理器结构框图

总线接口部件提供了微处理器与外部环境的接口，包括 32 位数据总线与地址总线的驱动。80386 的总线能动态地改变数据和地址的宽度，既能支持 16 位的总线，也能支持 32 位的总线。80386 增强了 32 位操作数和寻址形式的指令的性能，并提供了处理 32 位操作数和地址的新指令，提高了处理器的性能。

指令预取部件由预取器和预取队列组成。预取器接收分段部件送来的线性地址和分段界限，并通过分页部件向 BIU 发出指令预取请求，分页部件将线性地址变为物理地址。只要总线接口部件没有执行指令的总线操作，且指令预取队列有空，它就利用总线的空闲时间通过总线接口部件按顺序预取指令，放在指令预取队列中。指令预取队列的容量为 16B。

指令译码部件包括指令译码器和已译码指令队列两部分。指令译码部件从预取队列中取出指令并译码，然后存入已译码队列中。

执行部件由控制部件、数据处理部件、保护测试部件组成。执行部件将已译码指令队列中的内部编码变成按时间顺序排列的一系列控制信息并发出。执行部件除包含 8 个 32 位的通用寄存器和算术逻辑部件 ALU 外，改进了执行乘法和除法指令的乘法器和除法器电路，新增加了一个 64 位的桶形移位器，用于加速移位、循环以及乘除法操作，使得典型的 32 位的乘法指令的性能大大提高，可以在 1μs 内执行完。

分段部件由三输入地址加法器、段描述符高速缓冲存储器及属性检验用可编程逻辑阵列组成。分段部件把程序中使用的逻辑地址转换成线性地址并进行保护检查，转换过程中要利用描述符寄存器加速转换。

分页部件由加法器、页高速缓冲存储器及属性检验用可编程逻辑阵列组成。分页部件将分段部件或代码预取部件产生的现行地址转换成处理器对外的物理地址，其中页高速缓冲存储器用于加速转换。如果不使用分页操作，线性地址就是物理地址。

分段和分页是两种存储器管理的方法，段部件与分页部件一起组成存储器管理部件（Memory Management Unit，MMU）。分段部件通过提供一个额外的寻址机构对逻辑地址空间进行管理，以实现不同任务之间的隔离，也可以实现指令和数据区的再定位。分页部件提供分页机制的支持。80386 中首次引入分页机制，将内存分成尺寸固定的块，通过整块的申请和释放内存，为虚拟内存管理提供基础。分页机制使得内存空间的管理更为有效，并且不会减低程序的执行性能。

在 80386 处理器中，完成一条指令最多需要经过 5 个阶段：取指、译码、取操作数、执行和保存操作数。总线接口部件、指令预取部件和指令译码部件和执行部件一起构成了 80386 的指令流水线，分段部件、分页部件及总线接口部件构成了地址变换的流水线。由于把指令的过程分解得更细，使其具有更多个阶段，多条指令可以同时进入指令流水线的各个阶段重叠执行，进一步提高了处理器的性能。

2.2.2 80386 微处理器的寄存器结构

80386 内部通用的寄存器为 32 位，为了支持 80386 的新增功能，另外增加了 8086 没有的新寄存器，如控制寄存器、调试寄存器、测试寄存器以及全局描述符表寄存器、局部描述符表寄存器和中断描述符表寄存器。

1. 基本寄存器组

80386 实模式和保护模式下共有的寄存器可以分为通用寄存器、控制寄存器和段寄存器 3 个组，如图 2-12 所示。

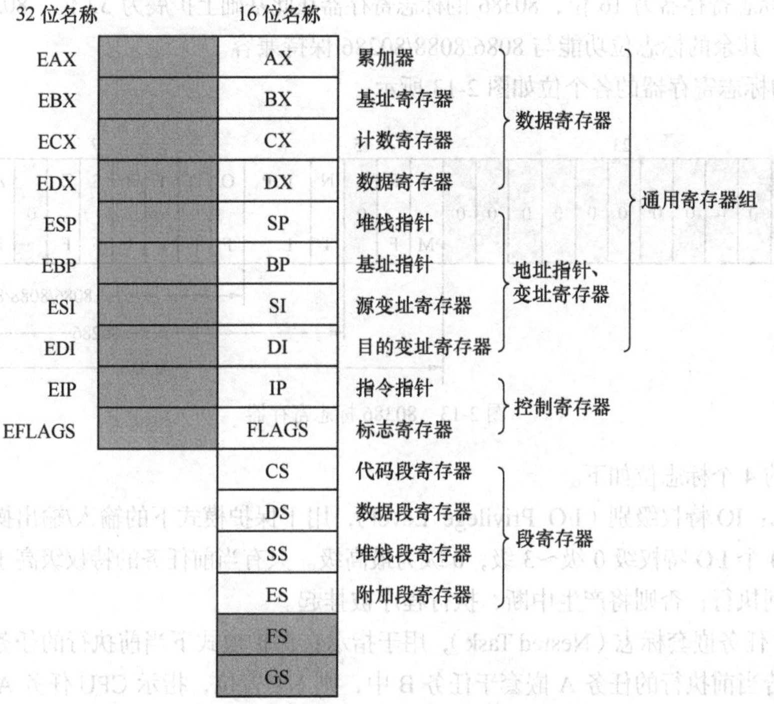

注：1. 对 8086、8088 或 80286，阴影区域是不可用的。

2. FS 和 GS 寄存器无专用名称。

图 2-12 80386 CPU 实模式下的寄存器结构

（1）通用寄存器（EAX、EBX、ECX、EDX、ESP、EBP、ESI 及 EDI）

80386 中通用寄存器是 8086/8088 的 16 位通用寄存器的扩展，并保持与 8086/8088 通用寄存器兼容。8086/8088 中，通用寄存器可以存放数据，BX、BP、SI、DI 寄存器还可以用作指针存放地址。而在 80386 中，8 个 32 位的通用寄存器均可以存放数据和地址。

80386 中 8 个通用寄存器的低 16 位可以独立存取，分别命名为 AX、BX、CX、DX、SP、BP、SI、DI，与 8086/8088 中同名寄存器的功能一样。在独立使用这 8 个 16 位的寄存器时，相应的 32 位寄存器高 16 位不受低 16 位的影响。80386 中的 16 位寄存器 AX、BX、CX、DX 还可以像 8086 一样，再分为 AH、AL、BH、BL、CH、CL、DH、DL 共 8 个独立的 8 位寄存器。

（2）段寄存器（CS、DS、ES、SS、FS 及 GS）

80386 中共有 6 个段寄存器，都为 16 位。FS、GS 为 80386 新增的段寄存器。

80386 实模式下，CS、DS、ES、SS 与 8086 中的同名的段寄存器功能相同。实模式下，80386 最多可以同时访问 6 个段，内存单元的逻辑地址还是由“段值:偏移量”形成。ES、FS、GS 都是在访问数据段时使用，需要在指令中显式指明，即段超越前缀。例如：

```
MOV AL, FS:[BX]
MOV GS:[BP], DX
```

保护模式下，段寄存器作为描述符表的选择子，用于寻找对应的段描述符。

（3）指令指针寄存器及标志寄存器（EIP、EFLAGS）

指令指针寄存器 EIP 寻址代码段的下一条指令。当 80386 工作在实模式下时，EIP 只有低 16 位有效，与 8086/8088 的 IP 功能相同；在保护方式下，EIP 是 32 位的寄存器。EIP 或 IP 可以由跳转指令、调用指令以及中断指令修改。

8086 的标志寄存器为 16 位，80386 的标志寄存器在此基础上扩展为 32 位。80386 新增加了 4 个控制标志，其余的标志位功能与 8086/8088/80286 保持兼容。

80386 的标志寄存器的各个位如图 2-13 所示。

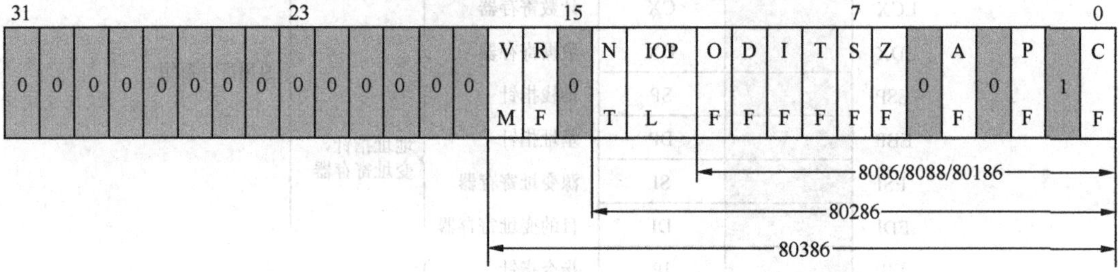

图 2-13　80386 标志寄存器

新增加的 4 个标志位如下。

① IOPL：IO 特权级别（I/O Privilege Level），用于保护模式下的输入/输出操作。该标志占两位，表示 4 个 I/O 特权级 0 级～3 级，0 级为最高级。只有当前任务的特权级高于 IOPL 时，I/O 指令才能顺利执行；否则将产生中断，执行程序被挂起。

② NT：任务嵌套标志（Nested Task），用于指示在保护模式下当前执行的任务是否嵌套于另一任务中。若当前执行的任务 A 嵌套于任务 B 中，则 NT 置位，指示 CPU 任务 A 执行完毕后要返回到任务 B 中。

③ RF：恢复标志（Resume Flag），该标志和调试寄存器配合使用，用于控制调试失败后强制程序恢复，返回断点继续执行。

④ VM：虚拟 8086 方式标志（Virtual 8086 Model），在保护模式下将该位置为 1 时，80386 处理器进入虚拟 8086 模式；将该位清除则返回保护模式。该标志位只能在任务切换时设置。

2. 系统寄存器组

80386 保护模式下除了有实模式下的那些寄存器外，还有控制寄存器、存储管理寄存器、调试寄存器及测试寄存器等。

（1）控制寄存器（CR_0、CR_1、CR_2 及 CR_3）

80386 有 4 个 32 位的控制寄存器用于控制 CPU 工作状态，4 个控制寄存器为 CR_0、CR_1、CR_2 和 CR_3，其结构如图 2-14 所示。其中 CR_1 在 80386 中不使用，保留给后续开发的处理器使用。CR_2 用于保存页故障中断之前所访问的最后一页的线性地址，即引起页故障的线性地址。CR_3 用于保存 32 位的页目录基地址，其低 12 位为 0，即页的长度为 4KB。

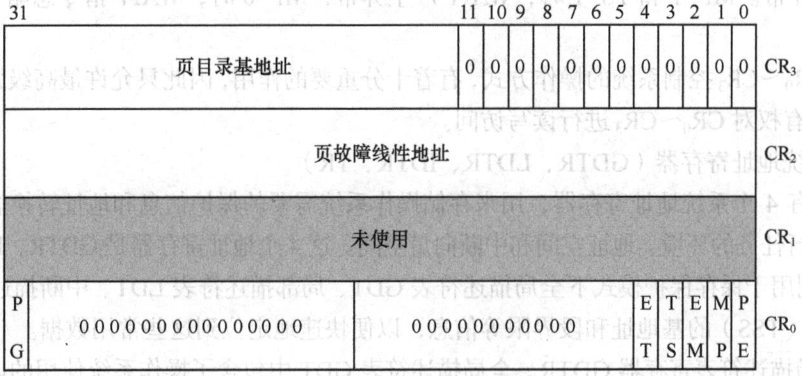

图 2-14　80386 控制寄存器

控制寄存器 CR_0 中的位 30～位 5 是保留位，必须置 0。CR_0 中的其他 6 位存有控制操作方式和处理器状态的标志。下面分成两组分别介绍这 6 位的作用。

① 保护控制位。控制寄存器 CR_0 中的位 0 是保护允许位（Protect Enable，PE）。PE=1，处理器进入保护模式，在保护模式下启用存储器的分段管理机制；PE=0，处理器进入实模式，此时的 80386 处理器相当于一个快速的 8086 处理器，能访问的存储器空间只有 1MB。

控制寄存器 CR_0 中的位 31 是分页允许位（Paging Grant，PG），在保护模式下，PG 控制分页管理机制。PG=0，禁用分页管理机制，此时分段管理机制产生的线性地址直接作为物理地址使用；PG=1，启用分页管理机制，此时线性地址经分页管理机制转换为物理地址。

表 2-4 列出了通过使用 PE 和 PG 位选择的处理器工作方式。

表 2-4　　PE 和 PG 位组合选择处理器工作方式

PG	PE	处理器工作方式
0	0	实模式，和 8086 兼容
0	1	不分页保护模式，禁用分页机制，有分段但无分页
1	0	非法组合（注：只有保护模式下才能分页）
1	1	保护模式，启用分页机制，既有分段也有分页，也称为真正的保护模式

由于只有在保护方式下才可启用分页机制，所以尽管两个位共可以有 4 种组合，但只有 3 种组合方式有效。PE=0 且 PG=1 是无效组合，因此，用 PG 为 1 且 PE 为 0 的值装入 CR_0 寄存器将引起保护异常。

② 协处理器控制位。控制寄存器 CR_0 中的位 1～4 分别标记为 MP（算术存在位）、EM（模拟位）、TS（任务切换位）和 ET（扩展类型位），它们控制浮点协处理器的操作。

位 1 标记为 MP（Mathematic Present，算术存在），MP=1 表示系统中有数值运算协处理器。

当处理器复位时，ET（Extention）位被初始化，以指示系统中数字协处理器的类型。如果系统中存在 80387 协处理器，那么 ET 位置 1；如果系统中存在 80287 协处理器或者不存在协处理器，那么 ET 位清零。

EM（Emulation）位控制浮点指令的执行是用软件模拟，还是由硬件执行。EM=0 时，硬件控制浮点指令传送到协处理器；EM=1 时，浮点指令由软件模拟。

TS（Task Switch）位用于加快任务的切换，通过在必要时才进行协处理器切换的方法实现这一目的。每当进行任务切换时，处理器把 TS 置 1。MP 位控制 WAIT 指令在 TS=1 时，是否产生 DNA 异常。MP=1 和 TS=1 时，WAIT 产生异常；MP=0 时，WAIT 指令忽略 TS 条件，不产生异常。

由于 CR_0～CR_3 控制系统的操作方式，有着十分重要的作用，因此只允许最高级别（特权级 0）的系统程序有权对 CR_0～CR_3 进行读写访问。

（2）系统地址寄存器（GDTR、LDTR、IDTR、TR）

80386 有 4 个系统地址寄存器，用来存储操作系统需要的保护信息和地址转换表信息、定义目前正在执行任务的环境、地址空间和中断向量空间。这 4 个地址寄存器是 GDTR、LDTR、IDTR 和 TR，分别用于保存保护模式下全局描述符表 GDT、局部描述符表 LDT、中断描述符表 IDT 和任务状态段（TSS）的基地址和段界限等信息，以便快速地定位到这些常用数据。

① 全局描述符表寄存器 GDTR。全局描述符表 GDT 中包含了操作系统使用的以及所有任务公用的描述符。GDTR 中有 GDT 的 32 位线性基地址和 16 位的段限制，共 48 位。

② 中断描述符表寄存器 IDTR。为了说明中断或异常服务程序的首地址等属性，为每个中断或异常定义了一个中断描述符，所有的中断描述符都集中存放在中断描述符表 IDT 中，而中断描述符表的首地址和限制存放在 CPU 内部的中断描述符表寄存器 IDTR 中。IDTR 长 48 位，其中 32 位的基地址规定 IDT 的基地址，16 位的界限规定 IDT 的段界限。

③ 局部描述符表寄存器 LDTR。局部描述符表 LDT 中包含了某一任务专用的描述符，也就是说每一个任务都有一个局部描述符表 LDT。局部描述符表寄存器 LDTR 由程序员可见的 16 位的寄存器和程序员不可见的 64 位高速缓冲寄存器组成。把当前任务局部描述符表 LDT 选择子装入到 LDTR 可见部分后，处理器自动在 GDT 中根据该选择子所索引当前任务的局部描述符表 LDT 的描述符，将描述符中的段基地址等信息保存到不可见的 64 位高速缓冲寄存器中。在此之后，对当前任务局部描述符表的访问可快速方便地进行。

④ 任务状态段寄存器 TR。每一个任务都具有一个任务状态段 TSS，用来描述该任务的运行状态。任务状态段寄存器 TR 由程序员可见的 16 位的寄存器和程序员不可见的 64 位高速缓冲寄存器组成。把当前任务状态段的选择子装入到 TR 可见部分时，处理器自动在 GDT 中根据该选择子所索引当前任务的 TSS 描述符，将描述符中的段基地址等信息保存到不可见的高速缓冲寄存器中。在此之后，对当前任务状态段的访问可快速方便地进行。

LDTR 和 TR 寄存器是由 16 位选择字段和 64 位描述符寄存器组成。用来指定局部描述符表和任务状态段 TSS 在物理存储器中的位置和大小。64 位描述符寄存器是自动装入的，程序员不可见。LDTR 与 TR 只能在保护方式下使用，程序只能访问 16 位选择符寄存器。在后面第 6 章中还将深入介绍这 4 个寄存器的应用。

(3)调试寄存器

80386 设有 8 个 32 位调试寄存器 DR_0～DR_7，用于设置断点和进行调试，为调试提供了硬件支持。其中 DR_0～DR_3 为 4 个断点地址寄存器，各寄存器包含了 32 位线性断点地址。处理器把指令形成的线性地址与断点线性地址比较，如果匹配，将引起类型 1 中断（TRAP 和调试中断）。DR_0～DR_3 可同时支持 4 个断点，是否允许断点和中断调试的产生受到 DR_7 和 DR_6 的控制，断点属性与状态反映在 DR_6 和 DR_7 中相应的位。寄存器 DR_4～DR_5 为 Intel 保留，供以后的调试功能扩展。DR_6 为调试状态寄存器，通过该寄存器的内容可以检测异常，并允许或禁止进入异常处理程序；DR_7 为调试控制寄存器，用来规定断点字段的长度、断点访问类型、"允许"断点和"允许"所选择的调试条件。

(4)测试寄存器

80386 设置了 8 个 32 位的测试寄存器 TR_0～TR_7，其中 TR_0～TR_5 由 Intel 公司保留，用户只能访问 TR_6、TR_7。测试寄存器 TR_6 和 TR_7 用来测试转换后备缓冲区（Translation Lookaside Buffer，TLB），TLB 与内存管理单元中分页单元一起使用。TLB 中保存了最常用的 32 项页表地址，以减少在页转换表中查找页转换地址所需访问存储器的次数，提高线性地址到物理地址的转换效率。

2.2.3 80386 系统的存储器组织结构

80386 的物理存储空间为 4GB，其组织结构如图 2-15 所示。存储器分为 4 个存储体，每个存储体的宽度为 8bit，组成 32 位宽度的存储器。这样，可以组织以字节、字、双字为单位直接对存储器中的数据进行读写。80386 一次能处理 32 位的二进制数据，也可以在一个存储周期内完成 32 位数据的传送，利用好 80386 这种功能可以有效地提高软件的运行速度。

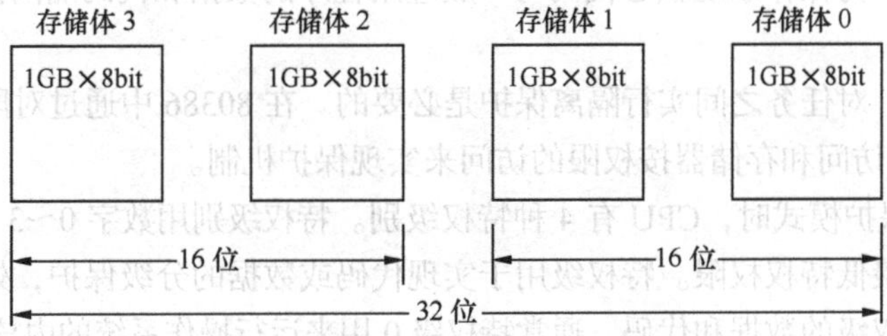

图 2-15 80386 微处理器的存储系统

80386 中地址引脚没有 A_0 和 A_1，存储体通过 4 个体选择信号 BE_0～BE_3（Bank Enable Signal）来访问。激活一个体选择信号时以字节为单位访问存储器，激活两个体选择信号时以字为单位访问存储器，激活 4 个体选择信号则以双字为单位访问存储器。如激活 BE_0 时，访问的是存储体 0；访问一个字时，通常是同时激活 BE_0 和 BE_1 或者同时激活 BE_2 和 BE_3。存储单元的地址解释为：0000 0000H 在体 0 中，0000 0001H 在存储体 1 中，0000 0002H 在存储体 2 中，0000 0003H 在存储体 3 中，0000 0004H 在存储体 0 中，以此类推。

如果一个 32 位数存放在以 4 的倍数为首地址的 4 个内存单元中，则一次可以完成 32 位数的传送，否则要传多次。如：

```
MOV  EAX,[20000H]        ;该指令一次总线操作可以完成 4 个字节的传送
MOV  EAX,[20005H]        ;该指令需要分两次传送 4 个字节的数据
```

因此，编程序时要注意将访问的字变量放在以 2 的倍数为首地址的两个内存单元中，而将访问的 4 字节变量放在以 4 的倍数为首地址的 4 个内存单元中。

2.2.4 80386的工作方式

80386有3种工作方式：实模式、保护模式和虚拟8086模式。80386可以通过设置寄存器CR_0中的PE位，使CPU工作在实模式或保护模式；或通过设置EFLAG寄存器中的VM位为1，使任务运行在虚拟8086模式。

1. 实模式（Real Address Mode）

实模式是80386为了兼容8086/8088/80286程序的一种工作模式，80386上电工作和复位后便进入实模式，对80386进行初始化，为保护方式所需要的数据结构做好配置和准备。

实模式下，80386的32条地址线只有低20条地址线有效，可以使用的物理地址空间为1MB，系统可以使用的内存地址范围为00000H～FFFFFH，即第1个1MB的存储器，也称为常规内存。高于1MB的内存则称为扩展内存，实模式下无法使用。8086/8088下设计的软件可以不加修改就运行在80386的实模式下，因此80386在实模式下相当于一个运行频率很高的8086处理器。

80386工作在实模式下时，段寄存器与IP寄存器的地址解释方式与8086/8088下地址解释方式基本相同。段寄存器解释为段值，逻辑地址通过段值:偏移地址来形成，EIP的高16位为0，因此逻辑地址表示的内存地址范围与8086相同。当段值:偏移地址超过FFFFF时，会引起段越界异常。

2. 保护模式（Protect Mode）

80386在实模式完成初始化后，便进入保护模式。在保护模式下，80386新增功能全部有效。32条地址总线全部有效，可寻址高达4GB的物理地址空间。支持分段和分页内存管理，并为内存隔离保护提供硬件支持；支持多任务机制，为多任务操作系统提供硬件基础；4个运行级别和完善特权检查机制，为操作系统核心代码与一般应用程序的数据和代码隔离提供了硬件机制。

（1）保护机制

多任务系统中，对任务之间实行隔离保护是必要的。在80386中通过对段（分段管理）或页（分页管理）的限制访问和存储器按权限的访问来实现保护机制。

80386工作在保护模式时，CPU有4种特权级别。特权级别用数字0～3来表示，0表示最高特权权限，3表示最低特权权限。特权级用于实现代码或数据的分级保护，处于低特权级的程序不能直接访问高特权级的数据和代码。通常特权级0用来运行操作系统的内核，特权级1、2用来运行操作系统的服务，应用程序运行则在特权级3。

每个任务都有一个运行特权级别，称为当前特权级（Current Priviledge Level，CPL）；段寄存器中包含请求特权级（Requested Priviledge Level，RPL）；段描述符中访问权限字段包含描述符特权级（Descriptor Priviledge Level，DPL）；EFLAGS寄存器的IOPL字段用于进行特权级的权限检查。

（2）多任务

80386新增的最重要特性之一是多任务支持。多任务支持只在保护模式下有效，80386运行在保护模式时，系统最少定义一个任务。80386在进入保护模式时，须先定义好至少一个任务，并设置处理器寄存器的任务寄存器指向定义好的任务。处理器提供相应机制来保存任务的状态、分派任务或任务的切换。

（3）存储器逻辑地址到物理地址的转换

在80386的保护模式中利用存储管理单元（Memory Management Unit，MMU）实现段页式虚拟存储器管理机制。存储管理单元由分段部件和分页部件组成，分段部件管理逻辑地址空间，主要将逻辑地址转换为线性地址；而分页部件则将此线性地址映射到物理地址。

在保护模式下，段寄存器中存放的是段选择子（Selector），不再是段基址。段选择子用于选择描述符表内的一个描述符，描述符为 8 个字节，它描述了存储器段的位置（段基值）、长度和访问权限，因此，段值实际上是由段寄存器间接提供的。一个逻辑地址由 16 位的段选择子和 32 位的段内偏移量共 48 位构成。

对于不分页的保护模式，禁用分页机制，有分段但无分页。此时逻辑地址到物理地址的转换过程为：通过 16 位的段选择子从全局描述符表（GDT）或局部描述符表（LDT）中找出该数据的描述符，在描述符中得到该数的 32 位段基地址，将 32 位的段基地址与 32 位的段内偏移量相加得到 32 位的线性地址。对于不分页的保护模式，线性地址也就是物理地址。对于启用分页机制的保护模式，此时既有分段也有分页。需要按上述步骤得到线性地址后，再经过页地址转换机制将线性地址转换为操作数的物理地址。关于存储器管理机制的详细内容到第 6 章存储系统会再进行详细介绍。

3. 虚拟 8086 模式

虚拟 8086 模式是保护模式的子模式。在保护方式下，通过将标志寄存器中的 VM 置位，即可切换到此模式。

有了虚拟 8086 模式，就可以使大量的 16 位 8086 软件有效地并行运行于保护模式的多任务环境中。在虚拟 8086 模式下，可以与实模式相同形式地使用段寄存器，以形成线性基地址。通过使用分页功能，就可以将虚拟 8086 模式下的 1MB 地址空间映像到 80386 微处理器 4GB 物理空间中的任何位置。

虚拟 8086 方式与实模式的主要区别在于，实地址方式是针对整个 80386 系统而言的，而虚拟 8086 方式则常对应于 80386 多任务状态下某一个任务对应的工作方式。

2.3 Pentium 微处理器

继 80386 和 80486 之后，Intel 公司在 1983 年推出了 Pentium 微处理器。它采用了多项新的技术，并对 80486 微处理器的体系结构进行了改进，这些改进包括优化的高速缓存结构、64 位的数据总线、更快的算术协处理器、双整型处理器及分支预测逻辑。Pentium 微处理器内部的这些变化使得其性能比 80386 和 80486 有了很大的提高，而且不影响 Pentium 的软件与早期 80X86 微处理器的向上兼容。

本节将简单介绍 Pentium 微处理器采用的新技术及 Intel 系列微处理器的技术发展，并详细介绍 Pentium 微处理器的结构及新增的寄存器。关于 Pentium 微处理器的引脚信号及时序将在微处理器总线操作与时序部分介绍。

2.3.1 Pentium 微处理器概述

1. 超标量和超流水线技术

超标量技术和超流水线技术是改善基本指令流水线性能，提高处理器效率的两种主要方法，前者依赖于空间的并行度，后者依赖于时间的并行度。

超流水线是通过把流水线细化成多个等级，提高主频，使得在一个机器周期内完成多个操作。流水线中级数的增加，可使每级规定完成的任务和所需的时间减少，从而可以提高时钟速率，达到提高主频的目的。如经典 Pentium 处理器的每条整数流水线都分为五级操作，浮点流水线则分为八级操作。

超标量技术，就是在一个处理器中内置多条指令流水线来执行指令，可以同时执行多条指令。在 Pentium 处理器中内置了两条整型指令流水线和一条浮点指令流水线，能够在一个时钟周期内同时处理 3 条指令。两条整型指令流水线分别是 U 流水线和 V 流水线，每条流水线各自都含有独立的 ALU 地址生成电路和连接数据 Cache 的接口，可以通过各自的接口对 Cache 存取数据，以提高指令的处理效率。

2. 分支转移预测技术

由于 CPU 采用了流水线的操作方式，因此执行指令之前，都必须先把要执行的指令放到流水线上，依顺序执行，这是由 CPU 内的指令预取缓冲器专门负责的。但在实际程序中，会有很多的分支转移指令。一旦转移发生，指令预期缓冲器中预取的后续指令便没有用，造成流水线断流。此时 CPU 则必须按转移后的指令顺序，重新预取指令，生成新的流水线。这样就会降低 CPU 指令执行的效率。

Pentium 微处理器采用分支预测技术来解决这个问题。在转移指令执行之前，CPU 预先判断转移是否发生，以确定后面要执行的那段程序。利用分支目标缓冲器（Branch Target Buffer，BTB）可以实现这个功能。BTB 含有一个 1KB 容量的 Cache，可以容纳 256 条转移指令的历史状态和转移的目标地址。在程序运行过程中，BTB 采用动态预测的方法，当遇到一条转移指令时，BTB 先检测这条指令的历史状态，判断是否产生转移，并通过这个状态信息预测当前的分支目标地址，预取指令。如果判断正确，那么流水线正常运行，不会出现分支。如果判断不正确，即分支失败，则须修改历史状态，并重新取指、译码等，重新建立流水线。BTB 预测的正确率很高，可明显改善程序执行的效率。

3. MMX 技术

随着计算机向多媒体方向发展，要求 CPU 有强大的图形和图像处理能力。为了满足多媒体对 CPU 处理数据的需要，Intel 在 Pentium 处理器中加入了 MMX（MultiMedia Extensions，多媒体扩展）技术，提高了 CPU 处理海量数据的能力。MMX 主要有以下几个特点：

① 借用寄存器。MMX 技术把 CPU 的 8 个浮点运算单元（FPU）的最右边 64 位借用为 MMX 寄存器，形成 8 个 64 位的 MMX 寄存器。

② 增加新指令及新的数据类型。MMX 技术增加了 57 个 MMX 指令来处理数据，并采用了新的数据类型，包括压缩型字节（Packed Byte）、压缩型字（Packed Word）、压缩型双字（Packed Doubleword），可以将多个整型字压缩到 8 个 64 位的 MMX 寄存器中，使 MMX CPU 可以同时处理 8 个字节的数据，提高了 CPU 处理数据的能力。

③ 支持单指令多数据技术。所谓的单指令多数据（Single-Instruction Multiple-Data，SIMD）技术，就是允许利用单个指令来处理多组数据，同时提供并行处理机制，包括 CPU 能够一次存取 64 位的 MMX 寄存器等。

4. SSE 技术

SSE（Streaming SIMD Extensions，单指令多数据流扩展）指令集是 Intel 公司在 PentiumⅢ处理器中率先推出的。SSE 指令集包括了 70 条指令，这些指令对目前流行的图像处理、浮点运算、3D 运算、视频处理、音频处理等诸多多媒体应用起到全面强化的作用。SSE 新增加了 8 个 128 位的寄存器，为 XMM_0～XMM_7。每个寄存器都可以存放 4 个 32 位的单精度浮点数。

在 SSE 之后，Intel 在此基础上推出更先进的 SSE2 指令集。SSE2 包含了 144 条指令，由两个部分组成：SSE 部分和 MMX 部分。SSE 部分主要负责处理浮点数，而 MMX 部分则专门计算整数。通过 SSE2 优化后的程序和软件运行速度比 MMX 技术提高了两倍。

Intel 公司在 Pentium 4 处理器上又新增加了 SSE3 指令集。SSE3 指令集只有 13 条指令，可以提升处理器的超线程处理能力，大大简化了超线程的数据处理过程，使处理器能够更加快速地进行并行数据处理。

2.3.2 Pentium 微处理器的功能结构

Pentium 微处理器的功能结构主要包括 10 个部件：总线接口部件、分段和分页部件、U 流水线和 V 流水线、指令 Cache 和数据 Cache、指令预取部件、指令译码部件、控制部件、分支目标缓冲器 BTB、浮点处理部件 FPU 和寄存器组。

Pentium 微处理器的系统结构如图 2-16 所示。

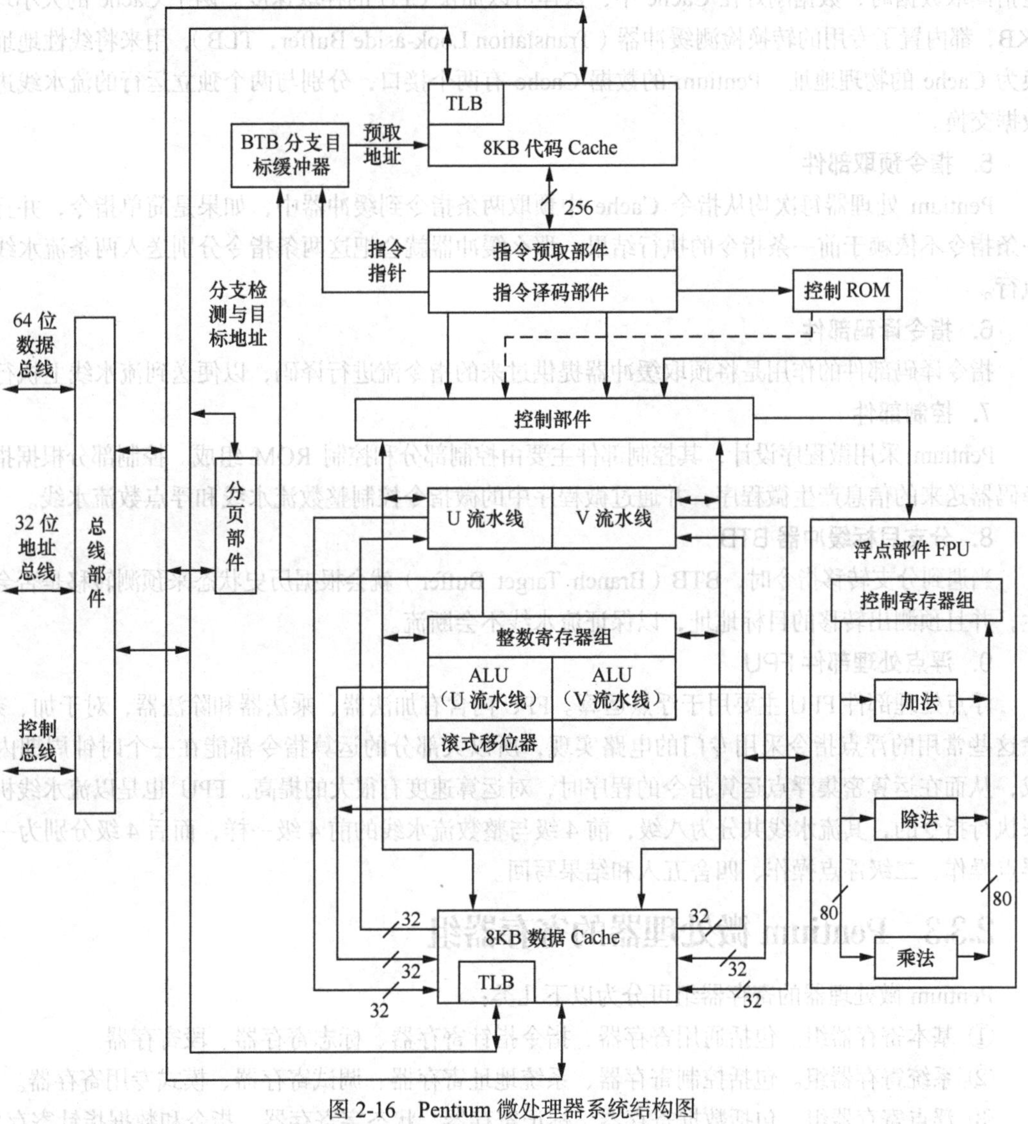

图 2-16 Pentium 微处理器系统结构图

1. 总线接口部件

实现微处理器与系统总线的连接，产生访问微处理器以外的存储器和 I/O 设备所需要的地址、数据和命令。Pentium 微处理器对外有 64 位数据总线，32 位地址总线。

2. 分段和分页部件

这两种部件实现 Pentium 微处理器的存储功能。分段部件管理逻辑地址空间，主要将逻辑地址转换为线性地址；分页部件则可将此线性地址转换为物理地址。

3. U 流水线和 V 流水线

Pentium 有两条流水线 U 和 V，均有独立的 ALU，可独立运行。U 流水线可执行所有整数运算指令，V 流水线只能执行简单的整数运算指令和数据交换指令。

4. 指令 Cache 和数据 Cache

在 Pentium 微处理器中，指令 Cache 和数据 Cache 是分开的，这样可以减少指令预取和数据操作之间可能发生的冲突，提高命中率。命中率是衡量 Cache 性能的一个重要指标，Cache 命中是指读取数据时，数据刚好在 Cache 中，这样可以加快 CPU 的存取速度。两个 Cache 的大小均为 8KB，都内置了专用的转换检测缓冲器（Translation Look-aside Buffer，TLB），用来将线性地址转换为 Cache 的物理地址。Pentium 的数据 Cache 有两个接口，分别与两个独立运行的流水线进行数据交换。

5. 指令预取部件

Pentium 处理器每次均从指令 Cache 中预取两条指令到缓冲器中，如果是简单指令，并且后一条指令不依赖于前一条指令的执行结果，那么缓冲器就会把这两条指令分别送入两条流水线去执行。

6. 指令译码部件

指令译码部件的作用是将预取缓冲器提供过来的指令流进行译码，以便送到流水线上执行。

7. 控制部件

Pentium 采用微程序设计，其控制部件主要由控制部分和控制 ROM 组成。控制部分根据指令译码器送来的信息产生微程序，并通过微程序中的微指令控制整数流水线和浮点数流水线。

8. 分支目标缓冲器 BTB

当遇到分支转移指令时，BTB（Branch Target Buffer）就会根据历史状态来预测转移是否会发生，并且预测出转移的目标地址，以保证流水线不会断流。

9. 浮点处理部件 FPU

浮点处理部件 FPU 主要用于浮点运算。FPU 内含有加法器、乘法器和除法器，对于加、乘、除这些常用的浮点指令采用专门的电路实现，所以大部分的运算指令都能在一个时钟周期内完成，从而在运算密集浮点运算指令的程序时，对运算速度有很大的提高。FPU 也是以流水线机制来执行指令的，其流水线共分为八级，前 4 级与整数流水线的前 4 级一样，而后 4 级分别为一级浮点操作、二级浮点操作、四舍五入和结果写回。

2.3.3 Pentium 微处理器的寄存器组

Pentium 微处理器的寄存器组可分为以下几类：

① 基本寄存器组。包括通用寄存器、指令指针寄存器、标志寄存器、段寄存器。

② 系统寄存器组。包括控制寄存器、系统地址寄存器、调试寄存器、模式专用寄存器。

③ 浮点寄存器组。包括数据寄存器、标记寄存器、状态字寄存器、指令和数据指针寄存器、控制字寄存器。

1. 基本寄存器组

在 Pentium 微处理器的基本寄存器组中，除了标志寄存器外，其他寄存器的名称和用法与

80386 微处理器一样，这里就不再赘述，只着重描述标志寄存器与 80386 的不同之处。

与 80386 相比，Pentium 对标志寄存器 EFLAGS 的第 18～21 位标志位进行了扩充，如图 2-17 所示。

31									22							15								7						0
0	0	0	0	0	0	0	0	0	0	ID	VIP	VIF	AC	VM	RF	0	NT	IOPL	OF	DF	IF	TF	SF	ZF	0	AF	0	PF	1	CF

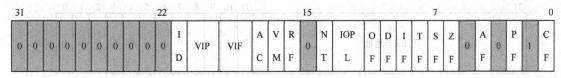

图 2-17 Pentium 标志寄存器

扩充的标志位对应的含义如下。

① 对准检查标志 AC（Alignment Check）。当访问字、双字和 4 字的数据时，此标志位指出地址是否对准了字、双字和 4 字的边界。

② 虚拟中断标志 VIF（Virtual Interrupt Flag）。虚拟中断标志 VIF 与虚拟中断挂起标志 VIP 一起使用。VIF 表示在虚拟 8086 方式下中断标志 IF 的映像。

③ 虚拟中断挂起标志 VIP（Virtual Interrupt Pending）。与 VIF 一起使用。在虚拟 8086 方式下，当 VIP 为 1 表示有中断挂起，为 0 时是表示没有中断挂起。

④ CPUID 指令允许标志 ID（Identification）。此标志位为 1 时表示允许使用 CPU 标识指令 CPUID 来读取标识码。

2. 系统寄存器组

（1）控制寄存器

Pentium 的控制寄存器与 80386 有些差别，主要是增加了一个控制寄存器 CR_4，以及在 CR_0 和 CR_3 上增加了若干个控制位。在此介绍控制寄存器中 Pentium 新增加的部分。

① CR_0 寄存器中增加了如下几个控制位，如图 2-18 所示。

31													18			15								6						0
PG	CD	NW	0	0	0	0	0	0	0	0	0	0	AM	0	WP	0	0	0	0	0	0	0	0	0	NE	ET	TS	EM	MP	PE

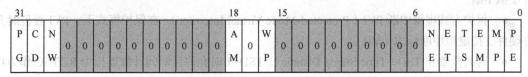

图 2-18 Pentium 的 CR_0 寄存器

- Cache 禁止位 CD（Cache Disabled）。当 CD=0 时才能访问处理器片内 Cache，当 CD=1 时禁止访问。
- 未写通位 NW（Not Write-through）。用来选择数据写入片内 Cache 的操作方式。当 NW=0 时允许对 Cache 进行写通（Write-through）或写回（Write-back）方式，而当 NW=1 时数据仅写入片内 Cache。写通方式是指修改 Cache 中的数据后，同时也对主存中的数据作修改。写回方式是指修改 Cache 中的数据后，不立即对主存作修改，而是推迟一段时间，当必须写入的时候才写入主存。因为主存储器的写周期较长，用写回方式可以节省 Cache 与主存之间的数据交换时间，提高 CPU 的性能，所以写回方式效率较高，但对 Cache 控制器的要求也高。
- 对准检查屏蔽位 AM（Alignment Mask）。在保护模式下，EFLAGS 中的 AC=1 时，当 AM=1 时允许对字、双字和 4 字的边界进行对准检查，AM=0 时禁止。
- 页写保护位 WP（Write Protect）。当 WP=1 时禁止特权级的程序对只读页面进行写入操作，WP=0 时允许。

- 数值错误位 NE（Numeric Error）。当 NE=1 时由内部中断来处理 FPU 中浮点运算出现的错误，当 NE=0 时由外部中断来处理。

② CR_3 寄存器中增加了 PCD 和 PWT 两个控制位，如图 2-19 所示。

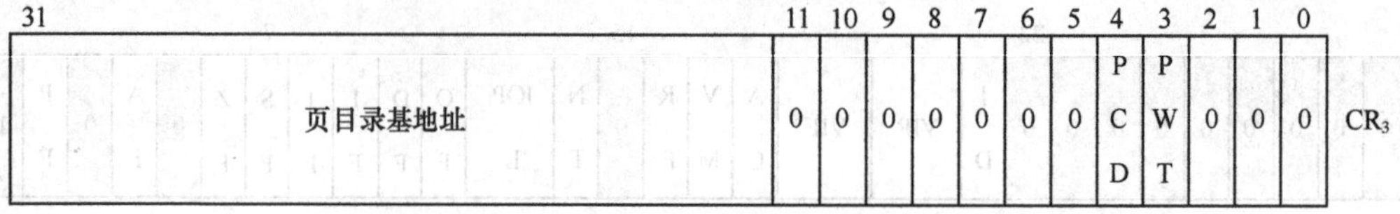

图 2-19 Pentium CR_3 寄存器

- PCD（Page-level Cache Disable）。当 PCD=1 时禁止对片内 Cache 分页，PCD=0 时允许片内 Cache 存储当前页。
- PWT（Page-level Write Transparent）。控制外部 Cache 写操作中的工作方式。PWT=1 时外部 Cache 采用写通方式，PWT=0 时采用写回方式。

③ 增加了 CR_4 控制寄存器，如图 2-20 所示。

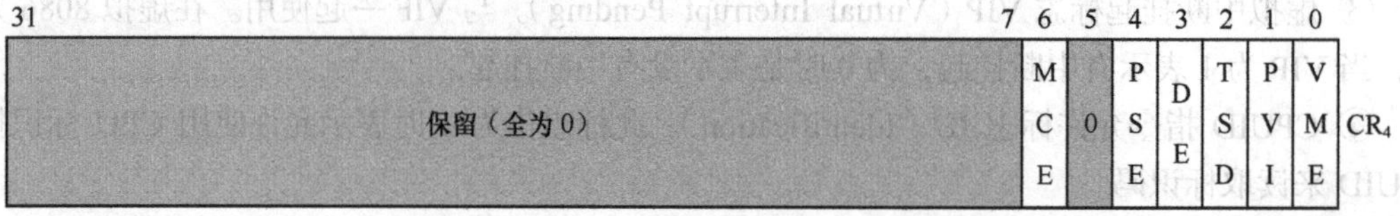

图 2-20 Pentium 的 CR_4 寄存器

CR_4 控制寄存器有 32 位，但 Pentium 只定义了其中的 6 位，其余的全部为 0。各控制位的功能如下。

- 虚拟方式扩展 VME（Virtual-8086 Mode Extension）。在虚拟 8086 模式下，VME 置位时允许虚拟中断。
- 保护方式虚拟中断 PVI（Protected-Mode Virtual Interrupt）。在保护模式下，PVI 置位时允许硬件支持虚拟中断标志（VIF）。
- 时间戳禁止 TSD（Time Stamp Disable）。TSD=1 时允许读时间计数器指令 RDTSC 作为特权指令在任何时候执行，TSD=0 时只允许在系统级执行。
- 调试扩展 DE（Debugging Extension）。DE 置位时允许 I/O 断点调试扩展。
- 页尺寸扩展 PSE（Page Size Extension）。PSE=1 时页面大小扩展为 4MB，PSE=0 时页面大小为 4KB。
- 机器检查允许 MCE（Machine-Check Enable）。MCE 置位时允许机器检查异常。

（2）系统地址寄存器和调试寄存器

Pentium 的系统地址寄存器和调试寄存器的功能与 80386 一样，这里不再赘述。

（3）模式专用寄存器（Model-Specific Registers，MSRs）

Pentium 取消了 80386 采用的测试寄存器，而是利用一组模式专用寄存器来替换，以实现更多的功能，如跟踪、性能检测和检查机器错误等。Pentium 中使用新的指令 RDMSR 和 WRMSR 来对这组寄存器进行读和写操作。这两条指令都使用 ECX 给 Pentium 微处理器传送寄存器号，用 EDX:EAX 存储相应的读写内容。

3. 浮点寄存器

Pentium 的浮点运算器（Float Point Unit，FPU）内的浮点寄存器组，包括 8 个数据寄存器、1

个标记寄存器、1 个状态寄存器、1 个控制寄存器、1 个指令指针寄存器和 1 个数据指针寄存器。

（1）数据寄存器

FPU 有 8 个数据寄存器 R_0～R_7，每个寄存器均为 80 位，如图 2-21 所示。其中，1 位为符号位，15 位为阶码，最后 64 位为尾数。这 8 个寄存器作为 FPU 的堆栈使用，用来存储算术指令的操作数和结果。数据的存储类型为扩展双精度浮点数类型。当浮点数、整数或 BCD 数存入 FPU 的数据寄存器时，FPU 会把这些数转换为扩展双精度浮点数，而当这些数要从寄存器中取出时，FPU 会把它们转换为原来的数据类型。另外，在 MMX 技术中，FPU 的 8 个数据寄存器的最后 64 位被共享为 MMX 寄存器。

	79	78　　　　64	63　　　　0
R_0	符号	阶码	尾数
R_1			
R_2			
R_3			
R_4			
R_5			
R_6			
R_7			

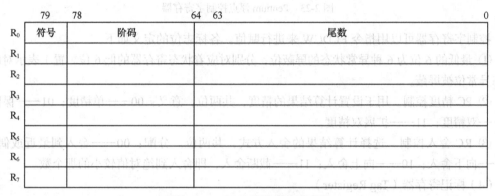

图 2-21　Pentium 浮点数据寄存器

（2）状态寄存器

16 位的状态寄存器用来指示 FPU 协处理器当前指令运行的状态，其各位定义如图 2-22 所示。

15	14	13　12　11	10	9	8	7	6	5	4	3	2	1	0
B	C3	TOP	C2	C1	C0	ES	SF	PE	UE	OE	ZE	DE	IE

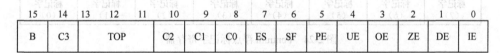

图 2-22　Pentium 浮点状态寄存器

各标志位的定义如下。

- 非法操作错误位 IE（Invalid Error）。表示因非法操作引起的错误，如负数开平方等。
- 非规格化操作数位 DE（Denormalized Error）。表示存在非规格化操作数。
- 除数为 0 位 ZE（Zero Error）。表示因除数为 0 而引起错误。
- 上溢错误位 OE（Overflow Error）。表示运算结果太大而不能表示出来。
- 下溢错误位 UE（Underflow Error）。表示因运算结果太小，以致当前精度无法表示出来。
- 精度错误位 PE（Precision Error）。表示操作数或者结果超出了指定的精度范围。
- 堆栈故障标志位 SF。当 IE=1 且 SF=1 时，C1=1 表示堆栈因上溢而引起错误，C1=0 表示堆栈因下溢而引起错误。
- 错误汇总位 ES（Error Summary）。上述的任何一个错误（IE，DE，ZE，OE，UE，PE）置位都会使 ES 置位。
- 条件码位 C0～C3（Condition Code Bit）。这几个条件码可以采取不同的组合来实现协处理器的不同条件选择。可以用 SHAF 指令进行设置，FSTSW AX 指令来读取。
- 栈顶位 TOP（Top-of-Stack）。共 3 位，用 0～7 表示当前寻址为栈顶的寄存器。通常是寄存器 0。

● 忙位 B（Busy Bit）。表示 FPU 协处理器正忙于执行一项任务。

状态寄存器可以用 FSTSW 指令来进行访问。执行 FSTSW AX 指令可以将状态寄存器中的内容复制到微处理器的 AX 寄存器中。这样就可以对状态寄存器的各个标志位进行检测了。

（3）控制字寄存器

控制字寄存器各位如图 2-23 所示。

15	14	13	12	11	10	9	8	7	6	5	4	3	2	1	0
保留				RC		PC		保留		PM	UM	OM	ZM	DM	IM

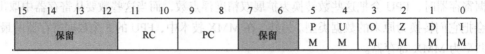

图 2-23 Pentium 浮点控制字寄存器

控制字寄存器可以用指令 FLDCW 来进行赋值。各标志位的定义如下。

① 最低的 6 位为 6 种异常状态的屏蔽位，分别对应着状态寄存器的低 6 位。置 1 表示对应的状态异常位被屏蔽。

② PC 精度控制。用于设置计算结果的精度，共两位，意义：00——单精度；01——保留；10——双精度；11——扩展双精度。

③ RC 舍入控制。选择计算结果的舍入方式，共两位。分配：00——舍入到最近或偶数；01——向下舍入；10——向上舍入；11——截断舍入，即舍入到绝对值较小的那个数。

（4）标记寄存器（Tag Register）

16 位的标记寄存器表明协处理器堆栈中每个单元的数据状态。每两位表示一个数据寄存器，如图 2-24 所示。

15							0
标记字（7）	标记字（6）	标记字（5）	标记字（4）	标记字（3）	标记字（2）	标记字（1）	标记字（0）

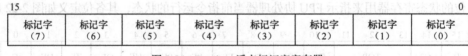

图 2-24 Pentium 浮点标记字寄存器

两个二进制位的定义：00——合法；01——0；10——非法或无穷；11——空。

4. 系统管理工作模式

Pentium 与标准的 80486 一样，除了有 80386 处理器的实模式、保护模式和虚拟 8086 模式以外，还有系统管理工作模式（System Management Mode，SMM）。SMM 使系统设计人员可以实现十分高级的功能，其中包括电源管理以及对操作系统和正在运行的程序提供透明的安全性。SMM 与保护模式一样，也是 Pentium 的一种操作模式。但 SMM 不是为应用软件访问设计的，这个模式的特征是由植入机器内部的固件（装有系统级程序代码的 ROM）来控制的。

2.3.4 Intel 系列微处理器的技术发展

1. 64 位微处理器

与 32 位微处理器相比，64 位微处理器的性能在各方面都有很大的提高，譬如：可以支持更大的内存寻址空间，其理论上的内存访问空间可高达 18 000 000TB，使应用程序可以快速处理大量数据集合；64 位数据的应用程序在 64 位硬件上进行运算可大幅提高计算性能，减少运算时间，这对于三维动画、数字艺术和游戏以及计算领域来说是非常有利的。

2001 年，Intel 和 HP 公司推出了基于新的指令系统体系结构 IA-64 的 64 位微处理器芯片 Merced，2002 年推出了第 2 代芯片 McKinley，第 3 代芯片名为 Madison，目前统称为 Itanium 处理器系列（IPF）。Itanium 是第 1 个开放式的 64 位处理器，它打破了 RISC 的垄断，为高端计算设备市场提供了第 1 个开放硬件平台。IPF 系列处理器能够全面用于装备从服务器、工作站到超级计算机，面向高性能计算、Internet、电子商务和其他企业高端应用，为高端计算提供统一的平台，开创了开放性企业计算的新时代。

IA-64 体系结构主要具有以下特点：

① 支持显性并行指令计算（EPIC）。

② 提供一系列有利于增强指令级并行的特性。

③ 把重点放在提高应用软件实际运行的性能，面向广泛范围的应用。

这些特点使得 IPF 系列处理器不但能够实现持续高性能，而且具有随着技术发展进一步提高性能的潜力。

Itanium 处理器开发了新的指令集结构 EPIC（Explicitly Parallel Instruction Computing，完全并行指令计算）技术。EPIC 体系结构是一种面向未来的体系结构，它充分吸收了 RISC 和 CISC 二者的长处。其指令中除了有操作码和操作数以外，还包含各个指令如何并行执行的相关信息。EPIC 技术能够同时并行执行多条指令，多条指令由编译器分组和打包，一个包中的指令集一次发给 CPU 同时执行，并合理地并行操作（Itanium 1 最多每个周期能够执行 20 条指令）。EPIC 技术专为实现高效性设计，具有动态并行、同时多线程、高速处理和容错性等优点，并已在高性能计算和企业应用中表现出良好的性能。

2. 超线程技术

影响 CPU 处理速度的一个重要的因素是 CPU 的频率。频率越高，表示 CPU 的处理速度越快。从 80386 到 80486，再到 Pentium，CPU 频率的每次提高，都带来了性能的显著提高。但是，随着 CPU 频率的不断提高，对于处理器整体性能提升的带动效应却日见限制，频率的提升已经遇到了瓶颈。同时，在 CPU 内部有很多的执行单元，在执行指令时，CPU 仅是用到它内部的某几个单元，而有很多的执行单元处于空闲状态。例如，Office 软件在运行的过程中主要运用整数运算单元和读/写存储单元，而很少用到浮点运算单元，而在运行 3D 游戏的时候，CPU 更多的是使用浮点运算单元，几乎没有用到整数运算单元，这样就会造成 CPU 资源的浪费，不能充分利用。因此，Intel 公司在其后的 Xeon 和 Pentium 4 微处理器中加入了超线程技术（Hyper-Threading Technology），用来解决上述的问题。

所谓超线程技术，就是在一个 CPU 芯片内有两个逻辑处理器，利用特殊的硬件指令，把这两个逻辑处理器模拟成两个物理芯片。为了使每个逻辑处理器都能独立地处理某一个特定的线程，每个逻辑处理器都有各自的 IA-32 架构，即含有通用状态寄存器、控制寄存器、高级程序中断寄存器以及其他一些处理一个线程必须的寄存器。同时两个逻辑处理器共享 CPU 的一些资源，如物理执行单元、分支预测单元、控制逻辑以及总线等。

采用超线程，在同一时间里，应用程序可以使用芯片的不同资源。虽然单线程芯片每秒能够处理成千上万条指令，但是在任一时刻只能够对一条指令进行操作。而超线程技术可以使芯片同时对多线程进行处理，使芯片性能得到提升。实际上，超线程技术就是在一个 CPU 芯片内同时执行多个程序而共同分享一个 CPU 内的资源，从用户角度看，就像是两个 CPU 在同一时间执行两个线程一样。虽然采用超线程技术能同时执行两个线程，但它并不像两个真正的 CPU 那样，每个 CPU 都具有独立的资源。当两个线程都同时需要某一个资源时，其中一个要暂时停止，并让出资源，直到这些资源闲置后才能继续。因此超线程的性能并不等于两个 CPU 的性能。而且，它还需要芯片组和所使用的软件支持才能发挥作用，否则，不但不能使 CPU 的性能得到提高，反而会降低 CPU 的性能。

3. 多核技术

采用超线程技术，毕竟不是真正意义上的拥有两个物理核心处理器，两个线程需共享 CPU 资源。而双核技术，则是真正意义上的两个物理核心处理器。双核心处理器，简单地说就是在一块 CPU 芯片上集成两个处理器核心，并通过并行总线将各处理器核心连接起来。它是实实在在的双处理器，可以同时执行多项任务，能让处理器资源真正实现并行处理模式，其效率和性能的提升要比超线程技术要高得多。

双核心处理器并不是最近才出现的一个新概念，在 RISC 处理器领域中，双核心甚至是多核心技术早已经出现。例如，IBM 在 2001 年就推出了基于双核心的 POWER 4 处理器，随后是 Sun 和 HP 公司，都先后推出了基于双核架构的 UltraSPARC 及 PA-RISC 芯片，但此时双核心处理器架构都是在高端的 RISC 领域，并没有普及，直到 Intel 和 AMD 相继推出自己的双核心处理器，双核心才真正走入了主流的 X86 领域。

Intel 目前的桌面平台双核心处理器代号为 Smithfield，它把两个 Pentium 4 所采用的 Prescott 核心整合在同一个处理器内部，两个核心共享前端总线（FSB），每个核心都拥有独立的 1MB 二级缓存。

Intel 目前的双核心处理器产品分为 Pentium D 和 Pentium Extreme Edition（Pentium EE）两大系列，其中，Pentium D 包括 820（2.8GHz）、830（3.0GHz）、840（3.2GHz）3 个型号，采用 800MHz FSB；而 Pentium EE 目前只有 840（3.2GHz）一个型号，同样采用 800MHz FSB。它们两者最主要的区别是，Pentium EE 支持超线程技术，而 Pentium D 不支持超线程技术。也就是说在打开超线程技术的情况下，Pentium EE 将被操作系统识别为 4 个处理器。

从 16 位的 8086 和 8088，到 32 位的 80386、80486、Pentium，再到后来的 Pentium MMX、Pentium Pro、Pentium Ⅱ、Pentium Ⅲ，到现在流行的 Pentium 4，这三十多年来，Intel 公司的微处理器有了极大的发展，逐渐形成了自己的 IA-32 结构。而在这一系列微处理器的发展中，Pentium 微处理器起了很大的作用，它率先采用了许多新技术，如超标量和超流水线技术等，并由此形成了自己的 Pentium 系列。随着技术的发展，Intel 公司逐渐推出了 IA-64 结构，微处理器将朝着 64 位的方向继续发展。

习　题

1. 8086/8088 CPU 由哪两大部分组成？分别叙述它们的功能。

2. 8086/8088 CPU 的状态标志和控制标志分别有哪些？简述各标志位的意义。

3. 8086/8088 CPU 寻址存储器时，什么是物理地址、逻辑地址？它们之间有何关系？

4. 段寄存器 CS=1200H，指令指针寄存器 IP=FF00H，此时，指令的物理地址为多少？指向这一物理地址的 CS 值和 IP 值是唯一的吗？

5. 8086 CPU 中 $\overline{BHE}$ 信号和 A_0 信号是通过怎样的组合解决存储器和外设端口的读/写的？这种组合决定了 8086 系统中存储器偶地址体及奇地址体之间应该用什么信号区分？怎样区分？

第3章 80x86指令系统

本章重点介绍 80x86 系统的各种常用指令。80x86 系统有百余条指令，每条指令都能完成某种特定的操作，如传送数据、算术运算、逻辑运算等。通常，指令由操作码和操作数组成，其一般格式为

操作码(助记符)　　操作数,操作数

其中，操作码部分指明该指令所能完成的功能，操作数部分则是该指令所处理的数据对象，不同指令的操作数个数不同。

对于每条指令，可以从以下几个方面去掌握：

① 指令的格式，如指令的助记符、操作数等；

② 指令的寻址方式，即指令通过什么途径来得到操作数；

③ 指令的功能，即指令对操作数进行什么样的处理；

④ 指令对标志寄存器的影响。

在学习指令系统之前，需要先了解 80x86 指令系统的各种寻址方式。

在学习指令系统过程中，建议使用 PC 在 DOS 命令提示符下运行的 DEBUG 程序来实践所学的指令，看看这些指令的功能。本章在讲解指令系统的过程中，也会选择一些指令和程序段在 DEBUG 下运行，检查结果，并且引导读者渐渐掌握 DEBUG 下调试程序的方法。本书的附录 E 中还提供了详细的 DEBUG 程序使用指导。

使用 DEBUG 程序时需注意：所谓 DOS 命令提示符下，实际上就是虚拟 8086 模式，因此在 DEBUG 下只能运行 16 位机的指令；DEBUG 中的数都默认为十六进制数，后面不用加“H”；DEBUG 中不允许用标识符，不区分字母的大小写，间隔符可以是空格或逗号，多个空格等效于一个空格。

3.1 80x86 的寻址方式

我们知道，80x86 指令系统中的指令通常都是对操作数进行某些基本操作的。我们关心的是，这些操作数存放在什么地方，系统是通过什么方式找到这些操作数的。

通常，一个操作数可能包含在指令代码中，也可能存放在寄存器、存储器或 I/O 端口中。当操作数直接包含在指令代码中时，寻址方式为立即寻址；当操作数存放在寄存器中时，寻址方式为寄存器寻址；当操作数存放在存储器中时，寻址方式为存储器寻址；当操作数来自 I/O 端口时，寻址方式为 I/O 端口寻址。

下面以 MOV 指令为例，讨论前三类寻址方式，最后以 IN、OUT 指令讨论 I/O 端口寻址方式。下面先简单介绍 MOV 指令，以便理解下文。MOV 指令的格式为

```
MOV     目的操作数,源操作数
```

其功能是将源操作数传送到目的操作数中。

3.1.1 立即寻址

如果操作数就在指令代码中，那么该操作数称为立即数，对应的寻址方式称为立即寻址。

在 8086 系统中，立即数可以是 8 位或 16 位；而在 80386 及其后继机型中，立即数则可以是 8 位、16 位或 32 位。在代码段中，立即数总是存放在指令操作码的后面，在执行该指令之前，操作码和立即数一起被送入到 BIU 的指令队列中。

例如，指令：

```
MOV     AX,1234H
```

这时代码段中的内容如图 3-1 所示。

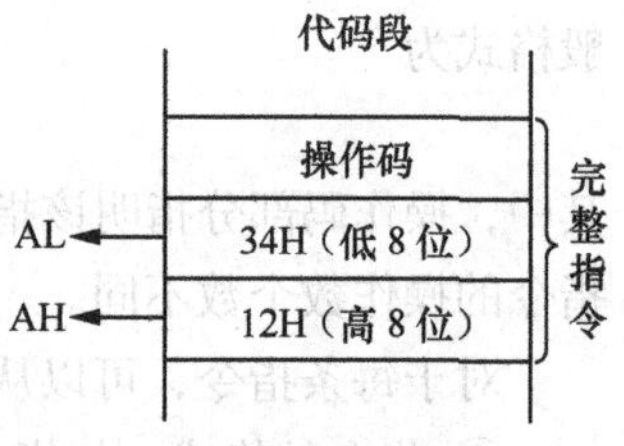

图 3-1　立即寻址

图 3-2 所示为这条指令在 DEBUG 下输入、汇编及单步执行的情况。图 3-2 中，用 A 命令输入了这条指令，之后用 U 命令反汇编看看这条指令在内存中的存储，用 R 命令显示了指令执行前寄存器的内容，用 T 命令单步执行了这条指令并显示了指令的运行结果。

图 3-2 中，从 U 命令反汇编的结果可以看到，“MOV AX,1234(H)”指令存在于内存 17D7:0100(H)开始的 3 个单元中，17D7:0100(H)单元存放的是操作码“B8H”，17D7:0101(H)单元存放的是操作数的低字节“34H”，17D7:0102(H)单元存放的是操作数的高字节“12H”。在 80x86 系统中，数的存放是低字节存放低地址单元。R 命令显示指令执行前 AX 寄存器的内容为 0，T 命令单步执行后 AX 寄存器的内容变为了“1234(H)”。

```
C:\Users\zhou jieying\ZJY>DEBUG
-A
17D7:0100 MOV AX,1234
17D7:0103
-U 100 103
17D7:0100 B83412        MOV     AX,1234
17D7:0103 0000          ADD     [BX+SI],AL
-R
AX=0000  BX=0000  CX=0000  DX=0000  SP=FFEE  BP=0000  SI=0000  DI=0000
DS=17D7  ES=17D7  SS=17D7  CS=17D7  IP=0100   NV UP EI PL NZ NA PO NC
17D7:0100 B83412        MOV     AX,1234
-T
AX=1234  BX=0000  CX=0000  DX=0000  SP=FFEE  BP=0000  SI=0000  DI=0000
DS=17D7  ES=17D7  SS=17D7  CS=17D7  IP=0103   NV UP EI PL NZ NA PO NC
17D7:0103 0000          ADD     [BX+SI],AL                    DS:0000=CD
-_
```

图 3-2　DEBUG 下立即寻址指令的输入、汇编及单步执行

上面举了一个 DEBUG 下指令的输入、汇编并单步执行检查结果的例子，建议读者在学习指令过程中常常在 DEBUG 下实践所学的指令。

又如，在 80386 系统中，指令：

```
MOV     EBX,0FFFF0000H
```

能将双字 0FFFF0000H 装入到 EBX 中。

需要注意的是，在指令：

```
MOV     AX,12H
```

中，因为 AX 是 16 位的寄存器，所以 12H 应看成一个 16 位的立即数，其高 8 位为 00H，这是一

个 3 字节的指令。但在指令：

```
MOV      AL,12H
```

中，AL 是 8 位寄存器，相应地，12H 应视为 8 位立即数，所以这个指令只占用 2 字节的空间。

另外，指令“MOV AL,1234H”是错误的，因为 AL 容不下 16 位的数据。

3.1.2 寄存器寻址

在这种寻址方式下，操作数就存放在寄存器中。例如：

```
MOV      AX,BX
```

则执行过程如图 3-3 所示。假设指令执行前(AX)=1234H，(BX)=5678H，则执行后(AX)=5678H，而 BX 的值保持不变，仍是 5678H。可以看到，在整个指令执行过程中，并不需要访问存储器，所以执行速度很快。

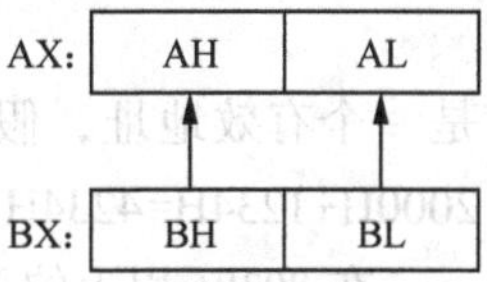

图 3-3 寄存器寻址

上面这个例子在 DEBUG 下的运行如图 3-4 所示。先用 A 命令输入这条指令，之后用 U 命令反汇编。可以看到，这条指令是一个两个字节的指令，机器码是 89 D8H。指令执行前，用 R 命令将 AX 和 BX 寄存器的内容改为了上面题目中给出的值，并用 R 命令显示了指令执行前所有寄存器的内容，之后用 T 命令单步执行了这条指令并显示了指令的运行结果。可以看到指令运行结果与预期的相同。

```
-a
1374:0100 mov ax,bx
1374:0102
-u 100 102
1374:0100 89D8          MOV     AX,BX
1374:0102 0000          ADD     [BX+SI],AL
-r ax
AX 0000
:1234
-r bx
BX 0000
:5678
-r
AX=1234  BX=5678  CX=0000  DX=0000  SP=FFEE  BP=0000  SI=0000  DI=0000
DS=1374  ES=1374  SS=1374  CS=1374  IP=0100   NV UP EI PL NZ NA PO NC
1374:0100 89D8          MOV     AX,BX
-t

AX=5678  BX=5678  CX=0000  DX=0000  SP=FFEE  BP=0000  SI=0000  DI=0000
DS=1374  ES=1374  SS=1374  CS=1374  IP=0102   NV UP EI PL NZ NA PO NC
1374:0102 0000          ADD     [BX+SI],AL                       DS:5678=00
-
```

图 3-4 DEBUG 下寄存器寻址指令的输入、汇编及执行

再看下面两个例子：

```
MOV      CL,CH          ;(CL)←(CH)
MOV      ECX,EAX        ;80386 以上系统，(ECX)←(EAX)
```

3.1.3 存储器寻址

当指令操作数存放在存储器中时，指令必须知道该操作数的地址才能对其进行访问。

在 8086 系统中，内存空间是分段的，所以一个操作数的地址由两个元素组成：操作数所在的段的基地址（16 位）和操作数与段基地址的距离（即偏移量，16 位），操作数的物理地址（20 位）为

$$段地址\times 10H+偏移量$$

一个汇编程序通常包含 4 种段，分别是代码段、数据段、堆栈段和附加段，它们的段基地址一般都存放在段寄存器 CS、DS、SS、ES 中。

对于 80386 及其后继机型，当工作在保护模式下时，由于其段基地址与偏移量都是 32 位的，

而段寄存器仍只有16位，因此，段寄存器中不再存放段基地址，而是存放16位的段选择子，系统利用段选择子作为索引，在内存中找到对应的段描述符，然后从段描述符中提取出32位的段基地址。

在讨论存储器的寻址方式时，主要关心的是操作数的地址偏移量。80x86系统允许通过多种寻址方式求得操作数偏移量。通常，将操作数的地址偏移量称为有效地址（Effective Address，EA）。

在8086系统中，有效地址可表达为

EA = 基址 + 变址 + 位移量

其中，基址只能存放在BX或BP寄存器中；变址只能存放在SI或DI寄存器中，位移量可以是8位或16位的带符号地址。例如：

BX + SI + 1234H

是一个有效地址，假设寄存器(BX)=1000H，(SI)=2000H，则操作数的地址偏移量为1000H+2000H+1234H=4234H。

在80386以上的系统中，为增加寻址的灵活性，又增加了“比例因子”的概念，其有效地址可表达为

EA = 基址 + (变址*比例因子) + 位移量

其中比例因子可以是1、2、4或8。另外，在80386以上的系统中，还放宽了基址寄存器和变址寄存器的限制，基址可以存放在任何的32位通用寄存器中，变址则可以存放在除ESP之外的任何32位通用寄存器中。而位移量则可取8位或32位。例如：

EAX+EBX*4+12345678H

是一个有效地址，假设寄存器(EAX)=10000000H，(EBX)=20000000H，则操作数的地址偏移量为10000000H+20000000H*4+12345678H=0A2345678H。

下面将具体讨论各种存储器操作数的寻址方式。需要注意的是，32位的存储器寻址方式只能用于80386以上的处理器中。

1. 直接寻址

直接寻址时，操作数存放在存储器中，程序直接通过操作数的地址（包括段地址和偏移量）来访问该操作数。如果没有指定段地址，则默认操作数在数据段中，即认为段地址为DS寄存器中的值。

例如，假设(DS)=5000H，在指令：

```
MOV        AX,[1234H]
```

中，操作数的段地址为5000H，偏移量为1234H，其物理地址为50000H+1234H=51234H。寻址过程如图3-5所示，该指令在DEBUG下的运行示例如图3-6所示。

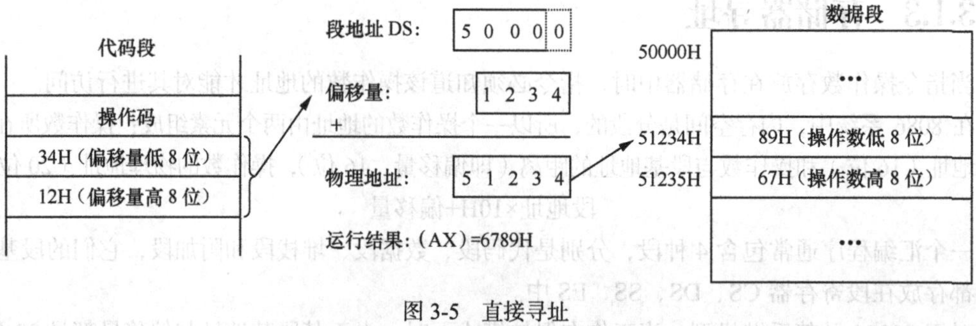

图3-5 直接寻址

```
C:\Users\zhou jieying>debug
-a
17D7:0100 mov ax,[1234]
17D7:0103
-u 100 103
17D7:0100 A13412        MOV     AX,[1234]
17D7:0103 0000          ADD     [BX+SI],AL
-r ds
DS 17D7
:5000
-e 5000:1234
5000:1234  00.89   00.67
-r
AX=0000  BX=0000  CX=0000  DX=0000  SP=FFEE  BP=0000  SI=0000  DI=0000
DS=5000  ES=17D7  SS=17D7  CS=17D7  IP=0100   NV UP EI PL NZ NA PO NC
17D7:0100 A13412        MOV     AX,[1234]                        DS:1234=6789
-t

AX=6789  BX=0000  CX=0000  DX=0000  SP=FFEE  BP=0000  SI=0000  DI=0000
DS=5000  ES=17D7  SS=17D7  CS=17D7  IP=0103   NV UP EI PL NZ NA PO NC
17D7:0103 0000          ADD     [BX+SI],AL                       DS:0000=00
-
```

图 3-6　DEBUG 下直接寻址指令的输入、汇编及执行示例

图 3-6 中，在用 T 命令执行指令前，用 R 命令将 DS 寄存器的内容改为了例子中的段值“5000(H)”；用 E 命令将[5000:1234(H)]单元和[5000:1235(H)]单元的内容分别改为了例子中的 89(H)和 67(H)。执行前用 R 命令检查了所有寄存器的内容，可以看到 AX 寄存器的内容是 0。T 命令单步执行后，AX 寄存器的内容变为了 6789(H)。

对于操作数，也可以不采用默认的段值，而专门指定操作数所在的段（如 CS、SS、ES 等），称为段超越。段超越的格式为

段寄存器:有效地址 EA

例如：

```
MOV     AX,ES:[1234H]           ;段超越，操作数在附加段中
MOV     EAX,FS:[12345678H]      ;386 系统的段超越寻址，(FS)为段选择子
```

2. 寄存器间接寻址

在这种方式下，操作数存放在存储器中，但操作数的偏移量存放在基址寄存器或变址寄存器中。对于 8086，基址寄存器只能是 BX、BP，变址寄存器只能是 SI、DI；对于 80386 以上系统，基址寄存器可以是 EAX、EBX、ECX、EDX、EBP、ESP、ESI、EDI，变址寄存器可以是 EAX、EBX、ECX、EDX、EBP、ESI、EDI（ESP 不能作为变址寄存器）。

在不指定数据所在段的情况下，采用寄存器 BP、ESP、EBP 时，默认的段是堆栈段（段寄存器为 SS），而采用其他寄存器进行寻址时，默认的段为数据段 DS（串操作指令例外，可能是附加段 ES，以后在介绍串操作指令时会讨论这个问题）。当然，仍可以采用上面介绍的段超越方法来指定段寄存器。例如：

```
MOV     AX,[BX]
```

假设(DS)=5000H，(BX)=1234H，则指令把物理地址为 50000H+1234H=51234H 中的一个字传送到 AX 中。指令的寻址过程如图 3-7 所示，指令在 DEBUG 下的运行如图 3-8 所示。

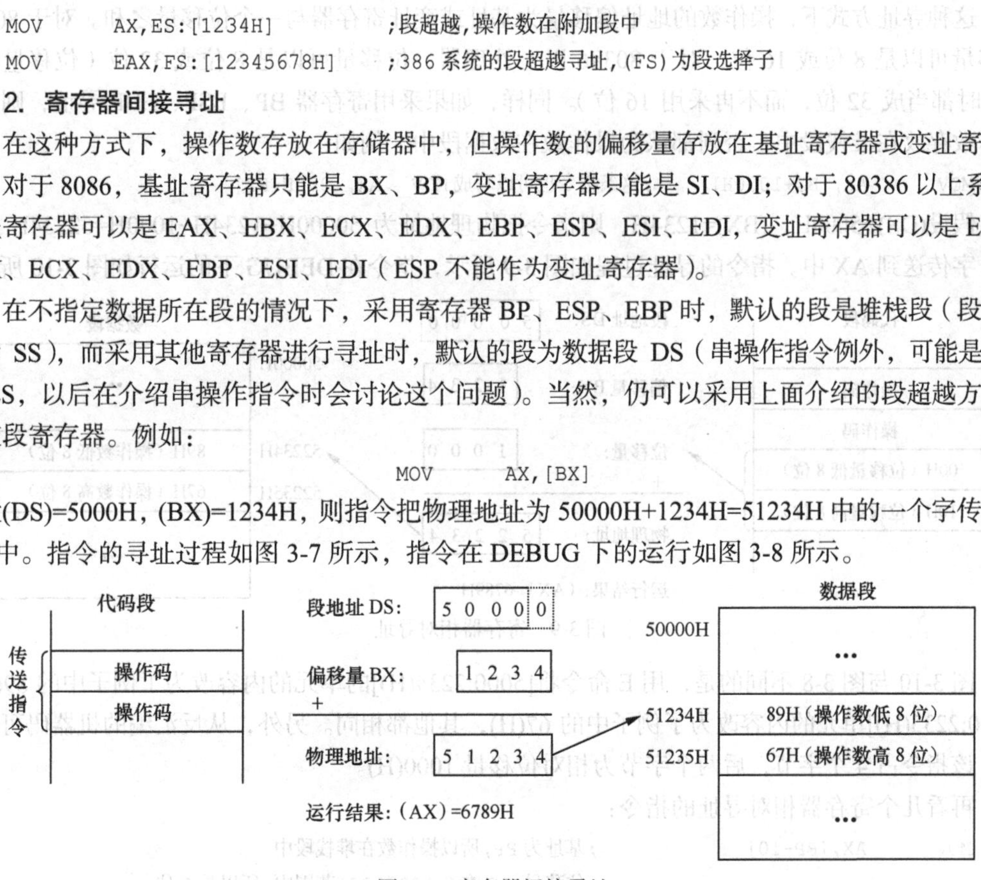

图 3-7　寄存器间接寻址

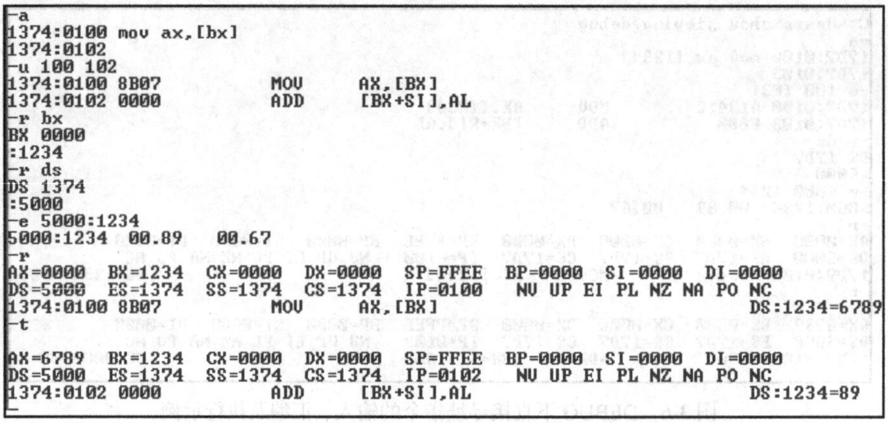

```
-a
1374:0100 mov ax,[bx]
1374:0102
-u 100 102
1374:0100 8B07          MOV     AX,[BX]
1374:0102 0000          ADD     [BX+SI],AL
-r bx
BX 0000
:1234
-r ds
DS 1374
:5000
-e 5000:1234
5000:1234  00.89   00.67
-r
AX=0000  BX=1234  CX=0000  DX=0000  SP=FFEE  BP=0000  SI=0000  DI=0000
DS=5000  ES=1374  SS=1374  CS=1374  IP=0100   NV UP EI PL NZ NA PO NC
1374:0100 8B07          MOV     AX,[BX]                          DS:1234=6789
-t

AX=6789  BX=1234  CX=0000  DX=0000  SP=FFEE  BP=0000  SI=0000  DI=0000
DS=5000  ES=1374  SS=1374  CS=1374  IP=0102   NV UP EI PL NZ NA PO NC
1374:0102 0000          ADD     [BX+SI],AL                       DS:1234=89
-
```

图 3-8　DEBUG 下寄存器间接寻址指令的输入、汇编及执行

在图 3-8 中，在指令运行前，用 R 命令将 DS 寄存器的内容改为了例子中的段值“5000(H)”，将 BX 寄存器的内容改为了“1234(H)”；其他步骤与图 3-6 中一样。我们看到，用间接寻址也实现了与图 3-6 中直接寻址一样的功能，即将 51234H 和 51235H 单元的内容送入 AX 寄存器，最后，指令运行完后 AX 寄存器的内容为 6789H。

又如，在 80386 中，下面的指令能将数据段中偏移量为 EAX 的一个双字传送到寄存器 EAX 中：

```
MOV     EAX,[EAX]
```

3. 寄存器相对寻址

这种寻址方式下，操作数的地址偏移量为基址或变址寄存器与一个位移量之和。对于 8086，位移量可以是 8 位或 16 位，对于 80386 以上处理器，位移量可以是 8 位或 32 位（位移量超过 8 位时都当成 32 位，而不再采用 16 位）。同样，如果采用寄存器 BP、ESP、EBP 寻址，则默认操作数存放在堆栈段中，否则都认为操作数在数据段中。例如：

```
MOV     AX,[BX+1000H]       ;这条指令也可以写成 MOV   AX,1000H[BX]
```

假设(DS)=5000H，(BX)=1234H，则指令把物理地址为 50000H+1234H+1000H=52234H 中的一个字传送到 AX 中。指令的寻址过程如图 3-9 所示，指令在 DEBUG 下的运行如图 3-10 所示。

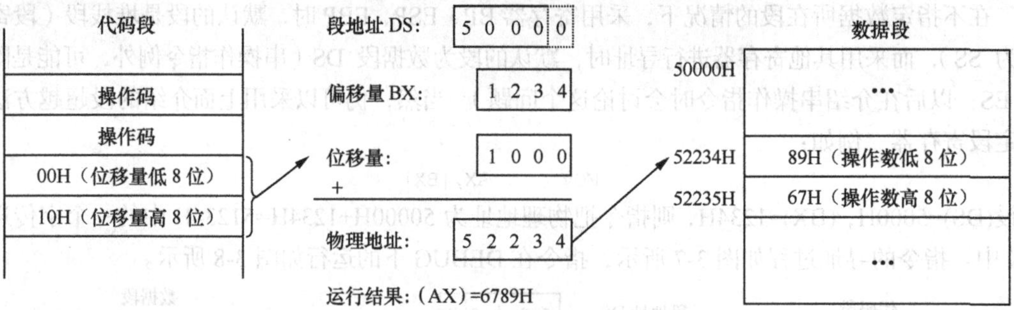

图 3-9　寄存器相对寻址

图 3-10 与图 3-8 不同的是，用 E 命令将[5000:2234(H)]的单元的内容改为了例子中的 89(H)，[5000:2235(H)]单元的内容改为了例子中的 67(H)，其他都相同。另外，从反汇编的机器码可以看到，该指令占 4 个字节，后两个字节为相对位移量 1000(H)。

再看几个寄存器相对寻址的指令：

```
MOV     AX,[BP-10]          ;基址为 BP,所以操作数在堆栈段中
                            ;位移量-10 在[-128,127]范围内,所以是 8 位
```

```
MOV    EAX,[EDX+1234H]          ;基址为 EDX,所以操作数在数据段中
                                ;位移量为 1234H 超过 8 位,所以是 32 位
```

```
C:\Users\zhou jieying>DEBUG
-A
17FD:0100 MOV AX,[BX+1000]
17FD:0104
-U100 104
17FD:0100 8B870010        MOV     AX,[BX+1000]
17FD:0104 0000            ADD     [BX+SI],AL
-R DS
DS 17FD
:5000
-R BX
BX 0000
:1234
-E 5000:2234
5000:2234  00.89    00.67
-R
AX=0000  BX=1234  CX=0000  DX=0000  SP=FFEE  BP=0000  SI=0000  DI=0000
DS=5000  ES=17FD  SS=17FD  CS=17FD  IP=0100   NV UP EI PL NZ NA PO NC
17FD:0100 8B870010        MOV     AX,[BX+1000]                 DS:2234=6789
-T

AX=6789  BX=1234  CX=0000  DX=0000  SP=FFEE  BP=0000  SI=0000  DI=0000
DS=5000  ES=17FD  SS=17FD  CS=17FD  IP=0104   NV UP EI PL NZ NA PO NC
17FD:0104 0000            ADD     [BX+SI],AL                   DS:1234=00
-
```

图 3-10 DEBUG 下寄存器相对寻址指令的输入、汇编及执行

4. 基址变址寻址

在这种方式下，操作数的偏移量为基址寄存器与变址寄存器之和。例如，设(DS)=5000H，(BX)=1234H，(SI)=1000H，在指令：

```
MOV    AX,[BX+SI]               ;也可以写为 MOV    AX,[BX][SI]
```

中，操作数的物理地址为 50000H+1234H+1000H=52234H。寻址过程如图 3-11 所示，在 DEBUG 中的执行如图 3-12 所示。

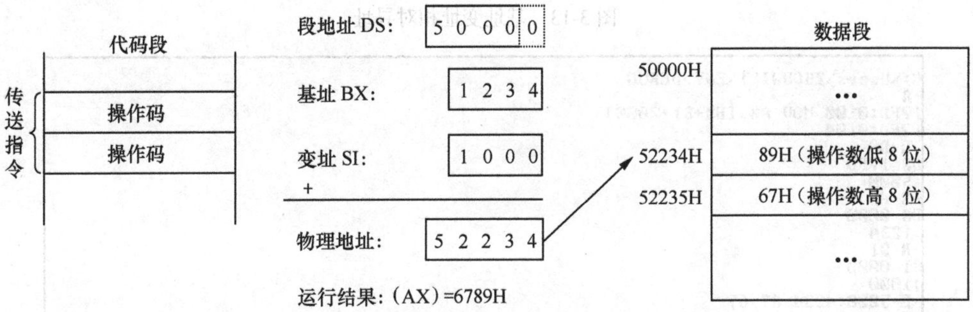

图 3-11 基址变址寻址

```
C:\Users\zhou jieying\ZJY>debug
-a
17FD:0100 mov ax,[bx+si]
17FD:0102
-r ds
DS 17FD
:5000
-r bx
BX 0000
:1234
-r si
SI 0000
:1000
-e 5000:2234
5000:2234  00.89    00.67
-r
AX=0000  BX=1234  CX=0000  DX=0000  SP=FFEE  BP=0000  SI=1000  DI=0000
DS=5000  ES=17FD  SS=17FD  CS=17FD  IP=0100   NV UP EI PL NZ NA PO NC
17FD:0100 8B00            MOV     AX,[BX+SI]                   DS:2234=6789
-t

AX=6789  BX=1234  CX=0000  DX=0000  SP=FFEE  BP=0000  SI=1000  DI=0000
DS=5000  ES=17FD  SS=17FD  CS=17FD  IP=0102   NV UP EI PL NZ NA PO NC
17FD:0102 0000            ADD     [BX+SI],AL                   DS:2234=89
```

图 3-12 DEBUG 下基址变址指令的输入、汇编及执行

图 3-12 中用 R 命令将 DS、BX、SI 寄存器的内容改为了上例中的值，最后得到的物理地址与图 3-10 中相同，其他操作也与图 3-10 中相同。

再看下面的例子：

```
MOV      AX,[BP+DI]          ;16 位寻址,操作数在堆栈段,偏移量为(BP)+(DI)
MOV      EAX,[ECX+EDX]       ;32 位寻址,操作数在数据段,偏移量为(ECX)+(EDX)
```

5. 相对基址变址寻址

这种寻址方式的操作数地址偏移量由基址、变址、位移量三者之和构成。例如，假设(DS)=5000H，(BX)=1234H，(SI)=1000H，在指令：

```
MOV      AX,[BX+SI+2000H]          ;也可以写为 MOV      AX,1000H[BX][SI]
```

中,操作数的物理地址为 50000H+1234H+1000H+2000H=54234H。指令的寻址过程如图 3-13 所示，在 DEBUG 中的执行如图 3-14 所示。

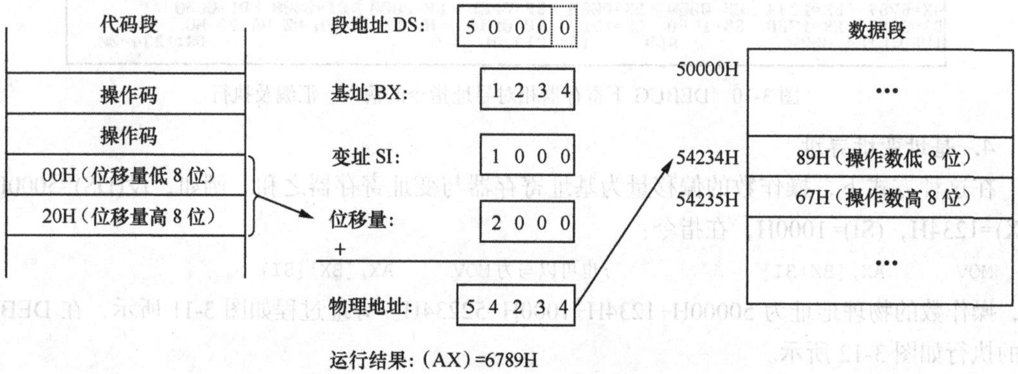

图 3-13　基址变址相对寻址

```
C:\Users\ZHOUJI~1\ZJY>DEBUG
-A
17FD:0100 MOV AX,[BX+SI+2000]
17FD:0104
-R DS
DS 17FD
:5000
-R BX
BX 0000
:1234
-R SI
SI 0000
:1000
-E 5000:4234 89 67
-R
AX=0000  BX=1234  CX=0000  DX=0000  SP=FFEE  BP=0000  SI=1000  DI=0000
DS=5000  ES=17FD  SS=17FD  CS=17FD  IP=0100   NV UP EI PL NZ NA PO NC
17FD:0100 8B800020      MOV     AX,[BX+SI+2000]                DS:4234=6789
-T

AX=6789  BX=1234  CX=0000  DX=0000  SP=FFEE  BP=0000  SI=1000  DI=0000
DS=5000  ES=17FD  SS=17FD  CS=17FD  IP=0104   NV UP EI PL NZ NA PO NC
17FD:0104 0000          ADD     [BX+SI],AL                     DS:2234=00
```

图 3-14　DEBUG 下基址变址指令的输入、汇编及执行

图 3-14 与图 3-12 不同的是，物理地址加了 2000H，用 E 命令给 5000:4234H 单元和 5000:4235H 单元输入了两个字节：89(H)和 67(H)，其他相同。

相对基址变址寻址的指令还可以举例如下。

```
MOV      AX,[BP+DI-12]          ;16 位寻址,基址 BP,变址 DI,8 位位移量-12
MOV      EAX,[EBX+ESI+34]       ;32 位寻址,基址 EBX,变址 ESI,8 位位移量 34
```

6. 比例变址寻址（只用于 80386 以上处理器）

在这种寻址方式下，操作数的偏移量为：变址*比例因子+位移量。这种方式比前面介绍的相对寄存器寻址方式增加了一个比例因子，使得指令可以很方便地寻址到不同数据类型的数组中的某个元素。下面将通过一个具体的例子来说明这个问题。

假设在数据段中，以 12340H 为起始地址，连续存放多个元素，每个元素占用 4 个字节，如图 3-15 所示。如果需要访问这个数组的第 2 个元素，只需要将该元素的下标 2 存放到某一变址寄存器（假设为 ESI）中，然后选择比例因子 4（每个元素 4 个字节），就可以通过比例变址寻址方式来访问该元素：

```
MOV        EAX,[ESI*4+12340H]              ;也可写为 MOV         EAX,12340H[ESI*4]
```

另外，比例因子的值只能是 1、2、4 或 8，而不能是其他值；位移量可以是 8 位，也可以是 32 位。

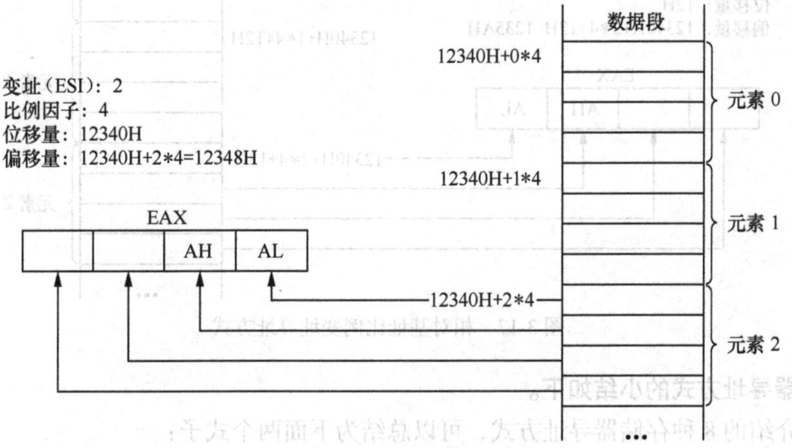

图 3-15　比例变址寻址方式

7. 基址比例变址寻址（只用于 80386 以上处理器）

在该寻址方式下，操作数的偏移量为：基址+变址*比例因子。同样的，该寻址方式比基址变址寻址方式增加了比例因子，从而方便了数组元素的访问。

例如，在图 3-16 中，假设堆栈段中某一数据缓冲区起始地址为(EBP) = 12340H，缓冲区中每个元素占 2 个字节，如果想访问该数组的第 3 个元素，可令变址寄存器 ESI=3，然后利用下面的指令将该元素读入到 AX 中：

```
MOV        AX,[EBP+ESI*2]       ;也可写为 MOV        AX,[EBP][ESI*2]
```

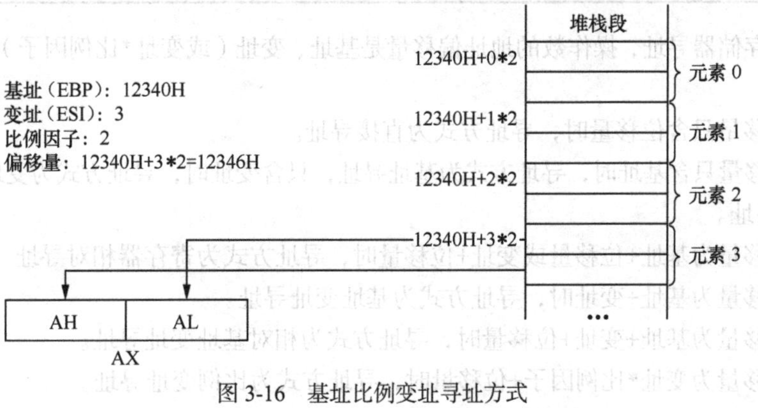

图 3-16　基址比例变址寻址方式

8. 相对基址比例变址寻址（只用于 80386 以上处理器）

在该寻址方式下，操作数的偏移量为：基址+变址*比例因子+位移量。该寻址方式比相对基址变址寻址方式增加了比例因子。例如，在 80386 系统中，假设(EBX)=12340H，(EDI)=2，则指令：

```
MOV EAX,[EBX+EDI*4+12H]    ;也可写为 MOV EAX,12H[EBX][EDI*4]
```

能将数据段中偏移量为 12340H+2*4+12H=1235AH 中的一个双字读入到寄存器 EAX 中，如图 3-17 所示。

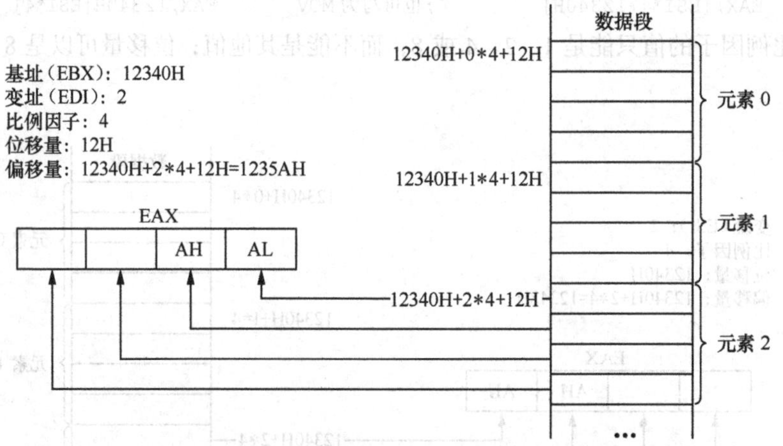

图 3-17　相对基址比例变址寻址方式

对存储器寻址方式的小结如下。

对上面介绍的 8 种存储器寻址方式，可以总结为下面两个式子：

16 位寻址：EA = 基址 + 变址 + 位移量

32 位寻址：EA = 基址 + (变址*比例因子) + 位移量（只用于 80386 以上处理器中）

80x86 系统对基址、变址、比例因子、位移量的限定如表 3-1 所示。

表 3-1　　80x86 对有效地址的限定

	16 位寻址	32 位寻址
基址	BX、BP	EAX、EBX、ECX、EDX、EBP、ESP、ESI、EDI
变址	SI、DI	EAX、EBX、ECX、EDX、EBP、ESI、EDI
比例因子	无	1、2、4、8
位移量	8 位或 16 位	8 位或 32 位

① 对于存储器寻址，操作数的地址偏移量是基址、变址（或变址*比例因子）、位移量三者的任意组合。

② 当偏移量只含位移量时，寻址方式为直接寻址。

③ 当偏移量只含基址时，寻址方式为基址寻址，只含变址时，寻址方式为变址寻址，它们合称为寄存器寻址。

④ 当偏移量为基址+位移量或变址+位移量时，寻址方式为寄存器相对寻址。

⑤ 当偏移量为基址+变址时，寻址方式为基址变址寻址。

⑥ 当偏移量为基址+变址+位移量时，寻址方式为相对基址变址寻址。

⑦ 当偏移量为变址*比例因子+位移量时，寻址方式为比例变址寻址。

⑧ 当偏移量为基址+变址*比例因子时，寻址方式为基址比例变址寻址。

⑨ 当偏移量为基址+变址*比例因子+位移量时，寻址方式为相对基址比例变址寻址。

另外，还需要注意以下一些问题。

① 在没有指定操作数在哪个段时，若使用寄存器 BP、EBP、ESP 进行寻址，则默认操作数存放在堆栈段中，在其他情况下，都是默认操作数存放在数据段中（串操作指令例外）。如果显式指定操作数所在段的话，则可以段超越到其他各个段中。

② 有效地址中的位移量是带符号地址的，也就是说，位移量可正可负。当位移量的值落在[−128，+127]之内时，认为是 8 位的，如果超出这个范围，则认为该位移量是 16 位（16 位寻址时）或 32 位（32 位寻址时）。

③ “MOV AX,[BX+SI+1000H]”和“MOV AX,1000H[BX][SI]”这两条指令完成的操作是完全相同的，只是书写格式不同而已。

④ 80x86 系统对基址和变址寄存器有一定的限制，像“MOV AX,[DX]”、“MOV AX,[BL]”、“MOV AX,[SP]”之类都是错误的，因为基址和变址只能使用 BX、BP、SI、DI 这 4 个 16 位的寄存器，或 32 位通用寄存器（只用于 80386 以上的系统中）。

⑤ 操作数的偏移量不能由两个基址或变址寄存器相加得到。像“MOV AX,[BX+BP]”、“MOV AX,[SI+DI]”之类的写法也是错误的。在 80386 系统中，“MOV EAX,[EAX+EAX]”是合法的指令，因为 EAX 可以作为基址寄存器，也可以作为变址寄存器。但指令“MOV EAX,[ESP+ESP]”则是错误的，因为 ESP 只能是基址寄存器，而有效地址不能由两个基址相加得到。另外，指令“MOV AX,[1000H+2000H]”是正确的。实际上，经过编译后，它与指令“MOV AX,[3000H]”是完全一样的。

3.1.4 I/O 端口寻址

我们知道，计算机可以与多个外围设备相连接，如键盘控制器、打印机适配器等。外围设备通常都需要与 CPU 进行数据通信，并提供相应的锁存器来锁存这些数据。我们将外围设备中包含的锁存器称为端口。通常在一个系统中包含有很多端口，因此需要对这些端口进行编号，称为端口地址。

在 80x86 系统中，最多可以有 65 536 个端口，这些端口是从 0 开始独立编址的，且每个端口都是 8 位的。访问端口时需使用 IN/OUT 指令。用 0～65 535（0～0FFFFH）的端口号来表示 I/O 端口的地址。根据端口地址的不同，端口寻址方式可分为下面两种。

① 直接端口寻址。采用这种寻址方式时，端口地址只有 8 位（0～0FFH）。例如：

```
IN      AL,20H          ;从 20H 号端口读入 8 位数据
OUT     20H,AX          ;把 AX 中的内容送到 20H 端口和 21H 端口
                        ;其中,AL 的值送 20H 端口,AH 的值送 21H 端口
```

② 间接端口寻址。采用这种寻址方式时，端口地址为 16 位（0～0FFFFH），这时必须先将端口地址存放到寄存器 DX 中，然后再去寻址。例如：

```
MOV     DX, 1000H       ;端口地址为 1000H
OUT     DX, AL          ;间接端口寻址
MOV     DX, 20H         ;端口地址 20H 似乎为 8 位,但汇编程序会在 20H 前面
                        ;补 8 个 0,最后是 16 位 0020H 送给 DX 寄存器
IN      AX, DX          ;将[0020H]端口的值送 AL 累加器
                        ;并将[0021H]端口的值送 AH 寄存器
```

3.2 80x86 指令系统

在 80x86 系列的处理器中，8086、8088、80286 等处理器的字长都是 16 位，因此其指令集大多数只能处理 8 位和 16 位的数据，只有在几个特殊的指令中才能处理 32 位的数据（如乘法和除法指令）。

在 80386 以及其后继机型中，处理器的字长都增加到 32 位，因此其指令集可以直接处理 8 位、16 位和 32 位的数据，而乘、除指令则可以处理 64 位的数据。同时，80386 以上的处理器还增加了不少新的指令，使得 CPU 的处理更加快速、灵活。

另外，80x86 系列的处理器指令集，基本上都是向下兼容的，即在低档的处理器上能执行的指令，在高档的处理器上几乎都能运行，只有极个别例外（如 80486 以上系统不再需要 ESC 指令）。

80x86 的指令系统总共包含 6 大类，它们分别是数据传送类、算术运算类、逻辑操作类、字符串操作类、控制转移类和处理器控制类。本节将分别做详细介绍。

需要注意的是，本节所介绍的指令中，凡涉及 32 位寄存器（如 EAX、ESI、EIP 等）的，都是至少需要 80386 以上的处理器才能执行。

3.2.1 数据传送类

数据传送指令可分为以下 4 种类型：

① 通用数据传送指令，包括 MOV、MOVSX、MOVZX、PUSH、POP、PUSHA、POPA、PUSHAD、POPAD、XCHG、XLAT。

② 目标地址传送指令，包括 LEA、LDS、LES、LFS、LGS、LSS。

③ 标志位传送指令，包括 LAHF、SAHF、PUSHF、POPF、PUSHFD、POPFD。

④ 输入/输出指令，包括 IN、OUT。

这些指令中，除了 SAHF、POPF、POPFD 之外，其他指令都不会影响标志寄存器。

1. 通用数据传送指令

（1）MOV（Move）

MOV 指令是 80x86 系统中使用频率最高的指令，其格式为

```
MOV    目的操作数,源操作数
```

指令的作用是将一个字节、字或双字从源地址传送到目的地址中。指令要求目的操作数和源操作数必须是相同的数据类型，即它们必须同为 8 位、16 位或 32 位数据。MOV 指令有下面几种用法：

① 通用寄存器之间的传送。例如：

```
MOV     BH,AL          ;8 位通用寄存器之间的传送
MOV     AX,BP          ;16 位通用寄存器之间的传送
MOV     EAX,ESI        ;32 位通用寄存器之间的传送
```

② 16 位通用寄存器与段寄存器之间的传送。段寄存器包括 CS、DS、SS、ES 共 4 个寄存器，除了代码段段寄存器 CS 不能作为目的操作数之外，MOV 指令允许数据在通用寄存器与段寄存器之间传送。例如，下列指令都是合法的：

```
MOV     BX,CS
MOV     ES,DX
```

但指令“MOV　CS,AX”是不允许的，虽然这条指令没有语法错误，但这条指令以 CS 为目的操作数，其运行结果会修改当前正在执行的程序的段值，可能会引起不可预料的后果。

③ 通用寄存器与存储器之间的传送。这里，所有的存储器操作数寻址方式都允许使用。通用寄存器的位长决定存储器中的数据是字节、字还是双字，例如：

```
MOV     [BP+DI],DL              ;将 DL 中的字节传送到 SS:[BP+DI]中
MOV     AX,[BX]                 ;将 DS:[BX]中的一个字传送到 AX 中
MOV     EBX,[ESI*4+10H]         ;将 DS:[ESI*4+10H]中的双字传送到 EBX 中
```

④ 段寄存器与存储器之间的传送。同样的，CS 不能作为目的操作数，存储器操作数可以采用任意有效的寻址方式。例如：

```
MOV     DS,[SI]
MOV     [BX+DI],CS
```

⑤ 立即数传送到通用寄存器。注意源操作数和目的操作数的数据类型必须匹配。例如：

```
MOV     AX,12H             ;12H 被视为 16 位的立即数
MOV     BL,34H             ;34H 是 8 位的立即数
MOV     ESI,12345678H      ;12345678H 是 32 位的立即数
```

⑥ 立即数传送到存储器。这里必须特别注意数据类型的匹配问题。比如，指令：

```
MOV     [BX],12H
```

是错误的，因为指令存在歧义，系统不知道传送的是字节“12H”还是字“0012H”。正确的做法是指定数据的类型，比如：

```
MOV     BYTE PTR [BX],12H       ;BYTE PTR 指定数据类型为字节
```

有关“PTR”的用法将在第 4 章中详细介绍。

对 MOV 指令用法的小结。

MOV 指令的用法可以用图 3-18 来表示，此外，还需要记住 MOV 指令的如下几个“不能”。

① 两个数的类型不能不一致。

② CS 不能作为目的操作数，但可以是源操作数；指令指针寄存器 IP 和标志位寄存器既不能作为源操作数，也不能作为目的操作数。换句话说，MOV 指令不能修改但可以读取 CS 寄存器的值，而 IP、标志位寄存器的值不能用 MOV 指令读取或修改。

③ 不能两个操作数都是内存操作数，或者说 MOV 指令不能在两个内存单元之间传送数据。

④ 不能两个操作数都是段寄存器，或者说 MOV 指令不能在两个段寄存器之间传送数据。

⑤ 立即数永远都不能作为目的操作数。

⑥ 不能直接把立即数传送到段寄存器中。

图 3-19 所示为 DEBUG 下的一些 MOV 指令用法示例，读者可以分析一下这些指令。可以在 DEBUG 下练习指令，如果写的指令不合法，DEBUG 中会指出错误所在。图 3-19 中输入了一些错误的指令，并在随后进行了修改。其中有一条指令：

```
17D7:0108 MOV CS,BX
```

DEBUG 中没有指出是错误的，说明这条指令是合法的。但不要运行这样的以 CS 为目标操作数的指令，否则会修改当前运行程序的段值，导致不可预料的错误。

另外，图 3-19 右边的图，地址为“17D7:010F”和“17D7:011A”的两条指令中都用了类型说明符“DWORD PTR”，且没有指出为错误，但是 DEBUG 下是当 BYTE PTR 来处理的，读者可以验证一下。

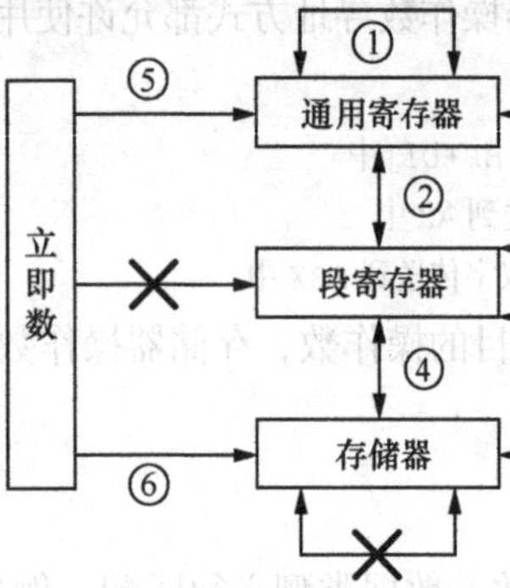

图 3-18　MOV 指令用法示意图

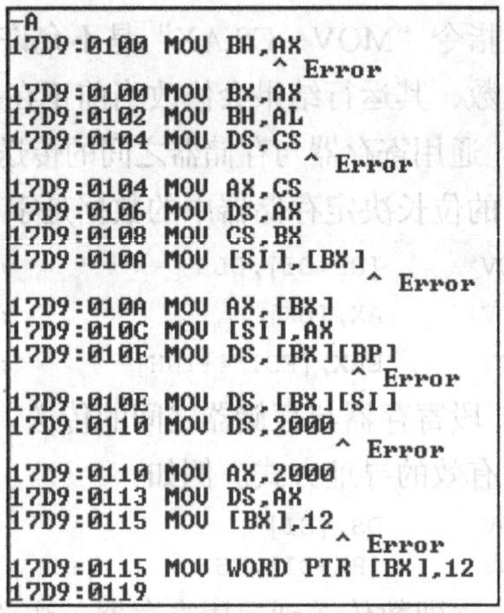

```
-A
17D9:0100 MOV BH,AX
                 ^ Error
17D9:0100 MOV BX,AX
17D9:0102 MOV BH,AL
17D9:0104 MOV DS,CS
                  ^ Error
17D9:0104 MOV AX,CS
17D9:0106 MOV DS,AX
17D9:0108 MOV CS,BX
17D9:010A MOV [SI],[BX]
                      ^ Error
17D9:010A MOV AX,[BX]
17D9:010C MOV [SI],AX
17D9:010E MOV DS,[BX][BP]
                     ^ Error
17D9:010E MOV DS,[BX][SI]
17D9:0110 MOV DS,2000
                    ^ Error
17D9:0110 MOV AX,2000
17D9:0113 MOV DS,AX
17D9:0115 MOV [BX],12
                    ^ Error
17D9:0115 MOV WORD PTR [BX],12
17D9:0119
```

图 3-19　DEBUG 下 MOV 指令的用法示例

（2）MOVSX（Move with Sign-extend）（80386 以上）

MOVSX 指令的作用是将源操作数符号扩展并传送到目的操作数中。其指令格式为

```
MOVSX    目的操作数,源操作数
```

其中源操作数为 8 位或 16 位通用寄存器或存储器操作数，目的操作数必须是 16 位或 32 位通用寄存器操作数。例如，对于指令：

```
MOVSX    AX,BL              ;AX←BL 符号扩展后的值
```

如果指令执行前(BL)=11110000B，则 BL 的符号位为 1，因此执行后(AX)=1111111111110000B（前 8 个“1”是由符号扩展得到的）；如果之前(BL)= 00001111B，则 BL 的符号位为 0，因此指令执行后(AX)=0000000000001111B（前 8 个“0”是由符号扩展得到的）。再看几个例子：

```
MOVSX    EAX,AL                        ;32 位寄存器←8 位寄存器符号扩展
MOVSX    EBX,BYTE PTR [EDI]            ;32 位寄存器←8 位存储器符号扩展
MOVSX    ECX,WORD PTR [BX+10]          ;32 位寄存器←16 位存储器符号扩展
```

需要注意的是，在该指令中，目的操作数的字长必须比源操作数长，而且目的操作数不能为存储器操作数。另外，立即数和段寄存器都不允许作为 MOVSX 指令的操作数。例如，以下指令都是非法的：

```
MOVSX    AX,BX                         ;源操作数、目的操作数字长不能相等
MOVSX    EAX,DS                        ;DS 不能作为 MOVSX 指令的操作数
MOVSX    WORD PTR [SI],AL              ;目的操作数不允许是存储器操作数
```

（3）MOVZX（Move with Zero-extend）（80386 以上）

MOVZX 指令的作用是将源操作数零扩展并传送到目的操作数中。其指令格式为

```
MOVZX    目的操作数,源操作数
```

其中源操作数为 8 位或 16 位通用寄存器或存储器操作数，目的操作数必须是 16 位或 32 位通用寄存器操作数。例如，对于指令：

```
MOVZX    AX,BL                         ;AX←BL 零扩展后的值
```

不管执行前 BL 的符号位是 0 还是 1，扩展后 AX 的高 8 位都是 0。假设(BL)=0FFH，则零扩展后(AX)=00FFH；假设(BL)=00H，则零扩展后(AX)=0000H。

与 MOVSX 指令相似，MOVZX 指令的目的操作数的字长也必须比源操作数长，而且目的操作数不能为存储器操作数，立即数和段寄存器都不允许作为 MOVZX 指令的操作数。

（4）PUSH

PUSH 指令的作用是把一个字或一个双字操作数压入对栈中，其指令格式为

```
PUSH      16位/32位源操作数
```

在 80286 以下的系统中，PUSH 指令的操作数只能是 16 位的；在 80386 以上的系统中，PUSH 指令的操作数可以是 16 位或 32 位；源操作数可以是通用寄存器、段寄存器或存储器中的数据。例如：

```
PUSH    AX
PUSH    EBX         ;80386以上的系统
PUSH    CS
```

而指令“PUSH　AL”则是错误的，因为 AL 为 8 位寄存器。

在 8086/8088 系统中，PUSH 指令的操作数不能是立即数，如指令：

```
PUSH  WORD PTR 1234H
```

是非法的。但 286 以上的处理器取消了这一限制，即上述指令是合法的。

另外，当 PUSH 指令的操作数是存储器操作数时，如果是在 80286 以下的处理器中，则认为该操作数是 16 位的；但如果在 80386 以上的处理器中，由于 PUSH 指令的操作数可以是 16 位或 32 位，所以需要利用“WORD PTR”或“DWORD PTR”来说明操作数的类型，以免造成歧义。例如：

```
PUSH WORD PTR [BP+SI]        ;在80286以下系统中,WORD PTR可略去
```

在学习 PUSH 指令的执行过程之前，必须先了解一下堆栈段的结构。如图 3-20 所示，堆栈的段地址存放在段寄存器 SS 中，而堆栈指针 SP/ESP 则保持指向栈顶。栈中的数据保持“先入后出”的规则，且高地址存放先入栈的数据，低地址存放后入栈的数据。因此，当有新的数据进栈的时候，栈顶上浮，SP/ESP 的值也将减小，如图 3-21 所示；而当栈顶数据出栈的时候，SP/ESP 的值则增大。

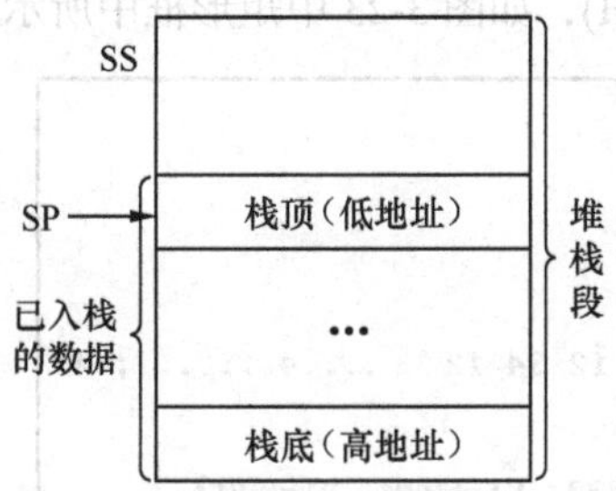

图 3-20　堆栈结构

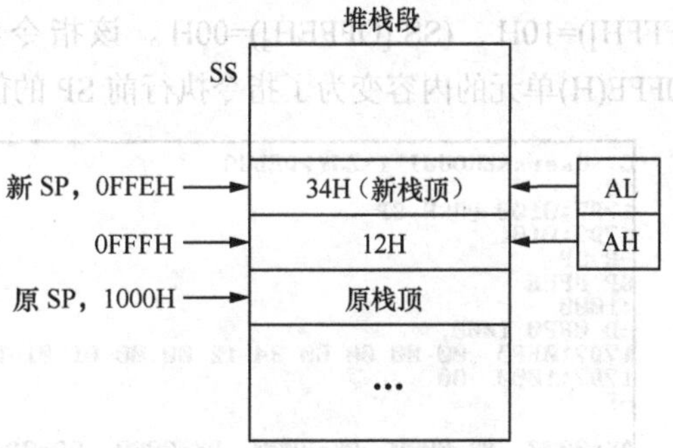

图 3-21　PUSH 指令示意图

在 80286 以下的系统中，PUSH 指令的操作数只能是 16 位，因此，执行 PUSH 指令时，系统将 PUSH 的操作数压入堆栈中，栈顶指针 SP 的值相应减 2；在 80386 以上的系统中，当 PUSH 指令的操作数为 32 位时，指令将双字操作数压入栈中，栈顶指针 ESP 的值相应减 4。

以 8086/8088 指令：

```
PUSH    AX
```

为例，说明 PUSH 指令的执行过程。假设指令执行之前(AX)=1234H，(SP)=1000H，则执行过程如图 3-21 所示。AX 的内容入栈后 SP 的值减 2，即(SP)=0FFEH。在栈内，数据仍遵循“高地址存放高位字节”的原则，所以 AH 的内容先入栈放高地址单元，然后 AL 的数据入栈。该指令在

DEBUG 下的运行如图 3-22 所示。

```
-A
17D7:0100 PUSH AX
17D7:0101
-R
AX=0000  BX=0000  CX=0000  DX=0000  SP=FFEE  BP=0000  SI=0000  DI=0000
DS=17D7  ES=17D7  SS=17D7  CS=17D7  IP=0100   NV UP EI PL NZ NA PO NC
17D7:0100 50            PUSH    AX
-R SP
SP FFEE
:1000
-D 0FF0 1000
17D7:0FF0  00 00 00 00 00 00 00 00-00 00 00 00 00 00 00 00   ................
17D7:1000  00                                                .
-R AX
AX 0000
:1234
-T

AX=1234  BX=0000  CX=0000  DX=0000  SP=0FFE  BP=0000  SI=0000  DI=0000
DS=17D7  ES=17D7  SS=17D7  CS=17D7  IP=0101   NV UP EI PL NZ NA PO NC
17D7:0101 0000          ADD     [BX+SI],AL                         DS:0000=CD
-D 0FF0 1000
17D7:0FF0  00 00 00 00 34 12 00 00-01 01 D7 17 3B 12 34 12   ....4.......;.4.
17D7:1000  00                                                .
-
```

图 3-22　DEBUG 中执行 PUSH AX 指令示例

在图 3-22 中，先用 A 命令输入并汇编了 PUSH AX 指令，用 R 命令检查了所有寄存器的内容，此时，各段寄存器的值都为 17D7(H)，IP 的值为 0100H，正好指向要执行的指令。用 R 命令将 SP 的内容改为了 1000(H)，用 D 命令检查了 17D7:0FF0(H)到 17D7:1000(H)单元的内容，看到都是 0。再用 R 命令将 AX 寄存器的内容改为了上例指定的 1234(H)，之后用 T 命令执行了“PUSH AX”指令并显示了各寄存器的内容，可以看到，SP 的内容变为 0FFE(H)；再用 D 命令检查 17D7:0FF0(H)到 17D7:1000(H)单元的内容，看到栈顶 17D7:0FFE(H)单元的内容已经变为了 1234(H)，如图 3-22 中矩形框中所示。

考虑下面一个很特殊的例子：

```
PUSH    SP
```

假设之前(SP)=1000H，则指令执行时先将 1000H 压入栈中，再把 SP 的值减 2，最后(SP)=0FFEH，(SS:[0FFFH])=10H，(SS:[OFFEH])=00H。该指令的执行如图 3-23 所示，指令执行后栈顶 17D7:0FFE(H)单元的内容变为了指令执行前 SP 的值 1000(H)，如图 3-23 中矩形框中所示。

```
C:\Users\ZHOUJI~1\ZJY>DEBUG
-A
17D7:0100 PUSH SP
17D7:0101
-R SP
SP FFEE
:1000
-D 0FF0 1000
17D7:0FF0  00 00 00 00 34 12 00 00-01 01 D7 17 3B 12 34 12   ....4.......;.4.
17D7:1000  00                                                .
-T

AX=0000  BX=0000  CX=0000  DX=0000  SP=0FFE  BP=0000  SI=0000  DI=0000
DS=17D7  ES=17D7  SS=17D7  CS=17D7  IP=0101   NV UP EI PL NZ NA PO NC
17D7:0101 0000          ADD     [BX+SI],AL                         DS:0000=CD
-D 0FF0 1000
17D7:0FF0  00 00 00 00 00 00 00 00-01 01 D7 17 3B 12 00 10   ............;...
17D7:1000  00                                                .
```

图 3-23　DEBUG 中执行 PUSH SP 指令

（5）POP

POP 指令的作用是把一个字或一个双字从栈中弹出来，指令格式为

```
POP     16位/32位目的操作数
```

在 80286 以下的系统中，POP 指令的操作数只能是 16 位；在 80386 以上的系统中，POP 指令的操作数可以是 16 位，也可以是 32 位；操作数可以是通用寄存器、除 CS 之外的段寄存器或

存储器操作数。例如：

```
POP     CX        ;POP  CL 是错误的,因为 CL 是 8 位寄存器
POP     DS        ;POP  CS 是非法的
POP     WORD PTR [BX+1000H]     ;80286 以下的系统中 WORD PTR 可略去
```

另外，立即数不能作为 POP 的操作数，因为立即数不能是目的操作数。

POP 指令的执行过程刚好与 PUSH 相反。在 80286 以下的系统中，POP 指令的操作数只能是 16 位，因此，执行 POP 指令时，系统将栈顶的一个字弹出到 POP 的操作数中，栈顶指针 SP 的值相应加 2；在 80386 以上的系统中，当 POP 指令的操作数为 32 位时，指令将栈顶的一个双字弹出到 POP 的操作数中，栈顶指针 ESP 的值相应加 4。例如：

```
POP     BX
```

假设执行前(SP)=1000H，堆栈段中的数据如图 3-24 所示。执行时，栈顶的一个字 34H 和 12H 送到 BL 和 BH 中，然后 SP 的值增加 2，结果，(SP)=1002H，(BX)=1234H。该例子在 DEBUG 下的运行如图 3-25 所示，用 E 命令给栈顶 1000H 和 1001H 两个单元分别送了数 34H 和 12H，“POP BX”指令执行后，BX 寄存器的内容变为了 1234H，SP 指针也由执行前的 1000H 变为了 1002H。

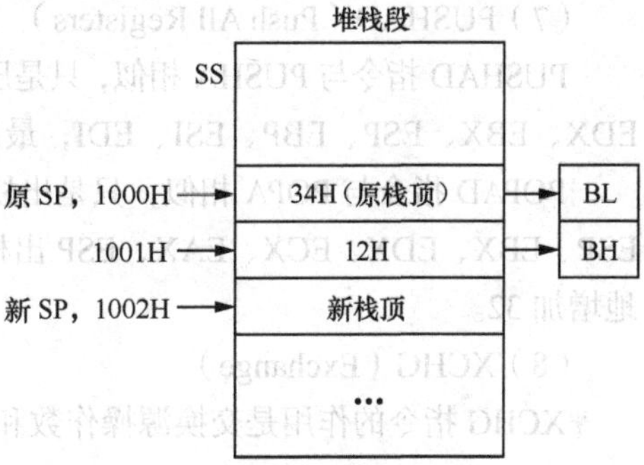

图 3-24　POP 指令示意图

```
C:\Users\ZHOUJI~1\ZJY>DEBUG
-A
17D7:0100 POP BX
17D7:0101
-R SP
SP FFEE
:1000
-E 1000 34 12
-R
AX=0000  BX=0000  CX=0000  DX=0000  SP=1000  BP=0000  SI=0000  DI=0000
DS=17D7  ES=17D7  SS=17D7  CS=17D7  IP=0100   NV UP EI PL NZ NA PO NC
17D7:0100 5B            POP     BX
-T

AX=0000  BX=1234  CX=0000  DX=0000  SP=1002  BP=0000  SI=0000  DI=0000
DS=17D7  ES=17D7  SS=17D7  CS=17D7  IP=0101   NV UP EI PL NZ NA PO NC
17D7:0101 0000          ADD     [BX+SI],AL                      DS:1234=00
```

图 3-25　DEBUG 中执行 POP BX 指令

再看另外一个例子，对于指令：

```
POP     SP
```

若运行前(SP)=1000H，(SS:[1000H])=34H，(SS:[1001H])=12H，运行时 SP 的值加 2，但出栈的字“1234H”又赋值给 SP，所以最后(SP)=1234H，在 DEBUG 下的运行如图 3-26 所示。

```
C:\Users\ZHOUJI~1\ZJY>DEBUG
-A
17D7:0100 POP SP
17D7:0101
-R SP
SP FFEE
:1000
-E 1000 34 12
-T

AX=0000  BX=0000  CX=0000  DX=0000  SP=1234  BP=0000  SI=0000  DI=0000
DS=17D7  ES=17D7  SS=17D7  CS=17D7  IP=0101   NV UP EI PL NZ NA PO NC
17D7:0101 0000          ADD     [BX+SI],AL                      DS:0000=CD
-_
```

图 3-26　DEBUG 中执行 POP SP 指令

（6）PUSHA（Push All Registers）、POPA（Pop All Registers）（80286 以上）

PUSHA 指令能将 8 个 16 位通用寄存器全都压入栈中，该指令没有操作数。当执行 PUSHA 指令时，系统将执行前的 AX、CX、DX、BX、SP、BP、SI、DI（注意寄存器的次序）依次压入栈中，然后 SP 的值减 16。

POPA 指令能将 8 个 16 位通用寄存器依次出栈，该指令没有操作数。当执行 POPA 指令时，系统将堆栈段中的 DI、SI、BP、SP、BX、DX、CX、AX 依次出栈并送到相应的寄存器中（注意 SP 的值出栈后直接丢弃而不送给 SP 寄存器，SP 出栈只是为了下一个数据 BX 能够出栈而已），最后 SP 的值加 16。可见，不管堆栈段中的数据如何，POPA 指令执行后 SP 的值总比原来大 16。

（7）PUSHAD（Push All Registers）、POPAD（Pop All Registers）（80386 以上）

PUSHAD 指令与 PUSHA 相似，只是压入栈中的是 8 个 32 位通用寄存器，依次是 EAX、ECX、EDX、EBX、ESP、EBP、ESI、EDI，最后 SP 的值相应地减去 32。

POPAD 指令与 POPA 相似，只是出栈的是 8 个 32 位通用寄存器，依次是 EDI、ESI、EBP、ESP、EBX、EDX、ECX、EAX，ESP 出栈后直接丢弃而不影响 ESP 寄存器。最后 ESP 的值相应地增加 32。

（8）XCHG（Exchange）

XCHG 指令的作用是交换源操作数和目的操作数的值。指令格式为

```
XCHG    目的操作数,源操作数
```

其中源和目的操作数的数据类型必须相同。XCHG 允许交换两个通用寄存器的值，或交换通用寄存器与存储器操作数的值，但不允许交换两个存储器操作数。另外，XCHG 指令不允许将段寄存器和立即数作为操作数。例如：

```
XCHG    AX,BX
```

若执行前(AX)=1000H，(BX)=2000H，则执行后(AX)=2000H，(BX)=1000H。该例子在 DEBUG 下的运行如图 3-27 所示，输入并汇编指令后将 AX 和 BX 寄存器的内容分别置为了例子中指定的 1000(H)和 2000(H)，指令执行后 AX 和 BX 寄存器的内容互换，分别变为 2000(H)和 1000(H)。

```
C:\Users\ZHOUJI~1\ZJY>DEBUG
-A
17D7:0100 XCHG AX,BX
17D7:0102
-R AX
AX 0000
:1000
-R BX
BX 0000
:2000
-R
AX=1000  BX=2000  CX=0000  DX=0000  SP=FFEE  BP=0000  SI=0000  DI=0000
DS=17D7  ES=17D7  SS=17D7  CS=17D7  IP=0100   NV UP EI PL NZ NA PO NC
17D7:0100 87C3          XCHG    AX,BX
-T
AX=2000  BX=1000  CX=0000  DX=0000  SP=FFEE  BP=0000  SI=0000  DI=0000
DS=17D7  ES=17D7  SS=17D7  CS=17D7  IP=0102   NV UP EI PL NZ NA PO NC
17D7:0102 0000          ADD     [BX+SI],AL                         DS:1000=34
-
```

图 3-27　DEBUG 中执行 XCHG AX，BX 指令

（9）XLAT（Translate）

XLAT 指令能完成一个字节的查表功能。在使用此指令前，必须先在内存中建立一个不超过 256 个字节的表，并把这个表的起始地址赋给 BX 或 EBX，而 AL 中的内容则作为表中数据的序号（表中第 1 个字节序号为 0，第 2 个字节序号为 1，以此类推）。执行 XLAT 后，表中序号为 AL 的字节将赋给 AL。从运行结果上看，XLAT 指令相当于把数据段中偏移量为((BX)+(AL))或((EBX)+(AL))的字节传送到 AL 中。

例如，假设在数据段中定义一个 0～9 的整数平方表为

```
SQUARE_TABLE DB   00H,01H,04H,09H,10H,19H,24H,31H,40H,51H
```

如果希望通过查表得到 4 的平方，可以利用 XLAT 指令来读取表中序号为 4 的字节（00H 的序号是 0，01H 的序号是 1，……），程序段如下。

```
LEA       BX,SQUARE_TABLE        ;把表的起始地址赋给 BX
MOV       AL,4                   ;AL 中存放序号
XLAT SQUARE_TABLE                ;查表，并将得到的字节存放在 AL 中
```

运行后，AL 中的值为 10H。

上面的程序段在 DEBUG 中的运行如图 3-28 所示。在图 3-28（a）中，用 DB 伪指令在内存单元 17D7:0100 开始的 10 个单元中存放了 0～9 的平方值，或者说建立了 0～9 的整数平方表。指令“MOV BX,100”将平方表首地址偏移量送给 BX，实现了上例中“LEA BX,SQUARE_TABLE”指令的功能，SQUARE_TABLE 等标识符在 DEBUG 中不能使用。图 3-28（a）中“–G=10A 110”，是要从 10A(H)单元开始执行（对应指令“MOV BX,100”），执行到 110(H)单元停下来显示结果。DEBUG 不带文件名启动时，(IP)=100H，而 100(H)开始的单元是平方表，并不是要执行的指令，所以 G 命令中要指明执行的首地址。G 命令等号后面跟的是要执行指令的首地址，后面其他地址为断点地址，执行到断点停下来，可以检查结果。可以设置多个断点地址。

也可以用 R 命令将 IP 的内容改为要执行指令的首地址，则 G 命令可以不指明执行的首地址，如图 3-28（b）所示。两种方法执行完程序后，都得到同样的结果，即 AL 中为 4 的平方 10(H)。

```
C:\Users\ZHOUJI~1>DEBUG
-A
17D7:0100 DB 0,1,4,9,10,19,24,31,40,51
17D7:010A MOV BX,100
17D7:010D MOV AL,4
17D7:010F XLAT
17D7:0110
-G=10A 110

AX=0010  BX=0100  CX=0000  DX=0000  SP=FFEE  BP=0000  SI=0000  DI=0000
DS=17D7  ES=17D7  SS=17D7  CS=17D7  IP=0110   NV UP EI PL NZ NA PO NC
17D7:0110 0000          ADD     [BX+SI],AL                    DS:0100=00
-
```

（a）–G = 10A 110

```
C:\Users\zhou jieying>DEBUG
-A
17D7:0100 DB 0,1,4,9,10,19,24,31,40,51
17D7:010A MOV BX,100
17D7:010D MOV AL,4
17D7:010F XLAT
17D7:0110
-R IP
IP 0100
:10A
-R
AX=0000  BX=0000  CX=0000  DX=0000  SP=FFEE  BP=0000  SI=0000  DI=0000
DS=17D7  ES=17D7  SS=17D7  CS=17D7  IP=010A   NV UP EI PL NZ NA PO NC
17D7:010A BB0001        MOV     BX,0100
-G 110

AX=0010  BX=0100  CX=0000  DX=0000  SP=FFEE  BP=0000  SI=0000  DI=0000
DS=17D7  ES=17D7  SS=17D7  CS=17D7  IP=0110   NV UP EI PL NZ NA PO NC
17D7:0110 0000          ADD     [BX+SI],AL                    DS:0100=00
```

（b）–G 110

图 3-28 DEBUG 中查表转换程序的运行

实际上，上面的程序段相当于：

```
LEA       BX,SQUARE_TABLE
MOV       AL,[BX+4]
```

另外，在指令“XLAT　SQUARE_TABLE”中，“SQUARE_TABLE”的作用仅是提高程序的可读性，并不会影响程序的运行，因此将它略去也不会影响结果。

2. 目标地址传送指令

（1）LEA（Load Effective Address）

LEA 指令的功能是得到存储器操作数的地址偏移量，其格式为

```
LEA        目的操作数,源操作数
```

其中，目的操作数只能是通用寄存器，源操作数一定是存储器操作数。

对于 80286 以下的系统，指令的目的操作数只能是 16 位的通用寄存器，指令执行后，将把存储器操作数的 16 位地址偏移量存放到通用寄存器中。

对于 80386 以上的系统，指令的目的操作数可以是 16 位或 32 位的通用寄存器。当目的操作数是 16 位通用寄存器时，若源操作数的地址是 16 位的，则将源操作数的地址直接送至通用寄存器，若源操作数的地址是 32 位的，则将该地址的低 16 位送至通用寄存器；当目的操作数是 32 位通用寄存器时，若源操作数的地址是 16 位的，则先将源操作数的 16 位地址前面补 16 个 0 扩展成 32 位后再送至通用寄存器，若源操作数的地址是 32 位的，则直接将该地址送至通用寄存器。

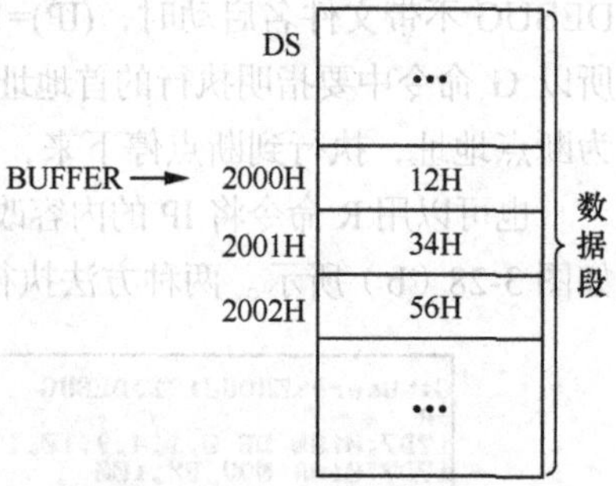

图 3-29　LEA 指令示意图

例如，在 8086 中，数据段中定义数据：

```
BUFFER   DB  12H,34H,56H
```

假设 BUFFER 的偏移量为 2000H，如图 3-29 所示，则执行指令：

```
          LEA      BX,BUFFER
```

后，(BX)=2000H。

再看几个 80386 指令的例子：

```
LEA       AX,[SI+2]            ;16 位寄存器 AX←16 位地址(SI)+2
LEA       AX,[EBX+ESI]         ;16 位寄存器 AX←32 位地址(EBX)+(ESI)的低 16 位
LEA       EBX,[DI]             ;32 位寄存器 EBX←16 位地址(DI)扩展为 32 位
LEA       EBX,[EBP+EDI-1]      ;32 位寄存器 EBX←32 位地址(EBP)+(EDI)-1
```

这里，需要注意 LEA 与 MOV 的区别。LEA 指令得到的是存储器操作数的地址偏移量，而 MOV 指令得到的是该操作数的值。因此，在上面的例子中，如果执行指令：

```
MOV       BX,WORD PTR BUFFER
```

则(BX)=3412H。

另一方面，LEA 与 MOV 也有联系。例如，指令：

```
MOV       BX,OFFSET BUFFER        ;OFFSET 是一个求段内偏移量的操作符
```

则执行后(BX)=2000H，可见，这条指令与“LEA　BX,BUFFER”是等价的。

（2）LDS（Load pointer into DS）

该指令用于传送一个远地址指针。所谓远地址指针，在 8086 系统中是一个 32 位的操作数，其中高 16 位为段地址，低 16 位为偏移量；在 80386 以上系统中则是一个 48 位的操作数，其中高 16 位为段选择子，低 32 位为偏移量。LDS 指令格式为

```
LDS       目的操作数,存储器操作数
```

其中，目的操作数只能是 16 位或 32 位的通用寄存器。

对于 8086，指令执行时，32 位源操作数的低 16 位（偏移量）将传送到目的操作数指定的 16 位通用寄存器中，高 16 位（段地址）则传送到段寄存器 DS 中。

对于 80386 以上系统，指令执行时，48 位源操作数的低 32 位（偏移量）将传送到目的操作数指定的 32 位通用寄存器中，高 16 位（段选择子）则传送到段寄存器 DS 中。

例如，在 8086 中，假设(DS)=1000H，数据段中偏移量为 2000H～2003H 的地址中分别存放 34H、12H、00H、20H，如图 3-30 所示。则执行指令：

```
LDS      BX,[2000H]
```

后，(BX)=1234H，(DS)=2000H。该例子在 DEBUG 下的运行如图 3-31 所示。

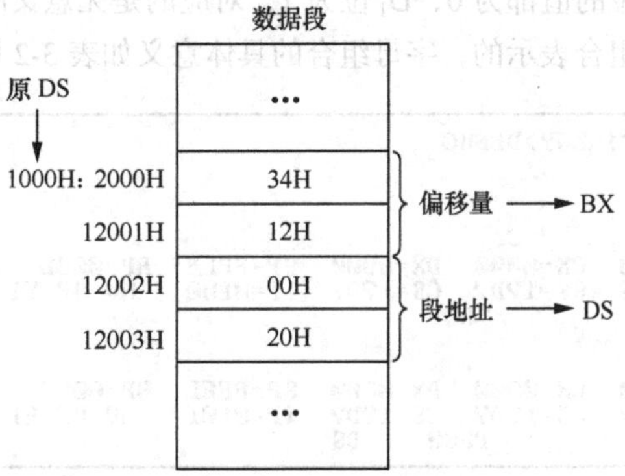

图 3-30　LDS 指令示意图

```
C:\Users\ZHOUJI~1\ZJY>DEBUG
-A
17D7:0100 LDS BX,[2000]
17D7:0104
-R DS
DS 17D7
:1000
-E 2000 34 12 00 20
-R
AX=0000  BX=0000  CX=0000  DX=0000  SP=FFEE  BP=0000  SI=0000  DI=0000
DS=1000  ES=17D7  SS=17D7  CS=17D7  IP=0100   NV UP EI PL NZ NA PO NC
17D7:0100 C51E0020      LDS     BX,[2000]                       DS:2000=1234
-T

AX=0000  BX=1234  CX=0000  DX=0000  SP=FFEE  BP=0000  SI=0000  DI=0000
DS=2000  ES=17D7  SS=17D7  CS=17D7  IP=0104   NV UP EI PL NZ NA PO NC
17D7:0104 0000          ADD     [BX+SI],AL                      DS:1234=00
-
```

图 3-31　DEBUG 下 LDS 指令的运行

可见，上面的指令相当于：

```
MOV      BX,[2000H]
MOV      AX,[2002H]
MOV      DS,AX
```

（3）LES（Load pointer into ES）

LES 指令与 LDS 的指令格式与功能都很相似，唯一的区别是，LES 是将段地址传送到附加段的段寄存器 ES，而不是 DS。

（4）LFS、LGS、LSS（Load pointer into FS/GS/SS）（80386 以上）

LFS、LGS、LSS 指令只能用于 80386 以上的处理器中。这 3 条指令与 LDS、LES 都很相似，区别是 LFS、LGS、LSS 指令是将段选择子传送到段寄存器 FS、GS、SS 中。

3. 标志位传送指令

（1）LAHF（Load AH with Flags）

LAHF 指令的作用是将标志寄存器中的 SF、ZF、AF、PF、CF 分别传送到 AH 的第 7、6、4、2、0 位（AH 的其他位没有定义），标志寄存器的内容不变，如图 3-32 所示。该指令的操作数是隐式规定的，是无操作数指令。

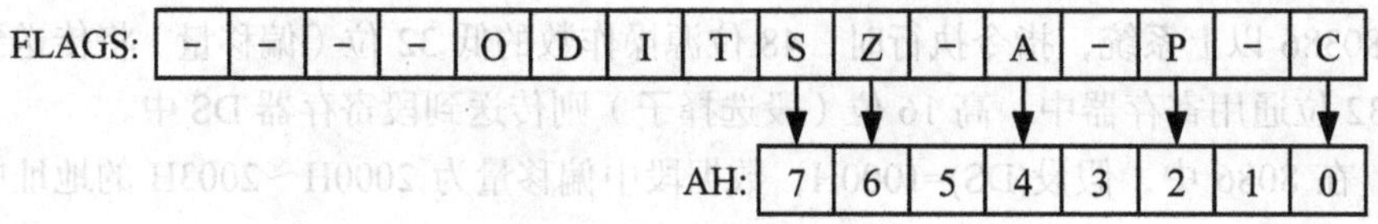

图 3-32　LAHF 指令示意图

DEBUG 下 LAHF 指令的运行如图 3-33 所示，标志寄存器的低 8 位为 02H(00000010B)，刚进入 DEBUG 时，状态标志位的值都为 0，D_1 位为 1，对应的是无意义的一位。标志位的值是 R 命令后面第 2 行最后用字母组合表示的，字母组合的具体意义如表 3-2 所示。

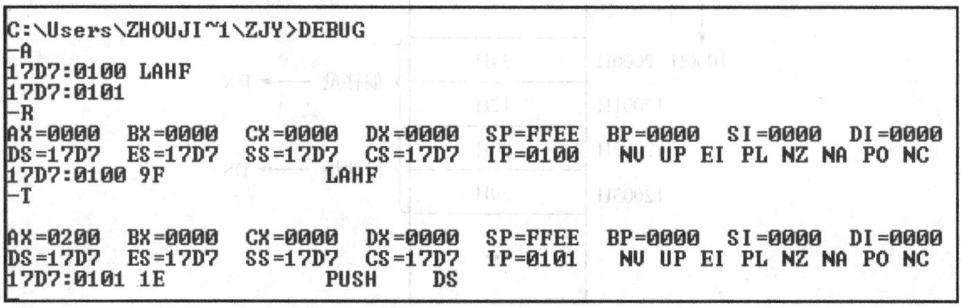

```
C:\Users\ZHOUJI~1\ZJY>DEBUG
-A
17D7:0100 LAHF
17D7:0101
-R
AX=0000  BX=0000  CX=0000  DX=0000  SP=FFEE  BP=0000  SI=0000  DI=0000
DS=17D7  ES=17D7  SS=17D7  CS=17D7  IP=0100   NV UP EI PL NZ NA PO NC
17D7:0100 9F            LAHF
-T

AX=0200  BX=0000  CX=0000  DX=0000  SP=FFEE  BP=0000  SI=0000  DI=0000
DS=17D7  ES=17D7  SS=17D7  CS=17D7  IP=0101   NV UP EI PL NZ NA PO NC
17D7:0101 1E            PUSH    DS
```

图 3-33　DEBUG 下 LAHF 指令运行示意图

表 3-2　标志位的值与字母组合的对应关系

标　志　位	置位（值为 1）	复位（值为 0）
溢出（Overflow）OF	OV	NV（Not Overflow）
方向（Direction）DF	DN（Down）	UP（增量修改地址）
中断（Interrupt）IF	EI（Enable Interrupt）	DI（Disable Interrupt）
符号（Sign）SF	NG（Negative）	PL（Plus）
零（Zero）	ZR（Zero）	NZ（Non Zero）
辅助进位（Auxiliary Carry）	AC（Auxiliary Carry）	NA（Non AC）
奇偶（Parity）	PE（Parity Even）	PO（Parity Odd）
进位（Carry）	CY（Carry）	NC（Non Carry）

（2）SAHF（Store AH with Flags）

SAHF 指令和 LAHF 相反，把 AH 的第 7、6、4、2、0 位分别传送到标志寄存器中的 SF、ZF、AF、PF、CF。它也是无操作数指令。DEBUG 下 SAHF 指令的运行如图 3-34 所示，AH 寄存器的值为 55H(0101 0101B)，这 8 位对应情况为 0（SF:PL），1（ZF:ZR），0（无意义），1（AF:AC），0（无意义），1（PF:PE），0（无意义），1（CF:CY）。

（3）PUSHF（Push the Flags）、POPF（Pop the Flags）

PUSHF 指令的作用是将整个标志寄存器压入堆栈段中，同时 SP 的值减 2。POPF 指令刚好相反，是把栈顶的一个字弹出并传送到标志寄存器中，同时 SP 的值增加 2。

PUSHF 和 POPF 除了用来保存和恢复标志寄存器之外，通常还可以配合起来修改追踪标志位 TF（8086 指令系统中没有指令能够直接修改 TF 的值）。例如，下面程序段可以将 TF 置位：

```
PUSHF
POP     AX
OR      AH,01H          ;AX 第 8 位(对应标志寄存器的 TF 位)置 1
```

```
PUSH    AX
POPF
```

```
C:\Users\ZHOUJI~1\ZJY>DEBUG
-A
17D7:0100 MOV AX,5555
17D7:0103 SAHF
17D7:0104
-R
AX=0000  BX=0000  CX=0000  DX=0000  SP=FFEE  BP=0000  SI=0000  DI=0000
DS=17D7  ES=17D7  SS=17D7  CS=17D7  IP=0100   NV UP EI PL NZ NA PO NC
17D7:0100 B85555        MOV     AX,5555
-T

AX=5555  BX=0000  CX=0000  DX=0000  SP=FFEE  BP=0000  SI=0000  DI=0000
DS=17D7  ES=17D7  SS=17D7  CS=17D7  IP=0103   NV UP EI PL NZ NA PO NC
17D7:0103 9E            SAHF
-T

AX=5555  BX=0000  CX=0000  DX=0000  SP=FFEE  BP=0000  SI=0000  DI=0000
DS=17D7  ES=17D7  SS=17D7  CS=17D7  IP=0104   NV UP EI PL ZR AC PE CY
17D7:0104 0000          ADD     [BX+SI],AL                         DS:0000=CD
```

图 3-34　DEBUG 下 SAHF 指令运行示意图

（4）PUSHFD（Push the Eflags）、POPFD（Pop the Eflags）（80386 以上）

PUSHFD 指令与 PUSHF 相似，只是 PUSHFD 指令只用于 80386 以上的处理器中，而且压入栈中的是 32 位的标志寄存器 EFLAGS，同时 SP 的值减 4。

POPHFD 指令与 POPF 相似，只是 POPFD 指令只用于 80386 以上的处理器中。指令从栈中弹出一个 32 位的值并传送到标志寄存器 EFLAGS 中，同时 SP 的值加 4。

4. 输入/输出指令

（1）IN

IN 指令可以从指定的端口地址（0～0FFFFH）中读入一个字节、字或双字，并传送到 AL、AX 或 EAX 中。IN 该指令有如下 6 种形式。

① IN　　AL, 8 位端口地址 n（直接端口寻址方式）

该指令从端口号为 *n* 的端口中读入一个字节，其中端口的地址必须是 0～0FFH。例如：

```
IN      AL,20H          ;从 20H 号的端口读入一个 8 位数据
```

② IN　　AX, 8 位端口地址 n（直接端口寻址方式）

该指令从端口号为 *n* + 1、*n* 的两个端口中读入两个 8 位数据，并分别传送到 AH 和 AL 中。例如：

```
IN      AX,10H          ;AH←n+1 号端口中的数据,AL←n 号端口中的数据
```

③ IN　　EAX, 8 位端口地址 n（直接端口寻址方式）

该指令从端口号为 *n* + 3、*n* + 2、*n* + 1、*n* 的 4 个端口中读入 4 个 8 位数据，并传送到 EAX 中。例如：

```
IN      EAX,10H  ;EAX←n+3、n+2、n+1、n 号端口中的 8 位数据
```

④ IN　　AL, DX（间接端口寻址方式）

该指令从端口地址为(DX)的端口中读入一个字节的数据。例如：

```
MOV     DX,1000H        ;端口地址为 1000H
IN      AL,DX           ;从端口号为 1000H 中读入一个 8 位的数据
```

⑤ IN　　AX, DX（间接端口寻址方式）

该指令从断口地址为(DX)+1 和(DX)中读入两个 8 位数据，并分别传送到 AH 和 AL 中。例如，假设(DX)=1000H，则：

```
IN      AX,DX           ;AH←(DX)+1 号端口中的数据,AL←(DX)号端口中的数据
```

⑥ IN　EAX, DX（间接端口寻址方式）

该指令从断口地址为(DX)+3、(DX)+2、(DX)+1、(DX)中读入 4 个 8 位数据，并传送到 EAX 中。例如，假设(DX)=1000H，则：

```
IN      EAX,DX          ;EAX←(DX)+3、(DX)+2、(DX)+1、(DX)号端口中的 8 位数据
```

需要注意的是，当端口地址大于 0FFH 时一定要采用间接寻址方式，且端口地址一定要存放在 DX 中。另外，读进来的数据一定是存放在 AL、AX 或 EAX 中，不能是别的寄存器。像下面的 3 条指令都是错误的：

```
IN      AL,100H         ;端口号大于 00FFH
IN      AH,10H          ;不能直接把数据读入到 AH 中
IN      AX,CX           ;端口地址不能放在 CX 中
```

（2）OUT

OUT 指令和 IN 指令刚好相反，是将 AL、AX 或 EAX 中的数据输出到指定的端口去。类似的，OUT 指令也有如下 6 种方式。

```
OUT     8 位端口地址 n,AL          ;将字节(AL)输出到端口 n 中（直接寻址）
OUT     8 位端口地址 n,AX          ;将字(AX)分成 2 个字节分别输出到地址为
                                   ;n+1、n 的 2 个端口中（直接寻址）
OUT     8 位端口地址 n,EAX         ;将双字(EAX)分成 4 个字节分别输出到端口
                                   ;n+3、n+2、n+1、n 中（直接寻址）
OUT     DX,AL                      ;将字节(AL)输出到地址为(DX)的端口（间接寻址）
OUT     DX,AX                      ;将字(AX)分成 2 个字节分别输出到地址为
                                   ;(DX)+1、(DX)的 2 个端口中（间接寻址）
OUT     DX,EAX                     ;将双字(EAX)分成 4 个字节分别输出到地址为
                                   ;(DX)+3、(DX)+2、(DX)+1、(DX)的 4 个端口中（间接寻址）
```

同样的，当端口地址大于 00FFH 时也要采用间接寻址方式；只能用寄存器 DX 来存放端口地址；传送的数据只能存放在 AL、AX 或 EAX 中。

3.2.2　算术运算类

80x86 指令系统中，算术运算指令包含加、减、乘、除 4 类指令，以及类型转换指令，其中：

① 加法指令包括 ADD、ADC、INC、XADD、AAA、DAA；

② 减法指令包括 SUB、SBB、CMP、CMPXCHG、CMPXCHG8B、DEC、NEG、AAS、DAS；

③ 乘法指令包括 MUL、IMUL、AAM；

④ 除法指令包括 DIV、IDIV、AAD；

⑤ 类型转换指令包括 CBW、CWD、CWDE、CDQ、BSWAP。

1. 加法指令

（1）ADD

ADD 指令的格式为

```
ADD     目的操作数,源操作数
```

该指令实现两个操作数相加，并将结果存放在目的操作数中。指令允许的操作数类型如表 3-3 所示。当目的操作数为通用寄存器时，源操作数可以是通用寄存器、内存操作数或者立即数；当目

的操作数是内存操作数时，源操作数只能是通用寄存器或立即数。例如：

表 3-3 ADD、ADC 指令的操作数

目的操作数	源 操 作 数
通用寄存器	通用寄存器、存储器、立即数
存储器	通用寄存器、立即数

```
ADD  AX,BX                     ;寄存器←寄存器+寄存器
ADD  CX,[BX]                   ;寄存器←寄存器+存储器
ADD  EDX,1000H                 ;寄存器←寄存器+立即数
ADD  [BX+SI],AL                ;存储器←存储器+寄存器
ADD  WORD PTR [BX],2000H       ;存储器←存储器+立即数
```

注意段寄存器不能参加加法运算，也不能让两个存储器操作数直接相加。

ADD 指令对标志寄存器中的 O、S、Z、A、P、C 等标志位都会产生影响。

（2）ADC（Add with Carry）

ADC 的指令格式与 ADD 相同，指令的功能很相似，唯一不同的是，ADC 在进行加法运算的时候，把当前的进位标志 C 也加上去。这条指令一般用于多字节的加法运算中，当低字节相加结果有进位时（这时 C=1），高字节除了相加之外，还需要加上低字节的进位，这时采用 ADC 指令就很方便。ADC 指令也对标志位 O、S、Z、A、P、C 产生影响。

例如，假设在内存中有两个双字 DATA1：13579BDFH，DATA2：02468ACEH，如图 3-35 所示。通过下面的程序段实现两个双字的相加，并将结果保存到以 RESULT 为起始地址的存储器中。

```
MOV    AX,WORD PTR DATA1
ADD    AX,WORD PTR DATA2       ;低16位直接相加,结果影响了进位标志C
MOV    WORD PTR RESULT,AX      ;保存低16位
MOV    AX,WORD PTR DATA1+2
ADC    AX,WORD PTR DATA2+2     ;高16位相加,将之前的C也考虑进去
MOV    WORD PTR RESULT+2,AX    ;保存高16位
```

运行结果，RESULT 中得到了相加后的值 159E26ADH。

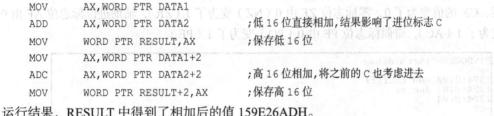

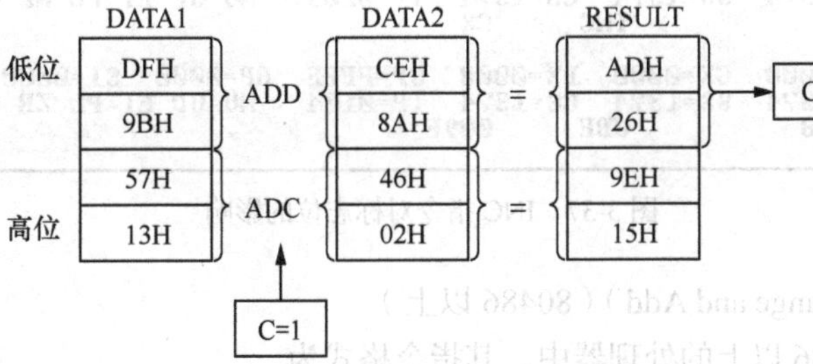

图 3-35 ADC 加法指令的用法

该例子在 DEBUG 下的运行如图 3-36 所示，100(H)-10B(H)单元放的是数据，程序从 10C(H)开始执行，结果放在 108(H)开始的单元，如图 3-36 矩形框中所示。

（3）INC（Increment）

INC 指令的功能是让目的操作数增加 1。其指令格式为

INC 目的操作数

这里目的操作数可以是任何 8 位、16 位或 32 位通用寄存器或存储器操作数。例如：

```
INC     CX
INC     ESI
INC     BYTE PTR [BX]
```

```
17D7:0100  DF 9B 57 13 CE 8A 46 02-AD 26 9E 15 A1 00 01 03   ..W...F..&......
17D7:0110  06                                                .
-Q

C:\Users\ZHOUJI~1\ZJY>DEBUG
-A
17D7:0100 DW 9BDF,1357
17D7:0104 DW 8ACE,0246
17D7:0108 DW 0,0
17D7:010C MOV AX,[100]
17D7:010F ADD AX,[104]
17D7:0113 MOV [108],AX
17D7:0116 MOV AX,[102]
17D7:0119 ADC AX,[106]
17D7:011D MOV [10A],AX
17D7:0120
-G=10C 120

AX=159E  BX=0000  CX=0000  DX=0000  SP=FFEE  BP=0000  SI=0000  DI=0000
DS=17D7  ES=17D7  SS=17D7  CS=17D7  IP=0120   NV UP EI PL NZ NA PO NC
17D7:0120 01A30A01      ADD     [BP+DI+010A],SP                    SS:010A=159E
-D 100 110
17D7:0100  DF 9B 57 13 CE 8A 46 02-AD 26 9E 15 A1 00 01 03   ..W...F..&......
17D7:0110  06                                                .
```

图 3-36　DEBUG 下加法程序运行示例

注意，INC 指令对进位标志 C 不产生影响，对其他标志位 O、S、Z、A、P 都产生影响。假设(CX)=0FFFFH，在执行指令“INC CX”之后，(CX)=0，但标志位 C 保持不变。

图 3-37 所示为该例子在 DEBUG 下的运行情况，第 1 条指令给 CX 送了一个数 0FFFFH，第 2 条指令即“INC CX”。执行完第 1 条指令后，CX 的值变为了 0FFFFH，第 2 条指令“INC CX”执行完后，CX 的值变为了 0，零标志位 ZF 由 0（NZ）变为了 1（ZR），辅助进位标志位 AF 由 0（NA）变为了 1（AC），奇偶标志位 PF 由 0（PO）变为了 1（PE）。

```
C:\DOCUME~1\ztb>debug
-a
1374:0100 mov cx,ffff
1374:0103 inc cx
1374:0104
-t2

AX=0000  BX=0000  CX=FFFF  DX=0000  SP=FFEE  BP=0000  SI=0000  DI=0000
DS=1374  ES=1374  SS=1374  CS=1374  IP=0103   NV UP EI PL NZ NA PO NC
1374:0103 41            INC     CX

AX=0000  BX=0000  CX=0000  DX=0000  SP=FFEE  BP=0000  SI=0000  DI=0000
DS=1374  ES=1374  SS=1374  CS=1374  IP=0104   NV UP EI PL ZR AC PE NC
1374:0104 7698          JBE     009E
-_
```

图 3-37　INC 指令对标志位的影响

（4）XADD（Exchange and Add）（80486 以上）

该指令只用于 80486 以上的处理器中，其指令格式为

```
XADD        目的操作数,源操作数
```

其中目的操作数可以是任何通用寄存器或存储器操作数，但源操作数只能是通用寄存器操作数。

该指令能将目的操作数和源操作数相加的结果存放到目的操作数中，并将相加前的目的操作数的值存放到源操作数中。例如，假设 AL=10H，BL=20H，则执行指令：

```
XADD      AL,BL
```

执行后，(AL)=相加前 AL 的值+(BL)=10H+20H=30H，(BL)=相加前 AL 的值=10H。

XADD 指令对标志寄存器中的 O、S、Z、A、P、C 等标志位都会产生影响。

（5）AAA（ASCII Adjust for Addition）

AAA 指令能校正 AL 中由两个未组合 BCD 码直接相加的结果，并存放在 AX 中。该指令是无操作数指令。

未组合 BCD 码可以看成是 ASCII 码高 4 位置 0 后的结果，例如，1 的未组合 BCD 码为“00000001B”，2 为“00000010B”，……，9 为“00001001B”。

如果把两个未组合 BCD 码直接用 ADD 或 ADC 指令相加，那么有可能因为进位的问题而产生错误的结果。例如，求未组合 BCD 码(AL)=06H 和(BL)=08H 之和，那么结果用未组合 BCD 码表示，应该是(AL)=04H，AH 的值增加 1 表示进位（6+8=14）。但如果直接使用指令：

```
ADD      AL,BL
```

那么结果(AL)=0EH。这时可以继续执行指令：

```
AAA      ;注意 AAA 指令只能对寄存器 AL 中的字节进行校正
```

这样就可以得到正确的结果。

该例子在 DEBUG 下的运行如图 3-38 所示，第 1 条指令一方面让(AL)=06H，另一方面将 AH 清零，以便检查后面 AAA 指令对 AH 寄存器内容的修改。DEBUG 命令“−T 3”，是单步执行 3 条指令的意思，每执行一条指令显示一条指令的运行结果（所有寄存器的内容），共显示了 3 条的结果。执行完 ADD 指令后，(AL)=0E(H)，执行完 AAA 指令后，(AX)=0104(H)。

```
-A
17D7:0100 MOV AX,06
17D7:0103 MOV BL,08
17D7:0105 ADD AL,BL
17D7:0107 AAA
17D7:0108
-T 3

AX=0006  BX=0000  CX=0000  DX=0000  SP=FFEE  BP=0000  SI=0000  DI=0000
DS=17D7  ES=17D7  SS=17D7  CS=17D7  IP=0103   NV UP EI PL NZ NA PO NC
17D7:0103 B308          MOV     BL,08

AX=0006  BX=0008  CX=0000  DX=0000  SP=FFEE  BP=0000  SI=0000  DI=0000
DS=17D7  ES=17D7  SS=17D7  CS=17D7  IP=0105   NV UP EI PL NZ NA PO NC
17D7:0105 00D8          ADD     AL,BL

AX=000E  BX=0008  CX=0000  DX=0000  SP=FFEE  BP=0000  SI=0000  DI=0000
DS=17D7  ES=17D7  SS=17D7  CS=17D7  IP=0107   NV UP EI PL NZ NA PO NC
17D7:0107 37            AAA
-T

AX=0104  BX=0008  CX=0000  DX=0000  SP=FFEE  BP=0000  SI=0000  DI=0000
DS=17D7  ES=17D7  SS=17D7  CS=17D7  IP=0108   NV UP EI PL NZ AC PE CY
17D7:0108 AD            LODSW
-
```

图 3-38　DEBUG 下 AAA 指令运行示例

AAA 指令在校正时能自动完成以下操作。

① 如果有进位，即(AL&0FH)＞9（10≤相加结果≤15）或 A=1（相加结果＞15）则：

AL 增加 6（在上面例子中 0EH+6=14H，这样在 AL 的低 4 位就得到校正了）；

AH 增加 1（进位）；

标志位 A、C 都置 1。

② 把 AL 的高 4 位置 0。

这条指令会影响 A、C 标志位，但对 O、S、Z、P 标志位未定义。

（6）DAA（Decimal Adjust for Addition）

DAA 指令能校正 AL 中由两个组合 BCD 码直接相加的结果，并存放在 AL 中。该指令是无操作数指令。

组合 BCD 码是对未组合 BCD 码的压缩，在一个字节的组合 BCD 码中包含了两个十进制数，其中高 4 位为十位数，低 4 位为个位数，如十进制数 64 的组合 BCD 码为 64H。

把两个组合 BCD 码直接用 ADD 或 ADC 指令相加也会出现进位错误的问题，比如说，求两个组合 BCD 码(AL)=67H 和(BL)=89H 之和，结果用组合 BCD 码来表示，应该是(AL)=56H，进位标志 C=1（67+89=156）。但如果直接用指令：

```
ADD      AL,BL
```

得到(AL)=0F0H，这时就必须执行指令：

```
DAA      ;DAA 指令也只能校正 AL 中的字节
```

进行校正，以得到正确的结果。

DAA 指令在校正时能自动完成以下操作。

① 如果(AL&0FH)＞9 或 A=1（个位数相加结果超过 10），则：

AL 增加 6；

辅助进位标志 A=1。

② 如果 AL＞9FH 或 C=1（十位数相加结果超过 10），则：

AL 增加 60H；

进位标志 C=1。

这条指令会影响 S、Z、A、P、C 标志位，但对溢出标志位 O 未定义。

上面的两个组合 BCD 码相加的例子（67+89=156）在 DEBUG 下的运行如图 3-39 所示，用 G 命令从地址偏移量为 100 的指令开始执行，执行到地址偏移量为 106 停下来检查结果，此时 AL 中的结果为 0F0H，执行 DAA 指令修正后，AL 中的结果变为了 56H，同时 CF 标志位置位（CF=1，用 CY 表示）。

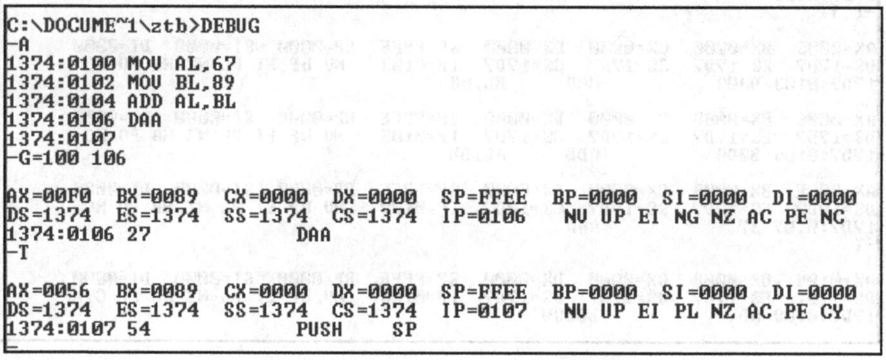
C:\DOCUME~1\ztb>DEBUG
-A
1374:0100 MOV AL,67
1374:0102 MOV BL,89
1374:0104 ADD AL,BL
1374:0106 DAA
1374:0107
-G=100 106
AX=00F0 BX=0089 CX=0000 DX=0000 SP=FFEE BP=0000 SI=0000 DI=0000
DS=1374 ES=1374 SS=1374 CS=1374 IP=0106 NV UP EI NG NZ AC PE NC
1374:0106 27 DAA
-T
AX=0056 BX=0089 CX=0000 DX=0000 SP=FFEE BP=0000 SI=0000 DI=0000
DS=1374 ES=1374 SS=1374 CS=1374 IP=0107 NV UP EI PL NZ AC PE CY
1374:0107 54 PUSH SP
-

图 3-39 DEBUG 下 DAA 指令运行示例

2. 减法指令

（1）SUB

SUB 指令的格式为

```
SUB      目的操作数,源操作数
```

该指令能算出目的操作数-源操作数的值，并将结果存放在目的操作数中。指令允许的操作数类型如表 3-4 所示。

表 3-4 SUB、SBB、CMP 指令的操作数

目的操作数	源 操 作 数
通用寄存器	通用寄存器、存储器、立即数
存储器	通用寄存器、立即数

SUB 指令对标志寄存器中的 O、S、Z、A、P、C 标志位都有影响。

注意段寄存器不能直接参加减法运算，也不能让两个存储器操作数直接相减。

SUB 指令可以计算两个无符号数相减的值（结果为无符号数），也可以计算两个带符号数相减的值（结果为带符号数）。实际上，CPU 可以采用同一套电路来处理这两种数制下的减法运算。这是因为，对于指令：

```
SUB        X,Y        ;X、Y 分别代表被减数和减数,假设 X、Y 都是 8 位操作数
```

如果 X、Y 都是无符号数，由于 $X-Y=X+(2^8-Y)-2^8=X+(-Y)_{补}-2^8$，其中$(-Y)_{补}$可由 Y 取反加 1 得到。因此，计算机在处理该指令时，先把减数 Y 取反加 1，再把结果与 X 相加，如果相加结果有进位，则与后面的-2^8抵消，这说明相减结果没有借位；否则说明相减结果需要借位。

如果 X、Y 都是带符号数，那么$(X-Y)_{补}=(X)_{补}+(-Y)_{补}$，对于$(X)_{补}$，由于 X 为带符号数，而计算机对带符号数都是以补码的形式存储的，因此$(X)_{补}$与指令中的 X 相等；而对于$(-Y)_{补}$，同样可由 Y 取反加 1 得到。因此，计算机在计算 $X-Y$ 的值时，仍然是先把 Y 取反加 1，再与 X 相加。

对于 16 位、32 位操作数的情况也有完全相同的结论。

关于补码加减法电路的小知识。

图 3-40 所示电路可以实现 N 位补码的加减法运算，B_i 与 M 相异或后与 A_i 及 C_{i-1} 相加得到和 S_i，并产生向前的进位 C_{i+1}。做加法时，$M=0$，$C_0=0$，B_i 与 0 相异或得到的还是 B_i；做减法时，$M=1$，$C_0=1$，B_i 与 0 相异或得到的是 B_i 的反，这样正好实现了所有为取反加 1 的操作。溢出标志位的值由两个最高位的进位相异或得到。合起来，图 3-40 所示电路可以实现补码的加法和减法运算。

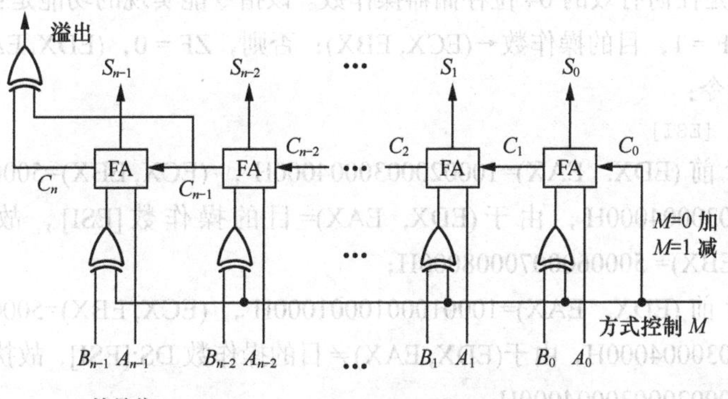

图 3-40　补码加减法电路

（2）SBB（Subtract with Borrow）

SBB 与 SUB 一样能完成减法运算，但 SBB 在运算时，被减数除了要减去减数之外，还需要减去执行前的进位标志 C。这条指令一般用于多字节的减法运算中，当低字节相减结果有借位时（这时 C＝1），高字节就需要减去低字节的借位，这时采用 SBB 指令就很方便。

SBB 的指令格式与 SUB 完全相同，而且也对 O、S、Z、A、P、C 等标志位都产生影响。

（3）CMP（Compare）

CMP 指令用于比较两个操作数。格式为

```
CMP        目的操作数,源操作数
```

指令允许的操作数类型如表 3-4 所示。

CMP 指令在比较时，先算出目的操作数—源操作数的值，但并不保存相减结果，而只是改变

标志寄存器中相应的标志位。

该指令对 O、S、Z、A、P、C 等标志位都有影响。

（4）CMPXCHG（Compare and Exchange）（80486 以上）

该指令只能用于 80486 以及后继机型中。指令格式为

```
CMPXCHG    目的操作数,源操作数
```

其中，目的操作数可以是任何通用寄存器或存储器操作数，而源操作数只能是通用寄存器操作数。该指令能实现的功能是：如果累加器 AL、AX 或 EAX 与目的操作数的值相等，则 ZF = 1，目的操作数←源操作数；

否则，ZF=0，AL、AX 或 EAX←目的操作数。

例如，对于指令：

```
CMPXCHG    BX,CX
```

若指令执行前(AX)=1000H，(BX)=1000H，(CX)=2000H，由于(AX)=(BX)，所以执行后 ZF=1，目的操作数(BX)=源操作数(CX)=2000H；

若指令执行前(AX)=1234H，(BX)=1000H，(CX)=2000H，由于(AX)≠(BX)，所以执行后 ZF=0，(AX)=目的操作数(BX)=1000H。

该指令只对 ZF 标志位产生影响。

（5）CMPXCHG8B（Compare and Exchange 8 Bytes）（Pentium 以上）

该指令只能用于 Pentium 及其后继机型中。指令的格式为

```
CMPXCHG8B    目的操作数
```

其中，目的操作数是任何有效的 64 位存储器操作数。该指令能实现的功能是：如果(EDX, EAX)=目的操作数，则 ZF = 1，目的操作数←(ECX, EBX)；否则，ZF = 0，(EDX, EAX)←目的操作数。

例如，对于指令：

```
CMPXCHG8B    [ESI]
```

若指令执行前(EDX, EAX)=1000200030004000H，(ECX, EBX)=5000600070008000H，DS:[ESI]=1000200030004000H，由于(EDX, EAX)=目的操作数[ESI]，故执行后 ZF = 1，DS:[ESI] = (ECX, EBX)= 5000600070008000H；

若指令执行前(EDX, EAX)=1000100010001000H，(ECX, EBX)=5000600070008000H，DS:[ESI]=1000200030004000H，由于(EDX, EAX)≠目的操作数 DS:[ESI]，故执行后 ZF=0，(EDX, EAX)=DS:[ESI]=1000200030004000H。

该指令只对 ZF 标志位产生影响。

（6）DEC（Decrement）

DEC 指令能使目的操作数的值减 1。其指令格式为

```
DEC    目的操作数
```

其中目的操作数可以是任何的 8 位、16 位或 32 位通用寄存器或存储器操作数。

需要注意的是，DEC 指令不会影响进位标志 C。哪怕是目的操作数减 1 时需要借位。

DEC 对其他标志位 O、S、Z、A、P 都产生影响。

（7）NEG（Negate）

NEC 指令能使目的操作数的值取补，其指令格式为

```
NEG    目的操作数
```

其中目的操作数可以是任何的 8 位、16 位或 32 位通用寄存器或存储器操作数。NEG 指令的执行

结果，相当于用 0 减去目的操作数，再把结果存放到目的操作数中。例如：

```
NEG      AL
```

① 假设之前(AL)=0，则执行后(AL)=0，进位标志 C=0，溢出标志 O=0（可以理解为 0-(AL)=0，没有借位也没有溢出）。

② 假设之前(AL)=80H，则执行后(AL)=80H，进位标志 C=1，溢出标志 O=1（把 AL 当成无符号数看待时，80H 在十进制中是 128，这时 0-(AL)<0，所以 C=1；把 AL 当成有符号数时，80H 是-128，而 0-(AL)=128>127，所以 O=1）。

③ 对于其他情况，执行指令后，AL 取补，进位标志 C=1（因为 AL 不为 0 时，0-(AL)<0）溢出标志 O=0（因为 AL 不为 80H 时，-128<0-(AL)<128）。

对于 16 位、32 位的目的操作数，也有类似的情况。

NEG 指令对其他标志位 S、Z、A、P 也都产生影响。

（8）AAS（ASCII Adjust for Subtraction）

AAS 指令与 AAA 相似，能校正 AL 中由两个未组合 BCD 码直接相减的结果。

两个未组合 BCD 码如果直接用 SUB 或 SBB 指令相减，有可能因为借位的问题而产生错误。AAS 可以校正这种错误。校正时，AAS 能自动完成下面的操作。

① 如果(AL&0FH)>9 或辅助进位标志 A=1（即不够减，需要借位），则：

AL 的值减 6（校正低 4 位）；

AH 的值减 1（表示借位）；

进位标志 C、辅助进位标志 A 都置 1。

② AL 的高 4 位置 0。

例如，求两个未组合 BCD 码(AL)=03H，(BL)=09H 相减的结果：

```
SUB      AL,BL     ;(AL)=0FAH
AAS                ;对 AL 进行校正
```

执行后，(AL)=04H，AH 的值减 1，这表示需要借位，且相减结果为 4（13-9=4）。

AAS 指令只影响标志位 A 和 C，对 O、S、Z、P 等标志位没有定义。

上面这个例子在 DEBUG 下的运行如图 3-41 所示，用 A 命令输入指令后，用 R 命令将 AX 寄存器的内容改为了 0103(H)，这样后面执行 AAS 修正的时候可以看到 AH 寄存器内容的变化。DEBUG 不带文件名启动时会自动将所有段寄存器的值置为当前可用段值（见图 3-41 中的 17FDH），IP 置为 0100(H)。用 A 命令输入程序时段值就是该值，偏移量也与 IP 值相同。这样，后面用“-T2”命令单步执行两条指令时即是从 CS:IP 所指向的指令“SUB AL,BL”开始执行。如图 3-41 可以看到，执行完第 1 条指令后，(AX)=01FA(H)；执行完第 2 条指令即 AAS 修正后，(AX)=0004(H)，同时 AF 和 CF 都为 1，与前面分析的结果一样。

（9）DAS（Decimal Adjust for Subtraction）

DAS 指令与 DAA 相似，能校正 AL 中由两个组合 BCD 码直接相减的结果。DAS 在校正时能自动完成下面的操作。

① 如果(AL&0FH)>9 或辅助进位标志 A=1（即个位数不够减，需要借位），则：

AL 的值减 6（校正低 4 位）；

辅助进位标志 A 置 1。

② 如果 AL>9FH 或进位标志 C=1（即十位数不够减，需要借位），则：

AL 的值减 60H（校正高 4 位）；

```
C:\Users\zhou jieying>DEBUG
-A
17FD:0100 SUB AL,BL
17FD:0102 AAS
17FD:0103
-R AX
AX 0000
:0103
-R BX
BX 0000
:09
-T 2
AX=01FA  BX=0009  CX=0000  DX=0000  SP=FFEE  BP=0000  SI=0000  DI=0000
DS=17FD  ES=17FD  SS=17FD  CS=17FD  IP=0102   NV UP EI NG NZ AC PE CY
17FD:0102 3F            AAS

AX=0004  BX=0009  CX=0000  DX=0000  SP=FFEE  BP=0000  SI=0000  DI=0000
DS=17FD  ES=17FD  SS=17FD  CS=17FD  IP=0103   NV UP EI PL NZ AC PE CY
17FD:0103 0000          ADD     [BX+SI],AL                    DS:0009=F0
-
```

图 3-41　DEBUG 下 AAS 指令运行示例

进位标志 C 置 1。

DAS 指令对 S、Z、A、P、C 等标志位都有影响，但对溢出标志位 O 没有定义。

例如，图 3-42 中，用 R 命令设置(AL)=12H，(BL)=34H，执行下面指令：

```
SUB     AL,BL     ;相减后(AL)=0DEH
DAS               ;对AL进行校正
```

后，(AL)=78H，进位标志 C=1（CY），这表示需要借位，且相减结果为 78（112 − 34 = 78）。

```
C:\Users\ZHOUJI~1\ZJY>DEBUG
-A
17FD:0100 SUB AL,BL
17FD:0102 DAS
17FD:0103
-R AX
AX 0000
:0012
-R BX
BX 0000
:0034
-T2

AX=00DE  BX=0034  CX=0000  DX=0000  SP=FFEE  BP=0000  SI=0000  DI=0000
DS=17FD  ES=17FD  SS=17FD  CS=17FD  IP=0102   NV UP EI NG NZ AC PE CY
17FD:0102 2F            DAS

AX=0078  BX=0034  CX=0000  DX=0000  SP=FFEE  BP=0000  SI=0000  DI=0000
DS=17FD  ES=17FD  SS=17FD  CS=17FD  IP=0103   NV UP EI PL NZ AC PE CY
17FD:0103 0000          ADD     [BX+SI],AL                    DS:0034=18
-
```

图 3-42　DEBUG 下 DAS 指令运行示例

3. 乘法指令

（1）MUL

MUL 指令能计算两个 8 位或 16 位无符号数的相乘。它有 3 种用法，如图 3-43 所示。

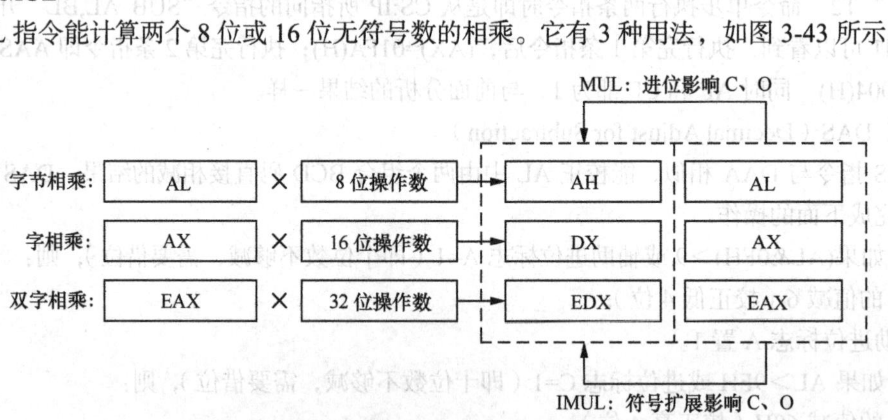

图 3-43　MUL、IMUL 指令的用法

① 字节相乘格式

MUL　　8 位通用寄存器或存储器操作数

指令把 AL 和 8 位操作数的值相乘，结果（16 位）存放在 AX 中。如果相乘结果 AH 不为 0，则进位标志 C 和溢出标志 O 置 1，否则 C=0，O=0。

图 3-44 所示为 DEBUG 下运行 MUL BL 指令的例子，用 A 命令输入了一条指令：

MUL　　BL

该指令执行前，用 R 命令设置了(AL)=12H，(BL)=20H。用 T 命令单步执行该指令后，(AX)=0240H。因为 AH 不为 0，所以 CF=1（图 3-44 中用 CY 表示），OF=1（图 3-44 中用 OV 表示）。

```
C:\Users\ZHOUJI~1\ZJY>DEBUG
-A
17D7:0100 MUL BL
17D7:0102
-R AX
AX 0000
:0012
-R BX
BX 0000
:0020
-R
AX=0012  BX=0020  CX=0000  DX=0000  SP=FFEE  BP=0000  SI=0000  DI=0000
DS=17D7  ES=17D7  SS=17D7  CS=17D7  IP=0100   NV UP EI PL NZ NA PO NC
17D7:0100 F6E3          MUL     BL
-T

AX=0240  BX=0020  CX=0000  DX=0000  SP=FFEE  BP=0000  SI=0000  DI=0000
DS=17D7  ES=17D7  SS=17D7  CS=17D7  IP=0102   OV UP EI PL NZ NA PO CY
17D7:0102 0000          ADD     [BX+SI],AL                     DS:0020=FF
-
```

图 3-44　DEBUG 下运行 MUL BL 指令示例

② 字相乘格式

MUL　　16 位通用寄存器或存储器操作数

指令把 AX 和 16 位操作数的值相乘，结果（32 位）的高 16 位存放在 DX 中，低 16 位存放在 AX 中。如果相乘结果 DX 不为 0，则进位标志 C 和溢出标志 O 置 1，否则 C=0，O=0。

图 3-45 所示为在 DEBUG 下运行 MUL BX 指令的例子，先用 R 命令修改 AX 和 BX 寄存器的内容为(AX)=0123H 和(BX)=20H，则用 T 命令单步执行指令：

MUL　　BX

之后，(DX)=0，(AX)=2460H。因为 DX 为 0，进位和溢出标志 C、O 都置 0（对应 NC、NV）。

```
C:\Users\ZHOUJI~1\ZJY>DEBUG
-R AX
AX 0000
:123
-R BX
BX 0000
:20
-A
17D7:0100 MUL BX
17D7:0102
-T

AX=2460  BX=0020  CX=0000  DX=0000  SP=FFEE  BP=0000  SI=0000  DI=0000
DS=17D7  ES=17D7  SS=17D7  CS=17D7  IP=0102   NV UP EI PL NZ NA PO NC
17D7:0102 01BB2000      ADD     [BP+DI+0020],DI                SS:0020=FFFF
-_
```

图 3-45　DEBUG 下运行 MUL BX 指令示例

③ 双字相乘格式

MUL　32 位通用寄存器或存储器操作数；80386 以上处理器

指令把 EAX 和 32 位操作数的值相乘，结果（64 位）的高 32 位存放在 EDX 中，低 32 位存放在 EAX 中。如果相乘结果 EDX 不为 0，则进位标志 C 和溢出标志 O 置 1，否则 C=0，O=0。

例如，假设(EAX)=10001234H，(EBX)=10H，则执行指令：

```
MUL    EBX
```

之后，(EDX)=1，(EAX)=00024680H。因为EDX不为0，所以进位和溢出标志C、O都置1。

无论是哪种用法，MUL指令的操作数都不能是立即数或段寄存器。但指令“MUL AL”是合法的，执行结果能求出AL的平方值。

MUL指令只影响C、O位，对S、Z、A、P标志位都没有定义。

（2）IMUL（Integer Multiply）

IMUL指令能计算两个8位、16位或32位有符号数的相乘，其指令格式与MUL完全相同，如图3-43所示。

但是，IMUL指令在判断进位和溢出标志的时候与MUL不同：如果相乘结果的高半部分（对于字节相乘，高半部分是AH；对于字相乘，高半部分是DX；对于双字相乘，高半部分是EDX）是低半部分的符号扩展，则进位标志C和溢出标志O置0，否则C=1，O=1。

例如，图3-46中给出了DEBUG下MUL BL与IMUL BL指令的比较。同样是(AL)=0FFH，(BL)=02H，图3-46（a）中执行“MUL BL”指令，为无符号数相乘，则(AL)=0FFH=255D，(BL)=02H=2D，执行指令“MUL BL”后，(AX)=01FEH=510D（255×2=510），这时(AH)=01H≠0，所以CF=1（CY），OF=1（OV）；还是同样的两个数(AL)=0FFH，(BL)=02H，图3-46（b）中执行“IMUL BL”指令，把AL、BL当成有符号数进行相乘，(AL)=0FFH=−1D，(BL)=02H=+2D，执行指令“IMUL BL”后，(AX)=0FFFEH=−2D（−1×2=−2），这时(AH)=0FFH，它是AL（(AL)=FEH=−2D）的符号扩展，所以C=0(NC)，O=0(NV)。

```
C:\Users\ZHOUJI~1\ZJY>DEBUG
-R AX
AX 0000
:00FF
-R BX
BX 0000
:0002
-A
17D7:0100 MUL BL
17D7:0102
-T

AX=01FE  BX=0002  CX=0000  DX=0000  SP=FFEE  BP=0000  SI=0000  DI=0000
DS=17D7  ES=17D7  SS=17D7  CS=17D7  IP=0102   OV UP EI PL NZ NA PO CY
17D7:0102 01BB2000      ADD     [BP+DI+0020],DI                    SS:0020=FFFF
```

（a）执行“MUL BL”指令

```
C:\Users\ZHOUJI~1\ZJY>DEBUG
-R AX
AX 0000
:FF
-R BX
BX 0000
:2
-R
AX=00FF  BX=0002  CX=0000  DX=0000  SP=FFEE  BP=0000  SI=0000  DI=0000
DS=17D7  ES=17D7  SS=17D7  CS=17D7  IP=0100   NV UP EI PL NZ NA PO NC
17D7:0100 F6E3          MUL     BL
-A
17D7:0100 IMUL BL
17D7:0102
-T

AX=FFFE  BX=0002  CX=0000  DX=0000  SP=FFEE  BP=0000  SI=0000  DI=0000
DS=17D7  ES=17D7  SS=17D7  CS=17D7  IP=0102   NV UP EI PL NZ NA PO NC
17D7:0102 01BB2000      ADD     [BP+DI+0020],DI                    SS:0020=FFFF
-
```

（b）执行“IMUL BL”指令

图3-46　DEBUG下MUL BL与IMUL BL指令的比较

对于80286及其后继机型，IMUL指令还增加了如下两种用法。

① IMUL　　目的操作数，源操作数

指令中，目的操作数只能是16位或32位通用寄存器，但不能是8位寄存器；对80286系统，源操作数只能是立即数，对于 80386 及其后继机型，IMUL 指令的用法又得到扩展，它允许源操作数为位长与目的操作数相等的立即数、寄存器操作数、存储器操作数。

该指令能实现的功能是：

16 位目的操作数←16 位目的操作数 × 16 位源操作数

或

32 位目的操作数←32 位目的操作数 × 32 位源操作数

例如：

```
IMUL    BX,CX           ;(BX)←(BX)*(CX)
IMUL    EDX,[ESI+2]     ;(EDX)←(EDX)*DS:[ESI+2]
IMUL    EAX,12H         ;(EAX)←(EAX)*12H
```

注意在这种用法中，两个操作数相乘的结果可能超过 16 位或 32 位。当结果超出目的操作数所能存放的位数时，超出部分将被丢弃，同时进位标志 C、溢出标志 O 置 1；否则 C、O 置 0。

② IMUL　　目的操作数, 源操作数, 立即数

指令中，目的操作数只能是 16 位或 32 位通用寄存器，但不能是 8 位寄存器；源操作数则可以是位长与目的操作数相等的寄存器操作数、存储器操作数，但不能是立即数。

该指令能实现的功能是：

16 位目的操作数←16 位源操作数 × 16 位立即数

或

32 位目的操作数←32 位源操作数 × 32 位立即数

例如：

```
IMUL    BX,CX,12H              ;(BX)←(CX)*12H
IMUL    EAX,[EDI+2],10H        ;(EAX)←DS:[ESI+2]*10H
```

同样的，在这种用法中，两个操作数相乘的结果也可能超过 16 位或 32 位。当结果超出目的操作数所能存放的位数时，超出部分将被丢弃，同时进位标志 C、溢出标志 O 置 1；否则 C、O 置 0。

无论是哪种用法，IMUL 指令都是只影响 C、O 位，对 S、Z、A、P 标志位都没有定义。

（3）AAM（ASCII Adjust for Multiply）

AAM 指令能校正 AX 中由两个未组合 BCD 码直接相乘的结果。该指令是无操作数指令，会影响标志位 S、Z、P，但对 O、A、C 标志位未定义。

如果把两个未组合 BCD 码直接用 MUL 指令相乘，那么有可能因为进位的问题而产生错误的结果。AAM 指令在校正时能自动完成以下操作。

① 把 AL 除以 0AH 的值赋给 AH。

② 把 AL 除以 0AH 的余数赋给 AL。

图 3-47 所示为一个 DEBUG 下 AAM 指令运行的例子，在该例中要求未组合 BCD 码(AL)=03H，(BL)=04H 之积，那么结果用未组合 BCD 码表示，应该是(AH)=01H，(AL)=02H（3 × 4=12）。用“−T 4”命令单步执行了 4 条指令，并且显示了每条指令运行的结果。

如图 3-47 中所示，执行指令：

```
MUL     BL
```

后，得到结果(AH)=00H，(AL)=0CH，并不是未组合 BCD 码的结果。

继续执行指令：

```
AAM     ;注意 AAM 指令只能对寄存器 AX 中的字进行校正
```

```
C:\Users\ZHOUJI~1\ZJY>DEBUG
-A
17D7:0100 MOV AL,03
17D7:0102 MOV BL,04
17D7:0104 MUL BL
17D7:0106 AAM
17D7:0108
-T 4

AX=0003  BX=0000  CX=0000  DX=0000  SP=FFEE  BP=0000  SI=0000  DI=0000
DS=17D7  ES=17D7  SS=17D7  CS=17D7  IP=0102   NV UP EI PL NZ NA PO NC
17D7:0102 B304          MOV     BL,04

AX=0003  BX=0004  CX=0000  DX=0000  SP=FFEE  BP=0000  SI=0000  DI=0000
DS=17D7  ES=17D7  SS=17D7  CS=17D7  IP=0104   NV UP EI PL NZ NA PO NC
17D7:0104 F6E3          MUL     BL

AX=000C  BX=0004  CX=0000  DX=0000  SP=FFEE  BP=0000  SI=0000  DI=0000
DS=17D7  ES=17D7  SS=17D7  CS=17D7  IP=0106   NV UP EI PL NZ NA PO NC
17D7:0106 D40A          AAM

AX=0102  BX=0004  CX=0000  DX=0000  SP=FFEE  BP=0000  SI=0000  DI=0000
DS=17D7  ES=17D7  SS=17D7  CS=17D7  IP=0108   NV UP EI PL NZ NA PO NC
17D7:0108 0000          ADD     [BX+SI],AL                         DS:0004=00
-
```

图 3-47　DEBUG 下 AAM 指令运行示例

这样就得到了正确的结果(AX)=0102H。

4. 除法指令

（1）DIV

DIV 指令能实现两个无符号数的除法运算，它有 3 种用法，如图 3-48 所示。

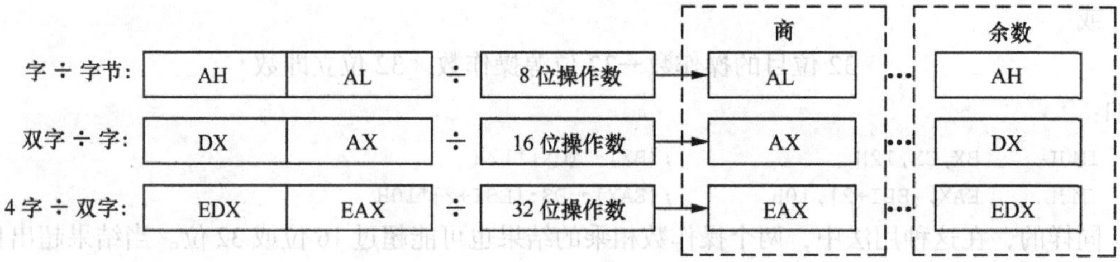

图 3-48　DIV、IDIV 指令的用法

① 字除以字节

```
DIV        8 位通用寄存器或存储器操作数
```

指令用 AX 的值除以 8 位操作数，得到的商存放在 AL 中，余数则存放在 AH 中。

② 双字除以字

```
DIV        16 位通用寄存器或存储器操作数
```

指令用双字（DX，AX）的值除以 16 位操作数，得到的商存放在 AX 中，余数则存放在 DX 中。

③ 4 字除以双字

```
DIV        32 位通用寄存器或存储器操作数
```

指令用双字（EDX，EAX）的值除以 32 位操作数，得到的商存放在 EAX 中，余数则存放在 EDX 中。

如果除数为 0 或者相除的商超出存放商的寄存器的容量（对于字除以字节的情况，商寄存器只能存放 0～0FFH；对于双字除以字的情况，商寄存器只能存放 0～0FFFFH；对于 4 字除以双字的情况，商寄存器只能存放 0～0FFFFFFFFH），则会引起 0 型除法出错中断。

DIV 指令对 O、S、Z、A、P、C 标志位的影响都没有定义。

（2）IDIV（Integer Division）

IDIV 指令能实现两个带符号数的除法运算，其指令格式和用法与 DIV 完全相同。余数的符号与被除数相同。IDIV 指令对 O、S、Z、A、P、C 标志位的影响都没有定义。

当除数为 0 或者相除的商超出存放商的寄存器的容量时，IDIV 指令也会引起 0 型除法出错中断。不过，对于 IDIV 来说，寄存器存放的是带符号数，因此商寄存器的容量是$(-2^7)\sim(+2^7-1)$（字除以字节），或$(-2^{15})\sim(+2^{15}-1)$（双字除以字），或$(-2^{31})\sim(+2^{31}-1)$（4 字除以双字）。

图 3-49 所示为 DEBUG 下 DIV BL 与 IDIV BL 指令的比较，同样是(AX)=0100H，(BL)=0FFH，图 3-49（a）中执行指令"DIV BL"，把 AX 和 BL 中的数当成无符号数相除，则(AX)=0100H=256D，(BL)=0FFH=255D，执行指令"DIV BL"后，(AL)=01H=1D，(AH)=01H=1D（256 ÷ 255=1 余 1）。图 3-49（b）中执行指令"IDIV BL"，把 AX 和 BL 中的数当成有符号数进行相除，则(AX)=0100H=+256D，(BL)=0FFH=−1D，这时 AX ÷ BL=(+256D) ÷ (−1D)=(−256D)＜(−127D)，超出 8 位补码表示范围，出现除法错误中断，图 3-49（b）中显示"Divide Overflow"，退出 DEBUG，返回 DOS。

```
C:\Users\ZHOUJI~1\ZJY>DEBUG
-A
17D7:0100 MOV AX,0100
17D7:0103 MOV BL,FF
17D7:0105 DIV BL
17D7:0107
-T 3

AX=0100  BX=0000  CX=0000  DX=0000  SP=FFEE  BP=0000  SI=0000  DI=0000
DS=17D7  ES=17D7  SS=17D7  CS=17D7  IP=0103   NV UP EI PL NZ NA PO NC
17D7:0103 B3FF          MOV     BL,FF

AX=0100  BX=00FF  CX=0000  DX=0000  SP=FFEE  BP=0000  SI=0000  DI=0000
DS=17D7  ES=17D7  SS=17D7  CS=17D7  IP=0105   NV UP EI PL NZ NA PO NC
17D7:0105 F6F3          DIV     BL

AX=0101  BX=00FF  CX=0000  DX=0000  SP=FFEE  BP=0000  SI=0000  DI=0000
DS=17D7  ES=17D7  SS=17D7  CS=17D7  IP=0107   NV UP EI PL NZ NA PO NC
17D7:0107 0A00          OR      AL,[BX+SI]                         DS:00FF=00
```

（a）执行指令"DIV BL"

```
C:\Users\ZHOUJI~1\ZJY>DEBUG
-A
17D7:0100 MOV AX,0100
17D7:0103 MOV BL,FF
17D7:0105 IDIV BL
17D7:0107
-T 3

AX=0100  BX=0000  CX=0000  DX=0000  SP=FFEE  BP=0000  SI=0000  DI=0000
DS=17D7  ES=17D7  SS=17D7  CS=17D7  IP=0103   NV UP EI PL NZ NA PO NC
17D7:0103 B3FF          MOV     BL,FF

AX=0100  BX=00FF  CX=0000  DX=0000  SP=FFEE  BP=0000  SI=0000  DI=0000
DS=17D7  ES=17D7  SS=17D7  CS=17D7  IP=0105   NV UP EI PL NZ NA PO NC
17D7:0105 F6FB          IDIV    BL

Divide overflow

C:\Users\ZHOUJI~1\ZJY>
```

（b）执行指令"IDIV BL"

图 3-49 DEBUG 下 DIV BL 与 IDIV BL 指令的比较

（3）AAD（ASCII Adjust for Division）

AAD 指令能将 AX 中的未组合 BCD 码进行校正，校正后的 AX 就可以作为被除数去除以一个未组合 BCD 码，得到正确的结果。

注意

得到的商不一定是未组合 BCD 码，因为商可能大于 9，但把商当成一个无符号的二进制数来看时，结果还是正确的。当然余数可以看成未组合 BCD 码，因为余数肯定小于 0AH。

实际上，AAD 指令的功能只是相当于把 AX 中的未组合 BCD 码转换成一个无符号的二进制数而已，即校正过程为：将(AH) × 0AH+(AL)的结果赋给 AL；AH 的值清零。

AAD 指令会影响标志位 S、Z、P，对 O、A、C 标志位未定义。

图 3-50 所示为一个在 DEBUG 中运行 AAD 指令的例子。图中，两条 MOV 指令 (AX)=0708H（即 78D），(BL)=02H=2D 执行之后，执行指令“AAD”校正 AX，则(AX)=004EH=78D；最后执行“DIV　BL”指令来计算 AX ÷ BL，执行后，商(AL)=27H，余数(AH)=0（78 ÷ 2=39=27H 余 0）。可见，DIV 指令可以算出正确的结果，但结果是无符号二进制数而不是未组合码。

```
C:\Users\ZHOUJI~1\ZJY>DEBUG
-A
17D7:0100 MOV AX,0708
17D7:0103 MOV BL,02
17D7:0105 AAD
17D7:0107 DIV BL
17D7:0109
-T 4

AX=0708  BX=0000  CX=0000  DX=0000  SP=FFEE  BP=0000  SI=0000  DI=0000
DS=17D7  ES=17D7  SS=17D7  CS=17D7  IP=0103   NV UP EI PL NZ NA PO NC
17D7:0103 B302          MOV     BL,02

AX=0708  BX=0002  CX=0000  DX=0000  SP=FFEE  BP=0000  SI=0000  DI=0000
DS=17D7  ES=17D7  SS=17D7  CS=17D7  IP=0105   NV UP EI PL NZ NA PO NC
17D7:0105 D50A          AAD

AX=004E  BX=0002  CX=0000  DX=0000  SP=FFEE  BP=0000  SI=0000  DI=0000
DS=17D7  ES=17D7  SS=17D7  CS=17D7  IP=0107   NV UP EI PL NZ NA PE NC
17D7:0107 F6F3          DIV     BL

AX=0027  BX=0002  CX=0000  DX=0000  SP=FFEE  BP=0000  SI=0000  DI=0000
DS=17D7  ES=17D7  SS=17D7  CS=17D7  IP=0109   NV UP EI PL NZ NA PE NC
17D7:0109 0000          ADD     [BX+SI],AL                DS:0002=FF
-
```

图 3-50　DEBUG 中 AAD 指令的运行示例

5. 类型转换指令

（1）CBW（Convert Byte to Word）

CBW 指令把 AL 中的有符号数扩展到 AX 中。该指令没有操作数。

① 如果 AL 最高位为 1（AL 的值为负），则 AH←0FFH。

② 如果 AL 最高位为 0（AL 的值为正），则 AH←00H。

该指令对标志寄存器没有影响。

图 3-51 所示为 DEBUG 下 CBW 指令的运行例子，当(AL)=56H 时，执行 CBW 指令后，(AX)=0056H；当(AL)=0C2H 时，执行 CBW 指令后，(AX)=FFCZH。

```
C:\Users\ZHOUJI~1\ZJY>DEBUG
-A
17D7:0100 MOV AL,56
17D7:0102 CBW
17D7:0103 MOV AL,C2
17D7:0105 CBW
17D7:0106
-T4

AX=0056  BX=0000  CX=0000  DX=0000  SP=FFEE  BP=0000  SI=0000  DI=0000
DS=17D7  ES=17D7  SS=17D7  CS=17D7  IP=0102   NV UP EI PL NZ NA PO NC
17D7:0102 98            CBW

AX=0056  BX=0000  CX=0000  DX=0000  SP=FFEE  BP=0000  SI=0000  DI=0000
DS=17D7  ES=17D7  SS=17D7  CS=17D7  IP=0103   NV UP EI PL NZ NA PO NC
17D7:0103 B0C2          MOV     AL,C2

AX=00C2  BX=0000  CX=0000  DX=0000  SP=FFEE  BP=0000  SI=0000  DI=0000
DS=17D7  ES=17D7  SS=17D7  CS=17D7  IP=0105   NV UP EI PL NZ NA PO NC
17D7:0105 98            CBW

AX=FFC2  BX=0000  CX=0000  DX=0000  SP=FFEE  BP=0000  SI=0000  DI=0000
DS=17D7  ES=17D7  SS=17D7  CS=17D7  IP=0106   NV UP EI PL NZ NA PO NC
17D7:0106 99            CWD
-
```

图 3-51　DEBUG 下 CBW 指令运行示例

（2）CWD（Convert Word to Double Word）

CWD 指令把 AX 中的有符号数扩展到寄存器对（DX，AX）中。该指令没有操作数。

① 如果 AX 最高位为 1（AX 的值为负），则 DX←0FFFFH。

② 如果 AX 最高位为 0（AX 的值为正），则 DX←0000H。

该指令对标志寄存器没有影响。

图 3-52 所示为 DEBUG 下 CWD 指令的运行例子，当(AX)=0020H 时，执行 CWD 指令后，(DX)=0，(AX)=0020H；当(AX)=F020H 时，执行 CWD 指令后，(DX)=FFFFH，(AX)=F020H。

```
C:\Users\ZHOUJI~1\ZJY>DEBUG
-A
17D7:0100 MOV AX,20
17D7:0103 CWD
17D7:0104 MOV AX,F020
17D7:0107 CWD
17D7:0108
-T4

AX=0020  BX=0000  CX=0000  DX=0000  SP=FFEE  BP=0000  SI=0000  DI=0000
DS=17D7  ES=17D7  SS=17D7  CS=17D7  IP=0103   NV UP EI PL NZ NA PO NC
17D7:0103 99            CWD

AX=0020  BX=0000  CX=0000  DX=0000  SP=FFEE  BP=0000  SI=0000  DI=0000
DS=17D7  ES=17D7  SS=17D7  CS=17D7  IP=0104   NV UP EI PL NZ NA PO NC
17D7:0104 B820F0        MOV     AX,F020

AX=F020  BX=0000  CX=0000  DX=0000  SP=FFEE  BP=0000  SI=0000  DI=0000
DS=17D7  ES=17D7  SS=17D7  CS=17D7  IP=0107   NV UP EI PL NZ NA PO NC
17D7:0107 99            CWD

AX=F020  BX=0000  CX=0000  DX=FFFF  SP=FFEE  BP=0000  SI=0000  DI=0000
DS=17D7  ES=17D7  SS=17D7  CS=17D7  IP=0108   NV UP EI PL NZ NA PO NC
17D7:0108 0000          ADD     [BX+SI],AL                         DS:0000=CD
-
```

图 3-52　DEBUG 下 CWD 指令运行示例

（3）CWDE（Convert Word to Double Word）（80386 以上）

CWDE 指令也能将 16 位有符号数扩展成 32 位数，与 CWD 不同的是，CWDE 指令是把 AX 中的 16 位有符号数扩展到 32 位寄存器 EAX 中，而不是寄存器对（DX，AX）中。该指令没有操作数。

① 如果 AX 最高位为 1（AX 的值为负），则 EAX 的高 16 位←0FFFFH。

② 如果 AX 最高位为 0（AX 的值为正），则 EAX 的低 16 位←0000H。

该指令对标志寄存器没有影响。

（4）CDQ（Convert Double Word to Quad Word）（80386 以上）

CDQ 指令把 EAX 中的有符号数扩展到寄存器对（EDX，EAX）中。该指令没有操作数。

① 如果 EAX 最高位为 1（AX 的值为负），则 EDX←0FFFFFFFFH。

② 如果 EAX 最高位为 0（AX 的值为正），则 EDX←00000000H。

该指令对标志寄存器没有影响。

CBW、CWD、CDQ 指令主要是为除法指令 IDIV 服务的。我们知道，80x86 系统中并没有提供“字节 ÷ 字节”、“字 ÷ 字”或“双字 ÷ 双字”的除法指令。因此，在执行带符号数除法指令之前，要先把被除数进行扩展（字节扩展成字，用 CBW；字扩展为双字，用 CWD；双字扩展为 4 字，用 CDQ），这样就可以使用 IDIV 的“字 ÷ 字节”、“双字 ÷ 字”和“4 字 ÷ 双字”等功能了。

（5）BSWAP（Byte Swap）（80486 以上）

BSWAP 指令只能用于 80486 及其后继机型中，其指令格式为

```
BSWAP     目的操作数
```

其中目的操作数只能是 32 位的通用寄存器。该指令能将 32 位寄存器中的第 1、4 字节相互交换，

第 2、3 字节相互交换。该指令对标志寄存器没有影响。

例如，假设(EAX)=10203040H，则执行指令“BSWAP　EAX”之后，(EAX)=40302010H。

对算术运算指令的小结。

① 段寄存器不能参与算术运算指令。

② 立即数不能为目的操作数。

③ 不能直接对两个内存操作数进行算术运算，必须先把其中一个放到通用寄存器中再运算。

④ AAA、AAS、AAM、AAD 能校正未组合 BCD 码的加、减、乘、除运算，其中 AAA、AAS、AAM 是先计算再校正，AAD 则是先校正再计算；DAA、DAS 能校正组合 BCD 码的加、减运算，而且都是先计算再校正。所有校正指令的操作数都是隐含的。

⑤ “指令对标志位的影响未定义”与“指令不影响标志位”是不同的，前者表示指令执行后标志位可能会改变，但改成什么是不确定的；后者表示指令执行后标志位中的值不会改变。

3.2.3　逻辑操作类

逻辑操作指令可分为以下 4 类。

① 逻辑运算指令，包括 AND、TEST、OR、XOR、NOT。

② 移位运算指令，包括 SHL、SHR、SAL、SAR、ROL、ROR、RCL、RCR、SHLD、SHRD。

③ 位测试并修改指令，包括 BT、BTS、BTR、BTC。

④ 位扫描指令，包括 BSF、BSR。

1. 逻辑运算指令

逻辑运算指令能够对 8 位、16 位或 32 位操作数进行与、或、非、异或等逻辑运算。

（1）AND

AND 指令能够对两个操作数进行逻辑与运算，运算结果存放到目的操作数中。其指令格式为

```
AND         目的操作数,源操作数
```

指令允许的操作数类型如表 3-5 所示。AND 指令常用于对目的操作数的某些位进行清零（其他位保持不变）。例如，把 0～9 的 ASCII 码转换成未组合的 BCD 码时，必须将高 4 位清零，这时可以执行 AND 指令（假设原来 ASCII 码存放在 AL 中）：

```
AND       AL,0FH
```

AND 指令会将进位和溢出标志 C、O 清零，同时根据运算结果影响 S、Z、P 标志位，而对 A 标志位未定义。

表 3-5　　AND、TEST、OR、XOR 指令的操作数

目的操作数	源 操 作 数
通用寄存器	通用寄存器、存储器、立即数
存储器	通用寄存器、立即数

（2）TEST

TEST 指令同样能够对两个操作数进行逻辑与运算，但不保存运算结果，也不改变源操作数和目的操作数的值，只是保留指令对标志寄存器的影响（运算结果使 C、O 清零，并影响 S、Z、P 标志位，但对 A 标志位未定义）。其指令格式及用法都与 AND 指令相同。TEST 指令通常用于检测目的操作数中的某些位是否为 1，但不影响目的操作数的值。

例如，我们需要知道 AL 中的值是奇数还是偶数（即最低位是 1 还是 0），但不希望 AL 的值

被改变，这时候就可以使用 TEST 指令：

```
TEST      AL,01H    ;检查AL最低位
JNZ       ODD       ;最低位为1,则AL为奇数
…                   ;否则AL为偶数
```

（3）OR

OR 指令能够对两个操作数进行逻辑或运算，运算结果存放到目的操作数中。其指令格式为

```
OR        目的操作数,源操作数
```

指令允许的操作数类型如表 3-5 所示。OR 指令常用于对目的操作数的某些位置 1。例如：

```
OR        AL,01H
```

这条指令可以让 AL 的最低位置 1，而其他位保持不变。

OR 指令会将进位和溢出标志 C、O 清零，同时根据运算结果影响 S、Z、P 标志位，而对 A 标志位未定义。

（4）XOR

XOR 指令能够对两个操作数进行逻辑异或运算，运算结果存放到目的操作数中。其指令格式为

```
XOR       目的操作数,源操作数
```

指令允许的操作数类型如表 3-5 所示。XOR 指令可用于对目的操作数的某些位取反（与 1 相异或），但其他位不变（与 0 相异或）。例如：

```
XOR       AL,80H
```

这条指令可以让 AL 的最高位取反，而其他位保持不变。

XOR 的另一个用途是对寄存器清零，方法是令寄存器与自身相异或。例如，为使 AX 清零，可以执行指令：

```
XOR       AX,AX
```

这条指令的执行效率比直接用传送指令"MOV AX,0"要高，因为前者是 2 字节指令，而且执行时只占用 3 个时钟周期，而后者则是 3 字节指令，执行需要 4 个时钟周期。这就是经常利用 XOR 来对寄存器清零的原因。

XOR 指令会将进位和溢出标志 C、O 清零，同时根据运算结果影响 S、Z、P 标志位，而对 A 标志位未定义。

（5）NOT

NOT 是单操作数指令，它能使操作数的各个位取反。其指令格式为

```
NOT       目的操作数
```

其中目的操作数可以是任何的 8 位或 16 位通用寄存器或存储器操作数。

该指令对标志寄存器没有影响。

图 3-53 所示为 DEBUG 下 4 条逻辑运算指令的执行的例子，请读者结合指令功能进行分析。NOT 指令和 TEST 指令的运行也请自行练习。

2. 移位运算指令

80x86 系统中共有 10 条移位指令：SHL、SHR；SAL、SAR；ROL、ROR；RCL、RCR；SHLD、SHRD。除 SHLD、SHRD 这两条 80386 指令外，其他指令的格式都为

```
指令助记符      目的操作数, n        ;移位次数为n
```

或

```
指令助记符      目的操作数, CL       ;移位次数为(CL)
```

其中目的操作数可以是任何的 8 位、16 位或 32 位通用寄存器或存储器操作数。

```
C:\Users\ZHOUJI~1\ZJY>DEBUG
-A
17D7:0100 MOV AL,55
17D7:0102 AND AL,0F
17D7:0104 OR AL,20
17D7:0106 XOR AL,04
17D7:0108
-T 4

AX=0055  BX=0000  CX=0000  DX=0000  SP=FFEE  BP=0000  SI=0000  DI=0000
DS=17D7  ES=17D7  SS=17D7  CS=17D7  IP=0102   NV UP EI PL NZ NA PO NC
17D7:0102 240F          AND     AL,0F

AX=0005  BX=0000  CX=0000  DX=0000  SP=FFEE  BP=0000  SI=0000  DI=0000
DS=17D7  ES=17D7  SS=17D7  CS=17D7  IP=0104   NV UP EI PL NZ NA PE NC
17D7:0104 0C20          OR      AL,20

AX=0025  BX=0000  CX=0000  DX=0000  SP=FFEE  BP=0000  SI=0000  DI=0000
DS=17D7  ES=17D7  SS=17D7  CS=17D7  IP=0106   NV UP EI PL NZ NA PO NC
17D7:0106 3404          XOR     AL,04

AX=0021  BX=0000  CX=0000  DX=0000  SP=FFEE  BP=0000  SI=0000  DI=0000
DS=17D7  ES=17D7  SS=17D7  CS=17D7  IP=0108   NV UP EI PL NZ NA PE NC
17D7:0108 F6D0          NOT     AL
-
```

图 3-53　DEBUG 下逻辑运算指令执行示例

需要注意的是，在 8086/8088 系统中，当移位次数大于 1 时，一定要先将移位次数存放到 CL（不能是其他寄存器）中，然后使用第 2 种格式进行移位操作，如图 3-54 中所示。

```
C:\Users\zhou jieying>DEBUG
-A
17D7:0100 MOV AL,73
17D7:0102 SHL AL,2
                    ^ Error
17D7:0102 MOV CL,2
17D7:0104 SHL AL,CL
17D7:0106
```

图 3-54　移位次数＞2 示例

但在 80286 以上系统中，移位次数的限制已经取消，在指令中移位次数可直接取 0～15（80286 系统）或 0～31（80386 以上系统），当 *n* 超过 16 或 32 时，系统将自动对 *n* 进行模 16 或模 32 运算，得到结果作为移位次数。例如，在 80386 中，下面指令是合法的：

```
SHL        EAX,31          ;移位次数为 31
```

（1）SHL、SHR、SAL 和 SAR

① SHL（Shift Logic Left）是逻辑左移指令，其移位过程如图 3-55（a）所示。每移动一次，操作数的最高位移到进位标志 C 中，其他位依次向左移动一位，而空出的最低位则补 0。

② SHR（Shift Logic Right）是逻辑右移指令，其移位过程如图 3-55（b）所示。每移动一次，操作数的最低位移到进位标志 C 中，其他位依次向右移动一位，而空出的最高位则补 0。

③ SAL（Shift Arithmetic Left）是算术左移指令，其移位过程如图 3-55（c）所示。它的执行过程与 SHL 完全相同。

④ SAR（Shift Arithmetic Right）是算术右移指令，其移位过程如图 3-55（d）所示。每移动一次，操作数的最低位移到进位标志 C 中，其他位依次向右移动一位，最高位则保持不变。

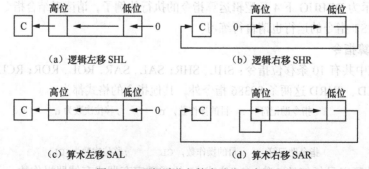

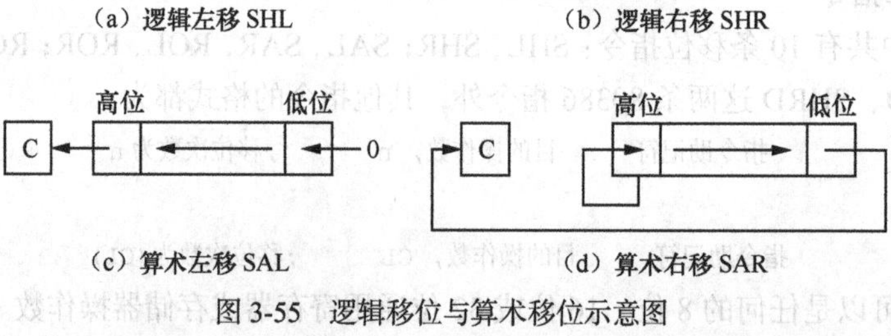

图 3-55　逻辑移位与算术移位示意图

这 4 条移位指令都可能对溢出标志位 O 产生影响，如果指令指定只移位一次（如指令“SHL AL,1”），那么指令执行结果将影响溢出标志 O。移位完成后，如果操作数最高位和进位标志 C 不相等，则 O=1，否则 O=0。如果移位次数大于 1（如指令“SAR　AL,CL”，其中(CL) > 1），则指令对溢出标志 O 不产生影响。

当移位次数不为 0 时，这 4 条移位指令对标志位 C、S、Z、P 都产生影响，但对辅助进位标志 A 没有定义。

逻辑左移或算术左移一位，相当于将操作数乘以 2。其中操作数可以看成无符号数（此时可根据进位标志 C 来判断是否有进位），也可以看作带符号数（此时可根据溢出标志 O 来判断是否有溢出）。

图 3-56 所示为 DEBUG 下 SHL 指令运行的例子，先执行“MOV AL,0F0(H)”指令，让(AL)=0F0H；之后执行指令：

```
SHL      AL,1      ;与指令“SAL  AL,1”等价
```

运行后，(AL)=0E0H，C=1（用 CY 表示），O=0（用 NV 表示）。

```
C:\Users\ZHOUJI~1>DEBUG
-A
17D7:0100 MOV AL,F0
17D7:0102 SHL AL,1
17D7:0104
-T2

AX=00F0  BX=0000  CX=0000  DX=0000  SP=FFEE  BP=0000  SI=0000  DI=0000
DS=17D7  ES=17D7  SS=17D7  CS=17D7  IP=0102   NV UP EI PL NZ NA PO NC
17D7:0102 D0E0          SHL     AL,1

AX=00E0  BX=0000  CX=0000  DX=0000  SP=FFEE  BP=0000  SI=0000  DI=0000
DS=17D7  ES=17D7  SS=17D7  CS=17D7  IP=0104   NV UP EI NG NZ NA PO CY
17D7:0104 D2E0          SHL     AL,CL
```

图 3-56　DEBUG 下 SHL 指令运行示例

若当成无符号数，则执行前(AL)=0F0H=240D，执行后 C=1（CY）表示有进位，(AL)=0E0H = 224D。如果将进位也考虑在内，那么左移的结果为 224D+256D=480D，显然 240D × 2=480D > 255D，可见结果正确。

若当成有符号数，则执行前(AL)=0F0H=−16D，执行后 O=0（NV）表示结果没有超出 AL 能存放的带符号数的范围。(AL)=0E0H=−32D，显然−16D × 2=−32D，可见结果正确。

逻辑右移一位可以看成将操作数除以 2，余数为进位标志 C。这里操作数必须视为无符号数。图 3-57 所示为 DEBUG 下 SHR 指令运行的例子，先执行“MOV AL,21(H)”指令，让(AL)=21H=33D；之后，执行指令：

```
SHR      AL,1
```

运行后，(AL)=10H=16D，C=1（CY）。显然 33D ÷ 2=16D 余 1。

```
C:\Users\ZHOUJI~1\ZJY>DEBUG
-A
17D7:0100 MOV AL,21
17D7:0102 SHR AL,1
17D7:0104
-T2

AX=0021  BX=0000  CX=0000  DX=0000  SP=FFEE  BP=0000  SI=0000  DI=0000
DS=17D7  ES=17D7  SS=17D7  CS=17D7  IP=0102   NV UP EI PL NZ NA PO NC
17D7:0102 D0E8          SHR     AL,1

AX=0010  BX=0000  CX=0000  DX=0000  SP=FFEE  BP=0000  SI=0000  DI=0000
DS=17D7  ES=17D7  SS=17D7  CS=17D7  IP=0104   NV UP EI PL NZ NA PO CY
17D7:0104 D2E0          SHL     AL,CL
-
```

图 3-57　DEBUG 下 SHR 指令运行示例

同样的，算术右移一位可以看成将操作数除以 2，余数为进位标志 C。这里操作数必须视为有符号数。图 3-58 所示为 DEBUG 下 SAR 指令运行的例子，先执行指令“MOV AL,0F1(H)”，让 (AL)=0F1H=−15D；再执行指令“SAR　AL,1”，运行后，(AL)=0F8H=−8D，C=1。显然−15D ÷ 2=−8D 余 1。

```
C:\Users\ZHOUJI~1\ZJY>DEBUG
-A
17D7:0100 MOV AL,F1
17D7:0102 SAR AL,1
17D7:0104
-T2

AX=00F1  BX=0000  CX=0000  DX=0000  SP=FFEE  BP=0000  SI=0000  DI=0000
DS=17D7  ES=17D7  SS=17D7  CS=17D7  IP=0102   NV UP EI PL NZ NA PO NC
17D7:0102 D0F8          SAR     AL,1

AX=00F8  BX=0000  CX=0000  DX=0000  SP=FFEE  BP=0000  SI=0000  DI=0000
DS=17D7  ES=17D7  SS=17D7  CS=17D7  IP=0104   NV UP EI NG NZ NA PO CY
17D7:0104 D2E0          SHL     AL,CL
-
```

图 3-58　DEBUG 下 SAR 指令运行示例

（2）ROL、ROR、RCL 和 RCR

① ROL（Rotate Left）是循环左移指令，其移位过程如图 3-59（a）所示。每移动一次，操作数的最高位移到进位标志 C 及操作数的最低位中，其他位依次向左移动一位。

② ROR（Rotate Right）是循环右移指令，其移位过程如图 3-59（b）所示。每移动一次，操作数的最低位移到进位标志 C 及操作数的最高位中，其他位依次向右移动一位。

③ RCL（Rotate through CF Left）是带进位 C 循环左移指令，其移位过程如图 3-59（c）所示。每移动一次，操作数的最高位移到进位标志 C 中，而移位前的标志位 C 则移到操作数的最低位中，其他位依次向左移动一位。

④ RCR（Rotate through CF Right）是带进位 C 循环右移指令，其移位过程如图 3-59（d）所示。每移动一次，操作数的最低位移到进位标志 C 中，而移位前的标志位 C 则移到操作数的最高位中，其他位依次向右移动一位。

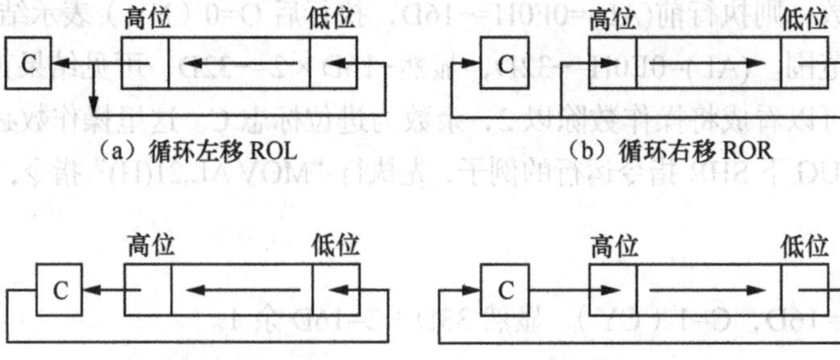

（a）循环左移 ROL　（b）循环右移 ROR

（c）带进位循环左移 RCL　（d）带进位循环右移 RCR

图 3-59　循环移位示意图

这 4 条循环移位指令对溢出标志 O 的影响与 SHL、SHR、SAL、SAR 等指令都相同，即当移位次数为 1 时，移位完成后，如果操作数最高位和进位标志 C 不相等，则 O=1，否则 O=0；如果移位次数大于 1，则指令对溢出标志 O 不产生影响。循环移位指令对 S、Z、A、P 等标志位不产生影响。

循环移位指令通常用于多字的移位操作中。例如，在 8086 中，一个双字存放在寄存器对（DX，AX）中，其中 DX 为高 16 位，AX 为低 16 位。为实现这个双字的右移操作，可以执行下列指令：

```
SHR     DX,1     ;DX 的最低位进入到进位标志 C 中
RCR     AX,1     ;C(即 DX 的最低位)进入到 AX 的最高位中
```

（3）SHLD 和 SHRD（80386 以上）

指令 SHLD、SHRD 分别是双精度逻辑左移、右移指令，其指令格式为

```
SHLD/SHRD    目的操作数,源操作数,n
```

或

```
SHLD/SHRD    目的操作数,源操作数,CL
```

其中目的操作数可以是任何 16 位或 32 位的通用寄存器或存储器操作数，但不能是立即数；源操作数则只能是位长与目的操作数相等的通用寄存器操作数；*n* 或(CL)为移位次数。

SHLD 指令的移位过程如图 3-60（a）所示。移位时，目的操作数按逻辑左移的方法向左移动（移出的高位影响进位标志 CF），源操作数从最高位开始，逐位补进目的操作数因移位而空出的低位。移位完成后，指令只保留目的寄存器中的移位结果，而源操作数则保持指令执行前的值。

SHRD 指令的移位过程如图 3-60（b）所示。移位时，目的操作数按逻辑右移的方法向右移动（移出的低位影响进位标志 CF），源操作数从最低位开始，逐位补进目的操作数因移位而空出的高位。移位完成后，指令只保留目的寄存器中的移位结果，而源操作数则保持指令执行前的值。

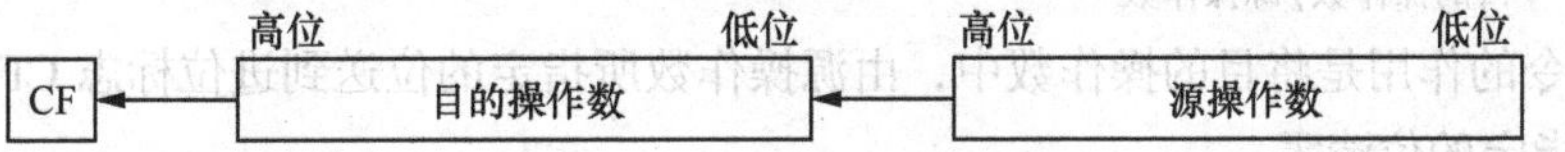

（a）SHLD 双精度逻辑左移指令

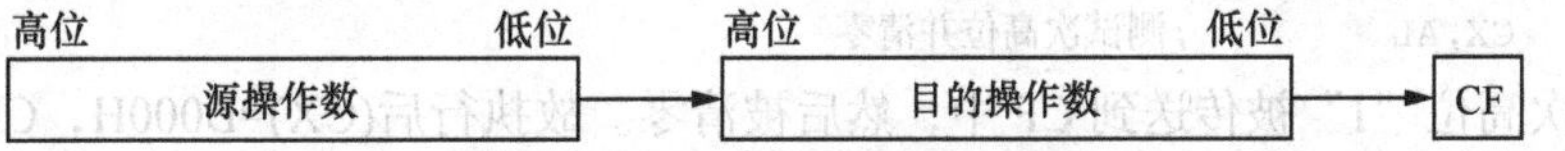

（b）SHRD 双精度逻辑右移指令

图 3-60　SHLD、SHRD 指令示意图

这 2 条指令对溢出标志 O 的影响与 SHL、SHR、SAL、SAR 等指令都相同，即当移位次数为 1 时，如果操作数最高位和进位标志 C 不相等，则 O=1，否则 O=0。同样的，移位次数为 0 时对所有标志位无影响；不为 0 时影响 S、Z、P、C 等标志位。

例如，令(AX)=1234H，(BX)=5678H，则执行指令：

```
SHLD AX,BX,4
```

之后，(AX)=2345H，(BX)=5678H（保持不变），CF=1。

下面再看一个双精度右移的例子。假设(ECX)=11223344H，(EDX)=55667788H，则执行指令：

```
SHRD ECX,EDX,8
```

之后，(ECX)=88112233H，(EDX)=55667788H（保持不变），CF=0。

3. 位测试并修改指令

（1）BT（Bit Test）(80386 以上)

BT 指令的格式为

```
BT      目的操作数,源操作数
```

其中目的操作数可以是 16 位或 32 位通用寄存器或存储器操作数，但不能是立即数；源操作数可以是立即数，也可以是寄存器操作数。

BT 指令的作用是将目的操作数中，由源操作数所指定的位送到进位标志 CF 中。其中目的操作数的最低位为第 0 位，其次为第 1 位……以此类推。

例如，假设(AX)=0001H，则执行下面指令：

```
BT        AX,0       ;测试最低位
```

时，(AX)的第 0 位“1”被传送到 CF 中。故执行后 CF=1。

该指令会影响 CF 标志位，但对其他标志位未定义。

（2）BTS（Bit Test and Set）（80386 以上）

BTS 指令的格式为

```
BTS       目的操作数,源操作数
```

BTS 指令的作用是将目的操作数中，由源操作数所指定的位送到进位标志 CF 中，然后将目的操作数中指定的位置 1。

例如，假设(BX)=1000H，则执行下面指令：

```
BTS       BX,15          ;测试最高位并置 1
```

时，(BX)的最高位“0”被传送到 CF 中，然后被置 1。故执行后(BX)=9000H，CF=0。

该指令会影响 CF 标志位，但对其他标志位未定义。

（3）BTR（Bit Test and Reset）（80386 以上）

BTR 指令的格式为

```
BTR       目的操作数,源操作数
```

BTR 指令的作用是将目的操作数中，由源操作数所指定的位送到进位标志 CF 中，然后将目的操作数中指定的位清零。

例如，假设(CX)=0F000H，(AL)=14，则执行下面指令：

```
BTR       CX,AL          ;测试次高位并清零
```

时，(CX)的次高位“1”被传送到 CF 中，然后被清零。故执行后(CX)=B000H，CF=1。

该指令会影响 CF 标志位，但对其他标志位未定义。

（4）BTC（Bit Test and Complement）（80386 以上）

BTC 指令的格式为

```
BTC       目的操作数,源操作数
```

BTC 指令的作用是将目的操作数中，由源操作数所指定的位送到进位标志 CF 中，然后将目的操作数中指定的位取反。

例如，假设(DX)=000FH，(AL)=1，则执行下面指令：

```
BTC       DX,AL              ;测试次低位并取反
```

时，(DX)的次低位“1”被传送到 CF 中，然后被取反。故执行后(DX)=000DH，CF=1。

该指令会影响 CF 标志位，但对其他标志位未定义。

4. 位扫描指令

（1）BSF（Bit Scan Forward）（80386 以上）

BSF 指令的格式为

```
BSF       目的操作数,源操作数
```

其中目的操作数只能是 16 位或 32 位通用寄存器；源操作数可以是 16 位或 32 位通用寄存器，或存储器操作数，但不能是立即数。

BSF 指令的作用是，从源操作数的第 0 位（最低位）开始，自右向左扫描源操作数中的第 1 个“1”，如果扫描到“1”，则将第 1 个“1”的位置（最低位的位置为 0，其次为 1，……以此类推）传送到目的寄存器中，同时将零标志位 ZF 清零；如果找不到“1”（说明源操作数的值为 0），

则 ZF=1，这时目的寄存器中的值不定。

例如，假设(EAX)=0FFFFFFF8H，(EBX)=0，则执行指令：

```
BSF      EBX,EAX
```

时，由于源操作数 EAX 中，从最低位开始，第 1 个“1”出现在第 3 位，故执行后(EBX)=3，(EAX)=0FFFFFFF8H（保持不变），ZF=0。

该指令会影响 ZF 标志位，但对其他标志位未定义。

（2）BSR（Bit Scan Reverse）（80386 以上）

BSR 指令的格式为

```
BSR      目的操作数,源操作数
```

指令中目的操作数只能是 16 位或 32 位通用寄存器；源操作数可以是 16 位或 32 位通用寄存器，或存储器操作数，但不能是立即数。

BSR 指令的作用是，从源操作数的最高位（第 15 位或第 31 位）开始，自左向右扫描源操作数中的第 1 个“1”，如果扫描到“1”，则将第 1 个“1”的位置传送到目的寄存器中，同时将零标志位 ZF 清零；如果找不到“1”，则 ZF=1，这时目的寄存器中的值不定。

例如，假设(CX)=000FH，(DX)=0，则执行指令：

```
BSR      DX,CX
```

时，由于源操作数 CX 中，从最高位（第 15 位）开始，第一个“1”出现在 D3 位，故执行后(DX)=3，(CX)=000FH（保持不变），ZF=0。

该指令会影响 ZF 标志位，但对其他标志位未定义。

对逻辑操作指令的小结。

① 段寄存器不能参与逻辑操作指令。

② 立即数不能为目的操作数。

③ 不能直接对两个内存操作数进行逻辑操作，必须先把其中一个放到通用寄存器中。

④ 对于移位指令，只有在移位次数为 1 时才会影响溢出标志 O；在 8086/8088 系统中，当移位次数大于 1 时一定要用 CL 来存放移位次数，在 80286 以上系统中则无此限制。

3.2.4　字符串操作类

字符串操作指令包括 MOVS、LODS、STOS、CMPS、SCAS、INS、OUTS 等 7 条指令，它们分别能实现字符串的传送、读取、存储、比较、搜索、串输入和串输出等功能。这 7 条指令有许多相似之处。

① 指令默认源字符串在数据段中，即段地址为 DS，且偏移量为 SI/ESI。可以通过段超越的方法来指定源字符串所在的段。

② 目的字符串只能在附加段中，即段地址为 ES，且偏移量为 DI/EDI。目的字符串不能被超越。

③ 指令以源串和目的串的串名作为操作数，但它们的作用只是用来告诉编译器所处理的字符串是字节串、字串还是双字串，并不能用于寻址。实际上，指令总是根据 SI/ESI 和 DI/EDI 来寻址的。

因此，可以使用指令替代符来简化指令的书写。在替代符中，用后缀 B 表示字节串，W 表示字串，D 表示双字串（80386 及其后继机型的处理器有效），并省略掉操作数，如表 3-6 所示。

表 3-6　　　　字符串指令

助 记 符	处 理 器	指 令 格 式	替 代 符
MOVS	80x86	MOVS　目的串，源串	MOVSB/MOVSW/MOVSD（80386 以上）
LODS	80x86	LODS　源串	LODSB/LODSW/LODSD（80386 以上）
STOS	80x86	STOS　目的串	STOSB/STOSW/STOSD（80386 以上）
CMPS	80x86	CMPS　目的串，源串	CMPSB/CMPSW/CMPSD（80386 以上）
SCAS	80x86	SCAS　目的串	SCASB/SCASW/SCASD（80386 以上）
INS	80286	INS　目标串，DX	INSB/INSW/INSD（80386 以上）
OUTS	80286	OUTS　DX，源串	OUTSB/OUTSW/OUTSD（80386 以上）

④ 指令在完成一次字符处理之后，会自动修改源字符串和目的字符串的偏移量 SI/ESI 和 DI/EDI，使其指向下一数据单元。具体的修改方法如下。

- 如果方向标志位 D=0，则字符串处理顺序是从低地址到高地址。对于字节串，则令 SI/ESI、DI/EDI 的值自动加 1，对于字串，则 SI/ESI、DI/EDI 的值自动加 2，对于双字串，则 SI/ESI、DI/EDI 的值自动加 4。
- 如果方向标志位 D=1，则字符串处理顺序是从高地址到低地址。对于字节串，则令 SI/ESI、DI/EDI 的值自动减 1，对于字串，则 SI/ESI、DI/EDI 的值自动减 2，对于双字串，则 SI/ESI、DI/EDI 的值自动减 4。

⑤ 串操作指令都能和重复前缀（REP、REPE/REPZ、REPNE/REPNZ）配合使用，以简化程序。实际上，重复前缀只能用于串操作指令中，在其他指令中无效。

下面具体介绍 7 个串操作指令的功能。

（1）MOVS（Move String）

MOVS 指令能将源串中指针 SI/ESI 所指的字节、字或双字，传送到目的串中指针 DI/EDI 所指的存储单元中，并相应修改 SI/ESI、DI/EDI，使其指向串中下一数据单元。MOVS 指令对标志寄存器没有影响。

例如，假设在数据段中已定义两个长度为 10 字节的串：

```
SOURCE   DB   10 DUP (?)    ;DB(Define Byte)伪指令为变量分配存储空间
DEST DB   10 DUP (?)        ;每个数占一个字节,? 为预留单元,DUP 为重复预留
```

（关于 DB 的用法详见第 4 章。）

并假设 DS、ES 已初始化为数据段的段地址，可以利用 MOVS 把 SOURCE 串复制到 DEST 串中：

```
        CLD                      ;这条指令可以使方向标志 D=0
        LEA     SI,SOURCE        ;初始化 SI
        LEA     DI,DEST          ;初始化 DI
        MOV     CX,10            ;串长为 10 字节
COPY:   MOVS    DEST,SOURCE      ;利用 MOVS 指令复制串
        DEC     CX               ;CX←(CX)-1
        JNZ     COPY             ;ZF=0 时跳到标号 COPY 执行
```

在这个例子中，传送的是字节串，故可以用替代符 MOVSB 来代替串传送指令。

另外，MOVS 还可以和重复前缀 REP（Repeat）配合使用，以进一步简化程序。REP 前缀的使用格式为

```
REP     串操作指令
```

REP 可以自动完成以下功能。

① 如果(CX)=0 或(ECX)=0，则完成 REP 操作，跳出循环。

② CX/ECX 的值减 1。

③ 执行一次串操作指令。

④ 转到①重复 REP 操作。

因此，可以先把串长度存放到 CX/ECX 中（不能是别的寄存器），然后利用 REP 来自动完成 CX/ECX 减 1 和判断跳转的操作。于是上面例子中，串传送程序段可写为

```
CLD
LEA     SI,SOURCE
LEA     DI,DEST
MOV     CX,10
REP     MOVSB
```

该程序段在 DEBUG 下的运行如图 3-61 所示，用“DB”伪指令定义了源串和目的串，数之间可以用逗号作为间隔符，也可以用空格作为间隔符。由于 DEBUG 下不使用标识符，所以源程序中的“LEA SI,SOURCE”改为“MOV SI,100H”，直接将源串的地址偏移量送给 SI；DI 的操作类似。要传送 10 个字节，在 DEBUG 下所有的数都是十六进制数，因此，用“A”表示“10”，在 DEBUG 下写“10”是 10H，对应十进制数的 16。要执行的指令是从偏移量为“0114H”的指令开始，因此用命令“–G=114”指出起始指令，如果不指明而直接“–G”的话，会从偏移量为“0100H”的单元开始执行，而这些单元是要传送的数，不是指令。程序最后是一条“INT 3”断点中断指令，程序执行到此会停下来，可以检查结果。用 D 命令检查了 100H～114H 单元的内容，可以看到 100H 开始的 10 个单元的数已经传到了 10A 开始的 10 个单元。

```
C:\Users\ZHOUJI~1\ZJY>DEBUG
-A
17D7:0100 DB 1,2,3,4,5,6,7,8,9,A
17D7:010A DB 0 0 0 0 0 0 0 0 0 0
17D7:0114 MOV SI,100
17D7:0117 MOV DI,10A
17D7:011A MOV CX,A
17D7:011D REP MOVSB
17D7:011F INT 3
17D7:0120
-G=114

AX=0000  BX=0000  CX=0000  DX=0000  SP=FFEE  BP=0000  SI=010A  DI=0114
DS=17D7  ES=17D7  SS=17D7  CS=17D7  IP=011F   NV UP EI PL NZ NA PO NC
17D7:011F CC            INT     3
-D 100 114
17D7:0100  01 02 03 04 05 06 07 08-09 0A 01 02 03 04 05 06   ................
17D7:0110  07 08 09 0A BE                                    .....
-
```

图 3-61　DEBUG 下串传送程序段的运行示例

（2）LODS（Load from String）

LODS 指令能把源串中指针 SI/ESI 所指的字节、字或双字，传送到寄存器 AL、AX 或 EAX 中，并相应的修改 SI/ESI，使其指向串中下一个数据单元。

LODS 指令原则上可以与重复前缀配合使用，但在实际中却很少用到。例如，假设(CX)=10H，D 标志位为 0，则指令：

```
REP     LODSB
```

能完成 16 次“DEC CX”、“MOV AL,[SI]”、“INC SI”的操作，但其中的前 15 次操作都是无意义的，因为每次读出来的字节都是存放在 AL 中，并被下一次的读操作所覆盖。执行完这条指令后，AL 中只保留了最后一次的读取结果。实际上，这相当于：

```
MOV      AL,DS:[SI+10H]
```

该指令对标志寄存器没有影响。

（3）STOS（Store into String）

STOS 指令能把寄存器 AL、AX 或 EAX 中的数据，传送到目的串中指针 DI/EDI 所指的字节或字，并相应的修改 DI/EDI，使其指向串中下一个数据单元。

该指令对标志寄存器没有影响。

STOS 与重复前缀 REP 配合使用时，表示将连续的(CX)或(ECX)个内存单元都装入 AL 或 AX 中的数据。例如，图 3-62 所示为 DEBUG 下 STOSB 指令的运行例子，先用 DB 伪指令在 100H 开始的 8 个单元中放了 0，0 之间是用空格作为间隔符，多个空格等效于 1 个空格。执行 MOV 指令直接将目标串的地址偏移量送给 DI，假设 (CX)=08H，(AL)=55H，DEBUG 启动时已将 D 标志位置为 0（UP），之后执行指令："REP STOSB"，实现了把附加段中以(DI)=100H 为起始地址的连续 8 个单元都装入数据 55H，用"-D L8"命令显示了这 8 个单元的内容。

```
C:\Users\zhou jieying\ZJY>debug
-a
17D7:0100  db 0 0 0    0   0    0   0   0
17D7:0108  mov di,100
17D7:010B  mov al,55
17D7:010D  mov cx,8
17D7:0110  rep stosb
17D7:0112
-g=108 112

AX=0055  BX=0000  CX=0000  DX=0000  SP=FFEE  BP=0000  SI=0000  DI=0108
DS=17D7  ES=17D7  SS=17D7  CS=17D7  IP=0112   NV UP EI PL NZ NA PO NC
17D7:0112 0000          ADD     [BX+SI],AL                     DS:0000=CD
-d 100 18
17D7:0100  55 55 55 55 55 55 55 55                             UUUUUUUU
```

图 3-62　DEBUG 下 STOSB 指令的运行示例

LODS 和 STOS 经常配合起来，实现"从存储器读取数据—处理数据—保存到存储器中"的功能。图 3-63 所示为 DEBUG 下 LODS 和 STOS 指令配合使用的例子，用 DB 伪指令在 17D7:0100H 开始的 10 个单元定义了大小写混合的字母符号串，这些字符会以 ASCII 码的形式存储，要将这些字母都统一为大写字母，再保存到 17D7:010AH 开始的 10 个单元中。DEBUG 启动时都已设置好 DS、ES 段寄存器的值（该例中为 17D7H），且 DF=0（用 UP 表示）。

```
C:\Users\ZHOUJI~1\ZJY>DEBUG
-A
17D7:0100 DB 'AbjKiLtyRq'
17D7:010A DB 0 0 0 0 0 0 0 0 0 0
17D7:0114 MOV SI,100
17D7:0117 MOV DI,10A
17D7:011A MOV CX,A
17D7:011D LODSB
17D7:011E AND AL,DF
17D7:0120 STOSB
17D7:0121 DEC CX
17D7:0122 JNZ 11D
17D7:0124 INT 3
17D7:0125
-G=114

AX=0051  BX=0000  CX=0000  DX=0000  SP=FFEE  BP=0000  SI=010A  DI=0114
DS=17D7  ES=17D7  SS=17D7  CS=17D7  IP=0124   NV UP EI PL ZR NA PE NC
17D7:0124 CC            INT     3
-D 100 114
17D7:0100  41 62 6A 4B 69 4C 74 79-52 71 41 42 4A 4B 49 4C   AbjKiLtyRqABJKIL
17D7:0110  54 59 52 51 BE                                    TYRQ.
-
```

图 3-63　DEBUG 下 LODS 和 STOS 指令配合使用示例

关于字母大小写的转换，这里有一个小技巧，即对于字母 A 和 a，它们的 ASCII 码分别是：

```
A: 01000001B   a: 01100001B
```

它们只有第 5 位不同，其他位都相同。对于所有其他字母也有类似情况。因此，将任意字母转换成大写字母，只须将其第 5 位清零（与 11011111B 相“与”），转换成小写字母的过程则相当于将第 5 位置 1（与 00100000B 相“或”）。

实现字母都统一转换为大写字母的程序段及运行如图 3-63 所示。DEBUG 下不使用标识符，因此变量和指令的标号都需要用实际地址标出。程序从地址偏移量为 114H 的指令开始执行，执行到 124H 遇到断点中断指令“INT 3”停下，可以检查结果。用 D 命令检查了地址从 17D7:0100H 到 17D7:0114H 的内存区域的内容，可以看到从地址 10AH 开始的 10 个单元中放的是前面 10 个字母的大写字母。图 3-63 中 D 命令下面，第 1 列是内存单元的逻辑地址，中间是二进制数的十六进制表示，在该例中是 ASCII 码，最右边一列显示的是每个 ASCII 码对应的字符，如果一个 ASCII 码对应的是控制符，不能显示，则用显示“.”来替代。

（4）CMPS（Compare String）

CMPS 指令能对源串和目的串中指针 SI/ESI 和 DI/EDI 所指的字节、字或双字进行 CMP 操作（即计算源操作数–目的操作数的值，但并不保存相减结果，而只是改变标志寄存器中相应的标志位），并相应修改 SI/ESI、DI/EDI，使其指向串中下一单元。CMPS 对 O、S、Z、A、P、C 等标志位都有影响。

例如，假设在数据段和附加段中分别存放着两个长度为 10 个字的串 SOURCE 和 DEST，并假设 DS、ES 已初始化为数据段和附加段的段地址，希望比较两个串中的内容是否相同，如果相同则给 DL 赋值 59H（字母 Y），否则赋 4EH（字母 N）。程序段如下。

```
          CLD
          LEA     SI,SOURCE
          LEA     DI,DEST
          MOV     CX,10
COMPARE: CMPS     DEST,SOURCE          ;进行比较
          JNZ     DIFF                 ;如果出现不相同的字,则两个串不同
          DEC     CX
          JNZ     COMPARE              ;没比较完 10 个字,则继续比较
          MOV     DL,59H               ;如果 10 个字都相同,则两个串相同
          JMP     DONE
DIFF:     MOV     DL,4EH
DONE:     MOV     AH,02H
          INT     21H
          INT     3
```

在这个例子中，比较的是字串，故可以用替代符 CMPSW 来代替串比较指令。

另外，CMPS 还可以和重复前缀 REPE/REPZ（Repeat while Equal/Zero，相等时重复）、REPNE/REPNZ（Repeat while Not Equal/Not Zero，不等时重复）配合使用，以进一步简化程序。REPE/REPZ 可以自动完成以下功能。

① 如果(CX)=0 或(ECX)=0，则完成 REPE/REPZ 操作，跳出循环。

② CX/ECX 的值减 1。

③ 执行一次串操作指令。

④ 如果零标志位 Z=1，则转回第①步。

⑤ 如果 Z=0，则完成 REPE/REPZ 操作，跳出循环。

REPNE/REPNZ 与 REPE/REPZ 的执行流程相似，不过 REPNE/REPNZ 是在 Z=0 时循环串操作，而 Z=1 时跳出循环。上面例子中，可以用前缀 REPE/REPZ 来简化程序：

```
          CLD
          LEA     SI,SOURCE
```

```
        LEA     DI,DEST
        MOV     CX,10
        REPE    CMPSW
        JNZ     DIFF            ;如果 Z=0,说明两个串中有某个字不相同
        MOV     DL,59H          ;如果 10 个字都相同,则两个串相同,DL←'Y'
        JMP     DONE
DIFF:   MOV     DL,4EH          ;'N'的 ASCII 码送 DL
DONE:   MOV     AH, 02H
        INT     21H             ;屏幕上显示字符'Y'或'N'
        INT     3
```

上面这段程序在 DEBUG 下的的输入、汇编及执行如图 3-64 所示。

图 3-64 中，由于 DEBUG 下不使用标识符，因此变量和指令的标号都需要用实际地址标出。用 DW（Define Word）伪指令定义了字变量，即每个数占两个单元。输入程序时碰到跳转指令的标号在后面，不知其地址偏移量时可以先大概写一个，输完程序后知道确切地址再修改，如图 3-64（a）中“−A 133”和“−A 137”即为重新修改那两条指令。图 3-64（b）中运行了程序，由于输入的两个字串是相同的，因此，执行后屏幕输出显示一个字符'Y'。用 D 命令检查两个串的内容，看到这两个串确实相等。再用 E 命令，修改了第 1 个串的两个数，之后再运行程序比较，屏幕显示了一个'N'。读者还可以练习把程序保存下来，下次修改、测试。

```
C:\Users\ZHOUJI~1\ZJY>DEBUG
-A
17D7:0100 DW 1 2 3 4 5 6 7 8 9 A
17D7:0114 DW 1 2 3 4 5 6 7 8 9 A
17D7:0128 MOV SI,100
17D7:012B MOV DI,114
17D7:012E MOV CX,A
17D7:0131 REPE CMPSW
17D7:0133 JNZ 140
17D7:0135 MOV DL,59
17D7:0137 JMP 142
17D7:0139 MOV DL,4E
17D7:013B MOV AH,2
17D7:013D INT 21
17D7:013F INT 3
17D7:0140
-A 133
17D7:0133 JNZ 139
17D7:0135
-A 137
17D7:0137 JMP 13B
17D7:0139
```

（a）输入程序

```
-G=128
Y
AX=0259  BX=0000  CX=0000  DX=0059  SP=FFEE  BP=0000  SI=0114  DI=0128
DS=17D7  ES=17D7  SS=17D7  CS=17D7  IP=013F   NV UP EI PL ZR NA PE NC
17D7:013F CC            INT     3
-D 100 127
17D7:0100  01 00 02 00 03 00 04 00-05 00 06 00 07 00 08 00   ................
17D7:0110  09 00 0A 00 01 00 02 00-03 00 04 00 05 00 06 00   ................
17D7:0120  07 00 08 00 09 00 0A 00                           ........
-E 100
17D7:0100  01.12   00.34   02.56   00.78
-D 100127
        ^ Error
-D 100 127
17D7:0100  12 34 56 78 03 00 04 00-05 00 06 00 07 00 08 00   .4Vx............
17D7:0110  09 00 0A 00 01 00 02 00-03 00 04 00 05 00 06 00   ................
17D7:0120  07 00 08 00 09 00 0A 00                           ........
-G=128
N
AX=024E  BX=0000  CX=0009  DX=004E  SP=FFEE  BP=0000  SI=0102  DI=0116
DS=17D7  ES=17D7  SS=17D7  CS=17D7  IP=013F   NV UP EI PL NZ NA PE NC
17D7:013F CC            INT     3
-
```

（b）运行程序

图 3-64　DEBUG 下串比较程序段输入、汇编及运行示例

（5）SCAS（Scan String）

SCAS 指令能够比较寄存器 AL、AX 或 EAX 与目的串中指针 DI/EDI 所指的字节、字或双字的大小（相当于：CMP　AL/AX/EAX,ES:[DI/EDI]），同时修改 DI/EDI 使其指向串中下一个数据单元。SCAS 指令对 O、S、Z、A、P、C 等标志位都有影响。

SCAS 指令常用来搜索目的串中是否含有某个元素。

例如，下面的程序段可以找出目的字符串 DEST（假设串长为 100 字节）中第 1 个值为 0FFH 的字节：

```
        CLD                     ;方向标志 D=0
        LEA     DI,DEST
        MOV     CX,100          ;串长为 100
        MOV     AL,0FFH         ;搜索的元素
        REPNE   SCASB           ;“REPNE”表示不相等时继续搜索下一个字节
        JNE     NO              ;如果 100 个字节中都找不到(AL),则进行出错处理
        MOV     DL,59H          ;已找到(AL)
        JMP     DONE
NO:     MOV     DL, 4EH
DONE:   MOV     AH, 2
        INT     21H
        INT     3
```

程序执行后，如果字符串中含有 0FFH，那么执行 REPNE SCASB 之后，DI 为串中第 1 个 0FFH 之后的一个数的偏移量，因为执行 SCAS 之后，DI 总是指向串中的下一个数据。

上面的例子在 DEBUG 下的输入、汇编及运行如图 3-65 所示。图 3-65（a）所示为输入并汇编程序，与图 3-64 中类似，也是输入完后再修改转移指令的目标地址。图 3-65（b）中先运行了程序，运行完后屏幕显示输出'Y'，即找到了。寄存器(DI)=0105H，而数“0FFH”在 0104H 单元。DI 指向了找到数的下一个单元。后面用 R、N 及 W 命令一起保存了该程序，后面可以调出来使用。保存程序的详细用法参阅第 9 章 DEBUG 使用指导部分。接着，用 E 命令修改了 100H 单元开始的内存区域的数据，使其后的 10 个单元中没有数“0FFH”，再执行程序，运行完后屏幕显示输出'N'，即没找到，寄存器(DI)=010AH，指向了最后一个数之后的一个单元。读者还可以继续修改数据进行测试。

```
C:\Users\ZHOUJI~1\ZJY>DEBUG
-A
17D7:0100 DB 1 2 3 4 FF 5 6 7 FF 8
17D7:010A MOV DI,100
17D7:010D MOV CX,A
17D7:0110 MOV AL,FF
17D7:0112 REPNE SCASB
17D7:0114 JNE 120
17D7:0116 MOV DL,59
17D7:0118 JMP 124
17D7:011A MOV DL,4E
17D7:011C MOV AH,2
17D7:011E INT 21
17D7:0120 INT 3
17D7:0121
-A 114
17D7:0114 JNE 11A
17D7:0116
-A 118
17D7:0118 JMP 11C
17D7:011A
```

（a）输入程序

图 3-65　DEBUG 下串搜索程序段输入、汇编及运行示例

```
-G=10A
Y
AX=0259  BX=0000  CX=0005  DX=0059  SP=FFEE  BP=0000  SI=0000  DI=0105
DS=17D7  ES=17D7  SS=17D7  CS=17D7  IP=0120   NV UP EI PL ZR NA PE NC
17D7:0120 CC            INT     3
-R CX
CX 0005
:21
-N SCASB.COM
-W
Writing 00021 bytes
-D 100 L A
17D7:0100  01 02 03 04 FF 05 06 07-FF 08                    ..........
-E 100 1 2 3 4 5 6 7 8 9 A
-G=10A
N
AX=024E  BX=0000  CX=0000  DX=004E  SP=FFEE  BP=0000  SI=0000  DI=010A
DS=17D7  ES=17D7  SS=17D7  CS=17D7  IP=0120   NV UP EI NG NZ NA PE NC
17D7:0120 CC            INT     3
```

（b）运行程序

图 3-65　DEBUG 下串搜索程序段输入、汇编及运行示例（续）

（6）INS（Input From Port to String）（80286 以上）

INS 指令能够从端口号为(DX)的 I/O 空间中读取一个字节、字或双字，并将其传送到目的串中 DI/EDI 指针所指的单元，同时修改 DI/EDI 使其指向串中下一个数据单元。例如，在 8086 中，假设当前的 DF=0，则执行指令：

```
INSB        ;从端口号为(DX)的外设读取一个字节存入目的串中,并修改 DI 的结果
```

相当于：

```
IN      AL,DX               ;读端口
MOV     ES:[DI],AL          ;存入目的串
INC     DI                  ;修改指针
```

INS 指令不影响标志寄存器。

在使用 INS 指令时需要特别注意 CPU 与外设的速度匹配问题。我们知道，通常情况下，CPU 的处理速度要远远高于一般外设的速度，如果 CPU 在执行第 *n* 次 INS 指令时，外设的第 *n* 个数据还没准备好，前一个数据还留在端口锁存器中，那么 INS 指令读进来的数据就可能出错。例如，将重复前缀 REP 和 INS 指令联合起来，执行指令：

```
REP     INSB
```

的时候，就有可能出现上述问题。

因此，在编写含 INS 指令的程序时，应该注意两次 INS 指令之间必须有足够的延时确保外设准备好。

（7）OUTS（Output String to Port）（80286 以上）

OUTS 指令能将源串中 SI/ESI 指针所指单元中的一个字节、字或双字，送到端口号为(DX)的 I/O 空间中，同时修改 SI/ESI 指针，使其指向串中的下一个数据单元。例如，在 8086 系统中，假设当前 CF=1，则执行指令：

```
OUTSB           ;将源串中的一个字节发送到端口(DX)中,并修改 SI 的结果
```

相当于：

```
MOV     AL,DS:[SI]          ;读源串中 SI 所指的字节
OUT     DX,AL               ;将字节发送到端口(DX)中
DEC     SI                  ;修改指针
```

OUTS 指令也不影响标志寄存器。

与 INS 指令相似，使用 OUTS 指令时也必须注意 CPU 与外设的速度匹配问题。

3.2.5 控制转移类

80x86 系统提供了一组专门用于控制程序转移的指令。我们知道，程序运行时，段寄存器 CS 和指令指针 IP/EIP 的值决定了下一条指令的地址。控制转移指令正是通过修改 IP/EIP 甚至 CS 的值，以达到控制跳转的目的。控制转移指令可分为如下 4 类。

① 转移指令，包括无条件转移指令、条件转移指令、条件设置指令。

② 循环指令，包括 LOOP、LOOPE/LOOPZ、LOOPNE/LOOPNZ。

③ 调用返回指令，包括 CALL、RET、RETF。

④ 中断指令，包括 INT、INTO、IRET、IRETD。

1. 转移指令

（1）JMP

JMP 指令可以控制程序无条件地转移到目标单元。该指令对标志寄存器无影响。

按照转移的目标看，如果目标单元就在当前的代码段中，则称为段内转移，这时 JMP 指令只修改 IP/EIP 的值，而 CS 保持不变；如果目标单元不在当前的代码段中，则称为段间转移，这时 IP/EIP 和 CS 的值都需要修改。

按照转移的方式看，JMP 指令又可分为两种用法：直接转移方式（又称相对转移方式）和间接转移方式。直接转移时，指令的格式为

```
JMP        目标标号
```

间接转移时，指令的格式为

```
JMP        操作数
```

① 段内直接转移方式。段内直接转移方式又可以分为短程转移和近程转移。当转移位移量大小在−128～+127（即位移量为 8 位带符号数）时，为短程转移；否则为近程转移，对于 16 位机，近程转移的位移量为 16 位带符号数（$(-2^{15})\sim(2^{15}-1)$），对于 32 位机，近程转移的位移量为 32 位带符号数（$(-2^{31})\sim(2^{31}-1)$）。这里，转移位移量是当前 IP/EIP 的值（即 JMP 的下一条指令的地址）与转移目标单元的距离。

图 3-66 所示为在 DEBUG 下给出了一些 JMP 指令的运行例子，先输入了一段程序，里面包含几条 JMP 段内转移指令，将该段程序反汇编，可看到 JMP 段内直接转移和段转移的区别。

```
C:\Users\ZHOUJI~1\ZJY>DEBUG
-A
17D7:0100 JMP 300
17D7:0103 JMP SHORT 300
17D7:0106 JMP NEAR 300
17D7:0109 JMP 100
17D7:010B JMP NEAR PTR 100
17D7:010E JMP SHORT 100
17D7:0110 JMP NEAR 100
17D7:0113
-U 100 113
17D7:0100 E9FD01            JMP     0300
17D7:0103 E9FA01            JMP     0300
17D7:0106 E9F701            JMP     0300
17D7:0109 EBF5              JMP     0100
17D7:010B E9F2FF            JMP     0100
17D7:010E EBF0              JMP     0100
17D7:0110 E9EDFF            JMP     0100
17D7:0113 9F                LAHF
```

图 3-66　DEBUG 下 JMP 指令段内直接转移示例

从图 3-66 中可以看到，前面 3 条指令都是转向地址偏移量 300H，位移量超过了 8 位补码的表示范围，因此，不管是加了“SHORT”还是“NEAR”类型说明符，或者没加类型说明符，都是段内近转移，这 3 条指令的操作码一致，都是“E9H”，这 3 条指令的区别只在于位移量不同。位移量、当前 IP 及转移去的目标指令的地址之间满足下列关系：

$$目标地址 = 当前 IP + 位移量$$

或

$$位移量 = 目标地址 - 当前 IP$$

取出第 1 条指令后，IP 指向下一条指令的首地址，即(IP)=103H。

第 1 条指令的位移量 = 目标地址 − 当前 IP=0300H−0103H=01FDH

JMP 指令的格式是操作码加位移量，段内直接转移的操作码是“E9H”，因此，第 1 条跳转指令的机器码是“E9FD01”，位移量中低字节放在前面。

第 2 条指令的位移量 = 目标地址 − 当前 IP = 0300H − 0106H = 01FAH

第 3 条指令的位移量 = 目标地址 − 当前 IP = 0300H − 0109H = 01F7H

图 3-66 中，后面 4 条指令都是转向地址偏移量 100H，位移量在 8 位补码的表示范围内，即可以是短转移，也可以是近转移。DEBUG 中，这种情况没加类型说明符的话，则默认为段内短转移。如果加了类型说明符，则按类型说明符指定操作。DEBUG 中，短转移的类型说明符是“SHORT”或“SHORT PTR”，近转移的类型说明符是“NEAR”或“NEAR PTR”，或者说 DEBUG 中类型说明符可以省掉“PTR”，比如，“FAR PTR”可以写成“FAR”，“BYTE PTR”可以写成“BYTE”等。如图 3-66 中所示，段内短转移的位移量是一个字节，而段内近转移的位移量是两个字节。在完整的汇编语言源程序设计中，段内转移默认的是近转移，如果是短转移的话，需要加“SHORT”说明符说明。

下面来看看图 3-66 中地址偏移量为 109H 的短转移指令“JMP 100H”的位移量的计算，即

位移量 = 目标地址 − 当前 IP = 0100H − 010BH = −BH = $(F5H)_{补码}$

短转移的操作码是 EBH，因此，109H 这条指令的机器码是“EBF5H”。

类似的，大家可以验证一下地址偏移量为 10EH 的短转移指令的机器码。

② 段内间接转移方式。这种方式下，JMP 的操作数的寻址方式可以是寄存器间接或存储器间接，对于 16 位机操作数应为 16 位，对于 32 位机操作数应为 32 位。执行 JMP 指令后，操作数的值将赋给 IP 或 EIP。例如：

```
JMP     BX                      ;8086/8088 寄存器间接转移指令,IP←(BX)的值
JMP     [BX]                    ;8086/8088 存储器间接转移指令,IP←(DS:[BX])的内容
JMP     DWORD PTR [EBX+ESI]     ;80386 存储器间接转移指令,(EIP)←DS:[BX+SI]
```

图 3-67 所示为 DEBUG 下“JMP BX”指令运行的例子，如图所示，“JMP BX”指令执行前，(BX)=2000H，(IP)=0103H；“JMP BX”指令执行后，(BX)=2000H，(IP)=2000H，即将 BX 寄存器的内容送给了 IP。

```
C:\Users\ZHOUJI~1\ZJY>DEBUG
-A
17D7:0100 MOV BX,2000
17D7:0103 JMP BX
17D7:0105
-R
AX=0000  BX=0000  CX=0000  DX=0000  SP=FFEE  BP=0000  SI=0000  DI=0000
DS=17D7  ES=17D7  SS=17D7  CS=17D7  IP=0100   NV UP EI PL NZ NA PO NC
17D7:0100 BB0020        MOV     BX,2000
-T

AX=0000  BX=2000  CX=0000  DX=0000  SP=FFEE  BP=0000  SI=0000  DI=0000
DS=17D7  ES=17D7  SS=17D7  CS=17D7  IP=0103   NV UP EI PL NZ NA PO NC
17D7:0103 FFE3          JMP     BX
-T

AX=0000  BX=2000  CX=0000  DX=0000  SP=FFEE  BP=0000  SI=0000  DI=0000
DS=17D7  ES=17D7  SS=17D7  CS=17D7  IP=2000   NV UP EI PL NZ NA PO NC
17D7:2000 50            PUSH    AX
-
```

图 3-67　DEBUG 下 JMP 指令段内寄存器间接转移示例

图 3-68 所示为 DEBUG 下“JMP [BX]”指令运行的例子，如图所示，用 E 命令将[2000H]和[2001H]单元的内容分别修改为“60H”和“50H”，用 R 命令显示了所有寄存器的内容，然后用 T 命令单步执行了两条指令。在执行“JMP [BX]”指令前，(BX)=2000H，(IP)=0103H；“JMP [BX]”

指令执行后，(BX)=2000H，(IP)=5060H，即将 BX 的值所指向的内存单元[2000H]和[2001H]中的内容送给了 IP。

```
C:\Users\zhou jieying>DEBUG
-A
17D7:0100 MOV BX,2000
17D7:0103 JMP [BX]
17D7:0105
-E 2000
17D7:2000  00.60   00.50
-R
AX=0000  BX=0000  CX=0000  DX=0000  SP=FFEE  BP=0000  SI=0000  DI=0000
DS=17D7  ES=17D7  SS=17D7  CS=17D7  IP=0100   NV UP EI PL NZ NA PO NC
17D7:0100 BB0020        MOV     BX,2000
-T

AX=0000  BX=2000  CX=0000  DX=0000  SP=FFEE  BP=0000  SI=0000  DI=0000
DS=17D7  ES=17D7  SS=17D7  CS=17D7  IP=0103   NV UP EI PL NZ NA PO NC
17D7:0103 FF27          JMP     [BX]                           DS:2000=5060
-T

AX=0000  BX=2000  CX=0000  DX=0000  SP=FFEE  BP=0000  SI=0000  DI=0000
DS=17D7  ES=17D7  SS=17D7  CS=17D7  IP=5060   NV UP EI PL NZ NA PO NC
17D7:5060 0000          ADD     [BX+SI],AL                     DS:2000=60
```

图 3-68　DEBUG 下 JMP 指令段内存储器间接转移示例

③ 段间直接转移方式。这种方式下，JMP 指令将目标标号的段地址赋给 CS，偏移量赋给 IP/EIP。

例如，在下例（8086 系统）中，执行 JMP 指令后，(CS)=2000H，(IP)=0130H。

```
1000H:0100H          JMP     FAR PTR NEXT ;(CS)←2000H,(IP)←0130H
…                    …
2000H:0130H  NEXT:   …
```

图 3-69 所示为 DEBUG 下 JMP 指令段间直接转移的例子，DEBUG 下不使用标号，因此，直接给出转移目标指令的地址。可以加类型说明符“FAR PTR”或者“FAR”，或者不加。DEBUG 根据目标地址的段值可以自动识别出是段间转移。第 1 条指令的执行可以看到，指令执行前 CS:IP=17D7:0100H；指令执行后 CS:IP=2000:3000H，即第 1 条指令的操作数。第 2 条指令单步执行时在 T 命令后面加了执行的地址，是因为要执行指令的地址是“17D7:0105H”，与 CS:IP 的当前值不同，所以需要指明地址。第 3 条指令只是想告诉用户在 DEBUG 下类型说明指针“PTR”是可以省略的，可以看到，省略后，DEBUG 并没有指出有错误。

```
C:\Users\ZHOUJI~1>DEBUG
-A
17D7:0100 JMP 2000:3000
17D7:0105
-R
AX=0000  BX=0000  CX=0000  DX=0000  SP=FFEE  BP=0000  SI=0000  DI=0000
DS=17D7  ES=17D7  SS=17D7  CS=17D7  IP=0100   NV UP EI PL NZ NA PO NC
17D7:0100 EA00300020    JMP     2000:3000
-T

AX=0000  BX=0000  CX=0000  DX=0000  SP=FFEE  BP=0000  SI=0000  DI=0000
DS=17D7  ES=17D7  SS=17D7  CS=2000  IP=3000   NV UP EI PL NZ NA PO NC
2000:3000 0000          ADD     [BX+SI],AL                     DS:0000=CD
-A
17D7:0105 JMP FAR PTR 4000:5000
17D7:010A
-T=17D7:105

AX=0000  BX=0000  CX=0000  DX=0000  SP=FFEE  BP=0000  SI=0000  DI=0000
DS=17D7  ES=17D7  SS=17D7  CS=4000  IP=5000   NV UP EI PL NZ NA PO NC
4000:5000 0000          ADD     [BX+SI],AL                     DS:0000=CD
-A
17D7:010A JMP FAR 6000:7000
17D7:010F
```

图 3-69　DEBUG 下 JMP 指令段间直接转移示例

④ 段间间接转移方式。这种方式下，JMP 指令的操作数寻址方式只能是存储器间接。

对于 8086、8088 等 16 位机，JMP 的操作数应为 32 位的存储器操作数（因为 16 位机中没有 32 位的寄存器），执行 JMP 指令后，操作数的高 16 位将赋给 CS，低 16 位将赋给 IP。例如：

```
JMP      DWORD PTR [BX]     ;(IP)←WORD PTR [BX],(CS)←WORD PTR [BX+2]
```

对于 32 位机，如 80386，JMP 的操作数应为 48 位的存储器操作数，执行 JMP 指令后，操作数的高 16 位将赋给 CS，低 32 位将赋给 EIP。例如：

```
JMP      FWORD PTR [BX]     ;(EIP)←DWORD PTR [BX],(CS)←WORD PTR [BX+4]
```

DEBUG 下对段间间接转移说明符都按段内间接转移处理，或者说不支持段间间接转移。如图 3-70 所示，指令执行前 CS:IP=17D7:0100H；指令执行后 CS:IP=17D7:6050H，即只有 IP 改为了 BX 所指向的内存单元的内容。

```
C:\Users\ZHOUJI~1\ZJY>DEBUG
-A
17D7:0100 JMP DWORD PTR [BX]
17D7:0102
-R BX
BX 0000
:2000
-D 2000 L10
17D7:2000  50 60 70 80 90 30 40 10-20 00 00 00 00 00 00 00   P`p..0@. .......
-R
AX=0000  BX=2000  CX=0000  DX=0000  SP=FFEE  BP=0000  SI=0000  DI=0000
DS=17D7  ES=17D7  SS=17D7  CS=17D7  IP=0100   NV UP EI PL NZ NA PO NC
17D7:0100 FF27          JMP     [BX]                               DS:2000=6050
-T

AX=0000  BX=2000  CX=0000  DX=0000  SP=FFEE  BP=0000  SI=0000  DI=0000
DS=17D7  ES=17D7  SS=17D7  CS=17D7  IP=6050   NV UP EI PL NZ NA PO NC
17D7:6050 0000          ADD     [BX+SI],AL                         DS:2000=50
-
```

图 3-70　DEBUG 下 JMP 指令段间间接转移示例

（2）条件转移指令

80x86 系统中共有 18 条条件转移指令。这些指令的格式为

```
Jcc      目标标号      ;其中 cc 表示转移条件
```

这些指令根据当前标志寄存器或计数寄存器 CX/ECX 的状态而决定是否转移。条件转移指令对标志寄存器不产生影响。指令的具体功能如表 3-7 所示。

表 3-7　条件转移指令

功　能	指令助记符	处理器	转 移 条 件	说　明
无符号数比较大小，其中： A：Above，大；　B：Below，小； E：Equal，等；　N：Not，非； C：CF，进位标志	JA/JNBE	80x86	C = 0 且 Z = 0	＞ 时转移
	JAE/JNB/JNC	80x86	C = 0	≥ 时转移
	JB/JNAE/JC	80x86	C = 1	＜ 时转移
	JBE/JNA	80x86	C = 1 或 Z = 1	≤ 时转移
有符号数比较大小，其中： G：Greater，大；L：Less，小； E：Equal，等；　N：Not，非	JG/JNLE	80x86	S⊕O = 0 且 Z = 0	＞ 时转移
	JGE/JNL	80x86	S⊕O = 0	≥ 时转移
	JL/JNGE	80x86	S⊕O = 1	＜ 时转移
	JLE/JNG	80x86	S⊕O = 1 或 Z = 1	≤ 时转移
判断是否相等，其中： Z：ZF；　E：Equal，等； N：Not，非	JE/JZ	80x86	Z = 1	= 时转移
	JNE/JNZ	80x86	Z = 0	≠ 时转移
判断是否溢出，其中： O：OF；　N：Not，非	JO	80x86	O = 1	溢出时转移
	JNO	80x86	O = 0	不溢出时转移

续表

功　　能	指令助记符	处理器	转 移 条 件	说　明
判断奇偶状态，其中： P：PF；　E：Even，偶； O：Odd，奇	JP/JPE JNP/JPO	80x86 80x86	P = 1 P = 0	偶状态时转移 奇状态时转移
判断符号位，其中： S：SF；　N：Not，非	JS JNS	80x86 80x86	S = 1 S = 0	符号位为 1 时转移 符号位为 0 时转移
判断 CX 是否为 0	JCXZ	80x86	CX = 0	CX = 0 时转移
判断 ECX 是否为 0	JECXZ（80386 以上）	80386	ECX = 0	ECX=0 时转移

使用条件转移指令时需要注意以下问题。

① 在 80286 以下的处理器中，条件转移指令都只能是短程转移指令，转移位移量只能是 8 位补码，即位移量的取值范围为(−128)～(+127)。

但在 80386 及其后继机型中，条件转移指令可以是短程转移，也可以实现近程转移，即转移位移量可以达到 32 位，这样，程序能方便地跳转到段内的任何指令。

② 某些指令可能有多个不同的助记符，如 JA 和 JNBE 是同一条指令的不同助记符，它们经编译器编译后得到的机器码是完全一样的。

③ 对于无符号数，可根据进位标志 C 来判断两个数的大小。例如，对指令：

```
CMP     AL,BL
```

在当成无符号数的情况下，如果(AL)＜(BL)，则计算(AL)−(BL)时需要借位，这时 C=1；如果(AL)≥(BL)，则计算(AL)−(BL)时不需要借位，这时 C=0。

④ 对于有符号数，可根据溢出标志 O 和符号标志 S 来判断数的大小。以字节为例，有符号数的取值范围为[−128D，+127D]。对指令：

```
SUB     AL,BL
```

- 如果 AL 和 BL 同为正数或零，或者 AL 和 BL 同为负数或零，那么(AL)−(BL)的值应落在区间[−128，+127]，也即它们的相减结果没有溢出，这时 O=0。

a. 若(AL)≥(BL)，则相减结果为正数或 0，即 S=0。

b. 若(AL)＜(BL)，则相减结果为负数，即 S=1。

- 如果 AL 为正数，BL 为负数，这时(AL)＞(BL)，那么：

a. 如果相减结果没有溢出，即 O=0，那么相减结果落在区间[0，+127]，这时 S=0。

b. 如果相减结果产生溢出，即 O=1，那么相减结果超过+127，这时 S=1。

- 如果 AL 为负数，BL 为正数，这时(AL)＜(BL)，那么：

a. 如果相减结果没有溢出，即 O=0，那么相减结果落在区间[−128，0]，这时 S=1。

b. 如果相减结果产生溢出，即 O=1，那么相减结果小于−128，这时 S=0。

综合上面几种情况，可以得到以下结论。

a. (AL)≥(BL)时，有 O=0 且 S=0，或者 O=1 且 S=1，也即 $S \oplus O = 0$。

b. (AL)＜(BL)时，有 O=1 且 S=0，或者 O=0 且 S=1，也即 $S \oplus O = 1$。

对于字、双字等带符号数的比较，也有相同的结论。

⑤ 无论是有符号数还是无符号数，都可以根据 Z 是否为 1 来判断两个数是否相等。

条件转移指令经常与算术运算指令（特别是加、减类的指令）、逻辑运算指令结合起来实现分支程序。

（3）条件设置指令（80386 以上）

80386 及其后继机型中共有 16 条条件设置指令，这些指令的格式为

```
SETcc     8 位目的操作数
```

其中目的操作数可以是任何 8 位通用寄存器或存储器操作数；“cc”为设置条件，这些条件与条件转移指令几乎一样，只是条件设置指令中没有“CX/ECX 是否为 0”的指令，即不存在指令“SETCXZ”和“SETECXZ”。

条件设置指令能根据当前标志寄存器的状态，判断是否满足指令中的条件，如果满足，则令目的操作数的值为 1，否则目的操作数置 0。

该类指令对标志寄存器没有影响。

通常，条件设置指令用于保存上一条指令的执行结果，但不在上一条指令执行完后马上转移，以后需要转移的时候再根据条件设置指令的目的操作数来实现跳转。

例如，假设(EBX)=10H，(ECX)=20H，则

```
CMP     EBX,ECX          ;比较无符号数 EBX 和 ECX 的大小
SETB    AL               ;(EBX) < (ECX),则(AL)=1,否则(AL)=0,这里并不跳转
…                        ;其他语句,注意不要修改 AL 的值
CMP     AL,1             ;这里需要根据 CMP  EBX,ECX 指令决定是否跳转
JZ      LESS
```

2. 循环指令

循环指令以寄存器 CX/ECX 为计数器，控制程序循环执行。循环指令与条件转移指令相似，都是依据当前状态是否满足跳转条件而决定是否转移，但循环指令能自动让 CX/ECX 的值减 1，方便了循环程序的执行。循环指令是短程转移指令，转移位移量只能是 8 位。

循环指令虽然执行了“CX/ECX 减 1”的操作，但对标志寄存器却不产生影响。

（1）LOOP

LOOP 指令的格式为

```
LOOP    短程标号
```

LOOP 指令先让 CX/ECX 的值减 1，然后判断 CX/ECX 是否为 0，不为 0 则跳转。例如，在 8086 下，以下两段指令的功能是相同的。

程序段 A：

```
        MOV     CX,N;循环次数
CYC:    …
        …
        LOOP    CYC  ;CX≠0 则跳转
```

程序段 B：

```
        MOV     CX,N
CYC:    …
        …
        DEC     CX
        JNZ     CYC
```

LOOP 和 REP 有很多相似之处，它们都会使 CX/ECX 自动减 1，且都是在(CX)≠0 或(ECX)≠0 时循环。但它们也有如下区别。

① REP 是串操作指令前缀，只在串操作指令中有效，其格式为

```
REP     串操作指令
```

LOOP 是循环指令，其格式为

```
LOOP    短程标号
```

② REP 前缀先判断 CX/ECX 是否为 0，然后再使 CX/ECX 的值减 1；LOOP 则是先让 CX/ECX

减 1，再判断 CX/ECX 是否为 0。例如，当(CX)=0 时，对于指令：

```
REP    MOVSB
```

其循环次数为 0。但对于程序段：

```
CYC:   …
       …
LOOP   CYC
```

其循环次数为 10000H，因为 LOOP 先让 CX 减 1 再判断。

（2）LOOPE/LOOPZ、LOOPNE/LOOPNZ

LOOPE 和 LOOPZ 是同一条指令的两种助记符。指令格式为

```
LOOPE/LOOPZ    短程标号
```

LOOPE/LOOPZ 指令先让寄存器 CX/ECX 的值减 1，然后判断 CX/ECX 和零标志位 Z。只有在(CX/ECX)≠0 且 Z=1 的时候才继续循环转移，否则执行下一条指令。

LOOPNE 和 LOOPNZ 也是相同的指令。指令格式为

```
LOOPNE/LOONPZ    短程标号
```

LOOPNE/LOOPNZ 指令先让 CX/ECX 的值减 1，然后判断 CX/ECX 和零标志位 Z。只有在(CX/ECX)≠0 且 Z=0 的时候才继续循环转移，否则执行下一条指令。

3. 调用返回指令 CALL、RET、RETF

CALL 指令是过程（也称子程序）调用指令。过程通常是一个能完成某个功能的程序段，当主程序需要用到这个程序段的功能时，就可以用 CALL 调用它。RET 指令通常在过程的最后使用，其作用是返回到主程序中 CALL 指令的下一条指令。CALL 和 RET 常常配合使用。CALL 指令还可以嵌套使用，即在过程中又可以再调用其他过程。

CALL 和 RET 指令对标志寄存器都不产生影响。

和 JMP 一样，根据子程序的位置及寻址子程序方式的不同，CALL 指令也可以分成段内直接、段内间接、段间直接、段间间接等 4 种调用方式。

① 段内直接调用方式。这种方式下，CALL 指令的格式为

```
CALL    近程过程标号
```

其中过程与 CALL 指令处在同个代码段中，CALL 指令通过过程的标号来调用过程。对于 16 位机，过程相对于 CALL 指令的位移量是 16 位（带符号数）的，而对于 32 位机，位移量则可以是 32 位。

执行 CALL 指令时，首先把当前 IP/EIP 的值（即 CALL 的下一条指令的偏移量）压入栈中（SP/ESP 相应减 2 或 4），然后把目标过程的地址偏移量赋给 IP/EIP，这样就能控制程序转向子程序中。执行 RET 时，指令把栈顶的一个字弹出到 IP/EIP 中（SP/ESP 相应加 2 或 4），这样就能返回到主程序的断点处。

例如，在 8086 系统中，可以将延时的指令写成一个子程序：

```
1000H:0100H           CALL    NEAR PTR DELAY    ;当前(IP)=0103H 入栈,SP 减 2,
                                                ;DELAY 的偏移量=0200H→IP
1000H:0103H           …
…                     …
1000H:0200H  DELAY:   PUSH    CX                ;保护 CX
1000H:0201H           MOV     CX,0
1000H:0204H  L:       LOOP    L                 ;利用循环来延时
```

```
1000H:0206H        POP  CX          ;恢复 CX
1000H:0207H        RET              ;栈顶的字(=0103H)→IP,SP 增加 2
```

图 3-71 所示为 DEBUG 下调用延时子程序的应用例子。

图 3-71（a）中输入了程序段并连续运行，程序执行结果是在屏幕上显示 3 次“HELLO!”。

图 3-71（b）中用 D 命令显示了 DB 伪指令定义的 100H 开始的 9 个单元的内容，并用 U 命令反汇编了程序。可以看到“CALL 119”这条指令的机器码是“E80300”，其中“E8”是操作码，“0300”是位移量，低字节在低地址单元，高字节在高地址单元，因此，实际的位移量是 0003H。位移量的计算方法与 JMP 指令中一样，即位移量=目标地址−(当前 IP 的内容)=119H−116H= 0003H。

图 3-71（c）中，用 G 命令重新执行程序在 CALL 指令前停下来，然后单步执行检查 CALL 指令运行时堆栈中的变化及各寄存器的内容。

图 3-71（d）接着图 3-71（c）运行，执行子程序中的 LOOP 指令时用了 P 命令一次执行完 LOOP 指令再显示，如果用 T 命令就会进到 LOOP 中执行，那要执行 65 536 次才能退出来。

P 命令与 T 命令类似，也是单步执行指令。与 T 命令的区别在于，对于 CALL 指令、LOOP 指令、中断指令、带重复前缀的指令等，T 命令会进到子程序或重复循环中去单步执行，而 P 命令不会进去，而是直接把这些指令执行完再退出来显示结果。从图 3-70 中也可看到，想检查 CALL 指令的具体执行情况，就用 T 命令进行每一步检查。而 LOOP 延时循环，则用 P 命令单步执行完，并不检查它每一步执行的情况。

```
C:\Users\ZHOUJI~1\ZJY>DEBUG
-A
17D7:0100 DB 'HELLO!',0D,0A,'$'
17D7:0109 MOV CX,3
17D7:010C MOV DX,100
17D7:010F MOV AH,9
17D7:0111 INT 21
17D7:0113 CALL 119
17D7:0116 LOOP 10F
17D7:0118 INT 3
17D7:0119 PUSH CX
17D7:011A MOV CX,0
17D7:011D LOOP 11D
17D7:011F POP CX
17D7:0120 RET
17D7:0121
-G=109
HELLO!
HELLO!
HELLO!
AX=0924  BX=0000  CX=0000  DX=0100  SP=FFEE  BP=0000  SI=0000  DI=0000
DS=17D7  ES=17D7  SS=17D7  CS=17D7  IP=0118   NV UP EI PL NZ NA PO NC
17D7:0118 CC            INT     3
```

（a）示例一

```
-D 100 L9
17D7:0100  48 45 4C 4C 4F 21 0D 0A-24                        HELLO!..$
-U 109
17D7:0109 B90300        MOV     CX,0003
17D7:010C BA0001        MOV     DX,0100
17D7:010F B409          MOV     AH,09
17D7:0111 CD21          INT     21
17D7:0113 E80300        CALL    0119
17D7:0116 E2F7          LOOP    010F
17D7:0118 CC            INT     3
17D7:0119 51            PUSH    CX
17D7:011A B90000        MOV     CX,0000
17D7:011D E2FE          LOOP    011D
17D7:011F 59            POP     CX
17D7:0120 C3            RET
```

（b）示例二

图 3-71　DEBUG 下 CALL 指令的运行示例

```
-G=109 113
HELLO!

AX=0924  BX=0000  CX=0003  DX=0100  SP=FFFE  BP=0000  SI=0000  DI=0000
DS=17E8  ES=17E8  SS=17E8  CS=17E8  IP=0113   NV UP EI PL NZ NA PO NC
17E8:0113 E80300        CALL    0119
-T

AX=0924  BX=0000  CX=0003  DX=0100  SP=FFFC  BP=0000  SI=0000  DI=0000
DS=17E8  ES=17E8  SS=17E8  CS=17E8  IP=0119   NV UP EI PL NZ NA PO NC
17E8:0119 51            PUSH    CX
-D FFF0 L10
17E8:FFF0  00 00 24 09 00 00 19 01-E8 17 3B 12 16 01 00 00   ..$.......;.....
-T

AX=0924  BX=0000  CX=0003  DX=0100  SP=FFFA  BP=0000  SI=0000  DI=0000
DS=17E8  ES=17E8  SS=17E8  CS=17E8  IP=011A   NV UP EI PL NZ NA PO NC
17E8:011A B90000        MOV     CX,0000
-D FFF0 L 10
17E8:FFF0  24 09 00 00 1A 01 E8 17-3B 12 03 00 16 01 00 00   $.......;.......
```

（c）示例三

```
-T

AX=0924  BX=0000  CX=0000  DX=0100  SP=FFFA  BP=0000  SI=0000  DI=0000
DS=17E8  ES=17E8  SS=17E8  CS=17E8  IP=011D   NV UP EI PL NZ NA PO NC
17E8:011D E2FE          LOOP    011D
-P
AX=0924  BX=0000  CX=0000  DX=0100  SP=FFFA  BP=0000  SI=0000  DI=0000
DS=17E8  ES=17E8  SS=17E8  CS=17E8  IP=011F   NV UP EI PL NZ NA PO NC
17E8:011F 59            POP     CX
-T

AX=0924  BX=0000  CX=0003  DX=0100  SP=FFFC  BP=0000  SI=0000  DI=0000
DS=17E8  ES=17E8  SS=17E8  CS=17E8  IP=0120   NV UP EI PL NZ NA PO NC
17E8:0120 C3            RET
-T

AX=0924  BX=0000  CX=0003  DX=0100  SP=FFFE  BP=0000  SI=0000  DI=0000
DS=17E8  ES=17E8  SS=17E8  CS=17E8  IP=0116   NV UP EI PL NZ NA PO NC
17E8:0116 E2F7          LOOP    010F
```

（d）示例四

图 3-71　DEBUG 下 CALL 指令的运行示例（续）

从图 3-71（c）中可以看到，执行“CALL　119”指令前，(IP)=113H，(SP)=0FFFEH；执行“CALL　119”指令后，(IP)=119H，(SP)=0FFFCH，D 命令显示 0FFFCH 单元的内容为 0116H，即 CALL 指令下面一条指令的地址。接着执行完“PUSH　CX”指令后，(IP)=11AH，(SP)=0FFFAH，D 命令显示 0FFFAH 单元的内容为 0003H。用 P 命令单步执行完“LOOP　11D”指令后，(IP)=11FH，(SP)=0FFFAH 没有改变。后面接着执行“POP　CX”指令后，CX 寄存器的内容由 0 变为了栈顶单元的值 0003H，堆栈指针加 2 变为了(SP)=0FFFCH。执行“RET”指令后，IP 指针由 120H 栈顶单元的值 116H，回到了 CALL 指令的下一条指令接着执行。

RET 指令还有一种用法：

```
RET      n      ;n 称为弹出值,是 16 位立即数,通常是偶数
```

这条指令的作用是，在完成“弹出 IP，SP 加 2”或“弹出 EIP，ESP 加 4”的操作之后，SP 或 ESP 的值还要再增加 *n*（相当于让 *n*/2 个字或双字出栈丢弃）。这有什么作用呢？有时候，需要向子程序传递一些参数（比如在上例中，延时的长短，即 CX 的值需要由主程序来指定），通常，可以先将这些参数压入栈中，然后再用 CALL 指令调用子程序。子程序通过访问堆栈来得到这些参数。子程序执行完后，栈中的参数已经没作用了，这时候就可以用“RET n”指令来将它们出栈并直接丢弃。例如：

```
MOV      CX,1000H
PUSH     CX                        ;通过堆栈段来传递参数
CALL     NEAR PTR DELAY            ;长延时
```

```
        …
        MOV     CX,0100H
        PUSH    CX
        CALL    NEAR PTR DELAY          ;短延时
        …
DELAY:  PUSH    BP                      ;保护 BP
        MOV     BP,SP
        MOV     CX,SS:4[BP]             ;栈顶字是原(BP),其次是(IP),第 3 个字才是参数
L:      LOOP    L                       ;循环延时
        POP     BP                      ;恢复 BP
        RET     2                       ;弹出 IP,SP 加 2 后,SP 再加 2,丢弃参数
```

上面这段程序请读者在 DEBUG 下自行练习，在这里就不一一实验了。

② 段内间接调用方式。这种方式下，CALL 指令的格式为

```
CALL    目的操作数
```

其中目的操作数为 16 位（16 位机）或 32 位（32 位机），其寻址方式可以是寄存器间接或存储器间接。该指令中，子程序的地址偏移量由 CALL 的目的操作数来指定。例如，对 8086 系统，指令：

```
CALL    WORD PTR [BX]
```

则执行后(IP)=DS:[BX]，其他过程（IP 入栈，SP 减 2）与段内直接调用相同。

在该方式下，RET 指令的用法也与段内直接调用方式相同，即指令“RET”完成“IP 出栈，SP 加 2”功能，“RET n”完成“IP 出栈，SP 加 2+n”功能。

③ 段间直接调用方式。这种方式下，CALL 指令的格式为

```
CALL    远程过程标号
```

其中过程与 CALL 指令处在不同的代码段中，CALL 指令通过过程的标号来调用过程。

执行 CALL 指令时，首先把当前 CS 的值压入栈中（SP/ESP 相应减 2），再把当前 IP/EIP 的值（即 CALL 的下一条指令的偏移量）也压入栈中（SP 减 2，或者 ESP 减 4），然后把目标过程的段地址赋给 CS，偏移量赋给 IP/EIP，这样就能控制程序转向子程序中。

执行 RET 指令时，指令先弹出 IP/EIP（SP/ESP 相应加 2 或 4），再弹出 CS（SP/ESP 再加 2），这样就能返回到主程序的断点处。

如果执行指令“RET n”，则系统在完成上述功能之后，再令 SP/ESP 的值加 n，相当于让 $n/2$ 个字或双字出栈丢弃。

④ 段间间接调用方式。这种方式下，CALL 指令的格式为

```
CALL    32 位或 48 位目的操作数
```

其中目的操作数为 32 位（16 位机）或 48 位（32 位机），其寻址方式可以是所有的存储器操作数寻址方式。该指令中，子程序的地址是由 CALL 指令的目的操作数来指定的。对于 16 位机，子程序的段地址为 32 位目的操作数的高 16 位，偏移量为目的操作数的低 16 位；对于 32 位机，子程序的段地址为 48 位目的操作数的高 16 位，偏移量为目的操作数的低 32 位。例如，在 8086 系统中，指令：

```
CALL    DWORD PTR [BX]
```

执行后(IP)=WORD PTR DS:[BX]，(CS)=WORD PTR DS:[BX+2]。

在该方式下，CALL 指令的其他过程（CS、IP/EIP 入栈，并修改栈顶指针 SP）与段间直接调用相同。

RET 指令的用法也与段间直接调用方式相同，而且也可以使用 RETF 指令，实现段间返回。

4. 中断指令

在系统运行期间可能会遇到某些特殊情况（如除数为 0），计算机会自动执行一组专门的程序来进行处理，这类程序就是中断程序。那么，响应中断时，CPU 是如何知道相应的中断程序的起始地址的？

原来，对工作在实模式下的 80x86 系统，在地址为 0000H:0000H～0000H:03FFH 这 1KB 的内存空间中，按顺序存放着类型号为 0～255 共 256 个中断向量，每个向量占用 4 个字节（2 个字），其中高地址字为中断程序所在的段地址，低地址字为中断程序的地址偏移量。这 1KB 空间就构成了一个中断向量表。对于类型号为 *n* 的中断，其中断程序的地址偏移量为 0000H:[n × 4]，段地址为 0000H:[n × 4+2]。

关于中断的知识，将会在第 8 章中详细讨论。

（1）INT（Interrupt）

INT 的指令格式为

```
INT      n     ;n 为 8 位中断类型号
```

该指令引起中断类型号为 *n* 的中断。具体过程如下。

① 把标志寄存器压入栈中（SP 减 2），以保护现场，这相当于执行指令：PUSHF。

② 清除标志寄存器中的中断允许标志 I 和追踪标志 T，以屏蔽中断，禁止追踪方式。

③ 把当前的 CS、IP 先后压入栈中（SP 减 4），以保留断点。

④ 以段间间接调用的方式调用中断程序，即[n × 4]→IP，[n × 4+2]→CS。

（2）INTO（Interrupt if Overflow）

INTO 指令的作用是，如果溢出标志 O=1，则引起类型号为 4 的中断（相当于执行 INT　4），否则什么也不做。

（3）IRET（Return From Interrupt）

通常在中断程序的最后都是用指令 IRET 来返回主程序的。执行 IRET 指令时，系统能按顺序完成以下 3 个步骤。

① 栈顶的字出栈送至 IP，SP 的值增加 2。

② 栈顶的字出栈送至 CS，SP 的值再增加 2。

③ 栈顶的字出栈送至标志寄存器 FLAGS，SP 的值再增加 2。

指令执行后就可以恢复中断前程序的断点和现场。

（4）IRETD（Return From Interrupt）（80386 以上）

IRETD 用于 80386 及其后继机型中，该指令的功能和执行过程与 IRET 指令相似，区别是，出栈的数据依次传送至 EIP、CS、EFLAGS。

对控制转移指令的小结。

① 在 8086 系统中，条件转移指令和循环指令都只能是短程转移，即转移位移量为 8 位；80386 以上的系统中，条件转移指令则可以是近程转移，位移量可达 32 位。

对无条件转移指令、调用指令、中断转移指令，无论在哪种机型中，都没有短程转移的限制。

② 对 JMP、CALL、中断转移 3 类指令的比较：

使用 JMP 跳转时，并没有保护任何程序转移前的信息（如 CS、IP、标志位等）；

使用 CALL 转移时，能自动保留断点信息（段内调用时保存 IP，而 CS 不变，段间调用时保存 IP 和 CS），因此子程序能够转回断点处；

由中断引起转移时，能自动保护现场和保留断点信息（保存标志寄存器、CS、IP），中断结束后不但能转回断点处，而且能恢复各个标志位（标志位可能在中断程序中被修改）。但中断转移时并不自动保护其他寄存器（如 AX、BX 等）的内容。

③ RET 和 IRET 都能实现返回主程序断点处的功能，但它们也有许多不同：

RET 只弹出 IP（段内调用时）或只弹出 IP、CS（段间调用时），IRET 则一定是弹出 IP、CS、标志寄存器 3 个字，即 SP 的值加 6；

RET 有“RET　n”的用法，可以指定 SP 增加的量，IRET 则没有这种用法。

3.2.6 处理器控制类

80x86 系统还有一组专门用于处理器控制的指令，它们分别是：

① 标志操作指令，包括 CLC、STC、CMC、CLD、STD、CLI、STI；

② 其他处理器控制指令，包括 NOP、HLT、WAIT、ESC、LOCK、BOUND、ENTER、LEAVE。

1. 标志操作指令

标志操作指令包括 CLC、STC、CMC、CLD、STD、CLI、STI 共 7 条指令，其功能如表 3-8 所示。这些指令都是无操作数指令，它们能用于修改某个标志位，包括进位标志 CF、方向标志 DF、中断允许标志 IF。

表 3-8　　标志操作指令

功　能	助 记 符	作　用
修改进位标志 CF	CLC	CF=0
	STC	CF=1
	CMC	CF 取反
修改方向标志 DF	CLD	DF=0
	STD	DF=1
修改中断允许标志 IF	CLI	IF=0
	STI	IF=1

2. 其他处理器控制指令

（1）NOP（No Operation）

NOP 是空操作指令，它除了占用 3 个时钟周期之外，什么也不做。通常利用 NOP 来插入短暂的延时（如等待外设准备好）。

（2）HLT（Halt）

HLT 是处理器暂停指令，它能使 CPU 进入暂停状态，当 RESET 线上有复位信号、NMI 线上有请求信号或中断允许情况下 INTR 线上有请求信号时才脱离暂停，执行 HLT 的下一条指令。

HLT 指令与 NOP 指令不同，执行 NOP 指令后 CPU 能继续执行下一条指令，但执行 HLT 后则必须等到触发条件发生时，CPU 才能恢复工作。HLT 指令常用于等待中断。

（3）WAIT（Wait）

WAIT 是处理器等待指令，执行 WAIT 时，如果 $\overline{TEST}$ 线为高电平，则 CPU 将进入等待状态，这时系统可以被外部中断源所中断，但中断入栈的 IP 是 WAIT 指令的偏移量，所以中断结束后

CPU 仍处于等待状态。只有 $\overline{TEST}$ 变低时才脱离暂停状态。

（4）ESC（Escape）

ESC 是交权指令，用于控制协处理器完成规定的功能。协处理器是为提高系统处理数值数据运算能力（如浮点数的运算）而设计的，典型的协处理器有 8087、80287、80387 等。

ESC 指令的格式为

```
ESC         操作码  操作数
```

其中操作码是 CPU 要求协处理器动作的命令，操作数则是协处理器计算的数据。实际上，“操作码 操作数”相当于一条 80x87 的指令。

对 80486 以上的处理器，浮点运算部件已经真正成为 CPU 的一个部分，也即 CPU 不再需要协处理器。因此，80486 以上的机器不再需要 ESC 指令。如果在 80486 上执行 ESC 指令，则会引起一个异常处理。

（5）LOCK（Lock）

LOCK 是总线锁定指令，它实际上是一个指令前缀，可放在任何一指令之前。LOCK 前缀能使 $\overline{LOCK}$ 线在下一条指令执行完之前保持低电平，从而锁定总线。

（6）BOUND（Bound）（80286 以上）

BOUND 指令是界限指令，它能检查给出的指针（数组的下标）是否超出该数组的上、下界。该指令的格式为

```
BOUND        指针寄存器,存储器操作数
```

其中，指针寄存器存放的是一个 16 位或 32 位的数组下标，存储器操作数（32 位或 64 位）存放的是数组的下界和上界，其中低 16 位或 32 位存放的是下界（即数组的起始地址），高 16 位或 32 位存放的是上界（即数组的结尾地址）。

该指令的执行过程是：如果（下界≤指针寄存器≤上界），则 BOUND 指令什么也不做，直接执行下一条指令；否则，引起 5 号中断，即相当于执行“INT 5”。

例如，假设某数组包含 10 个字，该数组占用的地址空间为 DS:1000H～1012H，即这个数组的下界为 1000H，上界为 1012H，将这个数组的下界和上界分别存放在地址为 0100H 和 0102H 的存储器中，之后就可以用 BOUND 指令来判断数组下标（假设下标存放在 SI 中）是否越界：

```
BOUND    SI,[0100H]
MOV      AX,[SI]
```

假设执行前，(SI)=1010H，由于 1000H≤1010H≤1012H，因此没有越界，系统直接执行下面的 MOV 指令，这时可保证 MOV 指令从 DS:[SI]中读取到的数据是数组中的数据；假设执行前，(SI)=1020H，由于 1020H＞1012H，因此数组下标越界，引起 5 号中断。

（7）ENTER（Enter）（80286 以上）

ENTER 指令是建立堆栈帧指令，其指令格式为

```
ENTER      16位立即数,8位立即数
```

其中第 1 个立即数（16 位）用于指定堆栈帧的大小（单位是字节），第 2 个立即数（8 位）给出过程的嵌套层次，其取值范围是 0～31。该指令的执行过程如下。

① 将 BP 或 EBP 入栈，SP 或 ESP 的值相应地减 2 或 4。

② 将 SP 或 ESP 的值赋给 BP 或 EBP。

③ SP 或 ESP 的值减去指令中的第 1 个立即数。

ENTER 指令通常用于子程序的入口处。该指令的作用是，在堆栈段里未使用的空间中，建立堆栈帧，从而开辟出一个数据区，供子程序使用（但不影响主程序堆栈中的数据）。

例如，在 80286 系统中，执行指令：

```
ENTER   4,0
```

之后，堆栈段的内容如图 3-72 所示。

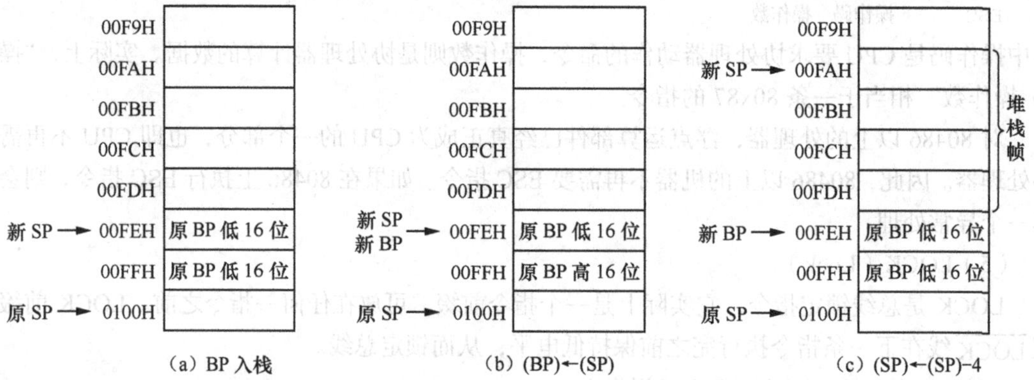

图 3-72　ENTER 指令示意图

（8）LEAVE（Leave）（80286 以上）

LEAVE 指令是释放堆栈帧指令，用于释放由 ENTER 指令建立的堆栈帧。该指令没有操作数。执行 LEAVE 指令时，系统能自动完成以下步骤：

① 将 BP 或 EBP 的值赋给 SP 或 ESP，还原 SP 的值；

② 将 BP 或 EBP 的值出栈（SP 或 ESP 的值相应地加 2 或 4），还原 BP/EBP 的值。

可见，LEAVE 指令是 ENTER 指令的逆过程。

LEAVE 指令通常在子程序返回指令 RET 之前执行。执行后，堆栈段的结构就恢复到 ENTER 指令之前的情形。

3.3　80x86 指令系统的纵向比较

前面我们已经详细介绍了 80x86 的寻址方式和指令系统。这一节中，将从纵向的角度，比较 80x86 系列处理器的指令系统，分析各款新的处理器对上一代机器指令系统的扩充和增强。

1. 8086 的指令系统

8086 是 Intel x86 系列处理器中最经典的 16 位处理器。即使到了 Pentium 处理器时代，系统中仍然保留着虚拟 8086 模式工作方式，以模拟 16 位处理器的工作环境。另一方面，随着新技术的发展，处理器的字长已经从 16 位增加到 32 位甚至 64 位，但是，不管是 32 位还是 64 位，处理器的基本架构和编程理念始终没有发生质的变化，仍然是以 8086 的结构体系为基础的，只不过计算速度更快，指令一次处理的字长更长，指令能完成的功能更多、更强大而已。掌握了 8086 的编程思想之后，学习 8086 以上的处理器指令就变得很容易了。下面将对 8086 的指令系统作简单总结。

（1）8086 的存储器操作数寻址方式

在程序中，操作数大多数都来源于存储器，因此，对存储器操作数的寻址在指令中显得特别重要。在 8086 系统中，存储器是分段的，其段基址和段内偏移量都是 16 位，每个段的长度最多为 64KB。其存储器操作数的地址偏移量可表达为

基址+变址+位移量

8086 系统对基址寄存器和变址寄存器有严格的限定，基址寄存器只能使用 BP、BX，变址寄存器只能使用 SI、DI。

（2）8086 的指令系统

① 数据传送指令，包括：

- 通用数据传送指令：MOV、PUSH、POP、XCHG、XLAT；
- 目标地址传送指令：LEA、LDS、LES；
- 标志位传送指令：LAHF、SAHF、PUSHF、POPF；
- 输入/输出指令：IN、OUT。

其中 PUSH 指令的操作数不允许是立即数。

② 算术运算指令，包括：

- 加法指令：ADD、ADC、INC、AAA、DAA；
- 减法指令：SUB、SBB、CMP、DEC、NEG、AAS、DAS；
- 乘法指令：MUL、IMUL、AAM；
- 除法指令：DIV、IDIV、AAD；
- 类型转换指令：CBW、CWD。

其中，IMUL 指令只支持单操作数形式，指令隐含另一个操作数 AL 或 AX。

③ 逻辑操作指令，包括：

- 逻辑运算指令：AND、TEST、OR、XOR、NOT；
- 移位运算指令：SHL、SHR、SAL、SAR、ROL、ROR、RCL、RCR。

在移位指令中，当移位次数大于 1 时一定需要 CL 存放移位次数，像“SHL AL，2”的指令是非法的。

④ 字符串操作指令，包括 MOVS、LODS、STOS、CMPS、SCAS。

⑤ 控制转移指令，包括：

- 转移指令：JMP、条件转移指令。
- 循环指令：LOOP、LOOPE/LOOPZ、LOOPNE/LOOPNZ。
- 调用返回指令：CALL、RET。
- 中断指令：INT、INTO、IRET。

其中条件转移指令只能是短程转移。

⑥ 处理器控制指令，包括：

- 标志操作指令：CLC、STC、CMC、CLD、STD、CLI、STI。
- 其他处理器控制指令：NOP、HLT、WAIT、ESC、LOCK。

另外，8088 的指令系统与 8086 完全相同。

2. 80286 的指令系统

80286 系统与 8086 相比，主要的改进是，CPU 的地址线增加到了 24 位，同时引入了“实模式”和“保护模式”的概念，在实模式下，80286 与 8086 系统基本相同；在保护模式下，80286 的寻址空间可达 16MB。

在指令系统方面，80286 也有所增强，主要是放宽了一些指令的限制，同时也增加了一些新

的指令。

① 数据传送指令中：

- 增加了 PUSHA、POPA 指令。
- PUSH 指令允许操作数为立即数。

② 算术运算指令中，扩充了 IMUL 指令的用法：

```
IMUL     DST,IMM          ;DST←DST×IMM
IMUL     DST,SRC,IMM      ;DST←SRC×IMM
```

③ 逻辑操作指令中，移位指令允许直接指定移位次数，而不要求通过 CL 指定。如“SHL AL,2”是合法的。

④ 字符串操作指令中，增加了 INS、OUTS 指令。

⑤ 处理器控制指令中：

- 增加了 BOUND、ENTER、LEAVE 指令。
- 增加了 16 条控制保护指令，包括 LAR、LSL、LGDT、SGDT、LIDT、SIDT、LLDT、SLDT、LTR、STR、LMSW、SMSW、ARPL、CLTS、VERR、VERW 等。这些指令使用频率较低，本书并不做具体介绍。

3. 80386 的指令系统

80386 是 Intel x86 系列中第 1 款 32 位的处理器。80386 的出现具有划时代的意义。80386 的寄存器和数据总线都是 32 位的，地址总线也扩充到 32 位，可以直接寻址 4GB 的存储空间。80386 可以有 3 种工作模式：实地址模式、保护模式和虚拟 8086 模式。在内存管理方面，80386 不仅支持内存分段管理，而且引入了内存分页管理的技术。

（1）80386 的存储器操作数寻址方式

在 80386 系统中，由于有效地址引入了比例因子这个参数，使得寻址更加灵活。80386 的存储器操作数有效地址可表达为

基址+变址*比例因子+位移量

80386 系统放宽了对基址寄存器和变址寄存器的限制，当地址偏移量为 16 位时，仍然只能用 BP、BX 和 SI、DI 分别作为基址、变址寄存器；当地址偏移量为 32 位时，基址寄存器可以是任何 32 位通用寄存器，变址寄存器可以是除 ESP 外的 32 位通用寄存器。

（2）80386 的指令系统

80386 指令系统最明显的变化是，指令都支持 32 位操作数，如：

```
MOV      EAX,12345678H
```

另外，80386 还增加了一些新的指令。

① 数据传送指令中：

- 数据传送指令增加了 MOVSX、MOVZX。
- 堆栈相关指令增加了 PUSHAD、POPAD、PUSHFD、POPFD。
- 目标地址传送指令增加了 LFS、LGS、LSS。

② 算术运算指令中：

- 进一步扩充 IMUL 指令的用法为

```
IMUL DST,SRC        ;DST←DST×SRC
```

其中 SRC 可以是寄存器操作数、存储器操作数、立即数。

- 增加符号扩展指令 CWDE、CDQ。

③ 逻辑操作指令中：

- 增加双精度移位指令——SHLD、SHRD。
- 增加位测试并修改指令——BT、BTS、BTR、BTC。
- 增加位扫描指令——BSF、BSR。

④ 字符串操作指令中，串操作指令的代替符增加了“按双字操作”功能，包括 MOVSD、LODSD、STOSD、CMPSD、SCASD、INSD、OUTSD。

⑤ 处理器控制指令中：

- 增加了 16 条条件设置指令。
- 增加了中断返回指令 IRETD。

4. 80486 的指令系统

80486 系统在 80386 的基础上，又增加了如下新的指令。

① 算术运算指令中，增加了相加并交换指令 XADD、比较并交换指令 CMPXCHG、字节交换指令 BSWAP。

② 其他指令，如 INVD、WBINVD、INVLPG 等（本书不做详细介绍）。

5. Pentium 的指令系统

Pentium 机在 80486 的基础上，又增加了如下新的指令：

① 算术运算指令中，增加了 8 字节的比较并交换指令 CMPXCHG8B。

② 其他指令，如 RDMSR、WDMSR、REM、RDTSC 等（本书不做详细介绍）。

习　题

1. 指出下列指令中操作数的寻址方式（8086 系统）。

（1）MOV　AX,100　　（2）MOV　AX,[100]

（3）MOV　DL,[BP+SI]　　（4）MOV　[BX],CX

（5）MOV　DX,[SI]　　（6）MOV　1234H[BX],DS

（7）MOV　[DI+5678H],AL　　（8）MOV　12[BP][DI],BH

（9）POP　CX　　（10）MOV　AX,[BX+SI+10]

2. 指出下列指令中操作数的寻址方式（80386 系统）。

（1）MOV　[EBX+12H],AX　　（2）MOV　[EBP+EDI*2],EBX

（3）MOV　[EBX*4],BX　　（4）MOV　EDX,[EAX+ESI*8−12H]

3. 指出以下指令中，哪些指令是非法的，并说明为什么（8086 系统）。

（1）PUSH　1234H　　（2）MOV　CS,AX

（3）IN　AX,300　　（4）MOV　AX,[DX+12]

（5）MOV　BX,[BX]　　（6）MOV　DS,1000H

（7）XCHGAL,AL　　（8）MOV　AL,100H

（9）MOV　DX,AL　　（10）LEA　BL,[BX+5]

（11）LEA　DX,BX　　（12）MOV　[1000H],12H

（13）ADD　AX,DS　　（14）SUB　[0100H],BYTE PTR [0001]

（15）SHL BL,2　　（16）SHR CL,CL

（17）MUL AL,BL　　（18）INT 400

4. 指出以下指令中，哪些指令是非法的，并说明为什么（80386 系统）。

（1）MOV AX,12[EBX][SI*16]　　（2）RCR EAX,10

（3）PUSH 5678H　　（4）POP 1000H

（5）MOV [EAX+EAX],EAX　　（6）MOV AL,[ESP+ESP*2]

（7）MOV BL,[AX+12]　　（8）IMUL AL,BL,12

5. 假设(AX)=1234H，(BX)=5678H，(SP)=1000H，指出执行下面的程序段后，各相关寄存器及堆栈段中的内容。

```
PUSH        AX   ;(AX)=?,(BX)=?,(SP)=?,栈顶字节[SP]=?,栈顶第二字节[SP+1]=?
PUSH        BX   ;(AX)=?,(BX)=?,(SP)=?,栈顶字节[SP]=?,栈顶第二字节[SP+1]=?
POP         AX   ;(AX)=?,(BX)=?,(SP)=?,栈顶字节[SP]=?,栈顶第二字节[SP+1]=?
```

6. 假设 A、B、C、D、X、Y 为字节变量，AA、BB、YY 为字变量，试利用算术运算指令编写程序段，完成以下各算术运算题。

（1）计算 YY←A+B*C，其中 A、B、C 都是无符号数。

（2）计算(AA+BB)/(C−D)，商赋给 X，余数赋给 Y，其中 AA、BB、C、D 都是带符号数。

（3）计算 YY←(A−B)*C，其中 A、B、C 都是未组合 BCD 码。

7. 利用移位指令编写程序段，实现以下运算。

（1）计算 AX←AX*10，其中 AX 为无符号数。

（2）32 位带符号数存放在寄存器 DX 和 AX 中，其中 DX 存放高 16 位，AX 存放低 16 位计算(DX，AX)←(DX, AX)*2。

（3）32 位带符号数存放在寄存器 DX 和 AX 中，其中 DX 存放高 16 位，AX 存放低 16 位计算(DX，AX)←(DX, AX)/2。

8. 指出以下指令执行后，标志寄存器 OF、SF、ZF、AF、PF、CF 的状态。

（1）(AL)=0FFH，(BL)=20H，执行指令：ADD AL,BL

（2）(AL)=01H，(BL)=02H，执行指令：CMP AL,BL

（3）(AL)=0FFH，执行指令：INC AL

（4）(AL)=0，执行指令：DEC AL

（5）(AL)=0F0H，(BL)=04H，执行指令：IMUL BL

（6）(AX)=1F0H，(BL)=08H，执行指令：DIV BL

（7）(AL)=12H，(BL)=34H，执行指令：TEST AL,BL

（8）(AL)=98H，执行指令：SAL AL,1

9. 在 8086 系统下，编写实现如下功能的程序段：

（1）从地址为 80H 的端口中读入一个字节。

（2）如果该字节最高位为“1”，则将字节 0FFH 送到地址为 81H 的端口中，并退出程序。

（3）如果该字节最高位为“0”，则转向（1），继续循环扫描。

10. 我们知道，MOV 指令并不能直接修改 CS、IP 的值，但事实上，还可以通过其他方法来达到修改 CS、IP 的目的。试编写一个程序段，使该程序段运行后，(CS)=0100H，(IP)=0000H。

第 4 章 汇编语言程序设计

在第 3 章中，我们详细介绍了 80x86 的指令系统。本章中，将具体介绍如何利用这些指令，编写完整的汇编语言程序。

由于程序是以文本的方式编写的，但计算机并不能识别直接文本格式的指令，因此，在运行程序前，还需要将这些文本格式的指令“翻译”成机器能识别的二进制代码，之后计算机才能执行。这个翻译的过程称为“汇编”，而完成翻译工作的语言加工程序称为汇编程序。

本书将按照 Microsoft 公司的宏汇编程序 MASM 5.0/6.0/6.15 作为编译器时对汇编语言源程序的格式要求，来介绍 80x86 的汇编语言程序设计方法。符合这一格式要求的汇编语言源程序也能在其他汇编语言的集成开发环境下运行，如集编辑、编译、调试为一体的 16 位 TASM 集成环境以及清华大学科教仪器厂开发的 TPC-USB 集成软件开发环境等。

一般而言，以 Microsoft 公司的宏汇编程序 MASM 5.0/6.0/6.15 作为编译器时，从编写到运行汇编语言程序的主要过程如下。

① 在文本编辑器上编写汇编语言程序，得到 ASCII 码格式的汇编语言源文件（扩展名为 ASM）。

② 使用汇编程序 MASM.EXE 对 ASM 文件进行编译。具体的方法是：在 MASM 的目录下，运行“MASM　ASM 文件名”。如果程序存在语法错误，MASM 程序会给出出错的行数，以及错误类型，这时需要回到编辑器上对程序进行修改。如果程序语法正确，则编译后生成二进制格式的目标文件（扩展名为 OBJ）。

③ 使用连接程序 LINK.EXE 将 OBJ 文件转换成可执行文件（扩展名为 EXE），具体的方法是：在 MASM 目录下，运行“LINK　OBJ 文件名”，即可生成可执行文件。

④ 在 DOS 下键入可执行文件的文件名，系统自动可执行文件装入到内存中，并开始运行。

⑤ 如果程序运行结果不正确，则说明程序设计的思路出错，这时候可以在 DEBUG 软件下对程序进行调试、修改，直到程序正确为止。

汇编语言的集成开发环境则集编辑、编译、调试为一体，对汇编语言源程序的编辑、编译、调试和运行都比较方便。清华大学科教仪器厂生产的 TPC-USB 通用微机接口实验系统是目前微机原理、汇编语言与接口技术都用得比较多的一个实验系统，该系统提供了配套的 TPC-USB 集成软件开发环境和实验箱，用于控制实验箱上的接口设备工作的程序必须在这一环境下调试、通过才能运行。TPC-USB 集成软件开发环境安装、使用都很方便，PC 没有连接配套实验箱时，也可以在 TPC-USB 集成开发环境下编辑、汇编、调试、运行汇编程序，运行时出现提示“没有连接设备”等，选择“continue and don’t ask again”就可以运行了。学习了完整的汇编语言源程序设计后，大家可以尝试在该软件环境下对汇编语言源程序进行汇编、调试并运行。

4.1 汇编语言概述

4.1.1 机器语言、汇编语言和高级语言

机器语言程序由一系列的机器指令构成，每条机器指令都是一串二进制码，对应于 CPU 中的某种基本操作，计算机能够直接识别并执行。由其他语言编写的程序都必须翻译成机器语言后计算机才能执行。因此，机器语言程序被称为目标程序。机器语言的优点是执行效率高，CPU 的资源能充分利用；缺点是编程困难和烦琐，程序也难以理解。

汇编语言是一种符号语言，它与机器指令有一一对应的关系，但比机器语言“人性化”：采用“名字”来表示机器指令中的各种元素，如使用指令助记符表示操作码；使用 AH、BX 等表示各个寄存器，从而使程序容易编写和理解。用汇编语言编写的程序称为汇编语言源程序。汇编语言源程序要经过编译器进行汇编、连接，得到目标代码程序后，才能在计算机上执行。

高级语言是面向过程的语言，如 C、C++、BASIC、PASCAL 等。其优点是更接近于人类语言的语法习惯，易于掌握，便于建立数学模型和实现复杂算法，缺点是与机器指令无明显对应关系，因此编译出来的机器语言程序效率相对较低，占用内存多，执行时间长。

4.1.2 汇编语言程序结构

下面先看一个简单的 8086 系统下的汇编语言程序：

数据段：
```
DATA    SEGMENT
STRING  DB  'HELLO WORLD!', 0DH, 0AH, '$'
DATA    ENDS
```
代码段：
```
CODE    SEGMENT
ASSUME  CS:CODE, DS:DATA          ;告诉汇编程序哪个是代码段、哪个是数据段
BEGIN:  MOV     AX, DATA
        MOV     DS, AX            ;初始化数据段的段地址
        MOV     AH, 09H
        LEA     DX, STRING        ;调用 09H 号字符串输出系统功能，输出字符串
        INT     21H
        MOV     AH, 4CH
        INT     21H               ;调用 4CH 号系统功能返回 DOS
CODE    ENDS
        END     BEGIN             ;程序结束
```

这个程序能在屏幕上显示“HELLO WORLD!”。

我们知道，8086 系统的存储器都是分段编址的，相应的，汇编语言的源程序通常也是分段的，程序中可能包含的段有 4 种：数据段、代码段、堆栈段和附加段，其中代码段是必不可少的。

源程序中的每个段都由一系列的语句行组成。在这些语句中，像“BEGIN:MOV AX,DATA”之类的语句我们是比较熟悉的，因为这些语句的核心部分都是一条指令，汇编程序将指令翻译成机器指令，从而生成目标程序。这种语句称为指令性语句。

程序中的其他语句，都不包含指令，因此也不会被翻译成机器指令。实际上，这些语句中都包含着一个伪指令，用于指导汇编程序怎样去翻译指令语句、怎样去分配内存和初始化存储器等。例如，“DATA SEGMENT”和“DATA ENDS”中伪指令 SEGMENT、ENDS 定义了一个名叫“DATA”

的段。这类语句被称为指示性语句，或伪指令语句。

继续细分下去，每个语句都由一些有特定含义的词、数字和界符（如逗号、空格）等元素组成。语句中的词有两类，一类是汇编语言中约定俗成，不能随意改变的，如指令助记符 MOV、寄存器名 AH 等；另一类是由程序员自由命名的，如段名 DATA 等，语句中的数字可以用不同的进制表示，如十进制、十六进制等。汇编语言对这些语句的基本元素都有一定的格式要求。

4.2　汇编语言语句的组成

本节来看汇编语言程序的语句中含有哪些元素，这些元素具有什么功能，以及如何使用它们。

4.2.1　字符集

在宏汇编中，源程序允许使用的字符包括：

① 字母，包括大写字母 A～Z 和小写字母 a～z。

② 数字，包括 0～9。

③ 特殊字符，包括+、−、*、/、=、()、[ ] 、< >、;、,、'、"、.、—、:、?、@、$、&及空格、制表符、回车、换行等。

在汇编语言中，除了字符串，字母都是不区分大小写的，例如，MOV 和 mov 是一样的，但字符串'A'和'a'则有区别，'A'= 41H，'a'= 61H。

编写程序时，程序中一系列相连的空格、制表符效果相当于一个空格；一系列相连的回车换行相当于一次回车换行。通常利用它们来对齐程序，使程序更美观易读。

在程序中，分号“;”后一直到行尾的内容都是注释。注释是对当前的语句或程序段的解释，它能让程序更易于读懂。在汇编过程中，汇编程序并不理会这些注释。

另外，字符“&”若用于某行的开头，则表示该行是上一行的续行，汇编程序把它当成空格，而把换行去掉。例如，语句

```
ASSUME        CS:CODE, DS:DATA,
&             SS:STACK,ES:EXTRA
```

与下面的语句完全相同：

```
ASSUME        CS:CODE,DS:DATA,SS:STACK,ES:EXTRA
```

4.2.2　保留字与标识符

1. 保留字

保留字是在汇编语言中有特定意义的词。保留字可分成以下几类：

① 指令助记符及指令前缀，如 MOV、ADD、REP 等。

② 寄存器名，如 AX、EBX、CL 等。

③ 伪指令助记符，如 DB、SEGMENT 等。

④ 其他保留字，包括运算符、操作符等，如 EQ、LT、OFFSET、SEG 等。

2. 标识符

标识符是程序员自己起的名字，如变量名、标号、段名、过程名、由符号定义伪指令所定义的符号名，等等。标识符有一定的命名规则：

① 标识符必须由字母、数字和几个特殊字符（包括_、@、$、?、:）组成，而且第 1 个字符

不能是数字（否则可能与十六进制的数字混淆）。

② 标识符不能与某个保留字相同，以免混淆。

③ 尽量用有意义的英文单词或缩写来命名，以增加程序的可读性。

4.2.3 常量、变量与标号

1. 常量

常量是一个固定的数值，它在整个程序运行的过程中都不会改变。常量分数字常量和字符串常量两种。

① 数字常量。在宏汇编中，数字常量只能是整数。数字可以用二、八、十、十六进制来表示，但需在数值的最后接上字母 B、Q、D、H 加以区分。如果不加字母区分，则默认为十进制数。另外，对于十六进制数，如果常量是以 A～F 开头，则必须在前面加“0”，否则会与标识符混淆。表 4-1 列出了各种数制的书写格式。

② 字符串常量。字符串常量是用单引号或双引号引起来的一个或多个 ASCII 字符。汇编程序把字符串当成一系列的字节，每个字节的值等于对应字符的 ASCII 码值。如字符串'A'相当于 41H（一个字节），字符串'12'相当于 31H、32H 两个字节。只有在初始化存储器的时候才能使用长度超过两个字节的字符串常量，例如，在 4.1.2 小节的例子中，数据段中就定义了一个字符串常量'HELLO WORLD！'。

表 4-1　各种进制数的格式

进制	许用字符	结尾标记	说　明	举　例
二进制	0，1	B	—	10101010B
八进制	0～7	Q	—	123Q，67Q
十进制	0～9	D	“D”可省略	1234D，5678
十六进制	0～9，A～F	H	A～F 开头的数须在前面加“0”	1234H，0FFFFH

2. 变量

变量与常量不同，它是存放在存储器中的操作数，指令可以通过变量的地址来访问该变量。在程序中给变量命名，以后就可以通过变量的名字来访问它。一个变量具有 3 个属性：

① 段属性，即变量所在的段的基地址。

② 偏移量属性，即变量相对于段的起始地址的偏移量。

③ 类型属性，包括 BYTE（字节）、WORD（字）、DWORD（双字）、FWORD（6 字节）、QWORD（4 字）、TBYTE（10 字节）等。

3. 标号

标号是一条指令性语句的起始地址。编程时，有时需要程序转向一条指令语句，这时就可以为该指令语句设置标号。这些标号可以直接作为转移类指令（如 JMP、CALL 等）的操作数，即转移地址。

标号与变量相似，都是对应于存储单元中的一个地址，不过，变量对应的地址中存放的是数据，而标号对应的地址则存放指令。

标号也有 3 个属性，即段属性、偏移量属性和类型属性，只是标号的类型是 NEAR（近程，即段内）或 FAR（远程，即段间）。例如，在指令：

```
AGAIN:   LOOP    AGAIN
```

中，给指令加上标号 AGAIN 之后，LOOP 指令的操作数就可以直接用这个标号。在编程过程中，可以不去理会这个标号的实际地址偏移量，因为汇编程序会根据标号的属性，来确定指令的真正转移地址。

4.2.4　表达式及运算符

表达式通常是由常量、变量、标号和一些运算符、操作符构成的。表达式常作为指令或伪指令的操作数，它的值在汇编的过程中就已经被汇编程序计算出来了。

在 IBM 宏汇编中，运算符包括算术运算符、逻辑运算符、关系运算符、属性运算符、数值返回操作符等。

1. 算术运算符

算术运算符包括+（加）、−（减）、*（乘）、/（除）和 MOD（模）5 种算术运算。其中 MOD 运算是求余数运算，如 14 MOD 5=4。

算术运算符既可用于数字表达式，也可用于地址表达式。但只有有明确物理意义的地址表达式才是被允许的。例如，对于在同一个段中的两个地址可以相减，结果表示两个地址的相对偏移量。另外，一个地址也可以加上或减去一个常数。下面几个地址表达式都是有效的（假设 ADDR1 与 ADDR2 在同一个段中）：

```
ADDR1-ADDR2
ADDR1+1
ADDR2-2
```

但是，两个地址不能相加；地址不能作乘、除操作；常数减去一个地址的结果是没有意义的；处在不同段中的两个地址也不能相减。以下几个地址表达式都是无效的（假设 SEG1_A 与 SEG2_B 不在同一个段中）：

```
ADDR1+ADDR2
ADDR1*ADDR2
ADDR1/2
100-ADDR1
SEG1_A-SEG2_B
```

2. 逻辑运算符

逻辑运算符包括 AND（与）、OR（或）、XOR（异或）、NOT（非）、SHL（逻辑左移）、SHR（逻辑右移）6 种运算操作。例如：

```
MOV     AL,10101010B AND 11001100B         ;AL←10001000B
MOV     AL,10001000B OR  01000100B         ;AL←11001100B
MOV     AX,1000100010001000B XOR 1100110011001100B  ;AX←0100010001000100B
MOV     AX,NOT 1010101010101010B           ;AX←0101010101010101B
```

对于移位运算符，移位结果的范围为 0～0FFFFH，超出范围的二进制位自然丢弃，而空出的位置则全部补 0。例如：

```
MOV     AX,0FFFFH SHL 2           ;AX←0FFFCH,最左边两个 1 丢弃,最右边补两个 0
MOV     AL,10000001B SHR 1        ;AL←01000000B,最右边的 1 丢弃,最左边补 0
```

需要注意的是，这些运算符与 80x86 指令系统中的逻辑操作指令的助记符写法相同，但它们之间有很大的区别：逻辑运算符是在汇编阶段就计算出来的，而指令要在程序运行时才计算。另外，它们的格式也不相同。例如，对于语句：

```
AND     AL,12H AND 34H
```

汇编程序先求出表达式“12H AND 34H”的值（=10H），然后再把指令“AND　AL,10H”翻译成机器指令。

逻辑运算符只能用于数字表达式，不能用于地址表达式。

3. 关系运算符

关系运算符包括 EQ（Equal，相等）、NE（Not Equal，不等）、LT（Less Than，小于）、LE（Less than or Equal，小于或等于）、GT（Great Than，大于）、GE（Great than or Equal，大于或等于）6 种。关系运算符用于比较两个常数的大小关系，如果关系为真，则运算结果为 0FFFFH；如果为假，则运算结果为 0。例如：

```
MOV    BX,1 EQ 2           ;1 EQ 2=0,BX←0
MOV    AX,(3 LT 4)AND 1    ;3 LT 4=0FFFFH,0FFFFH AND 1=1,AX←1
```

关系运算符只能用于数字表达式，不能对地址进行运算。

4. 属性运算符

（1）类型重新指定操作符 PTR

PTR 一般用于临时指定或修改存储器操作数的数据类型属性（BYTE、WORD、DWORD、FWORD、QWORD、TBYTE），或地址的转移类型属性（NEAR 或 FAR），其格式为

```
类型 PTR    表达式
```

例如，假设程序中已经定义了一个字变量 VAR_W：

```
VAR_W    DW   1234H
```

如果想把 VAR_W 的低位字节传送到 AL，那么直接用指令“MOV　AL,VAR_W”是错误的，因为 AL 与 VAR_W 的数据类型不匹配。这时可以用 PTR 来修改 VAR_W 的属性：

```
MOV      AL,BYTE PTR VAR_W
```

这个属性的修改是临时的，只在当前的 MOV 指令中起效，以后 VAR_W 的数据类型还是字。

PTR 也可以用于临时指定存储器操作数的数据类型，例如：

```
INC      WORD PTR [BX+SI]
```

PTR 还可以更改地址的转移属性，例如，对于指令：

```
CALL     FAR PTR LAB
```

这时，即使过程 LAB 与 CALL 指令在同一个代码段里，CALL 指令仍然是一个段间调用指令。

PTR 与 EQU 连用，还可以定义与表达式类型不同的新变量名或新标号，但不分配新的存储单元。例如，在数据段中定义了一个 4 个字节的存储单元 DATA_B：

```
DATA_B   DB   1,2,3,4  ;表示定义 4 个字节,并初始化为 1,2,3,4
```

如果需要按字来访问 DATA_B 中的数据，这时就可以用 PTR 来定义一个新的字变量 DATA_W：

```
DATA_W   EQU WORD PTR DATA_B
```

这样，字变量 DATA_W 与字节变量 DATA_B 将指向相同的存储单元地址，即它们具有相等的段地址和偏移量，但它们的类型属性不同，前者是字，后者是字节，如图 4-1 所示。有了这个定义之后，以下两个语句就相同了，都能把字 0201H 传送到 AX 中：

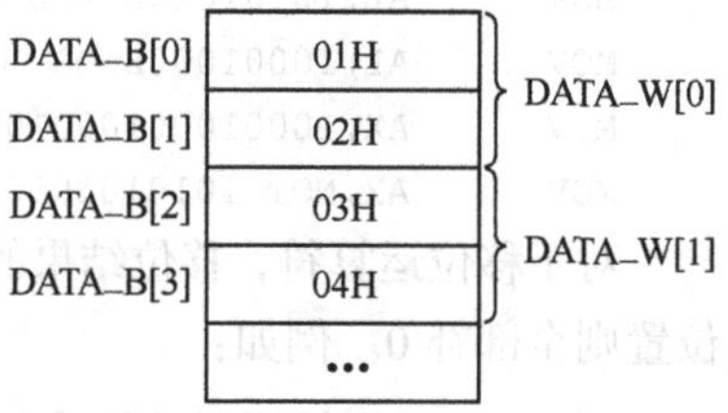

图 4-1　PTR 操作符示意图

```
MOV      AX,WORD PTR DATA_B
MOV      AX,DATA_W
```

（2）类型指定操作符 THIS

操作符 THIS 与 PTR 相似，常用于指定或说明变量或标号的类型。例如，程序需要在内存中

建立一个 100B 的数据区，并可以按字节和字来访问这些数据，伪指令如下。

```
DATA_W   EQU THIS WORD      ;用字变量 DATA_W 可以按字访问数据区
DATA_B   DB  1,2,3,4        ;用字节变量 DATA_B 可以按字节访问数据区
```

THIS 也可以用于指定标号的类型，例如：

```
ADDR_F        EQU THIS FAR
ADDR_N:       MOV      AX,1
```

则以下两条语句是等价的：

```
JMP      FAR PTR ADDR_N
JMP      ADDR_F
```

（3）短转移操作符 SHORT

短转移操作符 SHORT 一般用在 JMP 指令中，用于告诉汇编程序该 JMP 指令是一个短程转移指令（转移偏移量范围是−128～+127）。例如：

```
JMP      SHORT LAB
```

5. 数值返回操作符

（1）SEG 和 OFFSET

SEG 操作符用于求一个标号或变量所在段的基地址，OFFSET 操作符则用于求标号或变量在段中的地址偏移量。例如，对于代码段中的一条指令：

```
2000H:1234H       ADDR:    INC       CX   ;其段地址=2000H,偏移量=1234H
```

则有：

```
MOV      AX,SEG ADDR        ;AX←2000H
MOV      AX,OFFSET ADDR     ;AX←1234H,它与指令“LEA  AX,ADDR”等价
```

（2）TYPE、LENTH 和 SIZE

TYPE 操作符可用于求变量的数值类型属性，即变量具有的字节数，对于类型为 BYTE、WORD、DWORD、FWORD、QWORD、TBYTE 的变量，TYPE 的返回值分别为 1、2、4、6、8、10；TYPE 操作符也可用于求标号的转移类型属性，对于属性为 NEAR 或 FAR 的标号，TYPE 的返回值为−1（0FFH）或−2（0FEH）。

LENGTH 操作符用于求变量所占用的内存单元数。LENGTH 操作符通常只用于由重复操作符 DUP()定义的存储器变量，对于其他变量，LENGTH 的返回值都是 1。

SIZE 操作符用于计算变量所占存储器的总字节数。SIZE 与 LENGTH、TYPE 之间有以下关系：

SIZE=LENGTH×TYPE

例如，在数据段中有如下定义：

```
DATA1    DW   1234H
DATA2    DB   'HELLO'
DATA3    DD   100 DUP(0)     ;表示定义 100 个双字,每个双字的值为 0
```

则有：

```
MOV      AL,TYPE      DATA1         ;AL←2
MOV      AL,TYPE      DATA2         ;AL←1
MOV      AL,TYPE      DATA3         ;AL←4
MOV      BL,LENGTH    DATA1         ;BL←1
MOV      BL,LENGTH    DATA2         ;BL←1
MOV      BL,LENGTH    DATA3         ;BL←100
MOV      CL,SIZE      DATA1         ;CL←2×1=2
```

```
MOV     CL,SIZE     DATA2       ;CL←1×1=1
MOV     CX,SIZE     DATA3       ;CL←4×100=400
```

（3）字节分离运算符 HIGH 和 LOW

操作符 HIGH 和 LOW 用于分离一个字常量或一个地址表达式的高、低字节。例如：

```
ADDR1:  MOV     AL,HIGH 1234H      ;AL←12H
        MOV     AL,LOW  ADDR1      ;AL←上一指令的地址偏移量的低 8 位
```

注意　HIGH 和 LOW 只能用于常量或结果为常量的表达式中，不能用于变量或寄存器，例如，类似“HIGH AX”的写法是错误的。

6. 运算符的优先级

汇编程序在对表达式进行计算时，会先处理优先级别高的运算符；对于同一表达式中的两个优先级相等的运算符，则按从左至右的顺序进行处理。各个运算符的优先级别如表 4-2 所示。

表 4-2　运算符的优先级

优先级	运算符
1（最高）	()，[]
2	LENGTH，SIZE
3	PTR，THIS，SEG，OFFSET，TYPE
4	HIGH，LOW
5	*，/，MOD，SHL，SHR
6	+，-
7	EQ，NE，LT，LE，GT，GE
8	NOT
9	AND
10	OR，XOR
11（最低）	SHORT

4.3 汇编语言的语句

在汇编语言中，语句可分为两大类：指令性语句和指示性语句。指令性语句包含指令，会被汇编程序翻译成机器指令；指示性语句不含指令，但包含伪指令，能指导汇编程序完成翻译工作。下面将详细介绍这两种语句。

4.3.1 指示性语句

指示性语句的一般格式为（[]里的内容可选）

```
[名字]    伪指令符    操作数,操作数,…      [;注释]
```

① 名字：对不同的伪指令，名字的作用是不同的。如在数据定义伪指令中，它是变量名；在段定义伪指令中，它则是段名。名字后面不能加冒号，它与指令的标号不同，并不代表指令地址，因为指示性语句是不会编译成机器指令的。

② 伪指令符：伪指令符指定汇编程序要完成的具体操作，如数据定义伪指令 DB、DW、DD，段定义伪指令 SEGMENT、ENDS，等等。

③ 操作数：伪指令后面的操作数可以是常量、变量或表达式等，不同伪指令的操作数个数不同。

④ 注释：用于说明、解释当前语句的作用，使程序更清晰易懂。

从作用上看，常用的伪指令有：

① 处理器选择伪指令。

② 数据定义伪指令，包括 DB、DW、DD、DF、DQ、DT。

③ 符号定义伪指令，包括 EQU、=。

④ 段定义伪指令 SEGMENT、ENDS。

⑤ 段组定义伪指令 GROUP。

⑥ 假定伪指令 ASSUME。

⑦ 地址对准伪指令 ORG、EVEN、ALIGN。

⑧ 定义符号名伪指令 LABEL。

⑨ 过程定义伪指令 PROC、ENDP。

⑩ 源程序结束伪指令 END。

⑪ 高级数据结构定义伪指令。

1. 处理器选择伪指令

在 80x86 系列的处理器中，不同处理器的指令系统并不完全相同，高档的处理器总比低档的机器增加一些新的指令。对于不同的处理器指令，或相同处理器工作在不同的模式下，汇编程序的编译过程是不一样的。因此，在程序的最开始，必须先通过伪指令告诉汇编程序所用的处理器，以及处理器的工作模式。处理器选择伪指令包括：

① .8086：选择 8086 指令系统。

② .286：选择 80286 指令系统。

③ .286P：选择 80286 指令系统，且系统工作在保护模式下。

④ .386：选择 80386 指令系统。

⑤ .386P：选择 80386 指令系统，且系统工作在保护模式下。

⑥ .486：选择 80486 指令系统。

⑦ .486P：选择 80486 指令系统，且系统工作在保护模式下。

⑧ .586：选择 Pentium 指令系统。

⑨ .586P：选择 Pentium 指令系统，且系统工作在保护模式下。

此外，还有协处理器选择伪指令，如.8087、.287、.387 等。

如果程序没有使用伪指令来选择处理器，则默认使用 8086 的指令系统。

2. 数据定义伪指令

数据定义伪指令的作用是为变量分配存储空间。其一般格式为

```
[变量名]  伪指令符   操作数,操作数,…        [;注释]
```

其中变量名必须是一个合法的标识符，变量名是可选的。伪指令符主要有以下几种：

① DB（字节定义）：每个操作数占 1 个字节。

② DW（字定义）：每个操作数占 1 个字，即 2 个字节。操作数在存储单元中遵循“高地址存放高位字节”的原则。

③ DD（双字定义）：每个操作数的长度为双字，即 4 个字节，同样遵循“高地址存放高位字节”的原则。

④ DF（6 字节定义）：每个操作数的长度为 6 个字节。DF 用于 80386 及其后继机型中，通常用 DF 来定义 48 位的远指针，其中高 16 位为段选择子，低 32 位为偏移量。

⑤ DQ（4 字定义）：每个操作数的长度为 4 字，即 8 个字节。

⑥ DT（10 字节定义）：每个操作数的长度为 10 个字节。

数据定义伪指令的操作数可以是一个或多个的常量（包括数字常量和字符串常量）或数字表达式，汇编程序为变量分配合适的存储空间，然后根据操作数来初始化变量。例如：

```
NUM      DW   12H,-1              ;定义两个字,其中-1 相当于 0FFFFH
STRING   DB   'HELLO',0DH,0AH     ;定义 7 个字节的字符串
NUM32    DD   12345H+6789AH       ;等价于 NUM32  DD  79BDFH
```

数据定义语句中的变量名可以省略，如：

```
BUF      DB   1,10,100
         DB   1                   ;省略变量名
```

但我们仍能够访问到它，因为知道它的地址偏移量是 BUF+3。如：

```
MOV      AL,BUF+3                 ;读取数据
```

有时并不需要对存储单元初始化，这时候可以用问号“?”来作为操作数，如：

```
BUFFER   DB   2,?,?,?             ;定义 4 个字节,其中后 3 个字节不初始化
```

还可以用带重复操作符“DUP”的表达式来作为操作数。DUP 操作符的格式为

```
重复的次数 DUP(重复的内容)
```

例如：

```
ARRAY    DB   3 DUP(1,2)          ;等价于 ARRAY DB 1,2,1,2,1,2
BUF_W    DW   100 DUP(?)          ;定义 100 个字,但不初始化
```

DUP 操作符还可以嵌套使用，如：

```
ARRAY2   DB   2 DUP(1,3 DUP(0));等价于 ARRAY2  DB 1,0,0,0,1,0,0,0
```

对于伪指令 DW 和 DD，其操作数还可以是地址表达式，如变量、标号等。汇编程序在初始化存储单元时，自动把地址的偏移量（使用 DW 时）或整个地址（使用 DD 时）存入相应存储单元中。例如（假设 ADDR1 为某个指令语句的标号）：

```
DATA1    DW   ADDR1+1             ;把 ADDR1 偏移量加 1 后存放到 DATA1 对应的存储单元中
DATA2    DD   DATA1               ;把 DATA1 的偏移量和段地址存放到 DATA2 对应的存储单
                                  ;元中,其中偏移量放低地址,段地址放高地址
```

此外，还可以利用含地址计数器“$”的表达式，来作为数据定义伪指令的操作数。在一个段中，“$”用来表示到目前为止该段已经使用的地址空间，例如，假设变量 VAR1 的起始地址为 1234H:1000H，则经过 DB 伪指令：

```
VAR1    DB    100H DUP (?)
```

后，当前段中已经使用了 1100H 个字节空间，这时$=1234H:1100H，则 DW 伪指令：

```
ADDR1    DW   $    ;等价于 ADDR1 DW 1100H,也等价于 ADDR1  DW  ADDR1
```

之后，$=1234H:1102H（ADDR1 占用了 2 个字节）。同理，如果接下去又有 DD 伪指令：

```
ADDR2    DD   $    ;等价于 ADDR2  DD  12341102H 或 ADDR2  DD  ADDR2
```

之后，$=1234H:1106H（ADDR2 占用了 4 个字节）。

注意 在伪指令“DATA1 DW $,$”中，两个“$”的值是不一样的。假设DATA1的起始偏移量为0100H，那么第1个“$”代表0100H，第2个“$”则代表0102H，因此，这个伪指令定义语句相当于“DATA1　DW 0100H,0102H”。

计数器“$”还经常用来计算字符串的长度，如：

```
STRING   DB   'HELLO WORLD'
LTH      DW   $-STRING       ;LTH←STRING的长度0BH
```

3. 符号定义伪指令

（1）等价伪指令EQU

伪指令EQU的作用是为常量、表达式及其他各种符号定义一个别名。其格式是为

符号名　　EQU　表达式

其中表达式可以是任何有效的操作数、值为常数的表达式、标识符、助记符或一条指令。汇编时，汇编程序并不给符号名分配存储空间，而只是把表达式代回到程序中有符号名的地方。在程序中，给表达式定义了符号名之后，就可以直接用符号名来代替表达式，这使得程序的编写更加简洁明了，同时也增强了程序的可读性和通用性。例如：

```
NUM        EQU  12              ;给数值定义符号名
NUM2 EQU   NUM+10               ;给12+10=22定义符号名
ADDR EQU   DS:[BX+SI]           ;给寻址表达式定义符号名
COUNT      EQU  CX              ;给寄存器CX定义符号名
CLEAR      EQU  XOR AX,AX       ;给指令定义符号名
```

EQU伪指令是不能直接对一个符号名重定义的，重定义前必须先用伪指令PURGE来解除。PURGE的格式为

```
PURGE    符号名,符号名,…
```

例如，先解除上例中定义的符号名：

```
PURGE    NUM,NUM1,ADDR,COUNT,CLEAR
```

之后，就可以对它们重定义了，例如：

```
COUNT    EQU CL
```

（2）等号伪指令=

等号伪指令与EQU相似，也能为常量、表达式及其他各种符号定义一个等价的符号名，其格式为

符号名=表达式

等号伪指令允许对符号名多次重复定义，且以最后一次定义的值为准。例如：

```
CONST=1              ;给数值1定义符号名CONST
ADDR=[BP+DI]         ;给寻址表达式定义符号名ADDR
CONST=0              ;重定义CONST
```

4. 段定义伪指令SEGMENT和ENDS

SEGMENT、ENDS伪指令用于定义一个段，其格式为（[]表示可选）

```
段名     SEGMENT   [定位方式][组合方式][使用类型]['类名']
         …         ;段中的内容
段名     ENDS
```

其中，段名是为该段起的名字，它表示该段在存储器中的起始位置，即段基地址。SEGMENT和

ENDS 两个伪指令中的段名必须相同，它们分别表示一个段的开始和结束。例如，若程序中定义了一个段：

```
DATA    SEGMENT
        VAR     DB   ?
DATA    ENDS
```

则以下两条指令的功能是相同的，都能将该段的段地址赋给 AX：

```
MOV     AX,DATA
MOV     AX,SEG VAR
```

SEGMENT 伪指令还可以指明所定义的段的定位方式、组合方式和类名。这几项属性都是可选的，空缺时则采用缺省方式。

（1）定位方式

定位方式是针对段的起始物理地址而言，它影响该段在存储器中的起始边界。定位方式共有 5 种：

① BYTE：表示该段可以从任意的绝对地址开始，如起始物理地址为 12345H。

② WORD：表示该段可以从任何一个字的边界开始，即从偶地址开始，如起始物理地址为 12346H。

③ DWORD：表示该段可以从任何一个双字的边界开始，即起始地址为 4 的倍数，如起始物理地址为 12348H。

④ PARA（缺省方式）：表示该段必须从存储器的 16 字节的边界开始，即段的起始地址能被 16 整除，如起始物理地址为 12340H（最后一位为 0）。

⑤ PAGE：表示该段的起始地址必须能被 256 整除，如起始物理地址为 12300H（最后两位为 0）。

可见，程序中各个段的起始物理地址可以是任意的，并不一定是 16 的倍数（如定位方式为 BYTE 时起始地址可以是 12345H）。但当定位程序将其装入存储器时，会从绝对地址中减去一定的位移量（如 12345H−5H=12340H），最后形成可以被 16 整除的地址（段地址为 12340H/10H=1234H）。

（2）类名

类名是一个字符串，必须用单引号括起来。如果程序由多个模块组成，那么连接程序在连接定位时，会将各个程序模块中具有相同类名的逻辑段组合在一起，形成一个完整的物理段。关于“模块化”的程序设计思想，后面会再介绍。

（3）使用类型（80386 以上）

使用类型只在 80386 及其后继机型中使用。使用类型有两种：USE16 和 USE32。其中，USE16 是缺省类型，它表示该段采用的是 16 位的寻址方式，段基址和段内偏移量都是 16 位，段的长度不超过 64KB；USE32 则表示该段采用的是 32 位的寻址方式，段选择子为 16 位，段内偏移量是 32 位，段的长度可达 4GB。

对于 80386 以上的处理器，如果工作在实模式下，则段的使用类型只能是 USE16。

（4）组合方式

“组合方式”用于指定同类名段的组合方法。主要的组合方式有：PRIVATE（缺省方式）、PUBLIC、COMMON、STACK、MEMORY 和 AT 表达式等。我们将在 4.5.3 小节“模块化程序设计的思想”中对段的组合方式进行详细的讨论。

5. 段组定义伪指令 GROUP

GROUP 伪指令能将几个不同段名的段，合并成一个段组，并为该段组命名。该伪指令的格式为

段组名　GROUP　段名,段名,…

汇编程序在编译程序时，会把段组中所有的段放在同一个物理段中（连续的不超过 64KB 的内存中），而段组名则相当于这个物理段的段基址。这样，段组中的各个段可以看成是在同一个段内，因此，程序中，可以使用同一个段基址来访问段组中不同的段。

例如，假设在程序中定义了两个数据段如下。

```
DATA1     SEGMENT              ;数据段 DATA1
A         DB   ?
DATA1     ENDS
DATA2     SEGMENT              ;数据段 DATA2
B         DB   ?
DATA2     ENDS
```

如果需要访问数据段 DATA1 中的变量 A，必须先将 DATA1 的段基址赋给 DS：

```
MOV       AX,DATA1
MOV       DS,AX
```

如果接下来需要访问 DATA2 中的变量 B，又得将 DATA2 的段基址赋给 DS。当程序需要多次交替访问 A 和 B 的时候，这种方法是很麻烦的。

但是，如果使用 GROUP 将两个数据段组合起来：

```
DATAGROUP      GROUP    DATA1,DATA2
```

那么，只需将段组的段基址赋给 DS：

```
MOV       AX,DATAGROUP
MOV       DS,AX
```

之后，就可以直接访问变量 A 和 B 了：

```
MOV       AL,A
MOV       AH,B
```

6. 假定伪指令 ASSUME

ASSUME 伪指令用来告诉汇编程序段与段寄存器的对应关系，其格式为

```
ASSUME        段寄存器:段名[,段寄存器:段名,…]
```

ASSUME 伪指令能告诉汇编程序，在翻译指令时遇到的标号、过程及变量究竟在哪个段中，只有知道它们的段属性，汇编程序才能正确地把指令语句翻译成机器指令。例如：

```
DATA1     SEGMENT
          DB   100 DUP(?)
VAR1      DB   ?               ;VAR1 的偏移量是 100
DATA1     ENDS
DATA2     SEGMENT
VAR2      DB   ?               ;VAR2 的偏移量是 0
DATA2     EDNS
CODE      SEGMENT
          ASSUME    CS:CODE,DS:DATA1,ES:DATA2,SS:NOTHING
BEGIN:    MOV       AX,DATA1
          MOV       DS,AX          ;初始化 DS
          MOV       AX,DATA2
          MOV       ES,AX          ;初始化 ES
          MOV       AL,VAR1
          MOV       VAR2,AL
          …
```

用 ASSUME 伪指令假定 DATA1 是数据段，DATA2 是附加段，当遇到指令“MOV AL,VAR1”时，汇编程序就知道 VAR1 是数据段中的变量，所以将其翻译成指令“MOV AL,[100]”的机器

代码（访问数据段中的数据无须段超越）；当遇到指令“MOV VAR2,AL”时，汇编程序认为 VAR2 是附加段中的变量，所以将其翻译成指令“MOV ES:[0],AL”的机器代码（数据在附加段中，因此需要段超越）。显然，如果没有 ASSUME 语句，汇编程序就不能准确地编译这一类指令。

从例子中可以看出，指令对存储器进行访问时都需要用到段寄存器 CS、DS、ES 或 SS，因此在访问之前需要用 ASSUME 伪指令对段寄存器进行假定。

需要注意的是，ASSUME 伪指令只起指示作用，告诉汇编程序怎样编译含有存储器寻址操作或含有地址转移操作的指令，但 ASSUME 伪指令并不修改各个段寄存器的值，即没有完成各个段寄存器的初始化工作。在上面的例子中，还要利用 MOV 指令把 DATA1 和 DATA2 两个段的段地址分别赋给 DS 和 ES。

另外，如果在程序中无须用到某个段寄存器，那么可以用关键字 NOTHING 代替段名，当然也可以省去不写，如上面例子中对 SS 的指定“SS:NOTHING”可有可无；对于之前已经指定过的某个段寄存器，也可以用 NOTHING 代替段名来取消指定。

7. 地址对准伪指令

（1）ORG

ORG 伪指令用于指定下一个指令或数据在段内的起始地址，其格式为

```
ORG       数值表达式
```

其中数值表达式的计算结果必须是一个 0～65 535 之间的常数。

汇编程序在汇编过程中需要使用一个位置指针，这个指针总是指向下一个指令或数据的存储单元。汇编程序根据这个指针把语句汇编到相应的内存中。ORG 伪指令能够修改这个指针的值，相应的也就改动了下一个指令或数据在段内的起始地址。例如：

```
LAB1:    PUSH     AX
         ORG      2000H
LAB2:    MOV      AL,34H
```

假设 LAB1 的地址是 1000H，如果没有 ORG 伪指令，那么 LAB2 的地址应该是 1001H，因为 PUSH 指令占用一个字节。但有了 ORG 伪指令之后，LAB2 的地址就是 2000H 了，两个指令中间的存储空间被跳过。

（2）EVEN

EVEN 伪指令能使它的下一个指令或数据在段内的偏移量为偶数。例如：

```
DATA1    DB  ?
EVEN
DATA2    DB  100 DUP (?)
```

假设 DATA1 的地址为 0100H，如果没有“EVEN”伪指令，那么 DATA2 的起始地址应该是 0101H；由于有了“EVEN”伪指令，DATA2 的起始地址必须是偶数，汇编程序在分配内存的时候就自动跳过 0101H 这个字节的空间，并令 DATA2 的起始地址为 0102H。

（3）ALIGN

ALIGN 伪指令能使它的下一个指令或数据在段内的偏移量为 $n=2^i$ 的倍数。该伪指令的格式为

```
ALIGN    n
```

其中 $n=2^i$，i=0，1，2，3，…

例如，假设数据段中有定义：

```
DATA1    DB  ?
ALIGN    4
DATA2    DB  100 DUP (?)
```

则 DATA2 的起始地址必须是 4 的倍数。假设 DATA1 的地址为 0100H，则 DATA2 的起始地址就应该是 0104H。

可见，伪指令“ALIGN 2”与“EVEN”的作用是相同的。

8. 定义符号名伪指令 LABEL

LABEL 伪指令能为当前的存储单元定义一个符号名，并指定该符号名的类型属性，其格式为

```
变量名或标号    LABEL    类型属性
```

对于变量名，LABEL 指定的类型属性可以是 BYTE、WORD 或 DWORD；对于标号，则类型属性可以是 NEAR 或 FAR。

LABEL 伪指令与“EQU THIS”的作用非常类似，都能为数据存储单元定义新变量名，或为指令语句定义新标号。例如：

```
DATA_W   LABEL   WORD
DATA_B   DB   100 DUP(?)
```

则变量 DATA_W 和 DATA_B 指向同一存储单元地址，只是变量的类型属性不同：通过 DATA_W 可以按字访问该数据区，通过 DATA_B 则是按字节访问。可见，它与语句：

```
DATA_W   EQU THIS WORD
DATA_B   DB   100 DUP(?)
```

是完全相同的。

类似的，LABEL 伪指令也可以用于定义新标号，例如：

```
ADDR_F   LABEL     FAR
ADDR_N:  MOV       AX, 0
```

则标号 ADDR_F 和 ADDR_N 指向同一条指令的地址，但它们的属性不同，ADDR_F 是一个远地址，而 ADDR_N 是一个近地址。

9. 过程定义伪指令 PROC 和 ENDP

PROC、ENDP 伪指令用于定义一个过程，其格式为

```
过程名      PROC       [过程属性]
            …
            RET      ;返回指令
过程名      ENDP
```

其中过程属性可以是 NEAR 或 FAR，缺省属性为 NEAR。

如果过程是 NEAR 类型，则是段内调用，用 CALL 指令调用该过程时，只将 IP/EIP 入栈，然后把过程的偏移量赋给 IP/EIP，而 CS 的值不变，用 RET 指令返回时只弹出 IP/EIP 一个字或双字，返回到 CALL 指令的下一条指令。

如果过程是 FAR 类型，则是段间调用，用 CALL 指令调用过程时，需要将 CS 和 IP/EIP 依次入栈，然后把过程的段地址和偏移量分别赋给 CS 和 IP/EIP；用 RET 指令返回时也需要弹出 IP/EIP 和 CS。

10. 源程序结束伪指令 END

源程序结束伪指令 END 用来告诉汇编程序，源程序到此已经结束，其格式为

```
END      标号
```

在这里，标号的地址必须是程序的入口地址，即标号的段地址和偏移量都必须与程序中第 1 条可执行语句相同。这个程序入口地址十分重要，因为系统把目标程序装入内存运行时，就是根据这个地址来初始化 CS 和 IP/EIP 的。习惯上常用第 1 条指令语句的标号来作为 END 伪指令的操作数。

汇编程序对 END 之后的语句将不再进行处理，所以程序中所有有用的语句都应放在 END 语句之前。例如：

```
DATA    SEGMENT
        DB      100 DUP(?)
DATA    ENDS
CODE    SEGMENT
        ASSUME  CS:CODE,DS:DATA
BEGIN:  MOV     AX,DATA                 ;第 1 条指令语句
        MOV     DS,AX
        …
CODE    ENDS
        END     BEGIN                   ;源程序到此为止
```

4.3.2 指令性语句

指令性语句是程序的核心部分，其一般格式为（[]里的内容可选）

[标号:]　指令助记符　操作数，操作数，…　[;注释]

① 标号：标号表示机器指令语句的存放地址，其后面必须紧跟冒号“:”。

② 指令助记符：指令助记符表示该语句的操作类型，如数据传送、算术运算等。

③ 操作数：操作数表示指令助记符的操作对象，不同指令的操作数个数不同。

④ 注释：与指示性语句中的注释相同，仅用于说明、解释当前语句。

在第 3 章中，我们已经学习了 80x86 指令系统中各条指令的用法，以及 80x86 系统的各种操作数寻址方式。这里，只补充介绍一些相关知识。

1. NIL 指令

NIL 指令并不属于 80x86 的指令系统，它只用于宏汇编中，是汇编语言中唯一不产生任何机器指令的指令助记符，该指令没有操作数。NIL 仅为标号所在的行保留一个空行而已，没有其他作用。例如：

```
L:  NIL                 ;留下一个空行,方便以后对程序的修改
LOOP      L
```

这两个语句与“L：LOOP　L”完全一样。

2. 宏汇编下的寻址方式

在汇编语言中，操作数的各种寻址方式在原理上与第 3 章中介绍的寻址方式完全相同，只不过在书写形式上有所变化。最明显的不同是，宏汇编语言中引入了变量、标号等概念，并利用它们来代替具体的操作数地址或指令的地址，而真正的地址则由汇编程序计算得到，程序员并不需要知道具体的地址。这使得那些涉及存储器操作数寻址的语句变得更容易编写。

例如，在数据段中偏移量为 100H 的一个字中存放着某个字符串的长度，可以利用指令：

```
MOV      CX,[100H]           ;直接寻址方式
```

把字符串的长度传送到 CX 中。显然，程序员必须知道这个具体的地址才能完成对操作数的访问。然而，当程序中需要使用很多存储器操作数的时候，程序员很难记住每个操作数的具体地址，这给编程带来了许多麻烦，同时也使程序难以读懂。但在宏汇编中，有了变量之后，这种操作就变得简单了。假设在数据段中有定义：

```
STRING   DB  'ABC'          ;定义字符串
STR_LEN  DW  $-STRING       ;字符串长度
```

可以不通过具体的地址，而是通过变量“STR_LEN”来得到字符串的长度：

```
MOV     CX,STR_LEN          ;同样是直接寻址方式
```

当然，必要时可以通过 OFFSET 操作符来得到变量的具体地址偏移量，如：

```
MOV     CX,OFFSET STR_LEN       ;立即数寻址,CX←STR_LEN 的偏移量
```

标号的用法也很类似，我们并不需要去计算真正的指令地址，而是直接通过标号来实现转移。例如：

```
        MOV     CX,COUNT
L:      MOV     AX,[SI]
        …
        LOOP    L
```

汇编程序会自动计算标号 L 的地址偏移量，并代入到 LOOP 语句中。

总之，宏汇编语言程序中，由于变量、标号等概念的引入，使得程序的编写更加接近于高级语言。

3. “INT 21H” 指令的应用

MS-DOS 操作系统具有完备的文件管理功能，并为用户程序提供了丰富的系统服务，如基本输入/输出、打印，等等。利用 21H 类型的中断（INT 21H 指令），可以调用这些服务程序，实现各种 DOS 系统功能。

DOS 系统功能调用的一般步骤如下。

① 将调用功能所需的入口参数存入指定的寄存器或存储单元中。

② 在寄存器 AH 中存放所要调用功能的功能号。

③ 执行 INT 21H 指令，转入中断子程序。

④ 中断子程序运行完后，从指定的寄存器或存储单元中取得出口参数。

MS-DOS 提供了近百种系统功能供程序员调用。下面只介绍其中几种最常用的 DOS 系统功能的调用方法。

（1）单字符显示（功能号：02H）

该功能调用能将指定的字符送到显示器显示。使用时需先设置入口参数，将要显示字符的 ASCII 码存放到寄存器 DL 中。该功能调用没有出口参数。

例如，下面的程序段能在屏幕上显示字符'A'：

```
MOV     DL, 'A'         ;入口参数,DL 存放字符的 ASCII 码
MOV     AH,02H          ;02H 号功能调用
INT     21H             ;显示字符'A'
```

需要注意的是，该功能调用会修改寄存器 AL 中的值（执行后（AL）=（DL）），因此，如果调用前 AL 中存放着有用的数据，应先将其保护起来，如先将 AX 入栈，或先将 AL 保存到别的寄存器中。

（2）单字符输入（功能号：01H、07H）

当调用 01H 号 DOS 系统功能时，程序等待键盘输入，键入一个字符后，自动把键入字符的 ASCII 码送到 AL 中，同时把字符送到显示器上显示。该功能调用没有入口参数。例如：

```
MOV     AH,01H              ;01H 号键盘输入功能调用
INT     21H                 ;AL←输入字符的 ASCII 码,同时屏幕显示该字符
```

07H 号功能调用与 01H 号几乎一样，只不过输入的字符仅仅是保存到 AL 中，并没有在显示器上显示。

（3）检测键盘状态（功能号：0BH）

该功能调用能检测当前时刻键盘是否有键按下。如果有，则出口参数 AL=0FFH，否则 AL=0。需

要注意的是，这个功能调用并不清除输入缓冲，而且只判断是否有键按下，并不关心按下的是哪个键。

例如，下面的程序段会一直循环运行，一直到有按键按下为止：

```
RUN:    …                ;循环运行的程序段
        …
        MOV     AH,0BH   ;0BH 号功能调用
        INT     21H      ;检测键盘状态
        CMP     AL,0
        JZ      RUN      ;如果 AL=0,表示没有键按下,则循环运行,否则跳出
        MOV     AH,01H   ;由于没有清除缓冲,现在仍可以使用 01 号功能调用,
                         ;得到刚才按下的键
        INT     21H
```

（4）直接控制台 I/O（功能号：06H）

该功能调用既能输入字符，也能输出字符。

当入口参数 DL=0FFH 时，执行 INT 21H 指令能检测当前时刻键盘是否有键按下，如果有，则出口参数 AL=输入的字符，同时零标志位清零，并在输入缓冲区中清除掉该字符；如果没有，则零标志位置 1。

当入口参数 DL≠0FFH 时，能将 DL 中的 ASCII 码送显示器上显示。

例如，下面的程序段也能实现“循环执行，有按键则跳出”的功能：

```
RUN:    …                ;循环运行的程序段
        …
        MOV     AH,06H   ;06H 号功能调用
        MOV     DL,0FFH  ;DL=0FFH,输入功能调用
        INT     21H      ;检测键盘状态
        JZ      RUN      ;ZF=1 表示无按键按下,否则 AL←输入的字符,
                         ;同时清除输入缓冲并跳出循环
```

（5）字符串显示（功能号：09H）

该功能调用能将数据段中的字符串输出到屏幕上。调用时需注意，必须将字符串的首地址存放到 DS:DX 中，另外，字符串一定要以字符'$'作为结尾标志。例如，在数据段中定义了一个字符串 STRING：

```
DATA    SEGMENT
STRING  DB   'HELLO',0DH,0AH,'$'    ;0DH、0AH 是回车符、换行符
DATA    ENDS
```

在代码段中，利用 09H 号的功能调用把这个字符串显示出来：

```
MOV     AX,DATA
MOV     DS,AX               ;入口参数 1:DS←字符串所在段的段地址
LEA     DX,STRING           ;入口参数 2:DX←字符串首地址的偏移量
MOV     AH,09H              ;09H 号功能调用
INT     21H                 ;在屏幕上显示 HELLO,并回车换行
```

使用这个功能调用时必须特别注意，中断服务程序只有在遇到字符'$'时才停止显示，如果定义字符串时忘了加上'$'，程序可能会显示一大堆乱码。

另外，该功能调用也会影响寄存器 AL 的值。

（6）字符串输入（功能号：0AH）

该功能调用的作用是，等待键盘输入字符串，并存入设定的缓冲区内，同时在显示器上显示

已输入的字符串，当输入回车符时光标回到当前行的行首，输入结束。

调用该功能时，首先必须定义一个数据缓冲区，然后把缓冲区的首地址（包括段地址和偏移量）存放到 DS:DX 中，缓冲区的第 1 个字节应存放限制最多输入的字符数 *n*。如果 *n*=0，则中断程序不等用户输入字符就直接结束中断服务，否则用户最多能输入 *n*–1 个字符和一个回车符（表示输入结束）。

用户输入完毕后，中断程序把实际键入的字符的个数（不含回车符）存放到缓冲区的第 2 个字节中（地址为 DS:DX+1），再从 DS:DX+2 开始把输入的字符串（包含回车符）存放到缓冲区中。

例如，在数据段中定义了一个数据缓冲区如下。

```
DATA    SEGMENT
BUF     DB   10H,100 DUP(?)      ;限制输入字符数不超过 10H 个
DATA    ENDS
```

这时缓冲区中的数据如图 4-2（a）所示。利用 0AH 号的功能调用来输入字符串：

```
MOV     AX,DATA
MOV     DS,AX                    ;入口参数 1:DS←缓冲区所在段的段地址
LEA     DX,BUF                   ;入口参数 2:DX←缓冲区首地址的偏移量
MOV     AH,0AH                   ;0AH 号功能调用
INT     21H                      ;输入字符串
```

程序运行时，假设从键盘输入字符串'123'以及回车符，则输入后缓冲区中的数据如图 4-2（b）所示，其中，“03H”表示实际输入 3 个字符（不计回车符），接下来 4 个字节按顺序存放字符串和回车符。

由于输入完毕后，服务程序并没有自动换行，只是光标回到当前行的行首，所以，通常会在执行输入程序之后，再输出一个换行字符 0AH：

```
MOV     DL,0AH    ;换行符 0AH
MOV     AH,02H
INT     21H
```

另外，中断服务程序运行完后并不会修改 DS、DX 和缓冲区第 1 个字节（如例子中的“10H”）中的值。

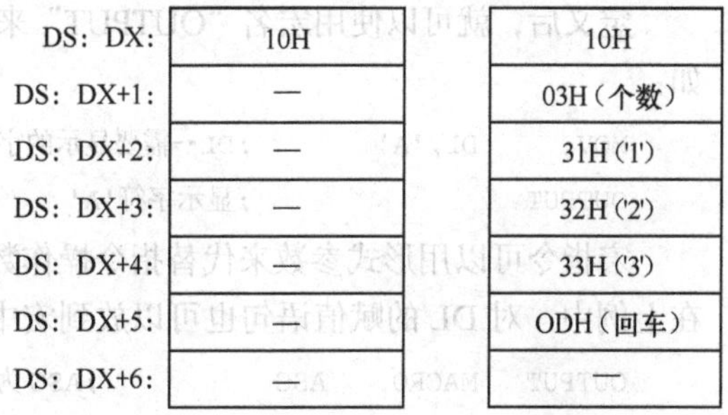

（a）输入前　　（b）输入后

图 4-2　0AH 功能调用示意图

（7）打印输出（功能号：05H）

该功能调用能将 DL 寄存器中的字符送打印机打印。使用时，先把需要打印字符的 ASCII 码存放到寄存器 DL 中。例如：

```
MOV     DL,'A'          ;需打印的字符'A'
MOV     AH,05H          ;05H 号功能调用
INT     21H             ;送打印机打印
```

该指令没有出口参数。

（8）结束调用（功能号：4CH）

该功能调用能终止当前程序，并返回到 DOS 中。通常在程序的结尾，使用指令：

```
MOV     AH,4CH
INT     21H
```

来返回 DOS。

4.4 宏汇编指令

在编写汇编语言源程序时，经常会有相同或相似的程序段多次重复出现。可以利用宏指令来代替这些重复的程序段，从而简化程序的书写，同时也能提高程序的可读性。汇编时，汇编程序如果遇到宏调用，就会对宏进行展开，即把宏体中的语句代替掉宏，然后再进行编译。

下面将具体介绍有关宏操作伪指令及条件汇编的具体用法。

1. 宏定义伪指令 MACRO 和 ENDM

MACRO、ENDM 伪指令的作用是定义一个宏，其格式为

```
宏名    MACRO    [形式参数 1,形式参数 2,…]
        …        ;宏体
        ENDM     ;宏定义结束
```

例如，在程序中可能需要多次显示一个字符，这时可以把显示字符的程序段定义成一个宏：

```
OUTPUT  MACRO
        MOV      AH,02H
        INT      21H
        ENDM
```

定义后，就可以使用宏名“OUTPUT”来代替“MOV AH,02H”和“INT 21H”两条指令。例如：

```
MOV     DL,'A'          ;DL←需要显示的字符
OUTPUT                  ;显示字符'A'
```

宏指令可以用形式参数来代替指令操作数，这使得相似的程序段也可以用宏来代替。例如，在上例中，对 DL 的赋值语句也可以放到宏中：

```
OUTPUT  MACRO    ASC        ;ASC 为形式参数
        MOV      DL,ASC
        MOV      AH,02H
        INT      21H
        ENDM
```

现在使用这个宏来显示字符'A'就更容易了：

```
OUTPUT  'A'  ;显示字符'A'
```

汇编程序在编译时，自动把'A'代入到宏体中出现形式参数的地方，所以上面的语句经汇编程序展开后相当于程序段：

```
MOV     DL,'A'
MOV     AH,02H
INT     21H
```

宏指令的形式参数甚至可以是指令助记符。例如，对于移位指令（如 SHL、ROR 等），移位前需要把移位次数放到 CL 中。这个过程可以定义为一个宏：

```
SHIFT   MACRO    CMD,DEST,N     ;3 个形参
        PUSH     CX             ;保护 CX
        MOV      CL,N           ;CL←移位次数
```

```
        CMD      DEST,CL          ;移位指令
        POP      CX               ;恢复 CX
        ENDM
```

这个宏含有 3 个形式参数，其中 CMD 是移位指令助记符，DEST 是移位指令的目的操作数，N 是移位次数。例如，如果需要把 AL 的值逻辑左移 2 位，则可以使用这个宏：

```
SHIFT   SHL,AL,2 ;CMD=SHL,DEST=AL,N=2
```

2. 取消宏定义伪指令 PURGE

对于使用 MACRO 定义的宏，如果不再需要，就可以用 PURGE 来注销。其格式为

```
PURGE    宏名 1,宏名 2,…
```

注销后的宏名可以重新进行宏定义。

3. 局部符号伪指令 LOCAL

LOCAL 伪指令的格式为

```
LOCAL     标号、变量等的列表
```

采用 MACRO、REPT、IRP 等伪指令定义宏时，如果宏体中含有标号或定义的变量，那么汇编程序在展开宏的时候就会出现标号、变量重复，这显然是不合法的。

这时，可以使用 LOCAL 伪指令来解决这个问题：

```
F1      MACRO    REG
        LOCAL    LAB
LAB:    PUSH     REG
        ENDM
```

有了 LOCAL 之后，汇编程序会自动给重复的标号或变量进行编号（??0000～??FFFF）,从而避免了重复。若有宏调用如下：

```
F1      AX
F1      BX
```

对于上面的宏，展开后变成：

```
??0000: PUSH     AX
??0001: PUSH     BX
```

最后，有必要说明一下宏与子程序的异同。宏指令与子程序都能简化源程序，但它们的实现过程与作用却是大不相同的：首先，宏指令只是简化源程序的编写。汇编时，宏指令全部都会被汇编程序展开。所以，用不用宏，对于汇编出来的目标程序来说，是完全一样的。子程序则不然，由于子程序是在目标程序执行的时候，才由过程调用指令调用的，所以，在汇编阶段，汇编程序不可能将子程序搬到调用该子程序的地方。如果把多次使用的程序段编成子程序，则通常可以缩短目标程序的长度。其次，由于宏指令在汇编阶段就已经展开了，它对目标程序没有影响，所以使用宏并不会增加程序执行的时间开销；子程序虽然能缩短目标程序的长度，但调用子程序时需要做断点和现场的保存和恢复等额外的工作，增加了时间开销。

4.5 编写完整的汇编语言程序

4.5.1 汇编语言程序与 MS-DOS

本章所讨论的汇编语言程序都是基于 MS-DOS 操作系统的。我们编写的程序，最终都需要在

MS-DOS 平台上执行。那么，DOS 是如何把程序装载到内存中并开始执行的呢？程序运行完之后如何才能把控制权交还给 DOS 呢？

1. DOS 的装入功能

以 8086 处理器为例，当 DOS 准备运行某个程序时，能自动完成以下操作（见图 4-3）：

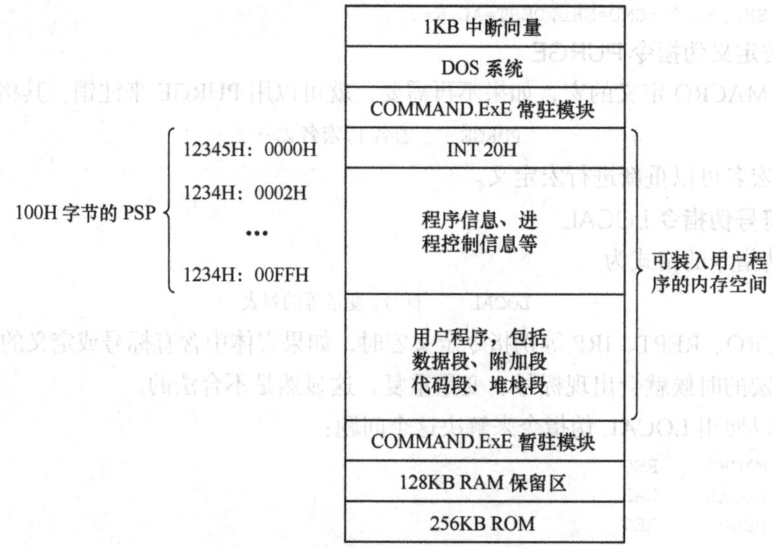

图 4-3　DOS 的内存空间

① 确定用于存放程序（可执行文件）的内存地址空间。

② 建立程序段前缀 PSP（Program Segment Prefix）。

程序段前缀共占用 100H 个字节，里面存放着所要执行的程序的有关信息及进程间的控制信息。在 PSP 最开始的两个字节是一条 INT 20H 软中断指令，该中断服务程序的功能是 DOS 返回，执行该服务程序后控制权就重新回到 MS-DOS。

③ 在程序段前缀后面装入可执行程序，包括程序的数据段、附加段、代码段以及堆栈段。

④ 初始化各个相关寄存器的值：

a. DS、ES 初始化为程序段前缀所在段的段地址。在图 4-3 中，段寄存器 DS 和 ES 都初始化为 1234H。

b. CS、IP 初始化为程序的入口地址，即第 1 条可执行语句的段地址和偏移量，这个地址是从 END 语句中标号的地址属性得到的。

c. SS 初始化为堆栈段的段地址。

d. SP 指向堆栈段的栈底。

至此，DOS 已经完成了程序的装入工作，CS 和 IP 都已经指向程序的开头，接下来程序就可以开始运行了。

2. DOS 的返回

前面提到，INT 20H 中断指令能让程序返回 DOS，但不能直接在程序的结尾用这个中断语句来返回 DOS，这是因为 INT 20H 的执行是有条件的：执行时 CS 应等于程序段前缀所在段的段地址，或者说，必须利用转移指令跳转到程序段前缀的 INT　20H 指令（由于是第 1 条指令，所以其偏移量为 0）。

为达到这个目的，必须知道程序段前缀的段地址。实际上，DOS 在装入程序时，已经把程序段前缀的段地址赋给了 DS 和 ES。因此，我们在程序的最开始保存这个段地址，在程序的最后面设法把段地址装入到 CS 中，并使 IP 的值为 0（如使用 RET 段间返回指令来装载 CS、IP），从而实现跳转。例如，把整个程序写成一个过程：

```
CODE    SEGMENT
        ASSUME  CS:CODE
MAIN    PROC    FAR         ;程序最后需要段间返回,所以过程属性设为 FAR
BEGIN:  PUSH    DS          ;PSP 的段地址入栈
        MOV     AX,0        ;INT 20H 的偏移量为 0
        PUSH    AX          ;把偏移量入栈
        …                   ;注意保护入栈的两个字和 SP 的值
        RET                 ;IP←0,CS←PSP 段地址,返回到 PSP 中的 INT 20H 指令
MAIN    ENDP
CODE    ENDS
        END     BEGIN
```

采用这种方法时，必须特别注意对入栈的段地址和偏移量的保护，以保证 RET 指令能正确地取出它们。例如，下面的程序是不能正常返回 DOS 的：

```
CODE    SEGMENT
        ASSUME  CS:CODE
MAIN    PROC    FAR
BEGIN:  PUSH    DS
        MOV     AX,0
        PUSH    AX
        …                      ;假设这里没有影响堆栈指针 SP 的指令
        MOV     BX,1000H
        PUSH    BX             ;BX 入栈影响 SP
        …                      ;假设这里没有影响堆栈指针 SP 的指令
        RET
MAIN    ENDP
CODE    ENDS
        END     BEGIN
```

由于程序中 BX 只入栈不出栈，导致 RET 指令在取出 CS、IP 时出错，结果 IP←1000H，CS←0，显然程序是无法返回 DOS 的。编程时应该特别注意避免这种错误。

实际上，还可以直接调用 DOS 系统的 4CH 功能，实现 DOS 返回。具体的方法是，在需要返回 DOS 的地方，执行指令：

```
MOV     AH,4CH
INT     21H
```

执行完毕后即能返回 DOS。例如：

```
CODE    SEGMENT
        ASSUME  CS:CODE
BEGIN:  …
        …
        MOV     AH,4CH          ;返回 DOS
        INT     21H
CODE    ENDS
        END     BEGIN
```

4.5.2 汇编语言程序的整体框架

前面我们已经介绍了汇编语言的基本知识。现在从整体的角度来说明怎样编写一个完整的源程序。通常，编写一个程序需要考虑以下部分：

1. 数据段和附加段

数据段和附加段通常用来存放程序中需要用到的常量、变量，或作为输入/输出的缓冲区。数据段和附加段都可以有多个。对于简单的程序，也可以没有数据段和附加段。

2. 堆栈段

堆栈段能在存储器中建立一个数据栈结构，通常用来临时保存和恢复数据。例如，在移位指令中通常需要使用CL来存放移位次数，为保护移位前CL的值，可以先把CX压入栈中，移位完成后再把CX取出：

```
PUSH    CX        ;入栈保护 CX
MOV     CL,4      ;CL←移位次数 4
SHL     AL,CL     ;移位
POP     CX        ;CX 出栈恢复
```

在需要用到中断或过程调用的时候，也需要利用堆栈段来保存和恢复相关的断点信息，如CS、IP、标志寄存器等。还可以利用堆栈来实现参数传递。

3. ASSUME 伪指令

通常程序都需要用ASSUME伪指令来告诉汇编程序哪个是数据段，哪个是代码段等。

4. 代码段

代码段是整个源程序的核心部分。代码段除需实现程序的功能之外，还需考虑以下问题：

（1）对段寄存器的初始化

DOS系统在装入用户程序的时候，把DS和ES初始化为程序段前缀的段地址。但如果在自己的程序中定义了数据段，那么还需要把数据段的段地址赋给DS或ES，之后才能访问数据段中的内容。例如，定义了一个数据段：

```
DATA    SEGMENT
VAR     DB   12H
DATA    ENDS
```

在程序中，必须先初始化DS：

```
MOV     AX,DATA
MOV     DS,AX     ;DS←数据段 DATA 的段地址
```

之后才能访问变量VAR，如MOV　AL,VAR。

（2）返回DOS

程序执行完毕后必须能返回DOS。返回DOS的两种方法前面已经介绍过，这里不再赘述。

5. END 伪指令

在程序的最后必须使用END伪指令，一来告诉汇编程序源程序到此为止；二来让系统知道程序的入口地址（END后面标号的地址），这个地址在DOS装入用户程序，初始化CS、IP时需要用到。

6. 注释

虽然注释部分不会影响程序的运行，汇编程序在编译时也忽略掉注释，但对于程序员，注释部分却可以说是必不可少的。注释能使程序更容易看懂，也方便以后程序的修改和调试。因此，

必须养成良好的注释习惯。

7. 源程序结构框架

一个汇编语言源程序的框架如下。

```
DATA     SEGMENT                           ;数据段部分,可以定义多个数据段
         …                                 ;定义变量、缓冲区等
DATA     ENDS
STACK    SEGMENT  PARA STACK 'STACK'       ;堆栈段部分
         DB   XXXX DUP(?)                  ;定义堆栈的长度
STACK    ENDS
CODE     SEGMENT                           ;代码段部分
         ASSUME   CS:CODE,DS:DATA,SS:STACK,ES:DATA
MAIN     PROC     FAR
BEGIN:   PUSH     DS     ┐
         MOV      AX,0   ├                 ;为 RET 提供转移地址,即 PSP 中 INT 20H 的地址
         PUSH     AX     ┘
         MOV      AX,DATA┐
         MOV      DS,AX  ├                 ;初始化段寄存器 DS、ES(如果需要用到 ES 的话)
         MOV      ES,AX  ┘
         …                                 ;程序部分
         RET                               ;跳转到 PSP 的 INT 20H 指令,返回 DOS
MAIN     ENDP
PROC_1   PROC     NEAR/FAR ┐
         …                 ├               ;定义其他过程,供主程序调用
         RET               ┘
PROC_1   ENDP
CODE     ENDS
         END      MAIN                     ;与 END BEGIN 一样,因为 MAIN 与 BEGIN 地址相同
```

如果采用 4CH 功能调用来返回 DOS，则代码段可以这样写：

```
CODE     SEGMENT                           ;代码段
         ASSUME   CS:CODE,DS:DATA,SS:STACK,ES:DATA
BEGIN:   MOV      AX,DATA┐
         MOV      DS,AX  ├                 ;初始化 DS、ES
         MOV      ES,AX  ┘
         …                                 ;程序部分
         MOV      AH,4CH                   ;4CH 号功能调用
         INT      21H                      ;返回 DOS
PROC_1   PROC     (NEAR) ┐
         …               ├                 ;定义其他过程,供主程序调用
         RET             ┘
PROC_1   ENDP
CODE     ENDS
         END      BEGIN
```

4.5.3 模块化程序设计的思想

当编写规模较大的汇编语言源程序时，可以将整个程序划分为几个彼此相对独立的程序模块，每个模块作为一个单独的源程序文件，能够完成各自的功能。各个模块设计编写完毕后，先对各源程序进行编译，形成各自的目标程序文件，再执行连接程序把所有的目标程序都连接起来，最

终生成一个可执行的程序文件。

1. 模块命名伪指令 NAME 和 TITLE

在模块源程序的开始可以用 NAME 或 TITLE 为该模块命名，其格式为

```
NAME    模块名
TITLE   模块名
```

模块名的作用是指示给连接程序进行连接用。如果源程序中没有定义模块名，则默认以源文件名作为模块名。

2. 逻辑段与物理段

在程序设计时，各模块都可以利用 SEGMENT、ENDS 伪指令来定义各种逻辑段，如数据段、堆栈段等。程序设计完成后，通常需要将多个模块中的同类逻辑段组合成一个大的物理段。例如，各个模块的代码段通常都需要合并在一起，以便程序正常运行；而对于模块中定义的数据段，通常也进行合并，合并后，访问各个被合并的逻辑段的时候，就不用修改段寄存器 DS 的值了。

3. 同类名的组合方式

定位时，连接程序会将各模块中类名相同的逻辑段组合起来。同类名段的合并方法是由各个模块中段定义的"组合方式"来指定的，主要的组合方式有：

① PRIVATE（缺省）：该段是独立的，不允许与其他段组合。

② PUBLIC：该段应与其他模块中的同类名段按照前后次序连接在一起，形成一个完整的物理段。

③ COMMON：该段应与其他模块中的同类名段有相同的起始物理地址，即后面的段会覆盖前面的段。

④ STACK：一般用于堆栈段中，表示该段应与其他模块中的同类名段用覆盖的方式连接，但它的覆盖方式与 COMMON 不同，是从高地址开始覆盖的，即各个同类名堆栈段具有相同栈底物理地址。

⑤ MEMORY：表示该段必须放在同类名的各个段中的最后，即在同名段中具有最高的起始物理地址。如果程序中有多个同名段的组合方式都是 MEMORY，则当成 COMMON 方式进行覆盖连接。

⑥ AT 表达式：直接指定该段的段地址。例如，"AT 1234H"表示该段的段地址为 1234H，段的起始物理地址为 12340H。

例如，某个程序包含了两个模块 MOD1 和 MOD2，这两个模块分别定义了数据段如下。

```
        NAME     MOD1
DATA1   SEGMENT PARA PUBLIC 'DATA'
D1      DB  1,2,3,4
DATA1   ENDS

        NAME     MOD2
DATA2   SEGMENT PARA PUBLIC 'DATA'
D2      DB  5,6
DATA2   ENDS
```

假设连接定位时 MOD1 在前，MOD2 在后，则组合后的数据段如图 4-4（a）所示。可见，由于采用了 PARA 的定位方式，在 D1 和 D2 的中间浪费了 12 个字节。

如果模块 MOD2 采用 BYTE 的定位方式，则 D2 就可以紧接在 D1 后面，从而节省了存储空间，如图 4-4（b）所示。

如果两个模块的组合方式都改成 COMMON，则 D2 会覆盖掉 D1 的一部分数据。这时的数据段如图 4-4（c）所示。

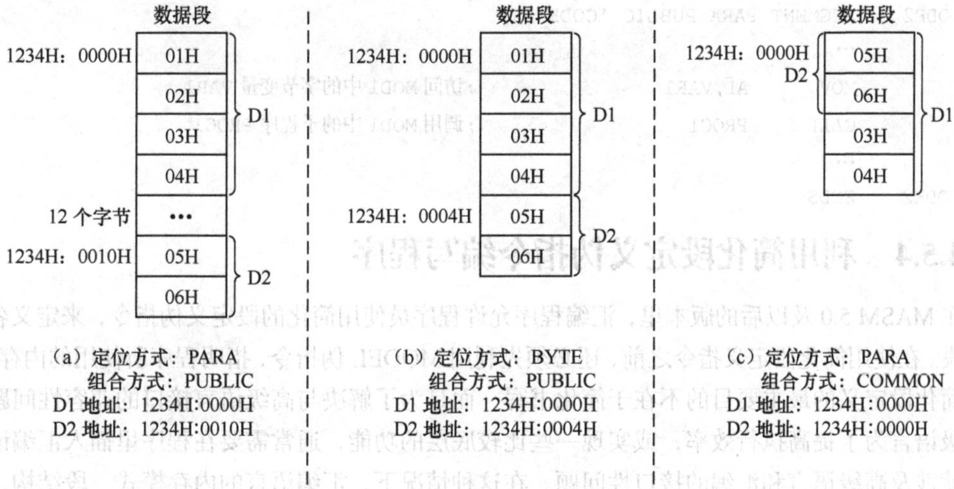

图 4-4 同类名的组合

4. 模块之间的通信

程序按模块划分之后，虽然模块的功能相对独立，但有时候各模块之间还需要相互通信。例如，某模块可能需要访问其他模块中的变量，或需要调用其他模块中的子程序等。那么，如何使模块能访问到别的模块中定义的标识符呢？

汇编语言中提供了 PUBLIC 和 EXTRN 两个伪指令来解决这个问题。PUBLIC 用于说明模块中某些标识符是可以被其他模块访问的，而 EXTRN 则用于说明本模块中哪些标识符是外部的，以及这些标识符的属性是什么。PUBLIC 和 EXTRN 的格式为

```
PUBLIC   标识符,标识符,…
EXTRN    标识符:属性,标识符:属性,…
```

在 EXTRN 中，标识符的属性可以是 BYTE、WORD、DWORD（标识符是变量时），也可以是 NEAR 或 FAR（标识符是标号、过程名等）。习惯上把 PUBLIC 和 EXTRN 语句放在模块的前部。例如，MOD1 中的源程序如下。

```
         NAME     MOD1
         PUBLIC   VAR1,PROC1      ;两个公用标识符 VAR1、PROC1
DATA1    SEGMENT PARA PUBLIC 'DATA'
VAR1     DB   ?                   ;字节变量 VAR1
DATA1    ENDS
CODE1    SENMENT PARA PUBLIC 'CODE'
         …
PROC1    PROC FAR  ┐
         …         ├              ;子程序 PROC1
PROC1    ENDP      ┘
         …
CODE1    ENDS
         …
```

则其他模块可以使用 MOD1 中的字节变量 VAR1、子程序 PROC1。例如：

```
        NAME     MOD2
        EXTRN    VAR1:BYTE,PROC1:FAR    ;说明 VAR1 是字节,PROC1 是远地址
CODE2   SEGMENT PARA PUBLIC 'CODE'
        …
        MOV      AL,VAR1                ;访问 MOD1 中的字节变量 VAR1
        CALL     PROC1                  ;调用 MOD1 中的子程序 PROC1
        …
CODE2   ENDS
```

4.5.4 利用简化段定义伪指令编写程序

在 MASM 5.0 及以后的版本里，汇编程序允许程序员使用简化的段定义伪指令，来定义各种类型的段。在使用简化段定义指令之前，还必须先利用.MODEL 伪指令，指明程序所使用的内存模式。

简化段定义的最主要目的不在于简化书写，而是为了解决与高级语言接口的兼容性问题。一些高级语言为了提高执行效率，或实现一些比较底层的功能，通常需要在程序里插入汇编语言，这样就涉及高级语言和汇编的接口性问题。在这种情况下，汇编语言的内存模式、段结构、段属性必须与高级语言编译系统产生的段结构一致。采用简化段定义伪指令的目的正在于此。

1. 定义内存模式伪指令.MODEL

内存模式是指程序中代码段和数据段在存储器中的存放方式。通常，在一个程序中，所有的代码或数据可以存放在同一个段中，也可以存放在多个段中。当代码或数据处在同个段时，对它们的访问都是近程的，否则需要远程访问。

.MODEL 伪指令的格式为

```
.MODEL    存储模式    [,高级语言接口,操作系统,堆栈距离]
```

其中，存储模型可以使用 TINY、SMALL、MEDIUM、COMPACT、LARGE 和 HUGE 等模式。

① TINY（最小模式）：该模式下，程序中所有的代码和数据都存放在同一个 64KB 的段里，程序中涉及的寻址都是近程的。当编写的程序很小时，就可以采用 TINY 模式。

② SMALL（小模式）：该模式下，程序中所有的代码都放在同一个 64KB 的段里，所有的数据则放到另外一个 64KB 的段中。这是最常用的存储模型。

③ MEDIUM（中模式）：该模式下，程序中的代码量允许超过 64KB，代码可存放在不同的段中，而所有的数据则存放到 64KB 的数据段中。

④ COMPACT（压缩模式）：该模式下，程序中所有代码都放在同一个 64KB 的段中，而数据量允许超过 64KB，可存放到多个数据段中。

⑤ LARGE（大模式）：该模式下，程序中的代码和数据都允许超过 64KB，可以有多个代码段和多个数据段，但每个段最大为 64KB。

⑥ HUGE（巨模式）：该模式下，程序中的代码和数据都允许超过 64KB，可以有多个代码段和多个数据段。而且其数据段允许超过 64KB。

在该伪指令的后面，还可以指定一些模式选项，包括高级语言接口、操作系统、堆栈距离。

① 高级语言接口：汇编程序可以作为一个过程，供其他高级语言调用，以提高高级语言程序的执行效率。这里，高级语言接口可选的语言有 C、BASIC、FORTRAN、PASCAL 等。

② 操作系统：该选项能指明编写的程序是在哪个操作系统下运行的。可选的操作系统有 OS_DOS、OS_OS2 两种。默认为 OS_DOS。

③ 堆栈距离：该选项能指明堆栈段是否与数据段合并在同一个段组中。可选的选项有 NEARSTACK（与数据段同组）、FARSTACK（堆栈段单独作为一段，不与数据段合并）。默认的堆栈距离为 NEARSTACK。

2. 简化段定义伪指令

简化段定义伪指令可以用来定义代码段、数据段和堆栈段等。MASM 汇编程序中共定义了 7 种简化段定义伪指令（[]中的内容可选）：

① .CODE：定义代码段，其格式为

```
.CODE    [name]
```

其中，“name”部分可用于自定义段名，它是可选的。如果没有指定，则默认该代码段的段名为“_TEXT”；如果指定“name”，则段名为“name_TEXT”。

当内存模式为 MEDIUM、LARGE、HUGE 时，程序中可能包含有多个代码，这时可以通过指定不同的“name”来加以区分。

当内存模式为 TINY、SMALL、COMPACT 时，由于程序中只有一个代码段，所以不再需要指定段名，而是直接使用默认名。

② .DATA：定义已初始化的数据段，其格式为

```
.DATA
```

默认的段名是“_DATA”。

③ .DATA?：定义未初始化的数据段，其格式为

```
.DATA?
```

默认的段名是“_BSS”。

④ .FARDATA：定义远程的已初始化的数据段，其格式为

```
.FARDATA    [name]
```

其中，“name”部分可指定段名，它是可选的。如果没有指定，则默认该代码段的段名为“FAR_DATA”。

⑤ .FARDATA?：定义远程的未初始化的数据段，其格式为

```
.FARDATA?    [name]
```

其中，“name”部分可指定段名，它是可选的。如果没有指定，则默认该代码段的段名为“FAR_BSS”。

⑥ .CONST：定义常数数据段，其格式为

```
.CONST
```

默认的段名是“CONST”。

⑦ .STACK：定义堆栈段，其格式为

```
.STACK    [size]
```

其中“size”部分可以指定堆栈段的长度（单位为字节）。如果没有指定，则默认堆栈长度为 1 024B。堆栈段默认的段名为“STACK”。

使用简化段定义时，不必像标准段定义那样需要用 SEGMENT 和 EDNS 伪指令来作为段的开始和结束，而是直接用段定义伪指令作为段的开始，新的段定义伪指令则表示上个段已经结束。但在程序的最后，还是需要利用 END 伪指令结束程序。例如：

```
.DATA                  ;数据段开始
…                      ;数据段中的内容
.STACK   100H          ;数据段结束，堆栈段开始，堆栈长度为 100H
.CODE                  ;堆栈段结束，代码段开始
```

```
START: …              ;第1个可执行语句
       …              ;其他语句
       END  START     ;程序结束
```

由简化段定义伪指令定义的段，其属性（包括定位方式、组合方式、类名、所属的段组等）在不同的内存模式下，是不全相同的。因此，在使用简化段定义之前，一定要先用.MODEL 伪指令来指定内存模式。

3. 等价名的概念

定义了段之后，在程序中可能需要根据段名来得到该段的段基址。在 MASM 5.0 及以后的版本中，引入了“等价名”的概念，以方便访问段名。等价名包括：

① @CODE：当程序中只有一个代码段时，不管有没有指定代码段的“name”，都可以用“@CODE”作为一个等价的段名来访问。

② @DATA：代表由.DATA、.DATA?、.CONST、.STACK 等所定义的段所在的段组名。从表 4-3 中可以看出，不管在哪种内存模式下，这 4 个段总是组合在同一个段组的，因此，@DATA 实际上代表了段组名 DGROUP。

③ @FARDATA：代表.FARDATA 所定义的数据段。

④ @FARDATA?：代表.FARDATA?所定义的数据段。

4. 简化段定义与 ASSUME 伪指令

编程时，如果采用.CODE 定义代码段、采用.DATA、.DATA?、.CONST、.STACK 等定义的数据段，之后，就无须再使用 ASSUME 伪指令来进行段名假定了，因为汇编程序已经知道，.CODE 定义的一定是代码段（段寄存器为 CS），.DATA 等定义的一定就是数据段（段寄存器为 DS），而且这些数据段在同一个段组中。

5. 指定段序伪指令

在 MASM 中，可以指定汇编程序在生成的目标文件中，以某种方法对程序中所有的段进行排序。可用的排序方法有：

① .ALPHA：根据各个段的段名，按字母顺序排序。

② .SEQ（缺省）：按照各个段在程序中出现的顺序进行排序。

③ DOSSEG：按照 DOS 系统对段序的定义进行排序。其排序的规则是：

首先是类名为'CODE'的段；

其次是类名不是'CODE'，且不是段组 DGROUP 成员的段；

最后是属于 DGROUP 的段。

6. 应用举例

下面将通过一个简单的例子来学习简化段定义。假设在 8086 系统中，数据段中有长度为 100 字节的源串，编程将串中内容复制到附加段的目的串中。程序如下。

```
        .8086                        ;8086的指令系统
        .MODEL   SMALL               ;小模式内存
        DOSSEG                       ;根据DOS系统对各段顺序的规定,对各个段排序
        .DATA                        ;数据段开始
SRC     DB   100 DUP(12H)            ;源串
DST     DB   100 DUP(?)              ;目的串
        .STACK   100H                ;数据段结束,堆栈段开始,堆栈长度为100H
        .CODE                        ;堆栈段结束,代码段开始
```

```
MAIN    PROC    FAR
        PUSH    DS
        MOV     AX,0
        PUSH    AX
        MOV     AX,@DATA            ;数据段的段基址
        MOV     DS,AX
        MOV     ES,AX
        MOV     CX,LENGTH  SRC      ;源串的长度
        LEA     SI,SRC              ;源串指针
        LEA     DI,DST              ;目的串指针
        CLD
        REP     MOVSB               ;复制串
        RET
MAIN    ENDP
        END     MAIN                ;程序结束
```

4.6　汇编语言程序设计

前面我们介绍了汇编语言的编写语法格式、源程序结构框架等，本节从程序设计的角度，来学习如何利用汇编语言解决一些实际的问题。

4.6.1　程序设计基本方法

从结构上看，一个程序一般含有顺序结构、分支结构、循环结构和子程结构等基本结构。利用这些结构，可以写出各种功能的程序。

（1）顺序结构

顺序结构是最简单的程序结构，它只按直线顺序执行程序，既不含分支，也不含循环。

（2）分支结构

分支结构中含有判断语句，根据判断结果来选择其中一条分支。一个典型的分支程序段如下。

```
        CMP     AL,BL
        JZ      L1                  ;相等时转 L1 处理
L2:     …                           ;不等时的处理程序
        JMP     NEXT
L1:     …
NEXT:   …
```

（3）循环结构

编写循环结构的程序时，通常需要考虑到几个部分：初始化部分、循环体部分和循环条件判断部分。当循环条件满足时，程序跳转到循环体部分执行下一轮循环，否则退出循环。一个典型的循环程序段如下。

```
        MOV     CX,100              ;初始化部分
L:      …                           ;循环体开始
        …
        DEC     CX                  ;修改循环变量
        JNZ     L                   ;循环条件判断
```

编写循环结构的程序时，需要特别注意防止死循环的发生。例如，如果不慎把初始化部分放

到循环体中，就极有可能出现死循环。上例中，如果把初始化 CX 的语句放到循环体中，那么每次执行循环体时 CX 都赋值 100，这样程序就无限循环了，这显然是不允许的。

另外，在循环体中也要注意对循环条件的保护，如上面例子中，如果在循环体中修改了 CX 的值，也会影响循环的运行。因此，如果循环体中一定需要使用 CX，那么可以在使用前先将 CX 入栈保护，之后再出栈恢复。

（4）子程结构

对于功能相同，且在程序中需要多次出现的程序段，可以将其定义为一个子程序，在主程序需要的时候就可以直接调用它。对于子程结构的编程，通常需要考虑以下几方面：

① 数据的保护与恢复。子程序中可能会修改某些寄存器、存储器的值，如不加保护，必然会对主程序造成影响。因此，在子程序的开头和结尾需要对这些数据进行保护和恢复。一个延时的子程序如下。

```
DELAY   PROC    FAR
        PUSH    CX              ;入栈保护 CX
        MOV     CX,0
L:      LOOP    L
        POP     CX              ;出栈恢复 CX
        RET
DELAY   ENDP
```

② 主程序与子程序之间的参数传递。主程序可能要求子程序每次处理不同的数据，而子程序也可能需要把一些处理结果返回给主程序，这就需要考虑它们之间的数据通信问题。当参数个数比较少时，通常利用寄存器或者堆栈段来传递参数，主程序可以先把待处理的数据存放到寄存器或堆栈段中，然后再调用子程序，子程序就可以从指定的地方取出数据进行处理。当参数个数较多时，主程序也可以在存储器中建立一个参数表，再把参数表的起始地址传递给子程序。

③ 子程序的嵌套调用。在子程序中，可以继续调用其他子程序，各子程序形成嵌套结构。汇编语言并没有限定嵌套的深度（当然堆栈段的空间必须够用）。

有时候，子程序并非用于减少指令的重复，而是用于使整个程序结构化，层次化，体现“自上到下，逐步求精”的编程思想。例如，可以将主程序分为输入、数据处理、输出三部分：

```
MAIN    PROC    FAR
        …
        CALL    INPUT           ;输入数据
        CALL    PROCESS         ;处理输入的数据
        CALL    OUTPUT          ;输出结果
        …
        RET
MAIN    ENDP
```

在子程序 PROCESS 中，又可以根据处理的过程分为初始化、计算等过程：

```
PROCESS PROC    FAR
        …
        CALL    INIT
        CALL    CALCULATE
        …
        RET
PROCESS ENDP
```

这样，利用子程序的嵌套，逐步将程序细分下去，可以使程序结构层次分明，便于编写和阅读。

对于一个实际的程序，一般都不会只包含某一种基本结构，而是由各种基本结构合理地结合起来，实现更复杂的功能。

4.6.2　程序设计举例

下面通过一些具体的例子来学习如何设计完整的程序。考虑到 8086 是 Intel x86 系列处理器的基础，因此，在这些例子中，大部分都是基于 8086 系统的。在本节的最后，我们再学习一些 80386 系统下的编程。

1. 数字输入/输出与码制转换程序设计

一般的输入/输出设备，通常都是用 ASCII 码的形式来处理字符的，例如，键盘输入“1”，实际上得到的是其 ASCII 码 31H 而不是 01H；同样，想在显示器上显示“12”，需要送往显示器的是 31H（字符'1'）和 32H（字符'2'），而不是 12H。因此，在处理数字的输入/输出时，通常需要编写程序来进行码制转换。

（1）十进制数的输入程序

在键盘上输入一个十进制数（不超过 5 位），将输入的数字保存到存储单元中。程序需判断输入的数字是否有效，如果输入中含有除'0'～'9'之外的字符，则提示出错；另外，如果转换结果超过 0FFFFH（65535），也提示溢出错误。

处理输入时，可以将十进制数看成一个字符串，利用 0AH 号字符串输入功能调用，来接收键盘的输入。转换数制时，可先将十进制数的每个位（ASCII 码）转换成未组合 BCD 码，再转换成二进制数。我们利用 BX 来保存临时值，例如，对于十进制数“123”，开始时令 BX=0，地址指针指向数字的最高位“1”，然后通过 3 次循环计算：

```
BX←BX×10+1=1=01H
BX←BX×10+2=12=0CH
BX←BX×10+3=123=7BH
```

最后 BX 中得到 123 的二进制数 7BH,转换完毕。

对于“BX × 10”的计算,无须使用乘法指令 MUL。由于 BX × 10=BX × 2+BX × 8，可以利用加法指令或移位指令来计算：

```
ADD     BX,BX
;BX的2倍,也可用指令 SHL  BX,1
MOV     CX,BX
ADD     BX,BX           ;BX的4倍
ADD     BX,BX           ;BX的8倍
ADD     BX,CX           ;2×BX+8×BX = 10×BX
```

程序流程图如图 4-5 所示。程序如下。

```
DATA    SEGMENT
BUF     DB   6                  ;最多5位
        DB   ?                  ;实际位数
        DB   6 DUP (?)          ;输入缓冲区
```

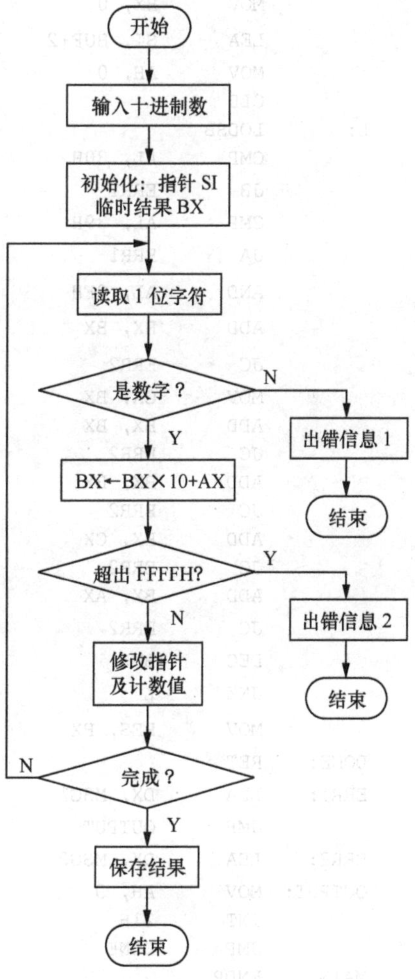

图 4-5　输入十进制数的流程图

```
RES      DW   ?                     ;保存转换结果
MSG1     DB  'INVALID NUMBER', 0DH, 0AH, '$'
MSG2     DB  'OVERFLOW', 0DH, 0AH, '$'
DATA     ENDS

CODE     SEGMENT
ASSUME   CS:CODE, DS:DATA
MAIN     PROC     FAR
         PUSH     DS
         MOV      AX, 0
         PUSH     AX                保存 DOS 返回地址
         MOV      AX, DATA
         MOV      DS, AX            ;初始化 DS
         LEA      DX, BUF
         MOV      AH, 0AH
         INT      21H               ;输入十进制数
         MOV      DL, 0AH
         MOV      AH, 02H
         INT      21H               ;换行
         MOV      BX, 0             ;BX 存放临时结果
         LEA      SI, BUF+2         ;SI 指向最高位
         MOV      AH, 0
         CLD
L:       LODSB
         CMP      AL, 30H
         JB       ERR1              ;非数字,出错
         CMP      AL, 39H
         JA       ERR1              ;非数字,出错
         AND      AL, 0FH           ;ASCII 码→二进制
         ADD      BX, BX            ;开始计算 BX*10+AX
         JC       ERR2              ;结果大于 0FFFFH
         MOV      CX, BX
         ADD      BX, BX
         JC       ERR2
         ADD      BX, BX
         JC       ERR2
         ADD      BX, CX
         JC       ERR2
         ADD      BX, AX
         JC       ERR2              ;计算 BX×10+AX 完毕
         DEC      BUF+1
         JNZ      L                 ;判断循环是否完成
         MOV      RES, BX           ;保存最终结果
DONE:    RET
ERR1:    LEA      DX, MSG1          ;错误信息 1:无效输入
         JMP      OUTPUT
ERR2:    LEA      DX, MSG2          ;错误信息 2:结果大于 0FFFFH
OUTPUT:  MOV      AH, 9
         INT      21H
         JMP      DONE
MAIN     ENDP
CODE     ENDS
         END      MAIN
```

（2）显示二进制数的 ASCII 码形式

先看一个显示二进制数的例子。在内存中有几个 8 位的二进制数，编写程序将它们转换成二进制数的 ASCII 码，并输出到屏幕上。例如，对于字节 12H，转换后能在屏幕上显示'00010010B'。

编程时，可利用逻辑左移指令，将需要显示的字节逐位移入进位标志 CF 中，如果 CF=0，则在屏幕上显示字符'0'（30H），如果 CF=1 则显示'1'（31H）。每显示完一个字节，还需要在二进制数后显示字符'B'并回车换行。

程序流程图如图 4-6 所示。程序如下。

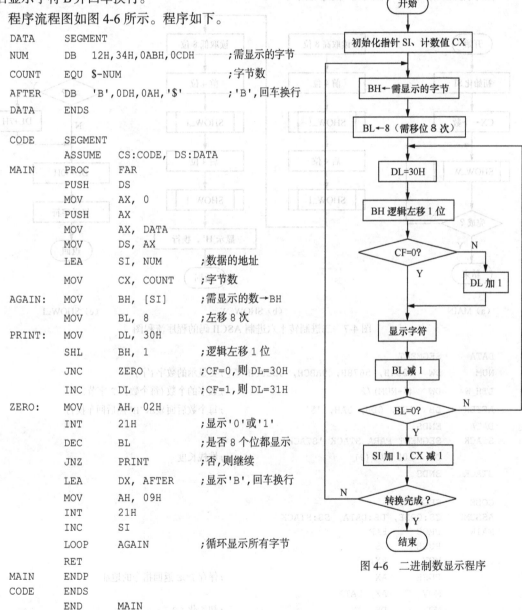

```
DATA      SEGMENT
NUM       DB   12H,34H,0ABH,0CDH          ;需显示的字节
COUNT     EQU  $-NUM                      ;字节数
AFTER     DB   'B',0DH,0AH,'$'            ;'B',回车换行
DATA      ENDS
CODE      SEGMENT
          ASSUME   CS:CODE, DS:DATA
MAIN      PROC     FAR
          PUSH     DS
          MOV      AX, 0
          PUSH     AX
          MOV      AX, DATA
          MOV      DS, AX
          LEA      SI, NUM          ;数据的地址
          MOV      CX, COUNT        ;字节数
AGAIN:    MOV      BH, [SI]         ;需显示的数→BH
          MOV      BL, 8            ;左移 8 次
PRINT:    MOV      DL, 30H
          SHL      BH, 1            ;逻辑左移 1 位
          JNC      ZERO             ;CF=0,则 DL=30H
          INC      DL               ;CF=1,则 DL=31H
ZERO:     MOV      AH, 02H
          INT      21H              ;显示'0'或'1'
          DEC      BL               ;是否 8 个位都显示
          JNZ      PRINT            ;否,则继续
          LEA      DX, AFTER        ;显示'B',回车换行
          MOV      AH, 09H
          INT      21H
          INC      SI
          LOOP     AGAIN            ;循环显示所有字节
          RET
MAIN      ENDP
CODE      ENDS
          END      MAIN
```

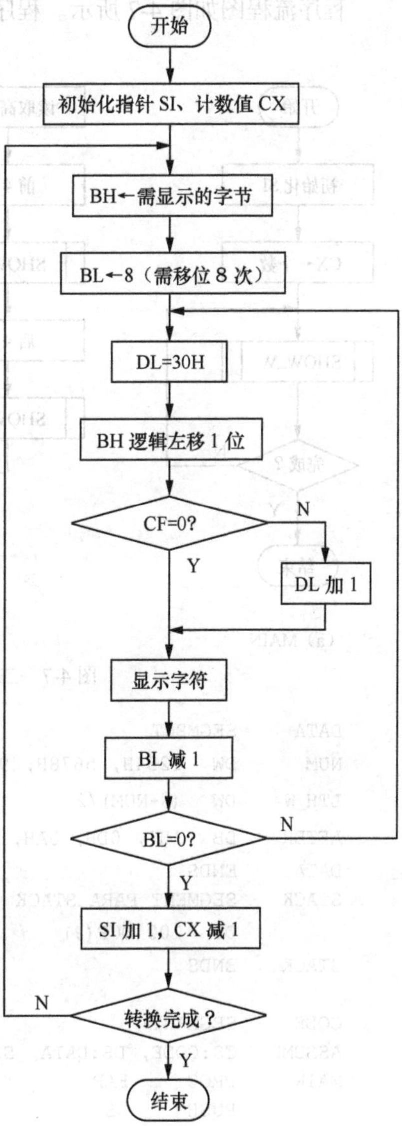

图 4-6　二进制数显示程序

程序运行后，屏幕上将显示：

```
00010010B
00110100B
10101011B
11001101B
```

（3）显示十六进制数的 ASCII 码形式

下面再看一个显示数字的例子。在内存中有几个 16 位的二进制数，编写程序将它们转换成十六进制数的 ASCII 码，并输出到屏幕上，如对于数字 1234H，需将其转换成'1'、'2'、'3'、'4'这 4 个字符，并分别送显示器显示。

编程时，把对每个二进制数的处理写成一个子程序 SHOW_W，在这个子程序中，先将二进制数每 4 位分成一段，每段又调用子程序 SHOW_1，转换成 ASCII 码并输出。

程序流程图如图 4-7 所示。程序如下。

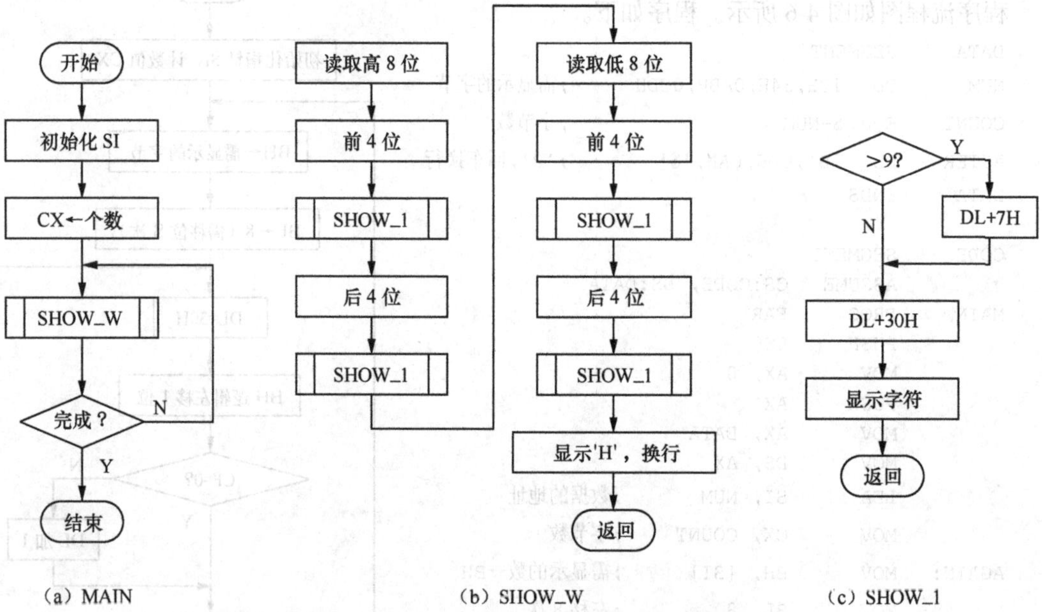

图 4-7　二进制转十六进制 ASCII 码的程序流程图

```
DATA      SEGMENT
NUM       DW   1234H, 5678H, 9ABCH, 0DEF0H        ;要显示的数字(字)
LTH_W     DW   ($-NUM)/2                          ;数字的个数(每个数占 2 字节)
AFTER     DB   'H', 0DH, 0AH, '$'                 ;每个数后面显示"H"然后回车换行
DATA      ENDS
STACK     SEGMENT PARA STACK 'STACK'
          DB   100 DUP(?)                         ;堆栈长度
STACK     ENDS

CODE      SEGMENT
ASSUME    CS:CODE, DS:DATA, SS:STACK
MAIN      PROC      FAR
          PUSH      DS
          MOV       AX, 0
          PUSH      AX                            ;保存 DOS 返回指令的地址
          MOV       AX, DATA
          MOV       DS, AX                        ;初始化 DS
          MOV       CX, LTH_W
          LEA       SI, NUM
L:        CALL      SHOW_W                        ;调用子程序显示一个数字
          INC       SI
```

```
        INC     SI                  ;一个数字占用 2 字节
        LOOP    L
        RET
MAIN    ENDP
SHOW_W  PROC                        ;子程序,能将[SI]中的 16 位数字显示出来
        PUSH    CX                  ;保护 CX
        MOV     DL, [SI+1]          ;先处理高 8 位
        MOV     CL, 4
        SHR     DL, CL              ;前 4 位
        CALL    SHOW_1              ;显示前 4 位的十六进制数
        MOV     DL, [SI+1]
        AND     DL, 0FH             ;后 4 位
        CALL    SHOW_1              ;显示后 4 位的十六进制数
        MOV     DL, [SI]            ;再处理低 8 位
        MOV     CL, 4
        SHR     DL, CL              ;前 4 位
        CALL    SHOW_1              ;显示前 4 位的十六进制数
        MOV     DL, [SI]
        AND     DL, 0FH             ;后 4 位
        CALL    SHOW_1              ;显示后 4 位的十六进制数
        LEA     DX, AFTER
        MOV     AH, 09H
        INT     21H                 ;显示数字后面的“H”,并回车,换行
        POP     CX                  ;恢复 CX
        RET
SHOW_W  ENDP

SHOW_1  PROC
        CMP     DL, 9
        JBE     NEXT
        ADD     DL, 7               ;如果大于 9,则需加 37H,如'A'=41H=10+7+30H
NEXT:   ADD     DL, 30H             ;如果不大于 9,则需加 30H,如'1'=31H=1+30H
        MOV     AH, 02H
        INT     21H                 ;显示一位十六进制数
        RET
SHOW_1  ENDP
CODE    ENDS
        END     MAIN
```

程序运行结果，屏幕上显示：

```
1234H
5678H
9ABCH
DEF0H
```

读者可以将上面几个程序整合起来，编写一个“输入十进制数，显示其二进制或十六进制数”的完整程序。

2. 数值计算程序设计

（1）32 位无符号数相乘

在 8086 指令系统中，MUL 指令只能处理 8 位或 16 位的无符号数相乘，当被乘数或乘数超过

16 位时，就不能直接利用 MUL 指令来实现乘法运算。但是，仍可以将被乘数和乘数每 16 位分为一段，然后模拟笔算的方法进行乘法运算，从而得到最终结果。

以 32 位 × 32 位无符号数为例，将 32 位的无符号数分为高字部分和低字部分，然后模拟笔算的方法（见图 4-8），做 4 次 16 位的乘法运算，得到 4 个部分和 A、B、C、D，再将它们加起来，得到最后结果。相加时，还必须考虑进位的影响，因此程序需要用到 ADC 指令。

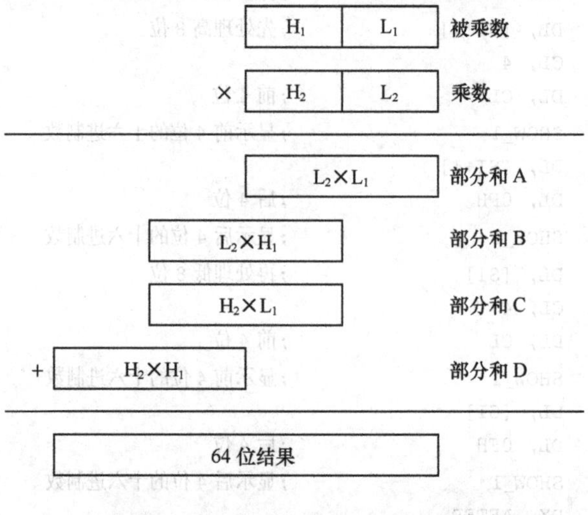

图 4-8　32 位数的模拟笔算相乘过程

设计程序时，将被乘数和乘数存放在存储单元 MUL1 和 MUL2 中，并保留 64 位的存储单元 RES 来保存相乘结果。

程序流程图如图 4-9 所示。程序如下。

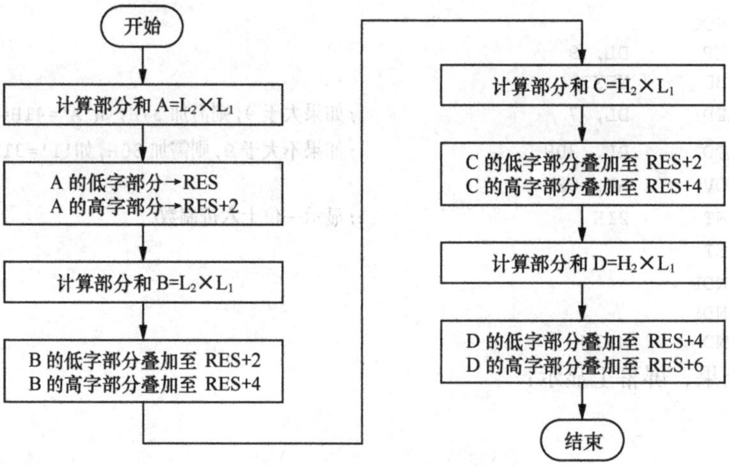

图 4-9　32 位无符号数相乘流程图

```
DATA    SEGMENT
MUL1    DW   5678H, 1234H       ;被乘数 12345678H
MUL2    DW   789AH, 3456H       ;乘数 3456789AH
RES     DW   4 DUP(0)           ;存放 64 位结果,初始化为 0
DATA    ENDS
```

```
CODE    SEGMENT
        ASSUME   CS:CODE, DS:DATA
MAIN    PROC     FAR
        PUSH     DS
        MOV      AX, 0
        PUSH     AX
        MOV      AX, DATA
        MOV      DS, AX
        ;计算部分和 A=L2×L1
        MOV      AX, MUL2       ;AX←L2
        MUL      MUL1           ;(DXAX)←L2×L1
        MOV      RES, AX        ;保存 A 的低字部分
        MOV      RES+2, DX      ;保存 A 的高字部分
        ;计算部分和 B=L2×H1
        MOV      AX, MUL2       ;AX←L2
        MUL      MUL1+2         ;(DXAX)←L2×H1
        ADD      RES+2, AX      ;叠加 B 的低字部分
        ADC      RES+4, DX      ;叠加 B 的高字部分
        ;计算部分和 C=H2×L1
        MOV      AX, MUL2+2     ;AX←H2
        MUL      MUL1           ;(DXAX)←H2×L1
        ADD      RES+2, AX      ;叠加 C 的低字部分
        ADC      RES+4, DX      ;叠加 C 的高字部分
        PUSHF                   ;保存进位标志位
        ;计算部分和 D=H2×H1
        MOV      AX, MUL2+2     ;AX←H2
        MUL      MUL1+2         ;(DXAX)←H2×H1
        ADD      RES+4, AX      ;叠加 D 的低字部分
        ADC      RES+6, DX      ;叠加 D 的高字部分
        POPF                    ;恢复上一次的进位标志位
        ADC      RES+6, 0       ;加进位标志位
        RET
MAIN    ENDP
CODE    ENDS
        END      MAIN
```

程序运行后，RES 中得到 64 位的相乘结果 03B8C7B8E8544430H。

（2）ASCII 码乘法程序

前面提到，由于输入/输出设备都是采用 ASCII 码形式的，因此经常需要码制转换。但有时可以直接利用 AAA、AAS、AAM、AAD 等校正指令，直接对 ASCII 码形式的数字进行四则运算，这样可以省去不少麻烦。

例如，编程实现 ASCII 码的乘法，程序将输入的被乘数（多位）和乘数（1 位）相乘，结果输出到显示器上。

程序中，对于 *n* 位的被乘数，需要 *n* + 1 个字节的空间来存放相乘结果。程序包含 3 个部分：输入、乘法计算、输出，可以将它们写成 3 个子程序：

① 输入子程序中，可用 0AH 号字符串输入功能调用来输入被乘数，用 01 号单字符输入功能调用来输入乘数（程序不考虑无效的数字输入）。

② 乘法子程序中，可以使用模拟笔算乘法的方法，从低位往高位计算，每次相乘和进位相加，都必须用指令 AAM 和 AAA 来校正。需要注意，输入的被乘数是低地址存放高位、高地址存放低位的，因此，初始化时指针应该指向串尾（最低位），修改指针时指针的值应该递减，如果程序需要用到 LODS、STOS 等串操作指令时，必须先把 DF 标志位置 1（可利用指令 STD）。

③ 输出子程序中，需要判断结果的最高位是否为 0，如果为 0 则不要输出，因为数字不以 0 开头。

程序流程图如图 4-10 所示。程序如下。

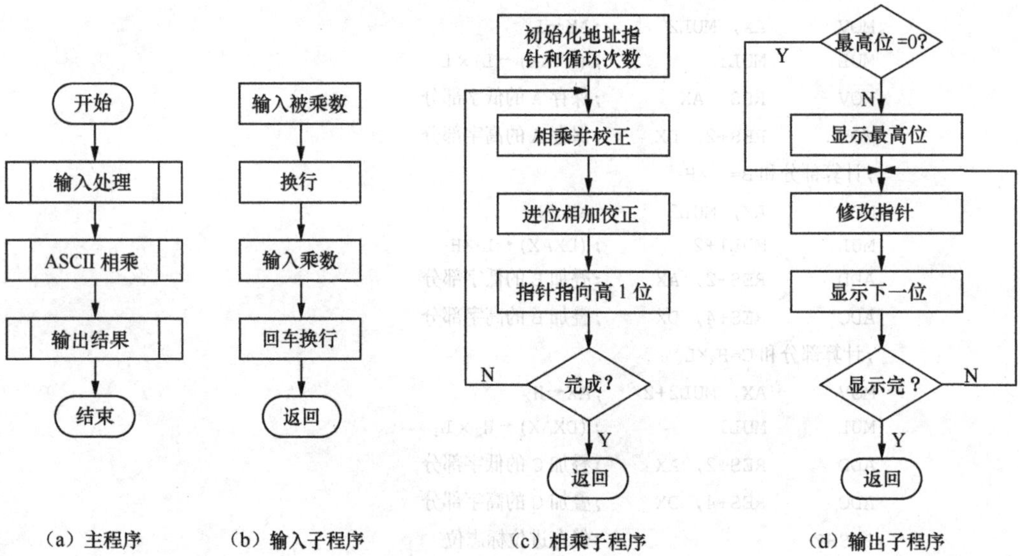

图 4-10 ASCII 码相乘程序流程图

```
DATA      SEGMENT
NUM1      DB   11, ?, 11 DUP (?)          ;被乘数,最多 10 位
NUM2      DB   ?                          ;1 位的乘数
RES       DB   12 DUP (0)                 ;相乘结果,最多 11 位
DATA      ENDS

STACK     SEGMENT PARA STACK 'STACK'
          DB   100 DUP(?)                 ;堆栈长度
STACK     ENDS

CODE      SEGMENT
          ASSUME   CS:CODE, DS:DATA, SS:STACK
MAIN      PROC     FAR
          PUSH     DS
          MOV      AX, 0
          PUSH     AX                     ;保存 DOS 返回指令的地址
          MOV      AX, DATA
          MOV      DS, AX                 ;初始化 DS
          CALL     INPUT                  ;处理输入数据
          CALL     ASCMUL                 ;相乘
          CALL     OUTPUT                 ;输出结果
          RET
MAIN      ENDP
```

```
INPUT   PROC                    ;处理输入的子程序
        LEA     DX, NUM1        ;利用 0AH 号功能调用输入被乘数
        MOV     AH, 0AH
        INT     21H
        MOV     DL, 0AH         ;换行
        MOV     AH, 02H
        INT     21H
        MOV     AH, 01H         ;输入 1 位的乘数
        INT     21H
        AND     AL, 0FH         ;ASCII 码→未组合 BCD 码
        MOV     NUM2, AL        ;NUM2←乘数
        MOV     DL, 0DH         ;回车
        MOV     AH, 02H
        INT     21H
        MOV     DL, 0AH         ;换行
        MOV     AH, 02H
        INT     21H
        RET
INPUT   ENDP
ASCMUL  PROC                    ;ASCII 码乘法子程序
        MOV     CL, NUM1+1
        MOV     CH, 0           ;CX←被乘数的位数
        LEA     SI, NUM1
        ADD     SI, CX
        INC     SI              ;SI←被乘数最低位的地址
        LEA     DI, RES
        ADD     DI, CX          ;DI←存放相乘结果的最低位地址
        STD                     ;高地址(数字的低位)先计算,所以让 DF=1
NEXT:   LODSB
        AND     AL, 0FH         ;ASCII 码→未组合 BCD 码
        MUL     NUM2            ;未组合 BCD 码相乘
        AAM                     ;校正,AH←十位数,AL←个位数
        ADD     AL, [DI]        ;个位数与前一位相乘的进位相加
        AAA                     ;校正,AL←个位数,如果有进位则 AH 增加 1
        MOV     [DI], AL        ;保存
        DEC     DI
        MOV     [DI], AH        ;保存十位数
        LOOP    NEXT
        RET
ASCMUL  ENDP
OUTPUT  PROC                    ;输出结果的子程序
        CMP     [DI], BYTE PTR 0
        JZ      L               ;最高位为 0 则不用输出
        MOV     DL, [DI]
        ADD     DL, 30H         ;未组合 BCD 码→ASCII 码
        MOV     AH, 02H
        INT     21H             ;输出最高位
```

```
L:       INC      DI            ;循环处理其他位
         MOV      DL, [DI]
         ADD      DL, 30H
         MOV      AH, 02H
         INT      21H
         DEC      NUM1+1
         JNZ      L
         RET
OUTPUT   ENDP
CODE     ENDS
         END      MAIN
```

（3）符号函数的实现

符号函数 sgn(x)的定义为

$$\operatorname{sgn}(x)=\begin{cases}-1 & x<0\\ 0 & x=0\\ 1 & x>0\end{cases}$$

假设内存中有一系列的 x 值，现在通过编写程序来求这些 x 对应的 sgn(x)的值。

这是一个典型的分支程序设计，先将 x 的值读入到寄存器 AL 中，然后利用指令“OR AL,AL”（注意该指令并不会改变 AL 的值），将 x 的值的特征（包括 x 是否为 0 及 x 的符号位是否为 0）反映到标志寄存器上，最后根据标志寄存器来实现跳转：如果零标志位 ZF=0，则 sgn(x)=0；如果符号标志位 SF=1，说明 $x<0$，因此 sgn(x)=−1；如果以上两种情况都不满足，则说明 $x>0$，因此 sgn(x)=1。

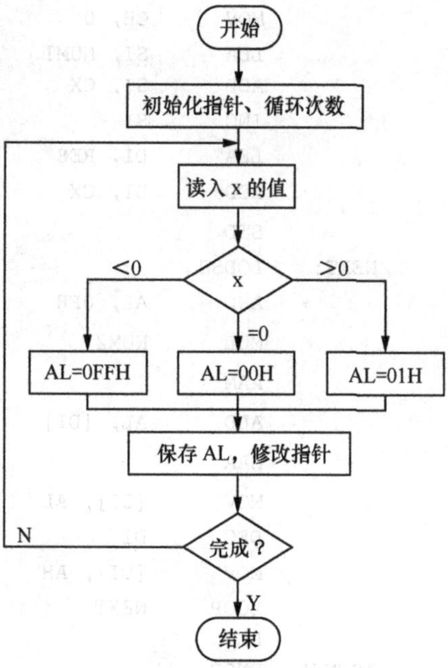

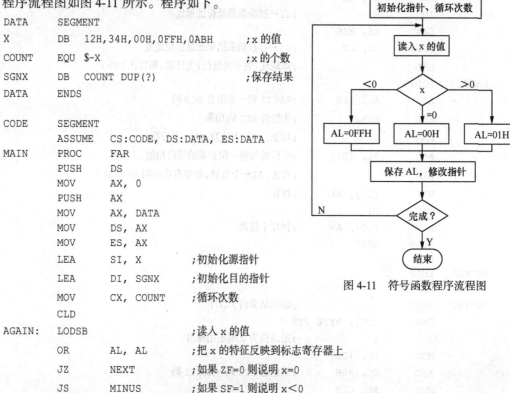

图 4-11　符号函数程序流程图

程序流程图如图 4-11 所示。程序如下。

```
DATA     SEGMENT
X        DB    12H,34H,00H,0FFH,0ABH      ;x 的值
COUNT    EQU   $-X                        ;x 的个数
SGNX     DB    COUNT DUP(?)               ;保存结果
DATA     ENDS

CODE     SEGMENT
         ASSUME   CS:CODE, DS:DATA, ES:DATA
MAIN     PROC     FAR
         PUSH     DS
         MOV      AX, 0
         PUSH     AX
         MOV      AX, DATA
         MOV      DS, AX
         MOV      ES, AX
         LEA      SI, X         ;初始化源指针
         LEA      DI, SGNX      ;初始化目的指针
         MOV      CX, COUNT     ;循环次数
         CLD
AGAIN:   LODSB                  ;读入 x 的值
         OR       AL, AL        ;把 x 的特征反映到标志寄存器上
         JZ       NEXT          ;如果 ZF=0 则说明 x=0
         JS       MINUS         ;如果 SF=1 则说明 x<0
```

```
            MOV       AL, 01H          ;否则 x>0,所以 sgn(x)=1
            JMP       NEXT
MINUS:      MOV       AL, 0FFH         ;x<0,所以 sgn(x)=-1
NEXT:       STOSB                      ;保存结果 sgn(x)
            LOOP      AGAIN
            RET
MAIN        ENDP
CODE        ENDS
            END       MAIN
```

程序运行后 SGNX 中连续的 5 个字节的值分别是 01H、01H、00H、0FFH、0FFH。

（4）逻辑尺控制程序

在设计汇编程序时，有时会遇到在循环体内具有多分支结构的循环程序，在每次执行循环体时，程序都需要根据规定好的次序去决定执行哪一个分支。

例如，在某个程序中，需要控制执行循环 16 次，其中执行第 1，3，7，12，16 次循环要求调用过程 PROC0，执行其他次循环时则要求调用过程 PROC1。

对于这种情况下的循环程序设计，必须确定一个标志，用以表示是调用 PROC0 还是调用 PROC1。在该问题中，由于分支只有两个，故只需采用一位二进制数的“0”或“1”分别表示调用 PROC0 还是 PROC1。

设计程序时，可以用一个 16 位的存储单元 LOG_RUL，来标志 16 次分支所选择的支路。如在上例中，令 LOG_RUL 中的内容为 0101110111101110B。在程序中，只需将 LOG_RUL 的值进行左移，通过进位标志位 CF 为 0 或为 1，来决定调用过程 PROC0 或 PROC1，直到循环结束。

可见，存储单元 LOG_RUL 的作用相当于一把尺子，用于判别调用 PROC0 或 PROC1 的标志，我们就把该尺子称作逻辑尺，并将逻辑尺的值称为逻辑尺常数。

下面通过一个具体的例子来说明逻辑尺的应用。

设在某温度测量系统中，温度传感器每采集到一个温度后，通过 A/D 转换得到一个 0～255 的数值，并以字节的方式存放到缓冲区 BUF 中。现需对 BUF 中 16 个量化温度值进行线性补偿，补偿的方法是，将第 1、3、7、12、16 个数据的值减 2，将其他数据的值加 3。

在程序中，利用逻辑尺控制的方法，来实现温度补偿功能。令逻辑尺常数为 0101110111101110B（5DEEH），每次逻辑左移逻辑尺时，如果移入进位标志 C 的值为 0，则跳转到程序段 PROC0 实现“减 2”功能；如果移入 C 的值为 1，则跳转到程序段 PROC1 实现“加 3”功能。程序流程图如图 4-12 所示。程序如下。

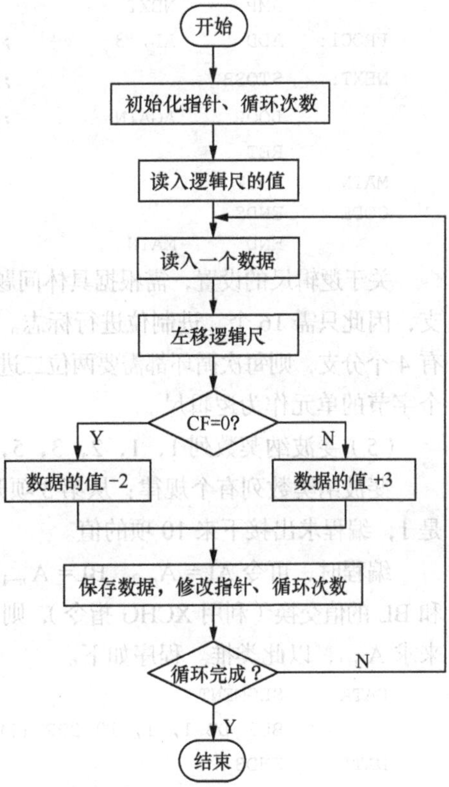

图 4-12　逻辑尺控制流程图

```
DATA        SEGMENT
BUF         DB   12,23,34,45,56,67,78,89,98,87,76,65,54,43,32,21 ;量化温度值
RES         DB   16 DUP(?)                ;存放结果的缓冲区
```

```
LOG_RUL  DW    5DEEH                    ;逻辑尺
DATA     ENDS

CODE     SEGMENT
         ASSUME  CS:CODE, DS:DATA, ES:DATA
MAIN     PROC    FAR
         PUSH    DS
         MOV     AX, 0
         PUSH    AX
         MOV     AX, DATA
         MOV     DS, AX
         MOV     ES, AX
         LEA     SI, BUF
         LEA     DI, RES
         MOV     BX, LOG_RUL            ;读入逻辑尺常数
         MOV     CX, 16                 ;循环次数
AGAIN:   LODSB                          ;读入温度值
         SHL     BX, 1                  ;逻辑尺左移
         JC      PROC1                  ;如果 CF=1 则转“+3”程序段
PROC0:   SUB     AL, 2                  ;否则 CF=0,进行“-2”运算
         JMP     NEXT
PROC1:   ADD     AL, 3                  ;“+3”运算
NEXT:    STOSB                          ;处理完毕保存结果
         LOOP    AGAIN                  ;循环处理
         RET
MAIN     ENDP
CODE     ENDS
         END     MAIN
```

关于逻辑尺的设置，需根据具体问题的要求而定。上面程序中循环只需 16 次，且只有两个分支，因此只需 16 个二进制位进行标志。如果问题比较复杂，例如，循环体需要执行 32 次，每次有 4 个分支，则每次循环都需要两位二进制数分别代表 4 种情况。这时，程序需要用 $32\times2\div8=8$ 个字节的单元作为逻辑尺。

（5）斐波纳契数列 1，1，2，3，5，…

斐波纳契数列有个规律：从第 3 项开始，每项的值等于其前两项之和。已知数列的前两项都是 1，编程求出接下来 10 项的值。

编程时，可令 AL= A_{n-2}，BL= A_{n-1}，计算 AL←AL+BL 后，AL= A_n，保存 A_n 后，再把 AL 和 BL 的值交换（利用 XCHG 指令），则 AL= A_{n-1}，BL= A_n；下一轮循环，又可以用 AL←AL+BL 来求 A_{n+1}，以此类推。程序如下。

```
DATA     SEGMENT
         BUF  DB 1, 1, 10 DUP (?)       ;保存数列的值
DATA     ENDS

CODE     SEGMENT
         ASSUME CS: CODE, DS: DATA, ES: DATA
MAIN     PROC    FAR
         PUSH    DS
         MOV     AX, 0
         PUSH    AX
```

```
        MOV     AX, DATA
        MOV     DS, AX          ;初始化 DS
        MOV     ES, AX          ;初始化 ES
        MOV     DI, OFFSET BUF+2 ;初始化地址指针
        MOV     AL, BUF         ;AL←第 1 项
        MOV     BL, BUF+1       ;BL←第 2 项
        MOV     CX, 0AH         ;CX←10,计算 10 项
        CLD                     ;DF=0
L:      ADD     AL, BL          ;AL←An-2+An-1=An
        STOSB                   ;保存
        XCHG    AL, BL          ;BL←An,AL←An-1
        LOOP    L
        RET
MAIN    ENDP
CODE    ENDS
        END     MAIN
```

3. 字符串处理程序设计

计算机经常需要对各种字符串进行处理，例如，确定字符串长度、字符串关键字查找、字符串匹配等。编程时可合理利用 80x86 指令系统中的串操作指令，来提高程序执行效率。使用串操作指令时需要注意指针的初始化问题，指令默认源串的起始地址为 DS:SI，目的串的起始地址为 ES:DI。

（1）关键字查找

已知存储器中一字符串 STRING 及字符串长度，编程查找串中第 1 个出现关键字的位置。如果找到，则把该位置相对于串首的偏移量存放到存储单元 RES 中，否则将 RES 的值置为 0FFFFH。例如，在串'ABAB'中查找字符'A'，由于串中第 1 个'A'出现在串首，所以结果 RES=0。

程序可利用串操作指令 SCAS 来查找关键字，并用前缀 REPNE 来循环查找。需要注意的是，前缀 REP 的操作过程是，**先判断是否为 0，再把 CX 减 1**，然后执行串操作，因此，在初始化的时候，必须将字符串长度加 1 的值赋给 CX。

完整程序如下。

```
DATA    SEGMENT
STRING  DB  'ABCDEFG'           ;字符串
STR_LEN DW  $-STRING            ;字符串长度
KEY     DB  'A'                 ;查找的关键字
RES     DW  ?                   ;存放结果
DATA    ENDS

CODE    SEGMENT
ASSUME  CS:CODE, DS:DATA, ES:DATA
BEGIN:  MOV     AX, DATA
        MOV     DS, AX          ;初始化 DS
        MOV     ES, AX          ;初始化 ES
        LEA     DI, STRING      ;目的串地址
        CLD
        MOV     CX, STR_LEN
        INC     CX              ;CX←串长+1
L:      MOV     AL, KEY         ;AL←关键字
```

```
        REPNE   SCASB               ;查找
        CMP     CX, 0
        JZ      NO                  ;(CX)=0 说明串中找不到关键字
        MOV     AX, STR_LEN
        SUB     AX, CX
        MOV     RES, AX             ;RES←串长 -(CX)
        JMP     DONE
NO:     MOV     RES, 0FFFFH
DONE:   MOV     AH, 4CH
        INT     21H
CODE    ENDS
        END  BEGIN
```

（2）字符串匹配程序

输入两个字符串，比较两个字符串在不区分大小写的情况下是否匹配，如'ABC'与'Abc'匹配，'ABC'与'AbcD'则不匹配。匹配时输出'Y'，否则输出'N'。

程序需要进行多重判断。思路如下。

① 如果串长不同，则肯定不匹配，否则逐个字符进行比较。

② 比较时，如果字符不一样，则先判断是否为字母，不是字母说明不匹配；是字母，则需继续比较是不是同一个字母（可统一为大写字母再比较），不同字母则说明不匹配。

③ 当有字符不匹配时说明两个串不匹配，就不需要继续比较下去了；只有在所有字符都匹配时两个串才匹配。

程序流程图如图 4-13 所示。程序如下。

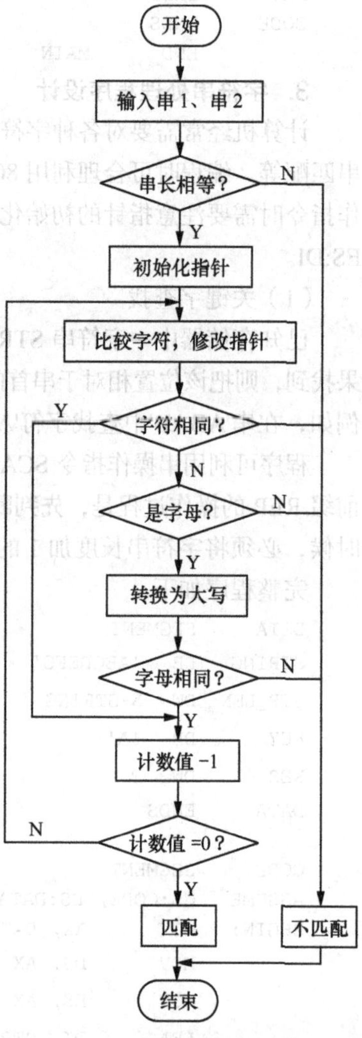

图 4-13　字符串匹配流程图

```
DATA    SEGMENT
STR1    DB  100, ?, 100 DUP(?)      ;串 1 缓冲区
STR2    DB  100, ?, 100 DUP(?)      ;串 2 缓冲区
DATA    ENDS

CODE    SEGMENT
ASSUME  CS:CODE, DS:DATA, ES:DATA
MAIN    PROC     FAR
        PUSH     DS
        MOV      AX, 0
        PUSH     AX
        MOV      AX, DATA
        MOV      DS, AX         ;初始化 DS
        MOV      ES, AX         ;初始化 ES
        LEA      DX, STR1
        MOV      AH, 0AH
        INT      21H            ;输入串 1
        MOV      DL, 0AH
        MOV      AH, 2
        INT      21H
        LEA      DX, STR2
        MOV      AH, 0AH
        INT      21H            ;输入串 2
        MOV      DL, 0AH
```

```
            MOV     AH, 2
            INT     21H
            MOV     AL, STR1+1
            CMP     AL, STR2+1
            JNZ     NO              ;串长不等则不匹配
            LEA     SI, STR1+2      ;初始化 SI
            LEA     DI, STR2+2      ;初始化 DI
            CLD
L:          CMPSB                   ;开始比较
            JZ      NEXT            ;相等则继续
CONT:       MOV     AL, [SI-1]      ;不等则判断是不是字母
            CMP     AL, 'A'
            JB      NO              ;不是字母,不匹配
            CMP     AL, 'Z'
            JBE     CONT2           ;是字母,继续判断是否同个字母
            CMP     AL, 'a'
            JB      NO              ;不是字母,不匹配
            CMP     AL, 'z'
            JA      NO              ;不是字母,不匹配
CONT2:      AND     AL, 11011111B   ;转大写字母
            MOV     BL, [DI-1]
            AND     BL, 11011111B   ;转大写字母
            CMP     AL, BL
            JNZ     NO              ;不同字母,不匹配
NEXT:       DEC     STR1+1          ;修改计数值
            JZ      YES             ;如果计数值减到 0,说明全部都匹配
            JMP     L               ;如果计数值不为 0,则继续
YES:        MOV     DL, 'Y'         ;匹配,输出'Y'
            JMP     OUTPUT
NO:         MOV     DL, 'N'         ;不匹配,输出'N'
OUTPUT:     MOV     AH, 2
            INT     21H
            RET
MAIN        NDP
CODE        NDS
            END     MAIN
```

4. 利用 32 位机的新特性编程

下面，以实模式下的 80386 系统为例，说明如何利用 32 位机的优势，编写高执行效率的程序。

在 3.3 节中，已经对 80x86 系列处理器的指令系统作了具体比较。我们知道，从编程的角度看，在实模式下，80386 系统与之前的 16 位处理器相比，最明显的特点是：

① 80386 的寄存器和数据总线都是 32 位的，指令可以直接对 32 位数进行处理，这大大提高了计算效率。

例如，前面我们曾举过 8086 下 32 位无符号数相乘的例子，在 80386 系统中，实现这种功能的程序就变得简单多了，只需要使用一次 MUL 指令，就能完成 32 位无符号数的相乘。程序如下（采用简化段定义的格式书写）。

```
            .386
            .MODEL SMALL
            .DATA
```

```
MUL1    DD   12345678H          ;被乘数
MUL2    DD   3456789AH          ;乘数
RES     DD   ?,?                ;存放结果
        .CODE
START:  MOV      AX,@DATA
        MOV      DS,AX          ;初始化DS
        MOV      EAX,MUL1       ;EAX←被乘数
        MOV      EBX,MUL2       ;EBX←乘数
        MUL      EBX            ;相乘
        MOV      RES,EAX        ;存放结果的低位
        MOV      RES+4,EDX      ;存放结果的高位
        MOV      AH,4CH         ;返回DOS
        INT      21H
        END      START
```

② 80386 的寻址方式比以往的处理器更加灵活：一方面由于使用了比例因子，方便对不同数据类型的数组进行访问；另一方面，80386 放宽了对基址寄存器和变址寄存器的限制，使编程更方便灵活。

例如，要求在 80386 系统中，实现两个长整数相加，每个整数占 4×100 个字节。编程时，可以将被加数和加数分成 100 个双字，再分别相加。注意每次相加都可能产生进位，因此需要使用 ADC 指令。程序如下。

```
        .386
        .MODEL SMALL
        .DATA
NUM1    DD   100 DUP (?)                    ;被加数
NUM2    DD   100 DUP (?)                    ;加数
RES     DD   101 DUP (?)                    ;存放结果
        .STACK    100H                      ;堆栈长度100H字节
        .CODE
START:  MOV       AX,@DATA
        MOV       DS,AX                     ;初始化DS
        MOV       SI,0                      ;初始化变址寄存器SI
        MOV       CX,LENGTH  NUM1           ;循环次数
        CLC                                 ;将CF清零
;------------------------循环体开始------------------------
AGAIN:  MOV       EAX,NUM1+SI*(TYPE NUM1)   ;读入被加数
        ADC       EAX,NUM2+SI*(TYPE NUM2)   ;与加数相加(含进位)
        MOV       RES+SI*(TYPE RES),EAX     ;存放结果
        INC       SI                        ;修改变址寄存器
        LOOP      AGAIN                     ;循环
;------------------------循环体结束------------------------
        JC        CARRY                     ;判断最后的CF是否为1
        MOV       RES+SI*(TYPE RES),0       ;如果最后没进位,则结果最高位=0
        JMP       DONE
CARRY:  MOV       RES+SI*(TYPE RES),1       ;否则,最高位=1
DONE:   MOV       AH,4CH                    ;返回DOS
        INT       21H
        END       START
```

这里着重分析 AGAIN 部分的循环体：

首先，循环体中 INC、LOOP、MOV 等指令都是不会影响进位标志 CF 的，这一点在 3.2 节介绍指令系统的时候已经强调过。因此，ADC 指令中的进位来源于上一次 ADC 指令的相加结果。

其次，循环体中采用了“变址*比例因子+位移量”的寻址方式，这是 80386 及其后继机型中特有的寻址方式，它的好处是显而易见的。假如我们仍用 8086 系统的“变址+位移量”的寻址方式，那么变址的值在每次循环中应该增加 4，因此必须连续使用 4 个“INC　SI”指令。

当然，也可以使用指令“ADD　SI,4”来让 SI 的值增加 4，但由于 ADD 指令会影响进位标志 CF，破坏 ADC 指令的相加结果，因此，在 ADD 指令之前，必须先用 PUSHF 指令将标志寄存器入栈，加完之后再用 POPF 指令恢复标志寄存器。

可见，不管采用哪种方法，都不如直接使用比例因子方便。

③ 80386 系统还增加了不少新的指令，如提供了很多位操作指令、增加了双精度逻辑移位指令，等等。充分利用这些新指令也可以提高程序执行效率。

习　题

1. 指出以下数据定义伪指令所分配的字节数（8086 系统）。

（1）DATA1 DB　　10,? ,'A'

（2）DATA2 DW　　10 DUP(2,3 DUP(?),1)

（3）DATA3 DB　　'HELLO,WORLD! ','$'

（4）DATA4 DW　　DATA4

2. 指出以下数据定义伪指令所分配的字节数（80386 系统）。

（1）DATA1 DF　　12,34,56

（2）DATA2 DF　　DATA2

（3）DATA3 DQ　　0, 10 DUP(?)

（4）DATA4 DT　　0,1,2

3. 指出以下指令哪些是无效的，并说明原因。

（1）ADDR　　DB　$

（2）DATA　　DB　F0H,12H

（3）1_DATA　　DW　1234H

（4）@VAR　　DW　VAR1　　;VAR1 为一个字节变量

（5）MOV　　AX,[10-VAR1]　　;VAR1 为一个字变量

（6）MOV　　BX,[VAR2*2+1]　　;VAR2 为一个字变量

4. 假设已定义数据段如下。

```
DATA     SEGMENT
         ORG      100H
DATA1    DB       10 DUP(1,2,3)
DATA2    DW       DATA1,$
DATA     ENDS
```

且段寄存器 DS 已初始化为该数据段的段基址（假设段基址为 1234H）。请指出以下指令执行后，

相应的寄存器中的内容。

```
(1) MOV    AX,WORD PTR DATA1        ;(AX)=?
(2) MOV    BX,DATA2                 ;(BX)=?
(3) MOV    CX,DATA2+2               ;(CX)=?
(4) MOV    DX,OFFSET  DATA2         ;(DX)=?
(5) MOV    SI,SEG  DATA1            ;(SI)=?
(6) MOV    DI,LENGTH   DATA1        ;(DI)=?
(7) MOV    SP,TYPE DATA1            ;(SP)=?
(8) MOV    BP,SIZE DATA2            ;(BP)=?
```

5. 在 8086 系统下，编写完整程序，实现从键盘上输入 8 位二进制数，从显示器上显示相应的十六进制数，如从键盘上输入“00010010”，应在显示器上显示“12H”。

6. 在 8086 系统下，编写完整程序，实现从键盘上输入两个 4 位十进制数，从显示器上显示这两个数之和，例如输入“1234”、“5678”，应在显示器上显示“6912”。

7. 在 8086 系统下，编写完整程序，实现两个 32 位带符号数相乘。假设被乘数存放在以字变量 MUL1 开始的连续 4 个字节中，乘数存放在以字变量 MUL2 开始的连续 4 个字节中，相乘结果存放在以字变量 RES 开始的连续 8 个字节中。

8. 在 8086 系统下，编写完整程序，找出字节数组 ARRAY 中的最大值和最小值。假设 ARRAY 的长度为 100 个字节，每个字节为一个无符号数，程序执行后最大值将存放到字节变量 MAX 中，最小值则存放到字节变量 MIN 中。

9. 在 8086 系统下，编写完整程序，将字节数组 ARRAY 中的所有数据往高地址的方向移动一位，即原来存放在 ARRAY 中的字节移动到 ARRAY+1 中，原来存放在 ARRAY+1 中的字节移动到 ARRAY+2 中，……，以此类推。假设 ARRAY 的长度为 100 个字节。

10. 在 8086 系统下，编写在长字符串 L_STR 中查找短字符串 S_STR 的完整程序，如果找到匹配的字符串，则将字节变量 RES 置 0FFH，否则置 0。例如，在字符串'ABABCD'中可找到字符串'ABC'，则 RES=0FFH。

11. 在 80386 系统下，编程实现两个 64 位无符号数相乘。

第5章 微机总线技术

微型计算机主要由微处理器、存储器、输入/输出接口组成，然后通过总线把这些部件连接起来。在前面章节中，详细介绍了 Intel 80x86/Pentium 系列 16/32 位微处理器的内部结构，并系统学习了指令系统和汇编语言程序设计。在本章，我们将面向系统组成介绍微机的总线技术，主要内容包括：总线概述、8086/8088 CPU 和 Pentium CPU 的引脚信号、总线形成以及总线操作时序，最后介绍微机系统的各种总线技术。

5.1 总线概述

所谓总线，就是一组连接计算机多个功能部件（运算器、控制器、存储器、I/O 设备）并能进行信息传输的公共信号线。总线的功能就是为各个部件提供公共通道，传输各种信息，包括指令、数据和地址。

微型计算机采用总线技术简化了硬、软件的系统设计，在硬件方面，设计者只需按总线规范设计插件板，保证它们具有互换性与通用性，支持系统的性能及系列产品的开发；在软件方面，接插件的硬件结构带来了软件设计的模块化。用标准总线连接的计算机系统结构简单清晰，便于扩充与更新。

1. 总线的分类

根据面向的对象不同，总线可以有不同的分类。

（1）按功能划分

按照功能或所传输信号类型来划分，总线可以分为：地址总线（Address Bus）、数据总线（Data Bus）和控制总线（Control Bus）。

地址总线用来传送地址信息，例如，从 CPU 输出地址信号到存储器或外设接口，用于寻址存储器单元或外设端口，因此，地址总线是单向的。地址总线的位数决定了寻址范围，比如 8086/8088CPU 有 20 位地址信号，它可以寻址的存储空间为 1MB。

数据总线用于传送数据信息，它又有单向传输和双向传输数据总线之分。双向传输数据总线通常采用双向三态形式的总线。数据总线的位数通常与微处理的字长一致。例如，Intel 8086 微处理器字长为 16 位，其数据总线宽度也是 16 位。

在有的系统中，数据总线和地址总线可以在地址锁存器控制下被共享，即复用。

控制总线用来传送各种控制信号，如 CPU 向存储器或外设发读/写命令，外部设备向 CPU 发中断请求等。有时微处理器对外部存储器进行操作时，要先通过控制总线发出读/写信号、片选信号和读入中断响应信号等。控制总线的传送方向由具体控制信号来定，其位数也由系统的实际控制需要来定。

（2）按所处位置划分

按所在系统不同层次的物理位置划分，总线大致可分为如下几类。

① 片内总线：在微处理器芯片内部连接各寄存器及运算部件之间的总线。

② 芯片总线：用于连接各种芯片，一般直接印刷在电路板上。

③ 局部总线：是少数模块之间交换数据的总线，如 CPU 及其外围芯片与局部资源之间的信息通道、CPU 到北桥的总线、内存到北桥的总线等。

④ 系统总线：CPU 与计算机系统的其他高速功能部件，如存储器、I/O 接口、通道等互相连接的总线。也称为板级总线，用来与扩展槽上的各扩展板相连接。系统总线是微机系统中最重要的总线，通常所说的总线就是这种总线，如 PC/XT 总线、PC/AT 总线（ISA 总线）、PCI 总线等。

宏观上说，局部总线和系统总线都是总线，用来交换数据，不同点主要是应用的位置不一样，一个是系统级，连接很多设备，一个是少数设备之间的连接。

⑤ 外总线：用于微机系统与系统之间，微机系统与外部设备如打印机、磁盘设备或微机系统和仪器仪表之间的通信通道。其数据传输速率比系统总线低，数据传输方式可以是并行或串行。不同的应用场合有不同的总线标准。例如，用于连接并行打印机的 Centronics 总线，用于串行通信的 EIA-RS 232C 总线和通用串行总线 USB 和 IEEE 1394 等。

2. 总线的主要性能

在 CPU 速度不断提高的今天，人们对总线的要求就是在传输稳定的情况下尽可能快地传输信号。事实上，伴随着 CPU 的发展，总线的性能也在不断提高。下面是总线的主要性能参数。

（1）总线宽度

总线宽度指一次能同时传输的数据位数，如 8 位、16 位、32 位、64 位和 128 位等总线，分别指能同时传输 8 位、16 位、32 位、64 位和 128 位。

（2）总线频率

总线频率指总线每秒能传输数据的次数。很明显，工作频率越高，传输速度就会越高。

（3）传输速率

传输速率指在单位时间内总线可传输的数据总量，用每秒能传输的字节数来衡量，单位为 MB/s。

传输速率与频率和宽度的关系为

$$传输速率=(总线宽度/8)\times 总线频率$$

3. 总线的标准

对总线插座的尺寸、引线数目、各引线信号的含义、时序和电气参数等作明确规定，这个规定就是总线标准。

PC 系列机上采用的总线标准有：IBM PC/XT 总线、ISA（Industrial Standard Architecture，工业标准体系结构）、EISA（Extended Industrial Standard Architecture，扩展工业标准体系结构），VESA（又称 VL-bus）（Video Electronics Standards Association，视频电气标准协会），PCI（Peripheral Component Interconnect，外部设备互连）、USB（Universal Serial Bus，通用串行总线）、AGP（Accelerated Graphics Port，图形加速端口）（显卡专用线）。

总线标准的机械规范规定总线的根数、插座形状、引脚排列等；功能规范规定总线中每根线的功能，从功能上，总线分成三组：地址总线、数据总线、控制总线；电气规范规定总线中每根线的传送方向、有效电平范围、负载能力等；时间规范规定每根线在什么时间有效，通常以时序图的方式进行描述。

4. 总线体系结构

（1）单总线体系结构

在许多单处理器的计算机中，使用单一的系统总线来连接 CPU、内存和 I/O 设备，这种总线结构称作单总线结构。图 5-1 所示为早期的 IBM PC/XT（8088 CPU）示意图，采用 IBM PC/XT 单总线连接各部件。在单总线结构中，要求连接到总线上的逻辑部件必须高速运行，以便在某些设备需要使用总线时，能迅速获得总线控制权；而当不再使用总线时，能迅速放弃总线控制权。

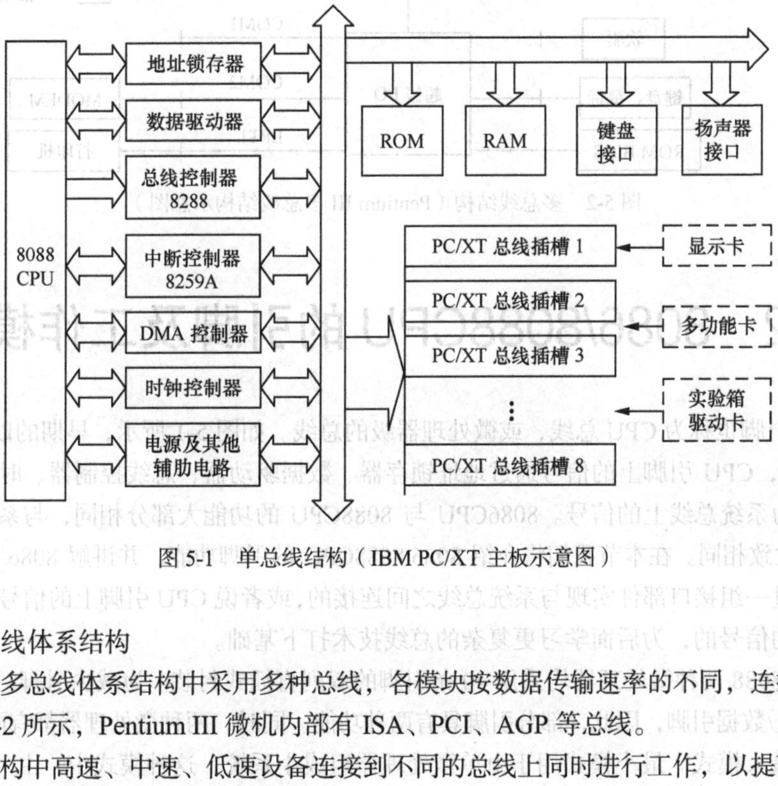

图 5-1 单总线结构（IBM PC/XT 主板示意图）

（2）多总线体系结构

在微机的多总线体系结构中采用多种总线，各模块按数据传输速率的不同，连接到不同的总线上。如图 5-2 所示，Pentium III 微机内部有 ISA、PCI、AGP 等总线。

多总线结构中高速、中速、低速设备连接到不同的总线上同时进行工作，以提高总线的效率和吞吐量，而且处理器结构的变化不影响高速总线。

CPU 和 Cache 之间采用高速的 CPU 总线。主存连在系统总线上。高速总线上可以连接高速 LAN（100Mbit/s 局域网）、视频接口、图形接口、SCSI 接口（支持本地磁盘驱动器和其他外设）、Firewire 接口（支持大容量 I/O 设备）。高速总线通过扩充总线接口与扩充总线相连，扩充总线上可以连接串行方式工作的 I/O 设备。通过桥，CPU 总线、系统总线和高速总线彼此相连。桥实质上是一种具有缓冲、转换、控制功能的逻辑电路。

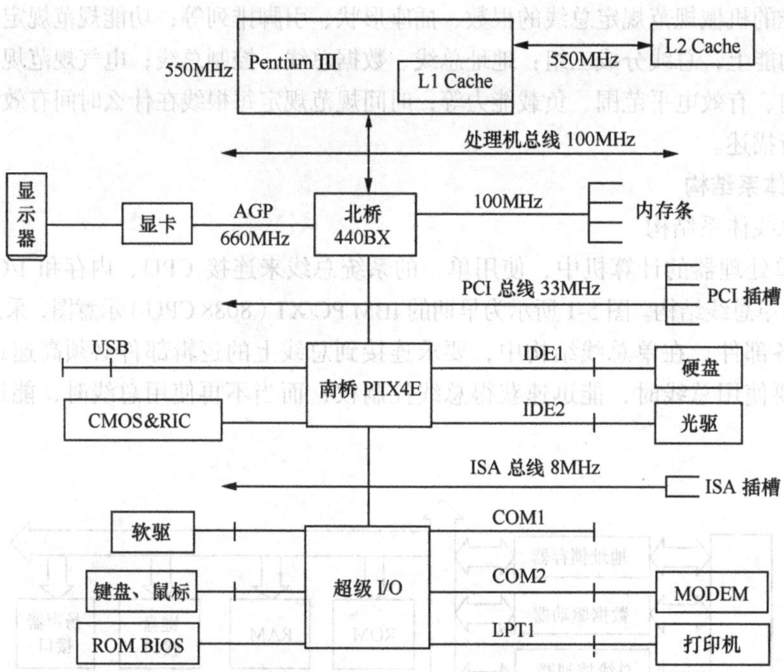

图 5-2　多总线结构（Pentium Ⅲ 多总线结构示意图）

5.2　8086/8088CPU 的引脚及工作模式

CPU 的引脚也称为 CPU 总线，或微处理器级的总线。如图 5-1 所示，早期的以 8088 为 CPU 的 PC/XT 中，CPU 引脚上的信号通过地址锁存器、数据驱动器、总线控制器、时钟控制器等接口部件转换为系统总线上的信号。8086CPU 与 8088CPU 的功能大部分相同，与系统总线之间的接口逻辑也大致相同。在本节我们将介绍 8086/8088CPU 的引脚功能，并讲解 8086/8088CPU 的引脚是如何通过一组接口部件实现与系统总线之间连接的，或者说 CPU 引脚上的信号是如何转换成系统总线上的信号的，为后面学习更复杂的总线技术打下基础。

8086 和 8088 两种微处理器均采用 40 条引脚的双列直插式封装。为减少引脚，它们均采用分时复用的地址/数据引脚，因此，部分引脚具有两种功能。同时，两种微处理器都有两种工作模式：最小模式和最大模式。最小模式用于由单微处理器组成小系统，这种模式中，由 8086/8088CPU 直接产生小系统所需要的全部控制信号。最大模式用于实现多处理器系统，这种模式中，8086/8088 不直接提供用于存储器或 I/O 读写的读/写命令等控制信号，而是将其当前要执行的传送操作类型编码为 3 个状态位输出，由总线控制器 8288 对状态信息进行译码产生相应控制信号。其余控制引脚提供最大模式系统所需的其他信息。两种模式下部分控制引脚的功能是不同的。

本节主要介绍 8086CPU 的引脚功能，并介绍 8086CPU 在两种工作模式下与系统总线间接口的基本部件。对于 8088CPU，由于其引脚及工作模式大部分与 8086CPU 相似，因此，不另外讲解，只说明它与 8086 的不同之处。

图 5-3 给出了 8086/8088 引脚图。下面首先说明 8086/8088 在两种工作模式下公用引脚的功能，然后按两种工作模式分别介绍其他引脚的定义和两种工作模式下的系统总线结构。

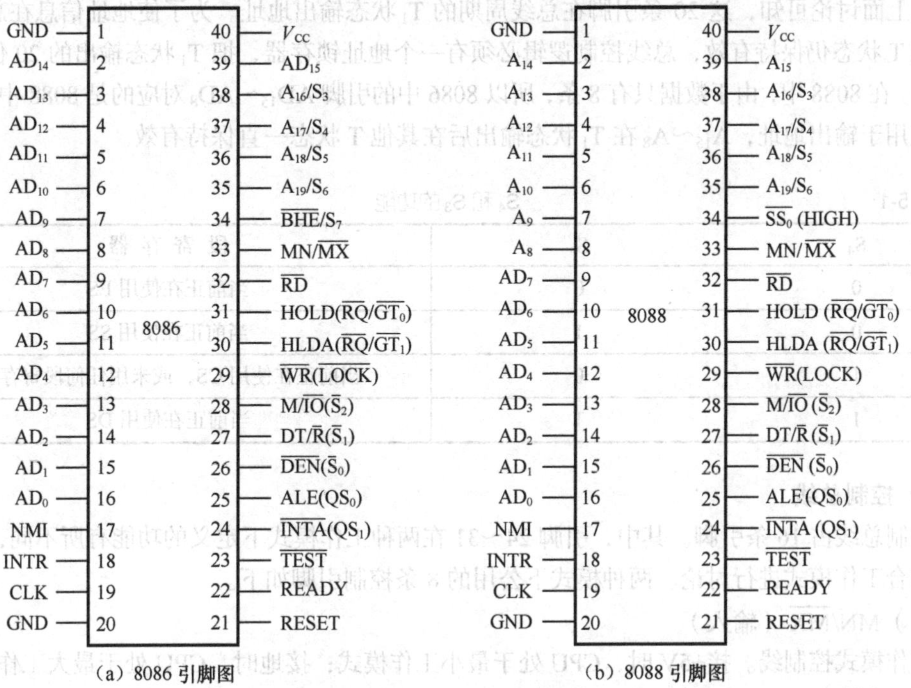

图 5-3　8086/8088 的引脚图

5.2.1　两种工作模式的公共引脚

引脚构成微处理器级总线，引脚功能也就是微处理器级总线的功能。8086/8088CPU 的 40 条引脚中，引脚 1 和引脚 20 为接地端；引脚 40（Vcc）为电源输入端，采用的电源电压为+5V±10%；引脚 19（CLK）为时钟信号输入端。时钟信号占空比为 33%时是最佳状态。最高频率对 8086/8088 为 5MHz。其余 36 个引脚按其功能来分，属于地址/数据总线的有 20 条，属于控制总线的有 16 条。图 5-3 中，括号中的为最大模式引脚功能，括号外的为最小模式引脚功能，其余的为最小模式和最大模式的公共引脚。两种模式下公共引脚的功能简介如下。

1. 地址/数据总线

8086CPU 有 20 条地址总线，16 条数据总线，为减少引脚，采用分时复用方法，共占 20 条引脚。

（1）AD_{15}～AD_0（输入/输出，三态）

分时复用地址/数据总线。在执行对存储器读写或对 I/O 端口输入/输出操作的总线周期的 T_1 状态作为地址总线输出 A_{15}～$A_0$16 位地址，而在其他 T 状态作为双向数据总线输入/输出 D_{15}～$D_0$16 位数据。

（2）A_{19}/S_6～A_{16}/S_3（输出，三态）

分时复用的地址/状态信号线。在存储读写操作总线周期的 T_1 状态，输出高 4 位地址 A_{19}～A_{16}。对 I/O 接口输入/输出操作时，这 4 条线不用，全为低电平。在总线周期的其他 T 状态，这 4 条线用来输出状态信息，但 S_6 始终为低电平；S_5 是标志寄存器（PSW）的中断允许标志位 IF 的当前状态；S_3 和 S_4 用来指示当前正在使用的段寄存器，如表 5-1 所示。其中 S_4S_3=10 表示对存储器访问时段寄存器为 CS；或者表示对 I/O 端口进行访问以及在中断响应的总线周期中读取中断类型号（这两种情况下不用段寄存器）。

从上面讨论可知，这 20 条引脚在总线周期的 T_1 状态输出地址。为了使地址信息在总线周期的其他 T 状态仍保持有效，总线控制逻辑必须有一个地址锁存器，把 T_1 状态输出的 20 位地址进行锁存。在 8088 中，由于数据只有 8 条，所以 8086 中的引脚 AD_{15}～AD_8 对应的是 8088 中的 A_{15}～A_8，仅用于输出地址，A_{15}～A_8 在 T_1 状态输出后在其他 T 状态一直保持有效。

表 5-1　　S_4 和 S_3 的功能

S_4	S_3	段寄存器
0	0	当前正在使用 ES
0	1	当前正在使用 SS
1	0	当前正在使用 CS，或未用任何段寄存器
1	1	当前正在使用 DS

2. 控制总线

控制总线占 16 条引脚。其中，引脚 24～31 在两种工作模式下定义的功能有所不同，这将在后面结合工作模式进行讨论。两种模式下公用的 8 条控制引脚如下。

（1）$MN/\overline{MX}$（输入）

工作模式控制线。接+5V 时，CPU 处于最小工作模式；接地时，CPU 处于最大工作模式。

（2）$\overline{RD}$（输出，三态）

读信号，低电平有效。$\overline{RD}$ 信号有效时表示 CPU 正在执行从存储器或 I/O 端口输入的操作。

（3）NMI（输入）

非可屏蔽中断请求输入信号，上升沿有效。当该引脚输入一个由低变高的信号时，CPU 在执行完现行指令后，立即进入中断处理。CPU 对该中断请求信号的响应不受标志寄存器中断允许标志位 IF 状态的影响。

（4）INTR（输入）

可屏蔽中断请求输入信号，高电平有效。当 INTR 为高电平时，表示外部有中断请求。CPU 在每条指令的最后一个时钟周期对 INTR 进行测试，以便决定现行指令执行完后是否响应中断。CPU 对可屏蔽中断的响应受中断允许标志位 IF 状态的影响。

（5）RESET（输入）

系统复位信号，高电平有效（至少保持 4 个时钟周期）。RESET 信号有效时，CPU 清除 IP、DS、ES、SS，标志寄存器和指令队列为 0，置 CS 为 0FFFFH。该信号结束后，CPU 从存储器的 0FFFF0H 地址开始读取和执行指令。系统加电或操作员在键盘上进行“RESET”操作时产生 RESET 信号。

（6）READY（输入）

准备好信号，来自存储器或 I/O 接口的应答信号，高电平有效。CPU 在 T_3 状态的开始检测 READY 信号，当 READY 信号有效时，表示存储器或 I/O 端口准备就绪，将在下一个时钟周期内将数据置入到数据总线上（输入时）或从数据总线上取走数据（输出时），无论是读（输入）还是写（输出），CPU 及其总线控制逻辑可以在下一个时钟周期后完成总线周期。若 READY 信号为低电平，表示存储器和 I/O 端口没有准备就绪，CPU 可自动插入一个或几个等待周期 T_W（在每一个等待周期的开始，同样对 READY 信号进行检查），直到 READY 信号有效为止。显而易见，等待周期的插入意味着总线周期的延长，这是为了保证 CPU 和慢速的存储器或 I/O 端口之间传送数据所必需的。该信号由存储器或I/O端口根据其速度由硬件电路产生。

（7）$\overline{TEST}$（输入）

测试信号，低电平有效。当CPU执行WAIT指令的操作时，每隔5个时钟周期对$\overline{TEST}$输入端进行一次测试，若为高电平，CPU继续处于等待状态。直到$\overline{TEST}$出现低电平时，CPU才开始执行下一条指令。

（8）$\overline{BHE}/S_7$（输出，三态）

$\overline{BHE}/S_7$也是一个分时复用引脚。在总线周期的T_1状态输出$\overline{BHE}$，在总线周期的其他T状态输出S_7。S_7指示状态，目前还没有定义。$\overline{BHE}$信号低电平有效。$\overline{BHE}$有效表示使用高8位数据线AD_{15}～AD_8；否则只使用低8位数据线AD_7～AD_0。$\overline{BHE}$和地址总线的A_0状态组合在一起表示功能在2.1.3节存储器组织结构中有介绍。同地址信号一样，$\overline{BHE}$信号需要进行锁存。

对于8088，该引脚定义为$\overline{SS_0}$（输出），在最小模式时提供状态信息（见5.2.2小节说明），在最大模式时始终为高电平。

5.2.2 最小模式的引脚

在8086/8088 CPU的40条引脚信号中，引脚24～31的功能与工作模式有关，不同模式下其定义不同。8086/8088CPU工作于最小模式时，有关引脚功能如下。

（1）$M/\overline{IO}$（对8086，输出，三态）——存储器I/O控制

这个输出信号用于区别CPU需要访问存储器（$M/\overline{IO}$为高电平）还是访问I/O端口（$M/\overline{IO}$为低电平）。对于8088，相应引脚为$\overline{M}/IO$，于是在访问I/O端口时，此引脚输出高电平控制信号。

（2）$\overline{WR}$（输出，三态）——写控制

写控制信号输出为低电平有效。当CPU对存储器或I/O端口进行写操作时，$\overline{WR}$为低电平。

（3）$\overline{INTA}$（输出）——中断响应

当CPU响应可屏蔽中断请求时，在中断响应周期内，$\overline{INTA}$变为有效（低电平），通常被用来作为中断类型码的读选通信号。

（4）ALE（输出）——地址锁存允许

ALE信号在总线周期第1个时钟周期为正脉冲。它的下降沿用来把地址/数据总线、地址/状态信号线上的地址信息锁存入地址锁存器8282/8283中。

（5）$DT/\overline{R}$（输出，三态）——数据发送/接收

在最小模式下，通常要用8286/8287总线收发器来增加驱动能力，这时，$DT/\overline{R}$信号被用来控制8286/8287的数据传送方向。CPU写数据到存储器或I/O端口时，$DT/\overline{R}$为高电平；CPU读数据时，$DT/\overline{R}$为低电平。

（6）$\overline{DEN}$（输出，三态）——数据允许

数据允许输出信号，低电平有效。在CPU访问存储器或I/O端口的总线周期的后一段时间内，该信号有效。$\overline{DEN}$被用来作为总线收发器8286/8287的允许控制信号。

（7）HOLD、HLDA（Hold Request输入，Hold Acknowledge输出）

HOLD信号是另一个总线主控制者向CPU请求使用总线的输入请求信号（高电平有效），通常CPU在完成当前的总线操作周期之后，使HLDA输出高电平，作为回答（响应）信号。在HLDA

信号有效（高电平）期间，CPU 让出总线控制权，这时，AD_{15}～AD_0、A_{19}/S_6～A_{16}/S_3、$\overline{RD}$、$\overline{WR}$、$M/\overline{IO}$（$\overline{M}/IO$）、$DT/\overline{R}$、$\overline{DEN}$ 等引脚都处于高阻状态，CPU 处于"保持响应"状态。

在最小模式下，8086 的 $M/\overline{IO}$、$\overline{RD}$、$\overline{WR}$、$DT/\overline{R}$ 组合起来决定总线周期的操作类型，如表 5-2 所示。8088 由 $DT/\overline{R}$、$\overline{M}/IO$、$\overline{SS_0}$ 组合起来决定总线操作周期的类型，如表 5-3 所示。

表 5-2　　8086 读/写控制信号对应的总线操作类型

$M/\overline{IO}$	$\overline{RD}$	$\overline{WR}$	$DT/\overline{R}$	总线操作	指令举例
0	0	1	0	读 I/O 接口	IN AL, DX
1	0	1	0	读存储器	MOV AX, [1000H]
0	1	0	1	写 I/O 接口	OUT DX, AL
1	1	0	1	写存储器	MOV [2000H], AL
×	0	1	1	非法操作	无
×	1	0	0	非法操作	无
×	1	1	×	无读写操作	无

表 5-3　　8088 总线操作

$DT/\overline{R}$	$\overline{M}/IO$	$\overline{SS_0}$	总线操作
0	1	0	中断响应
0	1	1	读 I/O 接口
1	1	0	写 I/O 接口
1	1	1	暂停
0	0	0	取指令
0	0	1	读存储器
1	0	0	写存储器
1	0	1	无操作

在上面介绍 8086 引脚功能时，已经指出了 8088 与 8086 的不同之处。现将 8088 在引脚功能上与 8086 的差别归纳为以下 3 点：

① 8086 中的 AD_{15}～AD_8 在 8088 中为单一的地址总线 A_{15}～A_8（输出，三态），只用于输出地址。这样，在 8086 系统中用于锁存这 8 位地址的 1 片 8282 在 8088 系统中为可选部件。用于数据线上的 8286 收发器在 8088 系统中只需 1 片，在 8088 系统中，8286 的 A_0～A_7 数据端与 CPU 的 AD_0～AD_7 相连，系统数据总线为 D_0～D_7。

② 在最小模式下，8086 的 $M/\overline{IO}$ 引脚在 8088 中为 $\overline{M}/IO$，信号极性与 8086 反相。即对 8088，该引脚为高电平代表 I/O 操作，为低电平代表存储器操作。

③ 8086 中的 $\overline{BHE}/S_7$ 引脚在 8088 中为 $\overline{SS_0}$（输出），仅用在最小模式时提供状态信息，在最大模式中始终为高电平。

5.2.3　最小模式的总线接口部件

8086/8088CPU 工作在最小模式时，CPU 与系统总线之间并不是直接相连，而是要通过一些接口部件实现地址的锁存、数据的缓冲，并给 CPU 提供时钟信号等。图 5-4 给出了 8086/8088CPU

工作在最小模式，CPU 与系统总线相连时所需的基本总线接口部件及其连接图。

由图 5-4 可以看到，在 8086 最小模式中，MN/$\overline{MX}$ 端接+5V；接口逻辑中需要 1 片 8284A，作为时钟发生器，该芯片向 CPU 提供时钟信号 CLK，以及被 CLK 同步的复位信号 RESET 和准备就绪信号 READY；系统中使用了 3 片 8282 锁存器来锁存地址信号，再由地址锁存器给系统总线提供地址信号；当系统中所连的存储器和外设较多时，需要增加数据总线的驱动能力，这时，要用 8286 作为总线收发器。8286 总线收发器是由双向的三态缓冲器组成的，它还可以起到将 CPU 数据引脚与系统总线上的数据总线隔离的作用。

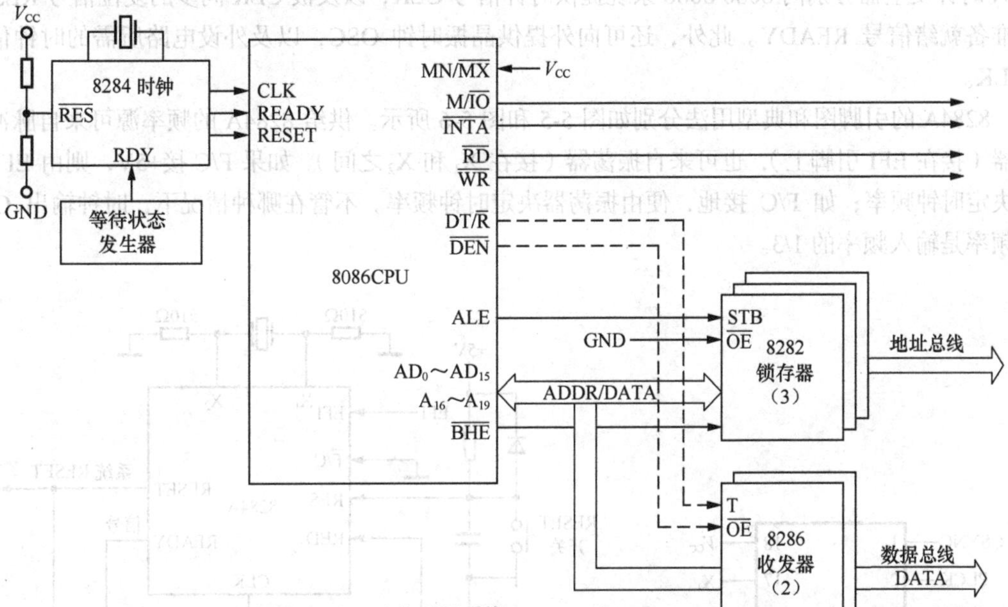

（a）8086 系统

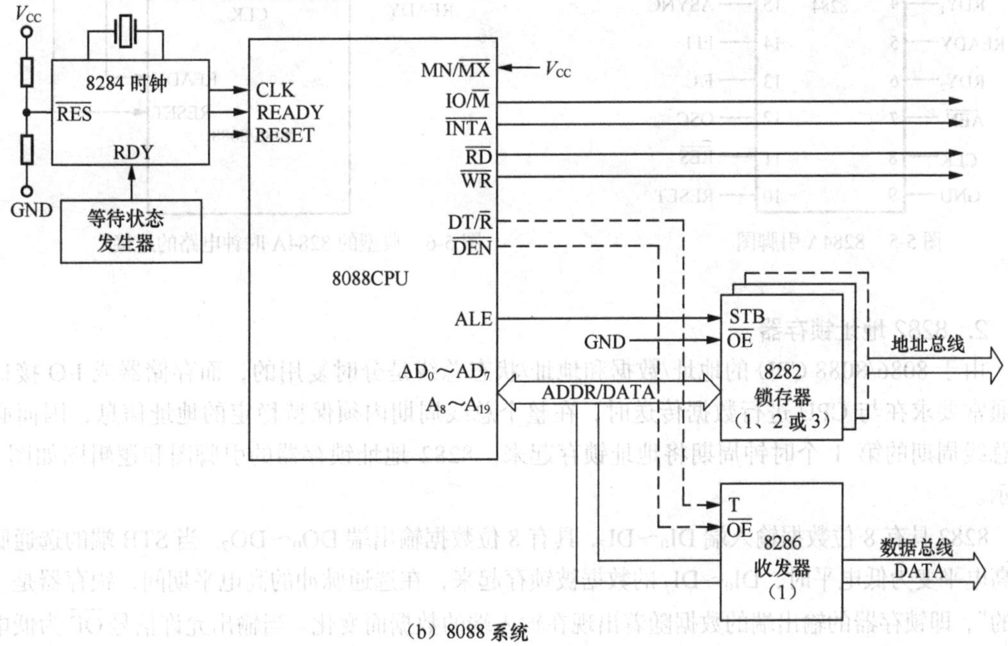

（b）8088 系统

图 5-4　8086/8088 最小模式下的基本配置

下面对总线接口部件 8284、8282 和 8286 分别进行简要介绍。

1. 8284 时钟发生器

在 8086/8088CPU 内部没有时钟信号发生器，当组成微机系统时，所需的时钟信号需由外部时钟发生器电路提供。8284 就是为 8086/8088 设计的时钟发生器/驱动器，它向 8086/8088CPU 提供频率恒定的时钟信号 CLK。在 8284 中，除具有时钟信号产生电路外，还有 RESET 复位信号发生电路和 READY 准备就绪信号同步控制电路。复位信号发生电路产生系统复位信号 RESET，准备好信号控制电路用于对存储器或 I/O 端口产生的准备好信号 READY 进行同步。8284 时钟发生器分别向 8086/8088 系统提供时钟信号 CLK，以及被 CLK 同步的复位信号 RESET 和准备就绪信号 READY。此外，还可向外提供晶振时钟 OSC，以及外设电路所需的时钟信号 PCLK。

8284A 的引脚图和典型用法分别如图 5-5 和图 5-6 所示。供给 8284A 的频率源可来自脉冲发生器（接在 EFI 引脚上），也可来自振荡器（接在 X_1 和 X_2 之间）。如果 F/C 接+5V，则由 EFI 输入决定时钟频率；如 F/C 接地，便由振荡器决定时钟频率。不管在哪种情况下，时钟输出 CLK 的频率是输入频率的 1/3。

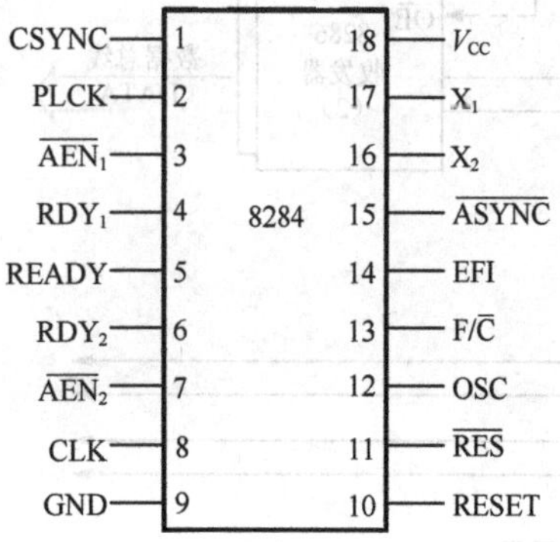

图 5-5 8284A 引脚图

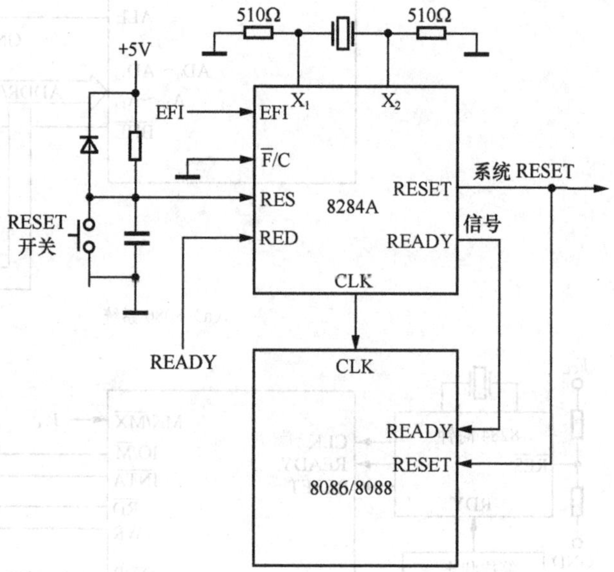

图 5-6 典型的 8284A 时钟电路的连接

2. 8282 地址锁存器

由于 8086/8088 CPU 的地址/数据和地址/状态总线是分时复用的，而存储器或 I/O 接口电路通常要求在与 CPU 进行数据传送时，在整个总线周期内须保持稳定的地址信息，因而必须在总线周期的第 1 个时钟周期将地址锁存起来。8282 地址锁存器的引脚图和逻辑图如图 5-7 所示。

8282 具有 8 位数据输入端 DI_0～DI_7，具有 8 位数据输出端 DO_0～DO_7。当 STB 端的选通脉冲由高电平变为低电平时，DI_0～DI_7 的数据被锁存起来，在选通脉冲的高电平期间，锁存器是“透明的”，即锁存器的输出端的数据随着出现在输入端的数据而变化。当输出允许信号 $\overline{OE}$ 为低电平（有效）时，锁存器锁存的数据出现在 8282 的数据输出端 DO_0～DO_7，否则三态缓冲器的输出 DO_0～

DO_7 处于高阻状态。在 8086/8088 系列 CPU 中，8282 用来作为地址锁存器，用 ALE 信号作为 8282 的选通脉冲 STB 输入，这样就能在总线周期的第 1 个时钟周期从地址/数据、地址/状态总线将地址信息锁存于 8282 中，从而保证了整个总线周期内存储器和 I/O 接口芯片能够获得稳定的地址信息。

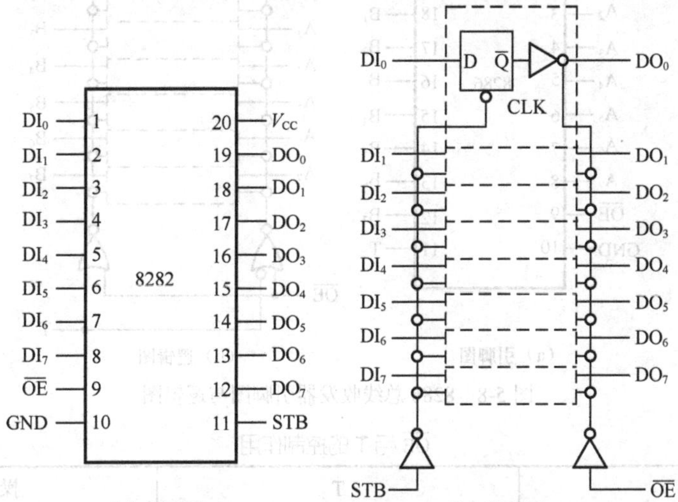

（a）引脚图　　（b）逻辑图

图 5-7　8282 地址锁存器引脚图与逻辑图

8086 系统的 20 位地址信号和 $\overline{BHE}$ 信号都与数据信号或状态信号引脚复用，这些引脚在总线周期的第 1 个时钟周期先输出 20 位地址信号和 $\overline{BHE}$ 信号，并锁存在 3 片 8 位的 8282 地址锁存器中，之后由 8282 地址锁存器向系统总线送地址信号和 $\overline{BHE}$ 信号。8086CPU 的这些地址/数据或地址/状态复用引脚在总线周期的其他时钟周期可用于传送数据或状态信号。

8088 CPU 由于不存在 $\overline{BHE}$ 信号，而且数据总线为 8 位，其地址/数据或地址/状态复用引脚总共是 12 个，因此只需采用 2 片 8282 锁存器就够了，用于在总线周期的第 1 个时钟周期锁存 AD_7～AD_0 地址数据线上的地址信号和 A_{19}/S_6～A_{16}/S_3 地址状态复用引脚上的地址信号。8088CPU 中 A_{15}～A_8 是专用的地址引脚，可以锁存，也可以不锁存。这样在以 8088 为 CPU 的系统中，可以用 2 片或 3 片 8282 地址锁存器锁存 8088CPU 送出的地址信号。

除了 8282 之外，8086/8088 系统也常用 74LS373 作为地址锁存器。74LS373 和 8282 的用法几乎一样。

3. 8286 总线收发器

为提高 8086/8088CPU 对系统数据总线的驱动能力，并提供一种在多主控器系统应用环境下的控制手段，在 8086/8088CPU 和系统数据总线之间必须接入总线双向缓冲器，8286 就是专为这种应用目的而设计的总线收发器。8286 是一种具有三态输出的 8 位双极型总线收发器，具有很强的总线驱动能力。图 5-8 所示是 8286 引脚图与逻辑图。

8286 具有 8 路双向缓冲电路，以便实现 8 位数据的双向传送。8286 上的每一路双向缓冲电路都由两个三态缓冲器反向并联组成。8286 有两个控制输入信号：传送方向控制信号 T 和输出允许信号 $\overline{OE}$，它们的控制作用如表 5-4 所示。在 8086/8088 系列 CPU 中，8286 用作数据总线驱动器，其 T 端同 $DT/\overline{R}$ 连接，用于控制数据传送方向，而 $\overline{OE}$ 端同 $\overline{DEN}$ 端连接，以保证只在 CPU 需要访问存储器或 I/O 端口时才允许数据通过 8286。

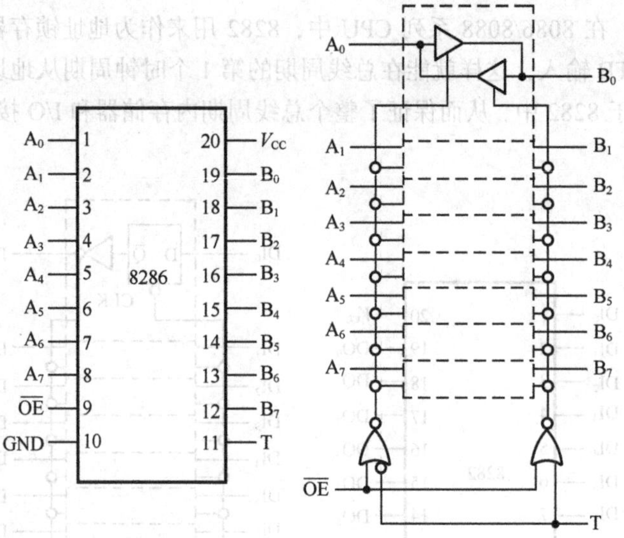

（a）引脚图 （b）逻辑图

图 5-8 8286 总线收发器引脚图与逻辑图

表 5-4 $\overline{OE}$ 与 T 的控制作用

$\overline{OE}$	T	操 作
0	1	数据从 A_0～A_7 到 B_0～B_7
0	0	数据从 B_0～B_7 到 A_0～A_7
1	×	A_0～A_7，B_0～B_7 均为三态

5.2.4 最大模式的引脚

当 MN/$\overline{MX}$ 引脚接地时，8086/8088CPU 工作于最大模式。

在上面讨论的 8086/8088 最小模式系统中，8086/8088CPU 引脚直接提供所有必需的总线控制信号，这种模式适用于单处理器组成的小系统。假如系统中有两个或多个同时执行指令的处理器，这样的系统是多处理器系统。增加的处理器可以是 8086/8088 处理器，也可以是数字数据处理器 8087 或 I/O 处理器 8089。在设计多处理器系统时，除了解决对存储器和 I/O 设备的控制、中断管理、DMA 传送时总线控制权外，还必须解决多处理器对系统总线的争用问题和处理器之间的通信问题。因为多个处理器通过公共系统总线共享存储器和 I/O 设备，所以必须增加相应的逻辑电路，以确保每次只有一个处理器占用系统总线。为了使一个处理器能够把任务分配给另一个处理器或者从另一个处理器取回执行结果，必须提供一个明确的方法来解决处理器之间的通信。多处理器系统可以有效地提高整个系统的性能。8086/8088 的最大工作模式正是专门为实现多处理器系统设计的。

为了满足多处理机系统的需要，又不增加引脚个数，在最大模式下的 8086/8088 采用了对控制引脚译码的方法产生更多控制信号。8086/8088CPU 最大模式下的 8 个控制引脚各自有独立的意义，经过分组译码后产生具体的控制信号。CPU 的 8 个控制引脚 24～31 的功能定义如下。

（1）$\overline{S_0}$、$\overline{S_1}$ 及 $\overline{S_2}$（输出，三态）——总线周期状态

$\overline{S_0}$、$\overline{S_1}$ 及 $\overline{S_2}$ 总线周期状态信号用来指示当前总线周期所进行的操作类型，它由总线控制器 8288 进行译码，产生相应的访问存储器或 I/O 端口的总线控制信号。下一个总线周期开始之前，这 3 个信号便开始有效，到总线周期的后半部分，状态变为无效，即返回到无效状态（111）。$\overline{S_0}$、

$\overline{S_1}$ 及 $\overline{S_2}$ 的编码与总线操作类型的关系如表 5-5 所示。

表 5-5　　$\overline{S_0}$、$\overline{S_1}$ 及 $\overline{S_2}$ 的编码

$\overline{S_0}$	$\overline{S_1}$	$\overline{S_2}$	总线操作类型	8288 命令信号
0	0	0	中断响应	$\overline{INTA}$
0	0	1	读 I/O 端口	$\overline{IORC}$
0	1	0	写 I/O 端口	$\overline{IOWC}$，$\overline{AIOWC}$
0	1	1	暂停	无
1	0	1	取指令	$\overline{MRDC}$
1	0	1	读存储器	$\overline{MRDC}$
1	1	0	写存储器	$\overline{MWTC}$，$\overline{AMWC}$
1	1	1	无效状态	无

（2）$\overline{RQ}/\overline{GT_0}$ 及 $\overline{RQ}/\overline{GT_1}$（输入/输出）——总线请求/允许

总线请求/允许信号线 $\overline{RQ}/\overline{GT_0}$ 和 $\overline{RQ}/\overline{GT_1}$ 为 8086/8088 和其他处理器（如 8087，8089）使用总线提供一种裁决机制，以代替最小模式下的 HOLD/HLDA 信号功能。这些信号是特意为多处理器应用而设计的，其特别之处是其请求和允许功能是使用一条线（$\overline{RQ}/\overline{GT_0}$ 或 $\overline{RQ}/\overline{GT_1}$），而不是使用两条线（如 HOLD 和 HLDA）来实现的。$\overline{RQ}/\overline{GT_0}$ 的优先级高于 $\overline{RQ}/\overline{GT_1}$，当某一处理器需要获得总线控制权时，就通过请求/允许线向 8086/8088 发出请求信号（负极性脉冲），CPU 将通过同一引脚发回响应（允许）信号（也同样是负脉冲），并进入"HOLD"状态，这时 CPU 的数据、地址总线和周期状态信号线处于高阻状态，有关请求/允许线的进一步描述将结合总线时序介绍。

（3）$\overline{LOCK}$（输出，三态）——总线封锁

$\overline{LOCK}$ 信号为低电平有效。此信号也应用于多处理器的环境，当其有效时，表示 CPU 不允许其他主控者占用总线。$\overline{LOCK}$ 信号是由软件设计的，在 8086/8088 指令系统中，由一条控制此信号的单字节总线封锁前缀指令 LOCK。在一条指令上加 LOCK 前缀指令时，则在此指令的执行过程中始终保持信号引脚输出低电平，从而阻止其他主控者占用总线。当带 LOCK 前缀的指令执行完毕时，$\overline{LOCK}$ 信号无效，LOCK 前缀的总线封锁作用消失。

（4）QS_1 及 QS_0（输出）——队列状态

QS_1 和 QS_0 这两条输出信号线用于指示 BIU 中指令队列的状态，以提供一种让其他处理器（如 8087）监视 CPU 中指令队列状态的手段。QS_1，QS_0 状态位的编码如表 5-6 所示。

表 5-6　　队列状态位的编码

QS_1	QS_0	队 列 状 态
0	0	无操作，未从队列中取指令
0	1	从队列中取出当前指令的第一字节
1	0	队列空，由于执行转移指令，队列重新装填
1	1	从队列中取出后续字节

5.2.5　最大模式的总线接口部件

8086/8088CPU 工作在最大模式时，CPU 与系统总线之间并不是直接相连，而是要通过一些接

口部件实现地址的锁存、数据的缓冲、并给 CPU 提供时钟信号等。图 5-7 给出了 8086/8088CPU 工作在最大模式时，CPU 与系统总线相连时所需的基本总线接口部件及其连接图。由图 5-9 可以看出，最大模式系统和最小模式系统之间的主要区别是增加了一个控制信号转换电路——Intel 8288 总线控制器。8288 芯片中的状态译码器对 8086/8088 的状态 $\overline{S_0}$，$\overline{S_1}$，$\overline{S_2}$ 进行译码，产生所需的内部信号。命令信号产生电路和控制信号产生电路再利用上述内部信号产生命令信号和总线控制信号，用于控制数据传送以及控制 8282 锁存器和 8286 收发器。下面简单介绍 8288 总线控制器的结构及功能。

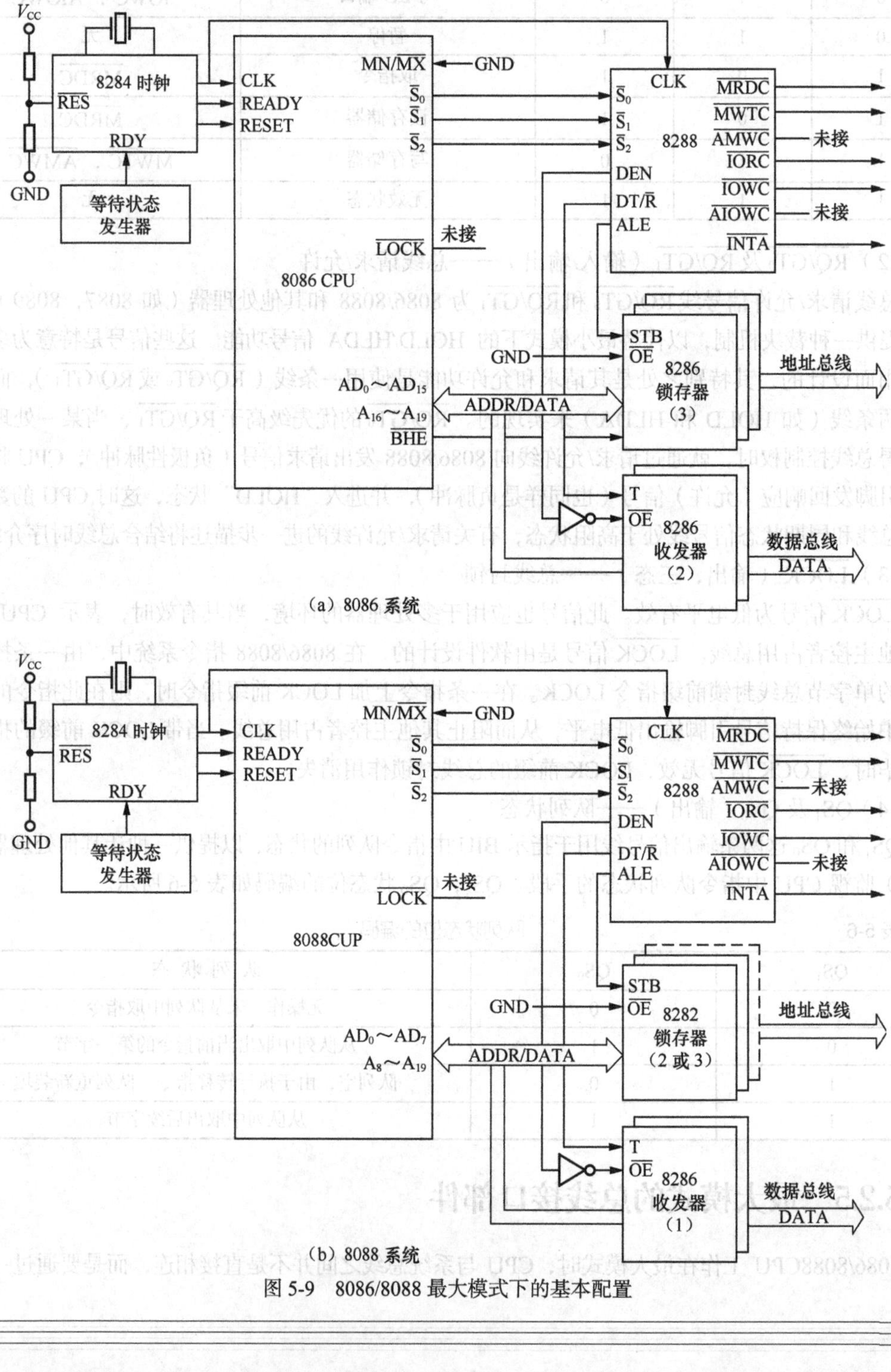

（a）8086 系统

（b）8088 系统

图 5-9　8086/8088 最大模式下的基本配置

1. 8288 总线控制器的功能

8288 总线控制器的首要功能，是按表 5-5 列出的$\overline{S_0}$、$\overline{S_1}$及$\overline{S_2}$状态信息的编码给出对应的状态命令。除此之外，8288 还有以下功能：

① 能产生系统总线控制信号或仅访问 I/O 设备的 I/O 总线控制信号（$\overline{\text{INTA}}$，$\overline{\text{IORC}}$，$\overline{\text{IOWC}}$等），即对应于选择 8288 是工作于系统总线方式，还是 I/O 总线方式。

② 可使总线控制信号浮空，以允许 DMA 操作或其他总线控制者控制总线。

③ 可以提供超前的写控制信号$\overline{\text{AIOWC}}$和$\overline{\text{AMWC}}$。这是专门为慢速存储器或 I/O 设备而设计的。

④ 可以使控制总线的信号无效，作为多总线或多 CPU 结构中实行存储器保护逻辑的一种方法。

⑤ 可以产生地址锁存器的锁存允许信号 ALE、双向数据驱动器的控制信号 DEN 以及 DT/$\overline{\text{R}}$等控制总线的信号。

⑥ 产生简单或级联中断逻辑所需的控制信号。

8288 是 20 条引脚双列直插式封装的双极型器件，它的内部结构如图 5-10（a）所示，引脚分配如图 5-10（b）所示。

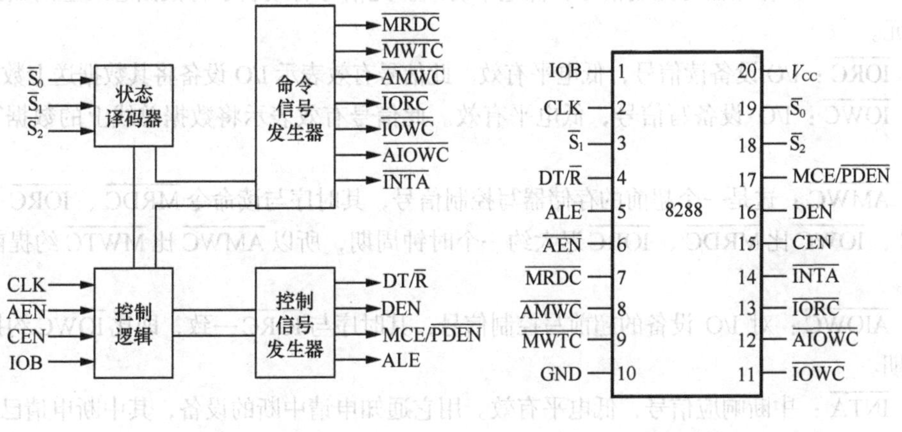

（a）逻辑图　　　　（b）引脚图

图 5-10　8288 总线控制器逻辑图与引脚图

2. 8288 的状态译码与控制逻辑输入

① $\overline{S_0}$、$\overline{S_1}$及$\overline{S_2}$：它们是总线周期状态输入信息，来自 8086/8088 或 8087 的状态信息输出端。8288 对这些输入信息进行译码，在适当时候产生总线的命令和控制信号。

② CLK：来自 8284 的时钟输入信号，用来同步命令信号和控制信号的时序。

③ $\overline{\text{AEN}}$：总线命令允许控制信号，是支持多总线结构的输入信号。在多总线结构中，8288 与总线裁决器 8289 的$\overline{\text{AEN}}$端相互连接，以满足多总线的同步条件。当$\overline{\text{AEN}}$变为低电平的时间长于 115ns 后，8288 总线控制器的命令输出端才开启；而在 115ns 以内，8288 不会发出任何命令，所以这段时间内可以进行总线切换。若$\overline{\text{AEN}}$一旦变为高电平，就使命令输出端变为高阻状态。如果 8288 处于 I/O 总线方式（IOB 接+5V），则$\overline{\text{AEN}}$电平不会影响 I/O 输出命令信号。

④ CEN：控制信号允许输入信号。当系统使用两个以上的 8288 芯片时，利用此信号对各个

8288 芯片的工作状态进行控制，CEN 为高电平时，允许 8288 输出有效的总线控制信号；CEN 为低电平时，总线控制信号中的 DEN、$\overline{\text{PDEN}}$ 被强制为无效（不是高阻）。所以，当系统中有多于一片 8288 芯片时，只有正在控制存取操作的 8288 上的 CEN 端为高电平，其他 8288 上的 CEN 均为低电平。这个特性可用来实现存储器分区、消除系统总线设备和驻留总线设备之间的地址冲突。即用 CEN 输入端的电平变化对 8288 起命令限定器的作用。

⑤ IOB：I/O 总线方式控制输入信号。当 IOB 接高电平时，8288 工作于 I/O 总线方式，即只用来控制 I/O 端口，只有访问 I/O 端口时，才会使 $\overline{\text{IORC}}$、$\overline{\text{IOWC}}$、$\overline{\text{INTA}}$ 信号有效；而在访问存储器时，不进行任何操作。在这种方式下，MCE/$\overline{\text{PDEN}}$ 输出 $\overline{\text{PDEN}}$ 信号。可用 DT/$\overline{\text{R}}$ 和 $\overline{\text{PDEN}}$ 信号控制 I/O 总线收发器。在多 CPU 系统中，若某些外部设备从属于某一个 CPU，则使用 I/O 总线方式。此时不必考虑 $\overline{\text{AEN}}$ 信号的状态，但是，选用 I/O 总线方式时，由于没有提供总线仲裁机构，因此，不能用 I/O 命令来控制系统总线上的 I/O 设备；当 IOB 接低电平时，则 8288 工作于系统总线方式，8288 可同时控制存储器和 I/O 端口，MCE/$\overline{\text{PDEN}}$ 输出 MCE 信号。

3. 8288 输出的命令信号

① $\overline{\text{MRDC}}$：存储器读控制信号，低电平有效。此信号有效表示存储器将其数据送上数据总线。

② $\overline{\text{MWTC}}$：存储器写控制信号，低电平有效。此信号有效表示将数据总线上的数据写入存储器单元。

③ $\overline{\text{IORC}}$：I/O 设备读信号，低电平有效。此信号有效表示 I/O 设备将其数据送上数据总线。

④ $\overline{\text{IOWC}}$：I/O 设备写信号，低电平有效。此信号有效表示将数据总线上的数据写入 I/O 设备。

⑤ $\overline{\text{AMWC}}$：这是一个超前的存储器写控制信号，其时序与读命令 $\overline{\text{MRDC}}$、$\overline{\text{IORC}}$ 一致。而 $\overline{\text{MWTC}}$、$\overline{\text{IOWC}}$ 比 $\overline{\text{MRDC}}$、$\overline{\text{IORC}}$ 迟大约一个时钟周期，所以 $\overline{\text{AMWC}}$ 比 $\overline{\text{MWTC}}$ 约提前一个时钟周期。

⑥ $\overline{\text{AIOWC}}$：对 I/O 设备的超前写控制信号，其时序与 $\overline{\text{IORC}}$ 一致，即比 $\overline{\text{IOWC}}$ 约提前一个时钟周期。

⑦ $\overline{\text{INTA}}$：中断响应信号，低电平有效。用它通知申请中断的设备，其中断申请已被响应，应把矢量送上数据总线。

4. 8288 输出的总线控制信号

① ALE 及 DT/$\overline{\text{R}}$：这两个信号的功能和时序与 8086/8088 单主 CPU 系统时对应的信号相同。

② DEN：这个信号与 8086/8088 单主 CPU 系统时的 $\overline{\text{DEN}}$ 信号，具有相同的功能，但相位相反。因此，必须将 DEN 信号反相，才能接到 8286/8287 的 OE 端。

③ MCE/$\overline{\text{PDEN}}$：这是双功能引脚。当 IOB 接低电平时，MCE/$\overline{\text{PDEN}}$ 引脚输出 MCE 信号。MCE 在中断响应总线周期的 T_1 状态有效，作为把中断控制器的 8259A 的级联地址送上地址总线时的同步信号。若在较大的微型计算机系统内，如果有 8259A 优先级中断主控制器和 8259A 优先级从控制器，则可用 MCE 控制主控制器，而用 INTA 控制从控制器；当 IOB 接高电平时，MCE/$\overline{\text{PDEN}}$ 引脚输出 $\overline{\text{PDEN}}$ 信号，此信号低电平有效，并与 DEN 信号和时序的功能相同，但相位相反。此信号可用作 I/O 总线数据收发器的允许信号。

在 8088 最大模式系统中，除访问存储器或 I/O 端口时不用 $\overline{\text{BHE}}$（8088 中 $\overline{\text{BHE}}$ 引脚定义为 $\overline{\text{SS}_0}$）、数据线为 D_0～D_7 外，其他同 8086 系统。

5.3　8086/8088CPU 的总线时序

5.3.1　8086/8088 的总线时序概述

计算机是在时钟脉冲 CLK 的统一控制下，按节拍进行工作的。在 8086/8088 CPU 中，先把程序放到存储器的某个区域，在命令机器运行后，CPU 就发出读指令的命令，存储器接到这个命令后，从指定的地址（由 CS:IP 给定）读出指令，把它送到指令寄存器中，再经过指令译码器分析指令，发出一系列的控制信号，以执行指令规定的全部操作，控制信息在机器各部件之间传送。简单地说，每条指令的执行由取指令、译码和执行构成。

上述执行指令的一系列操作都是在时钟脉冲 CLK 的统一控制下一步一步进行的，它们都是需要一定时间的。那么怎么来确定执行一条指令所需要的时间呢？

执行一条指令所需要的时间称为指令周期（Instruction Cycle）。但是不同指令的指令周期的长短是不同的，这是很明显的，因为指令的字节数是不同的，有的是单字节指令，有的是双字节或 3 字节甚至 4 字节指令，取这些指令所需要的时间有很大的不同，执行这些指令的时间也是不同的。

我们把指令周期划分为一个个总线周期。CPU 访问一次总线所需要的时间为一个总线周期（Bus Cycle），即 CPU 经过总线与存储器或输入/输出端口间交换一个数据所需要的时间就是一个总线周期。所以，在取指阶段，每取一个字节或者一个规则字就需要一个总线周期；在指令的执行阶段，则取决于指令的类型。有的指令除了取指令所必须的总线周期外，执行时不需要另外的总线周期，如内部寄存器之间的数据传送指令、运算指令等。然而有一些指令却需要附加的总线周期，实现 CPU 与存储器或输入/输出端口间数据的传送，即需要若干个总线周期。

在 8086/8088 中，一个最基本的总线周期由 4 个时钟周期组成，时钟周期是 CPU 的基本时间计量单位，由主频决定。例如，8086 的主频为 5MHz，一个时钟周期就是 200ns；8086-1 的主频为 10MHz。则一个时钟周期就是 100ns。一个时钟周期又称为一个 T 状态，因此一个基本总线周期用 T_1、T_2、T_3、T_4 表示。图 5-11 所示为典型的存储器或 I/O 访问总线周期波形图。在 T_1，CPU 把读/写的存储单元或 I/O 端口的地址放到总线上；在 T_2～T_4，若是“写”总线周期，CPU 从 T_2 到 T_4 期间把数据送到总线上；若是“读”总线周期，CPU 则从 T_3 到 T_4 期间从总线上接收数据，T_2 时，总线浮空，允许 CPU 有个缓冲时间把输出地址的写方式转换为输入数据的读方式。

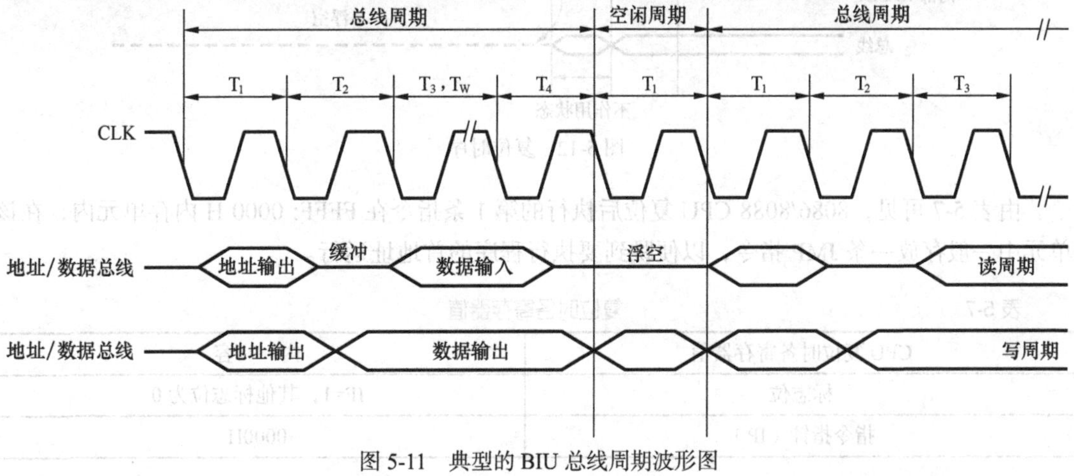

图 5-11　典型的 BIU 总线周期波形图

对于工作速度较慢的存储器或I/O接口，在总线读周期的T_3状态可能来不及将数据放入数据总线，或在总线写周期的T_4上升沿之前不能完成数据写入操作，则必须在T_3之后插入1个或多个等待状态T_w。CPU在T_3状态检测READY引脚决定是否需要插入T_w状态，READY引脚为低电平则插入，为高电平则不插入。CPU在T_w状态完成与T_3状态相同的操作，继续检测READY引脚决定其后是否还需要插入T_w状态。

5.3.2 8086/8088的总线操作

一个微型计算机系统为了完成自身的功能，需要执行许多操作，这些操作均在时钟的同步下，按时序一步步地执行，这样就构成了CPU的操作时序。了解CPU的操作时序是掌握微型计算机系统的重要基础，也可进一步了解系统总线的功能。归纳起来，8086/8088CPU主要的总线操作如下。

① 系统的复位和启动操作。

② 总线读/写操作。

③ 暂停操作。

④ 中断操作。

⑤ 总线保持或总线请求/允许操作。

下面重点介绍8086的总线操作时序，同时对8088进行比较说明。

1. 系统的复位和启动操作

在以8086/8088为CPU的PC中，当系统复位（包括“冷启动”和“热启动”）时，8284A时钟发生器将向8086/8088 CPU的RESET引脚送出一个脉冲的上升沿，如图5-12所示。该信号将终结CPU内部的所有操作，进入复位状态。复位时序如图5-12所示，复位时各寄存器的值如表5-7所示。RESET引脚上的信号必须维持至少4个时钟周期的高电平，对于“冷启动”，则必须维持大于50μs时间的高电平。RESET引脚上的信号由高变低后，经过7个时钟周期，即完成启动操作，结束复位状态，进入系统的正常运行周期。

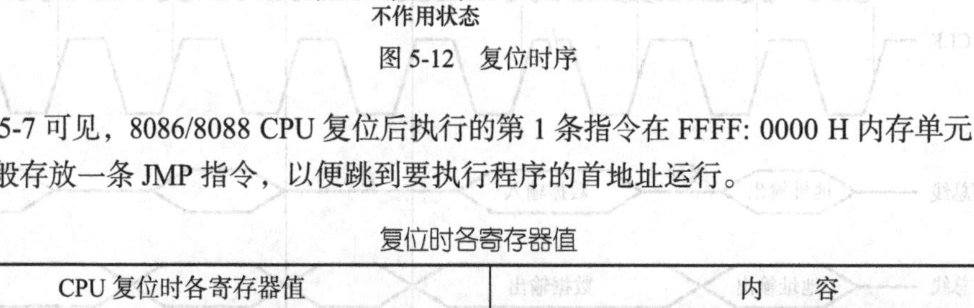

图5-12 复位时序

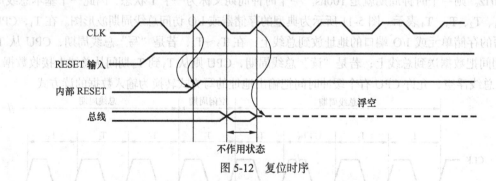

由表5-7可见，8086/8088 CPU复位后执行的第1条指令在FFFF: 0000 H内存单元内，在该单元中一般存放一条JMP指令，以便跳到要执行程序的首地址运行。

表5-7 复位时各寄存器值

CPU复位时各寄存器值	内容
标志位	IF=1，其他标志位为0
指令指针（IP）	0000H

续表

CPU 复位时各寄存器值	内 容
CS 寄存器	FFFFH
DS 寄存器	0000H
SS 寄存器	0000H
ES 寄存器	0000H
指令队列	空

2. 总线读/写操作

8086/8088 CPU 凡是与存储器或 I/O 端口交换数据，或装填指令队列时，都需要执行一个总线周期，即进行总线读/写操作。一个基本的总线周期包含 4 个状态 T_1、T_2、T_3、T_4，当存储器或 I/O 端口速度较慢时，发出 READY=0（未准备就绪）信号，CPU 则在 T_3 之后插入 1 个或多个等待状态 T_W。

总线操作按数据传输方向可分为总线读操作和总线写操作。前者是指 CPU 从存储器或 I/O 端口读取数据，后者则是指 CPU 把数据写入到存储器或 I/O 端口。

（1）最小模式下的总线读操作

图 5-13 给出了 8086 CPU 从存储器或 I/O 端口读取数据操作的时序。各状态下的操作如下。

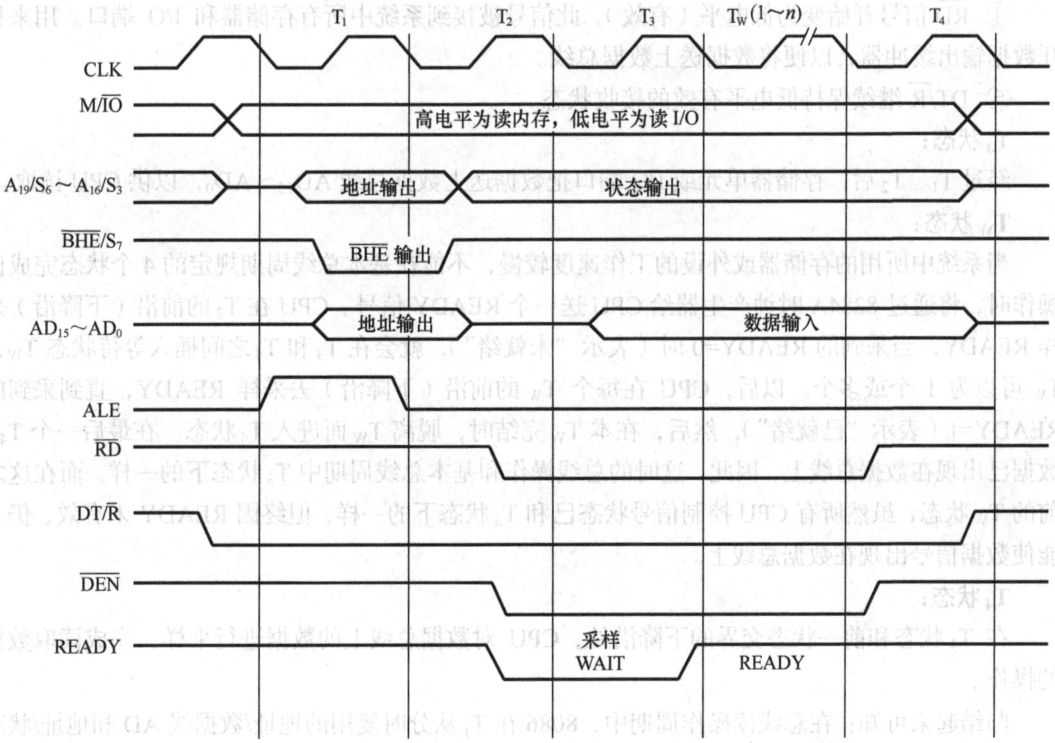

图 5-13 8086 总线读周期时序（最小模式）

T_1 状态：

① CPU 根据执行的是访问存储器还是访问 I/O 端口的指令，首先在 $M/\overline{IO}$ 线上发有效电平。若为高电平，表示从存储器读；若为低电平，则表示从 I/O 端口读。此信号将持续整个总线周期。

② 从地址/数据复用线 AD_{15}～AD_0 和地址/状态复用线 A_{19}/S_6～A_{16}/S_3 发存储器单元地址（20 位）或发 I/O 端口地址（16 位）。这类信号只持续 T_1 状态，因此必须进行锁存，以供整个总线周期使用。

③ 为了锁存地址信号，CPU 在 T_1 状态从 ALE 引脚上输出一个正脉冲作为 8282 地址锁存器的地址锁存信号。在 ALE 的下降沿到来之前，$M/\overline{IO}$ 和地址信号均已有效。因此，8282 是用 ALE 的下降沿对地址进行锁存的。

④ 为实现对存储体的高位字节库（即奇地址库）的寻址，CPU 在 T_1 状态通过 $\overline{BHE}/S_7$ 引脚发出有效信号（低电平）。$\overline{BHE}/S_7$ 和地址 A_0 分别用来对奇、偶地址库进行寻址。

⑤ 为了控制数据总线传输方向，使 $DT/\overline{R}$ 变为低电平，以控制数据总线收发器 8286 为接收数据。该信号持续整个总线周期。

T_2 状态：

① 地址信号消失，此时 AD_{15}～AD_0 进入高阻缓冲期，以便为读入数据做准备。

② A_{19}/S_6～A_{16}/S_3 及 $\overline{BHE}/S_7$ 线开始输出状态信息 S_7～S_3，持续到 T_4。前面已指出，在 8086 系统中，S_7 是未赋实际意义的。

③ $\overline{DEN}$ 信号开始变为低电平（有效），此信号是用来开放 8286 总线收发器的。这样，就可以使 8286 提前在 T_3 状态，即数据总线上出现输入数据前获得开放。$\overline{DEN}$ 维持到 T_4 的中期结束有效。

④ $\overline{RD}$ 信号开始变为低电平（有效）。此信号被接到系统中所有存储器和 I/O 端口。用来打开数据输出缓冲器，以便将数据送上数据总线。

⑤ $DT/\overline{R}$ 继续保持低电平有效的接收状态。

T_3 状态：

经过 T_1、T_2 后，存储器单元或 I/O 端口把数据送上数据总线 AD_{15}～AD_0，以供 CPU 读取。

T_W 状态：

当系统中所用的存储器或外设的工作速度较慢，不能在基本总线周期规定的 4 个状态完成读操作时，将通过 8284A 时钟产生器给 CPU 送一个 READY 信号。CPU 在 T_3 的前沿（下降沿）采样 READY，当采到的 READY=0 时（表示"未就绪"），就会在 T_3 和 T_4 之间插入等待状态 T_W，T_W 可以为 1 个或多个。以后，CPU 在每个 T_W 的前沿（下降沿）去采样 READY，直到采到的 READY=1（表示"已就绪"），然后，在本 T_W 完结时，脱离 T_W 而进入 T_4 状态。在最后一个 T_4，数据已出现在数据总线上，因此，这时的总线操作和基本总线周期中 T_3 状态下的一样。而在这之前的 T_W 状态，虽然所有 CPU 控制信号状态已和 T_3 状态下的一样，但终因 READY 未有效，仍不能使数据信号出现在数据总线上。

T_4 状态：

在 T_4 状态和前一状态交界的下降沿处，CPU 对数据总线上的数据进行采样，完成读取数据的操作。

归结起来可知：在总线读操作周期中，8086 在 T_1 从分时复用的地址/数据线 AD 和地址/状态线上输出地址；T_2 时使 AD 线浮空，并输出 $\overline{RD}$；在 T_3、T_4 时，外界将欲读入的数据送至 AD 线上；在 T_4 的前沿，将此数据读入 CPU。

（2）最小模式下的总线写操作

图 5-14 所示为 8086 CPU 对存储器或 I/O 端口进行写操作的时序，也由 4 个 T 状态组成。

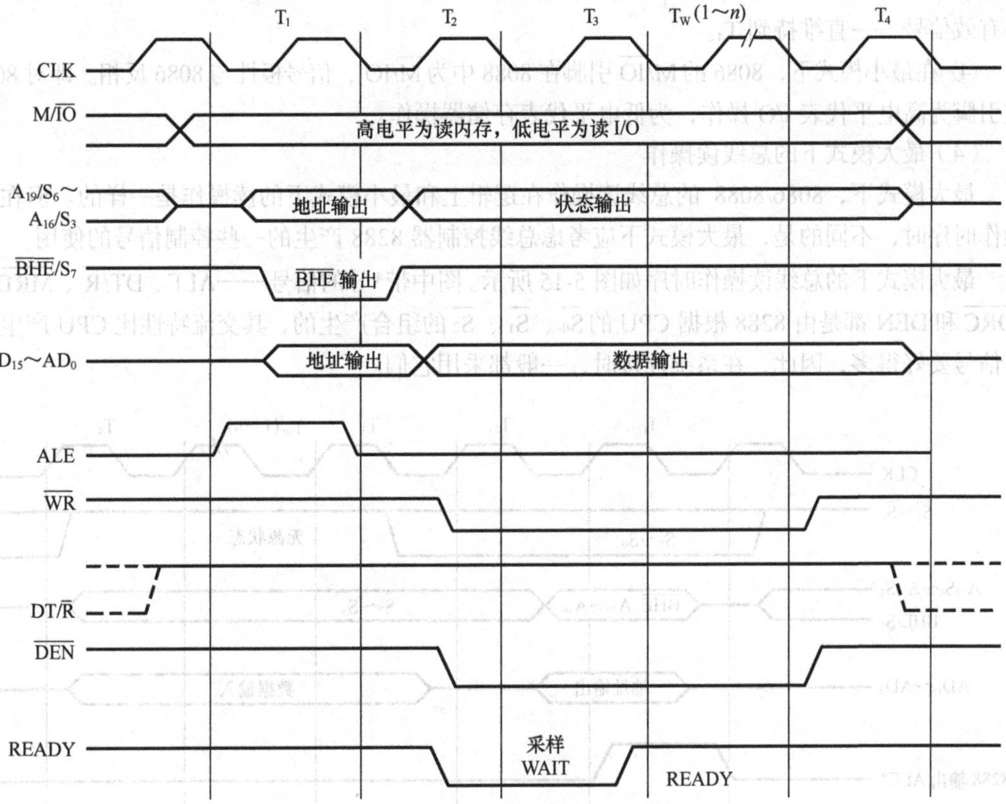

图 5-14　8086 总线写周期时序（最小模式）

在总线写操作周期中，8086 在 T_1 时，将地址信号送至地址/数据复用的 AD 总线上，并于 T_2 开始直到 T_4，将数据输出到 AD 线上，等到存储器或 I/O 端口的输入数据缓冲器被打开，便将 AD 线上的输出数据写入存储器单元或 I/O 端口。存储器或 I/O 端口的输入数据缓冲器是利用在 T_2 出现的写控制信号 $\overline{WR}$ 打开的。8086 CPU 在 T_4 状态结束对存储器或 I/O 端口的写操作。若慢速的存储器或外设来不及在 T_4 之前完成写操作，可以利用 READY 信号，让 CPU 插入一定数量的 T_W 状态，存储器或外设完成写操作后，进入 T_4 状态，结束总线写操作周期。

总线写周期和总线读周期操作不同之处如下。

① 写周期下，AD 线上因输出的地址和输出的数据为同方向，因此，T_2 时不再需要像读周期时要维持一个周期的浮空状态以作缓冲。

② 对存储器芯片或 I/O 端口发出的控制信号是 $\overline{WR}$，而不是 $\overline{RD}$，但它们出现的时序类似，也是从 T_2 开始。

③ 在 $DT/\overline{R}$ 引脚上发出的是高电平的数据发送控制信号 DT，此信号被送到 8286 总线收发器控制其为数据输出方向。

（3）8088 的总线读/写操作

8088 和 8086 的总线周期时序波形基本上是一致的，所不同的只是以下几点：

① 由于 8088 只有 8 位数据总线，因此，地址线 A_{15}～AD_8 不是分时复用线。这些线上的地址信号在整个读/写周期中均保持。

② 地址/数据的分时复用线只有 AD_7～AD_0，其操作时序同 8086 的 A_{15}～AD_0。

③ 由于 8088 的引脚 34 不是 $\overline{BHE}/S_7$，而是 $\overline{SS_0}$，因此 8088 从 T_1 开始就往 $\overline{SS_0}$ 线上送出低电平有效信号，一直维持到 T_4。

④ 在最小模式下，8086 的 $M/\overline{IO}$ 引脚在 8088 中为 $\overline{M}/IO$，信号极性与 8086 反相。即对 8088，该引脚为高电平代表 I/O 操作，为低电平代表存储器操作。

（4）最大模式下的总线读操作

最大模式下，8086/8088 的总线读操作在逻辑上和最小模式下的读操作是一样的。但在分析操作时序时，不同的是，最大模式下应考虑总线控制器 8288 产生的一些控制信号的使用。

最大模式下的总线读操作时序如图 5-15 所示。图中带*号的信号——ALE、$DT/\overline{R}$、$\overline{MRDC}$ 或 $\overline{IORC}$ 和 DEN 都是由 8288 根据 CPU 的 $\overline{S_0}$、$\overline{S_1}$、$\overline{S_2}$ 的组合产生的，其交流特性比 CPU 产生的相同信号要好得多，因此，在系统连接时，一般都采用它们。

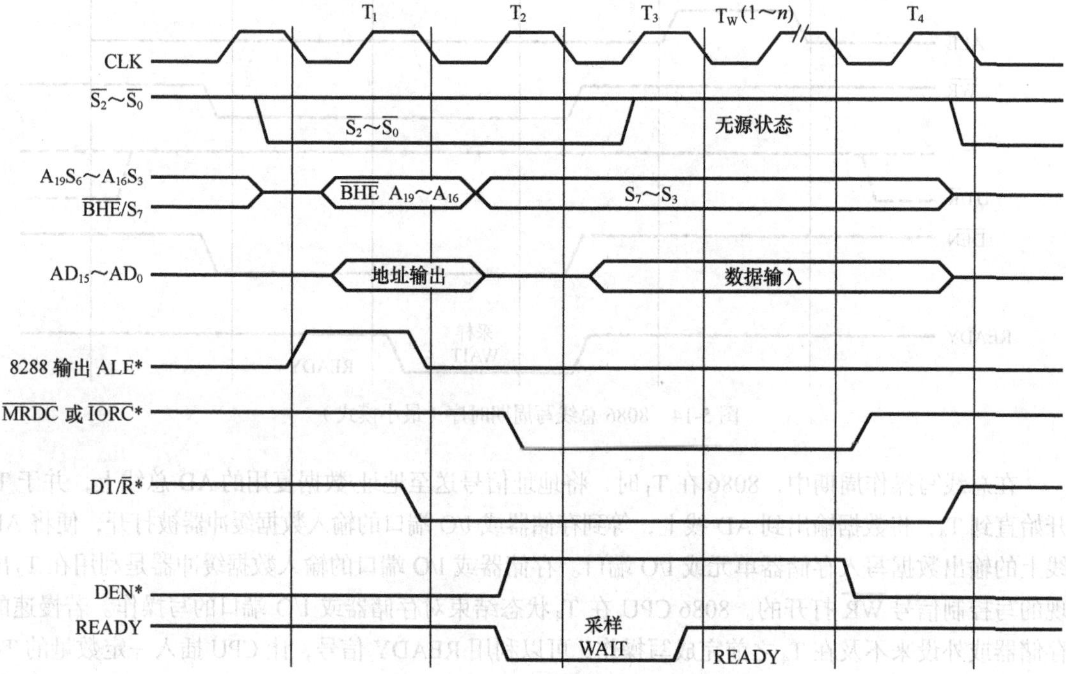

图 5-15 8086 总线读周期时序（最大模式）

8288 总线控制器根据表 5-5 对 $\overline{S_0}$、$\overline{S_1}$、$\overline{S_2}$ 进行译码，产生相应的命令和控制信号。当 $\overline{S_0}$、$\overline{S_1}$、$\overline{S_2}$ 的值为 1、1、1，即全为高电平时，系统处于无源状态。

如果存储器或外设速度足够快，和最小模式下一样，在 T_3 状态就已把输入数据送到数据总线 AD_{15}～AD_0 上，CPU 便可读得数据，这时，$\overline{S_0}$、$\overline{S_1}$、$\overline{S_2}$ 全变为高电平，进入无源状态直到 T_4 为止。一进入无源状态，就意味着可又启动一个新的总线周期；若存储器或外设速度较慢，则需使用 READY 信号进行联络：即在 T_3 状态开始前，READY 仍未变为高电平（"就绪"），那么也和最小模式一样，在 T_3 和 T_4 之间插入 1 个或多个 T_W 状态进行等待。

（5）最大模式下的总线写操作

最大模式下的 8086 总线写周期时序如图 5-16 所示。图中带*号的控制信号也是 CPU 通过 8288 产生的。其中 ALE 和 DEN 的时序和作用与最大模式下的总线读周期相同。不同的是，在 $DT/\overline{R}$ 线上输出的是高电平有效信号，另外，还有两组写控制信号是为存储器或 I/O 端口提供的：一组是普通的存储器写命令 $\overline{MWTC}$ 和 I/O 端口写命令 $\overline{IOWC}$；另一组是超前的存储器写命令 $\overline{AMWC}$ 和超前的 I/O 端口写命令 $\overline{AIOWC}$，可供系统连接时选用。

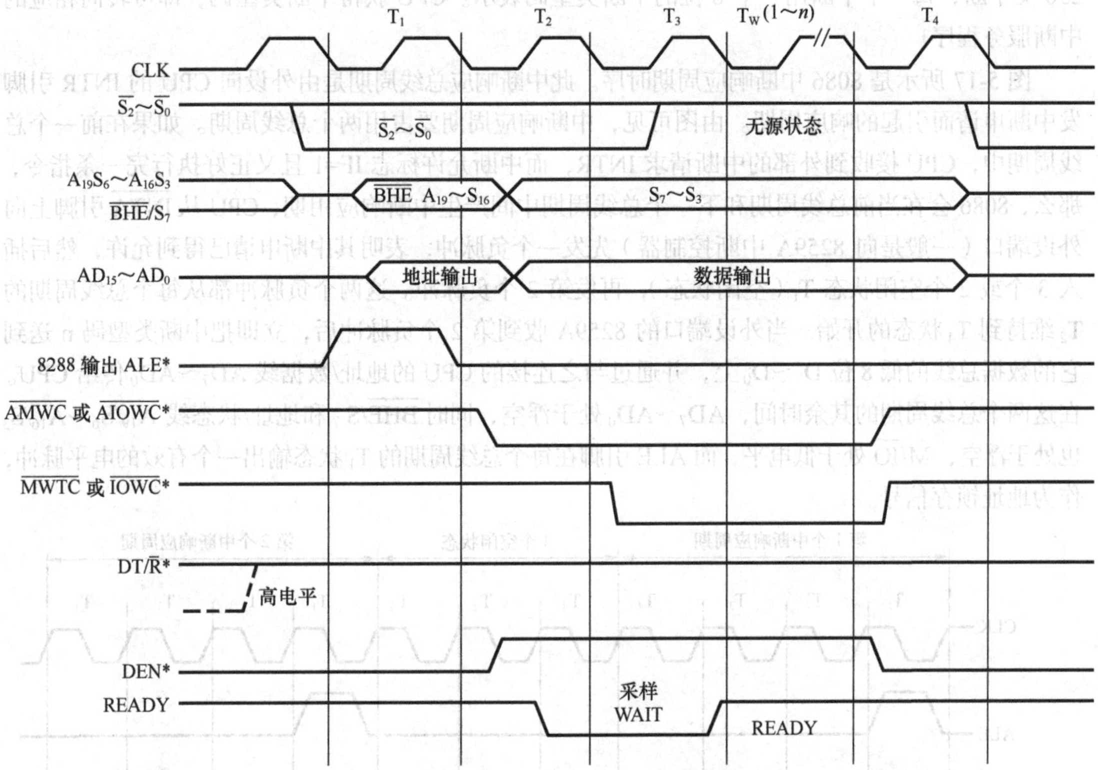

图 5-16 8086 总线写周期时序（最大模式）

和读周期一样，在写操作周期开始之前，$\overline{S_0}$、$\overline{S_1}$、$\overline{S_2}$ 就已经按操作类型设置好了相应电平，同样，也在 T_3 状态，全部恢复为高电平，进入无源状态，从而为启动下一个新的总线周期做准备。

最大模式下的总线写操作在遇到慢速的存储器和外设时，也可用 READY 信号联络，在 T_3 开始之前，还是无效的话，可在 T_3 和 T_4 间插入 1 个或多个 T_W 等待状态。

（6）总线空操作

CPU 只有在和存储器或 I/O 端口之间交换数据，或装填指令队列时，才由总线接口部件 BIU 执行总线周期，否则，BIU 将进入总线的空闲周期 T_I。T_I 一般包含 1 个或多个时钟周期。在空闲周期中，CPU 对总线进行空操作，但状态信息 S_6～S_3 和前一个总线周期相同；地址/数据线 AD 上，则视前一总线周期是读或是写而有区别。若前一周期为读周期，则 AD_{15}～AD_0 在空闲周期中处于浮空，若为写周期，则 AD_{15}～AD_0 仍继续保留 CPU 输出数据 D_{15}～D_0。

空闲周期时对总线操作空闲，对 CPU 内部仍可进行有效操作，如执行部件 EU 进行计算或内部寄存器间进行传送等。因此，空闲周期又可视为是 BIU 对 EU 的等待。

3. 暂停操作

当 CPU 执行一条暂停指令 HLT（Halt）时，就停止一切操作，进入暂停状态。暂停状态一直保持到发生中断或对系统进行复位时为止。在暂停状态下，CPU 可接收 HOLD 线上（最小模式下）或 $\overline{RQ}/\overline{GT}$ 线上（最大模式下）的保持请求。当保持请求消失后，CPU 回到暂停状态。

4. 中断响应周期

以 8086/8088 为 CPU 的计算机系统中，将中断分为硬件中断和软件中断两类，总共可以处理 256 类中断，每一个中断用一个 8 位的中断类型码表示。CPU 获得中断类型码，即可转向相应的中断服务程序。

图 5-17 所示是 8086 中断响应周期时序。此中断响应总线周期是由外设向 CPU 的 INTR 引脚发中断申请而引起的响应周期。由图可见，中断响应周期要占用两个总线周期。如果在前一个总线周期中，CPU 接收到外部的中断请求 INTR，而中断允许标志 IF=1 且又正好执行完一条指令，那么，8086 会在当前总线周期和下一个总线周期中间产生中断响应用期，CPU 从 $\overline{INTA}$ 引脚上向外设端口（一般是向 8259A 中断控制器）先发一个负脉冲，表明其中断申请已得到允许，然后插入 3 个或 2 个空闲状态 T_I（空闲状态），再发第 2 个负脉冲。这两个负脉冲都从每个总线周期的 T_2 维持到 T_4 状态的开始。当外设端口的 8259A 收到第 2 个负脉冲后，立即把中断类型码 n 送到它的数据总线的低 8 位 D_7～D_0 上，并通过与之连接的 CPU 的地址/数据线 AD_7～AD_0 传给 CPU。在这两个总线周期的其余时间，AD_7～AD_0 处于浮空，同时 $\overline{BHE}/S_7$ 和地址/状态线 A_{19}/S_6～A_{16}/S_3 也处于浮空，$M/\overline{IO}$ 处于低电平，而 ALE 引脚在每个总线周期的 T_1 状态输出一个有效的电平脉冲，作为地址锁存信号。

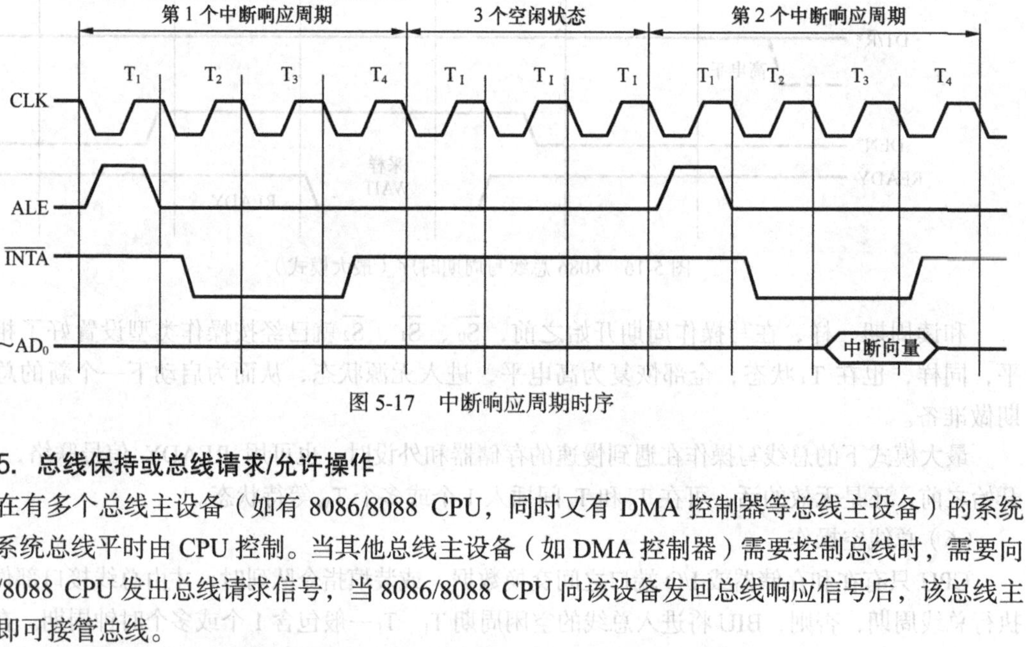

图 5-17 中断响应周期时序

5. 总线保持或总线请求/允许操作

在有多个总线主设备（如有 8086/8088 CPU，同时又有 DMA 控制器等总线主设备）的系统中，系统总线平时由 CPU 控制。当其他总线主设备（如 DMA 控制器）需要控制总线时，需要向 8086/8088 CPU 发出总线请求信号，当 8086/8088 CPU 向该设备发回总线响应信号后，该总线主设备即可接管总线。

（1）最小模式下的总线保持请求/保持响应操作

在最小模式下，其他总线主设备需要控制系统总线时，向 8086/8088CPU 的 HOLD 引脚发送总线请求信号，8086/8088 CPU 在其 HLDA 引脚向该设备发回响应信号。

最小模式下的总线保持请求和保持响应操作的时序如图 5-18 所示。由图可见，CPU 在每个时钟周期的上升沿处，对 HOLD 引脚进行检测，若 HOLD 已变为高电平（有效状态），则在总线周期的 T_4 状态或空闲状态 T_I 之后的下一个状态，由 HLDA 引脚发出响应信号。同时 CPU 将把对总线的控制权转让给发出 HOLD 的设备，直到发出 HOLD 信号的设备再将 HOLD 变为低电平（无效）时，CPU 才又收回总线控制权。例如，8237A DMA（直接存储器存取）芯片就是一种可以向 CPU 发信号，要求获得对总线控制权的器件。

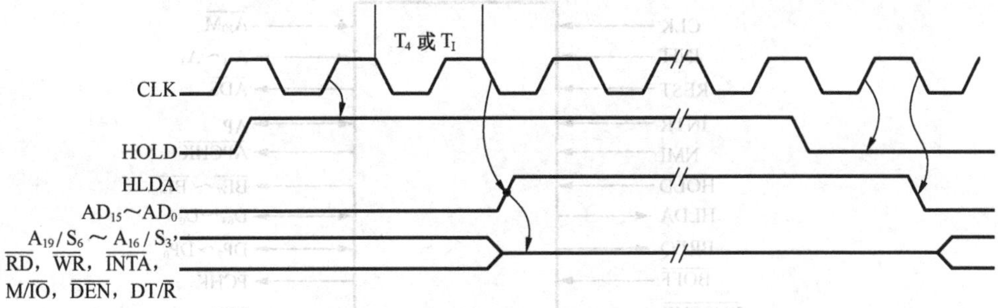

图 5-18　总线保持请求/保持响应时序

当 8086/8088 一旦让出总线控制权，便将所有具有三态的输出线 AD_{15}～AD_0、A_{19}/S_6～A_{16}/S_3、$\overline{RD}$、$\overline{WR}$、$\overline{INTA}$、$M/\overline{IO}$、$\overline{DEN}$ 及 $DT/\overline{R}$ 都置于浮空状态。即 CPU 暂时与总线断开。但是，这里要注意，输出信号 ALE 是不浮空的。

（2）最大模式下的总线请求/允许/释放操作

在最大模式下，当其他总线主设备需要控制系统总线时，需要向 8086/8088 CPU 的 $\overline{RQ}/\overline{GT_0}$ 或 $\overline{RQ}/\overline{GT_1}$ 引脚发送一个负脉冲，表示一个总线请求（RQ）信号，8086/8088 CPU 在同一 $\overline{RQ}/\overline{GT}$ 引脚送出一个负脉冲，表示一个总线响应（GT）信号，该总线主设备即可使用总线。当该总线主设备使用完总线后，再向 CPU 的同一 $\overline{RQ}/\overline{GT}$ 引脚发回一个负脉冲，表示释放总线。8086/8088 CPU 又可以继续接管总线。8086/8088 最大模式下的总线请求/总线允许/总线释放的操作时序如图 5-19 所示。

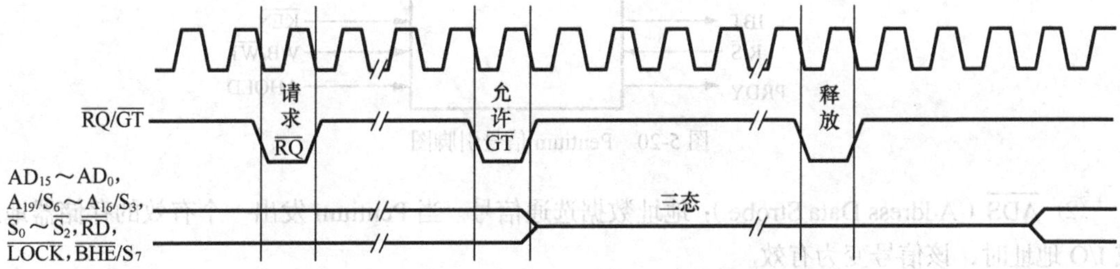

图 5-19　最大模式下的总线请求/允许/释放时序

概括起来讲，由 $\overline{RQ}/\overline{GT}$ 线上的 3 个负脉冲，即请求－允许－释放，就构成了最大模式下的总线请求/允许/释放操作。3 个脉冲虽都是负的，宽度也都为一个时钟周期，但是，它们的传输方向并不相同。

8086/8088 CPU 的 $\overline{RQ}/\overline{GT_0}$ 或 $\overline{RQ}/\overline{GT_1}$ 两个引脚可以分别连接两个总线主设备，管理两个总线主设备的总线请求－允许－释放操作，$\overline{RQ}/\overline{GT_0}$ 的优先级比 $\overline{RQ}/\overline{GT_1}$ 的优先级高。

5.4 Pentium 微处理器的引脚信号

Pentium 微处理器有众多的外部引脚，被封装在一个大型的 237 针 PGA（引脚栅格阵列）中，如图 5-20 所示。下面将按引脚功能类型的不同分别叙述。

1. 地址线及控制信号

① A_{31}～A_3（Address Bus）：地址线。可寻址 4GB 的内存和 64KB 的 I/O 空间。

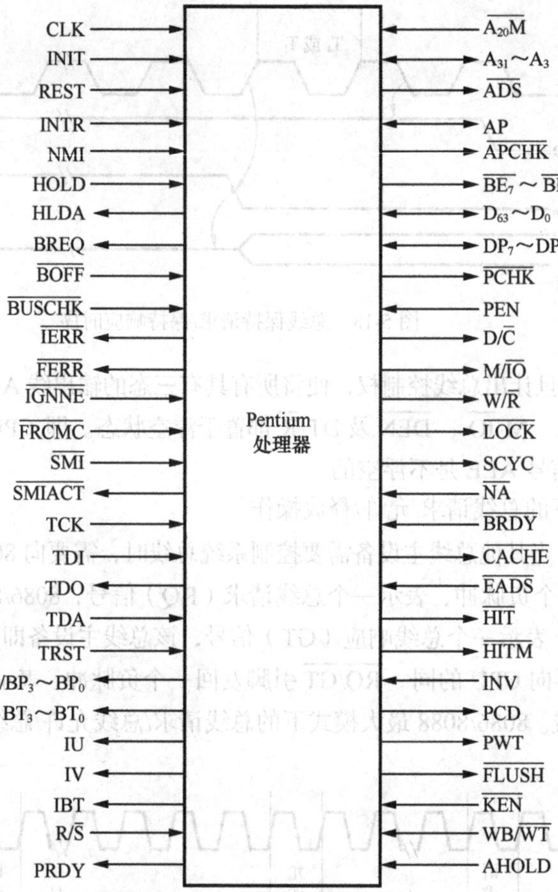

图 5-20　Pentium 信号引脚图

② $\overline{ADS}$（Address Data Strobe）：地址数据选通信号。当 Pentium 发出一个有效的存储器地址或 I/O 地址时，该信号变为有效。

③ $\overline{A_{20}M}$（Address A20 Mask）：地址 A20 屏蔽。Pentium 处理器工作在实模式时，此信号有效将屏蔽第 20 位以上的地址。

④ AP（Address Parity）：地址校验信号。此位为 Pentium 的存储器和 I/O 传送器提供偶校验。

⑤ $\overline{APCHK}$（Address Parity Check）：地址校验检查。当 Pentium 检查到地址校验有错时，此信号将变为逻辑 0。

2. 数据线及控制信号

① D_{63}～D_0（Data Bus）：数据线。64 位的数据总线，可以进行字节、字、双字和 4 字的数据传送。

② $\overline{BE_7}$～$\overline{BE_0}$（Bank Enable Signals）：字节允许信号。用于选择访问的是字节、字、双字，或是 4 字的数据，这些信号在 Pentium 微处理器内由地址 A_2～A_0 产生。

③ DP_7～DP_0（Data Parity）：数据校验信号。用来检查它的 8 个存储块的数据。

④ $\overline{PCHK}$（Parity Check）：奇偶校验检查信号。表明从存储器或 I/O 读数据时，发现校验出错。

⑤ $\overline{PEN}$（Parity Enable）：奇偶校验允许输入信号。此信号为逻辑 0 时，Pentium 在读校验出

错时会自动进行异常处理。

3. 总线周期控制信号

① D/$\overline{\text{C}}$（Data/Control）：数据/控制信号。为逻辑 1 时，表示当前总线周期传输的是数据；为逻辑 0 时，表示当前总线周期传输的是指令或处于停机状态。

② M/$\overline{\text{IO}}$（Memeroy/IO）：存储器和 I/O 访问信号。为逻辑 1 时，访问存储器；为逻辑 0 时，访问 I/O 设备。

③ W/$\overline{\text{R}}$（Write/Read）：读写信号。为逻辑 1 时，表示当前总线周期为写操作；为逻辑 0 时，为读操作。

④ $\overline{\text{LOCK}}$（Lock）：总线封锁信号。当指令带有 LOCK 的前缀时，该信号变为逻辑 0，此时总线被锁定，其他总线设备不能获得总线的控制权。该信号通常用于 DMA 访问。

⑤ $\overline{\text{BRDY}}$（Burst Ready）：突发就绪信号。此信号通知 Pentium 微处理器数据已传输完毕。

⑥ NA（Next Address）：下一地址信号。当为逻辑 0 时，CPU 就会在当前总线周期结束前将下一个地址送到总线上，形成总线流水线工作方式。

⑦ SCYC（Split Cycle）：分割周期信号。此信号表示当前地址指针未对准字，双字或 4 字的起始字节，需要用 2 个总线周期完成数据传输。

4. Cache 控制信号

① $\overline{\text{CACHE}}$：Cache 输出控制信号。指示当前 Pentium 周期可对数据进行缓存。

② $\overline{\text{EADS}}$：（External Address Strobe）：外部地址选通输入信号。当该信号为逻辑 0 时，表示外部地址有效，可以访问片内 Cache。

③ $\overline{\text{KEN}}$（Cache Enable）：Cache 允许信号。允许当前总线周期传输的数据送往内部高速缓存。

④ $\overline{\text{FLUSH}}$（Flush Cache）：Cache 擦除信号。此信号强制使 CPU 将片内 Cache 中修改过的数据回写到主存，然后擦除 Cache。

⑤ AHOLD（Address Hold）：地址保持/请求输入信号。使 Pentium 为下一个时钟周期保持地址和 AP 信号。

⑥ PCD（Page Cache Disable）：页缓存禁止信号。为逻辑 1 时，禁止访问片内 Cache。

⑦ PWT（Page Write-Through）：片外 Cache 控制信号。为逻辑 1 时，表示片外 Cache 为通写方式；为逻辑 0 时，表示片外 Cache 为回写方式。

⑧ WB/$\overline{\text{WT}}$（Write-Back/Write-Through）：片内 Cache 控制信号。为 Pentium 的数据 Cache 选择相应的操作：为逻辑 1 时，片内 Cache 为回写方式；为逻辑 0 时，片内 Cache 为通写方式。

⑨ $\overline{\text{HIT}}$：Cache 命中信号。表明片内 Cache 被命中。

$\overline{\text{HITM}}$（Hit Modified）：命中修改输出信号。表明命中的 Cache 数据被修改过。

⑩ INV（Invalidation）：无效请求输入信号。决定一个查询后的 Cache 行状态，该信号为逻辑 1 时表示 Cache 行无效。

5. 系统控制信号

① INTR（Interrupt Request）：可屏蔽中断请求输入信号，用于外部电路进行中断请求。

② NMI（Non-Maskable Interrupt）：非屏蔽中断请求输入信号。

③ RESET（Reset）：系统复位信号。信号有效时，CPU 在 2 个时钟周期内终止程序，即进行

复位。系统复位后，程序从 FFFFFFF0H 处开始执行程序。

④ INIT（Initialization）：初始化信号。与 RESET 类似，都用于对 CPU 进行初始化。但与 RESET 不同的是，当此信号有效时，CPU 先将此信号锁存，直到当前指令结束后才执行复位操作，而且并不改变 Cache、回写缓冲区和浮点寄存器的内容。此信号不能取代加电后的 RESET 信号对处理器的复位操作。

⑤ CLK（Clock）：系统时钟信号。

6. 总线仲裁信号

① HOLD（Hold）：总线请求输入信号。为其他总线设备请求 CPU 让出总线控制权，如请求一个 DMA 操作。

② HLDA（Hold Acknowledge）：总线请求响应信号。对 HOLD 的响应信号，表示 CPU 已让出总线控制权。

③ BREQ（Bus Request）：总线周期请求信号。表明 CPU 已提出一个总线请求，正在占用总线。

④ $\overline{BOFF}$（Back-Off）：强制让出总线输入信号。当此信号有效时，会强制 CPU 让出总线控制权，直到此信号无效时，CPU 再重新启动被打断的总线周期。

$\overline{BOFF}$ 与 HOLD 的不同之处在于，首先，HOLD 会使 CPU 在总线周期结束后让出总线控制权，但 $\overline{BOFF}$ 不会等总线周期结束，而是在当前时钟周期结束后立即让出总线控制权；其次，HOLD 有其响应信号 HLDA，但 $\overline{BOFF}$ 没有。

7. 检测与处理信号

① $\overline{BUSCHK}$（Bus Check）：总线检查输入信号。外部电路通过此信号通知微处理器传送失败。

② $\overline{FERR}$（Floating-Point Error）：浮点运算出错输出信号。指示内部协处理器出错。

③ $\overline{IGNNE}$（Ignore Numeric Error）：忽略浮点运算错误输入信号。使 CPU 忽略协处理器运算错误。

④ $\overline{FRCMC}$（Functional Redundancy Check）：功能性冗余检查输入信号。CPU 在重启时对此信号进行采样，如果为逻辑 0 电平，则进行冗余检查。

⑤ $\overline{IERR}$（Internel Error）：内部出错输出信号。此信号表示 CPU 检测到一个内部的奇偶校验错误或功能性冗余错误。

8. 系统管理模式信号

① $\overline{SMI}$（System Management Interrupt）：系统管理模式（SMM）中断请求输入信号。此信号有效时使 Pentium 微处理器进入到系统管理模式。

② $\overline{SMIACT}$（System Management Interrupt Active）：系统管理中断激活输出信号。表明 Pentium 微处理器正工作在 SMM 模式。

9. 测试信号

① TCK（Testability Clock）：测试时钟输入信号。用于输入测试时钟。

② TDI（Test Data Input）：测试数据输入信号。用来输入测试数据。

③ TDO（Test Data Output）：测试数据输出信号。用来输出测试的数据和指令。

④ TMS（Test Mode Select）：测试方式选择输入信号。此信号用于控制 Pentium 的测试工作方式。

⑤ $\overline{TRST}$（Test Reset）：测试复位输入信号。使测试模式复位，退出测试状态。

10. 跟踪和检查信号

① $BP_3 \sim BP_0/PM_1 \sim PM_0$（Break-Point Pins/Performance Monitoring）：$BP_3 \sim BP_0$ 是断点引脚信号，是与调试寄存器 $DR_3 \sim DR_0$ 中的断点相匹配的外部输出信号，用来指示一个断点；$PM_1 \sim PM_0$ 是性能监测信号，用来指示调试寄存器的性能监测位的设置。在这里，$BP_1 \sim BP_0$ 和 $PM_1 \sim PM_0$ 是一组复用信号，当调试寄存器 DR_7 中的 GE 和 LE 均为 1 时，为 $BP_1 \sim BP_0$ 信号，否则为 $PM_1 \sim PM_0$ 信号。

② $BT_3 \sim BT_0$（Branch Trace）：分支跟踪输出信号。$BT_1 \sim BT_0$ 提供分支目标线性地址的低 3 位，BT_3 提供缺省操作数长度。

③ IU（U Pipe Instruction Complete）：U 流水线指令完成信号。表明 U 流水线已完成指令的执行。

④ IV（V Pipe Instruction Complete）：V 流水线指令完成信号。表明 V 流水线已完成指令的执行。

⑤ IBT（Instruction Branch Taken）：指令分支采用信号。表示 Pentium 微处理器采用了一个指令分支。

⑥ $R/\overline{S}$：探针信号。当此信号的逻辑电平由 1 变为 0 时，CPU 将停止执行指令并进入空闲状态。

⑦ PRDY（Probe Ready）：探针就绪输出信号。这是 $R/\overline{S}$ 的响应信号，表明已为调试准备好探针方式。

5.5 Pentium 微处理器的总线时序

1. Pentium 的总线状态

处理器按周期访问存储器或外部设备，该周期称为总线周期。一个总线周期通常由多个时钟周期（总线状态或 T 状态）组成，时钟周期是处理器完成一个动作的最小时间单位，是时钟频率的倒数。下面介绍 Pentium 总线周期的几个总线状态。

① T_i 状态：总线空闲状态。

② T_1 状态：主要传送地址和状态信息。在 T_1 状态，$\overline{ADS}$ 信号有效，处理器输出被访问存储单元的地址或 I/O 端口的地址、总线周期指示码和有关控制信号。在写周期的情况下，被写数据会输出在数据总线上。

③ T_2 状态：主要传送数据。在 T_2 状态，若为读周期，则外部设备从数据总线上接受数据；若为写周期，则处理器把数据放在数据总线上。

④ T_{12} 状态：有两个待完成的总线周期。处理器在为第 1 个总线周期传送数据（T_2 状态）的同时启动第 2 个总线周期（T_1 状态）。

⑤ T_{2p} 状态：有两个待完成的总线周期。处理器的两个总线周期都处于第 2 个及后续的时钟周期。

⑥ T_D 状态：不同类型总线周期转换时，在 T_{12} 状态后插入的一个过渡状态。在 T_D 状态，地址、状态和 $\overline{ADS}$ 已被驱动，而数据和 $\overline{BRDY}$ 引脚未被采样。

2. Pentium 的总线周期

Pentium 微处理器的总线周期可以按不同的划分方法来划分。如果按数据传送次数来划分，有单次传送总线周期和突发式总线周期。单次传送周期一次只能传送一个数据，而突发式总线周期一次可以传送 4 个数据，它是在 80386 之后的处理器中新增的总线类型。如果按时序类型来划分，可以划分为非流水线式总线周期和流水线式总线周期，而且单次传送周期和突发式总线周期均有非流水线和流水线两种。下面就对这几种总线周期逐一进行介绍。

（1）非流水线式单次读写周期

这种总线周期一般至少要占用两个时钟周期：T_1 和 T_2。T_1 状态主要是传送地址和状态，T_2 状态主要是传送数据，如果外设或存储器速度较慢，在 T_2 状态到来时数据还没准备好，就必须在 T_1 状态后插入多个 T_2 状态来等待数据。

如图 5-21 所示，T_1 状态时，地址选通信号 $\overline{ADS}$ 为低电平，表示在 ADDR 上地址有效，此时，地址和状态信号都有效，外部电路可以将地址和状态送入锁存器。在 T_2 状态，CPU 采样 $\overline{BRDY}$ 信号，如果 $\overline{BRDY}$ 信号为低电平，则表示外设已经准备好，CPU 可以进行数据传输，总线周期可以正常结束；如果 $\overline{BRDY}$ 信号仍为高电平，则表示外设还没准备好，要插入一个 T_2 状态来延长总线周期，直到 $\overline{BRDY}$ 信号为低电平时才结束总线周期。在整个总线周期中，由于是非流水线式的，所以 $\overline{NA}$ 信号无效，为高电平。同时，由于不通过 Cache 进行读写，所以 $\overline{CACHE}$ 信号为高电平。$W/\overline{R}$ 信号如果为低电平，则这个周期为读周期，CPU 从外设或存储器读数据，如果是高电平，则是写周期，数据由 CPU 写入存储器或外设。

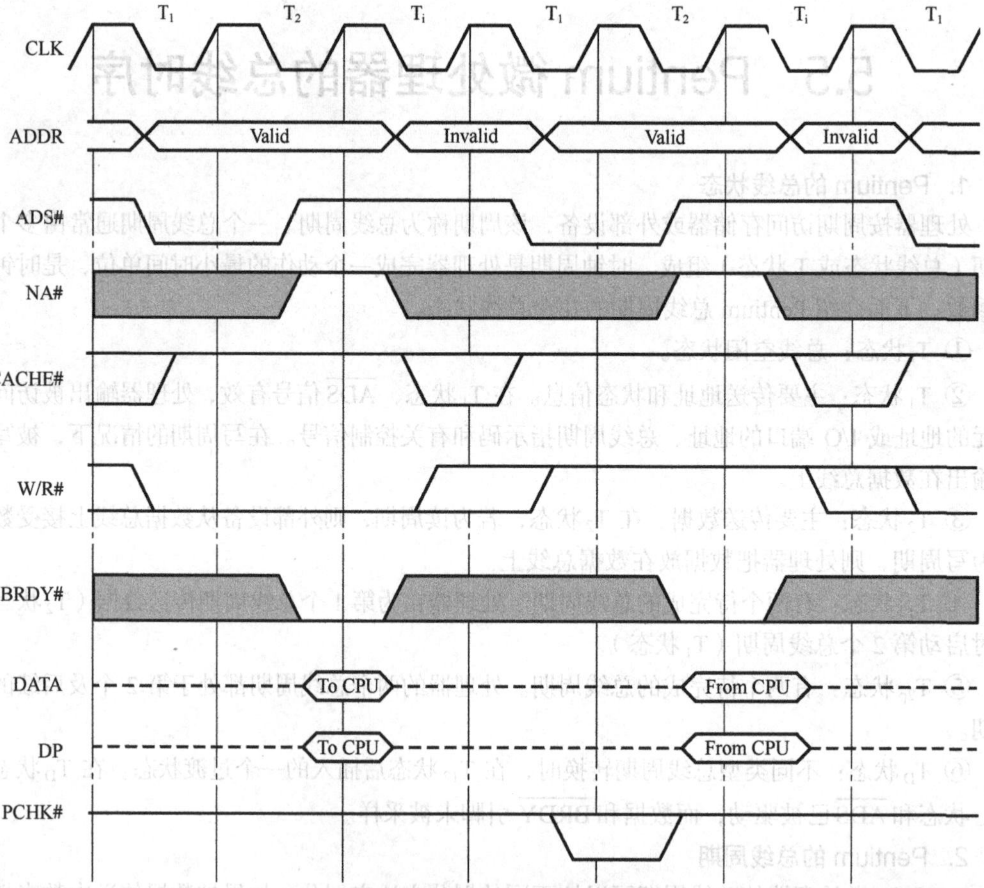

图 5-21　非流水线单次读写总线周期

2. 突发式读写周期

突发式总线周期是 80386 之后的处理器中新增的总线周期类型。突发式总线周期可以在主存中连续读写 4 个 64 位的数据。另外，当处理器访问某个内存地址时，如果被访问的信息已在 Cache 中，则从 Cache 中直接读；否则，进行一次突发式读总线周期，从内存传送 256 位数据以填充 Cache 的一行。

如图 5-22 所示，突发式总线周期一共由 5 个时钟周期组成，分别是 T_1、T_2、T_2、T_2、T_2。第 1 个时钟周期为 T_1 状态，信号 $\overline{ADS}$ 为低电平，表示地址信号有效，总线周期开始，同时 CPU 还使 $\overline{CACHE}$ 为低电平，并使其持续整个总线周期。在 T_2 状态，CPU 采样 $\overline{BRDY}$ 信号，若为低电平，则表示外设已准备好，可以传输第 1 个 64 位的数据；若 $\overline{BRDY}$ 为高电平，则必须要插入等待状态，直到 $\overline{BRDY}$ 有效为止。同时，如果这个总线周期是读周期，那么 CPU 还对 $\overline{KEN}$ 信号进行采样，低电平有效，表示外部设备可以把数据送到 Cache，如果是写周期，则 CPU 对 $\overline{KEN}$ 忽略。在接下来的 3 个 T_2 状态，继续传输后续的 3 个 64 位的数据，在每次传输数据之前，CPU 都会采样 $\overline{BRDY}$ 信号以决定是否要插入等待状态及数据传输是否结束。

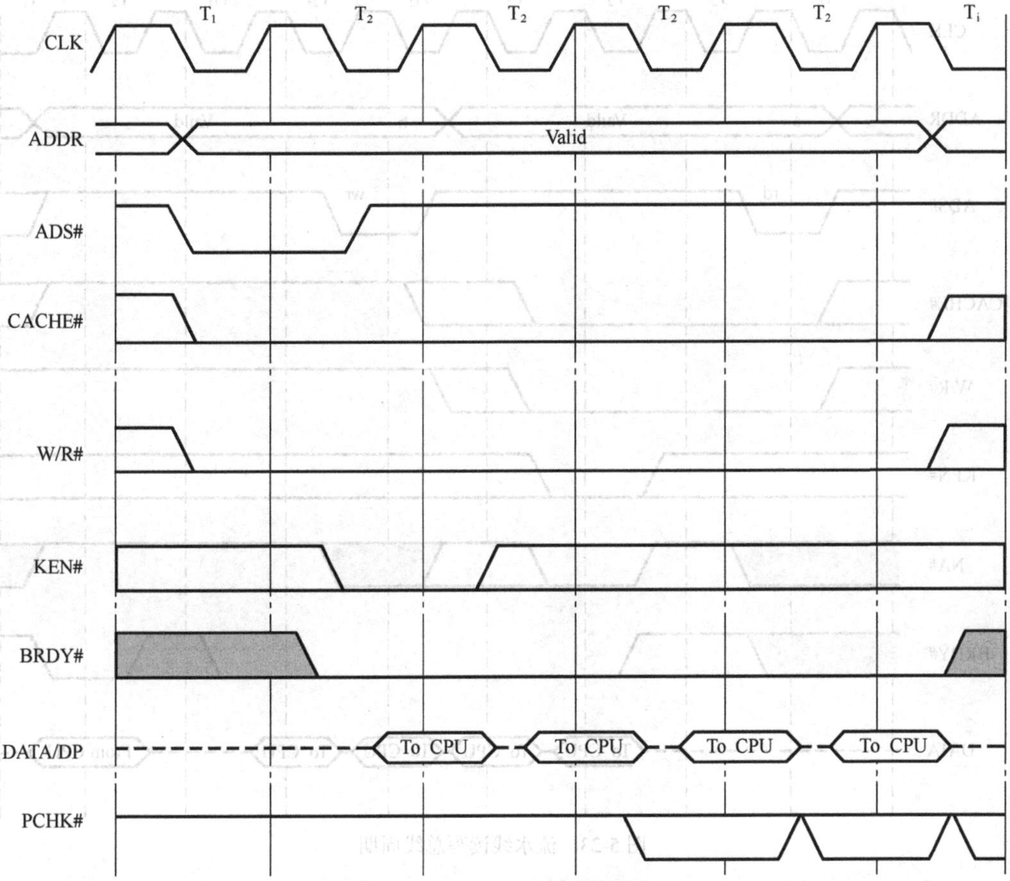

图 5-22 突发式读总线周期

需要指出的是，在整个突发式周期中，地址总线上的数据地址一直都是第 1 个数据的地址，因此，对后面的 3 个数据操作，需要通过外部电路将地址不断地递增。

3. 流水线式总线读写周期

流水线式总线读写周期如图 5-23 所示。这种总线周期一般至少占用两个时钟周期，但在整个系统中，却有两个总线周期在并行进行。Pentium 通过 $\overline{NA}$ 输入信号形成流水线式总线周期，单次数据传送总线周期和突发式总线周期都可以是流水线式的。当第 1 个总线周期进入 T_2 状态，正在传输数据时，如果此时 $\overline{NA}$ 信号为低电平，表示下一个地址可用，那么第 2 个总线周期就进入 T_1 状态，地址和状态信号有效，下一个地址输出到地址总线上。因此，在当前总线周期还未结束时，下一个总线操作就已经开始了，这就形成了流水线操作。

图 5-23 中的 T_{12} 状态既是第 1 个总线周期的有效 T_2 状态，又是下一个总线周期的 T_1 状态。在 T_{12} 状态，CPU 既可采样当前总线周期的 $\overline{BRDY}$ 信号和数据，又可驱动 $\overline{ADS}$ 信号启动下一个总线周期。在 T_{12} 之后的状态 T_{2p} 中，由于当前总线周期的 T_2 还没完成，为了防止总线冲突，被启动的下一个总线周期的 T_2 转入等待执行周期。T_{2P} 状态主要用于完成前一个总线周期的最后一个数据采集，在 T_{2P} 之后的 T_2 状态采样下一个总线周期的第 1 个数据。而 T_D 状态是两个总线周期在进行读写转换时所需要插入的一个转换状态。

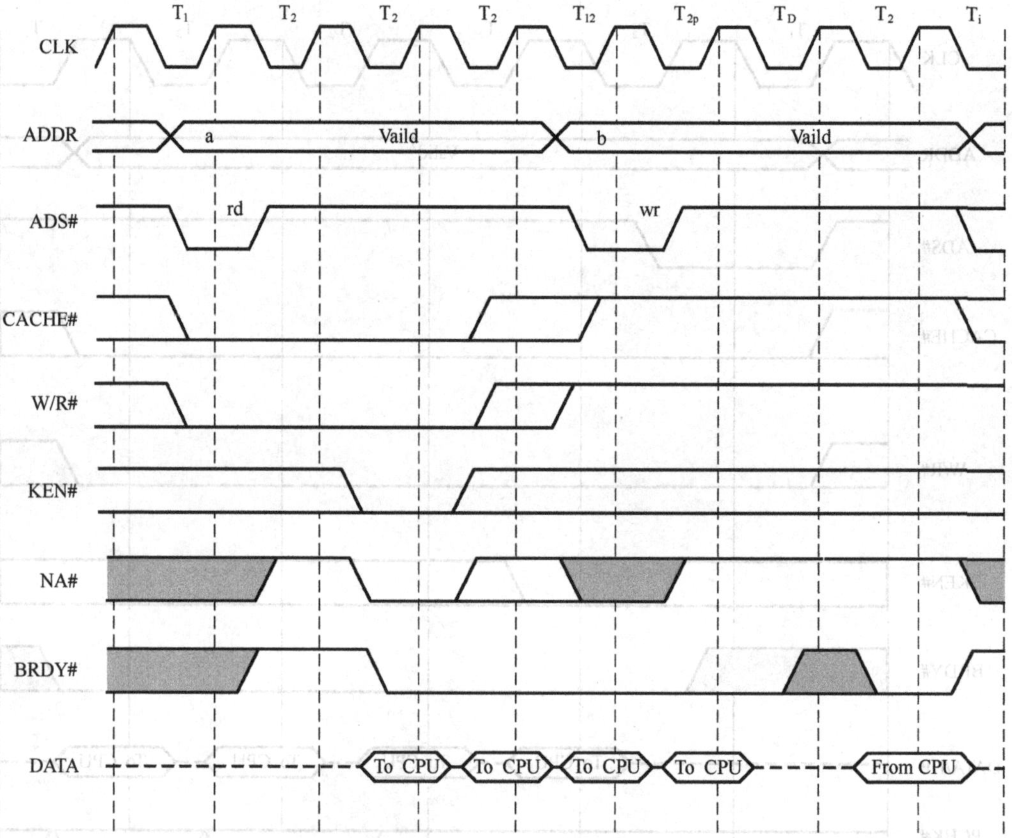

图 5-23　流水线读写总线周期

流水线式突发总线周期与非流水线式突发总线周期的过程类似，只不过流水线式突发总线周期在 CPU 采样 $\overline{BRDY}$ 信号有效后，还采样并判断 $\overline{NA}$ 信号是否有效，以启动下一个总线周期。

5.6　常用总线技术

总线技术总是伴随着微机技术发展而发展的，自从第 1 台个人计算机诞生至今，系统总线的发展已经经历了 3 代：第 1 代系统总线是以 ISA 为代表的总线标准，第 2 代是以 PCI 为代表的总线标准，第 3 代是以 PCI-Express 为代表的总线标准。

总线的发展过程如图 5-24 所示。

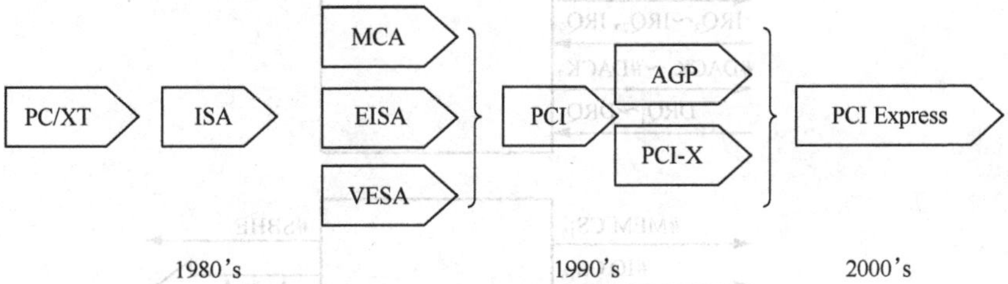

图 5-24　总线的发展

下面分别介绍一些最具代表性的总线技术。

1. ISA 总线

ISA 总线是 IBM 提出的 16 位的总线标准。它是在原来 PC/XT 总线的 62 线插槽的基础上增加 36 线插槽进行扩展的，这样，ISA 总线就能够与 8088 的 PC/XT 总线兼容。由于它用于 80286PC/AT 的计算机上，所以又称为 PC/AT 总线。

ISA 总线的主要性能指标如下。

① I/O 地址空间为 0100H～03FFH。

② 24 位地址线可直接寻址的内存容量为 16MB。

③ 8/16 位数据线。

④ 最高时钟频率为 8MHz。

⑤ 最大稳态传输速率为 16MB/s。

⑥ 具有中断功能。

⑦ 具有 DMA 通道功能。

⑧ 具有开放功能总线结构，允许多个 CPU 共享系统资源。

ISA 总线引脚图如图 5-25 所示，图中上半部分对应于原 PC/XT 总线引脚配置，而下半部分为 ISA 总线扩展部分的引脚。

但是，VESA 总线存在着规范定义不严格、兼容性差、总线速度受 CPU 速度影响等缺陷。

2. PCI 总线

微处理器飞速发展，其性能不断改善，速度不断提高，而 ISA、EISA 等总线速度较慢，无法充分发挥 CPU 的性能。

而且它们都强烈依赖于各种 CPU 而存在的，当 CPU 升级时就必须改变总线的标准。为了寻找一种性能更为优良的局部总线，1992 年，以 Intel 公司为首的集团推出了 PCI（Peripheral Component Interconnect，外围部件互连）总线。

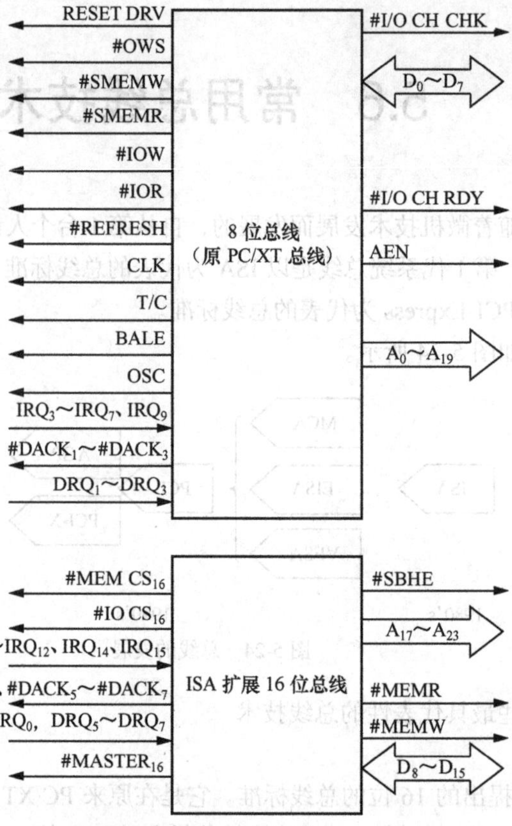

图 5-25 ISA 总线引脚图

基于 PCI 总线的典型计算机系统结构如图 5-26 所示。从图中可以看出微处理器总线（驻留局部总线）是单独的，并独立于 PCI 总线。微处理器通过 PCI 总线控制器（也称为 PCI 桥）与 PCI 总线相连。PCI 总线上的部件和扩展总线也通过 PCI 总线控制器与微处理器相连。这样，PCI 总线控制器就为 PCI 总线和微处理器总线之间设置了一个缓冲器，只要系统设计了 PCI 控制器或 PCI 桥，任何处理器都可以接到 PCI 总线上。另外，通过 ISA 总线控制器（桥），PCI 总线上的部件也可以和 ISA 总线上的部件通信。

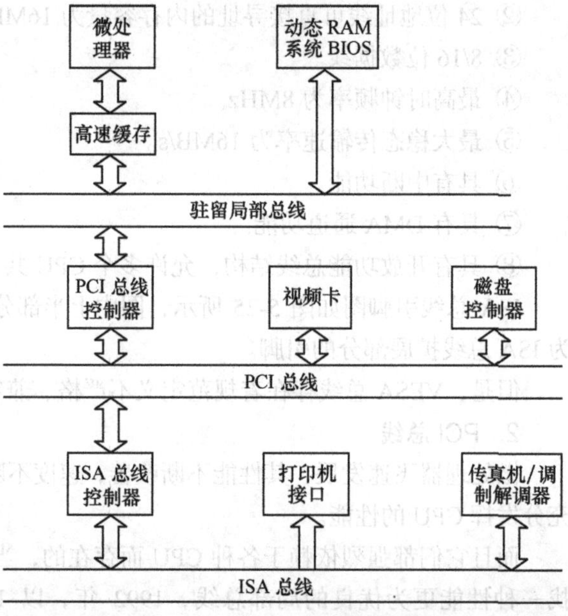

图 5-26 包含 PCI 总线的微机系统框图

（1）PCI 总线的特点与关键技术

① 性能优良。PCI 总线的宽度为 32 位，需要时还可以扩充到 64 位；其 2.0 版的时钟频率为 33MHz，2.1 版为 66MHz；其对应带宽为 132MB/s～264MB/s 或 264MB/s～528MB/s。

② 灵活性与可兼容性好。针对多种外设而设计，包括图形、磁盘控制器、网络、多媒体等。

③ 具有即插即用功能。任何外设的扩充卡插入到系统就能工作，不需要编写专门的程序进行配置。

④ 支持多主控设备和并发工作。当系统有多个主控设备时，PCI 总线控制器可以通过仲裁来决定由哪个主控设备来控制总线。同时，如果 CPU 要访问 PCI 总线上的设备时，可以先把数据快速地写到 PCI 缓冲器上，在缓冲器上的数据写入到外设的过程中，CPU 就可以去执行其他工作，从而实现并发工作。

⑤ 成本较低。用于连接 PCI 总线的引脚数很少，可以使外设的设计紧密集成，PCI 总线插槽的外形长度只有 ISA 的 1/2，这样可以节省主板空间和元件的费用；而且，PCI 是一种无须接合逻辑的总线，这就无须开发与 PCI 总线扩展卡相关的支持或缓冲芯片，从而降低了板级费用；最后，由于 PCI 总线可以与任何总线相连接，所以不必再为其扩展卡生产多种版本，同时还可以实现大批量生产。

⑥ 发展前景好且应用广泛。PCI 总线是作为一种长期的总线标准而制定的。其规范也支持 3.3V 的工作电压，它既可以插到 5V 的板上，又可以插到 3.3V 的主板上，应用广泛。

（2）PCI 总线信号

PCI 总线信号是指 PCI 设备与 PCI 总线接口的信号。除地线和电源线外，PCI 的信号线包括系统信号线、地址线、数据线、接口控制线、仲裁线、错误反馈信号线、中断引脚信号线、高速缓存信号线、64 位总线扩展信号线、JTAG 边沿扫描信号线，共有 188 根引脚，图 5-27 所示为主要信号引脚框图。

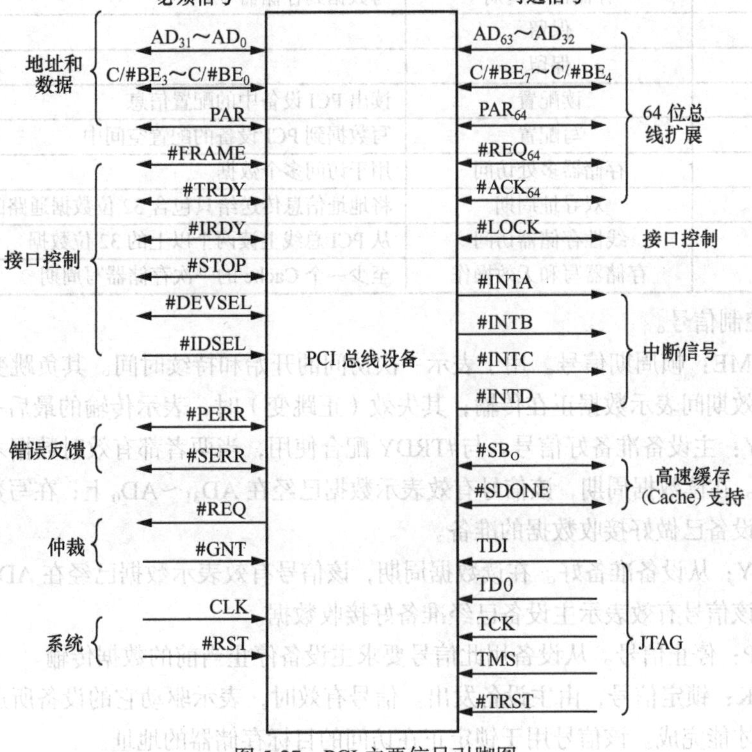

图 5-27 PCI 主要信号引脚图

下面按照信号的类型分别介绍。

① 系统信号。

- CLK：系统时钟信号，为总线操作提供定时。时钟频率的范围是 0～33MHz（5V 时）或者 0～66MHz（3.3V 时）。
- #RST：复位信号，低电平有效。当复位信号有效时，所有的 PCI 总线配置寄存器、主设备和目标状态机以及各种相关的输出信号都恢复到初始状态。各种具体的初始状态视 PCI 规范而定。

② 地址和数据信号。

- AD_{31}～AD_0：地址和数据分时复用信号。在#FRAME 有效时，该信号为地址信号；当#IRDY 和#TRDY 有效时，该信号为数据信号。

- C/#BE_3～C/#BE_0：为命令和字节使能分时复用信号。作为字节使能信号 C/#BE_3～C/#BE_0 指出当前寻址的双字中所传送的字节和用于传送数据的数据通道。作为命令信号，C/#BE_3～C/#BE_0 定义总线的交易类型，其具体定义如表 5-8 所示。

- PAR：奇偶校验信号。用于 AD_{31}～AD_0 和 C/#BE_3～C/#BE_0 的奇偶信号检验。

表 5-8 PCI 总线命令

C/#BE_3～C/#BE_0	命令名称	命令说明
0000	INTA 中断序列	中断向量
0001	专用周期	专用信息代码输出到 PCI 设备
0010	I/O 读周期	从 I/O 设备输入数据
0011	I/O 写周期	向 I/O 设备输出数据
0100	保留	
0101	保留	
0110	存储器读周期	从存储器读数据
0111	存储器写周期	写数据到存储器
1000	保留	
1001	保留	
1010	读配置	读出 PCI 设备中的配置信息
1011	写配置	写数据到 PCI 设备的配置空间中
1100	存储器多处访问	用于访问多个数据
1101	双寻址周期	将地址信息传送给只包含 32 位数据通路的 64 位 PCI 设备
1110	线性存储器访问	从 PCI 总线上读两个以上的 32 位数据
1111	存储器写和无效操作	至少一个 Cache 的一次存储器写周期

③ 接口控制信号。

- #FRAME：帧周期信号。用于表示一次访问的开始和持续时间。其负跳变时表示总线传输开始；在有效期间表示数据正在传输；其失效（正跳变）时，表示传输的最后一个数据期。

- #IRDY：主设备准备好信号。与#TRDY 配合使用，当两者都有效时数据才能传输，否则进入等待周期。在读数据周期，该信号有效表示数据已经在 AD_{31}～AD_0 上；在写数据周期，该信号有效表示从设备已做好接收数据的准备。

- #TRDY：从设备准备好。在读数据周期，该信号有效表示数据已经在 AD_{31}～AD_0 上；在写数据周期，该信号有效表示主设备已经准备好接收数据。

- #STOP：停止信号。从设备用此信号要求主设备停止当前的数据传输。

- #LOCK：锁定信号，由主设备发出。信号有效时，表示驱动它的设备所进行的操作可能需要多个传输才能完成。该信号用于锁定正在访问的目标存储器的地址。

- #DEVSEL：设备选择信号。信号有效时表示目标设备已经被选中，也可以作为输入信号表示在总线上的某个设备已被选中。

- IDSEL：初始化设备选择信号。在参数配置读写传输期间，用作片选信号。

④ 总线仲裁信号。

- #REQ：总线请求信号。表示驱动它的设备要求使用总线。这是一个点到点的信号线，任何主设备都有自己的#REQ。

- #GNT：总线占用允许信号。表示仲裁器已经同意请求总线的设备使用总线。

⑤ 错误反馈信号。

- #PERR：数据奇偶校验错误信号。用于反馈除特殊周期外的其他传送过程中的数据错误。
- #SERR：系统错误报告信号。用于报告地址奇偶错误、特殊命令序列中的数据奇偶错误，以及其他可能引起灾难性后果的系统错误。

以上是必须使用的引脚信号，以下是可选的引脚信号。

⑥ 中断信号。

- #INTA、#INTB、#INTC 和#INTD：这是 4 个中断引脚信号。都是低电平有效，用漏极开路输出驱动。如果设备只需实现一个中断就只能用#INTA；如果设备需要实现多个功能则可以按次序分别用#INTB、#INTC 和#INTD。一个多功能的设备上的任何功能都可以连接到 4 条中断信号线的任意一条上，其具体的对应关系可以由中断引脚寄存器来定义。

⑦ 高速缓存（Cache）支持信号。

- $\#SB_0$：试探返回信号。当其有效时，对已修改的 Cache 行查询测试命中。只有在 SDONE 有效时，$\#SB_0$才有意义。
- SDONE：测试完成信号。用来表示对当前操作的监视状态。有效时，表示当前的测试已经完成；无效时，表示监视结果未定。

⑧ 64 位总线扩展信号。

- AD_{63}～AD_{32}：扩展的高 32 位地址/数据复用信号。在一个地址周期中，当使用了 DAC 命令且$\#REQ_{64}$信号有效时，传输 64 位地址的高 32 位，否则它们保留；在一个数据周期中，当$\#REQ_{64}$和$\#ACK_{64}$同时有效时，传输高 32 位的数据。
- $C/\#BE_7$～$C/\#BE_4$：扩展的 32 位总线命令和字节使能信号。
- #REQ64：64 位传输请求信号。表示当前主设备要求采用 64 位传输数据。
- #ACK64：64 位传输确认信号。表示目标设备同意使用 64 位传输数据。

⑨ JTAG 边沿扫描引脚信号。

片上集成测试是系统研发的一个趋势，通过片上集成测试可以方便地对硬件电路进行测试，减少系统开发所用的时间。JTAG 边沿扫描测试是片上测试的一种常用方法。PCI 设备也可以选用 JTAG 边沿扫描引脚信号来进行片上测试。下面是各引脚信号的定义：

- TCK（Test Clock）：测试时钟信号。用于记录状态信息，测试设备的输入/输出数据。
- TDI（Test Data Input）：测试输入信号。将数据和测试指令串行输入设备中。
- TDO（Test Data Output）：测试输出信号。将测试数据和指令从设备串行输出。
- TMS（Test Mode Select）：测试模式选择。用于控制测试访问口控制器的状态。
- TRST（Test Reset）：测试复位信号。用于测试访问口控制器初始化。

PCI 总线作为一种高性能的 32/64 位局部总线，在微机和其他工程系统中应用非常广泛。在微机系统中，PCI 的典型适配卡有视频适配卡、快速网卡和高速磁盘控制器等。由于 PCI 总线是一种可以独立于 CPU 而存在的总线，因此在许多系统中都有 PCI 总线的身影。

3. AGP 总线

随着 3D 游戏的迅速普及，显卡的数据吞吐量越来越大，PCI 共享 133MB/s 的总线带宽已经不足以应付，于是 Intel 在 1996 年 7 月，推出了 AGP（Accelerated Graphics Port，加速图形端口）局部总线规范。AGP 是 Intel 专门为支持高性能 3D 图形和视频处理而设计的高速局部总线规范，它以 66MHz PCI Rev 2.1 规范为基础进行了功能扩充，在电器特性逻辑上又独立于 PCI 总线。AGP 总线直接连接桥控制芯片和 AGP 显卡，而且还允许 AGP 显卡直接访问系统内存。

AGP 总线的特点如下。

（1）数据读写采用流水线操作

减少了内存的等待时间，提高了数据传输速度。

（2）数据传输频率大大提高

AGP 以 66MHz PCI Rev 2.1 规范为基础，使用了 32 位数据总线和 66MHz 时钟，数据传输速率达到 266MB/s；AGP 2X 将传输速率提高到 533MB/s；AGP 4X 的传输速率为 1 066MB/s。现在最新的 AGP 8X，数据传输速率达到 2 133MB/s，突破 2GB/s。

（3）直接内存执行 DME

AGP 将 3D 纹理数据存入系统内存中而不存入宝贵且拥挤的帧缓冲区（即图形控制器内存），这样就能释放帧缓冲区和带宽供其他功能使用。

（4）地址信号和数据信号分离

AGP 总线采用多路信号分离技术，并使用了边带寻址技术来提高随机内存访问的速度。

（5）并行操作

CPU 访问系统 RAM 的同时，允许 AGP 显卡访问 AGP 内存。显卡可以独立使用 AGP 总线，从而进一步提高系统性能。

4. PCI-X 总线

PCI 总线推出后，逐渐成为 PC 的主流总线架构，但由于处理速度越来越高的微处理器（PentiumⅢ、Pentium Ⅳ）的推出，PCI 的工作频率和带宽都已无法满足用户要求；同时，PCI 还存在 IRQ 共享冲突和只能支持有限数量设备等问题。在这种情况下，PCI-X 总线于 2000 年应运而生。

PCI-X 是 PCI 总线的一种扩展架构，其工作频率可以更高且可扩展。PCI-X 的最高频率可以为 133MHz，位宽度可为 32 位也可以扩展为 64 位，这样它的最大允许带宽为 1 066MB/s；同时它的工作频率不再像 PCI 那么固定，而是可随设备变化而变化，PCI-X 可以支持 66MHz/100MHz/133MHz 的工作频率。

PCI-X 总线具有灵活的设备管理。PCI-X 允许目标设备仅与单个 PCI-X 设备进行交换，避免像 PCI 总线一样频繁地与目标设备和总线之间交换数据。同时，如果 PCI-X 设备没有任何数据传送，总线会自动将 PCI-X 设备移除，以减少 PCI 设备间的等待周期。这样在相同的频率下，PCI-X 将能提供比 PCI-X 高 14%～35%的性能。

PCI-X 工作在 66MHz 的工作频率下时，PCI-X 总线能最多管理 4 个设备，带宽为 533MB/s；工作在 100MHz 的工作频率下时，能管理两个设备，带宽为 800MB/s；而工作在 133MHz 的工作频率下时就只能管理一个设备，带宽为 1 066MB/s。

5. PCI Express 总线

PCI 总线自推出后在总线技术领域风行了十多年，而其后的 AGP、PCI-X 总线也只是在它的基础上的局部改良。在这十多年中，微处理器技术迅猛发展，频率已经超过 3GHz，而微机的其他设备也有了很大的改善，这就要求总线有更高的带宽以充分发挥性能。

2002 年，PCI-SIG 小组在 Intel、IBM、AMD、HP、Microsoft、TI 等核心成员的配合下发布了 PCI Express 1.0 版规范，称为第 3 代输入/输出总线，简称 3GIO。PCI Express 总线是一种串行传输的总线，其总线频率达到 2.5GHz，加上先进的总线规范，表现出了优异的性能。PCI Express 2.0 规范主要在数据传输速度上作出了重大升级，即从以前的 2.5GHz 总线频率翻倍至 5.0GHz。

PCI-SIG 宣布下一代 PCI Express 3.0 规范，总线频率将得到再次翻倍，带宽可达到 1GB/s，到那时显卡的性能将会得到进一步提升。

（1）PCI Express 总线特性

① 设备间点对点串行连接，支持多虚拟通道。PCI Express 总线是一种串行总线，采用点对点连接，每个设备在要求传输数据的时候各自建立自己独立的传输通道，这个通道对于其他设备是封闭的，无须像 PCI 总线那样共享总线。这就能充分保证通道的专用性，保障设备的带宽资源及信号的可靠性。

② 总线带宽高且有弹性。PCI Express 总线的频率为 2.5GHz，即使是只用一路串行，也能达到一个较宽的带宽。同时它的带宽是有弹性的，可以用 1、2、4、8、16 和 32 路传输。

由于 PCI Express 总线采用了内嵌时钟（8b/10b）编码技术，即将时钟嵌入到数据流之中，每个字节需要传输 10bit，因此其带宽只有理论值的 80%。

③ 低功耗，引线少。由于采用串行技术，引线的数量大幅度减少，每个通道仅需要 4 条引线，实际总线插槽只有 18 个引脚。

④ 支持热插拔、热交换。即系统运行时可以随意插拔，而不用重启系统。

⑤ 采用分包和分层协议机制。PCI Express 总线包括处理层、数据连接层和物理层 3 个协议层。处理层负责拆分和组装数据包、发送读写请求和处理连接设置及控制信号；数据连接层用于保证数据完整地从一端传输到另一端，通过命令应答校验协议技术检验错误并且进行修正；物理层负责组装和分解处理层数据，同时掌握连接结构以及信号的控制，实现端到端的通信。

数据在设备间传输时，每个设备都会被看成一个协议栈。数据传输过程为：在发送端，数据先在处理层被分成数据包，然后传输到数据连接层和物理层，每一层都将在原有的数据上加入新的头部信息或尾部信息，最后通过物理连接传输到接收端设备的协议栈中；在接收端则通过相反的过程把数据剥离还原。这个过程类似 TCP/IP 下的数据传输过程。

（2）PCI Express 总线的应用

除了高性能外，PCI Express 总线更为重要的意义在于其具有通用性。它不仅可以用于南桥和其他设备的连接，也可以延伸到芯片组间的连接。这样，整个微机系统的 I/O 系统可以重新统一起来，而不需用一些特殊的总线，这有利于简化微机系统。

PCI Express 总线的应用非常广泛，除了支持 PC 系统的一般应用外，还可以支持下一代 3D 显卡、USB 2.0、IEEE 1394 和多媒体应用等。从当前 PCI Express 总线的应用可以预见，在不久的将来，PCI Express 将会取代 PCI 总线而在总线技术中占主导地位。

6. USB 总线

USB 总线是由 Compaq 等公司联合推出的一种线总线标准，全称为 Universal Serial Bus（通用串行总线），标准版 USB 1.0 在 1995 年发布，USB 2.0 在 2000 年发布。USB 总线的使用主要针对众多中、低速设备（例如，USB 鼠标、打印机等），发布以来取得了广泛应用。

USB 总线具有以下特点：

① 连接灵活，使用方便。USB 总线支持即插即用与热插拔方式；它易于与用户进行连接，通过一条 4 线串行电缆即可以访问 127 个不同的 USB 设备；它可以智能地识别外设的接入或拆卸；另外，它有独立供电的功能，使绝大多数 USB 设备不需要外部供电。

② 传输速率高。USB 1.1 的全速传输速率为 12Mbit/s，USB 2.0 的传输速率为 480Mbit/s。

③ 低能耗。USB 外围设备在待机状态，其待机电流只有 500μA。

④ 性能稳定。USB 的硬件规范可以尽量减少噪声干扰以避免因此而引起的数据出错，而 USB

协议也具有检错重发的能力。

作为一种外部总线，USB 总线在 PC 与外设连接中获得了广泛应用。从其发布至今，USB 外设以惊人的速度发展，已经有上千种 USB 设备推向市场，如 USB 键盘、USB 网卡、USB 无线网卡、USB 存储器等。可以预见，USB 的发展趋势将会是越来越快的传输速度以及越来越广泛的普及程度。

7. IEEE 1394 总线

IEEE 1394 是一种面向高速数据传输且与平台无关的串行接口标准，它可以将计算机非常方便地与各种外设连接在一起，为主机和外设之间提供一条高速而廉价的数据通道。主要应用于数字成像领域（如视频采集卡、电视机、数码摄像机、数码相机等）。

IEEE 1394 的性能具有以下特点：

① 数据传输速率高，数据传输实时性好。IEEE 1394 可以采用同步方式传输，而且传输速率高，可以提供很好的实时性功能。其数据传输速率高且可扩展，IEEE 1394a 支持 100Mbit/s、200Mbit/s、400Mbit/s 的传输速率，而 IEEE 1394b 支持 800Mbit/s、1.6Gbit/s、3.2Gbit/s 的传输速率，比 USB 总线高出不少。

② 采用点对点结构。IEEE 1394 采用点对点结构，即各个设备之间的关系平等，不需要任何设备来控制。例如，可以通过 IEEE 1394 总线将两台 PC 连接组成小型局域网。

③ 适用性好。IEEE 1394 在一个端口上最多可以连接 63 个设备，设备间可以采用树形或菊花结构，这样不需要集线器就可以方便地增加设备。

④ 连接方便、容易使用。IEEE 1394 具有自动配置的功能，增加或拆除外设后，会自动调整拓扑结构，重新设置整个外设网络状态，所以支持即插即用并允许热插拔。

IEEE 1394 是一种与平台无关的技术，所以它可以广泛地应用于家电产品和个人电脑。由于价格较 USB 高且缺少厂家支持，并没有像 USB 总线应用得那么广泛，但由于它具有高速、方便等性能，所以也得到了一定范围内的应用。

习　题

1. 总线周期的含义是什么？8088/8086 基本总线周期由几个时钟周期组成？

2. 从引脚信号来看，8086 和 8088 有什么不同？

3. 试说明 8086/8088 工作在最小模式和最大模式下系统基本配置的差别。在最大组态下，8086/8088 的外围电路由哪些器件组成？它们的作用是什么？

4. 8086/8088 数据信号与地址信号是共用引脚的，怎样把这两种不同的信号分离出来？

5. 在存储器访问总线周期的 T_1、T_2、T_3、T_4 状态时，CPU 分别执行什么动作？什么情况下需要插入等待状态 T_W？T_W 在哪儿插入？怎样插入？

6. 在最大组态下的存储器读/写周期和 I/O 周期中，8288 发出的控制信号为什么能够和 8086/8088 发出的地址信号相配合？

7. 在 T_1 状态下，8088/8086CPU 数据/地址线上是什么信息？用哪个信号可将此信息锁存起来？数据信息是什么时候送出的？在最大组态下，怎样使系统地址总线和系统数据总线上同时分别存在地址信息和数据信息？

8. RESET 信号到来后，8086/8088 系统的 CS 和 IP 分别等于多少？

9. 在中断响应过程中，8086/8088 往 8259A 发的两个 $\overline{INTA}$ 信号分别起什么作用？

10. 总线保持过程是怎样产生和结束的？画出时序图并说明。

第6章 存储系统

6.1 存储器概述

存储器（Memory）是计算机系统中的记忆设备，用来存放程序和数据。计算机中的全部信息，包括输入的原始数据、计算机程序、中间运行结果和最终运行结果都保存在存储器中。它根据控制器指定的位置存入和取出信息。

存储器的种类很多，早期的计算机按其用途可分为主存储器和辅助存储器两大类，主存储器又称为内存储器（简称内存），辅助存储器又称为外存。CPU 可以直接访问内存，但不能直接访问外存。外存作为一种外设，其信息必须先送到内存，CPU 才能访问。

内存是用半导体材料做成的；外存则可以采用磁性材料做成，如磁盘、磁带等，或采用激光存储器。内存相对于外存速度快，但容量小。

CPU 存取信息的速度是影响计算机运算速度的重要因素。内存的速度虽然比外存快，但远远跟不上 CPU 的速度。为了解决这一问题，后来的微机中，一方面在 CPU 内部增加更多的寄存器来存放中间数据，减少访问存储器的次数；另一方面，在 CPU 和内存之间增加高速缓冲存储器 Cache 来临时存放当前运行的程序和中间运算结果。

CPU 内部的寄存器阵列是存取速度最快的存储器件，包括程序员可见的的可编程寄存器和程序员不可见的控制寄存器。随着 CPU 的发展，在 CPU 内部的寄存器也越来越多，这样可以减少访问更慢速存储器件的次数，提高计算机的性能。寄存器位于 CPU 内，访问速度快，但个数有限，一般几十个或一百多个不等。

在 CPU 和内存之间增加的高速缓冲存储器 Cache 容量比寄存器阵列大得多，而速度也可以接近 CPU。在高档处理器中，有的直接在 CPU 内设一级 Cache，在 CPU 外再设二级或三级 Cahce 等。高速缓冲存储器 Cache 相对于主存而言容量不大，如几 KB、几十 KB 或几百 KB，但访问速度很快。在引入高速缓冲存储器的系统中，内存由两级存储构成。一级是采用高速静态 RAM 芯片组成的小容量存储器，即 Cache；另一级是用廉价的动态 RAM 芯片组成的大容量主存储器。程序运行的所有信息存放在主存储器内，而高速缓冲存储器中存放的是当前使用最多的程序代码和数据，即主存中部分内容的副本。CPU 访问存储器时，首先在 Cache 中寻找，若寻找成功，通常称为“命中”，则直接对 Cache 操作；若寻找失败，则对主存储器进行操作，并将有关内容置入 Cache。主存和 Cache 间的映射完全由硬件实现，因此，速度很快。目前有的高档机的 Cache 容量也可以达到 2MB。引入 Cache 是存储器速度与价格折中的最佳方法。

CPU 可直接访问的存储器容量的大小是影响计算机运算速度的又一重要因素。如前所述，CPU 不能直接访问外存，只能访问内存。在早期的微机中，如果某个程序太大了，在内存中放不下就不能运行。为了解决这一问题，后来的微机中引入了虚拟存储技术，在该技术中拿出一部分硬盘空间来充当内存使用，当内存占用完时，计算机就会自动调用硬盘来充当内存，以缓解内存使用的压力。虚拟存储技术能从逻辑上为用户提供一个比物理储存容量大得多的、可寻址的“主存储器”，虚拟存储区的容量与物理主存大小无关，而受限于计算机的地址结构和可用磁盘容量。在虚拟存储技术中，与 Cache 技术类似，仍然是根据局部性原理，将程序中当前要运行的部分装入内存运行；与 Cache 不同的是，要装入内存的数据比装入 Cache 的数据大得多，另外，虚拟存储技术中也能自动实现部分装入和部分替换功能，但这些功能由软件实现。

此外，在微程序设计中，在控制器中设置控制存储器来存放微程序，每一条机器指令对应一段微程序。不过，控制存储器对一般程序员是不可见的，是设计计算机或设计指令系统时存放微程序用的。

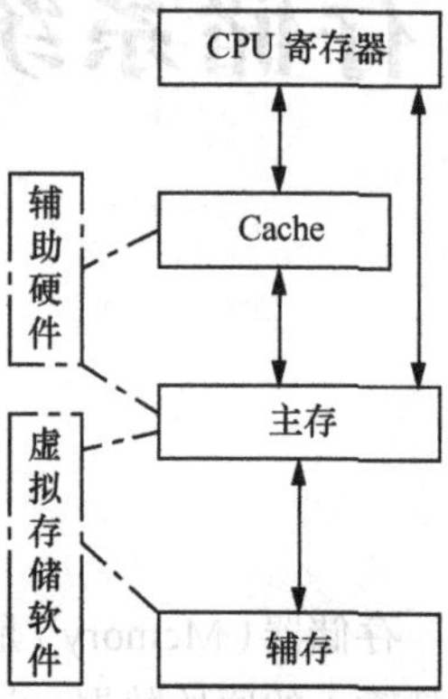

图 6-1　存储器的分级结构

综上所述，在现代微型计算机中，存储系统采用的是分层次的体系结构，如图 6-1 所示。按访问速度和价格由高到低、同时容量由小到大可分为：寄存器阵列、高速缓冲存储器、主存储器和各类辅助存储器，如表 6-1 所示。

表 6-1　存储器的体系结构

位　置	层　次	速　度	价　格	容　量
CPU 内	寄存器、Cache	高	高	小
主板内	Cache、主存储器	↓	↓	↓
主板外	磁盘、光盘等			
离线	磁带	低	低	大

存储器是计算机不可缺少的组成部分。程序和数据输入计算机后，都是存放在存储器中的。在程序的执行过程中，存储器记录下处理结果，当其他部件需要时，再从中取出。存储器容量的大小，已经成为衡量一个计算机系统能力的重要指标。存储器容量越大，存储的信息越多，计算机的功能就越强。另外，由于计算机操作大部分是和存储器交换信息，因此，存取速度是影响计算机运算速度的重要因素之一。事实上，计算机的存储器就是在争取扩大容量、加快速度、缩小体积、降低成本的过程中发展的。为了提高速度，在 CPU 和主存间采用了高速缓冲存储技术。为了扩大 CPU 可以直接访问的存储空间，采用了虚拟存储技术。

本章的随后小节将介绍主存储器技术、高速缓冲存储技术以及虚拟存储技术。

6.2 主存储器

6.2.1 主存储器的分类

主存储器是用半导体材料做成的，主存储器的种类很多，从器件的物理原理来分，有双极型和 MOS 型存储器；从存储原理来分，有静态和动态存储器；从信息传送方式来分，有并行（字长的所有位同时存取）和串行（逐位存取）存储器；从掉电后信息是否丢失来分，有易失性（如 RAM）和非易失性（如 ROM）存储器；从存取方式来分，有读写存储器 RAM（Random Access Memory）和只读存储器（Read Only Memory），如图 6-2 所示。本小节按图 6-2 所示的分类方式讲解主存储器的各类存储器。

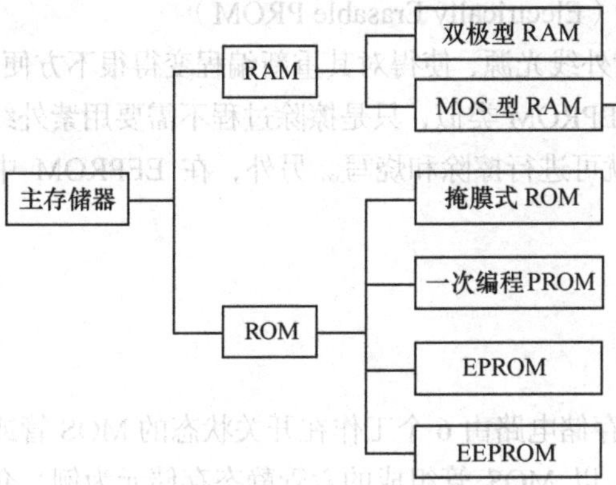

图 6-2 主存储器的分类

1. RAM 的分类

RAM 也称为随机存取存储器，CPU 在执行程序的过程中能对它进行读出和写入操作。在 RAM 中可分为双极型（Bipolar）和 MOS 型 RAM 两大类。双极型 RAM 具有很高的存取速度，如对于耦合逻辑（ECL）电路存取时间可达 10ns，对于肖特基（Schottky）逻辑电路存取时间可达 25ns；但是双极型 RAM 的集成度低，单片容量小，功耗大，成本高，因此，仅用于某些高性能微处理器系统中作为高速缓冲存储器，如 Cache。

同双极型 RAM 相比，MOS 型 RAM 具有功耗低、集成度高、单片容量大的特点，但存取速度较慢。MOS 型 RAM 又可以分为静态 RAM（Static RAM，SRAM）和动态 RAM（Dynamic RAM，DRAM）两种。SRAM 用由 6 管构成的触发器作为基本电路，不需要刷新电路，而且易于用电池作为后备电源。DRAM 的基本存储单元由单管电路组成，其集成度比 SRAM 高，功耗却比 SRAM 要低，价格便宜，不过由于 DRAM 靠电容存储信息，就会存在泄漏电流的问题，因此 DRAM 需要刷新（再生）电路，如 DRAM 控制器 8203。

2. ROM 的分类

ROM 器件的功能是工作时只能读出，不能写入。一旦写入信息，就不能轻易改变，也不会在掉电时丢失，所以它只能用在不需要经常对信息进行修改和写入的地方。根据其中信息的存储方法，ROM 可以分为如下 4 种。

（1）掩膜 ROM

这种 ROM 中的信息是在芯片制造时由厂家写入的，制成以后就不能修改。如果进行批量生产，其造价相当便宜。

（2）可编程 ROM（Programmable ROM）

这种 ROM 在出厂时，里面还没写入任何信息，用户可以对 PROM 进行编程，写入信息。但信息写入后就不能再修改。

（3）可擦除、可编程 ROM（Erasable PROM）

在实际工作中，一个新设计的程序经过一段时间的使用后，往往需要进行修改，故希望

ROM 能够根据需要写入，并且能擦除已写的内容。EPROM 就是一种可以进行多次擦除和重写的 ROM。但是，由于它写入速度慢，而且擦除方法不方便，EPROM 通常作为只读存储器使用。EPROM 在主机上工作时，只能读、不能写。当需要进行擦除及写操作时，需要把 EPROM 芯片从主机上拔出来，在紫外线光源照射下进行擦除，并在专门的烧写器上进行写操作。

（4）可电擦除、可编程 ROM（Electrically Erasable PROM）

EPROM 在擦除时需要使用紫外线光源，使得对其重新编程变得很不方便，因此 EEPROM 应运而生。EEPROM 的工作原理与 EPROM 类似，只是擦除过程不需要用紫外线光源，而是普通的电源，因此不需要从主板上拔出就可进行擦除和烧写。另外，在 EEPROM 中，擦除可以按字节进行。

6.2.2 静态 RAM

1. 六管静态存储电路

静态 RAM（SRAM）的基本存储电路由 6 个工作在开关状态的 MOS 管或双极管组成，用于存储二进制信息的一个位。在此，以 MOS 管组成的六管静态存储元为例，介绍六管静态存储电路的工作原理。

图 6-3 所示为 MOS 管组成的六管静态存储元及其读写电路。管 Q_1、Q_2、Q_3、Q_4、Q_5 和 Q_6 组成六管静态存储元，其中 Q_1 和 Q_2 交叉耦合组成双稳态电路，Q_3 和 Q_4 为负载管，Q_5 和 Q_6 为该存储元中数据读出和写入的控制管。Q_7 和 Q_8 为数据读写控制管。

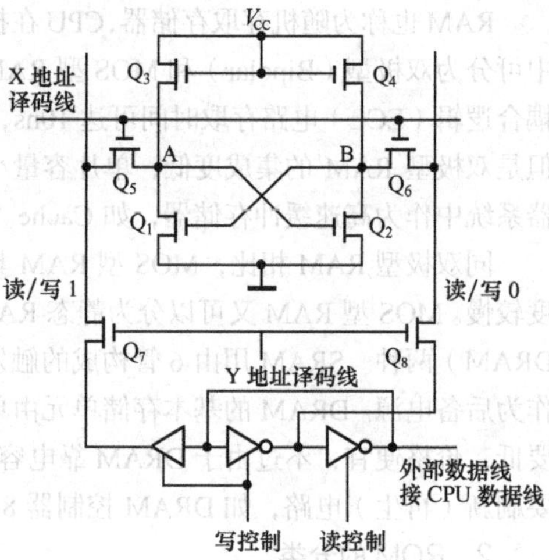

图 6-3　静态 RAM 存储单元电路

下面举例说明六管静态存储电路数据的读写过程。

假设：高电平表示数据 1，低电平表示数据 0；要向该存储元写数据 1，即外部数据线上的信号为高电平，写控制信号有效，对应于该存储元的 X 地址译码线和 Y 地址译码线上的信号为有效的高电平。外部数据信号通过写控制信号控制的两个三态缓冲器分别直接及取反后通过 Q_7 和 Q_8 管分别送到读/写 1 线和读/写 0 线，再通过 Q_5 和 Q_6 管送到 A、B 两点。这时在 A 点上为高电平，表示 1；在 B 点上为低电平，表示 0。

之后，外部数据线上的信号撤销，写控制信号以及对应于该存储元的 X 地址译码线和 Y 地址译码线上的信号变为无效的低电平，A、B 上的信号能够交叉耦合达到稳定状态。原理是，A 点的高电平送至 Q_2 管的栅极，能让 Q_2 管饱和导通，使得 B 接地，为低电平表示信号 0；B 点的低电平送至 Q_1 管的栅极，能让 Q_1 管截止，使得 A 通过负载管 Q_3 与电源相连，为高电平表示信号 1。只要电源不掉电，此过程不断重复，达到稳定状态。因此，六管静态存储元上的信息只要写一次，就能达到稳定状态，不需要刷新。当然，掉电后信息丢失。

写数据 0 的过程与上述过程类似，只是最后 A 点上为低电平，表示数据 0；B 点上为高电平，表示数据 1。

数据读出时，只要读控制信号有效，对应于该存储元的 X 地址译码线和 Y 地址译码线上的信号为有效的高电平，数据信息就能从 B 点经过 Q_6、Q_8 再通过读控制信号控制的三态缓冲器取反后送到外部数据线上。

静态 RAM 的优点是不需要进行刷新，简化了外部电路。然而，无论存储单元保存的信息是 1 还是 0，Q_1～Q_4 的 4 只 MOS 管中总有两只处于导通状态。正因为组成存储单元的器件较多且每个存储单元总有两只管处于导通状态，所以其功耗较大，这也限制了单片静态 RAM 的位容量，这是它的缺点。

2. 静态 RAM 器件的组成

静态 RAM 器件可分成 3 个部分，分别是存储单元阵列、地址译码器和读/写控制与数据驱动/缓冲。一个典型的静态 RAM 的示意图如图 6-4 所示。

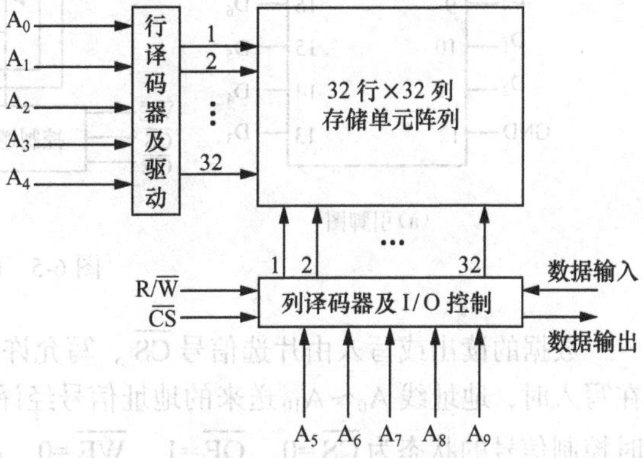

图 6-4 典型 RAM 示意图

图 6-4 是一个 1K × 1 位的静态 RAM 器件的组成框图。该器件总共可以寻址 1 024 个单元，每个单元只存储一位数据。若存储容量较小，可以将该 RAM 芯片的单元阵列直接排成所需要位数的形式，每一条行选择线（X 选择线）代表一个字节，每一条列选择线（Y 选择线）代表字节的一个位，故通常把行选择线称为字线，而列选择线称为位线。

较大容量的存储器通常把各个字的同一位组织在一片中，由这样的 8 片就可以组成 1K × 8 位容量大小的存储器。当然，同一组中的 8 个芯片总是同时被选中或同时未被选中，所以该组芯片的片选输入端必定是连在一起的，当片选信号有效时，被选中的存储器组就能按 8 位一个字节读出或写入。这里的地址译码器采用复合译码（双译码结构）方式，即低地址 A_0～A_4 送行译码器（又称 X 译码），高地址 A_5～A_9 送到列译码器（又称 Y 译码），这样，行译码器和列译码器各输出 32 条线，由行列方向同时选中的单元就是所访问的存储单元。在双译码结构中，一条行译码线要控制挂在其上面的所有存储单元（在这个例子中 1 024 × 1，即需要控制 32 个单元），因此其要带的电容负载很大，译码输出需要经过驱动器。

另外还有一种线性译码（单译码结构）方式，若有 10 条地址线输入，那么译码器就要有 1 024 条输出线来选择存储单元，结构电路比复合译码器复杂很多。该种方式适用于小容量存储器中。

3. 静态 RAM 芯片举例

典型的静态 RAM 芯片有 Intel 6116、Intel 6264、Intel 2114、Intel 2142 等。下面主要介绍 6116 和 2114。

（1）Intel 6116 芯片

Intel 6116 是 CMOS 静态 RAM 芯片，属双列直插式、24 条引脚封装。它的存储容量为 2K × 8 位，其引脚图及功能框图如图 6-5 所示。

Intel 6116 芯片内部的存储体是一个由 128 × 128 = 16 384 个静态存储电路组成的存储矩阵。A_0～A_{10} 共 11 条地址线对其进行行、列地址译码，7 条用于行译码地址输入，共有 2^7=128 行，4 条用于列译码地址输入，可选 2^4 = 16 列，每条列选择线控制 8 位，从而形成 128 × 128 的存储矩阵。

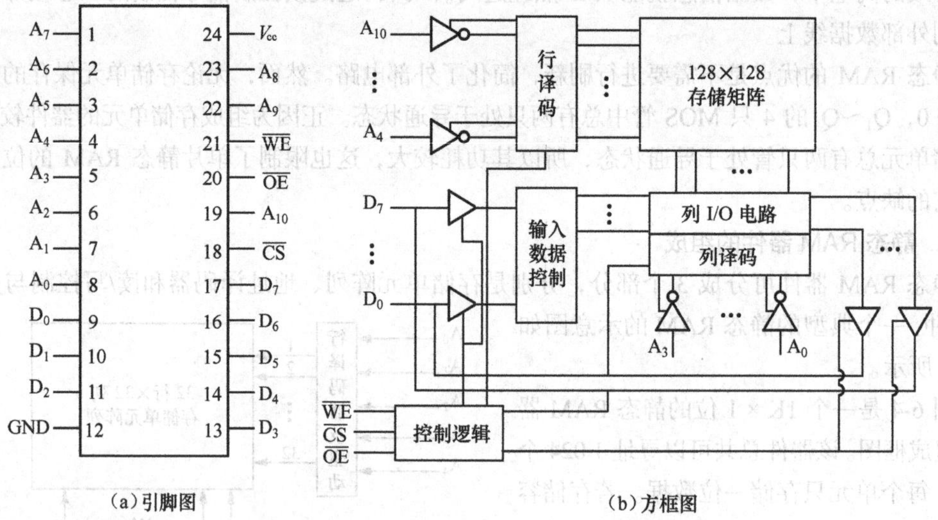

图 6-5　Intel 6116

数据的读出或写入由片选信号 $\overline{CS}$、写允许信号 $\overline{WE}$ 以及数据输出允许信号 $\overline{OE}$ 一起控制。在写入时，地址线 A_0～A_{10} 送来的地址信号经译码后选中某个存储单元（共有 8 个存储位）。此时控制信号的状态为 $\overline{CS}$=0、$\overline{OE}$=1、$\overline{WE}$=0，芯片即进行写入操作：左边的 8 个三态门打开，从 D_0～D_7 端输入的数据经三态门和输入数据控制电路，再写入到存储单元的 8 个存储位中。读出时，地址选中某个存储单元的方法和写入时一样。但是，控制信号的状态应为 $\overline{CS}$=0、$\overline{OE}$=0、$\overline{WE}$=1，打开右边的 8 个三态门，被选中的单元其 8 位数据经 I/O 电路和三态门送到 D_0～D_7 输出。值得注意的是，无论写入或读出，一次都是读/写 8 位二进制信息。

当片选信号无效时，即 $\overline{CS}$=1，则无论 $\overline{WE}$ 和 $\overline{OE}$ 为何状态，该芯片均不能被选中，输入/输出三态门呈高阻状态，这时 Intel 6116 与系统总线“脱离”。6116 的存取时间在 85～150ns 之间。

（2）Intel 2114 芯片

Intel 2114 是一个容量为 1K×4 位的静态 RAM，其引脚图如图 6-6 所示。

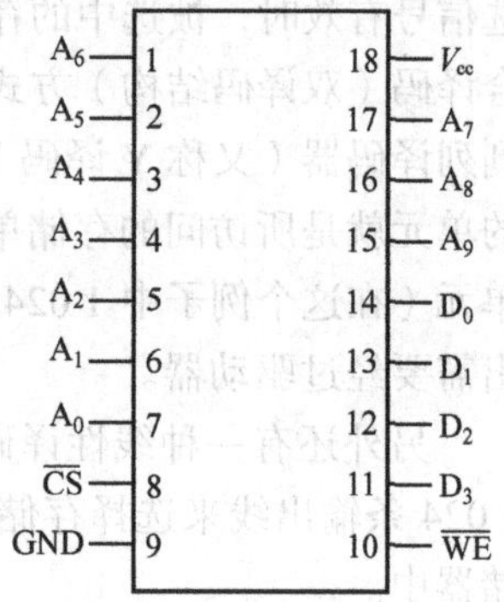

图 6-6　Intel 2114 引脚图

Intel 2114 的内部结构与 Intel 6116 的结构类似，其容量为 1K×4 位，故该芯片共有 4 096（1 024×4=4 096）个存储单元，排成 64×64 的矩阵。不过，一次读/写是 4 位二进制信息。另外，2114 仅用片选信号 $\overline{CS}$ 和写允许信号 $\overline{WE}$ 控制输入/输出的三态门。当 $\overline{WE}$ 有效（低电平）时，使输入三态门导通，信号由数据总线写入存储器；当 $\overline{WE}$ 无效时，则输出三态门打开，从存储器读出的信号，送至数据总线。

4．静态 RAM 与系统总线的连接

设计静态 RAM 存储器模块与系统总线之间的接口电路时，需要考虑下面几个问题：

（1）系统总线的负载能力

存储器的各种信号必须连接到系统总线上，系统总线的直流负载能力为带一个 TTL 负载；电容负载能力约为 100pF。由于现在的存储器芯片基本上是 CMOS 器件，其输入阻抗高，所取直流电流小，但它的输入电容约为 5～10pF，所以主要是电容负载。在小系统中，存储器模块可直接与系统总线相连。然而，在较大的系统中，若存储器负载很大，就一定要在系统总线输出和存储器输出线上增加驱动电路。例如，在地址总线和控制总线上经常采用单向驱动器 74LS244，数据总线上常采用双向驱动器 74LS245 等。在 8086/8088 系统中则常采用 8286/8287 总线收发器，以实现对数据总线的双向驱动。两种收发器的区别在于 8286 为同相驱动，而 8287 则为反相驱动。

（2）时序匹配问题

由于总线周期有其严格的时序关系，因而必须根据总线时序要求选择存储器件，使得模块的读/写速度满足总线时序要求。当所选用的器件在速度上不能满足要求时，接口应该通过时钟发生器 8284 使 CPU 处于等待状态，也就是使 8284 在 T_3之前或开始时输出无效的 READY 信号（READY 为低电平时）给 CPU，即在 T_3和 T_4之间插入若干个 T_W状态。另外，接口逻辑本身还会造成时延，所以除了应该尽量减少接口逻辑的时延外，还要在考虑时序匹配时将接口逻辑的时延考虑进去。

（3）存储器的地址分配和片选问题

对于一般的应用系统，存储容量只占整个存储空间的一部分，所以在进行存储器模块地址分配时，首先要根据系统需要确定装机的存储容量；其次是确定存储模块在存储空间的位置，即确定所要占的存储区，然后再根据存储器的性能，确定所选存储器的类型和片数；最后在前面的基础上，按芯片容量将存储器划分为若干存储区，进行地址分配，画出地址分配图。由于内存一般由多个芯片组成，故在地址分配过程中还要考虑如何产生片选信号的问题。

（4）控制信号的连接

不同类型的存储器其控制信号不完全相同，如芯片 6116 的控制线有 $\overline{OE}$、$\overline{CE}$ 和 $\overline{CS}$，而芯片 2114 则只有 $\overline{WE}$ 和 $\overline{CS}$。不同型号的 CPU，用于进行存储器读、写控制的信号也不完全相同。就连同一片 CPU 用于不同组态时的控制线都不会一样。因此，在存储器模块与系统接口设计时，要特别注意这些信号线连接的正确性。

其实，以上 4 点不仅在连接静态 RAM 和 CPU 时要考虑到，在连接动态 RAM 或 ROM 等存储器件到系统总线时，也是需要注意的几个方面。

实际上，当微机系统的存储容量小于 16K 字时，就会选用静态 RAM 芯片，这是由于大部分动态 RAM 芯片都是以 16K × 1 位或 64K × 1 位来组织的，并且，动态 RAM 芯片还要增加动态刷新电路，所有这些附加电路都会提高存储器的成本。

下面以 8088/8086CPU 为例，具体讲解静态 RAM 模块与系统总线的连接。8086/8088CPU 无论是在最小组态还是最大组态下，都能够对 1MB 单元进行寻址，存储器均按字节编址。

【例 6.1】 以 8088 为 CPU 的微机系统中存储模块的连接。

设在以 8088 为 CPU 的微机系统中，用 Intel 2114 芯片组成 2KB RAM 存储模块。系统总线为 8088CPU 总线，即 20 条地址线、8 条数据线及其他控制线。Intel 2114 是 SRAM 芯片，其容量为 1K × 4 位，故组成 2KB 的 RAM 模块需要 4 片 2114 芯片，两片为一组，每组大小为 1KB。片内寻址使用 10 条地址线，可直接连系统总线中地址总线的 A_0～A_9。若系统规定该存储模块的物理地址从 4C000H 开始，那么存储模块的物理地址范围是 4C000H～4C7FFH。使用 A_{10}、A_{11} 和 A_{12} 来产生每组芯片的 $\overline{CS}$ 信号。只用 A_{10} 也能够寻址两组芯片，这里使用 3 条地址信号线产生片选信号，可便于该存储模块的扩展。利用 A_{13}～A_{19} 产生模块选择信号 $\overline{MS}$，控制 3:8 译码器。具体的结构如图 6-7 所示。

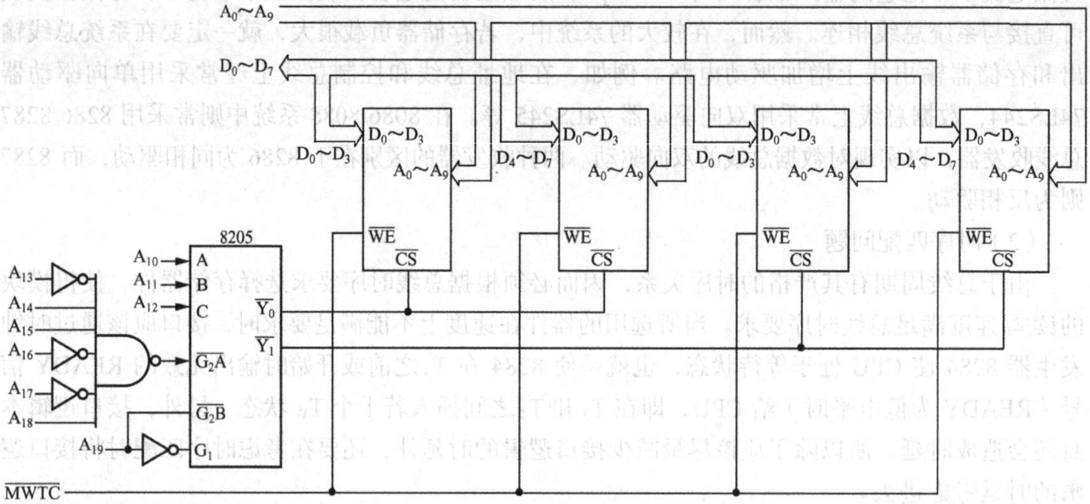

图 6-7　存储模块连接图

本例中要注意的是，当使用的芯片字长少于 8 位时，要对存储芯片进行分组，构成 8 位的字节。同样，要扩展 2KB 的 RAM 系统，如果使用 1K × 1 位的芯片，那么就需要 16 片，每 8 片构成一组，共 2 组。

【例 6.2】 以 8086 为 CPU 的最小模式微机系统中存储模块的连接。

图 6-8 所示为以 8086 为 CPU 的最小模式微机系统中 2K 字的读写存储模块与系统总线的连接图。在该系统中，存储芯片选用静态 RAM 2128（2K × 8 位）芯片，由两片 2128 构成 2K 字的数据存储器模块。最小模式下存储器的读写由 M/IO 及 RD 、WR 共同决定，8086 可以通过程序从存储器中读取字节、字和双字数据。

因为 8086 有 16 根数据线可以同时传送 16 位数据（字操作，使用 AD_0～AD_{15}），也可以只传送 8 位数据（字节操作，使用 AD_0～AD_7 或 AD_8～AD_{15}）。仅 A_0 为低电平时，CPU 使用 AD_0～AD_7，这是偶地址字节操作；仅 BHE 为低电平时，CPU 使用 AD_8～AD_{15}，这是奇地址字节操作。若 $\overline{BHE}$ 和 A_0 同时为低电平时，CPU 对 AD_0～AD_{15} 操作，即从偶地址读写一个字，是字操作；如果字地址为奇地址，则需要两次访问存储器。表 6-2 所示为 BHE 、A_0 不同组合时所对应的操作。

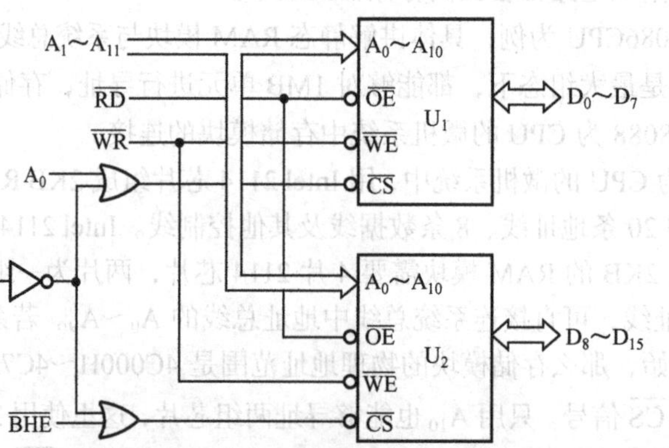

图 6-8　两片 2128 组成 2K 字的读写存储模块

表 6-2　　$\overline{BHE}$、A_0编码含义

$\overline{BHE}$	A_0	操　作	总线使用情况
0	0	从偶地址开始读/写一个字	AD_0～AD_{15}
0	1	从奇地址读/写一个字节	AD_8～AD_{15}
1	0	从偶地址读/写一个字节	AD_0～AD_7
0	1	从奇地址开始读/写一个字	AD_8～AD_{15}（低字节）
1	0		AD_0～AD_7（高字节）

因此，图 6-8 所示子系统中上面的一片 2128 作为低 8 位 RAM 存储体，它的 I/O 引线和数据总线 D_0～D_7 相连，代表了偶数地址字节数据；下面的一片 2128 用作高 8 位 RAM 存储体，它的 I/O 引线和数据总线 D_8～D_{15} 相连，代表了奇数地址字节数据。利用 A_0 和 $\overline{BHE}$ 可对偶数地址的低位库与奇数地址的高位库分别进行选择。数据的读出或写入，在保持 2128 的片选信号 $\overline{OE}$ 为低电平的同时，取决于输出允许信号 $\overline{OE}$ 或者写允许信号 $\overline{WE}$ 是否为低电平。例如，在执行偶地址边界上的字操作时，8086 将使 A_0 与 $\overline{BHE}$ 都为低电平。这样，两个存储体都被允许执行读写操作，读写数据的高位字节和低位字节将同时在 16 位数据总线上传送。若此时 $\overline{OE}$=0 而 $\overline{WE}$=1，则字数据将从所选中的存储单元读出；反之，若此时 $\overline{OE}$=1 而 $\overline{WE}$=0，则字数据将从数据总线上写入被选中的存储单元。

图 6-8 所示是一个只有两片 2128 组成的容量为 2K 字的 RAM 子系统，因此只有组内两片间的高、低位库选择和片内低位寻址，而没有若干组之间的高位片选。如果 RAM 子系统的容量增大，需要扩充为若干组 RAM 芯片，那么，就会涉及组和组之间的高位片选问题。当使用 2128RAM 芯片时，如果 $\overline{OE}$ 和 $\overline{WE}$ 已经分别接至 8086CPU 的 $\overline{RD}$ 和 $\overline{WR}$ 两条控制线，则每一片 2128 只剩下一个片选允许信号 $\overline{CE}$ 可作为唯一的片选信号端 $\overline{CS}$ 来使用；这时，由于它既要考虑用 8086 的高位地址线和 $M/\overline{IO}$（高电平）控制信号来控制片选信号 $\overline{CS}$，又要考虑用 A_0 和 $\overline{BHE}$ 两个信号来控制选择高、低位库，因此，必须同时通过逻辑电路来连接这些信号以实现上述多种控制要求。

【例 6.3】 以 8086 为 CPU 的最大模式微机系统中存储模块的连接。

下面再举一个以 8086 为 CPU 的微机系统中静态 RAM 模块设计的例子。图 6-9 所示为该模块与系统总线的接口，图 6-10 所示为该模块的存储器阵列。模块的总容量为 16KB，选用的存储器件是 8 片 Intel 6116 芯片，单片容量为 2K × 8 位。以 8086 为 CPU，而且工作在最大模式下，最大模式存储器的读写命令分别为 $\overline{MRDC}$ 和 $\overline{MWTC}$。存储器件阵列分为高字节库部分和低字节库部分，高字节库的寻址由 $\overline{BHE}$ 控制，低字节库的寻址由 A_0 控制。

考虑到模块中所用到的存储器件比较多，数据总线、地址总线信号以及读/写控制信号都必须经过驱动器才能连接到芯片上，这样也可以增强总线的带负载能力。在图 6-9 中总共用了 4 片 8286（U_1、U_2 和 U_3（2 片））对这些信号进行放大。

假设系统原来已经配备 128KB 的 RAM 存储器，其物理地址从 0000H 开始，而所要设计的 16KB RAM 模块作为对原有存储器的扩展，其物理地址与原有 RAM 存储器地址相连接，因此，16KB 模块的地址空间范围是 20000H～23FFFH。可见，该模块内的任一个单元地址的高 6 位，即 A_{19}～A_{14}，应为 001000。在图 6-9 中，模块选择信号 $\overline{MS}$（Module Select）由 A_{19}～A_{14} 经 8

输入端与非门 LS30 译码形成，当 A_{19}～A_{14} 为 001000 且 $\overline{MRDC}$ 或 $\overline{MWTC}$ 信号有效时（总线工作于存储器读/写周期内），与非门输出有效的模块选择信号 $\overline{MS}$，于是 8286 处于传送状态，其传送方向取决于是 $\overline{MRDC}$ 有效还是 $\overline{MWTC}$ 有效，当 $\overline{MRDC}$ 有效时（总线存储器读周期），数据传送方向为 A 到 B，即从存储器到系统总线。事实上，这里是通过分别连接 $\overline{MRDC}$ 及其反相信号到 U_1 和 U_2 的 T 引脚来实现的，8286 的 T 引脚控制其传送的方向：T=1 时，方向为 A 到 B；T=0 时，方向为 B 到 A。

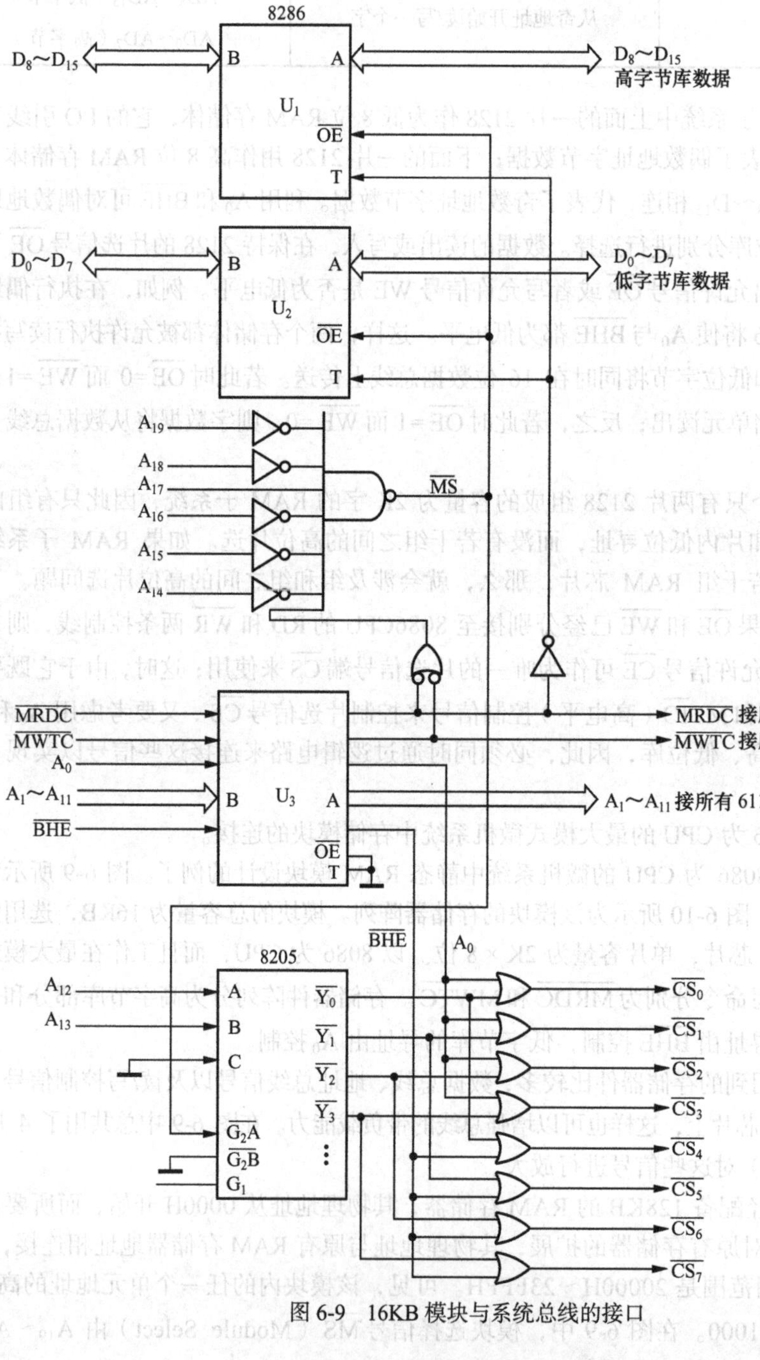

图 6-9　16KB 模块与系统总线的接口

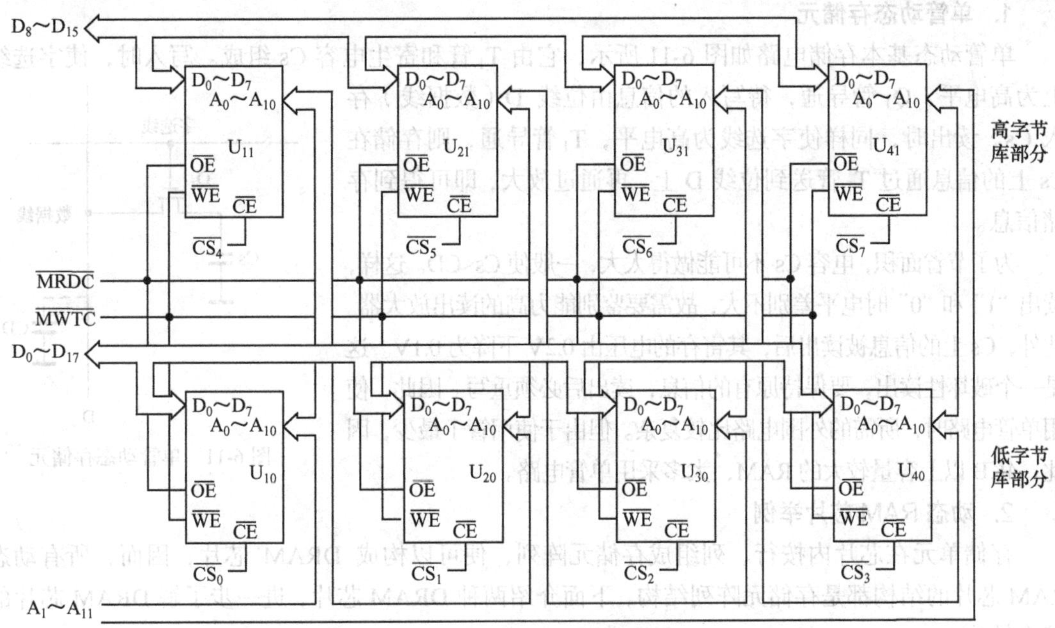

图 6-10 16KB 模块存储器阵列

当该模块不被访问时，U_1 和 U_2 的 A、B 端都为三态（即高阻状态），该模块的信号不会干扰系统总线上其他数据的传输，另外，这 4 片 8286 还起到了驱动放大的作用。由于该模块共有 8 片 6116，每片 6116 都有自己确定的地址空间，如 U_{10} 和 U_{11} 的地址空间为 20000H～20FFFH，U_{10} 占其中的全部偶地址，U_{11} 占其中的全部奇地址，同样，U_{20} 和 U_{21} 为一组，占有 4KB 地址。为了保证寻址的唯一性，还需将 A_{12} 和 A_{13} 进行译码。注意到图 6-8 中选用的是 8205 的 3:8 译码器，地址线 A_{12} 和 A_{13} 分别接 8205 $\overline{Y_0} \sim \overline{Y_3}$，一直处于无效状态，故若想使用 $\overline{Y_0} \sim \overline{Y_3}$ 作为输出，C 端就必须接地（当然，当 C 端悬空时，也可以用 $\overline{Y_4} \sim \overline{Y_7}$ 作为输出，接口电路其他部分都不需要作改变）。再通过与 $\overline{BHE}$ 或 A_0 连接，就可以产生 8 个片选信号 $\overline{CS_0} \sim \overline{CS_7}$。

$\overline{MS}$ 信号还被用作译码器的输入控制信号，只有当该模块被选中时（$\overline{MS}$ 为低电平），译码器才对 A_{12} 和 A_{13} 译码，因而 $\overline{Y_0} \sim \overline{Y_3}$ 中的某一个输出变为有效（低电平），否则，$\overline{Y_0} \sim \overline{Y_3}$ 都为高电平，即没有一块芯片被选中，所有芯片都处于功率下降状态，$\overline{Y_0} \sim \overline{Y_3}$ 送到一组或门，或门的另一个输入端连接 $\overline{BHE}$ 或 A_0，或门的输出分别作为高字节库和低字节库中每一块芯片的片选信号。由于 A_0 作为库的选择控制信号，作为芯片内寻址的地址信号应是 $A_1 \sim A_{11}$，而不是 $A_0 \sim A_{10}$。

因为 6116 的存取时间为 85～150ns，具有足够快的存取速度，所以在图 6-9 的接口逻辑电路中，没有包括使总线周期插入等待状态的相应电路。

6.2.3 动态 RAM

动态 RAM（Dynamic RAM，DRAM）芯片是以判断 MOS 管栅极电容是否充有电荷来存储信息的，其基本单元电路一般由 4 管、3 管和单管组成，以 3 管和单管比较常用。由于与静态 RAM 芯片相比，动态 RAM 芯片所需要的管子较少，故容易扩大每片存储器芯片的容量，并且其功耗较低，所以在微机系统中，大多数采用动态 RAM 芯片。

1. **单管动态存储元**

单管动态基本存储电路如图 6-11 所示，它由 T_1 管和寄生电容 Cs 组成。写入时，使字选线上为高电平，Q_1 管导通，待写入的信息由位线 D（数据线）存入 Cs。读出时，同样使字选线为高电平，T_1 管导通，则存储在 Cs 上的信息通过 T_1 管送到位线 D 上，再通过放大，即可得到存储信息。

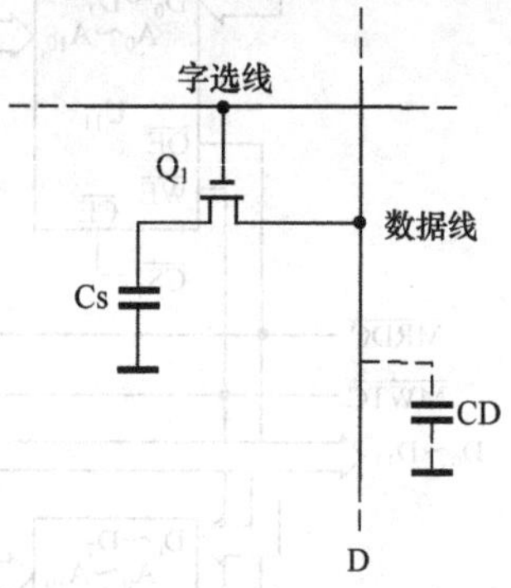

图 6-11　单管动态存储元

为了节省面积，电容 Cs 不可能做得太大，一般使 Cs<CD。这样，读出“1”和“0”时电平差别不大，故需要鉴别能力高的读出放大器。此外，Cs 上的信息被读出后，其寄存的电压由 0.2V 下降为 0.1V。这是一个破坏性读出，要保持原有的信息，读出后必须重写。因此，使用单管电路时，所需的外围电路比较复杂。但由于使用管子最少，因此，4KB 以上容量较大的 RAM，大多采用单管电路。

2. **动态 RAM 芯片举例**

存储单元在芯片内按行、列组成存储元阵列，便可以构成 DRAM 芯片，因而，所有动态 RAM 芯片的结构都是存储元阵列结构，下面介绍两种 DRAM 芯片，进一步了解 DRAM 芯片的基本结构。

（1）Intel 2118 芯片

Intel 2118 芯片是采用 HMOS 工艺制作的 16K × 1 位的 DRAM 芯片，使用单管动态基本存储电路，单一+5V 电源供电，最大的工作/维护功耗为 150/11mW，所有的输入/输出引脚都与 TTL 电平相容。Intel 2118 的结构框图如图 6-12 所示。

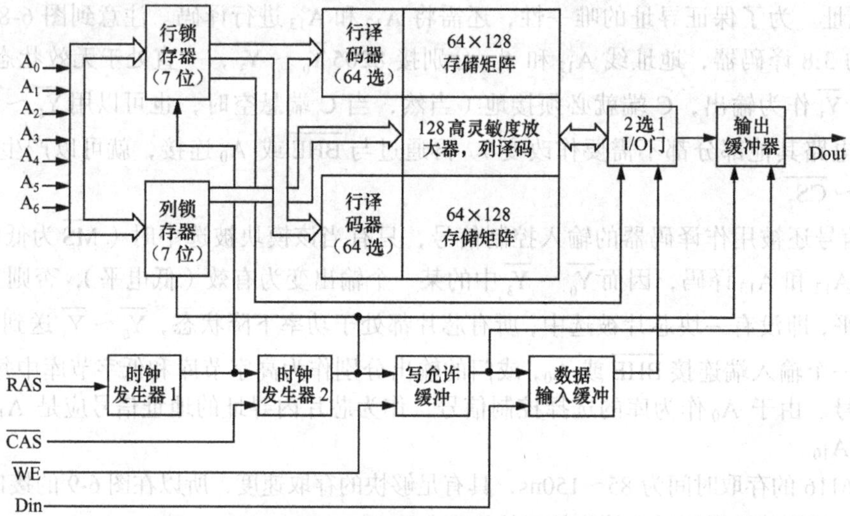

图 6-12　Intel 2118 芯片的结构框图

由图 6-12 可见，2118 内部结构把 16K × 1 位的存储体安排成 128 × 128 矩阵，采用双译码方式，行译码需要 7 条地址线，列译码也需要 7 条地址线，表面上该存储器实现寻址需要 14 条地址线，但是 2118 对外仅有 7 条地址线可以使用，其巧妙之处在于 2118 内部使用选通线 $\overline{RAS}$ 和 $\overline{CAS}$ 来解决地址引脚复用问题。2118 内部有两个 7 位的地址锁存器：行锁存器和列锁存器。采用分时传送方法，先由行地址选通信号 $\overline{RAS}$（Row Address Strobe）把开始出现的低 7 位地址送到行地址锁存器，而随后出现的列地址选通信号 $\overline{CAS}$（Column Address Strobe）把后出现的高 7 位地址送至列地址锁存器，然后由存储器的内部译码找到寻址的基本存储电路。当某一行被选中时，这一行的 128 个基本存储电路都被选通到读出刷新放大器去。在刷新放大器中，每个基本存储电路的逻辑电平都被鉴别、放大和刷新。然后经过列译码，只选通 128 个放大器中的一个，从而唯一确定读/写的基本存储电路，于是该存储电路经读出再生放大器、I/O 控制门和输入数据锁存器或输出数据锁存器以及缓冲器，完成一次读/写操作。Intel 2118 的引脚图及引脚名称如图 6-13 和表 6-3 所示。

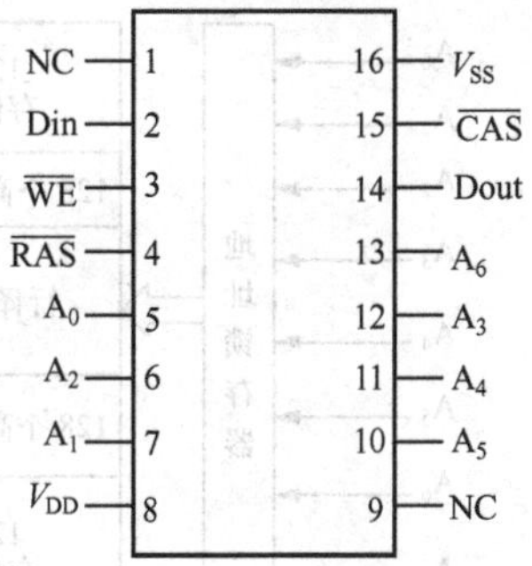

图 6-13　Intel 2118 的引脚图

表 6-3　引脚名称

引　脚	名　称	引　脚	名　称
A_0～A_6	地址输入	$\overline{RAS}$	行地址选通
$\overline{WE}$	写允许	$\overline{CAS}$	列地址选通
Din	数据输入	V_{DD}	+5V
Dout	数据输出	V_{SS}	地

一般来说，动态 RAM 存储器的刷新是逐行进行的。为了完成对 128 行中所有基本存储电路的刷新，Intel 2118 中的 7 条地址线也用作刷新地址信号的输入。刷新时，行选通信号 $\overline{RAS}$ 加低电平而列选通信号 $\overline{CAS}$ 为高电平，通过对刷新地址信号的译码，把所选中的 128 个基本存储电路存储的信息选通到各自的读出刷新放大器，进行放大锁存，但是没有列选择，因而不输出。然后把锁存的信息再写入原来的基本存储电路，从而实现正行的刷新。2118 芯片应在 2ms 内对 128 行全部刷新一遍。

（2）Intel 2164 芯片

Intel 2164 芯片是 64K × 1 位的 DRAM 芯片，读/写周期为 300ns，存取时间为 150ns，仍采用 16 条引脚的双列直插式封装，且和 Intel 2118 兼容，其结构框图如图 6-14 所示。除了引脚 9 为 A_7 外，其余引脚的定义完全和 Intel 2118 相同。

Intel 2164 内部的 65 536（即 2^{16}）个存储单元被分为 4 组，每组由 128 行 × 128 列组成。由于内部这种分组排列，且再生时 4 组的同一行同时刷新，因此在 2ms 的刷新周期里需要再生的行数仍为 128，再生地址仍为 7 位（A_6～A_0）。再生期间，A_7 的状态对再生不产生任何影响。和 Intel 2118 一样，16 位地址是分时锁存（如芯片的地址锁存器）的。

3．动态存储器的刷新方式

Intel 2118 和 Intel 2164 芯片，都要求在 2ms 之内完成 128 行的再生操作。在刷新周期内，完成对规定行数的再生可有几种不同的方式。若按照再生操作的时间位置关系，可分为集中刷新、分散刷新和透明刷新。

所谓集中刷新，是将 2ms 的刷新周期划分为两部分，前一部分由 CPU 对存储器进行正常的读/写操作，后一部分暂停 CPU 对存储器的读/写操作，集中完成所有行的再生操作。若刷新一行的时间为 0.3μs，则完成 128 行刷新的时间为 38.4μs，由于这段时间，CPU 不能对存储器进行读/写操作，故称为等待时间。尽管在所述的例子中，等待时间率仅为 38.4/2000=1.92%，但在有些情况下仍然是不允许的。

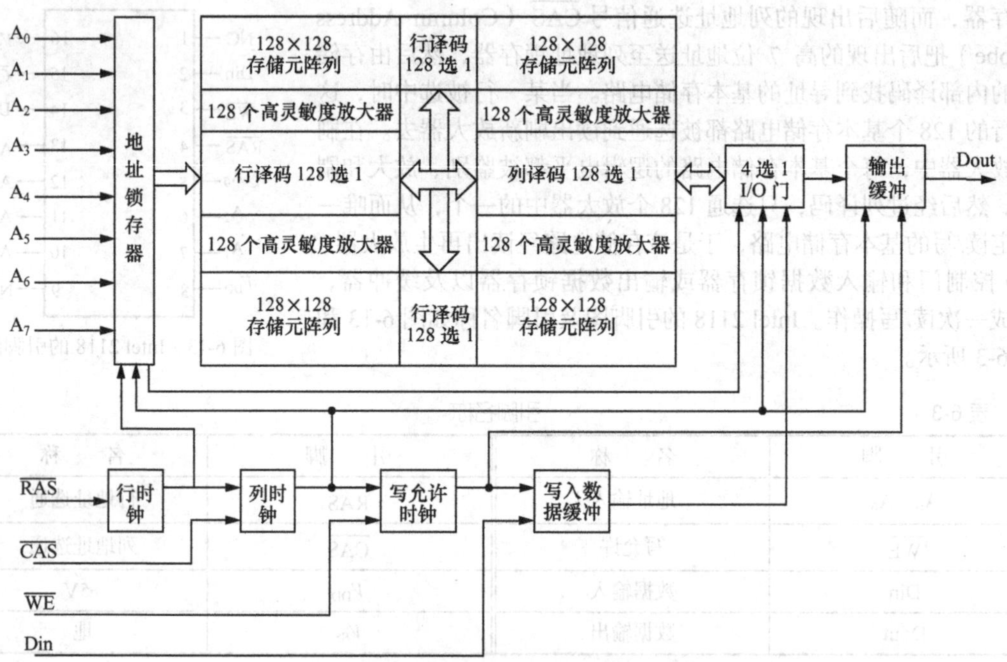

图 6-14　Intel 2164 内部结构框图

分散刷新可避免 CPU 较长时间不能访问存储器的问题。这种方式是每隔一定的时间（刷新周期/新行数）刷新一行，对于 Intel 2118 或 Intel 2164，是每隔 2ms/128=15.7μs 刷新一行。IBM PC 就采用这种再生方式，它每隔 15μs 刷新一行，因此刷新一遍的周期小于 2ms。对于分散方式，在再生操作期间，CPU 仍然不能访问存储器。

透明刷新是指在进行再生操作时不影响 CPU 对存储器的访问，CPU 没有等待时间。显然，这种方式不是任何 CPU 系统都可以采用的。某些微处理器，如 Z 80，在取指令执行过程中，有一段时间不使用总线，因而可利用这段时间完成一行刷新操作。透明刷新也是一种分散刷新，但是它不暂停 CPU 的正常操作。

6.2.4 只读存储器 ROM

前面讲过的 RAM 在掉电后所存储的信息会丢失，如果要作为固定的存储器，用于固定程序和数据等的存储，就要用到只读存储器 ROM。ROM 的特点是结构简单，密度比 RAM 高，而且 ROM 具有非易失性，可靠性高。但是其内容一旦设定就不能改变，至少不借助于特定的设备是不能改变的，所以只能用于不需要写入的情况。

下面介绍几种 ROM 的结构和特点。

1. 掩膜式 ROM

掩模式 ROM 中的信息是厂家根据用户给定的程序或数据，对芯片图形掩模进行二次光刻而确定的。这类 ROM 可由二极管、双极性晶体管和 MOS 型晶体管构成，每个存储单元只用一个耦合元件，集成度高。MOS 型 ROM 功耗小，但是速度较慢，微型计算机系统中用的 ROM 主要是这种类型。双极性 ROM 速度比 MOS 型快，但功耗大，只用在速度要求较高的系统中。

图 6-15 所示是一个简化了的 4 × 4 位 MOS 型 ROM，它有 A_1 和 A_0 两条地址选择线，译码后有 4 种状态，可选中 4 个单元，每个单元又有 4 个输出。存储矩阵的内容如图 6-16 所示。

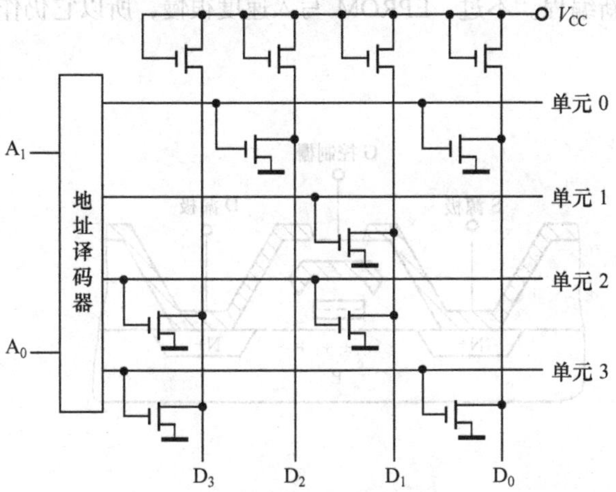

图 6-15　掩膜式 ROM 表示图

单元 \ 位	D_3	D_2	D_1	D_0
0	1	0	1	0
1	1	1	0	1
2	0	1	0	1
3	0	1	1	0

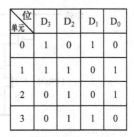

图 6-16　掩膜式 ROM 内容

2. 可编程 ROM

为了克服上述掩模式 MOS ROM 芯片不能修改内容的缺点，设计了一种可编程的只读存储器 PROM（Programmable ROM），用户在使用前可以根据自己的需要编制 ROM 中的程序。

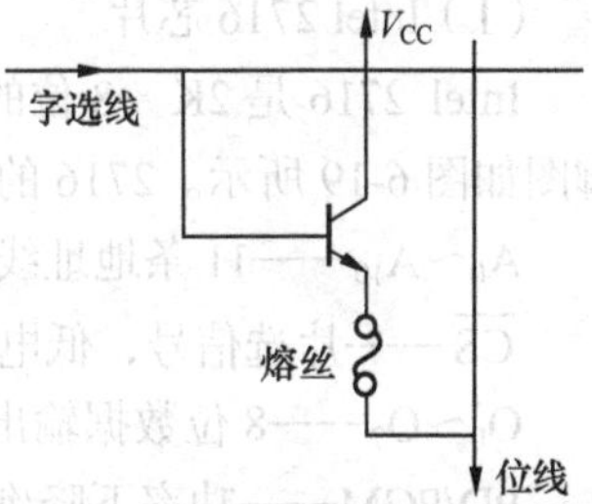

图 6-17　熔丝式 PROM 存储单元

熔丝式 PROM 的存储电路如图 6-17 所示，这种 PROM 采用可熔金属丝串联在三极管的发射极上，熔丝可以使用镍铬丝或多晶硅制成。假定在制造时，每一单元都由熔丝接通，则存储的都是 0 信息。如果用户在使用前根据程序的需要，利用编程写入器对选中的基本存储电路以 20～50mA 的电流，将熔丝烧断，则该单元将存储信息 1。这样，便完成了程序的修改。由于熔丝烧断后，无法再接通，所以 PROM 只能一次编程；编程后，不能再修改。

3. 可编程、可擦除 ROM

掩模式 ROM 和 PROM 中的内容一旦写入，就无法改变，而 EPROM 却允许用户根据需要对它编程，而且可以多次进行擦除和重写，因而 EPROM 得到了广泛的应用。

EPROM 的存储单元电路原理图如图 6-18（a）所示。实现 EPROM 的技术是浮空栅雪崩注入技术，信息存储由电荷分布决定，MOS 管的栅极被 SiO_2 包围，称为浮置栅，控制栅连到字线。平时浮置栅上没有电荷，若控制栅上加正向电压使管子导通，则 ROM 存储信息为 1。

常用的紫外线 EPROM 一般都是 N 沟道的浮栅 MOS 管，其物理结构如图 6-18（b）所示，它是在 P 型衬底上做成的两个高浓度的 N+区。在栅极上面还有一个控制栅 G。编程时在源漏间加上正电压（+25V）和编程脉冲，使漏极衬底击穿，这样就使得大量电子集中在浮栅上，而在硅层下面感应出空穴薄层。这个带正电的沟道使 N 沟道 MOS 管的开启电压变得更高了。这时，即使在控制栅上加上正常电压，管子也不会导通，相当于写入信息 0。反之，如果浮栅上没带电，管子导通，相当于写入信息 1。由上面的分析可知，要向 EPROM 写入 0 信号，则要在其漏极加一个一定宽度的脉冲；要写入 1 信号，就只能用紫外光照射，用光子将浮栅上的电子驱逐回基片。

平时浮空栅上的电荷由于没有放电通路，在 125℃条件下经过 10 年后仍能保持 70%的电荷，因此可以作为只读存储器长期保存信息。EPROM 芯片上有一个石英窗口，当紫外线光源照到石英窗口上时，电路浮置栅上的电荷就会形成光电流泄露走，使电路恢复起始状态，从而把写入的信息擦去，这样又可以对 EPROM 重新编程。不过，EPROM 写入速度很慢，所以它仍作为只读存储器使用。

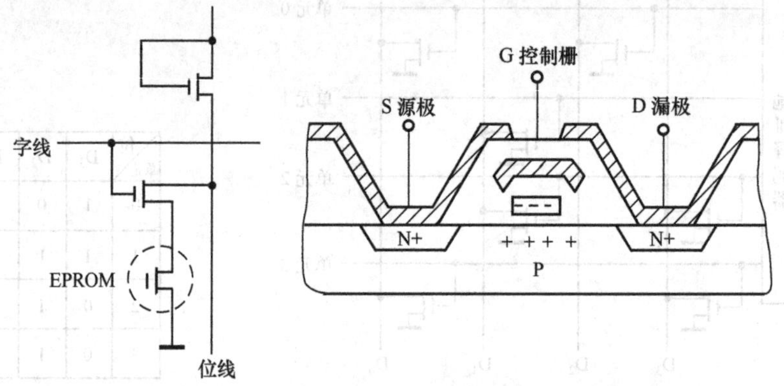

（a）EPROM 电路原理图　　（b）N 沟道浮空栅 MOS 存储单元的物理结构

图 6-18　EPROM 电路原理图及 MOS 存储单元的物理结构

下面介绍 3 片常见的 EPROM 芯片 Intel 2716、Intel 2764 和 Intel 27128。

（1）Intel 2716 芯片

Intel 2716 是 2K × 8 位的 EPROM，它在 5V 的单电源下正常工作，其存储时间为 450ns，引脚图如图 6-19 所示。2716 的引脚功能如下。

A_0～A_{10}——11 条地址线，用来对某一单元进行寻址。

$\overline{CS}$——片选信号，低电平有效。

O_0～O_7——8 位数据输出线，编程时，作为数据输入线。

PD/PGM——功率下降/编程。

图 6-20 所示为 2716 结构框图，图中有 11 条地址线，其中 7 条用于 X 译码，产生 128 条行选择线，4 条用于 Y 译码，产生 16 条列选择线。因为 2716 有 8 位数据输出，故有 8 个 Y 译码器，地址选择线并联在一起，产生 8 位输出数据，组成 128 × 128 的存储矩阵。

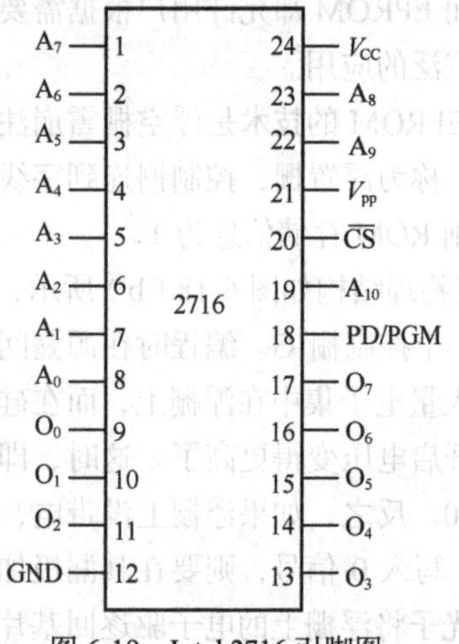

图 6-19　Intel 2716 引脚图

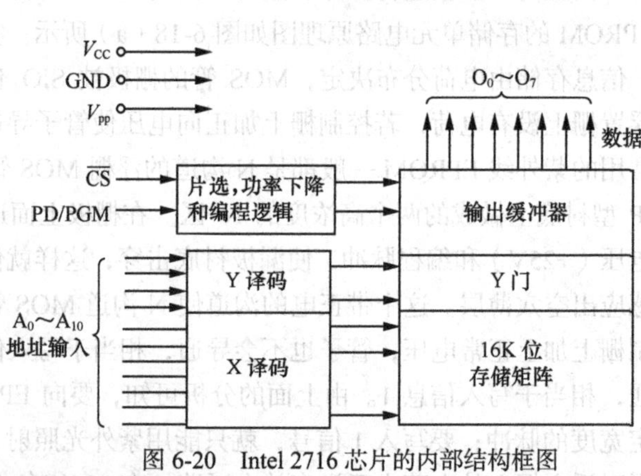

图 6-20　Intel 2716 芯片的内部结构框图

从表 6-4 可以看出，当对 2716 进行读出时，应使 PD/PGM 和 CS 引脚同时为低电平，并将 V_{PP} 接+5V 电源。写入时，首先要在紫外线光源的照射下擦去原有的内容，然后将 V_{PP} 接+25V 电源，并且使 CS 在写入过程中为高电平，这时在 PD/PGM 引脚加上一个宽度为 50ms 的 TTL 高电平就可以把数据写入指定的单元了。

表 6-4　　　　　　　　　　　　　2716 的工作方式

方式＼引脚	PD/PGM	$\overline{CS}$	V_{PP}	V_{CC}	输出状态
读	低	低	+5V	+5V	输出
未选中	无关	高	+5V	+5V	高阻
功率下降	高	无关	+5V	+5V	高阻
编程	由低到高脉冲	高	+25V	+5V	输入
程序检验	低	低	+25V	+5V	输出
程序阻止	低	高	+25V	+5V	高阻

功率下降，又称为待机方式，该方式和未选中方式类似，但功耗由 525mW 下降到 132mW，这时数据总线成高阻抗。

要使芯片进入编程方式，应该使 V_{PP}=+25V，$\overline{CS}$=1，然后把要写入数据的单元地址送上地址总线，数据送上数据总线，在 PD/PGM 端加上 52ms 宽的正脉冲，就可以将数据线上的信息写入指定的地址。如对 2K 地址全部编程，则需要 100s 以上的时间。

程序检验方式与读出方式基本相同，只是 V_{PP}=+25V。在完成编程后，可将 2716 中的信息读出，与写入的内容进行比较，以确定编程内容是否已经正确写入。

程序阻止方式，即禁止把数据总线上的信息写入 2716。

（2）Intel 2764 芯片

随着集成电路技术的不断提高，EPROM 的容量越来越大，进而简化了扩展 EPROM 电路的结构。Intel 2764 就是一片高集成度的 EPROM 芯片，它的容量为 8K × 8 位，最大的读出时间范围是 200～450ns，引脚数与 2716 相同，都是 24 引脚。2764 与 2716 不同的地方除了容量以外，还有其 8 种工作方式，如表 6-5 所示。

表 6-5　　　　　　　　　　　　　2764 的工作方式

方式＼引脚	$\overline{PGM}$	$\overline{CS}$	$\overline{OE}$	A_9	V_{PP}	V_{CC}	输出状态
读	高	低	低	无关	+5V	+5V	输出
输出禁止	高	低	高	无关	+5V	+5V	高阻
功率下降	无关	无关	无关	无关	+5V	+5V	高阻
程序阻止	无关	高	无关	无关	+25V	+5V	高阻
编程	低	低	高	无关	+25V	+5V	输入
Intel 编程	低	低	高	无关	+25V	+5V	输入
程序检验	高	低	低	无关	+25V	+5V	输出
Intel 标识符	高	低	低	高	+5V	+5V	编码

可见，与 2716 相比，在编程模式下，$\overline{PGM}$ 引脚必须提供一个 50ms 宽度的负脉冲，而 2716 则是需要正脉冲，另外，表中还增加了 Intel 芯片独有的操作模式，一种是 Intel 标识符模式，在

此模式下，可读出制造厂和器件类型的编码；另一种是 Intel 编程模式，这是 Intel 公司开发的一种新的编程方法，与标准编程模式比较，它们的可靠性一样，不过采用的是 EPROM 编程算法，所以可大大缩短编程的时间。

（3）Intel 27128 芯片

27128 芯片的单片容量为 16K × 8 位，存取时间为 250ns，使用单一的+5V 电源，$\overline{CE}$ 为高电平则芯片未被选中，这时其功耗为有效状态（$\overline{CE}$ 为低电平）时的 1/3。

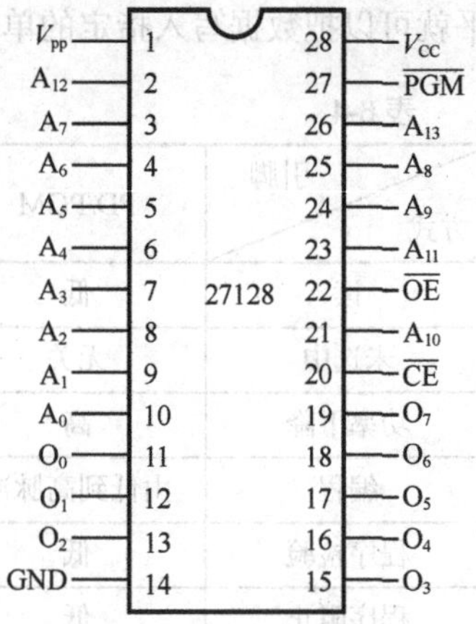

图 6-21　27128 引脚图

芯片的引脚图如图 6-21 所示，27128 和 2716 的不同之处在于 27128 增加了一条输出允许引脚 $\overline{OE}$，并且有 14 位地址线 A_0～A_{13}。

27128 的模式选择如表 6-6 所示，由表可知，进行读操作时，芯片选择 $\overline{CE}$，输出允许 $\overline{OE}$ 应为低电平，而编程控制 $\overline{PGM}$ 为高电平，同时，V_{PP}、V_{CC} 都接+5V 电源；编程时，V_{PP} 接+21V 电源，CE 保持低电平，并从 PGM 引脚送一个宽度为 50ms 的负脉冲，就可以将数据写入由 A_0～A_{13} 规定的单元内，当 $\overline{CE}$ 为高电平时，芯片处于功率下降状态。因此，通常 $\overline{CE}$ 作为器件选择信号输入，该信号来自地址译码器，而 $\overline{OE}$ 信号和系统读命令信号 $\overline{MRDC}$ 连接。

表 6-6　　27128 的模块选择

引脚 / 模式	$\overline{CE}$	$\overline{OE}$	$\overline{PGM}$	V_{PP}	V_{CC}	输　出
读	低	低	高	+5V	+5V	DOUT
后备（功率下降）	高	无关	无关	+5V	+5V	高阻
编程	低	无关	低（50ms）	+21V	+5V	DIN
程序检验	低	低	高	+21V	+5V	DOUT
程序阻止	高	无关	无关	+21V	+5V	高阻

图 6-22 所示是一个由两片 27128 组成的 32KB ROM 模块的例子。假设是 8088CPU 系统，模块的地址空间为 28000H～2FFFFH，则该模块的选择信号 $\overline{MS}$ 应由 A_{19}～A_{15} 译码产生，图中使用 LS30（8 输入与非门）作为译码器，当 A_{19}～A_{15} 为 00101 时，该模块被选中。由于 ROM 器件不需要再生，于是利用 DMA 刷新控制逻辑输出的 AEN BRQ（再生时为高电平）信号作为模块选择无效信号，它也被送到译码器的输入端。两片 27128 的地址区别仅在 A_{14}，A_{14}=0 时，选择 U_1，A_{14}=1 时，选择 U_2。

在使用 EPROM 芯片时有三点注意事项：

① 在 V_{PP} 加有+25V 或+21V 电压时，不能插入或拨出 EPROM 芯片。

② 加电时，必须先加 V_{CC}=+5V，再加 V_{PP}=+25V 或+21V，关断时则应先断 V_{PP}，再断 V_{CC}；

③ 当 $\overline{CS}$ 为低电平时，V_{PP} 不能在低电平和+25V 或+21V 之间转换。

4. 可电擦除的可编程 ROM

EPROM 尽管可以擦除后重新进行编程，但擦除时需要用紫外线光源，使用起来仍然不太方便。可电擦除的可编程 ROM，简称 EEPROM（E^2PROM），它的外形管脚与 EPROM 相似，仅是擦除过程不需要用紫外线光源。

EEPROM 有 4 种工作方式，即读方式、写方式、字节擦除方式和整体擦除方式，如表 6-7 所示。

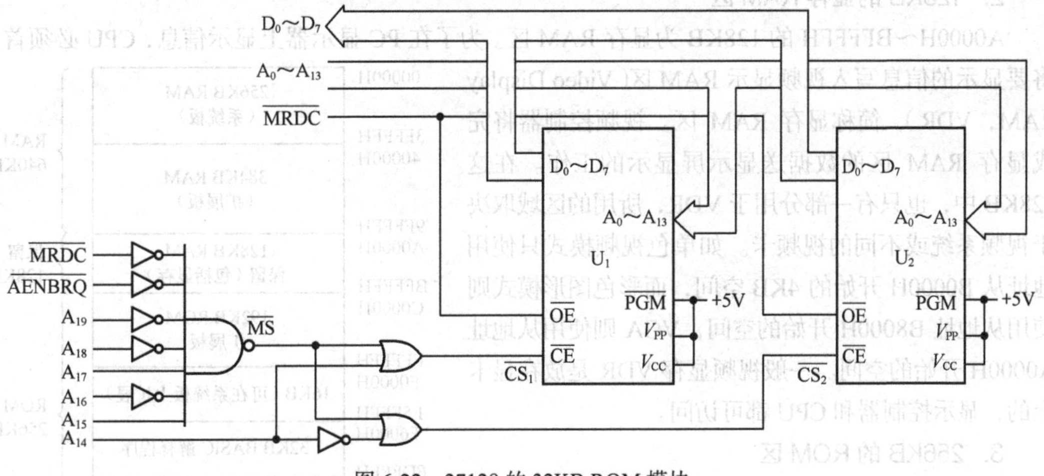

图 6-22 27128 的 32KB ROM 模块

表 6-7 Intel 2815 EEPROM 芯片的工作方式

信号端	V_{PP}	CS	OE	D_0～D_7
读方式	+5V	低电平	低电平	输出
写方式	+21V	高电平	TTL 高电平	输入
字节擦除方式	+21V	低电平	TTL 高电平	TTL 高电平
整体擦除方式	+21V	低电平	+9V～+15V	TTL 高电平

在读方式时，从地址端输入所要读取的存储单元地址，$\overline{CS}$ 和 $\overline{OE}$ 为低电平，V_{PP} 加+4V～+6V 电压，输出端便会出现读得的数据。这是常用的工作方式。

在写方式时，从地址端输入要写入的地址，数据输入端为要写入的数据，$\overline{CS}$ 和 $\overline{OE}$ 端为高电平，V_{PP} 加+21V 电压，此时可编程写入。

在字节擦除方式下，由地址端输入要擦除的字节的地址，$\overline{CS}$ 为低电平，$\overline{OE}$ 为高电平，V_{PP} 加上+21V 电压，数据端则要加上 TTL 高电平，可对指定字节进行擦除。

在整体擦除方式下，可使整片 E^2PROM 回到初始状态。在此方式下，$\overline{CS}$ 端要加上+9V～+15V 的高电平，V_{PP} 端加+21V 电压，数据端加上 TTL 高电平。

6.2.5 IBM PC 主存空间的分配

所有的 x86 CPU 在实模式下都提供 20 位地址，可寻址空间为 1MB。这 1MB 内存空间是如何分配的呢？本节以 IBM PC/XT 为例，介绍这 1MB 内存空间的分配。IBM PC/XT 是以 8088 为 CPU 的微型计算机，但该分配方案适用于所有 x86 CPU 在实模式下的内存分配。

IBM PC/XT 中 1MB 内存空间的分配如图 6-23 所示。

1. 640KB 的常规 RAM 区

00000H～9FFFFH 的 640KB 为常规 RAM 区，是可读可写的常规工作区。在早期的 PC 中，主板上只有 64KB～256KB 的 RAM，其他的要通过插入存储扩展卡来扩展。

这 640KB 中，00000H～003FFH 的 1KB 空间用于存放中断向量表，00400H～004FF 的区域为 BIOS 的临时数据区；余下的区域有一部分被 DOS 操作系统所占用，不同版本的 DOS 操作系统所占的 RAM 大小不同；再剩下的为实用程序和应用程序使用。

2. 128KB 的显存 RAM 区

A0000H～BFFFFH 的 128KB 为显存 RAM 区。为了在 PC 显示器上显示信息，CPU 必须首先将要显示的信息写入视频显示 RAM 区（Video Display RAM，VDR），简称显存 RAM 区。视频控制器将完成显存 RAM 区的数据送显示屏显示的工作。在这 128KB 中，也只有一部分用于 VDR，所用的区域取决于视频系统或不同的视频卡。如单色视频模式只使用地址从 B0000H 开始的 4KB 空间，而彩色图形模式则使用从地址 B8000H 开始的空间，VGA 则使用从地址 A0000H 开始的空间。一般视频显存 VDR 是放在显卡上的，显示控制器和 CPU 都可访问。

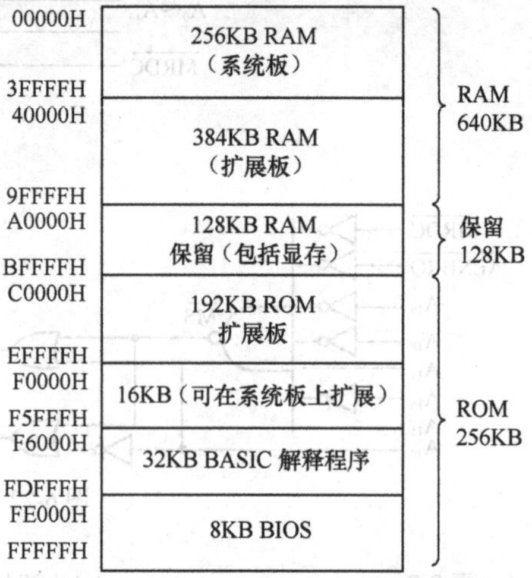

图 6-23　IBM PC/XT 的内存分配

3. 256KB 的 ROM 区

C0000H～FFFFFH 的 256KB 为 ROM 区。其中，前 192KB 的区域为安装在扩展板上的系统的控制 ROM。C0000H～C7FFFH 为高分辨率显示器的控制 ROM；从 C8000H 开始的区域为固定磁盘驱动器适配器的控制 ROM；最后的 64KB 是基本系统 ROM 区，IBM PC/XT 一般将 40KB 的基本 ROM 安装在系统板上，其中的 8KB 为基本的输入/输出系统 BIOS，另外的 32KB 为 ROM BASIC；剩下的 16KB 为可在系统板上扩展的 ROM 区。

6.3 虚拟存储器

在保护模式下，80x86CPU 支持虚拟存储器的功能，一个任务可运行多达 16K 个段，每个段最大可为 4GB，故一个任务最大可达 64T 的虚拟地址。保护模式下运行的程序分为 4 个特权等级：0、1、2、3，操作系统核心运行在最高特权等级 0；用户程序运行在最低特权等级 3。本小节以 80386 中的虚拟存储器管理机制为例来介绍虚拟存储器技术。

80386 中利用存储管理单元（Memory Management Unit，MMU）实现段页式虚拟存储器管理机制。存储管理单元由分段部件和分页部件组成，分段部件管理逻辑地址空间，主要将逻辑地址转换为线性地址；分页部件则将此线性地址映射到物理地址。

6.3.1 分段管理机制

1. 描述符

在保护模式下，段寄存器中存放的是段选择子（Selector），不再是段基址。段选择子用于选择描述符表内的一个描述符，描述符为 8 个字节，它描述了存储器段的位置、长度和访问权限，因此段值实际上是由段寄存器间接提供的。

段寄存器可以访问两个描述符表，通过段选择子的 TI 位选择：当 TI=0 时选择全局描述符表，当 TI=1 时选择局部描述符表。全局描述表包含适用于所有程序的段定义，局部描述符表通常用于某一程序或任务。每个描述符表包含 8 192 个描述符，所以应用程序可以通过 2 个描述符表访问 16 384 个描述符，每个描述符表对应一个存储器段，即每个应用程序最多可访问 16 384 个段。80 386 描述符的基本定义如图 6-24 所示。

基地址（B_{31}～B_{24}）	G	D	0	AV	界限（L_{19}～L_{16}）	6
访问权限	基地址（B_{23}～B_{16}）					4
基地址（B_{15}～B_0）						2
界限（L_{15}～L_0）						0

图 6-24　80386 描述符

每个描述符长 8 个字节，所以描述符表的长度为 8B × 8 192=64KB。描述符的基地址（Base Address）部分指示存储器段的开始地址。80386 中，基地址为 32 位，允许段起始于 4GB 存储器的任何地方。界限（Segment Limit）字段指示该段中最大偏移地址，相当于指定一个存储器段的大小。如果某个段起始于存储器 00F0 0000H 地址，结束于 00F0 00FFH 地址，则其基地址是 00F0 0000H，界限是 000FFH。在描述符中，通过 G 字段（Granularity bit）即粒度值来表示段长度的单位。如果 G=0，段长度以字节为单位，即描述符中界限字段直接解释为段界限，20 位的界限表示范围为 00000HB～FFFFFHB；如果 G=1，段长度则以页为单位，即界限字段乘以 4K 才是实际界限范围，20 位的界限允许的段界限范围为 4KB～4GB，以 4KB 为单位增加。所以 80386 处理器的存储段长度为 1B～1MB 或者 4KB～4GB。

描述符中各字段定义如下。

① 基地址（B_{31}～B_0）：定义存储器段在 4GB 物理地址空间的起始段地址。

② 界限（L_{19}～L_0）：定义段的界限（即长度），如果 G=0，段的长度可以为 1B～1MB；如果 G=1，段的长度可以为 4KB～4GB，以 4KB 为单位增量。

③ G（Granularity）：粒度位。用于确定段界限的长度单位，它与界限一起确定段的长度。

④ D：选择寄存器宽度。如果 D=0，寄存器宽度为 16 位；如果 D=1，寄存器的宽度为 32 位。在实模式下，总是假定寄存器宽为 16 位，因此引用 32 位寄存器或指针的指令必须加前缀。在汇编语言中，在 SEGMENT 语句后加 U16 或 U32 伪指令可以设置 D 位。

⑤ AV（Available）：可以由操作系统以适当的方式使用，通常用来表示描述符所描述的段是可用的。在一些系统中，这一位与交换内存相关。

⑥ 访问权限：因为描述符的种类不同而定义不同，具体内容将在后面描述。

2. 段选择子

描述符表是由段寄存器中的段选择子来检索描述符表得到的，段选择子的定义如图 6-25 所示。

15　　　3	2	1　0
段选择子	TI	RPL

图 6-25　段选择子的定义

段寄存器包含 13 位的选择子字段、1 位的表选择 TI 和 2 位的请求优先级（Request Privilege Level，RPL）。选择子从描述符表中选择一个描述符；表选择 TI=0 时选择全局描述符表，TI=1 时选择局部描述符表；请求优先级 RPL 定义请求存储器段的访问优先级，最高级是 00 级，最低优先级是 11 级。

图 6-26 说明如何根据选择子和描述符寻址存储器段。

段寄存器选择子字段从描述符表中选择一个描述符，TI 位指示从全局描述符表中选择还是从局部描述符表中选择这个描述符。选定描述符后就可以根据描述符寻址到存储器段。

选择子为 13 位，所以可以访问到全局描述符表或局部描述符表中最多各有 8 192 个描述符，而每个描述符访问的存储器段最大可以为 4GB，所以 80386 可以访问的虚拟存储器为 64TB（8 192 × 2 × 4GB=64TB）。

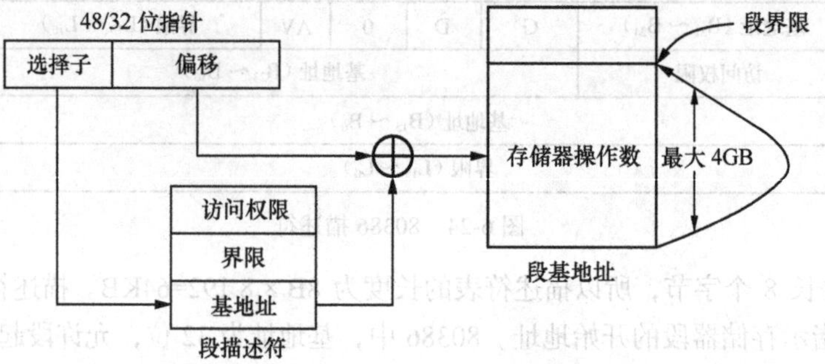

图 6-26 利用段选择子与描述符寻址存储器段

80386 中除了一个全局描述符表和一个局部描述符表外，还有一个中断描述符表，中断描述符表为中断描述符或门设计。80386 微处理器中的描述符有两种形式：段描述符与系统描述符。段描述符定义数据、堆栈和代码段；系统描述符定义系统有关表、任务和门的信息。

3. 段描述符

段描述符中，访问权限字段被用来指示该描述符所描述的数据段、堆栈段及代码段的工作属性。段描述符的格式定义如图 6-27 所示。

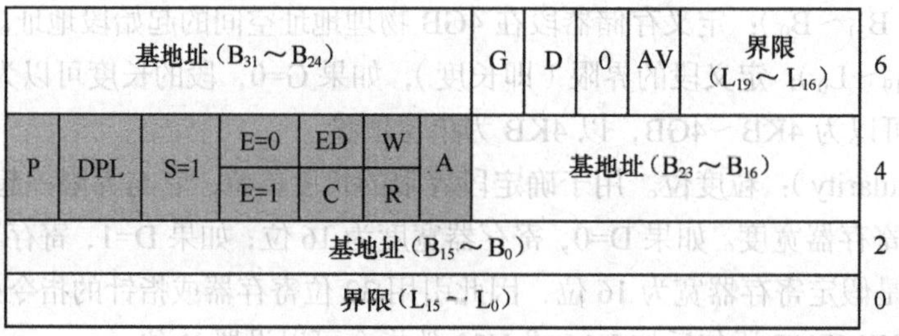

图 6-27 80386 段描述符

访问权限字段（阴影部分）的定义如下。

① P（Present）：存在位。P=1 表明该段在主存中；P=0 表明该段不在主存中，描述符没有定义，如果通过该描述符访问段，会产生类型 11 中断。

② DPL（Descriptor Privilege Level）：描述符的特权级，用来设置描述符的特权级。

③ S（Segment）：段位。S=0 表明描述符是系统描述符；S=1 表明描述符是代码段或者数据段描述符。

④ E（Executable）：可执行位。

- E=0 为数据段：ED 为扩展方向位，ED=0 段向上扩展，即偏移值必须小于等于界限；ED=1 段向下扩展，即偏移值必须大于界限。W 为可写位，W=0 数据不可写入；W=1 数据可写入。

- E=1 为代码段：C 为相容位，C==0 忽略描述符的特权级；C=1 遵循描述符的特权级。R 为可读位，R=0 代码段不可读；R=1 代码段可读。

⑤ A（Accessed）：访问位，A 置位表明段已被访问过。

4. 系统描述符

80386 系统中有 16 种可能的系统描述符类型，描述符中访问权限字段指明了描述符类型。系统描述符定义如图 6-28 所示。

<table>
<tr><td colspan="4">基地址（B_{31}～B_{24}）</td><td>G</td><td>0</td><td>0</td><td>0</td><td>界限（L_{19}～L_{16}）</td><td>6</td></tr>
<tr><td>P</td><td>DPL</td><td>S</td><td>类型</td><td colspan="5">基地址（B_{23}～B_{16}）</td><td>4</td></tr>
<tr><td colspan="9">基地址（B_{15}～B_{0}）</td><td>2</td></tr>
<tr><td colspan="9">界限（L_{15}～L_{0}）</td><td>0</td></tr>
</table>

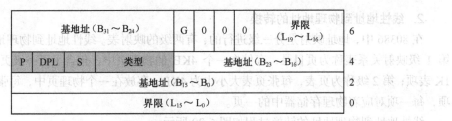

图 6-28 80386 系统描述符

其中类型字段长度为 4 位，描述了 16 种可能系统描述符的类型。

5. 描述符表

描述符表（Descriptor Table）定义 80386 保护模式下用到的所有段。共有 3 种描述符表：全局描述符表（GDT）、局部描述符表（LDT）与中断描述符表（IDT），80386 中有 3 个寄存器用来寻址这 3 个表。寻址 GDT 的是 GDTR 寄存器，寻址 LDT 是 LDTR 寄存器，寻址 IDT 是 IDTR 寄存器。

描述符表是不定长的数组，每项保存 8 字节长的描述符。全局描述符表与局部描述符表最多可以各有 8 192 个描述符，中断描述符表最多可以有 256 个中断描述符。

全局描述符表包含全局描述符，每个系统必须定义一个全局描述符表。全局描述符表通常用于全局程序或所有任务共用的描述符，如操作系统用到的描述符。可以在每个应用程序或任务中定义一个局部描述符表，也可以多个任务或所有任务共用局部描述符表。GDTR 包含全局描述符表的基地址与界限。

局部描述符表寄存器仅包含一个选择子并且是 16 位宽，其内容寻址系统描述符是 0010 类型（LDT 类型），包含局部描述符的基地址和界限。

类似于全局描述符表与全局描述符表寄存器，中断描述符表的基地址与界限被装入中断描述符表寄存器；全局描述符表与局部描述符表包含系统描述符和段描述符，没有包含中断门，而中断描述符表只包含中断门。

6.3.2 分页管理机制

80386 中 MMU 增加了分页管理的功能，分页机制可以将线性地址转换为物理地址。

1. 内存的分页管理

在保护方式下，控制寄存器 CR_0 中 PE=1 时，可以通过设置 PG 位来控制分页机制是否启用：PG=1，分页机制启动；PG=0，则关闭分页机制。

分页机制把线性地址空间与物理地址空间都分成大小相同的块，这样的块称为页。在 80386 中，页的大小为 4KB。MMU 分页机制实现的功能是在线性地址的页与物理地址的页之间建立映射，实现线性地址到物理地址的转换。如果没有启用分页机制，那么线性地址与物理地址是相同的；启用了分页机制，线性地址与物理地址可能相同，也可能不同。

由于页的大小固定为 4KB，4GB 的物理地址空间可以划分为 1M 个页，而且要求每页开始地址必须是 4K 的倍数，所以低 12 位地址必须全是 0，即页的 32 位开始地址具有“XXXX X000H”的形式，通常把高 20 位地址 XXXXXH 称为页码。线性地址空间页的页码也是线性地址空间页的开始地址的高 20 位。

页的大小是固定的，页的开始地址是 4K 的倍数，所以地址转换时低 12 位地址可以保持不变，也就是说线性地址与物理地址的页内低 12 位地址是相同的，所以地址转换只是把线性地址的高 20 位转换为物理地址的高 20 位。

2. 线性地址到物理地址的转换

在 80386 中，地址映射是分三级进行的，有两级的映射表。线性地址到物理地址映射过程中，第 1 级映射关系表称为页目录，存储在一个 4KB 的物理页中，包含了下一级页表的信息，共有 1K 表项；第 2 级称为页表，每张页表大小也为 4KB，存放在一个物理页中，每张页表也有 1K 表项，每一项对应着物理存储器中的一页。

线性地址到物理地址的转换过程如图 6-29 所示。

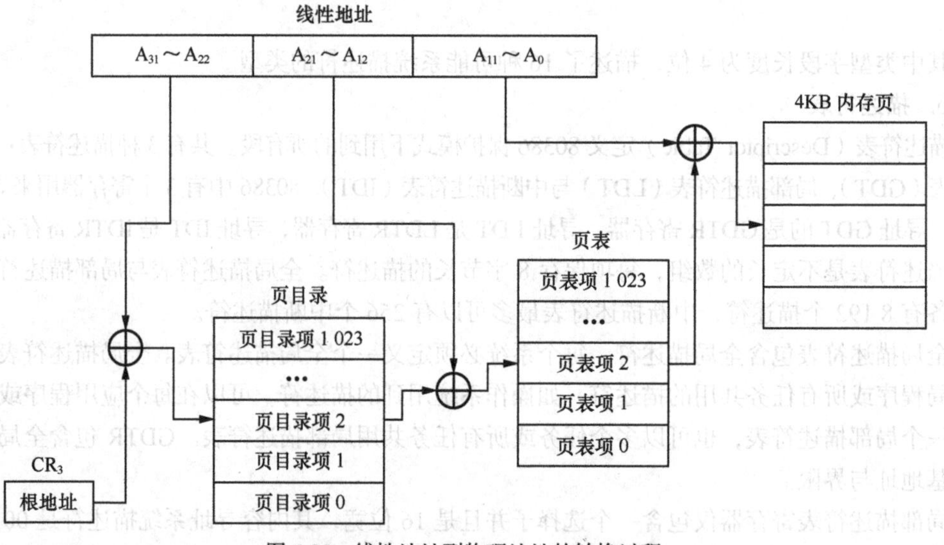

图 6-29　线性地址到物理地址的转换过程

页目录的起始地址（根地址）由控制寄存器 CR_3 给出，CR_3 的高 20 位给出页目录的高 20 位地址，由于页目录表大小为4KB，所以 CR_3 低 12 位为 0。

使用时，32 位线性地址的高 10 位（A_{31}～A_{22}）作为页目录表的索引，在页目录表中寻址到对应的页目录项（假设为页目录项 2），页目录项中的高 20 位指定了页表的基地址，可以在物理地址空间寻址到页表；然后利用线性地址中间 10 位（A_{21}～A_{12}）作为索引在页表中寻址对应的页表项（假设为页表项 2），页表项中指定了页的基地址，以寻址到物理地址空间的一个页；最后利用线性地址的低 12 位（A_{11}～A_0）与页表项 2 提供的高 20 位作为物理地址高 20 位，构成 32 位的物理地址，寻址 4GB 物理地址空间的一个特定地址的存储单元，完成三级转换过程。

3. 页的属性

由于页的开始地址低 12 位全为 0，从线性地址到物理地址转换的过程中，每次指定页的基地址都只需要指定高 20 位即可，然而页目录与页表中每一项的长度都是 32 位，因此低 12 位的地址在转换过程中都另作他用。页目录与页表的格式相同，具体内容如图 6-30 所示。

基地址（A_{31}～A_{12}）	AVL (3bit)	0 0	D	A	0 0	U/S	R/W	P

图 6-30　页目录与页表的格式

各字段的含义（固定为 0 的位保留为以后处理器使用）如下。

① 基地址（A_{31}～A_{12}）：页起始地址的高 20 位。

② AVL：供软件自定义使用。

③ D（Dirty）：脏位，该位只在页表中起作用，当该页内容被修改后，D 置位。

④ A（Accessed）：访问位，若该页被访问过，则 A=1。

D 和 A 位提供了本页的使用信息，可以用于跟踪页的使用情况，为替换算法和多机系统的实现提供了方便。

⑤ P（Present）：存在位。P=1，表明该页在主存中，可以进行地址转换；若 P=0，需立即访问的页面不在内存中，即出现页面故障，此时操作系统会将此页表/页从辅存中调入主存。

⑥ U/S（User/Supervisor）和 R/W（Read/Write）：用户/系统位和读/写位，用于实现页的保护。80386 有 4 个权限级别，级别 0、1、2 称为系统特权级，级别 3 称为用户特权级。

R/W=1 时，页可读/写，执行；R/W=0 时，页只能被读与执行，不能写；当处于系统特权级别时，忽略 R/W 的作用，即页总是可读写，可执行的。

U/S=1 时，表项指明的页用户程序可以访问；U/S=0 时，表项指明的页是系统特权级的页，用户程序不能访问，只能由处于系统特权级的程序访问。

R/W 与 U/S 的定义如表 6-8 所示。

表 6-8 R/W 与 U/S 的定义

U/S	R/W	用户特权级访问权限	系统特权级访问权限
0	0	无	读/写/执行
0	1	无	读/写/执行
1	0	读/执行	读/写/执行
1	1	读/写/执行	读/写/执行

6.3.3 转换后备缓冲器

我们知道，页目录和页表都放在主存，CPU 访问内存的速度低于 CPU 指令执行的速度。当启动分页机制进行地址变换时，三级地址转换机制需要 CPU 对主存访问 3 次：先是访问页目录，再访问页表，最后才能访问目标内存单元。这将极大地降低微机系统的性能，为了解决这一问题，80386 中引入了转换后备缓冲器（Translation Look-Aside Buffer，TLB）来提高启动分页机制时访问内存的性能。

TLB 与 80386 中分页单元一起使用，TLB 中保存了最近使用的页目录与页表项（页表中最常用的 32 项），以减少地址转换时查找存储器的次数。程序访问的内存线性地址到物理地址的转换过程大部分直接借助 TLB 中存储的内容即可完成，只有当 TLB 中没有存储相应的页目录或页表时才到内存中去访问。由于 TLB 是采用高速硬件进行地址变换的，因此速度可以很快，而对于一般程序而言，TLB 的命中率约为 98%，因此 TLB 可以大大提高分页机制的性能。

6.3.4 Pentium 虚拟存储管理技术

Pentium 机的存储器管理单元与 80386 微处理器的存储单元是向上兼容的，其早期的许多特性基本未变，最主要的变化在于分页单元和新的系统存储器管理模式。

1. 分页单元

80386 微处理器及之前的微处理器，其分页单元的页面大小是 4KB，而 Pentium 微处理器的分页机制可以工作在 4KB 或扩展到 4MB 的分页单元上。当控制寄存器 CR_4 中的第 4 位 PSE = 1 时，Pentium 微处理器的页面大小为 4MB。当 PSE=0 时，页面大小为 4KB。采用 4MB 的分页单元时，如图 6-31 所示，线性地址由页目录项和偏移量两部分组成，没有了 80386 分页机制中的页表项。直接使用页目录项来寻址 4MB 的存储页，线性地址的第 12～21 位保留为 0。

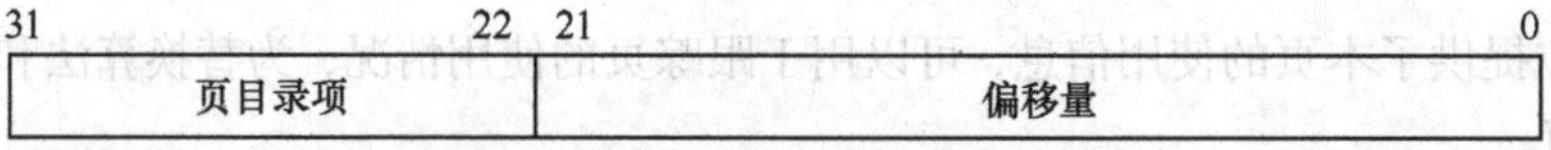

图 6-31　Pentium 微处理器的分页单元

采用页面大小为 4MB 的工作方式，可以极大地减少内存用量。若采用 4KB 大小的分页单元，要将 4GB 的存储器完全分页，需要大约 4MB 的内存来存储页表。在 Pentium 微处理器中采用了 4MB 大小的分页单元，可直接使用页目录项寻址 4MB 的单一页表，无须占用内存资源存储页表，从而大大节省了内存资源。

2. 系统存储器管理模式

Pentium 微处理器还支持系统存储器管理模式（System Management Mode，SMM）。系统存储器管理模式 SMM 与保护模式、实模式和虚拟模式在同一级别，但它不用作一个应用程序或系统程序，而是提供一种独立于操作系统及应用程序的高层系统功能，例如，电源管理、系统硬件控制以及 OEM 设计代码。

对 SMM 的访问是通过 Pentium 的 SMI # 引脚引起一个外部硬件中断来实现的。当 Pentium 的 SMI#信号被激活，就进入了 SMM，CPU 就把它当前的状态存储到系统管理 RAM（System Management RAM，SMRAM）的转储记录（Dump Record）中，然后就开始执行 SMRAM 中的系统级程序，例如，把没有使用的磁盘断电，或者将整个系统置于一个暂停的状态等。若要退出 SMM，则可用指令 RSM。执行 RSM 指令后，CPU 就从 SMM 中断返回到中断前的中断点处，并将存于 SMRAM 中的 CPU 状态重新装载到原来的寄存器中。

当进入 SMM 时，CPU 就会执行 SMRAM 中的代码，即调用执行 CS=3000H 和 EIP=8000H 物理地址为 38000H 的软件，同时，它还把 CPU 的状态存储于 3FFA8H～3FFFFH 和 Intel 保留的 3FE00H～3FEF7H 处。

6.4　高速缓冲存储器

1. 概述

Cache 是位于 CPU 与主存储器之间的一种存储器。其容量比主存储器小，但访问速度要比主存快得多。Cache 中的内容是主存储器中 CPU 当前正在使用的指令和数据内容的副本。这样，CPU 对存储器的访问主要在 Cache 中进行，对程序员来说就好像计算机系统有一个速度很高的主存。因此采用 Cache 可以大大提高计算机的性能。

一般的 Cache 系统包括三部分：Cache 模块、主存和 Cache 控制器。它们之间的关系如图 6-32 所示。

在 Cache 系统中，通常把在主存中一些常用的指令和数据存放到 Cache 中。当 CPU 要与主存进行数据交换时，先访问 Cache，如果 CPU 所要的数据在 Cache 中，则直接从 Cache 中取出，称为 Cache 命中；如果 Cache 中没有，CPU 再去访问主存。

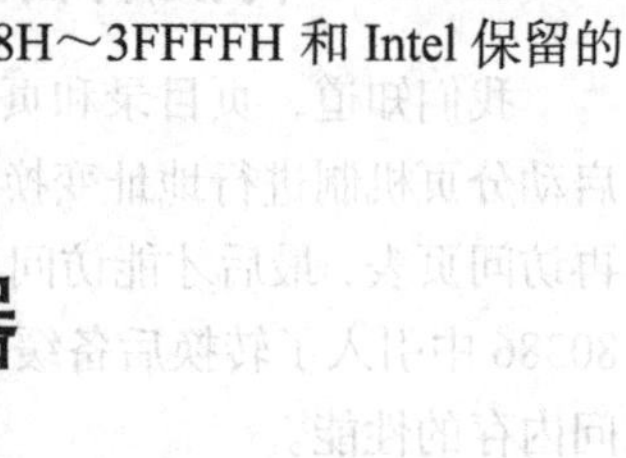

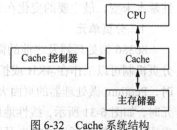

图 6-32　Cache 系统结构

Cache 的命中率跟 Cache 的容量、Cache 的控制算法和 Cache 的组织方式相关。通常 CPU 访问存储器的数据时，不是随意、随机的访问，而是有一定规律的，符合两个局部性原理：时间局部性和空间局部性。所谓的时间局部性，就是 CPU 对某一个数据进行存取，可能很快又会对这个数据进行存取；而所谓的空间局部性，就是指 CPU 对某个数据进行存取后，它附近的数据可能也会很快被 CPU 访问。根据这两个原理来设计和组织 Cache 的结构，可以达到较高的命中率。一般组织较好的 Cache 系统，其命中率可达 95%以上。

2. Cache 的读写操作

（1）读操作

CPU 对存储器进行读操作时，分两种情况：第一，当 CPU 需要的数据在 Cache 中时，CPU 直接访问 Cache；第二，当数据不在 Cache 中时，CPU 在访问主存读数据的同时，把相应的数据复制到 Cache 中去。

（2）写操作

CPU 对存储器的写操作，也分两种情况：第一，当命中时，CPU 除了把新的数据写入 Cache 外，为了保证 Cache 的数据与主存的数据保持一致，也会以一定的方式把数据写入主存。主要采用的方式有通写式、缓冲通写式和回写式，这在后面将会详细介绍；第二，当未命中时，一般 CPU 只向主存写入信息，而不必同时把这个地址单元所在的主存中的整块内容调入 Cache。

3. Cache 的地址映射

主存中的数据以数据块的形式存储到 Cache，即主存的数据是以区块为单位映射到 Cache 中的。主存地址与 Cache 地址存在着一定的映射关系，当 CPU 在执行程序时，通过这种映射关系把主存地址转换为 Cache 地址，从而去查找地址所对应的数据。主存的容量比 Cache 大很多，因此要把主存中的数据块映射到 Cache 中，通常一个 Cache 存储区块对应主存的若干个存储区块。主存与 Cache 之间的映射有多种方式，下面介绍几种常见的映像方式。

（1）全相联映像（Fully Associative）

全相联映像是指主存中的一个数据块可以映射到 Cache 中的任何一个区块，如图 6-33 所示。由于主存的数据块地址与 Cache 的区块地址没有任何联系，所以 Cache 除了要存储数据外，还要存储完整的数据块地址。采用全相联方式的优点是主存与 Cache 之间的映射关系比较灵活，Cache 的数据块之间的冲突少；它的缺点是地址变换速度慢，实现需要较复杂的硬件设备。

（2）直接映像（Direct Mapped）

在直接映射方式下，主存的区块只映射到 Cache 中唯一特定的区块，如图 6-34 所示，两者的关系可表示为

Cache 的区块号 =（主存的区块号）Mod（Cache 的区块总数量）

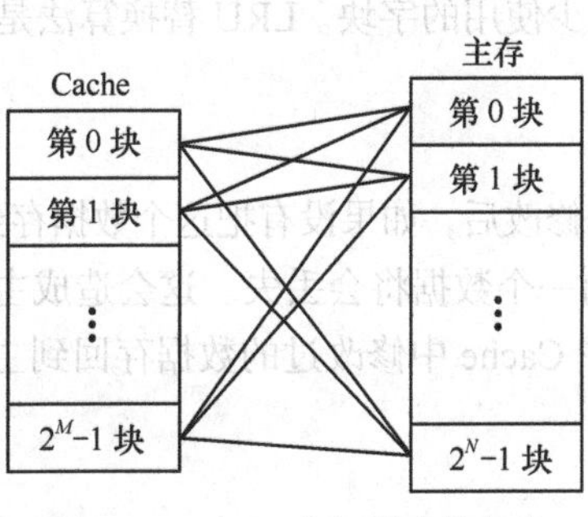

图 6-33　Cache 全相联映像方式

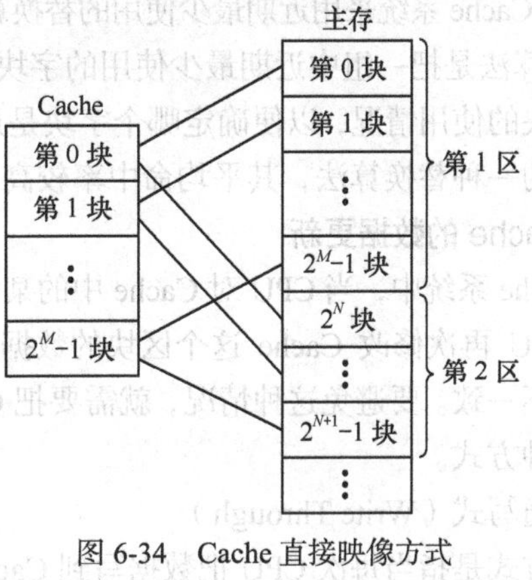

图 6-34　Cache 直接映像方式

现在举一个例子来说明。例如，Cache 的大小为 2KB，主存容量为 256KB。每个数据块为 16

个字节，这样 Cache 中共有 128 个块，主存共有 16 384 个块。主存的地址码有 18 位。在直接映像方式下，主存中的第 1～128 块映像到 Cache 中的第 1～128 块，第 129 块则映像到 Cache 中的第 1 块，第 130 块映像到 Cache 中的第 2 块，以此类推。

在直接映像方式下，Cache 的地址分为两部分。第一部分称为索引，用来表示一个区块的位置；另外一部分称为标记，用来指定是哪一个 Cache 的存储子空间。因为 Cache 有 128 个块，所以 Cache 地址用 7 位来表示这 128 个中的一个，然后再用两位来区分区块内的 4 个字节，这 9 位地址就组成了 Cache 地址中的索引部分。而由于主存共有 16 384 个块，而 Cache 中只有 128 个块，也就是说会有 16 384/128=128 次重复映射，即总共有 128 个这样的 Cache 子空间，因此就需要 7 位的标记字段来选择主存对应的一个 Cache 子空间。

在直接映像中，主存区块与 Cache 区块唯一对应，这样地址变换的速度快，实现简单。但其缺点是数据的冲突率高，如果 CPU 频繁交替地访问主存的两个数据块，而这两个数据块刚好都对应同一处 Cache 区域，那么就会经常出现 Cache 不命中的情况。

（3）组相联映像（Set Associative）

组相联映像是前两种映像方式的折中。在这种映像方式下，Cache 控制器把 Cache 的数据块分成很多个组，每个组有若干个区块，主存的区块与 Cache 的组之间采用全相联映像，而块之间则采用直接映像。如果每组中有两个区块，则称为双路相联方式，如果每组有 4 个，则称为 4 路相联方式。

我们仍然用前面的例子来说明。假定 Cache 控制器把 Cache 的区块分成 64 组，每组 2 个区块。那么主存中的第 1 个区块会放到 Cache 中第 1 组里的任何一个区块中，第 2 个区块放到第 2 组中的任何一个区块中，以此类推。这样，要查找一个数据是否在 Cache 中，Cache 控制器只需要两次地址比较就可以了。

组相联映像的地址形式与直接映像类似，也是由标记字段和索引两部分组成。但是由于 Cache 进行了分组，意味着主存与 Cache 重复映射的子空间增加，因此就需要用更多的位去表示标记字段。例如，上例中由于 Cache 分成了 64 组，则共有 16 384/64=256 个子空间，即需要 8 位的地址来表示。

采用组相联映像，优点是地址变换速度比全相联映像快，冲突比直接映像少，命中率较高；缺点是标记字段要占用较多的空间，而且 Cache 控制器也较复杂。

4. Cache 的替换算法

当向 Cache 中调入主存中一个存储块时，Pentium 微处理器先检查是否有未被使用的块，若 Cache 中相应的位置已被其他存储块占有，则必须去掉一个旧的字块，让位于一个新的字块。Pentium 的 Cache 系统采用近期最少使用的替换算法（Least Recently Used，LRU）来替换旧的字块。

LRU 算法是把一组中近期最少使用的字块替换出去。这种替换算法需随时记录 Cache 存储器中各个字块的使用情况，以便确定哪个字块是近期最少使用的字块。LRU 替换算法是比较算法中较为有效的一种替换算法，其平均命中率较高。

5. Cache 的数据更新

在 Cache 系统中，当 CPU 对 Cache 中的某个数据修改后，如果没有把这个数据存到主存中去，那么当 CPU 再次修改 Cache 这个区块的数据时，前一个数据将会丢失。这会造成主存和 Cache 中的数据不一致。要避免这种情况，就需要把 CPU 在 Cache 中修改过的数据存回到主存中。通常有以下 3 种方式。

（1）通写式（Write Through）

通写方式是指当每次 CPU 把数据写到 Cache 中时，Cache 控制器就会立即把这个数据写到主存中相应的区块。这样，主存的数据和 Cache 中的数据随时都保持一致。这种方式实现起来十分简单，但因为每次都要访问主存，会影响系统速度，浪费时间。

（2）缓冲通写式（Buffered Write Through）

缓冲通写式是在主存和 Cache 之间加一个缓冲器，当 CPU 把一个数据写入 Cache 中时，不是把数据立即存到主存中，而是把这个数据先存到缓冲器中。等 CPU 进入下一个操作时，缓冲器才把数据存到主存中去。这样可以避免通写方式浪费时间的缺点，但是这种方式下缓冲器每次只能一次写入数据，如果 CPU 对 Cache 进行连续的两次写操作，那么 CPU 还是要等待。

（3）回写式（Write Back）

当采用这种方式时，CPU 写入 Cache 中的数据不会立即写到主存中，而是仍然保留在 Cache 中一段时间，在有必要的时候（如 Cache 中字块需要替换时）才存到主存中。这种方式可以节省 Cache 与主存之间数据交换的时间，提高 CPU 的处理效率。不过采用这种方式，Cache 控制器的结构会比较复杂。

习　题

1. 简述 PC 中存储器分级结构的组成。Cache 是为了解决什么问题引入的，虚拟存储器又是为解决什么问题而引入的？

2. 半导体存储器可分为哪几个类型？试分别说明它们各自的特点。

3. 列出半导体存储器的主要性能指标。

4. 试比较 SRAM 和 DRAM 的优缺点。

5. 若某微机系统的系统 RAM 存储器由 4 个模块组成，每个模块的容量为 128KB，若 4 个模块的地址是连续的，最低地址为 00000H，试指出每个模块的首末地址。

6. 对于下列芯片，它们的片内地址线各有多少条？若分别用以下芯片组成容量为 64KB 的模块，试指出分别需要多少芯片？

（1）Intel 2114（1K × 4 位）;
（2）Intel 6116（2K × 8 位）;
（3）Intel 2164（64K × 1 位）;
（4）Intel 3148（4K × 8 位）。

7. 试比较主存储器读周期和写周期的差别。

8. 某 SRAM 芯片，容量为 4K × 4 位，该芯片有数据线、地址线、片选信号线 $\overline{CS}$ 和读写控制线 $\overline{WR}$ 。请问：

（1）该 RAM 芯片有几条地址线？几条数据线？

（2）现要在以 8088 为 CPU 的微机系统中，用该芯片构成图 6-35 中所示的 RAM#2 和 RAM#4 两个内存模块，请画出扩展这两个模块的存储器连接图。（连接图中可选用 3:8 译码器和与非门等。）

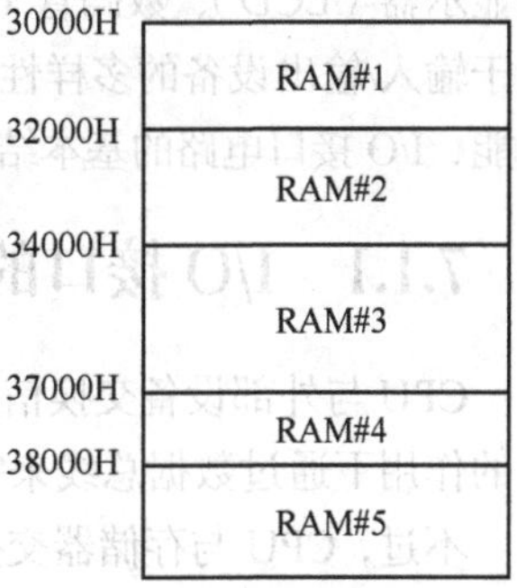

图 6-35　内存模块示意图

9. 某微机系统的 CPU 为 8088，且工作于最小模式，原有系统 RAM 存储器模块的容量为 128KB，其首地址为 40000H，现用 2128RAM 芯片（容量为 2K × 8 位）扩展一个容量为 16KB 的存储器模块，地址和原有 RAM 模块的地址相连接，试完成该扩展 RAM 模块的设计（注：可选用 3:8 译码器、与门、或门、非门等）。

第7章 输入/输出接口

输入/输出设备是微型计算机系统的重要组成部分。程序、数据和各种现场采集的模拟量、数字量和开关量都要通过各种输入设备输入至由处理器和主存储器组成的微机基本系统（主机），主机的运算结果和各种控制信号也都要输出给各种输出设备，以便显示、打印和实现对过程的控制。外部设备种类繁多，可以是机械式的（如打印机）、电动式的（如马达）、电子式的（如显示器）和其他形式的，速度差异大，工作时序不同，输入量可以是数字量、模拟量或开关量，格式不同，类型不同。此外，主机的运行速度快，而外设相对慢很多。因此，任何外部设备都不能直接与主机通信，而是要通过针对每种外设专门设计的接口电路及相应的驱动程序进行通信。本章在介绍输入/输出接口电路特性的基础上，详细讲述微机中常用的 4 种输入/输出方式——无条件传送、查询式传送、中断传送和 DMA 传送的接口电路和编程；微型计算机的中断控制系统，包括中断控制器 8259A 的编程和应用；DMA 控制器 8237A 的编程及应用。

7.1 I/O 接口

外部设备种类繁多，常用的输入/输出设备有：键盘（Keyboard）、鼠标（Mouse）、A/D 转换器、D/A 转换器、打印机（Printer）、磁带机（Tape Unit）、阴极射线管显示器（CRT Display）、液晶显示器（LCD）、数码管（LED）、软盘驱动器（Floppy Disk）、硬盘驱动器（Hard Disk）等。由于输入/输出设备的多样性，各种外设需要通过专用接口电路与主机通信。本节介绍 I/O 接口的功能、I/O 接口电路的基本结构以及 I/O 接口中端口的寻址方式。

7.1.1 I/O 接口的功能

CPU 与外部设备交换信息的过程，其实与它和存储器交换数据的过程类似，同样是在控制信号的作用下通过数据总线来完成，连接示意图如图 7-1 所示。

不过，CPU 与存储器交换数据要简单得多，因为存储器芯片的存取速度与微处理器的时钟频率在同一个数量级，而且存储器本身又具有数据缓冲的能力，所以 CPU 可以通过数据总线很方便地与存储器进行数据交换。而外部设备种类繁多，工作原理各不相同，故它们对所传输的信息的要求也不相同，因此 CPU 和外设之间就会存在各方面的匹配问题，诸如速度的匹配、信号电平的匹配、信号格式的匹配和时序的匹配等。所以，作为处在 CPU 与外设之间的 I/O 接口，其功能就应该以解决这些匹配问题为目的。一般来说，I/O 接口电路应具有以下基本功能。

1. 数据缓冲

在接口电路中设置数据缓冲就是将要进行传送的数据预先准备好并保存在缓冲区中，在需要传送时再完成传送。例如，当 CPU 要将数据传送到速度较慢的外设时，CPU 可先把数据送到锁存器中锁存，当外设做好接收的准备工作后，外设再把数据取出。反之，若外设要把数据送到 CPU 中，也可以先把数据送进输入寄存器，再发联络信号通知 CPU 读取数据。在输入数据时，多个外设不允许同时把数据送到数据总线上，以免引起总线竞争而使总线崩溃。因此，必须在输入寄存器和数据总线之间增加一个三态缓冲器，只有当 CPU 发出的选通信号到达时，特定的输入三态缓冲器才被选通，外设送来的数据才抵达数据总线。

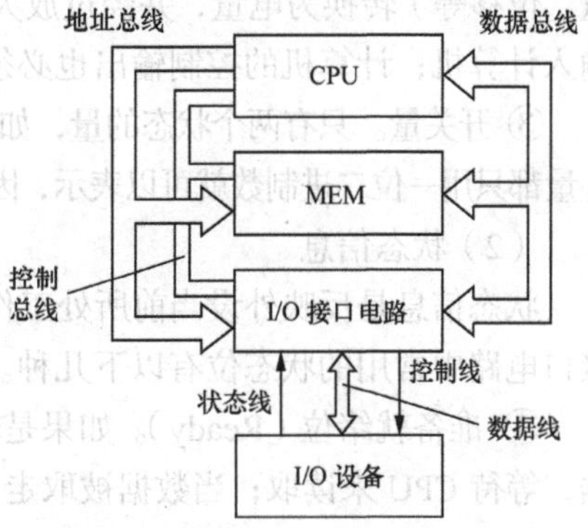

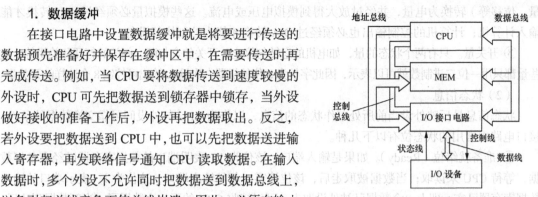

图 7-1　CPU 与 I/O 设备的连接示意图

2. 信号变换

由于外设传送的信息可以是模拟量，也可以是数字量，而计算机只能处理数字信号，所以，模拟量必须经过模/数（A/D）转换后，才能送到计算机去处理。而计算机送出的数字信号也必须经过数/模（D/A）转换后，才能驱动某些外设工作。于是，就要用包含 A/D 转换器和 D/A 转换器的模拟接口电路来完成这些工作。此外，微机直接处理的信号为一定范围的数字量，而外设使用的信号即使是数字信号也是多种多样的，可能完全不同，与主机间通信时可能需要进行一些电平转换、时间关系的转换等。再者，主机对外通信有的是串行通信，有的是并行通信，而主机内部都是采用并行方式进行数据传送，因此，有时需要进行并行数据与串行数据之间的格式转换等。

3. 时序控制

接口电路接受 CPU 送来的命令或控制信号、定时信号，实现对外设的控制和管理，外设的工作状态和应答信号也通过接口及时返回给 CPU，以握手信号来保证主机和外设间操作的同步。

4. 地址译码

CPU 要与多个外设相连，而一台外部设备往往要与 CPU 交换几种信息，因而一个外设接口中通常包含若干个端口，每个端口对应一种信息。而在同一时刻，CPU 只能与某个端口交换信息。外设端口不能长期与 CPU 相连，只有被 CPU 选中的端口才能接收数据总线上的信息，或将外设信息送到数据总线上。因此，就需要外设地址译码电路使 CPU 在同一时刻只选中某一个 I/O 端口。在 80x86 系列微机中，每个端口可以存放 8 位的二进制信息，可以看作由 8 位的寄存器组成，CPU 对端口的寻址都是按 8 位的字节寻址。

7.1.2　接口电路的基本结构

1. 信息种类

接口电路的基本结构同它传送的信息种类有关。信息可分为如下 3 类。

（1）数据

在微型机中，数据通常为 8 位、16 位或 32 位。数据又可以分为如下 3 种基本类型。

① 数字量。由键盘、光电输入机、卡片机等读入的信息，是以二进制形式表示的数或以 ASCII 码表示的数或字符。

② 模拟量。当计算机用于控制时，大量的现场信息经过传感器把非电量（如温度、压力、流

量、位移等）转换为电量，并经过放大得到模拟电压或电流。这些模拟量必须经过 A/D 转换才能输入计算机；计算机的控制输出也必须经过 D/A 转换才能去控制执行设备。

③ 开关量。只有两个状态的量，如电机的运转与停止、开关的合与断、阀门的打开和关闭等。这些量都只用一位二进制数就可以表示，因此字长为 8 位的机器一次输入/输出可控制 8 个这样的开关量。

（2）状态信息

状态信息是反映外设当前所处工作状态的信息，以作为 CPU 与外设间可靠交换数据的条件。接口电路中常用的状态位有以下几种。

① 准备就绪位（Ready）。如果是输入端口，该位为 1，表明端口的数据寄存器已经准备好数据，等待 CPU 来读取；当数据被取走后，该位清零。若是输出端口，这位为 1，表示端口的输出数据寄存器已空，即上一个数据已被外设取走，可以接收 CPU 的下一个数据了；当新数据到达后，这一位便清零。

② 忙指示位（Busy）。用来表明输出设备是否能够接收数据。若该位为 1，表示外设正在进行输出数据传送操作，暂时不允许 CPU 送新的数据过来。本次数据传送完毕，该位清零，表示外设已处于空闲状态，并允许 CPU 将下一个数据送到输出端口。

③ 错误位（Error）。如果在数据传送过程中发现产生了某种错误，可将错误状态位置 1。CPU 查到出错状态后便进行相应的处理，如重新传送或中止操作。系统中可以设置若干个错误状态位，用来表明不同性质的错误，如奇偶校验、溢出等。

（3）控制信息

常见的控制信息位有启动位、停止位、允许中断位等。控制字的格式和内容因接口芯片不同而不同，常用的控制字有方式选择控制字、操作命令字等。

2. 基本结构

接口电路根据传送不同信息的需要可以不同，其基本结构如图 7-2 所示。

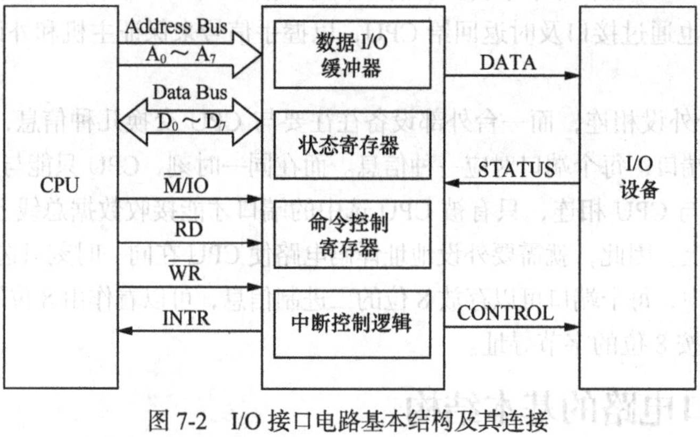

图 7-2　I/O 接口电路基本结构及其连接

① 数据、状态、控制 3 类信息的性质不同，应通过不同的端口分别传送。如数据输入/输出寄存器或缓冲器、状态寄存器与命令控制寄存器各占一个端口，每个端口都有自己的端口地址，因此使用不同的地址来区分不同性质的信息。

② 在用输入/输出指令来寻址外设端口的 CPU 中，如 8086/8088、Z80 等，外设的状态是作为一种输入数据，而 CPU 的控制指令是作为一种输出数据，从而可以通过数据总线来分别传送。

③ 端口地址由 CPU 地址总线的低 8 位或低 16 位地址信息来确定，CPU 根据 I/O 指令提供的

端口地址来寻址端口，然后与外设交换信息。

④ CPU 与外设间可以通过无条件方式、查询方式、中断方式以及 DMA 方式进行数据传送。中断控制逻辑用于实现 CPU 与外设间采用中断方式传送数据。用 DMA 方式进行数据传送时，需要采用 DMA 控制器（在图 7-2 中未画出）。本书在后面小节中会详细介绍这些传送方式，并介绍 DMA 控制器和中断控制器。

3. I/O 端口的寻址方式

CPU 对 I/O 端口的寻址方式有两种：一种是 I/O 端口与存储器单元统一编址，另一种是 I/O 端口与存储器单元分别独立编址。

（1）I/O 端口和存储器统一编址方式

I/O 端口和存储器统一编址方式也称为存储器映像的 I/O 端口寻址。在这种 I/O 端口寻址方式中，系统中的每一个 I/O 端口被看作一个存储单元，并且与存储单元统一编址，使得访问存储器的所有指令都可以用来访问 I/O 端口，不用专门的 I/O 指令。这种方式实际上是把 I/O 地址映射到存储空间，作为整个存储空间的一部分。对于 Motorola 公司的 CPU，由于没有专门的 IN 和 OUT 指令，故采用这种 I/O 端口的寻址方式。ARM 处理器也采用这种 I/O 端口寻址方式，其内存和外设一样，只有输入和输出两类指令。

这种方式的优点是，内存和外设的指令一样，不需要加以区分；缺点是，外设占用了内存单元的寻址空间，使内存容量减小。

（2）I/O 端口和存储器独立编址方式

在这种编址方法中，内存单元和 I/O 端口分别独立编址，各自有自己独立的地址空间。用于内存和用于 I/O 端口的操作指令是不一样的，需要有专门的输入/输出指令。

8086/8088CPU 就是采用这种方式，寻址内存单元用 20 位地址信号，其内存地址范围为 00000～FFFFFH，共 1MB。用地址总线的低 16 位来寻址 I/O 端口，最多可以访问 2^{16}=65 536 个输入/输出端口。I/O 端地址的范围为 0000～FFFFH。内存和外设相互独立，互不影响。CPU 访问内存和外设时，使用不同的控制信号加以区分。

8086/8088CPU 中，I/O 端口寻址方式有直接寻址和间接寻址两种，直接寻址方式时地址范围为 0～255；间接寻址方式由 DX 间接寻址，地址范围为 0～FFFFH。

PC 系列微机系统支持的端口数目是 1 024 个，其端口地址空间是 000～3FFH，由地址线 A_0～A_9 进行译码。

这种寻址方式的优点是：将输入/输出指令和访问存储器的指令明显区分开，使程序的可读性更强；I/O 指令长度短，执行的速度快，也不占用内存空间；I/O 地址译码电路比较简单。不足之处在于：CPU 的指令系统中必须有专门的 IN 和 OUT 指令，这些指令的功能没有访问存储器的指令强；另外，CPU 要能提供区分存储器读/写和 I/O 读/写的控制信号，如 Z80 CPU 的 $\overline{MREQ}$ 和 $\overline{IORQ}$、8086 的 $M/\overline{IO}$ 和 8088 的 $\overline{M}/IO$ 信号。

7.2　无条件传送和查询式传送

随着微型计算机技术的发展，微型计算机系统中输入/输出设备的种类越来越多，速度差异十分悬殊，对这些设备的控制也变得越来越复杂，CPU 与外设之间的数据传输必须采用多种控制方式，才能满足各类外设的要求。在微型计算机系统中，有 4 种不同的控制方法来实现数据输入/输出传送，它们分别是无条件方式、查询方式、中断方式以及 DMA 方式，其中前 3 种方法主要由软件实现，DMA 方式主要由硬件实现。本节介绍无条件传送和查询传送的硬件接口电路和输入/输出软件编程，后面两节分别介绍中断传送和 DMA 传送。

7.2.1 无条件传送方式

这种传送方式又称为同步传送方式，只对外设，如开关、继电器、7 段显示器、机械式传感器等简单设备，在规定的时间用 IN 或 OUT 指令来进行信息的输入/输出。其实质是用程序来定时同步传送数据，只有在外部控制过程的各种动作时间是固定的，而且是已知的条件下才能应用。

如图 7-3 所示，在输入时，认为来自外设的数据已经输入至三态缓冲器，于是 CPU 执行 IN 指令，指定的端口地址经地址总线的低 16 位，即 $A_0 \sim A_{15}$，送至地址译码器，CPU 进入输入周期，选中的地址信号和 $\overline{M}/IO$ 及 $\overline{RD}$ 相与后，去选通输入三态缓冲器，把外设的数据经数据总线送至 CPU。显然，这必须要求当 CPU 执行 IN 指令时，外设的数据是准备好的，否则就会读错。

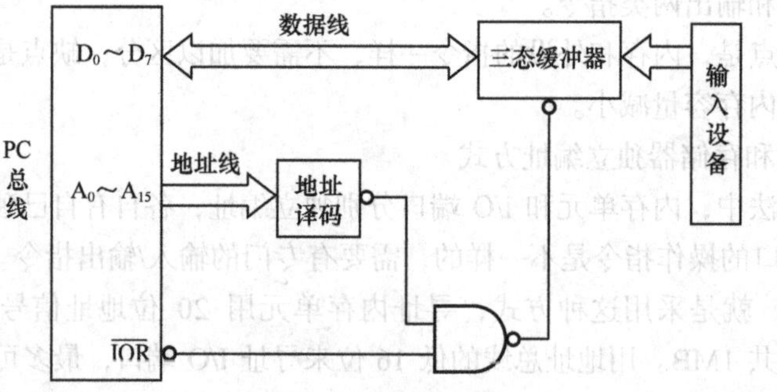

图 7-3　无条件传送输入

如图 7-4 所示，在输出时假定 CPU 的输出信息经数据总线已送到输出锁存器的输入端；当 CPU 执行 OUT 指令时，端口地址线由地址总线的低 16 位地址送至地址译码器，CPU 进入输出周期，所选中的地址信号和 $\overline{M}/IO$ 和 $\overline{WR}$ 相与后，去选通锁存器，把输出信息送至锁存器保留，由它再把信息通过外设输出。显然，在 CPU 执行 OUT 指令时，必须确定所选外设的锁存器是空的。

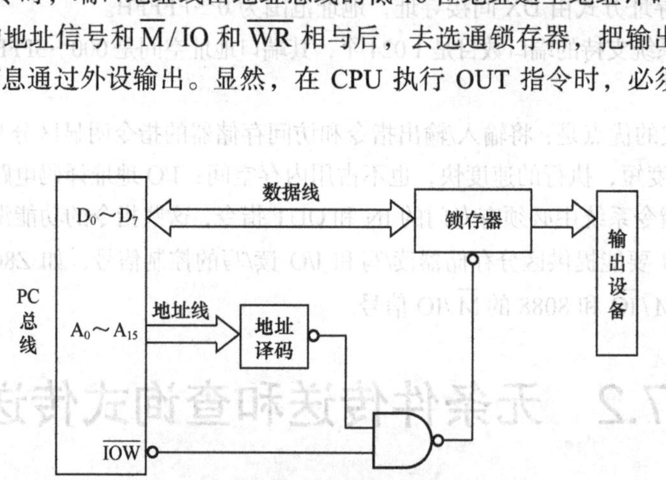

图 7-4　无条件传送输出

这里要注意的是，从外设输入数据时，使用的是缓冲器，而数据送至外设时，则是使用锁存器。其原因在于，在输入数据时，因为简单外设输入数据的保持时间相对于 CPU 的接收速度来说较长，故输入数据通常不用加锁存器来锁存，而直接使用三态缓冲器与 CPU 数据总线相连即可；输出数据时，一般需要锁存器将输出的数据保持一段时间，其长短和外设的工作时间相适应。锁存时，在锁存允许端 $\overline{CE}$ 无效时，数据总线上新的信息就不能进入锁存器，只有当确定外设已经取走 CPU 上次送入的数据后，才能在 $\overline{CE}$=0 时将新数据再送入锁存器保留。一个采用同步传送的数据采集系统，如图 7-5 所示。被采样的数据是 8 个模拟量，由继电器绕组 P_0、P_1、…、P_7 控制接触点 K_0、K_1、…、K_7 逐个接通。用一个 4 位的十进制数字电压表测量，把被采样的模拟量转换成 16 位 BCD 代码，低 8 位和高 8 位通过两个不同的端口输入，其地址分别是 10 和 11。CPU 通过端口 20 输出控制信号，从而控制继电器的吸合顺序，实现采集不同的模拟量。数据采集程序如下。

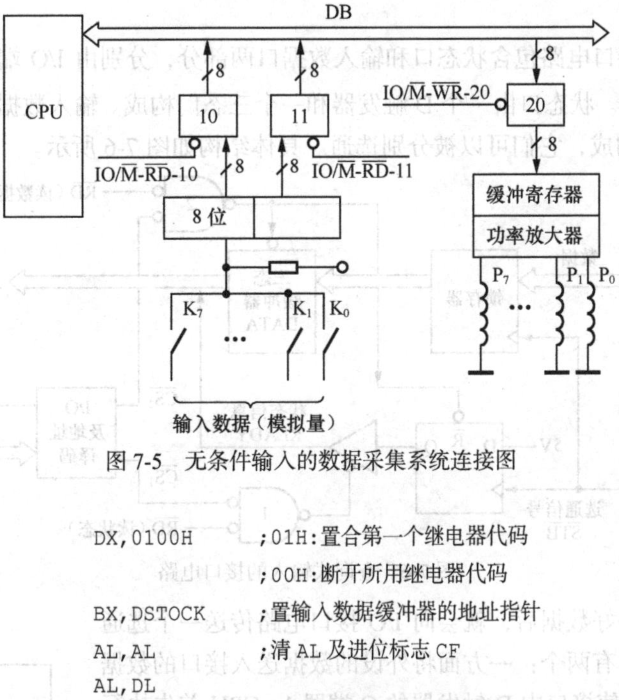

图 7-5 无条件输入的数据采集系统连接图

```
BEGIN:   MOV     DX,0100H        ;01H:置合第一个继电器代码
                                 ;00H:断开所用继电器代码
         LEA     BX,DSTOCK       ;置输入数据缓冲器的地址指针
         XOR     AL,AL           ;清 AL 及进位标志 CF
CYCLE:   MOV     AL,DL
         OUT     20,AL           ;断开所有继电器的线圈
         CALL    NEAR  DELAY1    ;模拟继电器触点的释放时间
         MOV     AL,DH
         OUT     20,AL           ;使 P0 吸合
         CALL    NEAR  DELAY2    ;模拟触点闭合及数字电压表的转换时间
         IN      AX,10           ;输入,读了两个端口的数据
         MOV     [BX] ,AX        ;存入内存
         INC     BX
         INC     BX
         RCL     DH,1            ;DH 左移一位,为下一个触点闭合做准备
         JNC     CYCLE           ;8 位模拟量未输入完,则循环
CONTI:   …                       ;输入完,执行别的程序段
```

该程序执行 I/O 指令时，没有其他约束条件，而只是按程序安排，使 CPU 与外设实现同

步操作。

7.2.2 查询传送方式

程序查询方式也称为条件传送方式。一般情况下，当 CPU 用输入/输出指令与外设交换数据时，很难保证输入设备总是准备好了数据，或者输出设备已经处在可以接收数据的状态。因此，在开始传送前，必须先确认外设已处于准备传送数据的状态，才能进行传送，于是便提出查询传送方式。

采用这种方式传送数据前，CPU 要先执行一条输入指令，从外设的状态口读取它当前的状态。如果外设未准备好数据或处于忙碌状态，则程序要转去反复执行读状态指令，不断检测外设的状态；如果该外设已经准备就绪，那么 CPU 就可以执行输入/输出指令，从外设读取数据或往外设输出数据。

1. 查询式输入

查询式输入的接口电路包含状态口和输入数据口两部分，分别由 I/O 端口译码器的两个片选信号和 $\overline{RD}$ 信号控制。状态口由一个 D 触发器和一个三态门构成。输入数据口由一个 8 位锁存器和一个 8 位缓冲器构成，它们可以被分别选通。具体结构如图 7-6 所示。

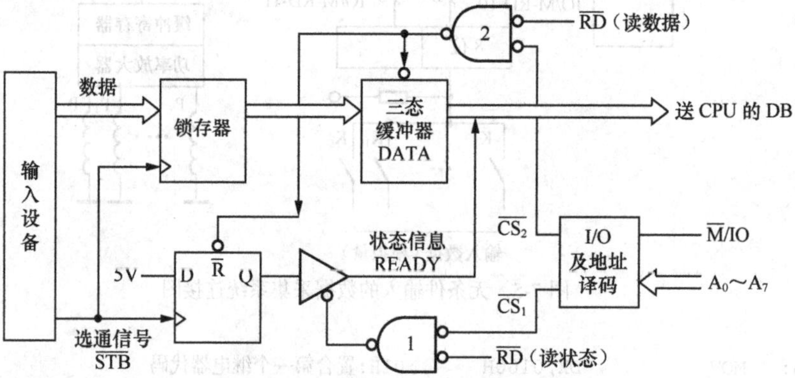

图 7-6 查询式输入的接口电路

当输入设备准备好数据后，就会向 I/O 接口电路传送一个选通信号。该信号的作用有两个：一方面将外设的数据送入接口的数据锁存器中，另一方面使接口中 D 触发器的 Q 端置 1。CPU 首先执行 IN 指令读取状态口的信息，这时 $\overline{M}$/IO 为高，使 I/O 译码器输出低电平的状态口片选信号 $\overline{CS_1}$ 。$\overline{CS_1}$ 和 $\overline{RD}$ 经门 1 相与后的低电平输出，使三态缓冲器开启，于是 Q 端的高电平经缓冲器（1 位）传送到数据线上的 READY 位（如 D_0），并被读入累加器。

程序检测到 RAEDY 位为 1 后，便执行 IN 指令读数据口。这时 $\overline{M}$/IO 和 $\overline{RD}$ 信号再次有效，使片选信号 $\overline{CS_2}$ 置零，$\overline{CS_2}$ 和 $\overline{RD}$ 经门 2 输出低电平。它一方面开启数据缓冲器，将外设送到锁存器中的数据，经 8 位数据缓冲器送到数据总线上后进入累加器，另一方面将 D 触发器清零，这样一次数据传送完毕。接着就可以开始下一个数据的传送。当规定数目的数据传送完毕后，传送程序结束，程序执行别的操作。程序的流程图如图 7-7 所示。

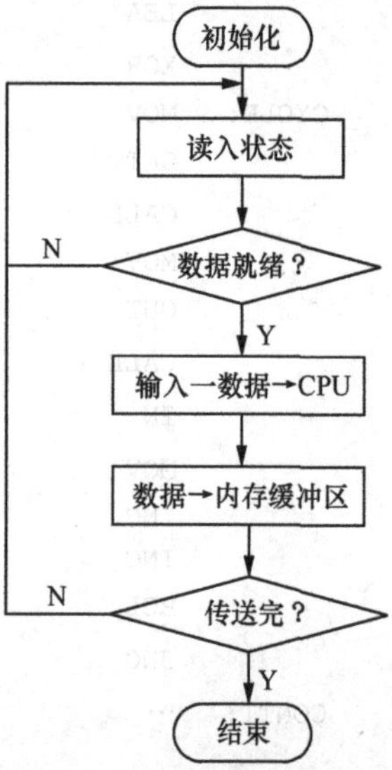

图 7-7 查询式输入流程图

假设状态口的地址为 40H，输入数据口的地址为 50H，传送数据的总字节数为 COUNT，将数据从 50H 端口传送到 BUFFER 开始的 COUNT 个单元中，则查询式输入数据的程序段如下。

```
                MOV     BX,OFFSET BUFFER
                MOV     CX,COUNT
INPUT_STATUS:   IN      AL,40H
                TEST    AL,01H
                JZ      INPUT_STATUS
                IN      AL,50H
                MOV     [BX],AL
                INC     BX
                LOOP    INPUT_STATUS
CONTI:          …
```

2. 查询式输出

与输入接口相类似，输出接口电路也包含两个端口：状态口和数据输出口。状态口也由一个 D 触发器和一个三态门构成，而数据输出口只有一个 8 位数据锁存器。具体结构如图 7-8 所示。

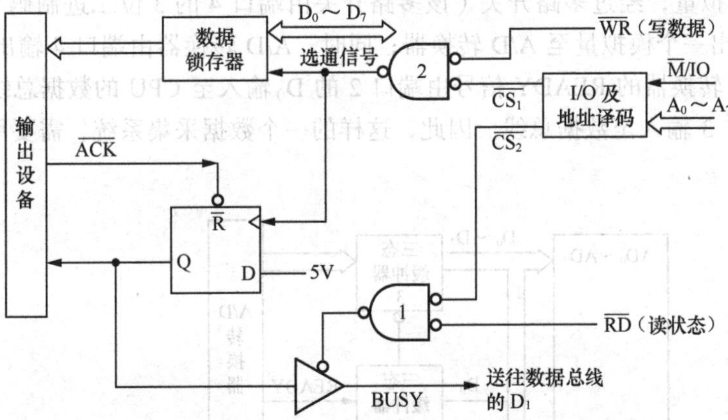

图 7-8　查询式输出的接口电路

当 CPU 准备向外设输出数据时，它先执行 IN 指令读取状态口的信息。这时，高电平的 $M/\overline{IO}$ 使 I/O 译码器的状态口片选信号 $\overline{CS_1}$ 变为低电平，$\overline{CS_1}$ 再和有效的 $\overline{RD}$ 信号经门 1 相与后输出低电平，使状态口的三态门开启，从数据线的 D_1 位读入 BUSY 位的状态。若 BUSY=1，表示外设正处在接收上一个数据的忙状态；只有当 BUSY=0 时，CPU 才能向外设输出新的数据。

当 CPU 检查到 BUSY=0 时，便执行 OUT 指令将数据送往数据输出口。这时高电平的 $M/\overline{IO}$ 使 I/O 译码器的状态口片选信号 $\overline{CS_2}$ 变为低电平，$\overline{CS_2}$ 再和 $\overline{WR}$ 信号经门 2 相与后输出低电平的选通信号，用来选通数据锁存器，将数据送往外设。同时，选通信号的下降沿还使 D 触发器翻转，使 Q 端置 1，即把状态口的 BUSY 位置 1，表示忙碌。

当输出设备从接口中取走数据后，就送回一个应答信号 $\overline{ACK}$，它将 D 触发器清零，即使 BUSY=0，允许 CPU 送出下一个数。程序的流程图如图 7-9 所示。

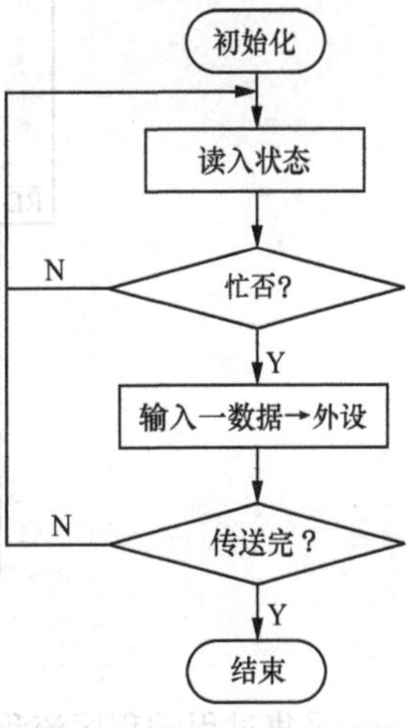

图 7-9　查询式输出流程图

假设状态口的地址为 60H，输出数据口的地址为 70H，将

BUFFER 开始的 NUMBER 字节的数据依次传送到 70H 端口，则查询式输出数据的程序段如下。

```
                LEA     BX,BUFFER
                MOV     CX,NUMBER
OUTPUT_STATUS:  IN      AL,60H
                TEST    AL,02H
                JNZ     OUTPUT_STATUS
                MOV     AL,[BX]
                OUT     70H,AL
                INC     BX
                LOOP    OUTPUT_STATUS
CONTI:          …
```

3. 一个采用查询方式的数据采集系统

一个有 8 个模拟量输入的数据采集系统，用查询方式与 CPU 传送信息，电路如图 7-10 所示。

8 个输入模拟量，经过多路开关（该多路开关由端口 4 的 3 位二进制码 D_0、D_1 和 D_2 控制），每次传送出一个模拟量至 A/D 转换器；同时，A/D 转换器由端口 4 输出的 D_4 位控制启动与停止。A/D 转换器的 READY 信号由端口 2 的 D_0 输入至 CPU 的数据总线；经 A/D 转换后的数据由端口 3 输入至数据总线。因此，这样的一个数据采集系统，需要用到 3 个独立地址的端口。

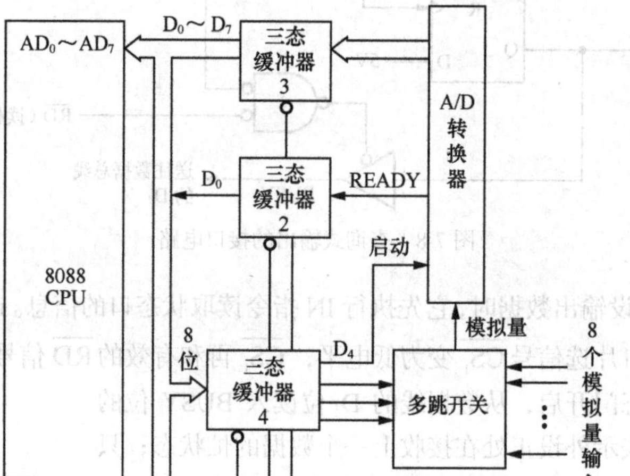

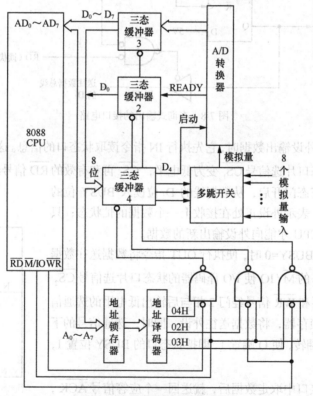

图 7-10　查询式数据采集系统

采集过程的程序流程图如图 7-11 所示。程序如下。

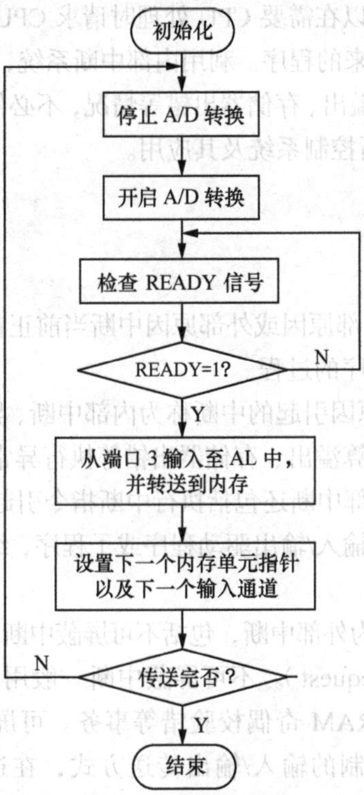

图 7-11　采集系统程序流程图

```
        CLD                     ;下面用到字符串指令，地址指针自动增加
START:  MOV     DL,11111000B    ;启动信号的初始状态，低 3 位选通多路开关通道
        LEA     DI,DSTOR        ;设置数据区指针
AGAIN:  MOV     AL,DL           ;读取启动信号
        AND     AL,11101111B    ;使 D4=0
        OUT     04H,AL          ;停止 A/D 转换
        CALL    DELAY           ;等待停止 A/D 转换的完成
        MOV     AL,DL
        OUT     04H,AL          ;选择输入通道并启动 A/D 转换
POL:    IN      AL,02H          ;读入状态信息
        SHR     AL,1            ;查 AL 的 D0
        JNC     POLL            ;检查 READY=1？ 若 D0=0，未准备好则循环再查
        IN      AL,03H          ;若已准备就绪，则经端口 3 将采样数据输至 AL
        STOSB                   ;输入数据并存至内存单元
        INC     DL              ;选择下一个模拟量输入
        JNE     AGAIN           ;8 个模拟量未输入完则循环
CONTI:  …
```

7.3　中断控制系统

中断（Interrupt）是微机系统中的一个十分重要的概念，在现代计算机中毫无例外地都采用中

断技术。利用外部中断，外设可以在需要 CPU 处理时请求 CPU 中断当前的程序，及时处理外设的操作请求，处理完后再返回原来的程序。利用内部中断系统，CPU 可自行处理计算机在运行过程中遇到的除法出错、算术运算溢出、存储器出错等情况，不必停机或通报操作员。本节介绍 Intel 80x86/Pentium 系列微机中的中断控制系统及其应用。

7.3.1 中断概述

1. 中断的分类

所谓中断，就是 CPU 由于内部原因或外部原因中断当前正在执行的程序，转去执行另外一段程序，执行完后返回被中断的程序的过程。

由于 CPU 执行指令等内部原因引起的中断称为内部中断、异常或软件中断。包括计算机在运行过程中遇到除法出错、算术运算溢出、存储器出错等执行异常，这时可以利用中断系统自行处理，不必停机或通报操作员；内部中断还包括执行中断指令引起的中断， 如 INT 21H 等，这类中断可以看作是系统提供的一些输入/输出驱动程序或子程序，编程时也可以应用，类似于高级语言中的子程序。

由于外部原因引起的中断称为外部中断，包括不可屏蔽中断 MNI（Non Maskable Interrupt）和可屏蔽中断 INTR（Interrupt Request）。不可屏蔽中断一般用来处理紧急事件，如电源电压下降，存储器奇偶错和 I/O 通道 RAM 奇偶校验错等事务。可屏蔽中断常用于外设与 CPU 间数据的输入/输出传送，即中断控制的输入/输出传送方式，在这种传送方式中，当外设需要与 CPU 间进行数据传送时，可以向 CPU 的可屏蔽中断请求引脚 INTR 发有效的中断请求信号，CPU 在条件许可的情况下给予响应，转去执行中断服务程序，在中断服务程序中完成数据传送，传送完返回被中断的程序。外部中断是由于处理器外部提出请求而引起的程序中断，相对于处理器来说，外部中断是随机产生的，所以它才是真正意义上的中断。因此，外部中断也常被简称为中断。

2. 中断源

能够引起 CPU 产生程序中断的随机事件，或能发出中断请求的设备，统称为中断源。中断源分为内部中断源和外部中断源，内部中断是由计算机系统内部引起的中断或执行中断指令引起的中断，也称为异常。中断源有以下几种：

① 一般的输入/输出设备，如键盘、打印机、扫描仪等。

② 数据通道中断源，如磁盘、磁带等。

③ 实时时钟。

④ 故障源，如系统掉电、硬件故障、软件错误等。

⑤ 为调试程序而设置的中断源，如在调试程序时，通过设置断点、单步操作以检查程序运行的中间结果。

⑥ 中断指令，如 INT 21H、INT 10H 等。

⑦ 系统运行所出现的各类异常。

3. 中断系统的功能

为了满足各种中断源的中断要求，中断系统应该具有如下的功能。

① 中断响应。当某一个中断源发出中断申请时，CPU 应能决定是否响应这一中断请求。若允许响应这个中断请求，CPU 应能在保护断点以后将控制转移到相应的中断服务子程序。中断处理完后能恢复断点，CPU 返回原来的断点处继续执行被中断了的程序。

② 中断优先权排队。当两个或多个中断源同时提出中断申请时，CPU 能够根据各个中断请求的轻重缓急情况分别处理，即给每个中断源确定一个中断优先级别，保证优先处理优先级别较高的中断申请。

③ 中断嵌套。在中断处理过程中，若有新的优先级较高的中断请求，CPU 应能暂停正在执行的中断服务程序，转去响应与处理优先级别较高的中断申请，结束后再返回原优先级别较低的中断处理程序。这种情况就称为中断嵌套。

7.3.2　可屏蔽中断

如前所述，微机系统中的中断分为内部中断和外部中断，内部中断包括由计算机系统内部引起的中断以及执行中断指令引起的中断，外部中断则是由外设向 CPU 的中断请求引脚发出中断请求而产生的中断，包括不可屏蔽中断和可屏蔽中断两种。外部中断的不可屏蔽中断是处理计算机内部一些紧急事件的，不是一般用户可用的，而可屏蔽中断是外设与 CPU 间交换数据的一种非常重要的技术，是中断系统中非常重要的一种中断方式，一般讲中断指的就是可屏蔽中断。在本小节先介绍基于可屏蔽中断的输入/输出传送方式、可屏蔽中断的处理过程等内容，在后面小节再讨论其他类型的中断与可屏蔽中断处理过程的区别。

1. 基于可屏蔽中断的输入/输出传送方式

用查询方式在 CPU 与外设间交换数据时，CPU 要不断读取状态位，检查输入设备是否已经准备好数据，输出设备是否忙碌或输出缓冲器是否已空。若外设没有准备就绪，CPU 就必须反复查询，进入等待循环状态。由于许多外设的速度很低，这种等待过程会占用 CPU 的大部分时间，但是真正用于传输数据的时间却很少，使 CPU 的利用率变得很低。

为了提高 CPU 执行有效程序的工作效率和提高系统中多台外设的工作效率，提出了基于可屏蔽中断的 CPU 与外设间数据的传送方式。

在基于可屏蔽中断的传送方式中，如图 7-12 所示，CPU 平时可以执行正常程序，只有当输入设备将数据准备好了以后，或者输出端口的数据缓冲器已空时，才向 CPU 的可屏蔽中断请求引脚 INTR 发中断请求。CPU 在条件许可的情况下，给予响应，暂停执行当前的程序，转去执行管理外设的中断服务子程序。在中断服务程序中，执行输入/输出指令在 CPU 和外设之间进行数据交换。等输入/输出操作完成后，CPU 又回去执行原来的程序。这样，外设在处理数据期间，CPU 就不必浪费大量的时间去查询它们的状态，中断传送方式的好处就是能大大提高 CPU 的工作效率。

中断控制的输入/输出传送由外设驱动，仅在外设准备好数据传送的情况下才发出中断请求信号。在条件许可的情况下暂时中止 CPU 正在执行的程序，这样可在一定程度上实现 CPU 和外设并行工作。

使用中断进行输入/输出控制可以大幅度地提高微型计算机系统的吞吐量和 CPU 的效率。在计算机进行实时处理时，中断也起到十分重要的功能。现场的各种参数、信息，可在任何时间发出中断申请，要求 CPU 处理，而在开中断的情况下 CPU 能够马上给予响应，转向执行中断服务子程序。这样的及时处理在程序查询的工作方式下是做不到的。

2. 可屏蔽中断处理过程

可屏蔽中断的一般处理过程如图 7-13 所示，大体可以分成 6 个步骤：中断请求、中断响应、保护现场、执行中断服务程序、恢复现场、开中断和中断返回等。有些步骤由处理器自动完成，有些步骤需要编程完成。

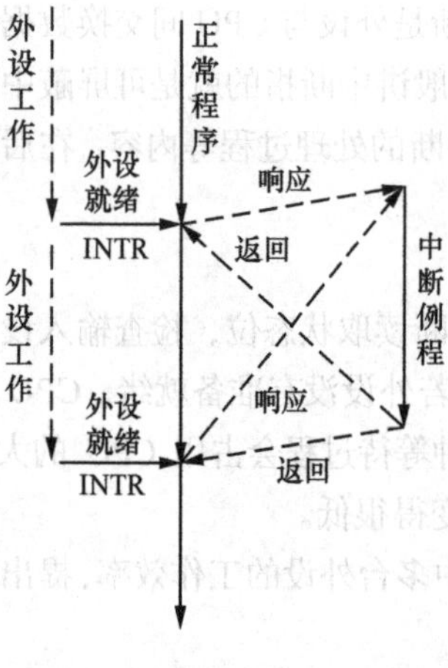

图 7-12　中断传送示意图

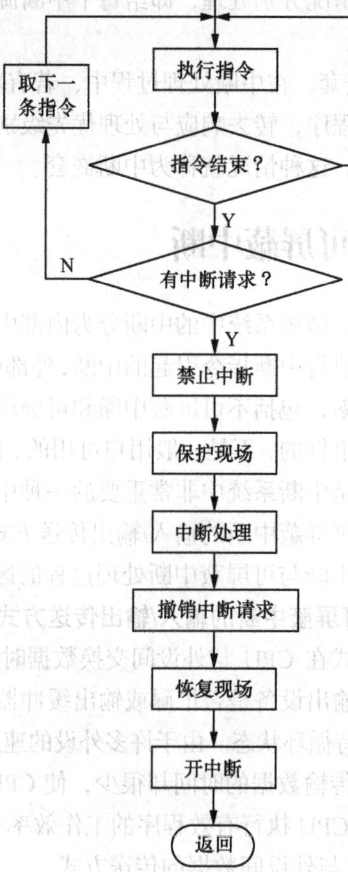

图 7-13　中断处理流程图

（1）中断请求

微处理器通常具有一个或多个引脚用于接收外部设备的中断请求。如 Intel 80x86/Pentium CPU 有两个中断请求输入引脚，一个是不可屏蔽中断请求引脚 NMI（Non Maskable Interrupt），另一个是可屏蔽中断请求的引脚 INTR（Interrupt Request）。如果某个外设需要与 CPU 间进行中断方式的输入/输出传送，则该外设需要在可屏蔽中断请求引脚 INTR 上发中断请求，即请求中断的外部设备应通过接口电路在 CPU 的中断请求输入引脚 INTR 上产生一个符合规定的电平或边沿变化。

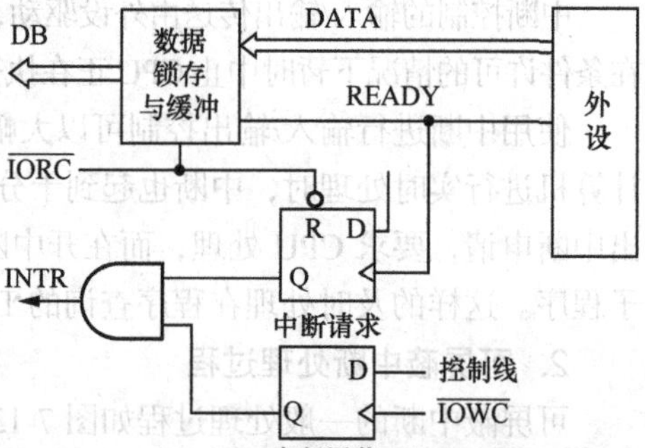

图 7-14　具有中断屏蔽的接口电路

系统通常具有多个中断源，但并不是在任何情况下都允许每一个设备发出中断请求，为了选择性开放外设的中断请求，通常每个外设的接口逻辑都有一个中断允许触发器（也称为中断屏蔽触发器），用于开放或禁止该设备的中断请求，如图 7-14 所示。其中，中断屏蔽触发器的D输入端接某条作为控制位使用的数据线，即 D_0～D_7 中的一条。因此外设产生中断请求的条件是，该设备处于就绪状态且系统允许该设备请求中断（中断允许触发器置位）。允许触发器的状态通常由程序管理。此外，若在只有一个中断请求输入引脚而有多个中断源的情况下，必须用或门综合各个中断源的中断请求信号。

（2）中断响应

① CPU 响应可屏蔽中断请求的条件。在每条指令的最后一个时钟周期，CPU 检测 INTR 或 NMI 引脚的信号。如果检测到有可屏蔽中断请求，对于 80x86/Pentium CPU 还需满足以下条件，CPU 才会响应该可屏蔽中断请求。

- 中断允许标志位为 1，CPU 处于开中断状态。
- 如果现行指令是 HLT 或 WAIT 指令，则可以立即响应中断；当遇到加重复前缀 REP 的串操作指令时，允许在指令执行过程中中断，但在一个基本操作完成后响应中断。其他情况下必须完成正在执行的指令后才能响应中断。
- 当前指令带有 LOCK 前缀时，把它们看成一个整体，要求完整地执行完后才给予响应。
- 对目标地址是段寄存器的 MOV 和 POP 指令，CPU 在这些指令的后一条指令执行后才响应中断。这是因为改变存储区必须有两条指令才能完成，第一条指令改变段寄存器，第二条指令改变偏移量。若执行完改变段寄存器的指令就识别中断，则新的基地址与旧的偏移量结合将是无意义的。
- 没有更高级的请求，包括 RESET 复位请求、总线请求、不可屏蔽中断请求等。
- 当前指令是 STI 和 IRET，则下一条指令也要执行完才能响应中断，以便隔离两个中断。

② 中断响应的过程。当有可屏蔽中断请求且满足响应条件时，CPU 就进入中断响应的过程。对 80x86/Pentium CPU 来讲，响应过程如下。

- 在相邻的两个总线周期内发出响应信号 $\overline{INTA}$。
- 保护处理器的当前状态，将 PSW、下一条指令的 CS 和 IP 压入堆栈，以保证在中断处理程序完成后能正确返回断点。
- 清除 IF 和 TF 标志。清除 IF 标志的目的是避免在响应中断的过程中或进入中断处理程序后受到其他中断源的干扰。只有在中断处理程序中出现开中断指令（STI）才允许 CPU 接收其他设备的中断请求。
- 从外设接收中断类型码，根据中断类型码转向中断服务程序首地址，准备执行中断服务程序。

中断响应过程是自动完成的，不需要编程实现。

（3）保护现场

为使中断处理程序执行以后，原有的被中断的程序不被影响或破坏，应在中断服务处理程序的开始部分将需要保护的工作现场保护起来。响应过程中仅保护了 PSW、CS 和 IP，其他在被中断程序中已使用的，而在中断处理程序中也要使用的那些寄存器必须另外编程加以保护。通常的方法是用 PUSH 指令将需要保护的寄存器压入堆栈。

（4）执行中断处理程序

这是中断过程的主要部分，不同的外设其处理过程都不相同，这部分程序应能符合外设的时序及电平要求。在中断处理程序中，如果允许中断嵌套，那么需要用 STI 指令开中断，因为前面中断响应时已经自动关了中断。中断处理程序执行完，恢复现场前又需关中断，以便恢复现场的过程不受中断干扰。

（5）恢复现场

恢复现场是为执行完中断处理程序后返回到断点做准备的，它是保护现场的逆过程，也就是以 POP 指令将现场保护过程中压入堆栈的寄存器信息恢复到相应的寄存器中。这个过程中要注意从堆栈弹出的顺序，否则会破坏程序的正常进行。

（6）中断返回

执行指令 IRET 返回原来被中断的程序。IRET 指令可以从栈顶弹出断点处的 IP、CS 和 PSW，从而控制转移到被中断程序的断点处继续执行。PSW 中的 IF 标志位的值也恢复为被中断前的状态，显然是处于允许中断的状态，即 IF=1，否则也不会允许正要结束的可屏蔽中断。

3. 可屏蔽中断源优先级的识别

若系统具有多个可屏蔽中断源，则系统必须有识别中断源的能力。因为各中断源要进行的任务不同，处理的过程不同，其中断处理程序也不相同，CPU 必须识别出各个中断源，才有可能转入相应的中断处理程序。而且在实际系统中，经常有多个中断源同时向 CPU 请求中断，CPU 响应哪个中断源的中断请求是由中断优先级排队决定的，CPU 先响应优先级高的中断请求。当 CPU 正在处理中断时，若有优先级别更高的中断请求，且 IF=1，CPU 应该能响应更高级别的中断请求，而屏蔽优先级别较低的中断请求，形成中断嵌套。

在此先分别讲述 3 种中断源优先级识别方法，然后再介绍有关中断嵌套的内容。

（1）软件查询中断优先级

软件查询中断是指将各个外设的中断请求信号通过或门相或后，送到 CPU 的 INTR 端，同时把几个外设的中断请求状态位组成一个端口，并给它分配端口号。任一外设有中断请求，CPU 响应中断后进入中断服务程序，用软件读取端口的内容，逐位查询端口的每位信息，直至查到有中断请求的外设并转入该外设的中断服务程序。查询的次序决定了外设优先级别的高低，先测试的中断源优先级别最高。软件查询程序中常用移位或屏蔽法来改变端口的查询次序。使用软件查询中断方式的接口电路如图 7-15 所示，其程序流程如图 7-16 所示。

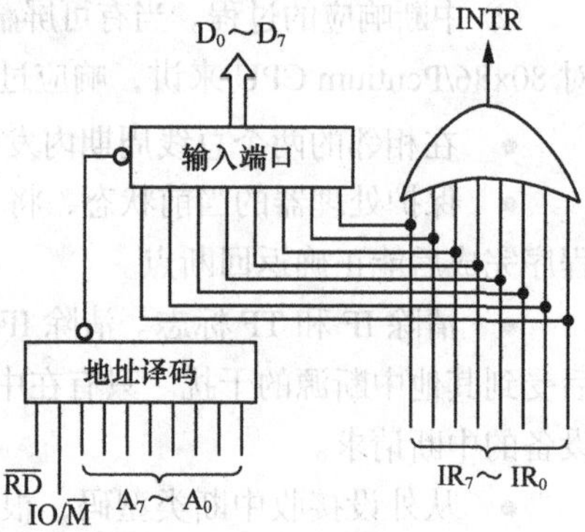

图 7-15　软件中断查询接口电路

显然，软件查询中断对硬件要求较低，不过由于查询时间较长，在中断源较多的情况下，很少使用这种中断识别方法。

（2）硬件菊花链法查询中断优先级

菊花链法（Daisy Chain）也称排队法，是查询中断优先级的一个简单而且常用的硬件方法。图 7-17 所示为菊花链的逻辑电路，图 7-18 所示为一个使用菊花链法实现中断优先级识别的例子。

如图 7-18 所示，当接口 1、接口 2、接口 3 等接口中有一个或多个发出中断请求时，这些中断请求信号通过相或逻辑向 CPU 的中断请求引脚送出有效的高电平信号。CPU 在条件允许的情况下，向菊花链送回低电平的中断响应信号。

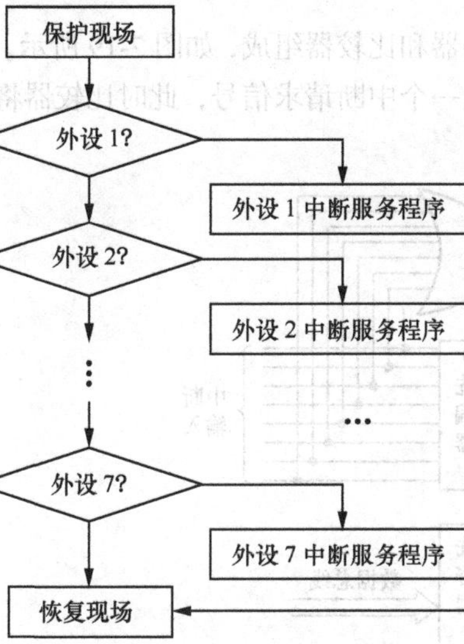

图 7-16　软件查询流程图

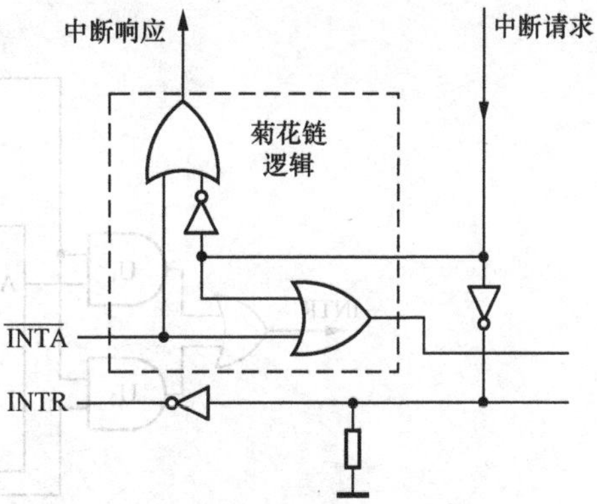

图 7-17　菊花链单元逻辑

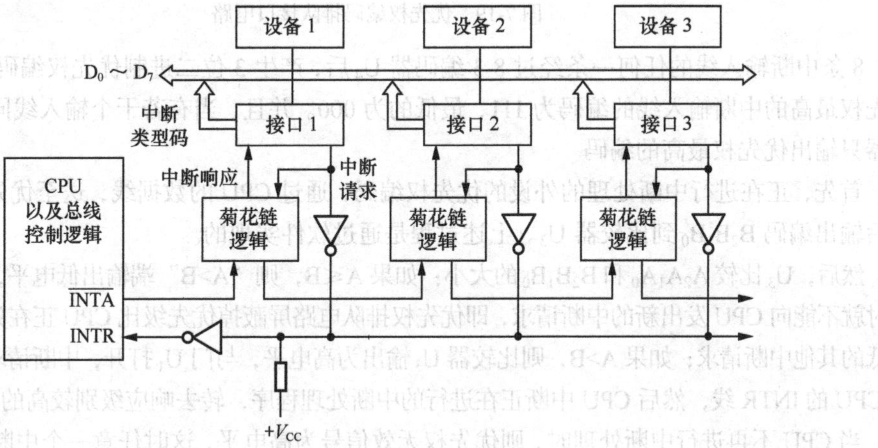

图 7-18　菊花链接口逻辑电路

如图 7-18 所示，低电平有效的中断响应信号 $\overline{\text{INTA}}$ 首先传给接口 1 的菊花链逻辑。结合图 7-17 可以看到，如果接口 1 有高电平有效的中断请求信号，则一方面该请求信号取反后与 $\overline{\text{INTA}}$ 信号相或，送给接口 1 一个低电平的有效中断响应信号；另一方面该请求信号直接与 $\overline{\text{INTA}}$ 信号相或，传递给后面的菊花链逻辑一个高电平的无效的中断响应信号。

如果接口 1 无有效的中断请求信号（信号为低电平），则一方面该请求信号取反后与 $\overline{\text{INTA}}$ 信号相或，送给接口 1 一个高电平的无效的中断响应信号；另一方面该请求信号直接与 $\overline{\text{INTA}}$ 信号相或，传递给后面的菊花链逻辑一个低电平的有效的中断响应信号。因此，在图 7-18 所示的菊花链逻辑中，接口 1 有中断请求时，接口 1 将截获中断响应信号，后面的设备不能得到中断响应。接口 1 无中断请求时，接口 1 才能将有效的中断响应往后传递。后面的传递过程类似，即接口 2 有请求，则其后的设备不能得到响应；否则中断响应信号往后传递。在该菊花链逻辑中，排在前面的设备的中断优先级高于排在后面的设备。

硬件查询法能以最快的速度识别出中断源，而且已经从硬件的角度根据接口在链中的位置决定了它们的优先级。其缺点是硬件接口电路比较复杂，以硬件开销来换取中断响应速度。

（3）编码优先权法识别中断优先级

使用编码优先权法识别中断优先级的基本电路由编码器和比较器组成，如图 7-19 所示。图中有 8 个中断源，若其中一个有中断请求时，或门就会产生一个中断请求信号，此时比较器将控制该请求信号能否送至 CPU 的中断请求线。

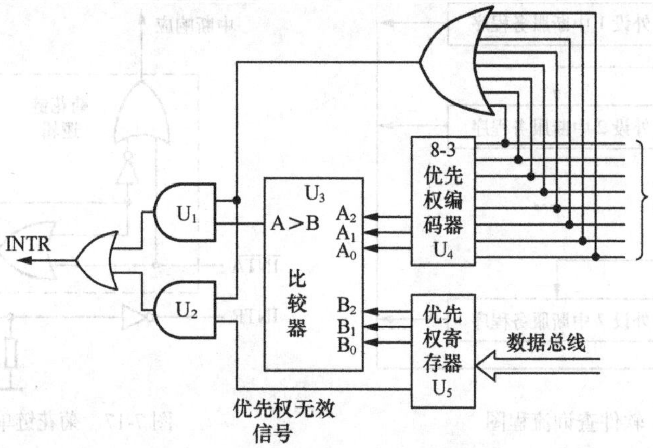

图 7-19　优先权编码排队接口电路

8 条中断输入线的任何一条经过 8-3 编码器 U_4 后，产生 3 位二进制优先权编码 $A_2A_1A_0$，这里优先权最高的中断输入线的编码为 111，最低的为 000。并且，当有若干个输入线同时有效时，编码器只输出优先权最高的编码。

首先，正在进行中断处理的外设的优先权编码，通过 CPU 的数据线，送至优先权寄存器 U_5，然后输出编码 $B_2B_1B_0$ 到比较器 U_3。上述过程是通过软件实现的。

然后，U_3 比较 $A_2A_1A_0$ 和 $B_2B_1B_0$ 的大小：如果 $A \leqslant B$，则“A>B”端输出低电平，封锁与门 U_1，这时就不能向 CPU 发出新的中断请求，即优先权排队电路屏蔽掉优先级比 CPU 正在处理的中断进程要低的其他中断请求；如果 A>B，则比较器 U_3 输出为高电平，与门 U_1 打开，中断请求信号就可以送至 CPU 的 INTR 线，然后 CPU 中断正在进行的中断处理程序，转去响应级别较高的中断请求。

当 CPU 不再进行中断处理时，则优先权无效信号为高电平，这时任意一个中断源发出的中断请求均能通过与门 U_2，发出 INTR 信号。

在这种排队电路中，8 个中断源共用一个产生中断矢量的电路，该中断矢量的其中 3 位用到编码 $A_2A_1A_0$，这样通过识别不同的编码，就可以转入不同的入口地址，运行中断优先权最高的外设服务程序。当然，当外设的数目大于 8 时，这种排队电路就不再适用。

4. 中断嵌套

当 CPU 执行优先权级别较低的中断服务程序时，允许响应中断源的优先级别比它高的中断源的中断请求，而挂起正在处理的中断服务程序；相反，优先级别低的中断源或同级别的中断源则不能打断正在进行的中断服务程序。像这样优先权高的中断源中断正在进行的级别较低的中断源服务程序的情形就称为中断嵌套或多重中断。

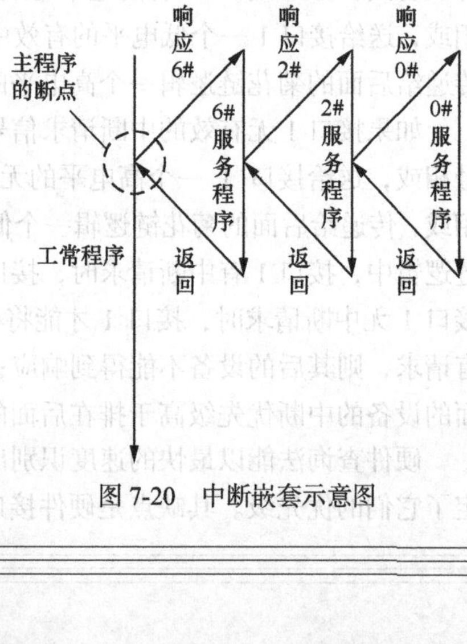

图 7-20　中断嵌套示意图

通常，如果堆栈有足够的深度，嵌套的层数是不受限的。图 7-20 表示三重中断的情况，0#中断源优先级别最高，1#中断源次之，以此类推。当 6#设备出现请求时，尽管它的优先级比较低，但此时并无优先级更高的中断源请求服务，那么 CPU 就响应 6#中断源的中断请求。若在执行 6#中断源的服务程序过程中，出现了级别比 6#高的 2#中断源请求服务，于是 CPU 暂时挂起 6#中断源的服务程序，而转去执行 2#中断源的服务程序。同样，当 CPU 在执行 2#中断源的服务程序时若出现 0#中断源的中断请求时，前者的服务程序也要被挂起，CPU 转去执行 0#中断源的服务程序。当然，若在执行 6#中断源的服务程序过程中，在 2#中断源的请求出现之前，7#中断源有中断请求，那么 7#中断源的服务请求就会被挂起，直到优先权比它高的中断源服务都执行完了，且 CPU 开始从断点处继续执行原来的程序时，7#中断源的请求才得到响应。

7.3.3　Intel 80x86/Pentium CPU 的中断系统

从 Intel 8086/8088、80286、80386、80486 直到 Pentium 系列微处理器，它们的中断系统的结构基本相同。不同的是，实模式和保护模式下获取中断服务程序首地址的方式不同以及所处理的中断类型有所差异。80286 以上的处理器在实模式下获取中断服务程序首地址的方式都与 8086/8088CPU 一样，都是采用中断向量表法；所处理的中断类型也是基于 8086/8088CPU 的。80286 以上的处理器在保护模式下获取中断服务程序首地址的方式都是采用中断描述符表法，它们所处理的中断类型也都基本相同，但与实模式下有所区别。

本小节先介绍 Intel 80x86/Pentium CPU 总体的中断结构，然后按实模式和保护模式分别介绍中断类型码的分配及中断处理过程。

1. Intel 80x86/Pentium CPU 的中断结构

根据中断源与 CPU 的相对位置关系，Intel 80x86/Pentium CPU 的中断源分为内部中断和外部中断两种，如图 7-21 所示，虚线框内的为内部中断，虚线框外的为外部中断。

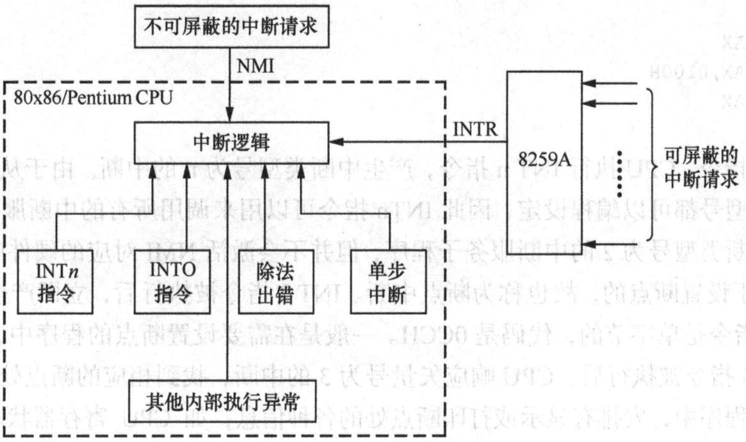

图 7-21　80x86 的中断源

内部中断是由于执行中断指令或由 CPU 本身启动的中断，也称为软件中断。在 80286 以上的处理器中也将内部中断称为异常（Exception）。内部中断包括中断指令 INT n、除法出错、溢出中断（INTO）和单步中断（标志寄存器的 TF=1）以及其他执行异常。内部中断的中断类型码或者由指令规定，或者是预定的。除单步中断外，内部中断无法用软件禁止。

外部中断是由外设的中断请求引起的中断，可以分为不可屏蔽中断 NMI 和可屏蔽中断 INTR 两类。外部中断也称为硬件中断。外部中断中的可屏蔽中断 INTR 是通过 Intel 8259A 中断控制器进行管理的。

无论是内部中断还是外部中断，系统都给每个中断源分配一个确定的中断类型码，类型码长度为 8 位，最多可以有 256 个中断类型码。中断类型码也称为中断类型号，或中断向量号，或中断矢量号。

80x86/Pentium CPU 规定所有这些中断的优先权的次序由高到低为：除法出错等异常、INT n、INTO、NMI、INTR、单步执行。

（1）Intel 系列处理器都需处理的内部中断类型

下面几种是从 Intel 8086/8088、80286、80386、80486 直到 Pentium 系列微处理器都需处理的内部中断类型。

① 除法错异常。在执行除法指令 DIV 或 IDIV 时，如果除数为 0 或商超过了寄存器所能表达的范围，则立即产生类型码为 0 的内部中断，也称为除法错异常。

② 单步执行。若标志位 TF=1，则 CPU 在每一条指令执行完以后，引起一个类型码为 1 的中断。事实上，所有类型的中断在其处理进程中，CPU 自动把标志压入堆栈，然后清除 TF 和 IF 两个标志位，因此当 CPU 进入单步处理程序时，它就不再处于单步工作方式，而以正常的方式工作，只有当单步处理程序结束时，从堆栈中弹出原来的标志，才使 CPU 又返回到单步方式。

单步工作方式是一种强而有力的调试手段，能够逐条指令地观察系统操作。例如，单步中断过程可以在每执行一条指令之后显示寄存器内容、指令指示器内容以及程序员关心的存储器变量等。

应该注意的是，80x86/Pentium 指令系统并没有能设置或清除 TF 标志的指令，但指令系统中的 PUSHF 和 POPF 则提供了一种置位或复位 TF 的手段，例如，原来 TF=0，下面的程序段可以使 TF 置位：

```
PUSHF
POP      AX
OR       AX,0100H
PUSH     AX
POPF
```

③ INT n 指令。CPU 执行 INT n 指令，产生中断类型号为 n 的中断。由于从 0～255 号的任何一个中断类型号都可以编程设定，因此 INTn 指令可以用来调用所有的中断服务子程序。当 *n* 为 2 时转向中断类型号为 2 的中断服务子程序，但并不会激活 NMI 对应的硬件中断。类型码为 3 的中断是用于设置断点的，故也称为断点中断。INT 3 指令被执行后，立即产生矢量地址号为 3 的中断。此指令是单字节的，代码是 0CCH。一般是在需要设置断点的程序中，在断点处安插此指令。INT 3 指令被执行后，CPU 响应矢量号为 3 的中断，找到相应的断点处理程序的入口。通常在该服务程序中，安排有显示或打印断点处的各种信息，如 CPU 寄存器状态和标志寄存器的内容等。

④ INTO 指令。当 CPU 内部溢出标志位 OF 被置 1，执行完一条溢出中断指令 INT O 后，会产生类型码为 4 的内部中断。INTO 指令通常安排在算术指令之后，以便在运算过程中，一旦产生溢出错误就能及时处理。

（2）80286 以上处理器的异常

80286 以上的 CPU 除了所述内部中断外，还有 CPU 执行程序时引起的其他异常，包括程序执行了无效代码时引起的异常（中断类型号为 6）、违反基本特权保护原则的通用保护异常（中断类型号为 13）、虚拟存储管理需要将辅存内容调入主存时出现的页面失效异常（中断类型号为 14）等。

在 80286 以上的机型中，通常将内部中断称为异常，而将外部中断简称为中断，并且把部分 INT n 指令和 INTO 指令也归为中断。

根据系统对产生异常的处理方法不同，通常将异常分为故障（Faults）、陷阱（Traps）和异常中止（Aborts）3 种类型。

故障是指某条指令在启动之后，真正执行之前，被检测到异常而产生的一种中断。CPU 将产生这种异常操作的指令所在内存中的地址保存到堆栈中，然后进入中断服务做排除故障的响应处理，返回后再执行曾经产生异常的指令，如果不再出现异常，则程序可以正常地继续执行下去。例如，启动某条指令时，要访问的数据未找到。在这种情况下，当前指令被挂起，中断处理之后，重新启动这条指令。故障通常是可以修正或排除的异常，故障产生时，控制转移到故障处理程序时，保存的故障断点值 CS 及 EIP 指向引起故障的指令，这样当故障被排除后，原程序可以接着执行且不失连贯性。

陷阱是在中断指令执行过程中引起的中断。这类异常主要是由执行“断点指令”或中断调用指令（INT n）引起，即在执行指令后产生的异常。在中断处理前要保护设置陷阱的下一条指令的地址（断点），中断处理完毕，返回到该断点处继续执行。例如，由程序员预先设定的单步调试或断点调试，CPU 执行到当前的异常指令后，将下一条指令的地址保存到堆栈中，然后进入中断服务子程序处理异常事件，处理完毕后，再返回原处执行主程序。这个过程同普通中断有些类似，一般不会导致系统瘫痪。与故障不同的是，产生陷阱异常的指令执行完后可能已经改变了寄存器和存储器的内容。

异常中止通常是由硬件错误或非法的系统调用引起的。异常发生后一般无法确定造成异常指令的准确位置，程序无法继续执行，系统也无法恢复原操作，中断处理须重新启动系统。异常中止是在系统出现严重情况时通知系统的异常，引起中止的指令是无法确定的，引起中止的程序或任务也不能被恢复重新执行，中止通常用来报告严重的错误，如硬件错误、矛盾的或者非法的系统表项等。

（3）外部中断

外部中断包括不可屏蔽中断 NMI 和可屏蔽中断 INTR。不可屏蔽中断为类型 2 中断，可屏蔽中断的类型可以是专用中断类型以外的任何类型。所谓的“不可屏蔽”和“可屏蔽”是指微处理器的 PSW 寄存器中的 IF 标志位对中断响应是否存在控制作用。

① 不可屏蔽中断 NMI。80x86/Pentium CPU 中有一个不可屏蔽中断请求引脚 NMI，NMI 引脚上的不可屏蔽中断请求是边沿有效触发的输入信号，只要输入脉冲有效宽度（高电平持续时间）大于两个时钟周期，就能被 80x86/Pentium CPU 锁存。对 NMI 请求的响应不受中断标志位的控制，即不管 IF 的状态如何，只要 NMI 信号有效，又没有级别更高的其他请求，则 CPU 在现行指令执行完以后，立即响应非屏蔽中断请求。它的优先级高于可屏蔽中断请求 INTR。NMI 引起类型号为 2 的外部中断，这是由芯片内部设置的。所以 CPU 不需要执行中断响应的总线周期去读取中断类型码。NMI 中断一般用来处理紧急事件，如电源电压下降，存储器奇偶错和 I/O 通道 RAM 奇偶校验错等事务。

② 可屏蔽中断 INTR。80x86/Pentium CPU 中有一个可屏蔽中断请求引脚 INTR，INTR 线上的可屏蔽中断请求信号是电平触发的，高电平有效。中断请求信号要保持到中断响应信号到来后

才可以撤销。80x86/Pentium CPU 中只有一个可屏蔽中断请求引脚 INTR，而能够发出可屏蔽中断请求的外设很多，因此，在以 80x86/Pentium 为 CPU 的微机系统中，由可编程中断控制器 8259A 管理外设的可屏蔽中断。8259A 的 8 级中断请求输入端 IR_0～IR_7 依次接到需要请求中断的外部设备。这些外部设备请求中断时，发出的中断请求信号进入 8259A 的 IR 端，接着由 8259A 根据优先权和屏蔽状态，决定是否向 CPU 的 INTR 引脚发出中断信号 INT，中断请求信号必须在中断请求被接受之前一直保持有效。单片 8259A 可以管理 8 级外部中断请求 IR_7～IR_0，在多片级联的方式下，最多可以管理 64 级外部中断请求。

80x86/Pentium CPU 是否响应 INTR 的请求，取决于中断允许标志位 IF 的状态。若 IF=0 则不响应 INTR 的请求；若 IF=1 则在其他响应条件也满足的情况下，响应 INTR 请求，暂停后续指令的执行，转去执行中断服务程序。中断标志位 IF 是用 STI 指令置 1，用 CLI 指令清零的。要注意的是，当系统复位后，或当 80x86/Pentium CPU 响应中断请求后，都会使 IF=0，此时要允许 INTR 请求，必须先用 STI 指令来使 IF 置 1，才能响应 INTR 的请求。

CPU 在给外设发出中断响应信号后，在第 2 个中断响应周期读取外设提供的中断类型码，根据中断类型码转向中断服务程序执行。

2. Intel 80x86/Pentium CPU 的中断类型码分配

80286 及向上兼容的 80386、80486 和 Pentium 微处理器在实模式下的中断类型号的分配是基于 PC 系统的 8086/8088 CPU 的中断类型号的分配的。8086/8088CPU 最多能处理 256 种不同的中断，中断类型码的分配如表 7-1 所示。其中，类型 0～4 为专用中断，中断的入口地址已由系统定义，用户不能修改；类型 5～1FH、20～3FH 为系统使用中断，Intel 公司已开发使用了其中的大部分；类型 8～FH 为 8259A 中断向量；类型 10H～1FH 为 BIOS 专用中断向量；类型 20H～3FH 为 DOS 中断调用，其中类型 21H 为系统 DOS 功能调用号；其余的中断类型码，从 40H 起原则上供用户使用，不过实际上，某些中断类型码目前已经有指定的用途，如 70H～77H 用于从片 8259A，80H～85H 用于 BASIC 程序。

80286 及向上兼容的 80386、80486 和 Pentium 微处理器在保护模式下同样最多能处理 256 种不同的中断，中断类型码的分配如表 7-2 所示。其中，中断类型 0～11H 分配给内部中断（类型 2 除外）；中断类型 12H ~ 1FH 备用，为生产厂家开发软硬件使用；中断类型 20H ~ FFH 留给用户，可作为外部设备进行输入/输出数据时的可屏蔽中断（INTR）请求使用，也可用作软件中断 INT n 使用。

比较表 7-1 和表 7-2 可以发现，两个表中的前 5 种中断类型（类型 0～类型 4）：除法出错、单步调试异常、NMI、断点、溢出都是相同的。也就是说，从 8086/8088 CPU 一直到 Pentium CPU，无论实模式还是保护模式，前 5 个中断类型所对应的中断源都是相同的。

表 7-1　　8086/8088 及 80286 以上 CPU 实模式的中断源及类型码

地址（H）	类型码（H）	中 断 名 称	地址（H）	类型码（H）	中 断 名 称
0～3	0	除法溢出	14～17	5	打印屏幕
4～7	1	单步	18～1B	6	保留
8～B	2	不可屏蔽	1D～1F	7	保留
C～F	3	断点	20～23	8	定时器
10～13	4	溢出	24～27	9	键盘

续表

地址（H）	类型码（H）	中断名称	地址（H）	类型码（H）	中断名称
28～2B	A	保留	74～77	1D	定时器报时
2C～2F	B	串口 2	78～7B	1E	显示器参数表
30～33	C	串口 1	7C～7F	1F	软盘参数表
34～37	D	硬盘	80～83	20	程序结束
38～3B	E	软盘	84～87	21	DOS 系统功能调用
3C～3F	F	打印机	88～8B	22	结束地址
40～43	10	视频显示 I/O 调用	8C～8F	23	Ctrl-Break 退出
44～47	11	设备配置检查调用	90～93	24	标准错误处理
48～4B	12	存储器容量检查调用	94～97	25	绝对磁盘读
4C～4F	13	软盘/硬盘 I/O 调用	98～9B	26	绝对磁盘写
50～53	14	通信 I/O 调用	9C～9F	27	程序结束，驻留内存
54～57	15	盒式磁带 I/O 调用	A0～FF	28～3F	为 DOS 保留
58～5B	16	键盘 I/O 调用	100～17F	40～5F	保留
5C～5F	17	打印机 I/O 调用	180～19F	60～67	为用户软中断保留
60～63	18	常驻 BASIC 入口	1A0～1FF	68～7F	未用
64～67	19	引导程序入口	200～217	80～85	BASIC 使用
68～6B	1A	程序结束，返回 DOS	218～3C3	86～F0	BASIC 运行时用
6C～6F	1B	时间调用	3C4～3FF	F1～FF	未用
70～73	1C	键盘 Ctrl-Break 控制			

对于类型号 6 及其以后的中断类型号的分配，保护模式下与实模式下是不一样的。比如，表 7-2 保护模式下中断类型码 0～11H 分配给内部中断（类型 2 除外），而表 7-1 实模式下中断类型码 08H～0FH 为 8259 管理的外部可屏蔽中断。也就是出现了保护模式和实模式下，同一个中断类型码分配给了不同中断源的情况。

表 7-2　80286 及向上兼容的微处理器保护模式的中断源及类型码

类型码（H）	异常名称	异常类别	引起异常的指令
0	除法出错	故障	DIV，IDIV
1	单步调试异常	陷阱或故障	任何指令
2	不可屏蔽中断 NMI	NMI	
3	断点	陷阱	INT 3
4	溢出错误	陷阱	INTO
5	越界检查	故障	BOUND
6	非法操作码	故障	一条无效的指令编码或操作数
7	协处理器不可用	故障	浮点指令或 WAIT 指令
8	双重故障	异常中止	任何指令
9	协处理器段越界	异常中止	引用存储器的浮点指令

续表

类型码（H）	异常名称	异常类别	引起异常的指令
A	无效任务状态段	故障	JMP，CALL，RET，中断
B	段不存在	故障	装载段寄存器的指令
C	堆栈段异常	故障	任何装载SS的指令或任何访问由SS寻址的存储单元
D	通用保护故障	故障	任何特权指令或任何访问存储器的指令
E	页异常	故障	任何访问存储器的指令
F	保留，未使用		
10	协处理器出错	故障	浮点指令或 WAIT 指令
11	对准检测	故障	
12～1F	系统开发软件用		INT n
20～FF	用户可使用的中断		软件中断或硬件中断

在 BIOS 初始化 8259 可编程中断控制器芯片的时候，8259A IRQ_0～IRQ_7 被分配了 08H～0FH 的中断号，然而当 CPU 转到保护模式下工作的时候，08H～0FH 的中断号却被 CPU 用来处理错误。这一点也不奇怪，因为 CPU 是 Intel 生产的，而计算机却是由 IBM 生产的，两家公司没有协调好。

尽管发生这样的冲突，但以 80286、80386、80486 以及 Pentium 为 CPU 的微机系统仍可保持与以 8086/8088 为 CPU 的微机系统的兼容，原因是在 80286 以上 CPU 的实模式下，几乎不发生那些中断类型号与外部硬件中断请求时所提供的中断类型号存在冲突的异常，所以保护模式还是可以与实模式兼容的。需要注意的是，在保护模式下必须重新设置 8259A 中断控制器，以产生不与异常相冲突的硬件中断向量号。

3. 实模式下的中断向量表及中断响应过程

Intel 80x86/Pentium CPU 中断服务子程序的入口地址信息存于中断向量号检索表内，CPU 在获得中断向量号后，根据中断向量号，通过中断向量号检索表找到中断服务程序首地址，转向中断服务子程序执行。

在以 8086/8088 为 CPU 的微型计算机中，或者在 80x86/Pentium CPU 的实模式下，中断向量号检索表为中断向量表，或称为中断矢量表 IVT（Interrupt Vector Table）。80286 以上 CPU 实模式下对中断的响应过程与 8086/8088 CPU 相同，都是通过中断向量表找到中断服务程序入口地址，之后转向中断服务子程序执行。

80286 以上 CPU 保护模式下，中断向量号检索表为中断描述符表（Interrupt Descriptor Table，IDT）。CPU 根据中断向量号通过中断描述符表获取中断服务程序的首地址，然后转向中断服务程序去执行。

在本小节介绍实模式下的中断向量表 IVT 及中断响应过程，下一小节介绍保护模式下的中断描述符表 IDT 和中断响应过程。

（1）实模式下的中断向量表

80x86/Pentium CPU 可以处理 256 种向量中断，每一种中断都指定一个中断向量号，0～255 的每一个中断向量号都可以与一个中断服务程序相对应。实模式下及 8086、8088 中，中断服务程序存放在存储区域中，而中断服务程序的入口地址存放在内存储器的中断向量表内。当 CPU 响应中断时，将中断向量号作为索引指针号，从中断向量表中取得中断服务程序的入口地址，之后转向中断服务子程序执行。

中断向量表的结构如图 7-22 所示，中断向量表为中断向量号与它相对应的中断服务程序的入口地址之间的转换表。中断向量表中每相邻的 4 个单元存放一个中断服务程序的入口地址，两个低地址单元用来存放入口地址的偏移量 IP，两个高地址单元用来存放入口地址的段地址 CS。每个单元存放一个字节。对应 256 个中断向量号的中断服务程序首地址，共需 256 × 4 个内存单元，即整个中断向量表要占用 1 024 个字节的存储器单元。中断向量表放在内存单元 00000H～003FFH 中。

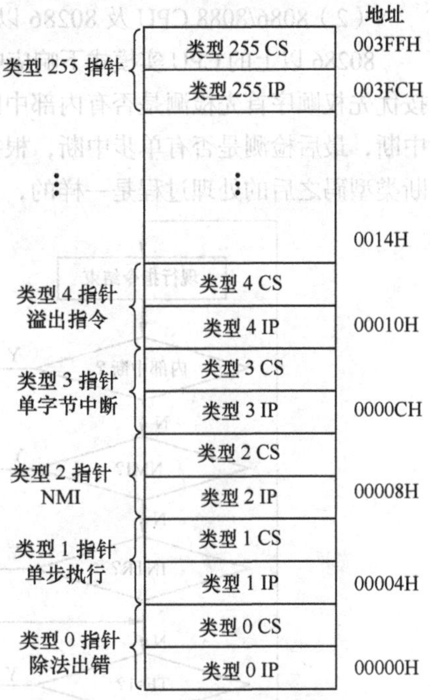

图 7-22　实模式中断向量表

当 CPU 调用中断向量号为 n（n=0～255）的中断服务程序时，首先把类型码乘以 4，得到中断向量表的地址为 $4n$，然后把向量表 $4n$ 地址开始的两个低地址单元的内容装入 IP 寄存器。即：

$$IP \leftarrow (4n,4n+1)$$

其中，低地址单元送 IP 的低字节，高地址单元送 IP 的高字节。

再把两个高字节单元内容装入代码段寄存器 CS，即：

$$CS \leftarrow (4n+2,4n+3)$$

其中，低地址单元送 CS 的低字节，高地址单元送 CS 的高字节。

如果用户自己开发了中断服务程序，不管是软件中断指令的中断还是外部可屏蔽中断，要能转到所设计的中断服务子程序，都需将这些中断服务子程序的首地址装入中断向量表中。装填中断向量表可以编一段程序实现，也可以使用 DOS 系统功能调用来装填。下面给出这两种方法的例子。

【例 7.1】 假设中断源的类型码为 60H，中断服务子程序的标号为 INTR_60H。一种编程装填向量表的方法如下。

```
MOV     AX,0
MOV     ES,AX
MOV     DI,60H*4
MOV     AX,OFFSET INTR_60H       ;INTR_60H 为中断服务子程序的标号
CLD
STOSW                            ;装入 IP
MOV     AX,SEG INTR_60H
STOSW                            ;装入 CS
```

【例 7.2】 对于例 7.1，如果是在 PC-DOS 下运行程序，则还可以使用 DOS 系统功能调用来装填中断指针，程序段如下。

```
PUSH    DS
MOV     AX,SEG INTR_60H
MOV     DS,AX
MOV     DX,OFFSET INTR_60H
MOV     AH,25H                   ;DOS 调用功能码送 AH
MOV     AL,60H                   ;中断类型码送 AL
INT     21H
POP     DS
```

（2）8086/8088 CPU 及 80286 以上的 CPU 实模式下响应中断的过程

80286 以上的 CPU 实模式下响应中断的过程与 8086/8088 CPU 响应中断的过程是一样的。CPU 按优先权顺序首先检测是否有内部中断，然后检测是否有不可屏蔽中断，之后检测是否有可屏蔽中断，最后检测是否有单步中断，根据每一类中断分别采取不同的方法获得中断类型码，获得中断类型码之后的处理过程是一样的，如图 7-23 所示。

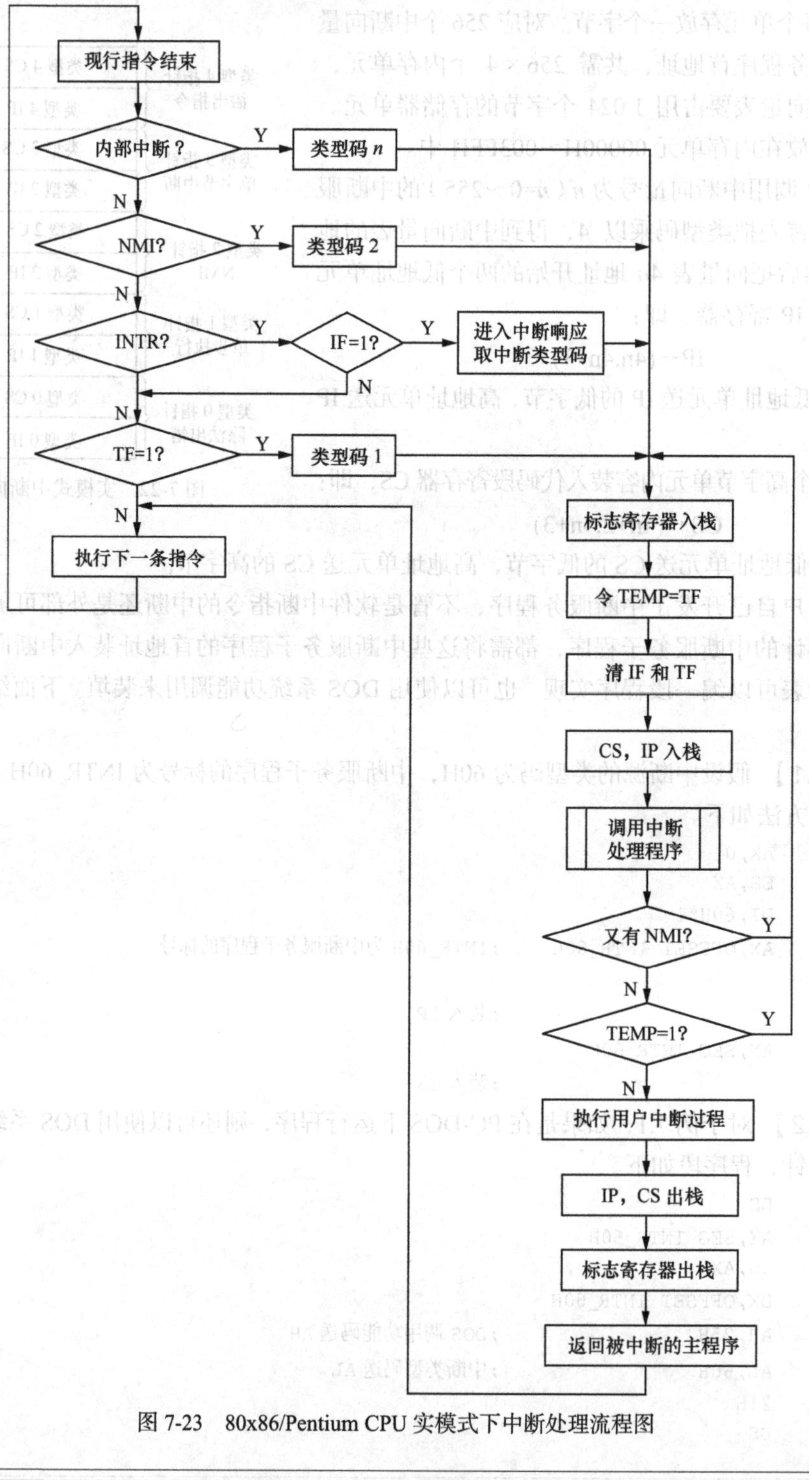

图 7-23　80x86/Pentium CPU 实模式下中断处理流程图

下面分别介绍 80x86PentiumCPU 实模式下响应这些中断请求的过程。

① CPU 响应 INTR 可屏蔽中断请求。外设向 CPU 发出中断请求的时间是随机的，而 CPU 在执行每条指令的最后一个指令周期的最后一个 T 状态去采样中断请求信号 INTR，若 CPU 内部的标志位 IF=1，并且中断接口电路中的中断屏蔽触发器未被屏蔽，那么 CPU 在收到 INTR 且当前指令执行完，并且没有更高级请求的情况下立即响应中断。

CPU 响应中断后，对外设接口（中断控制器 8259A）发出两个中断响应脉冲 $\overline{INTA}$，8259A 在第 2 个 $\overline{INTA}$ 脉冲时把请求中断的中断源的中断向量号通过数据线 D_0～D_7 送给 CPU，CPU 根据中断向量号查找中断向量表，获得该中断源的处理程序的入口地址，然后转入相应的处理入口。

② CPU 响应 NMI 不可屏蔽中断请求。同样，CPU 在当前指令周期的最后一个 T 状态采样中断请求输入信号，当采样到 NMI 不可屏蔽中断请求时，CPU 不经过上述两个中断响应周期（无须向中断控制器 8259A 发两个中断响应脉冲 $\overline{INTA}$），而直接在内部自动产生类型码为 2 的中断向量，根据中断向量号查找中断向量表，获得该中断源的处理程序的入口地址，然后转入相应的处理入口。

③ 内部中断的处理。内部中断是由程序设定的，它不受标志位 IF 的影响，中断类型码是自动形成的，或由指令 INT n 中的 n 决定。第 1 种情况有被零除、单步执行、断点中断、溢出，它们的中断类型码分别是 0、1、3、4，都是自动形成的；而在第 2 种情况时，CPU 根据指令中的 n 转入相应的处理入口。由于 INT n 指令把中断的随机事件变成了执行 INT n 指令的必然事件，可使中断处理程序和一般子程序一样容易调试。

CPU 在执行内部中断的服务程序中，若有 NMI 不可屏蔽中断请求，则会在当前指令执行完以后立即予以响应；若有 INTR 请求，且 IF=1，也会在当前指令执行完且条件许可的情况下予以响应。

其实，无论是哪一种中断，8086/8088 CPU 以及其他 80286 以上的 CPU 实模式下，在获得中断向量号（或称为中断类型码）之后的处理过程都是一样的，应完成的操作如下。

a. 将类型码乘 4，作为中断向量表的指针。

b. 把标志寄存器的内容压入堆栈。

c. 复制标志位 TF 的内容并保存，然后清除标志位 IF 和 TF，屏蔽新的 INTR 中断和单步中断。

d. 保护断点，将断点处的 CS 和 IP 内容压入堆栈。

e. 根据类型码，查中断向量表，把入口地址装入 CS 和 IP，转入中断服务程序。

由于在中断响应过程中，CPU 只保护了标志寄存器和断点地址，因此在中断服务程序中要用到的寄存器，应在使用之前加以保护，即要保护现场。在中断服务程序中如果允许中断嵌套，此时可以用 STI 指令开中断。在中断服务程序执行完后，恢复现场前开中断，保证恢复现场的过程不被中断干扰，并在程序的最后执行指令 IRET，实现中断返回。指令 IRET 从堆栈的顶端弹出 3 个字的存储内容，即按次序恢复断点处的 IP 和 CS 的值，并恢复标志寄存器。于是，程序就恢复到断点处继续执行。

4. 保护模式下中断描述符表及中断响应过程

（1）中断描述符与中断描述符表 IDT

80286 以上的 CPU 在保护模式下，为每一个中断和异常定义了一个中断描述符来说明中断和异常服务程序的入口地址的属性，所有的中断描述符都集中存放在中断描述符表（IDT）中，由中断描述符表取代实模式下的中断向量表。CPU 根据中断向量号通过中断描述符表找到中断服务程序的入口地址，转向中断服务程序执行。

每个中断描述符占据连续的 8 个字节，其结构如图 7-24 所示。其中 P 位是存在位，置 1 时表示这个中断描述符有效，可以被使用；否则无效，不能被使用；DPL 是特权级，可以指定为 0～3 中的一级；TYPE 指示中断描述符的不同类型，占用 4 位。在中断描述符表中有 3 种类型的中断描述符：任务门、中断门和陷阱门，例如，1110 指示 32 位中断门，1111 指示 32 位陷阱门，0101 指示 32 位任务门。在这里，所谓门就是描述符的简称，通过这 3 个门可以进到中断服务程序中的意思。DPL（Descriptor Privilege Level）表示中断优先级，是系统描述符被访问的特权级，DPL 占用 2 位，有 4 种编码：00，01，10 和 11，共 4 级特权级，0 级优先级最高。中断描述符中还有 32 位的偏移量和 16 位的段选择子。

<table>
<tr><td colspan="5">偏移（31～16）</td></tr>
<tr><td>P</td><td>DPL</td><td>0</td><td>TYPE</td><td>0 0 0 0 0 0 0 0</td></tr>
<tr><td colspan="5">选择子（15～0）</td></tr>
<tr><td colspan="5">偏移（15～0）</td></tr>
</table>

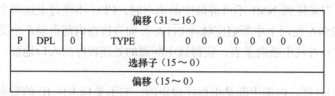

图 7-24　中断描述符的结构

所有的中断描述符都集中存放在中断描述符表 IDT 中，由中断描述符表取代实地址模式下的中断向量表。每个中断描述符占据连续的 8 个字节单元，最多可以有 256 个中断源，对应 256 个中断向量号，也对应 256 个中断描述符，因此中断描述符表长度为 256×8B=2KB。中断描述符表 IDT 可以放在物理地址空间的任何地方，该表的位置和大小由中断描述符表寄存器（Interrupt Descriptor Table Register，IDTR）的值确定。IDTR 包含 32 位的中断描述符表的内存基地址和 16 位的界限，如图 7-25 所示。如果中断向量所涉及的中断描述符超出了中断描述符表的界限，会引发保护异常。

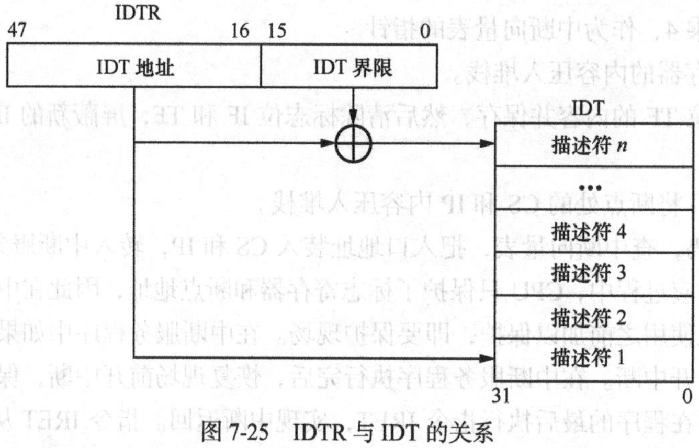

图 7-25　IDTR 与 IDT 的关系

CPU 获得中断源的中断向量号后，以 IDT 地址为内存的首地址，以中断向量号乘以 8 作为访问 IDT 的偏移，在中断描述符表 IDT 中读取相应的中断描述符。将图 7-24 所示的中断描述符中 32 位偏移量装入 EIP 寄存器，16 位的选择子装入 CS 段寄存器。由于 CS 代码段寄存器中的值是段选择子（也称为段选择符），还必须根据该段选择子访问全局描述符表 GDT 或局部描述符表 LDT，得到段的描述符，在段描述符中得到 32 位的段基地址。32 位段基地址和 EIP 中 32 位偏移量相加得到中断服务程序入口的 32 位线性地址。CPU 转向该入口地址执行即可进入到中断服务程序，保护模式下进入中断服务子程序的过程如图 7-26 所示。

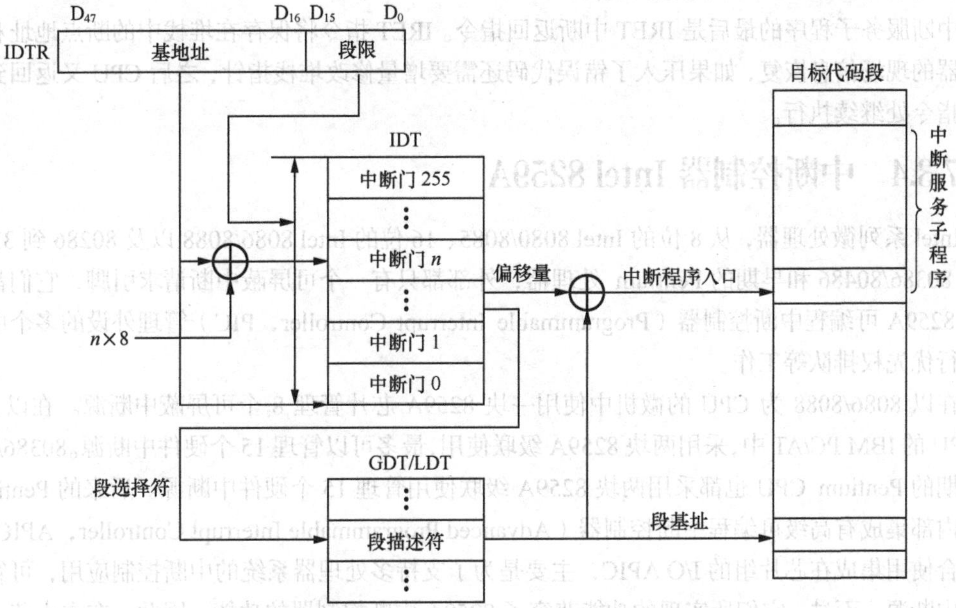

图 7-26　保护模式下进入中断服务子程序的过程

（2）中断响应和异常处理的步骤

保护模式下获取各类中断源的中断类型码的方法与实模式下类似，即内部中断和不可屏蔽中断的类型码自动形成，可屏蔽中断的中断类型码由外设在第 2 个中断响应周期通过系统总线送给 CPU。CPU 获取中断类型码后，对各类中断源的处理是类似的，包括下列步骤：

① 将标志寄存器 EFLAGS 的内容压入堆栈，保护各个标志位；将被中断指令的逻辑地址（代码段寄存器 CS 和指令指针 EIP 的内容）压入堆栈，保护断点。

② 判断中断向量号要索引的门描述符是否超出 IDT 的界限。若超出界限，就引起通用保护故障，出错码为中断向量号乘 8 再加 2。

③ 从 IDT 中取得对应的中断描述符，分解出选择子、偏移量和描述符属性类型，并进行有关检查。描述符只能是任务门、中断门、陷阱门，否则就引起通用保护故障，出错码是中断向量号乘 8 再加 2。如果是由 INTn 指令或 INTO 指令引起转移，还要检查中断门、陷阱门或任务门描述符中的 DPL 是否满足 CPL≤DPL，以避免应用程序执行 INT n 指令时，使用分配给各种设备用的中断向量号，如果检查不通过，就引起通用保护故障，出错码是中断向量号乘 8 再加 2。中断描述符中的 P 位必须是 1，表示该描述符是一个有效项，否则就引起段不存在故障，出错码是中断向量号乘 8 再加 2。

④ 根据中断描述符类型，分情况转入中断或异常处理程序。对于异常处理，在开始上述步骤之前，还要根据异常类型确定返回点；如果有出错代码，则形成符合出错码格式的出错码，并在实际执行异常处理程序之前把出错码压入堆栈。为了保证栈的双字边界对齐，16 位的出错码以 32 位的值压入，其中高 16 位的值未作定义，对于 16 位段也是如此。

⑤ 将中断描述符中的中断服务子程序入口地址的段选择子和偏移量，分别装入 CS 和 EIP，并转换为中断服务子程序入口的线性地址，CPU 转向该中断或异常服务程序中执行。

上面是由硬件自动实现的步骤。在中断服务程序中的过程与实模式中类似，即可以用 PUSH

指令保护现场，如果允许中断嵌套的话，可以用 STI 指令开中断，在恢复现场前再用 CLI 指令关中断，之后可以用 POP 指令恢复现场。

中断服务子程序的最后是 IRET 中断返回指令。IRET 指令将保存在堆栈中的断点地址和标志寄存器的现场信息恢复，如果压入了错误代码还需要增量修改堆栈指针，之后 CPU 又返回到被中断的指令处继续执行。

7.3.4 中断控制器 Intel 8259A

Intel 系列微处理器，从 8 位的 Intel 8080/8085、16 位的 Intel 8086/8088 以及 80286 到 32 位的 Intel 80386/80486 和早期的 Pentium 处理器，外部都只有一个可屏蔽中断请求引脚，它们都采用 Intel 8259A 可编程中断控制器（Programmable Interrupt Controller，PIC）管理外设的多个中断源并进行优先权排队等工作。

在以 8086/8088 为 CPU 的微机中使用一块 8259A 芯片管理 8 个可屏蔽中断源。在以 80286 为 CPU 的 IBM PC/AT 中，采用两块 8259A 级联使用，最多可以管理 15 个硬件中断源。80386/80486 和早期的 Pentium CPU 也都采用两块 8259A 级联使用管理 15 个硬件中断源。后来的 Pentium 处理器内部集成有高级可编程中断控制器（Advanced Programmable Interrupt Controller，APIC），外部配合使用集成在芯片组的 I/O APIC，主要是为了支持多处理器系统的中断控制应用，可管理更多的中断源，不过，它们所实现的功能兼容了 8259A 中断控制器的功能。因此，在本小节主要介绍 Intel 8259A 中断控制器。

1. 8259A 的功能结构

8259A 是一种可编程的中断优先权管理器件，“可编程”指的是可以通过软件来设定芯片的工作状态和操作方式，以适应不同的应用环境需要。8259A 在 PC 中用来协助 CPU 管理外部中断源：在多个中断源的系统中，该芯片负责接收外部的中断请求，进行判断，选中当前优先级最高的中断请求，再将此请求送到 CPU 的 INTR 端；当 CPU 响应中断并进入中断处理子程序后，8259A 仍负责对外部中断请求的管理。

其主要功能如下。

① 具有 8 级优先权控制，用 9 个 8259A 可构成 64 级的主从式中断系统。

② 对任何级别中断请求都可单独进行屏蔽，使该级中断请求不能通过 8259A 向 CPU 发出请求信号。

③ 向 CPU 提供中断类型码。

④ 具有多种优先权管理模式，包括完全嵌套方式、自动循环方式、特殊循环方式、特殊屏蔽方式。

下面介绍 8259A 的内部结构、中断响应过程、工作方式、编程及应用。

2. 8259A 的引脚信号及内部结构

（1）8259A 的引脚

8259A 的引脚信号可分为三组：与 CPU 的接口信号、来自 8 级中断源的请求信号（IR_0～IR_7），以及用于多个 8259A 级联的级联信号（CAS_0～CAS_2）。

8259A 的引脚图如图 7-27 所示。除电源和地以外，其他引脚上的信号和含义如下。

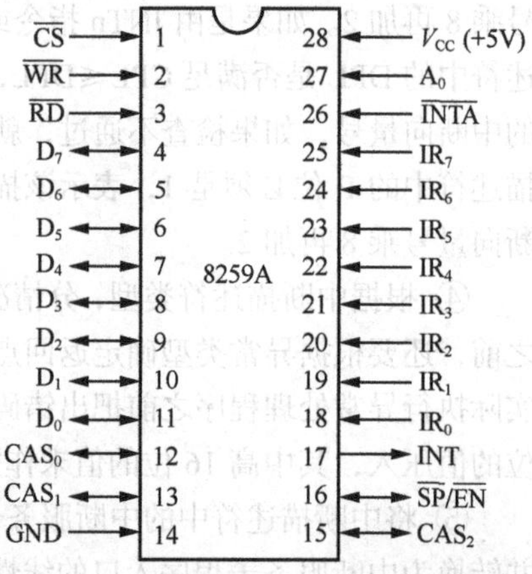

图 7-27 8259A 芯片引脚图

① D_0～D_7：数据引脚，双向。用于 CPU 输入/输出指令对 8259 进行初始化编程，以及读出 8259 内部寄存器的值。

② INT：中断请求，输出。用于向 CPU 发出中断请求信号。

③ $\overline{INTA}$（Interrupt Acknowledge）：中断响应，输入。用于接收来自 CPU 的中断响应信号。

④ $\overline{RD}$：读信号，输入。用于 CPU 读出 8259A 内部某个寄存器的内容。

⑤ $\overline{WR}$：写信号，输入。用于 CPU 向 8259 的某个寄存器写内容，如进行初始化编程等。

⑥ $\overline{CS}$（Chip Select）：片选信号，输入。高位地址译码后给该$\overline{CS}$引脚送一个有效的低电平信号，选中该芯片。

⑦ A_0：地址引脚，输入。用于选择 8259A 内部的寄存器，通常连接地址总线的 A_0。

⑧ IR_0～IR_7：外设的中断请求引脚，输入。可直接连接外设，或连接从 8259 芯片。

⑨ CAS_0～CAS_2（Cascade）：用于构成 8259A 的主—从式控制结构。系统中应将全部 8259A 的 CAS_0～CAS_2 对应端互连。当某个 8259A 为主设备时，CAS_0～CAS_2 是输出引脚，输出申请中断的优先级别最高的从设备标志码。当某个 8259A 为从设备时，CAS_0～CAS_2 是输入引脚，接收主片发出的从设备标志码，若与级联缓冲器内保存的从设备标志一致，则在第 2 个 INTA 脉冲期间把中断矢量码送到数据总线上。

⑩ $\overline{SP}/\overline{EN}$（Slaver Processor/Enable）：此引脚是双向的。8259A 采用缓冲方式工作时，$\overline{SP}/\overline{EN}$ 作为输出，控制数据总线驱动器的数据传送。8259A 采用非缓冲方式工作时，$\overline{SP}/\overline{EN}$ 作为输入，决定本片 8259A 是主片还是从片。若 $\overline{SP}/\overline{EN}$ 为 1，则为主片，若 $\overline{SP}/\overline{EN}$ 为 0，则为从片。

（2）8259A 的内部结构

8259A 的结构框图如图 7-28 所示，由 8 个部分组成。

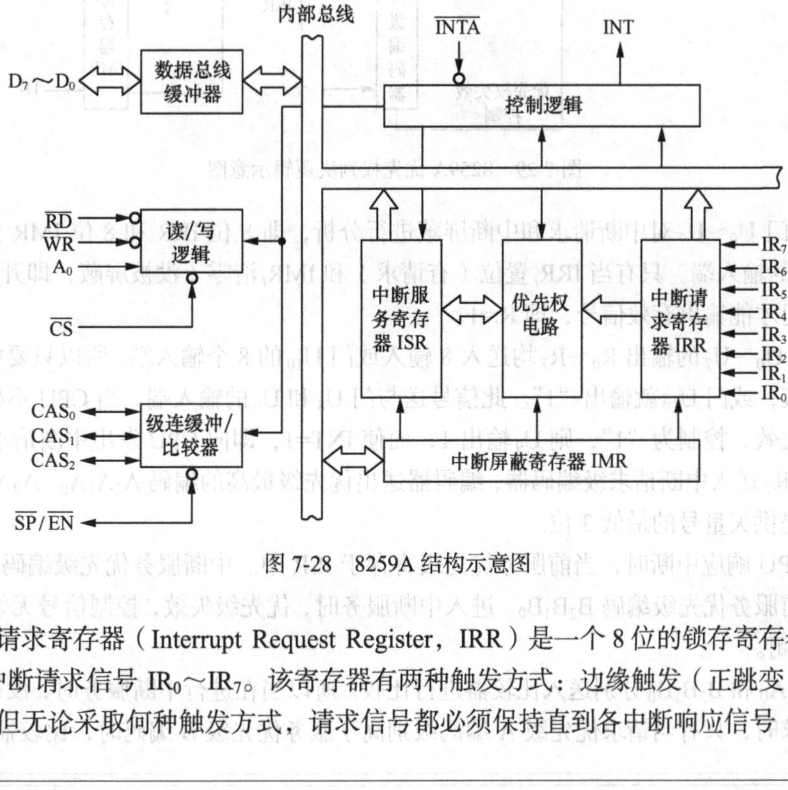

图 7-28　8259A 结构示意图

① 中断请求寄存器（Interrupt Request Register，IRR）是一个 8 位的锁存寄存器，用来存放从外设来的中断请求信号 IR_0～IR_7。该寄存器有两种触发方式：边缘触发（正跳变）和电平触发（高电平）。但无论采取何种触发方式，请求信号都必须保持直到各中断响应信号（INTA）变为

有效之后，否则会出现错误。

② 中断屏蔽寄存器（Interrupt Mask Register，IMR）是一个 8 位的寄存器，用于设置中断请求的屏蔽信号。当此寄存器的第 i 位被置 1 时，与之对应的 IR_i 中断申请线将被屏蔽。

③ 优先权判别器（Priority Resolver，PR）用于识别和管理各中断源的优先权级别，其基本功能是：接收从 CPU 来的命令以定义和修改 IRR 中各位的优先权级别；多个中断请求出现时，根据控制逻辑规定的优先级别和 IMR 的内容，判断哪一个信号的优先级别最高，由 CPU 首先响应，再把优先权最高的 IRR 中置 1 位送入 ISR；判别新出现的中断请求级是否高于正在处理的中断级，决定是否进入多重中断。

图 7-29 所示为优先权判决功能示意图，8259A 的优先权判决原理如下。

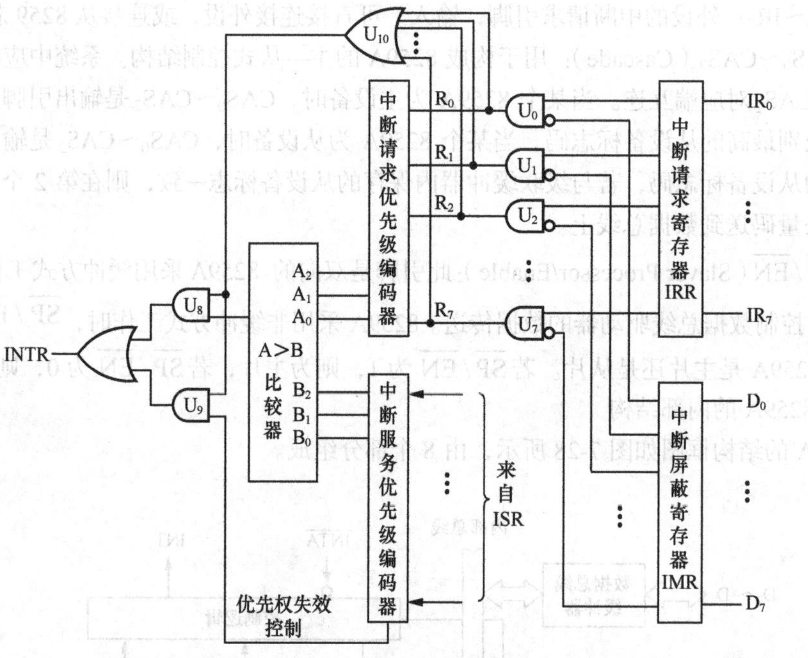

图 7-29　8259A 优先权判决逻辑示意图

- 由与门 U_0～U_7 对中断请求和中断屏蔽进行分析，即 8 位 IRR 和 8 位 IMR 分别送入相应与门 U_0～U_7 的输入端。只有当 IRR_i 置位（有请求）和 IMR_i 清零（没被屏蔽，即开放中断请求）时，相应与门才能输出有效信号，即 R_i=1。
- 与门 U_0～U_7 的输出 R_0～R_7 均送入 8 输入或门 U_{10} 的 8 个输入端。所以只要中断源有请求而又没被屏蔽，或门 U_{10} 就输出"1"。此信号送与门 U_8 和 U_9 的输入端。当 CPU 不处于中断服务时，优先权失效，控制为"1"，则 U_9 输出 1，而使 INT=1，即向 CPU 发出中断请求信号。
- R_0～R_7 送入中断请求级编码器，编码器送出优先级最高的编码 $A_2A_1A_0$。$A_2A_1A_0$ 编码送入比较器，它提供矢量号的最低 3 位。
- 当 CPU 响应中断时，当前服务优先级寄存于 ISR 中。中断服务优先级编码器，根据 ISR 内容送出当前服务优先级编码 $B_2B_1B_0$。进入中断服务时，优先级失效，控制信号无效，即为"0"，将与门 U_9 关闭。
- $A_2A_1A_0$ 和 $B_2B_1B_0$ 分别送入比较器进行比较。所以当在进行中断服务时，没被屏蔽的中断源又提出请求时，只有当请求优先级 A 编码级别高于服务优先级 B 编码时，比较器 A>B 端才能输出“1”，使与门 U_8 开放，再次发出中断请求信号 INT。当 CPU 接受中断请求时，就进入嵌套中断。可见一个中断正被服务期间，会禁止同级或低级的中断请求。

④ 控制逻辑（Control Logic）根据 PR 的请求向 CPU 发出 INT 信号，该信号被送到 8086/8088 的 INTR 引脚，同时接受 CPU 的响应信号 INTA，并完成相应的处理，如清除 INT 信号、ISR 相应位置位、IRR 位清零、发送中断矢量码及结束中断服务等。

⑤ 中断服务寄存器（Interrupt Service Register，ISR）是一个 8 位的寄存器，存放当前正在服务的中断级。当它的 8 位内容全为 0 时，表示 CPU 正执行正常程序，并未为任何中断级服务。第 1 个中断响应信号 INTA 到来时，由优先权判决电路根据 IRR 中各请求位的优先级别和 IMR 中屏蔽位的状态，将允许中断的最高优先级请求位选通到 ISR 中。在处理某一级中断的整个过程中，ISR 的对应位保持为 1，直到服务完毕，返回之前，才由中断结束命令 EOI 将其清零。若在自动中断结束（AEOI）的情况下，则在中断响应后（尚未开始中断处理以前），就自动把所对应的 ISR 位复位。

以上 5 个部分是 8259A 的核心，实现中断优先权管理，并将 IR_0～IR_0 中断源的请求形成向 CPU 的中断请求信号 INT。

⑥ 读写控制逻辑电路（R/D Control Logic）接收来自 CPU 的读写命令，完成规定的操作。由 CS 芯片选通信号和 A_0 地址线是 0 或 1 决定访问片内哪个寄存器。从 CPU 的角度看，8259A 是一个 I/O 接口，CPU 可以对其进行读/写操作，写入 8259A 的是初始化命令或操作命令，以规定 8259A 的工作和操作方式，从 8259A 读出的是 8259A 的状态（即各寄存器的内容），或是中断级别的类型码。

⑦ 数据总线缓冲器（Data Bus Buffer）是 8 位的双向三态缓冲器，用作 8259A 与数据总线的接口，通常连接低 8 位数据总线 D_0～D_7。

⑧ 级联缓冲器/比较器（Cascade Buffer/Comparator）在级联方式的主—从结构中，用于存放和比较系统中各个从 8259A 的从设备标志 ID。

3. 8259A 的工作时序

系统上电后，应首先对 8259A 初始化，初始化是由 CPU 执行一段初始化程序实现的。初始化程序向 8259A 写入若干初始化命令字，以规定 8259A 的工作状态，如触发方式、单片 8259A 还是多片级联，还有各中断级的类型码。完成初始化后，8259A 处于就绪状态，按完全嵌套方式工作（IR_0 优先权级别最高，IR_7 最低）。

中断响应过程如下。

① 8259A 的一条或多条中断请求线（IR_0～IR_7）变成高电平时，中断请求锁存器 IRR 相应位置 1。

② 8259A 分析这些请求，若中断屏蔽寄存器相应的 IMR 位不被屏蔽，且请求中断的级别高于正在服务的中断程序的级别等条件都满足了，就会由 PR 通过控制逻辑向 CPU 发出高电平有效信号 INT，请求中断服务。

③ 在当前一条指令执行完毕且 IF=1 时，CPU 响应中断请求，进入中断响应总线周期，其时序如图 7-30 所示。

- CPU（或总线控制器）在第 1 个总线周期的 T_2～T_4 之间输出第 1 个 $\overline{INTA}$ 脉冲送给 8259A。同时 CPU 使地址/数据总线处于高阻状态，并使 $\overline{LOCK}$ 信号为有效低电平，使总线处于封锁状态，防止其他 CPU 或 DMA 占用总线。

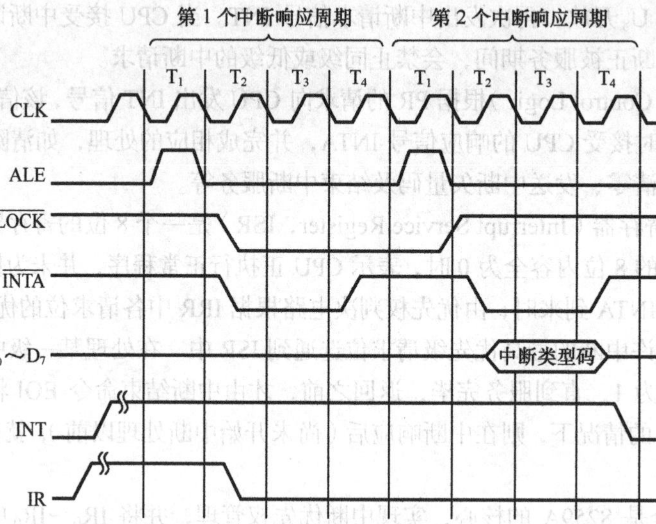

图 7-30 中断响应周期时序

④ 8259A 接到来自 CPU 的第 1 个 $\overline{INTA}$ 脉冲后，把允许中断的最高优先级请求位置入服务寄存器 ISR，并把 IRR 中相应位清零。第 1 个 $\overline{INTA}$ 脉冲还封锁了 IRR 寄存器，使 IRR 不受 IR_0～IR_7 进一步变化的影响，这种状态一直保持到第 2 个 $\overline{INTA}$ 脉冲结束为止。

⑤ CPU 在第 2 个总线周期再发出一个 $\overline{INTA}$ 脉冲。8259A 接到第 2 个 $\overline{INTA}$ 脉冲时，送出中断类型码，CPU 读入该中断类型码。第 2 个 $\overline{INTA}$ 脉冲结束时，INT 信号变为无效，总线封锁撤销。若 8259A 工作在 AEOI（自动中断结束方式），则自动使 ISR 相应位复位，若不工作在 AEOI 方式，则必须等到中断服务程序结束前由 CPU 发来的中断结束指令使 ISR 中的相应位复位。

4. 8259A 的工作方式

8259A 有多种工作方式，这些工作方式都可以通过编程来设置。8259A 的编程结构如图 7-31 所示。下面先讲述 8259A 的编程结构，然后再介绍 8259A 的中断工作方式。

（1）8259A 的编程结构

如图 7-31 所示，8259A 内部有 4 个初始化命令字寄存器 ICW_1～ICW_4，用来设定 8259A 芯片的连接方式、工作方式、中断类型码等。这 4 个寄存器的值由初始化程序设置，初始化命令字一旦设定，在系统工作过程中就不再改变。8259A 内部还有操作命令字寄存器 OCW_1～OCW_3，这 3 个寄存器的值由应用程序设定，用来对中断处理过程进行控制，在系统运行过程中，操作命令字可以重新设置。

（2）8259A 的中断优先权管理模式

① 完全嵌套方式。完全嵌套方式是 8259A 默认的工作方式，此时 IR_0 的优先权最高，IR_7 的优先权最低，优先权高的中断请求可以中断优先权低的服务，同级的以及优先权更低的中断请求不能中断优先权高的中断源的服务。

② 特殊完全嵌套方式。特殊完全嵌套方式中除允许优先权高的中断请求中断优先权低的中断服务外，还允许同级的中断请求中断同一优先级别的中断源的服务。

主从级连时，通常将主片设置为特殊的完全嵌套方式，将从片设置为其他优先级方式（完全嵌套方式或优先级循环方式）。这样，连接于主片某一引脚的从片中，优先权高的引脚的请求将可以中断优先权低的引脚的中断服务，虽然它们通过主片的同一引脚发出中断请求，在主片上对应于同一优先权级别。

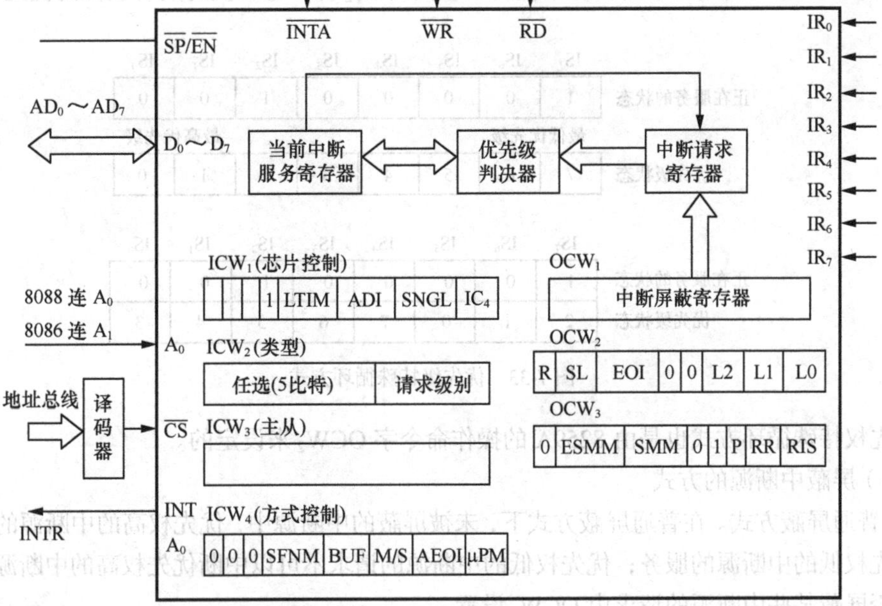

图 7-31 8259A 的编程结构

③ 自动循环方式（等优先权方式）。该方式规定，刚服务完的中断源的优先权降为最低，其他的跟着旋转。

如图 7-32（a）所示，IS_6 和 IS_4 都为 1，说明 IR_6 和 IR_4 的请求都得到了响应。图 7-32（a）中为全嵌套方式，优先级 IR_0 为最高，IR_7 为最低。因此，图 7-32（a）中 IS_6 和 IS_4 两者都为 1 的情况下 IR_4 的优先权高于 IR_6 的优先权，IR_6 的请求正在服务的时候，后来的 IR_4 的请求中断了 IR_6 的服务。CPU 将先服务 IR_4 的请求。

如果在 IR_4 的服务程序或其他程序中，通过 OCW_2 将优先权设置为自动循环方式，则在 IR_4 的请求服务完后，会将 IR_4 的中断优先权降为最低，其他的跟着旋转，如图 7-32（b）所示。

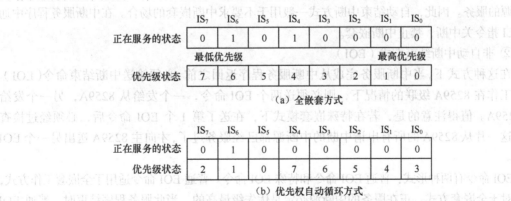

	IS_7	IS_6	IS_5	IS_4	IS_3	IS_2	IS_1	IS_0
正在服务的状态	0	1	0	1	0	0	0	0
	最低优先级						最高优先级	
优先级状态	7	6	5	4	3	2	1	0

（a）全嵌套方式

	IS_7	IS_6	IS_5	IS_4	IS_3	IS_2	IS_1	IS_0
正在服务的状态	0	1	0	0	0	0	0	0
优先级状态	2	1	0	7	6	5	4	3

（b）优先权自动循环方式

图 7-32 中断优先权自动循环方式

④ 优先权特殊循环方式。所谓特殊循环方式，是指允许在程序中（主程序或中断服务程序）改变中断源的优先等级，它是通过指定某个中断级为优先权最低，而其他中断源的优先级也随之改变的方法来实现的。若当前的中断优先级状态和中断服务寄存器状态如图 7-33 所示，在 IR_2 的

服务程序执行过程中，执行一条使 IR_4 优先权为最低的命令，则优先权状态发生改变，即 IR_4 的优先级最低，而 IR_5 的优先级最高，原来优先级较高的 IR_2 现在也改变为具有较低的优先权级别。

	IS_7	IS_6	IS_5	IS_4	IS_3	IS_2	IS_1	IS_0
正在服务的状态	1	0	0	0	0	1	0	0
	最低优先级						最高优先级	
优先级状态	7	6	5	4	3	2	1	0

	IS_7	IS_6	IS_5	IS_4	IS_3	IS_2	IS_1	IS_0
正在服务的状态	1	0	0	0	0	1	0	0
优先级状态	2	1	0	7	6	5	4	3

图 7-33　优先级特殊循环方式

优先权特殊循环方式也是由 8259A 的操作命令字 OCW_2 来设定的。

（3）屏蔽中断源的方式

① 普通屏蔽方式。在普通屏蔽方式下，未被屏蔽的中断源中，优先权高的中断源的请求可以中断优先权低的中断源的服务；优先权低的中断源的请求不可以中断优先权高的中断源的服务。

是否屏蔽某些中断源的请求由 OCW_1 设置。

② 特殊屏蔽方式。在特殊屏蔽方式下，未被屏蔽的中断源中，不论优先权高低，都可以中断当前正在服务的中断源的服务程序，服务完后返回到被中断处继续执行。

是否屏蔽某些中断源的请求由 OCW_1 设置。使 OCW_3 的 D_6D_5=11，进入特殊的屏蔽方式；D_6D_5=10，则退出特殊的屏蔽方式，恢复为普通的屏蔽方式。

（4）结束中断处理的方式

① 自动中断结束方式（AEOI）。通过 ICW_4 的 AEOI 位可以规定采用自动结束中断方式，还是采用非自动结束中断方式。若采用自动结束中断方式，则在第 2 个中断响应周期，8259A 自动将中断源在 ISR 中的对应位复位，然后进入中断服务程序。这样中断源的服务程序还没有服务完，该中断源在 ISR 中的对应位就已复位。若有新的中断请求到来，不管优先权高低，都可以中断该中断源的服务。因此，自动结束中断方式一般用于不要求中断嵌套的场合。在中断服务程序中通过 CLI 指令关中断，禁止中断嵌套。

② 非自动中断结束方式（EOI）。

在这种方式下，当中断服务完成从中断服务程序返回之前，必须输送中断结束命令（EOI）。若是工作在 8259A 级联的情况下，则必须送两个 EOI 命令，一个发给从 8259A，另一个发给主 8259A。值得注意的是，若在特殊嵌套模式下，在送了第 1 个 EOI 命令后，必须经过检查确定这一片从 8259A 的所有申请中断的中断源都已经服务过了，才向主 8259A 送出另一个 EOI 命令。

EOI 命令有两种形式：普通 EOI 命令和特殊 EOI 命令。普通 EOI 命令适用于全嵌套工作方式，因为对于全嵌套方式，正在服务的中断源必定是优先级最高的，当此服务程序结束时，普通 EOI 命令将自动清除 ISR 中所有已置位的位中对应优先级最高的那一位，也就是和此中断源对应的那一位。特殊 EOI 命令适用于非全嵌套工作方式，因为在非全嵌套工作方式下，中断服务寄存器 ISR 无法确定哪一级中断是最后响应和处理的，而特殊 EOI 命令可以通过设置 OCW_3 指明中断结束的对应位，从而将当前要清除的中断级别也传给 8259A，使指定级别的对应位清零。

（5）与系统总线的连接方式

① 缓冲方式。当 8259A 在一个大的系统中使用且多块 8259A 芯片级联时，要求数据总线有总线驱动缓冲器，也要求有一个缓冲器的允许信号。当编程规定使 8259A 工作在缓冲方式下时，则 8259A 送出一个允许信号 $\overline{SP}/\overline{EN}$ 。每当 8259A 的数据总线输出被允许时，$\overline{SP}/\overline{EN}$ 输出变为有效。在缓冲方式下，必须通过设定 ICW_4 的对应位，从而规定该片 8259A 是主片还是从片。

图 7-34 给出了一个 8259A 级联缓冲方式的例子。主片的 D_0～D_7 直接与 CPU 的局部数据总线相连；DEN 信号为 CPU 或 8288 发出的 DATA ENABLE 信号，当从系统总线向 CPU 送数据时，DEN 信号为高电平，$\overline{SP}/\overline{EN}$ 输出变为无效的高电平，这样送给 8286 的 $\overline{OE}$ 引脚一个有效的低电平；DT/$\overline{R}$ 是双向总线驱动器的方向控制信号，由外部逻辑电路形成，或者由 8288 发出；这样，系统总线与 CPU 间通过 8286 数据缓冲器进行数据传送，并不会受主 8259A 芯片的干扰。

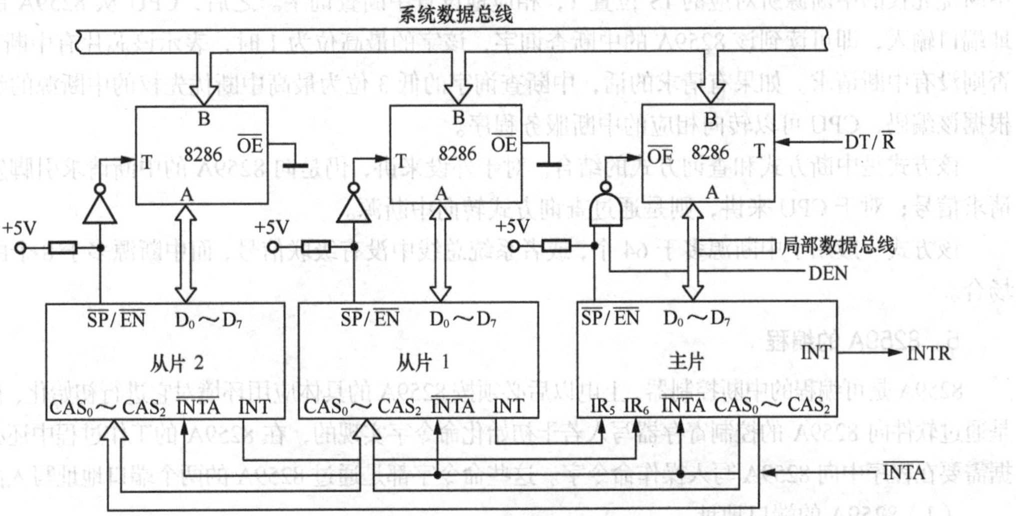

图 7-34　8259A 的级联缓冲方式

图 7-34 中，主片 8259A 与 CPU 间的数据传送是直接通过与 CPU 间的局部数据总线进行的，不需要通过图中最右边的 8286 收发器。每当主 8259A 的输出被允许时，主 8259A 的 $\overline{SP}/\overline{EN}$ 输出变为有效的低电平，该信号导致送给 8286 的 $\overline{OE}$ 引脚一个无效的高电平，保证了主 8259A 向 CPU 输出的数据不会送到系统总线上去，这样不会干扰系统总线上其他数据的传送。同样，当 CPU 向主 8259A 芯片传送数据时，其 DEN 信号为无效的低电平，8286 的传送被禁止，数据也不会送到系统总线上去。

在图 7-34 中，从 8259A 芯片与 CPU 间的数据传送是经过系统总线，再通过 8286 收发器进行的。8286 收发器的 $\overline{OE}$ 引脚接地，即可以随时进行数据传送。每当从 8259A 的输出被允许时，从 8259A 芯片的 $\overline{SP}/\overline{EN}$ 输出变为有效（低电平），该信号导致送给 8286 的 T 引脚一个高电平，决定 8286 的传送方向是从 A 到 B。当从 8259A 芯片不输出时，从 8259A 芯片的 $\overline{SP}/\overline{EN}$ 输出变为无效（高电平），该信号导致送给 8286 的 T 引脚一个低电平，决定 8286 的传送方向是从 B 到 A，此时，其他器件（如 CPU）可以向从 8259A 芯片写数据。

② 非缓冲方式。当系统只有单片 8259A 或即使是级联方式但片数不多的情况下，也可以将它直接与数据总线相连。在非缓冲方式下，8259A 的 $\overline{SP}/\overline{EN}$ 端作为输入端。当系统中只有单片 8259A 时，$\overline{SP}/\overline{EN}$ 端必须接高电平；有多片 8259A 时，主片的 $\overline{SP}/\overline{EN}$ 端接高电平，而从片的

$\overline{SP}/\overline{EN}$端接低电平。

（6）引入中断请求的方式

① 边缘触发方式。在边缘触发方式下，8259A 将中断请求引脚 IR_0～IR_7 上出现的由低变高的上升沿作为中断请求信号。

② 电平触发方式。在电平触发方式下，8259A 将中断请求引脚 IR_0～IR_7 上出现的高电平作为中断请求信号。在中断响应信号到来后，需撤销中断请求信号，即将中断请求引脚的高电平变回低电平，否则，当作第 2 次的中断请求信号。

③ 中断查询方式。在中断查询方式下，IF=0，CPU 不响应 INTR 引脚的可屏蔽中断。CPU 通过向 8259A 的偶地址端口写一个 D_2 位（P 位）为 1 的 OCW_3 命令字，将 8259A 设置为工作在查询方式。8259A 将 P=1 的 OCW_3 命令字当作中断响应信号，将未被屏蔽的中断请求中具有最高中断优先权的中断源所对应的 IS 位置 1，相应地设置中断查询字。之后，CPU 从 8259A 的偶地址端口输入，即可读到该 8259A 的中断查询字，该字的最高位为 1 时，表示该芯片有中断请求；否则没有中断请求。如果有请求的话，中断查询字的低 3 位为最高中断优先权的中断源的编码，根据该编码，CPU 可以转向相应的中断服务程序。

该方式是中断方式和查询方式的结合。对于外设来讲，仍是向 8259A 的中断请求引脚发中断请求信号；对于 CPU 来讲，则是通过查询方式转向中断源。

该方式一般用于中断源多于 64 个，或者系统总线中没有级联信号，而中断源多于 8 个的应用场合。

5. 8259A 的编程

8259A 是可编程的中断控制器，上电以后必须按 8259A 的具体应用环境对它进行初始化，初始化是通过软件向 8259A 的控制寄存器写入若干初始化命令字实现的，在 8259A 的工作过程中还必须根据需要在程序中向 8259A 写入操作命令字。这些命令字都是通过 8259A 的两个端口地址写入的。

（1）8259A 的端口地址

中断控制器以 I/O 接口形式与处理器连接，每块 8259A 芯片有一个地址引脚 A_0，还有一个片选引脚$\overline{CS}$。CPU 通过这两个引脚寻址 8259A 芯片内的寄存器。CPU 发出的地址信号的高位经地址译码器译码后送 8259A 的$\overline{CS}$引脚，为低电平表示选中该 8259A 芯片。地址信号的 A_0 送 8259A 的 A_0 引脚，A_0 信号可以取 0 和 1，分别对应 8259A 芯片的两个端口地址。把 A_0 为 0 的端口称为偶地址端口，A_0 为 1 的端口称为奇地址端口。

例如，以 8088 为 CPU 的 IBM PC/XT 中，用了一块 8259A 芯片管理可屏蔽中断，分给该 8259A 芯片的端口地址是 20H 和 21H。这两个端口地址的高 7 位是 0010000，用来给 8259A 的$\overline{CS}$引脚产生有效的低电平，选中 8259A 芯片。两个端口地址的最低位分别为 0 和 1，送到 8259A 芯片的 A_0 引脚，用于选择 8259A 芯片内的寄存器。

8259A 芯片只有两个端口地址，而需要访问的片内寄存器很多，包括初始化命令字（Initial Command Word，ICW）、工作方式命令字（Operational Command Word，OCW）、以及中断请求寄存器 IRR、正在服务寄存器 ISR、中断屏蔽寄存器 IMR、标识码等。CPU 是如何通过两个端口地址访问 8259A 内部的这些寄存器的呢？具体实现方法如表 7-3 所示，写初始化命令字 ICW_1 和写工作方式命令字 OCW_2、OCW_3 都必须用偶地址寻址，区别的方法是用写入偶地址端口的字节数据中的 D_4D_3 位加以区分，把 D_4D_3 位也称为特征位。写 OCW_1、ICW_2、ICW_3、ICW_4 都是用基地址寻址，但在这里没有用特征位，区别的方法是 ICW_2、ICW_3、ICW_4 都是跟在 ICW_1 的后面按顺序依次通过基地址写入的，其他时候写奇地址端口对应的就是写 OCW_1。读端口也存在类似的问题，区别的方法是，读奇地址端口就是读 IMR 寄存器，读偶地址端口则是读中断请求寄存器 IRR、正在服务寄存器 ISR、标识码中的某一个，到底是读哪一个则需先写 OCW_3 命令字来确定。8259A 的各种基本操作和引脚信号的关系总结如表 7-3 所示。在后面具体介绍每个命令字时还会给予解释。

表 7-3　　8259A 的基本操作

$\overline{CS}$	A_0	D_4	D_3	$\overline{RD}$	$\overline{WR}$	写命令操作	说　明
0	0	1	×	1	0	数据总线→ICW_1	
0	0	0	0	1	0	数据总线→OCW_2	
0	0	0	1	1	0	数据总线→OCW_3	
0	1	×	×	1	0	数据总线→OCW_1，ICW_2，ICW_3，ICW_4	
$\overline{CS}$	A_0			$\overline{RD}$	$\overline{WR}$	读状态操作	
0	0			0	1	IRR→数据总线	若 OCW_3 的 D_1=1，D_0=0
0	0			0	1	ISR→数据总线	若 OCW_3 的 D_1=1，D_0=1
0	0			0	1	标识码→数据总线	若 OCW_3 的 D_2=1
0	1			0	1	IMR→数据总线	

（2）初始化命令字（Initial Command Word）ICW_1～ICW_4

CPU 向 8259A 写入初始化命令字的顺序和寻址标志如图 7-35 所示。首先写 ICW_1，再写 ICW_2。之后，若 8259A 是单片使用，则不需要写 ICW_3；否则，8259A 为级联使用，需要写 ICW_3。然后，根据使用 CPU 的情况决定是否需要写入 ICW_4，若为 8088/8086 CPU，需要写 ICW_4；若为 8080/8085 CPU，可以不写 ICW_4。下面详细讨论每个初始化命令字的用法。

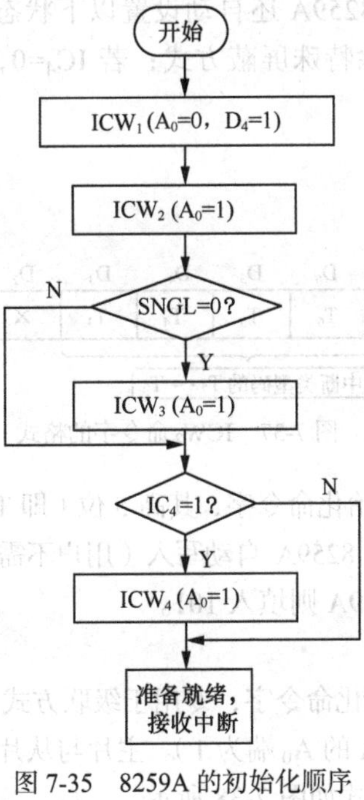

图 7-35　8259A 的初始化顺序

① ICW_1的格式和用法。

ICW_1的格式如图 7-36 所示。

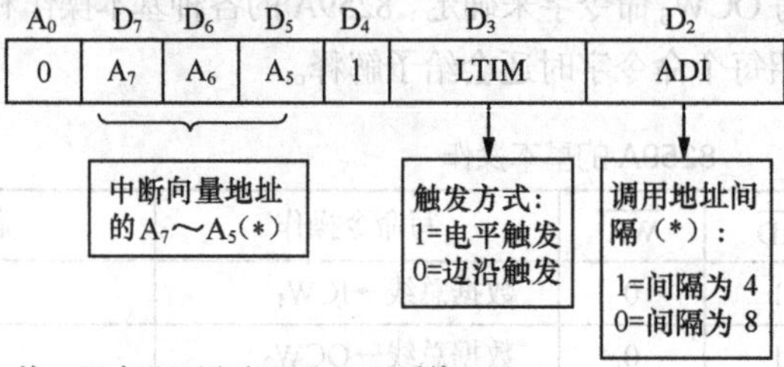

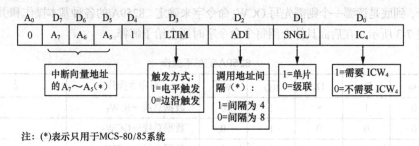

注：(*)表示只用于MCS-80/85系统

图 7-36　ICW_1命令字的格式

- A_0为 0，表示该命令字写到 8259A 的偶地址端口。
- D_7 D_6 D_5 3 位在 8086/8088 以及 80x86/Pentium 为 CPU 的应用中，无意义，可以置为 0。
- D_4=1，为 ICW_1 的特征位，用于区别写到 8259A 偶地址端口的字是该写到 ICW_1 寄存器还是 OCW_2 或 OCW_3 寄存器。D_4=1，写到 ICW_1 寄存器。
- D_3为触发方式位，用于规定 8259A 中断请求引脚的触发方式。LTIM 是 Level Trigger Input Mode 的缩写，即电平触发方式。D_3=1 时，为电平触发方式（LTIM 方式）；D_3=0 时，为边沿触发方式。
- D_2位在 8086/8088 以及 80x86/Pentium 为 CPU 的应用中，无意义，可以置为 0。
- D_1（Single，SNGL）为 1 时，表示该 8259A 芯片为单片使用；D_1为 0 时，表示该 8259A 芯片为级联使用。
- D_0位规定是否需要写入 ICW_4。D_0位为 1，需要写入 ICW_4；D_0位为 0，不需要写入 ICW_4。在 8086/8088 以及 80x86/Pentium 为 CPU 的应用中，都需要写入 ICW_4，因此，D_0位为 1。

当向 8259A 写入 ICW_1 时，8259A 还自动设置以下状态：清除中断屏蔽寄存器；分配 IR_7 的优先权为 7（即最低级）；清除特殊屏蔽方式；若 IC_4=0，则自动完成置 ICW_4 各位为 0 的功能。

② ICW_2的格式和含义。

ICW_2的格式如图 7-37 所示。

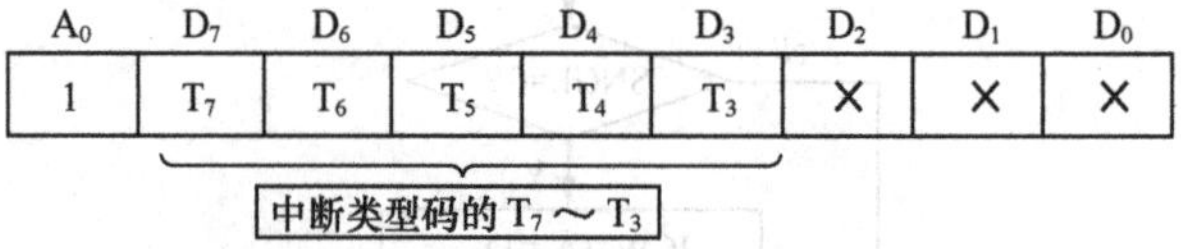

图 7-37　ICW_2命令字的格式

ICW_2是设置中断类型码的初始化命令字，其高 5 位（即 T_3～T_7）由用户设定，其低 3 位（即 D_0～D_2）按中断源（IR）的级别由 8259A 自动写入（用户不需设定），如对于 IR_0的中断类型码，8259A 将填入 000，对于 IR_5，8259A 则填入 101。

③ ICW_3的格式和含义。

ICW_3是标志主片/从片的初始化命令字，专用于级联方式，必须写到 8259A（包括主片和从片）的奇地址端口中（即让 8259A 的 A_0端为 1）。主片与从片的 ICW_3有所不同：

主片的 ICW_3初始化命令字格式如图 7-38 所示。

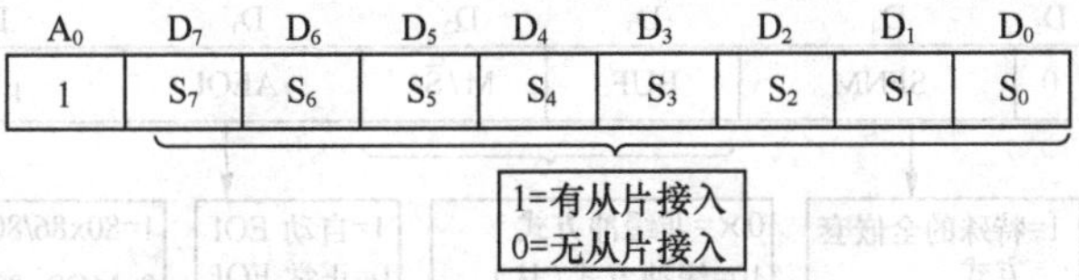

图 7-38　主片的 ICW_3 命令字格式

当 S_i=1 时，表示对应的 IR_i 输入已接到从片 8259A 的 INT 输出；当 S_i=0 时，表示对应的 IR_i 输入没接从片，可能是直接接中断源或没接。

从片的 ICW_3 初始化命令字格式如图 7-39 所示。

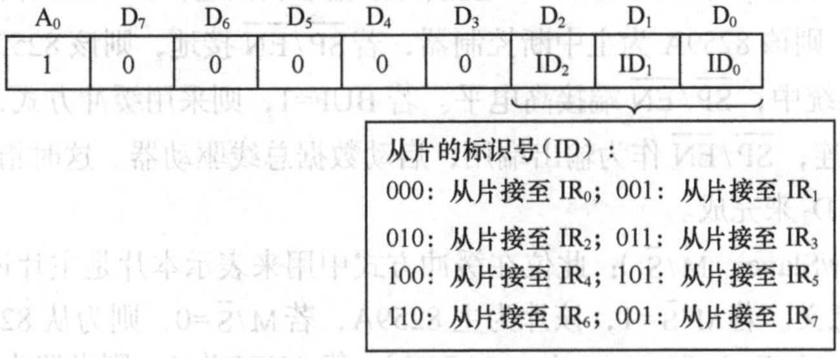

图 7-39　从片 ICW_3 命令字的格式

ID_0～ID_2 是对应从片地址号的二进制编码（称从设备的标识码），即连到主片的 IR_i 的二进制编码。它用来说明从 8259A 是接在主 8259A 的哪个 IR_i 端上。每个从 8259A 的设备号编码 ID 和主 8259A 对应 IR_i 端的关系如表 7-4 所示。

表 7-4　　8259A 设备号编码与 IR_i 的对应关系

设备号编码	主 8259A　IR_i							
	IR_7	IR_6	IR_5	IR_4	IR_3	IR_2	IR_1	IR_0
ID_2	1	1	1	1	0	0	0	0
ID_1	1	1	0	0	1	1	0	0
ID_0	1	0	1	0	1	0	1	0

主从级联使用时，主片的 8259A 在第 1 个 $\overline{INTA}$ 中断响应周期，在其 CAS_2、CAS_1、CAS_0 引脚输出所响应的中断请求从片的编码。各从 8259A 芯片在第 1 个 INTA 中断响应周期从其 CAS_2、CAS_1、CAS_0 引脚接收编码，将所收到的编码与其收到的 ICW_3 中的低 3 位进行比较，如果不同，说明中断响应信号不是送给自己的；如果相同，则说明中断响应信号是送给自己的，则该 8259A 芯片在第 2 个中断响应周期送出中断类型码给 CPU，CPU 根据中断类型码转向相应的中断服务程序。注意，若主 8259A 只有一部分的 IR 输入接从 8259A 的 INT，而将剩余的 IR 直接接中断源，这时主 8259A 的 IR_0 不能用来连接从 8259A 的 INT。

④ ICW_4 的格式和含义。

若 ICW_1 中的 IC_4 位为 1，则在 8259A 初始化时，必须写入 ICW_4，其格式如图 7-40 所示。

- D_7～D_5：这 3 位总是 0，用来作为 ICW_4 的标识码。
- D_4（Special Full Nesting Mode，SFNM）：用于指示在级联方式下的优先权管理方式。若 SFNM=1，表示采用特殊的完全嵌套方式，若 SFNM=0，则采用一般全嵌套方式。

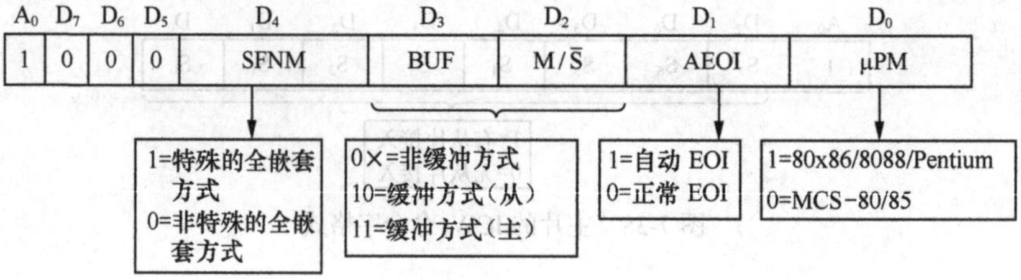

图 7-40　ICW_4 命令字的格式

- D_3（Buffer，BUF）：用于指示是否采用缓冲方式，并由该位的状态来规定 $\overline{SP}/\overline{EN}$ 的定义。若 BUF=0，表示不采用缓冲方式，8259A 直接与数据总线相连，$\overline{SP}/\overline{EN}$ 作为输入控制信号，若 $\overline{SP}/\overline{EN}$ 接高电平，则该 8259A 为主中断控制器，若 $\overline{SP}/\overline{EN}$ 接地，则该 8259A 为从中断控制器。在单片 8259A 的系统中，$\overline{SP}/\overline{EN}$ 端接高电平。若 BUF=1，则采用缓冲方式，8259A 通过总线驱动器与数据总线相连，$\overline{SP}/\overline{EN}$ 作为输出端用，启动数据总线驱动器。这时指示 8259A 是主片还是从片的工作就由 D_2 来完成。
- D_2（Master/Slave，$M/\overline{S}$）：此位在缓冲方式中用来表示本片是主片还是从片，这位只有在 BUF=1 时才有意义。若 $M/\overline{S}$=1，该片为主 8259A，若 $M/\overline{S}$=0，则为从 8259A。
- D_1（Automatic End of Interruption，AEOI）：若 AEOI 为 1，则设置为自动中断结束方式。在自动中断结束方式下，当第 2 个 $\overline{INTA}$ 脉冲结束时，当前中断服务寄存器 ISR 中的相应位会自动清除。所以一进入中断以后，对于 8259A 来说，中断处理过程就已经结束了。
- D_0（μProcessor Mode，μPM）：若μPM 为 1，表示 8259A 当前所在系统为 8086/8088 或 80x86/Pentium 系统；若μPM 为 0，则表示当前系统为 8080/8085 系统。

（3）操作命令字（Operational Command Word，OCW）

当按规定的流程对 8259A 预置完毕后，8259A 就处于就绪状态，准备好接收来自 IR 输入的中断请求信号，按固定优先级完全嵌套来响应和管理中断请求。若要改变 8259A 的中断优先权管理方式或状态，或要读出 8259A 内部某些寄存器的内容时，就得向 8259A 写入有关操作命令字。设置时，次序上没有严格的要求，但是对端口地址有严格规定，即 OCW_1 必须写入奇地址端口，OCW_2，OCW_3 必须写入偶地址端口。

① OCW_1 的格式和含义。

OCW_1 称为中断屏蔽操作命令字，与中断屏蔽寄存器 IMR 中的各位一一对应，其格式如图 7-41 所示。

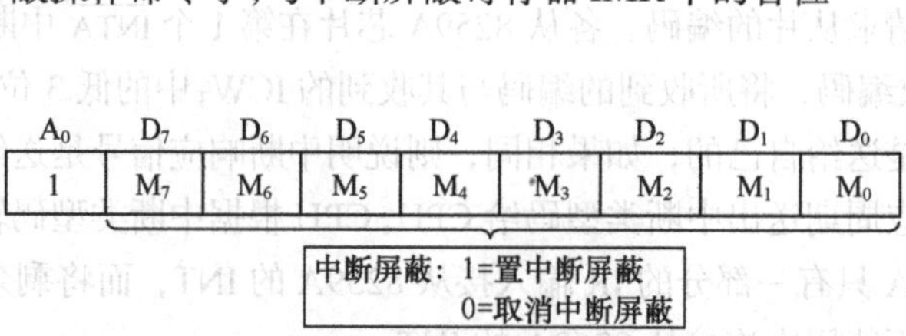

图 7-41　OCW1 命令字的格式

当 M_i=1 时，相应的 IR_i 被屏蔽，若 M_i=0，则 IR_i 未被屏蔽。初始化以后，IMR 的内容为全 0。

② OCW_2 的格式和含义。

OCW_2 用于控制中断结束方式以及修改优先权管理模式，必须写入 8259A 的偶地址端口，其格式如图 7-42 所示。

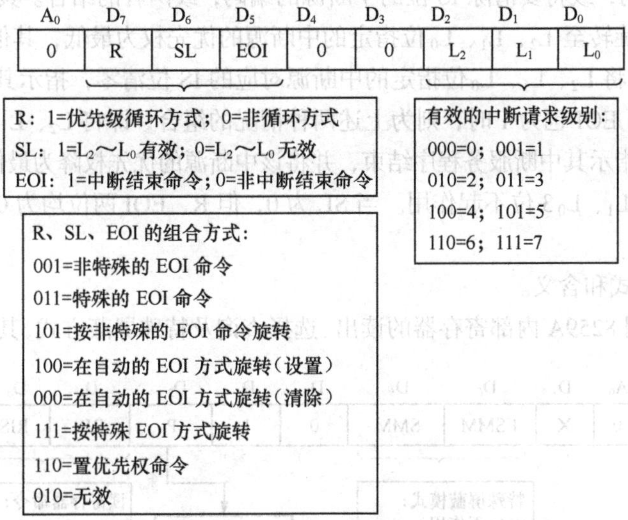

图 7-42　OCW_2 命令字的格式

- R（Rotate）位：优先权循环控制位。当 R=1 时，为循环优先权；当 R=0 时，为固定优先权。
- SL（Set Level）位：选择 L_2～L_0 编码是否有效的标志。当 SL=1 时，允许由 L_2～L_0 编码指定对应的 IR_i 为最低优先级，并以此进行排序；或由 L_2～L_0 的编码来清除指定的 ISR 位。当 SL=0 时，L_2～L_0 编码指定无效。
- EOI（End Of Interruption）位：中断结束命令位。在非自动中断结束命令下，EOI=1，使中断服务寄存器 ISR 中具有最高优先权的 IS 复位；EOI=0，则此位不起作用。

以上 3 个控制位的组合功能如表 7-5 所示。

表 7-5　　R、SL、EOI 的组合功能

R	SL	EOI	功　能
0	0	1	普通 EOI 命令，适用于完全嵌套方式，并在中断服务程序结束前用于清除 ISR 中优先级最高的已置位的位（即清除 ISR 中最后一次置位的位）
0	1	1	特殊 EOI 命令，此命令也是在中断服务结束之前被使用的，和常规 EOI 命令不同的是，该命令是复位 ISR 中和 $L_2L_1L_0$ 3 位编码相对应的位
1	0	1	普通 EOI 循环命令，此命令在中断服务程序结束时使用，使已置位的 ISR 中的优先级最高的位复位，同时赋予刚结束服务的相应中断源以最低优先级
0	0	0	复位自动 EOI 循环命令，用于清除自动循环方式
1	0	0	置位自动 EOI 循环命令，用于设置自动循环方式（即等优先权方式）
1	1	1	特殊 EOI 循环命令，一方面把 ISR 位中与 $L_2L_1L_0$ 3 位编码一致的那一位复位，另一方面把与 $L_2L_1L_0$ 3 位编码一致的那一个中断源的优先级降到最低。显然若要进行这种设置，该操作命令字应在中断程序结束之前写入 8259A
1	1	0	置优先权命令，用来设置特殊循环方式，也即将与 $L_2L_1L_0$ 3 位编码一致的那个中断源指定为最低优先级。此命令可在程序中的任何位置写入 8259A
0	1	0	无效

L_2、L_1、L_0 位是当 SL 为 1 时，与 R、EOI 两位相结合起作用的，用于指示优先权将被旋转为

最低的中断源的编码，或将要清除 IS 位的中断源的编码，或两者的结合。具体地说，当 SL 为 1，R 为 1 时，优先权旋转至 L_2、L_1、L_0 位指定的中断源的优先权为最低，其他的跟着旋转。当 SL 为 1，EOI 为 1 时，将 L_2、L_1、L_0 位指定的中断源对应的 IS 位清零，指示其中断服务程序结束。当 SL 为 1，R 为 1，EOI 也为 1 时，则为上述两种情况的组合，即将 L_2、L_1、L_0 位指定的中断源对应的 IS 位清零，指示其中断服务程序结束，并将该中断源的优先权降为最低，其他的跟着旋转。当 SL 为 0 时，L_2、L_1、L_0 3 位不起作用。当 SL 为 0，但 R、EOI 两位均为 0 时，L_2、L_1、L_0 3 位也不起作用。

③ OCW_3 的格式和含义。

OCW_3 用来控制 8259A 内部寄存器的读出、选择查询及特殊屏蔽方式，其格式如图 7-43 所示。

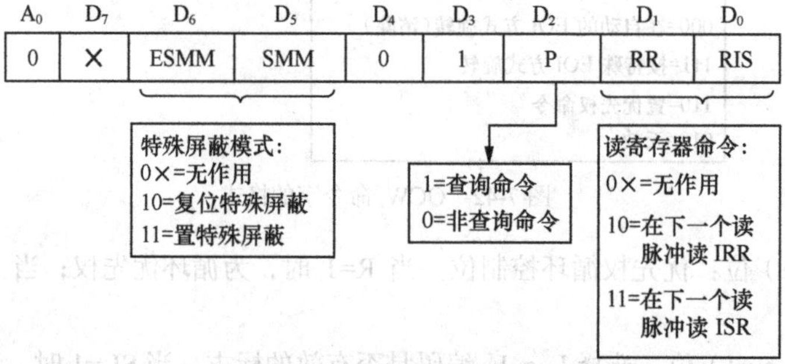

图 7-43　OCW_3 命令字的格式

- ESMM（Enable Special Mask Mode）位：特殊屏蔽模式允许位，用于决定是否进行置位或复位特殊屏蔽方式，若 ESMM=0，表示不进行置位或复位的操作，这时 SMM 位无效。若 ESMM=1，则允许置位或复位的操作。
- SMM 位（Special Mask Mode）位：屏蔽方式设置位，SMM=1 时，按特殊屏蔽方式工作，即只要 CPU 内部的 IF=1，系统可响应任何未被屏蔽的中断请求，SMM=0 时，清除特殊屏蔽方式，恢复为一般屏蔽方式。SMM 必须在 ESMM=1 的情况下才起作用。
- RR（Read Register）位：读寄存器控制，若 RR=1，则表示下一总线周期将使用偶地址的 RD 信号读出 8259A 内部寄存器的内容，具体读哪一个寄存器的内容由 RIS 位决定。若 RR=0，则不向 8259A 发读指令，RIS 的状态无意义。
- RIS（Read Interrupt Service）位：读中断服务寄存器位，若 RIS=1，读取 ISR 的内容，若 RIS=0，则读取 IRR 的内容。
- P 位：查询方式位。当 P=1 时，设置 8259A 为中断查询方式。在这种方式下，CPU 不是通过接收中断请求信号来进入中断处理过程的，而是靠发送查询命令、读取查询字来获得外部设备的中断请求信息。CPU 向 8259A 发出查询命令后，下一条指令以读 8259A 偶地址端口的操作来代替发送 $\overline{INTA}$ 信号。8259A 清除已置位的 IRR 位中优先级最高的位，并将相应的 ISR 位置位，将中断源的标识码放入数据总线，标识码的格式如图 7-44 所示。

D_7	D_6	D_5	D_4	D_3	D_2	D_1	D_0
I	×	×	×	×	W_2	W_1	W_0

图 7-44　标识码的格式

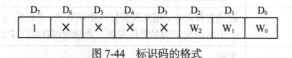

其中 I=1 表示有中断请求，此时 W_2、W_1、W_0 为 IR_i 的编码。

查询方式通常用于多于 64 级中断的 8259A 级联系统，或者是不便采用级联方式扩展优先级的场合，如 IBM PC，由于其系统总线不包括 CAS 和 $\overline{INTA}$ 信号，因此无法使用级联方式来进行扩展。

在 OCW_3 中，另外设置了两个起允许作用的位（ESMM 位，RR 位）。因为对 OCW_3 来讲，它要完成设置屏蔽模式、中断查询方式和对寄存器读取的操作，这几个操作不能互相干扰，在设置其中一个时不能干扰了其他设置。这时，就可以设置对应的允许位为 0，这样就不会干扰其他的设置了。

6. 8259A 的应用

（1）在 IBM PC/XT 中的应用

在以 8088 为 CPU 的 IBM PC/XT 系统中使用了一片 8259A 管理 8 级可屏蔽中断。8259A 有 8 个中断请求输入端 IR_0～IR_7，即 IRQ_0～IRQ_7，IRQ_0 接计数器/定时器 8253-5 通道 0 的输出端，作为 IBM PC/XT 系统计时时钟的请求输入端，IRQ_1 接收键盘接口电路送来的请求信号，剩下的 6 个请求端连接 I/O 扩展槽，用来接收扩展板发出的中断请求。IBM PC/XT 的这 8 个中断请求相应的类型码如表 7-6 所示。

表 7-6　IBM PC/XT 的可屏蔽中断源及类型码

中断优先级	中断类型码	中　断　源
IRQ_0	08H	系统计时时钟请求
IRQ_1	09H	键盘
IRQ_2	0AH	为用户保留的中断
IRQ_3	0BH	串口 2
IRQ_4	0CH	串口 1
IRQ_5	0DH	硬盘
IRQ_6	0EH	软盘
IRQ_7	0FH	并行打印机

根据 PC/XT 外部中断源的设置情况，除中断请求线 IRQ_2 可供用户使用外，IRQ_3、IRQ_4、IRQ_7 在系统不用（未插相应选件板，或没使用中断）时，也可供用户使用。

对 8259A 的初始化涉及中断系统软硬件的许多问题，一旦初始化完成，所有的硬件中断源和中断处理程序（包括已开发和未开发的）都必须受到其制约。因此，对系统 8259A 的初始化在微机启动后由 BIOS 自动完成。从系统的安全性考虑，用户在使用过程中不应当再对其初始化，更不能改变对它的初始化设置。

PC/XT 中分配给 8259A 的 I/O 地址为 20H（A_0=0，偶地址）和 21H（A_0=1，奇地址）。BIOS 程序中对 8259A 的初始化规定：中断优先级管理采用完全嵌套方式，中断请求信号采用上升沿触发方式、缓冲器方式，中断结束采用 EOI 命令方式。因而，其初始化程序如下。

```
MOV AL,13H              ;写 ICW1(上升沿,单个,设置 ICW4)
OUT 20H,AL
MOV AL,08H              ;写 ICW2(中断类型基值)
OUT 21H,AL
MOV AL,0DH              ;写 ICW4(全嵌套,缓冲,主片,与 8088
OUT 21H,AL              ;配合,非自动结束中断)
```

中断处理程序中，在中断返回前向 8259A 发出的中断结束命令（普通 EOI 命令）为

```
MOV AL,20H
OUT 20H,AL
```

（2）在 IBM PC/AT 中的应用

IBM PC/XT 中使用一片 8259A 中断控制器芯片，只能管理 8 级可屏蔽中断源。设计者很快就会发现不够用。为此，以 80286 为 CPU 的 IBM PC/AT 及 80286 以上的微机系统中都将两片 8259A 级联使用，可管理 15 级可屏蔽中断。从 8259A 的 INT 引脚接主 8259A 的 IRQ_2引脚，主 8259A 芯片的其他中断请求引脚的用法与 IBM PC/XT 中相同。两块 8259A 芯片的中断源及其对应的中断类型码如表 7-7 所示。

表 7-7　　IBM PC/AT 可屏蔽中断源及类型码

主 8259	中断源	中断类型	从 8259	中断源	中断类型
IRQ_0	时钟	08H	IRQ_0	实时钟	70H
IRQ_1	键盘	09H	IRQ_1	用户中断	71H 转 0AH
IRQ_2	来自从 8259	0AH	IRQ_2	保 留	72H
IRQ_3	串口 2	0BH	IRQ_3	保 留	73H
IRQ_4	串口 1	0CH	IRQ_4	保 留	74H
IRQ_5	硬盘	0DH	IRQ_5	协处理器	75H
IRQ_6	软 盘	0EH	IRQ_6	硬 盘	76H
IRQ_7	并行口	0FH	IRQ_7	保 留	77H

系统分配给主 8259A 的端口地址为 20H 和 21H，分配给从 8259A 的端口地址为 AOH 和 A1H。系统初始化后，主、从 8259A 均按“固定优先级”方式管理它属下的中断源，当从 8259A 中任一中断源请求被选中后，经由从 8259A 的 INT 引脚向主 8259A 的 IR_2 提出请求。整个系统中断源优先级由高到低的顺序为：首先是主 8259A 的 IRQ_0、RIQ_1，然后是从 8259A 的 IRQ_0～IRQ_7，最后是主 8259A 的 IRQ_3～IRQ_7。

比较表 7-6 和表 7-7 可以看出，IBM PC/XT 中 IRQ_2 为用户中断，类型码为 0AH；而 IBM PC/AT 机中主片的 IRQ_2接收从片的中断请求，从片的 IRQ_1 为用户中断，即改为由从 8259A 芯片的 IRQ_1 接收用户的中断请求，其中断类型码为 71H。为了保持与 PC/XT 的兼容，就需要编程实现从中断类型码为 71H 的服务子程序转向中断类型码为 0AH 的中断服务子程序。为了实现这一功能，BIOS 设计的 71H 型服务程序如下。

```
…
PUSH  AX
MOV   AL,20H
OUT   0A0H,AL ;给从 8259A 芯片片发 EOI 中断结束命令
POP   AX
INT   0AH        ;转向中断类型码为 0AH 的中断服务子程序
…
```

执行上述程序后，最终的用户中断类型为 0AH，这样就可以实现和早期的 IBM PC/XT 兼容。

（3）保护模式下的 8259A

8259A 芯片使用时必须通过编程对它进行初始化，需要完成的工作是指定主片与从片怎样相连、怎样工作、怎样分配中断号等。在实模式下，当计算机加电或重启时由 BIOS 自动完成 8259A

的初始化设置。但当转到保护模式下时，却不得不对它进行重新设定。

在 BIOS 初始化 8259A 芯片时，8259A 的 IRQ_0～IRQ_7 被分配了 08H～0FH 的中断类型号，然而当 CPU 转到保护模式下工作的时候，08H～0FH 的中断类型号却被 CPU 用来处理异常。因此，在保护模式下，必须重新对 8259A 进行编程，主要的目的就是重新分配中断型号。分配中断类型号可以通过写初始化命令字 ICW_2 来完成。

（4）8259A 的两个应用实例

【例 7.3】 IBM PC/XT 的中断控制系统中使用了一片 8259A 芯片，其端口地址为 20H 和 21H。该 8259A 芯片的初始化编程在开机时由 BIOS 设定，用户使用过程中不需要对该 8259A 芯片进行初始化，更不能去修改 BIOS 所做的初始化设置，否则会影响系统的运行。由表 7-6 可以看到，根据 IBM PC/XT 外部中断源的设置情况，除中断请求线 IRQ_2 可供用户使用外，IRQ_3、IRQ_4、IRQ_7 在系统不用（未插相应选件板，或没使用中断）时，也可供用户使用。

现假设有一个外部中断源向该 8259A 芯片的 IR_3 引脚发中断请求，每发一次中断请求，CPU 给予响应后在屏幕上显示一句话，“HERE COMES AN IRQ3 INTERRUPT!”，中断 15 次后程序退出。编程时，在根据中断类型号设置好中断向量后，要将中断屏蔽寄存器的对应位清零。程序的流程图如图 7-45 所示。

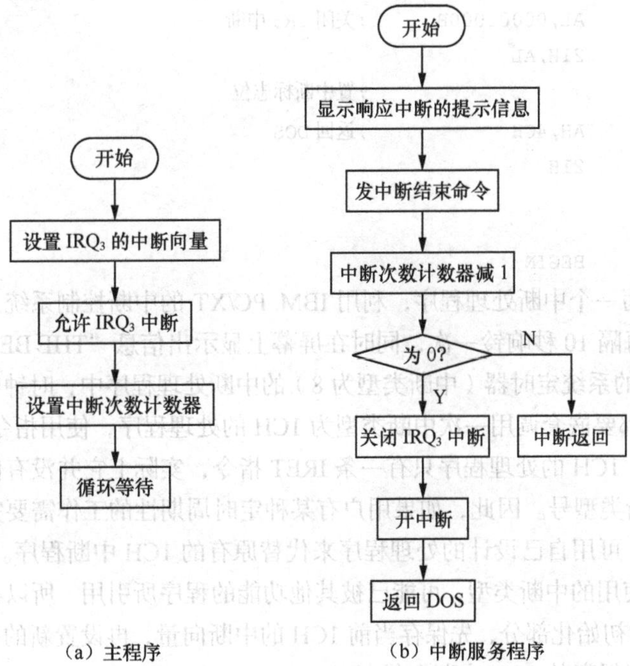

图 7-45　程序流程图

对应程序如下。

```
DATA      SEGMENT
MESS      DB'HERE COMES AN IRQ3 INTERRUPT!', 0AH,0DH,'$'
DATA      ENDS
CODE      SEGMENT
          ASSUME    CS:CODE,DS:DATA
BEGIN:    MOV       AX,CS
          MOV       DS,AX
          MOV       DX,OFFSET INT3
```

```
          MOV     AX,250BH
          INT     21H               ;设中断程序 int3 的类型号为 0BH
          CLI                       ;清除中断标志位
          IN      AL,21H            ;读中断屏蔽寄存器
          AND     AL,11110111B      ;开放 IRQ3 中断
          OUT     21H,AL
          MOV     CX,15             ;记中断循环次数为 15 次
          STI                       ;置中断标志位
WAITING:JMP      WAITING           ;循环等待中断
INT3:     MOV     AX, DATA          ;中断服务程序
          MOV     DS,AX
          MOV     DX, OFFSET MESS
          MOV     AH,09             ;显示每次中断的提示信息
          INT     21H
          MOV     AL,00100000B
          OUT     20H,AL            ;发出 EOI 结束中断
          LOOP    NEXT
          IN      AL,21H
          OR      AL,00001000B      ;关闭 IR3 中断
          OUT     21H,AL
          STI                       ;置中断标志位
          MOV     AH,4CH            ;返回 DOS
          INT     21H
NEXT:     IRET
CODE      ENDS
          END     BEGIN
```

【例 7.4】 编写一个中断处理程序，利用 IBM PC/XT 的中断控制系统，实现下列功能：主程序运行过程中，每隔 10 秒响铃一次，同时在屏幕上显示出信息“THE BELL IS RINGING!”。

在 IBM PC/XT 的系统定时器（中断类型为 8）的中断处理程序中，时钟中断每发生一次（约每秒中断 18.2 次）都要嵌套调用一次中断类型为 1CH 的处理程序，使用指令 INT 1CH 实现。在 ROM BIOS 例程中，1CH 的处理程序只有一条 IRET 指令，实际上它并没有做任何工作，只是给用户提供了一个中断类型号。因此，如果用户有某种定时周期性的工作需要完成，还要利用系统定时器的中断间隔，可用自己设计的处理程序来代替原有的 1CH 中断程序。

1CH 作为用户使用的中断类型，可能已被其他功能的程序所引用，所以在编写新的中断程序时，应该在主程序的初始化部分，先保存当前 1CH 的中断向量，再设置新的中断向量；然后在主程序的结束部分恢复保存的 1CH 中断向量。

实现上述功能的程序如下。

```
DATA      SEGMENT
COUNT     DW   1
MSG       DB   0DH,0AH,'THE BELL IS RINGING! ',07H,0DH,0AH,'$'
FLAG      DB   0
DATA      ENDS
CODE      SEGMENT
          ASSUME  CS:CODE,DS:DATA
MAIN      PROC    FAR
```

```
START:  PUSH    DS
        XOR     AX,AX
        PUSH    AX
        MOV     AL,1CH
        MOV     AH,35H
        INT     21H                 ;取出原来的中断向量
        PUSH    ES
        PUSH    BX
        MOV     DX,OFFSET RING
        MOV     AX,SEG RING
        MOV     DS,AX
        MOV     AL,1CH
        MOV     AH,25H
        INT     21H                 ;置新的中断向量
        IN      AL,21H
        AND     AL,11111110B        ;开 IR0 中断
        OUT     21H,AL
        STI
DELAY:  MOV     SI,1000H            ;循环等待中断
DELAY1: DEC     SI
        JNZ     DELAY1
        AND     FLAG,01H            ;FLAG=1 表示有按键按下,则退出
        JNZ     EXIT1
        DEC     SI
        JNZ     DELAY1
EXIT1:  MOV     FLAG,0
        MOV     COUNT,1
        POP     DX
        POP     DS
        MOV     AL,1CH
        MOV     AH,25H
        INT     21H                 ;恢复原来的中断向量
        RET
MAIN    ENDP
RING    PROC FAR
        PUSH    DS                  ;保护寄存器 DS、AX、CX、DX
        PUSH    AX
        PUSH    CX
        PUSH    DX
        MOV     AX,DATA
        MOV     DS,AX
        STI
        DEC     COUNT
        JNZ     EXIT                ;未达到中断次数,则直接中断返回,等待新的中断
        MOV     DX,OFFSET MSG       ;否则,在屏幕上显示信息
        MOV     AH,09H
        INT     21H
        MOV     COUNT,182           ;重新设置中断次数
        MOV     AH,0BH
        INT     21H
```

```
        CMP     AL,0
        JZ      EXIT                ;如果键盘没有按键按下,则中断返回,继续等待新的中断
        MOV     FLAG,1              ;否则令 FLAG=1,主程序检测到 FLAG=1 后,结束程序
EXIT:   CLI
        POP     DX                  ;恢复寄存器
        POP     CX
        POP     AX
        POP     DS
        IRET
RING    ENDP
CODE    ENDS
        END     START
```

7.4 DMA 传送

7.4.1 DMA 传送方式

1. DMA 传送方式的提出

在计算机中常常需要在内存和外围设备间传输大量的数据。如果通过 CPU 进行传输（如采用无条件传送、查询式传送或中断式传送），则需要先把数据从外设取到 CPU 内部的累加器，再从 CPU 内部的累加器传送给内存，需要两次访问总线，且指令译码也需要花费很多时间。无条件传送、查询式传送存在的问题前面已有讨论，采用中断方式时还需要保护现场、保护断点等，也会花费很多时间。这些方式都不适合于内存和外围设备间大批量数据的　　传输。

例如，当磁盘和内存成批地交换信息时，磁盘的读写速度可超过 200 000B/s，因此，只有在 5μs 内完成一个字节的传送，才能充分发挥磁盘大容量的性能优势。如果采用中断方式进行磁盘和内存空间的成批数据传送，就只能逐字节地进行。例如，读取磁盘信息时，要先把磁盘读出的数据送进 CPU 的寄存器，再从寄存器搬入内存，然后修改地址指针和字节计数器。这些操作均要用指令来实现，显然不可能在 5μs 之内完成。

为了解决这一问题，IBM PC 采用一种称为直接存储器访问（Direct Memory Access，DMA）的传送方式。在 DMA 传送方式中，采用 DMA 控制器管理系统的数据总线、地址总线和控制总线，控制在存储器和外设间进行直接的数据传输，而不用 CPU 进行干预。

系统总线每次只能传输一个数据，如果 CPU 和 DMA 控制器同时控制总线进行数据传输，必然产生冲突。在一般情况下，系统总线是由 CPU 控制的。当 DMA 控制器需要使用总线时，可以采用周期挪用、周期扩展、CPU 暂停等方式，获得总线的使用权，使用完后再将总线的使用权归还给 CPU。

为了实现存储器和外设间数据的直接传输，DMA 控制器必须能给出访问内存所需要的地址信息，并能自动修改地址指针，也能设定和修改传送的字节数，还能向存储器和外设发出相应的读/写控制信号。

可见，采用 DMA 方式传输数据时，不需要进行保护和恢复断点以及现场之类的额外操作，一旦进入 DMA 操作，就可以直接在硬件的控制下快速完成一批数据的交换任务，数据传送的速度基本上取决于外设和存储器的存取速度。

2. DMA传送使用总线的基本方法

（1）周期挪用

将CPU不访问总线的周期挪用来进行DMA传送。这种方法所需的电路比较复杂，而且数据的传送是不连续和不规则的，使用得不太普遍。

（2）周期扩展

当需要进行DMA操作时，由DMA控制器发出请求信号给时钟电路。于是时钟电路把供给CPU的时钟周期加宽，而提供给存储器和DMA控制器的时钟周期不变。每个时钟周期剩余的时间，CPU可用来进行DMA操作。这种方法会使CPU的处理速度降低，而且CPU的时钟周期加宽是有限制的，例如，M6800 CPU正常的时钟周期为1μs，加宽后不能超过4.5μs。因此，这种方法进行DMA传送，一次只能传送一个字节。

（3）CPU暂停方式

这是最常用也是最简单的一种DMA传送方式，大部分DMA控制器采用这种方式。在这种方式下，当DMA控制器要进行DMA传送时，则向CPU发出DMA请求信号，使得CPU在现行的总线周期结束后，使其地址、数据和部分控制引脚处于三态，从而让出总线的控制权，并给出一个DMA响应信号，使DMA控制器可以控制总线进行数据传送。直到DMA控制器完成传送操作使DMA信号无效以后，CPU再恢复对系统总线的控制，继续进行被中断了的操作。这种操作方式中，CPU让出总线控制权的时间，取决于DMA控制器保持DMA请求信号的时间。所以，可以进行单字节传送，也可以进行数据块的传送。单字节传送时，每次DMA请求只传送一个字节数据，每传送完一个字节，就撤除DMA请求信号，释放总线。字节块传送时，每次DMA请求连续传送一个数据块，待规定长度的数据块传送完毕才撤销DMA请求信号，释放总线。不过，在这种方式下进行DMA传送期间，CPU处在空闲状态，所以会降低CPU的利用率，而且会影响CPU对中断（包括非屏蔽中断）的响应和动态存储器的刷新。特别是字节块传送时，DMA控制器占用的时间会比较长。

3. DMA的传送形式

随着大规模集成电路技术的发展，DMA传送已不局限于存储器与外设间的信息交换，而可以扩展为在存储器的两个区域之间，或两种高速外设之间进行DMA传送，如图7-46所示。

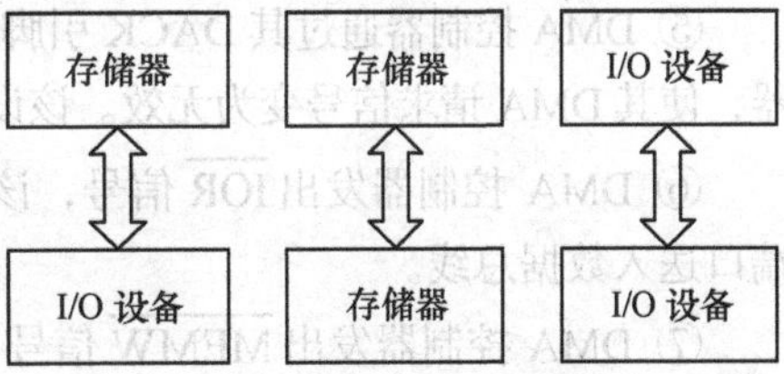

图7-46 DMA的3种传送形式

4. DMA控制器的工作模式

DMA控制器（简称DMAC）的工作特点为：一方面，它是一个接口电路，CPU可通过端口地址对DMAC进行读写操作，来进行初始化或读取状态。此时，称DMAC工作在从模式。另一方面，DMAC在得到总线控制权以后，能够控制系统总线，提供一系列的控制信号，控制外设与存储器（或存储器与存储器）之间的数据传送。DMAC控制数据传输时无须CPU参与，而是通过硬件逻辑电路用固定的顺序发送地址和用读/写信号来实现高速数据传输。数据无须经过CPU，而是直接在外设和存储器之间传输。此时，称DMAC工作在主控模式。

5. DMA传送的工作过程

下面以图7-47所示的从外围设备输入数据给存储器为例，介绍DMA传送的工作原理。假设CPU为8086，且工作于最小模式。DMA传送使用总线的方式为CPU暂停，且以单字节传送，每次DMA请求只传送一个字节数据，每传送完一个字节，就撤除DMA请求信号，释放总线。DMA

控制器为 7.4.2 小节将要介绍的 8237A DMA 控制器。

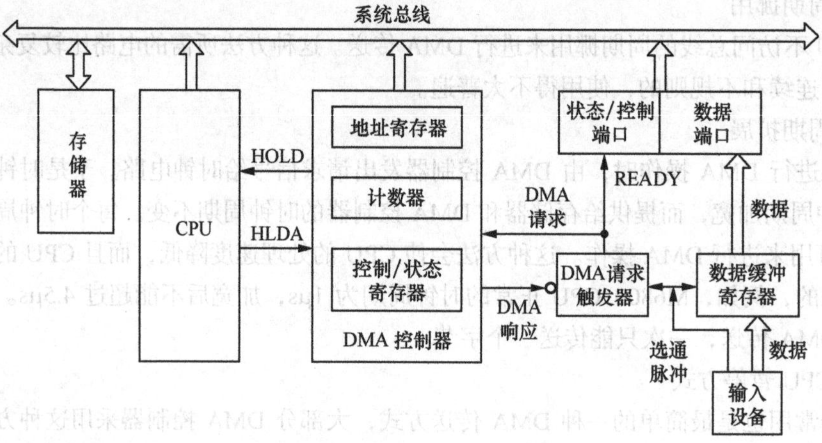

图 7-47 DMA 传送过程示意图

DMA 传送前，CPU 需要首先进行初始化，规定 DMA 传输形式为外设与存储器间的数据传送；总线使用方式为 CPU 暂停的单字节传送；传送方向为从外设送给内存；以及规定内存的首地址，需要传送的字节数等。之后的传送过程如下。

① 当输入设备有一个字节的数据要送给存储器时，该设备一方面把数据写入数据缓冲寄存器，再送入数据端口；另一方面触发 DMA 请求触发器，使其向 DMA 控制器的 DREQ 引脚发出 DMA 请求信号。

② DMA 控制器检测到 DREQ 引脚的 DMA 请求信号后，向 CPU 的 HOLD 引脚发出高电平的总线请求信号。

③ CPU 在执行完当前的总线操作后，让出总线，并通过其 HLDA 引脚向 DMA 控制器发回高电平的总线响应信号，指示 DMA 控制器可以使用总线。

④ DMA 控制器提供内存单元的地址。

⑤ DMA 控制器通过其 DACK 引脚向输入设备发回 DMA 响应信号，复位该外设的 DMA 触发器，使其 DMA 请求信号变为无效。该设备下一次传送另一个字节时，还需重新发出 DMA 请求。

⑥ DMA 控制器发出 $\overline{\text{IOR}}$ 信号，该信号和 DACK 响应信号一起，指示该设备把数据从数据端口送入数据总线。

⑦ DMA 控制器发出 $\overline{\text{MEMW}}$ 信号，该信号和地址总线上的地址信号一起，把数据总线上的数据写入存储器的指定单元。

⑧ DMA 控制器将送给 CPU 的 HOLD 引脚的信号由高电平变为低电平，表示撤销总线请求，归还总线使用权给 CPU。

⑨ 之后，CPU 的 HLDA 引脚上输出的信号由高电平变为无效的低电平。至此，完成了这一字节的数据传送。

如果是多字节传送，DMA 控制器将递增地址指针，递减计数值，为下一次传送做准备。如果计数值不为 0，则重复上述过程直到结束。

7.4.2 DMA 控制器 8237A

DMA 控制器 8237A 是一种高性能的可编程 DMA 控制器芯片，特别适用于 8080/8085 和

8086/8088 微型计算机系统。其主要功能如下。

① 具有 4 个独立的通道，每个通道都允许开放或禁止 DMA 请求，所有通道都可以自动预置。可以采用级联方式扩充用户所需要的通道，每个通道都有 16 位地址寄存器和 16 位字节计数器。

② 具有 DMA 写传送（I/O 设备→存储器）、DMA 读传送（存储器→I/O 设备）、DMA 校验和存储器→存储器 4 种操作类型。前 3 种操作，被操作的数据都不进入 DMAC 内部。

③ 具有单字节传送、数据块传送、请求传送和级联传送 4 种基本传送方式。

④ 具有正常时序和压缩时序两种基本时序。

⑤ 通过级联 8237DMAC 可扩充通道数。

⑥ 具有固定优先级（0 通道优先级最高）和循环优先级两种优先级管理方式。

⑦ 8237A 使用单一的+5V 电源，单相时钟，双列直插式封装，时钟频率为 3MHz。对 8237A-5 可使用 5MHz 时钟，这时传输速率可达 1.6MB/s，即每字节 0.6μs。

以下分别介绍 8237A 的结构、引脚信号、优先级、命令控制逻辑、DMA 操作、内部寄存器、编程及应用。

1. 8237A 的结构

8237A 的内部结构如图 7-48 所示。

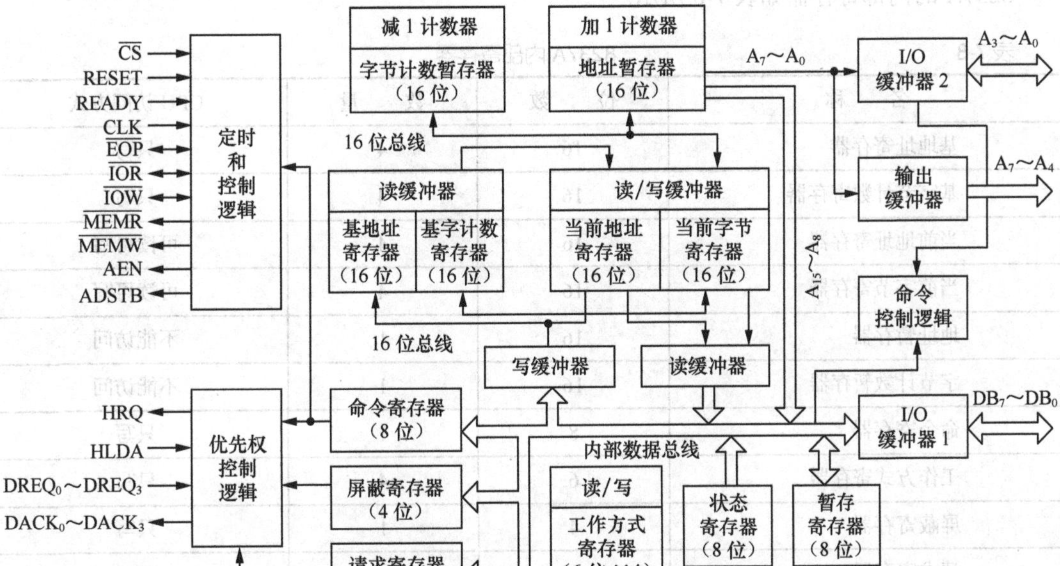

图 7-48 8237A 内部结构框图

（1）控制逻辑单元

① 定时和控制单元。根据初始化编程时所设置的工作方式寄存器的内容和命令，在输入时钟信号的定时控制下，产生 8237A 内部的定时信号和外部的控制信号。

② 命令控制单元。主要作用是在 CPU 控制总线时，即 DMA 处于空闲周期时（被动态），将 CPU 在编程初始化时送来的命令字进行译码；而在 8237A 进入 DMA 服务时，对设定 DMA 操作类型的工作方式字进行译码。

③ 优先权控制逻辑。用来裁定各通道的优先权次序，解决多个通道同时请求 DMA 服务时，可能出现的优先权竞争问题。

（2）缓冲器

① I/O 缓冲器 1，8 位，双向，三态缓冲器。当 8237A 为系统的从器件时，缓冲器 1 用于传送 CPU 的控制命令和 8237A 的内部寄存器内容，这时 DB_7～DB_0 作为数据总线使用；8237A 作为系统的主控部件时，I/O 缓冲器用于输出服务优先权最高通道的地址暂时寄存器的高 8 位地址（A_{15}～A_8），并由 ADSTB 选通信号将 DB_7～DB_0 的内容输入到高 8 位地址锁存器。若编程时设定 DMA 的操作类型是 DMA 写、读或校验时，就使这个缓冲器进入高阻状态，即数据传送不经过此缓冲器；若 8237A 工作于存储器到存储器传送方式，缓冲器将分时用于传送数据，即首先将源存储器单元的内容经数据总线由此缓冲器送到 8237A 的暂存器中，在下一个周期，暂存器的内容由此缓冲器送上数据总线，然后写入目标存储器。

② I/O 缓冲器 2，4 位，双向，三态缓冲器。在 CPU 控制总线时，输入缓冲器导通（输出处于高阻状态），将地址总线的低 4 位 A_3～A_0 送入 8237A 进行译码，选择 8237A 内部的某个寄存器；当 8237A 作为主控器件时，输出 16 位地址的最低 4 位地址。

③ 输出缓冲器，4 位，输出，三态缓冲器。在 CPU 控制总线时，为高阻状态；而在 DMA 控制总线时，用于输出 16 位地址的 A_7～A_4 位。

（3）内部寄存器

8237A 的内部寄存器如表 7-8 所示。

表 7-8　8237A 内部寄存器

名　称	位　数	数　量	CPU 访问方式
基地址寄存器	16	4	只写
基字节计数寄存器	16	4	只写
当前地址寄存器	16	4	可读可写
当前字节寄存器	16	4	可读可写
地址暂存器	16	1	不能访问
字节计数暂存器	16	1	不能访问
命令寄存器	8	1	只写
工作方式寄存器	6	4	只写
屏蔽寄存器	4	1	只写
请求寄存器	4	1	只写
状态寄存器	8	1	只读
暂存寄存器	8	1	只读

2. 8237A 的引脚信号

（1）8237A 的读/写控制信号

当 8237A 作为从部件时，该部分接受系统来的控制信号，完成相应的控制操作。当 8237A 作为主控器件时，该部分将向系统发出相应的控制信号，与这部分相关的各引脚信号如图 7-49 所示，其意义如下。

- CLK（时钟输入）：在 PC/XT 中，该信号由时钟发生器 8284 的 CLK 引脚提供，频率为 4.7MHz，用于控制 8237A 内部操作和数据传送的速度。

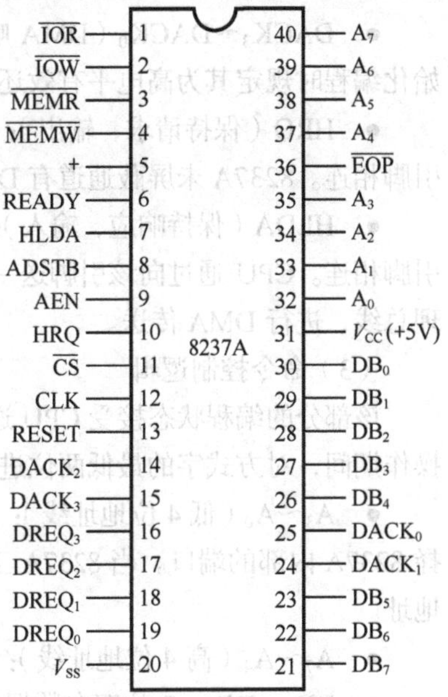

图 7-49 8237A 引脚图

- $\overline{CS}$（芯片选择）：当 8237A 工作在从模式时，8237A 作为一般的外设，可与 CPU 进行通信，主要是 CPU 对 8237A 进行初始化编程等工作。此时，高位地址译码后给该 $\overline{CS}$ 引脚送一个有效的低电平信号，选中该芯片。低 4 位地址则用于选择芯片内的端口。
- RESET（复位）：输入信号，高电平有效。在 PC/XT 中，该信号由时钟发生器 8284 的 RESET 引脚提供。复位时将清除命令、状态、请求、临时寄存器和高/低触发器，并置位屏蔽寄存器。在复位之后，8237A 处于空闲周期，即工作于从模式。
- READY（就绪）：输入，高电平有效。当在慢速的存储器和 I/O 接口间进行数据传送时，通过该引脚决定是否需要插入等待状态 S_W，延长总线传送周期，以便与慢速的存储器或 I/O 相匹配。
- AEN（地址允许）：输出，高电平有效，用于地址锁存器中的高 8 位地址送到系统地址总线上，并屏蔽别的系统总线驱动器。
- ADSTB（地址选通）：输出，高电平有效，用于把 DB_7～DB_0 输出的高 8 位地址锁存到外部锁存器。
- $\overline{MEMR}$（存储器读控制）：输出，三态，低电平有效。用于从存储器指定单元读出数据，送到数据总线。
- $\overline{MEMW}$（存储器写控制）：输出，三态，低电平有效。用于将数据总线上的数据写入内存指定单元。
- $\overline{IOR}$（I/O 读）：双向，三态，低电平有效。用于从指定的 I/O 端口读出数据，送到数据总线。
- $\overline{IOW}$（I/O 写）：双向，三态，低电平有效。用于将数据总线上的数据写入指定的 I/O 端口。
- $\overline{EOP}$（过程结束）：双向信号，低电平有效。当字节数计数器计到 0 时，在该引脚上输出一个低电平信号，结束这一次的 DMA 传送，内部寄存器复位。也可以从外面给该引脚送一个低电平，来结束 DMA 传送。如果设置为允许自动初始化，则会把基地址寄存器和基字节数计数器的内容拷贝到现行地址寄存器和现行字节数计数器中，为下一次传送做准备。

（2）8237A 优先级编码和循环优先级逻辑

该部分根据 CPU 在初始化 8237A 时送来的命令对 DMA 请求进行优先级管理。8237A 具有两种优先级管理方式：固定优先级和循环优先级。当设为固定优先级时，通道 0 的请求优先级最高，通道 3 的优先级最低。当设定为循环优先级方式时，当前被服务的通道在服务结束之后，其优先级别变为最低。

无论采用哪种优先级管理方式，一旦某通道的请求被判为最高优先级并获得服务之后，其他通道的请求均被禁止，直至该通道的服务结束为止。这一点和 8259A 的管理方式不同。

和这部分相关的引脚信号如下。

- $DREQ_3$～$DREQ_0$（DMA 请求，输入）：分别为 4 个通道的 DMA 请求信号，可在初始化编程时规定其为高电平有效还是低电平有效。

- $DACK_3$～$DACK_0$（DMA 响应，输出）：分别为 4 个通道的 DMA 请求响应信号，可在初始化编程时规定其为高电平有效还是低电平有效。
- HRQ（保持请求，输出）：总线请求信号，高电平有效。在最小模式下与 CPU 的 HOLD 引脚相连。8237A 未屏蔽通道有 DMA 请求，则 8237A 通过该引脚向 CPU 发总线请求信号。
- HLDA（保持响应，输入）：总线响应信号，高电平有效。在最小模式下与 CPU 的 HLDA 引脚相连。CPU 通过向该引脚送一个有效的高电平信号，指示 CPU 已让出总线，8237A 可以管理总线，进行 DMA 传送。

（3）命令控制逻辑

该部分的编程状态接受 CPU 送来的寄存器选择信号（A_3～A_0）以选择相应的寄存器；在 DMA 操作期间，对方式字的最低两位进行编码，以确定通道的 DMA 操作类型。

- A_3～A_0（低 4 位地址线）：双向信号。当 8237A 工作在从模式时，这 4 位地址信号用于选择 8237A 内部的端口。当 8237A 工作在主控模式时，8237A 通过这 4 个引脚输出 A_3～A_0 低 4 位地址。
- A_7～A_4（高 4 位地址线）：输出。只用于 DMA 传送时输出 A_7～A_4 4 位地址。
- DB_0～DB_7：8 位双向数据线。当 8237A 工作在从模式时，用于 CPU 利用输入/输出指令对 8237A 进行初始化编程，以及读出 8237A 内部寄存器的值。当 8237A 工作在主控模式时，输出地址信号的高 8 位，并通过 ADSTB 锁存到外部地址锁存器中。

3. 8237A 的工作周期、时序与模式

8237A 有两种主要周期：空闲周期和有效周期（也称 DMA 操作周期）。每种周期由若干个状态组成。8237A 共有 7 种不同的状态，每个状态为一个时钟周期，这 7 种状态为 S_I、S_0、S_1、S_2、S_3、S_4 和 S_W。其内部状态变化流程图如图 7-50 所示。

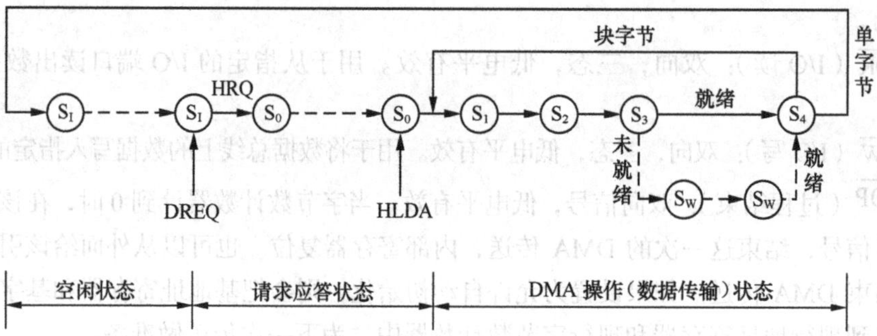

图 7-50　8237A 内部状态变化流程图

图 7-50 中，状态 S_I 是无效状态，即空闲状态。空闲周期由 S_I 组成。S_0 是 DMA 服务的第 1 个状态，当出现一个有效的 DREQ 请求信号时，8237A 使 HRQ 变为有效而进入 S_0 状态，在未得到 HLDA 之前，将重复执行状态 S_0。当 HLDA 变为有效之后，将顺序进入 S_1、S_2、S_3、S_4，它们是 DMA 服务的工作状态。如果不能在规定的状态内完成数据传送，可在 S_4 前插入一个等待状态 S_W（使信号 READY 变低）。在状态 S_1～S_3 内，8237A 将发出 16 位地址和相应的读、写控制信号（$\overline{IOR}$，$\overline{MEMW}$ 或 $\overline{MEMR}$，$\overline{IOW}$）以控制数据的传输。地址高 4 位由页面寄存器提供。

另外，应当注意在 I/O 到存储器或存储器到 I/O 的 DMA 传送，数据并不通过 8237A 传送（即不送入 8237A 或由 8237A 内部送出），其操作时序如图 7-51 所示。

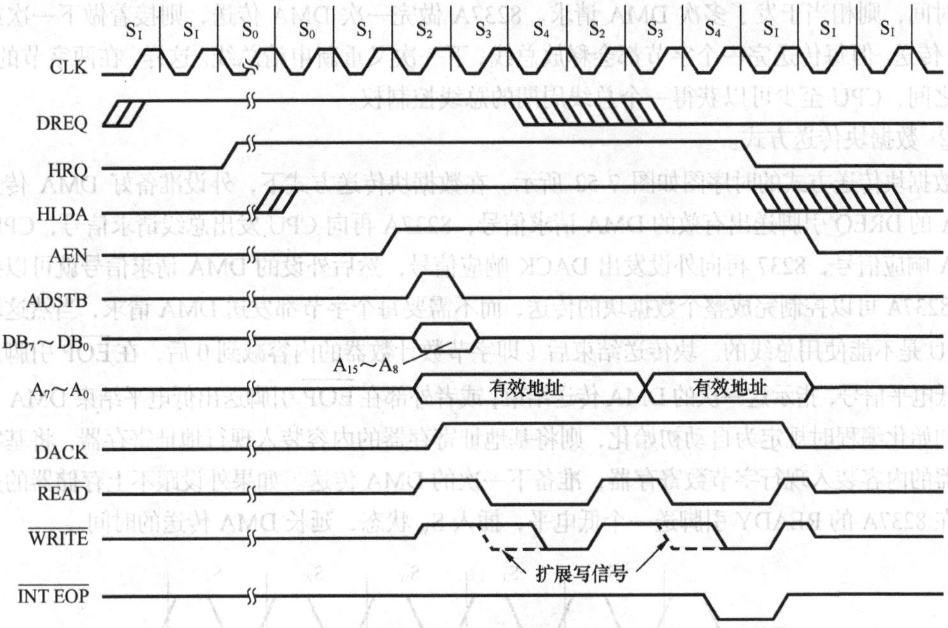

图 7-51　操作时序图

（1）空闲周期

当没有任何通道请求服务时，8237A 就处于空闲周期，并执行状态 S_I，8237A 将在每个 S_I 的下降沿，采样 DREQ 输入信号线，以检测是否有任何通道请求服务。同时，8237A 还采样 $\overline{CS}$ 输入引脚，检测 CPU 是否要对它进行编程写入或读出。当 $\overline{CS}$ 和 HLDA 都为低电平时，8237A 就处于编程状态，这时 CPU 可以设置、改变、检测 8237A 内部的寄存器，A_0～A_3 作为输入地址决定 CPU 要访问哪个寄存器。

8237A 内部有一个先/后触发器（First/Last Flip-Flop，F/L 触发器）用于产生一个地址附加位，由此位决定是对 16 位的地址寄存器和字计数寄存器的低位字节（F/L F-F 复位）还是高位字节（F/L F-F 置位）进行操作。此触发器可由 RESET 信号或主清除（即主复位）命令来复位。为了能正确设置初值，应该事先发出清除先/后触发器的命令。

在 8237A 处于编程状态时，能够执行两条特殊的软件命令：清除 F/L F-F 命令和主复位命令。这两个命令不使用数据总线，仅被译码为一组地址。因此在写一个新的地址或字计数值到 8237A 之前先执行前一条指令，以初始化先/后触发器，保证 CPU 能以正确的顺序先寻址这些寄存器的低位字节，然后寻址高位字节。主复位命令的作用和硬件复位（RESET）信号的作用相同。

（2）有效周期

当 8237A 处于空闲周期，并出现一个未被屏蔽的通道请求 DMA 服务时，它将输出高电平的 HRQ 信号并进入有效周期，在该周期内将以下述 4 种方式之一进行操作：

① 单字节传送方式。在单字节传送方式下，每次传送一个字节。之后现行字节数计数器减 1，现行地址寄存器的内容按照初始化编程中规定的方式修改，或者增量，或者减量。如果字节数计数器的内容减到 0 了，则按照初始化编程中的规定，或者结束 DMA 传送，或者重新自动初始化，即将基地址寄存器的内容装入现行地址寄存器，将基字节数寄存器的内容装入现行字节数寄存器，准备下一次的 DMA 传送。在单字节传送方式下，外设向 8237A 发的 DREQ 信号必须维持有效到 DACK 信号变为有效。之后就可以撤销。如果不撤销 DREQ 信号，使其跨过一次或多次 DMA 传

送的时间，则相当于发了多次 DMA 请求。8237A 做完一次 DMA 传送，则接着做下一次或多次 DMA 传送。但每传送完一个字节都会释放总线，下一次又重新申请总线。这样，在两字节的 DMA 传送之间，CPU 至少可以获得一个总线周期的总线控制权。

② 数据块传送方式。

数据块传送方式的时序图如图 7-52 所示。在数据块传送方式下，外设准备好 DMA 传送后向 8237A 的 DREQ 引脚送出有效的 DMA 请求信号，8237A 再向 CPU 发出总线请求信号，CPU 发回 HLDA 响应信号，8237 再向外设发出 DACK 响应信号，然后外设的 DMA 请求信号就可以撤销。此后 8237A 可以控制完成整个数据块的传送，而不需要每个字节都发送 DMA 请求，当然这段时间内 CPU 是不能使用总线的。块传送结束后（即字节数计数器的内容减到 0 后，在 EOP 引脚发出有效的低电平信号，指示这一次的 DMA 传送结束；或者外部在 $\overline{EOP}$ 引脚送出低电平结束 DMA 传送），如果初始化编程时规定为自动初始化，则将基地址寄存器的内容装入现行地址寄存器，将基字节数寄存器的内容装入现行字节数寄存器，准备下一次的 DMA 传送。如果外设跟不上存储器的速度，需要在 8237A 的 READY 引脚送一个低电平，插入 S_W 状态，延长 DMA 传送的时间。

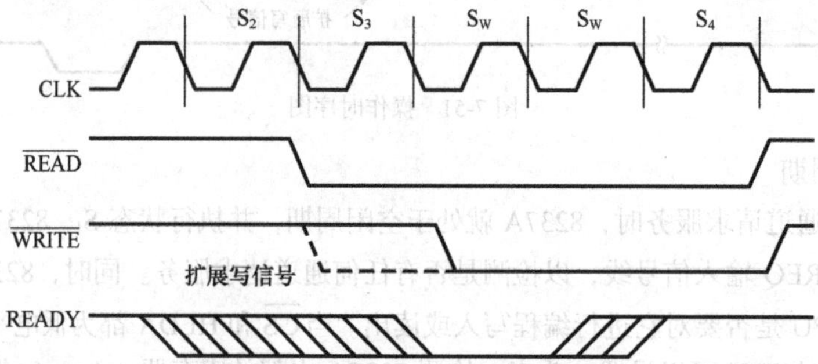

图 7-52　数据块传送方式的时序图

③ 请求传送方式。请求传送方式也用于数据块传送。与块传送方式不同的是，在块传送期间 DREQ 请求信号需要一直维持有效。如果 DREQ 信号变为无效，则暂停数据块的 DMA 传送，现行地址寄存器和现行字节数计数器中保存当前的值，总线使用权归还给 CPU。下一次 DREQ 请求信号有效后，又从上一次中断的地方接着传送。

块传送结束的方式也有两种，即字节数计数器的内容减到 0 后，在 $\overline{EOP}$ 引脚发出有效的低电平信号，指示这一次的 DMA 传送结束；或者外部在 $\overline{EOP}$ 引脚送出低电平结束 DMA 传送。如果初始化编程时规定为自动初始化，则将基地址寄存器的内容装入现行地址寄存器，将基字节数寄存器的内容装入现行字节数寄存器，准备下一次的 DMA 传送。

④ 级联传送方式。在级联方式下，可以由多片 8237A 芯片级联使用，以扩展 DMA 传送的通道。此时，第 2 级 8237A 芯片的 HRQ、HLDA 引脚连第 1 级 8237A 芯片的 DREQ、DACK 引脚；第 1 级 8237A 芯片的 HRQ、HLDA 引脚连 CPU 的 HOLD、HLDA 引脚。5 片 8237A 组成的两级级联可以将 DMA 传送的通道扩展至 16 级。若有需要还可以组成三级级联或更多。但不管有多少级，中间的 8237A 只能起到桥接或传递 DMA 请求和 DMA 响应的作用。实际输出地址信号和控制命令的，或者说实际控制系统总线的，只能是最后一级的 8237A 芯片。在设置工作方式时，第 1 级和中间级的 8237A 芯片都需要设置为级联工作方式，最后一级（直接与外设相连的）8237A 芯片需要将工作方式设置为前面 3 种中的任何一种。

在单字节、数据块传送和请求传送方式下都可采用以下 3 种不同的传送类型：DMA 读，DMA

写和校验传送。DMA 读是从存储器到 I/O 器件的传送，由 $\overline{MEMR}$ 和 $\overline{IOW}$ 信号作为有效信号，实现此操作类型。DMA 写是从 I/O 器件到存储器的传送，由 $\overline{IOR}$ 和 $\overline{MEMW}$ 信号作为有效信号，实现此操作类型。校验传送是一种伪传送，用于校验 8237A 的内部功能，它和 DMA 读、DMA 写传送一样产生地址、字计数器减 1、对 $\overline{EOP}$ 响应等，但所有的读写控制信号都处于无效状态。除上述 4 种传送类型之外，还有以下几种特殊的传送操作。

① 存储器到存储器。

8237A 具有存储器到存储器的操作功能，以实现数据块从一个存储器空间快速转到另一个存储器空间。这时，必须使用通道 0 和通道 1 来完成这种传送。通道 0 产生源地址，通道 1 产生目标地址。每传送一个字节需经 8 个状态，前 4 个状态用于从源地址读出数据并存入 8237A 内部的暂存器，后 4 个状态用于将数据从 8237A 的暂存器传送到目标地址。时序图如图 7-53 所示。

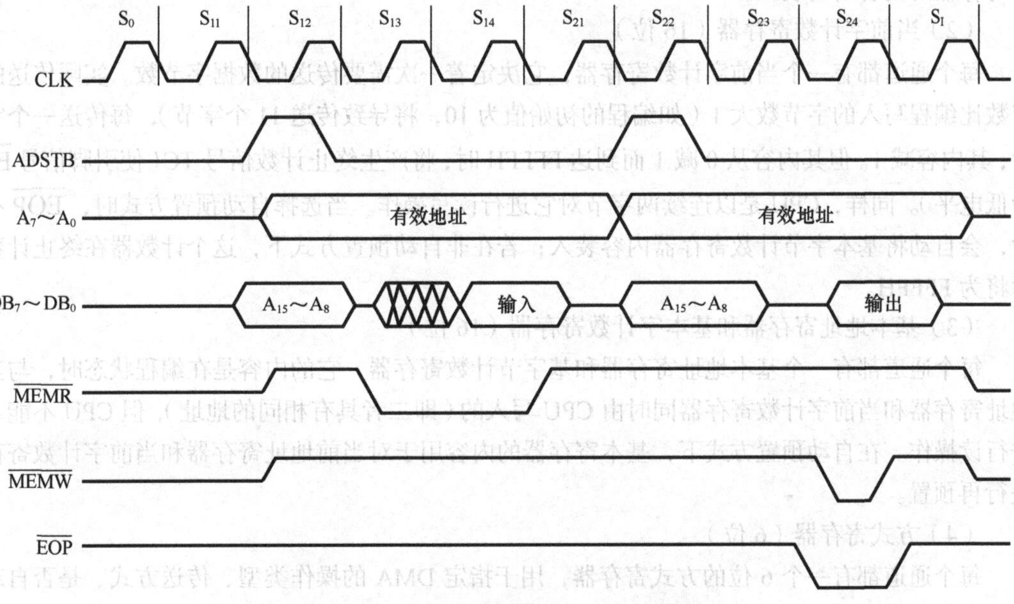

图 7-53 存储器到存储器方式的时序图

② 压缩时序。

8237A 允许有两种时序：正常时序和压缩时序。对正常时序，一次传送需 3 个时钟（S_2，S_3，S_4）。对压缩时序，删去 S_3 状态，完成一次传送仅需两个时钟周期，这样能获得更高的数据传输率。无论哪种时序，只在需要修改高 8 位地址时，才需要状态 S_1。时序图如图 7-54 所示。

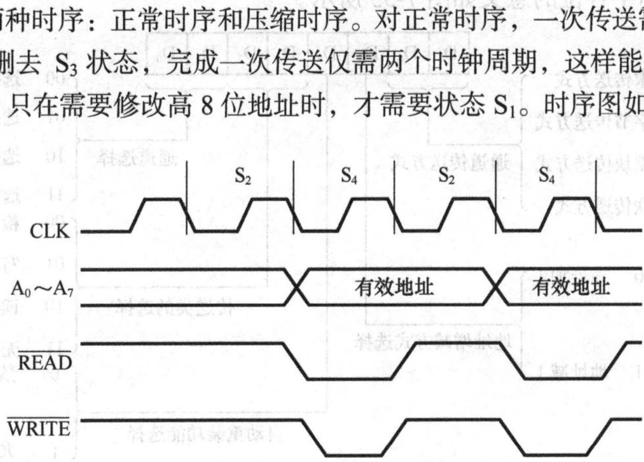

图 7-54 压缩方式时序图

③ 自动预置。若某通道被编程为自动预置，则在完成 DMA 服务且 $\overline{EOP}$ 变为低电平时，该通道的基本地址寄存器的内容和基本字计数寄存器的内容将分别装入当前地址寄存器和当前字计数寄存器，即恢复后者的初值。这样，允许该通道继续执行另一个 DMA 服务，而无须 CPU 介入。

4. 8237A 的内部寄存器组与编程

8237A 内部有 12 个寄存器，有些寄存器是各个通道共用，有的每个通道各有一个，下面对它们分别作简要介绍。

（1）当前地址寄存器（16 位）

每个通道都有一个当前地址寄存器。它保持有 DMA 传送时访问存储器的地址。在每次传送之后，其内容自动增 1 或减 1。在编辑状态下，由于每次只能读写 8 位，CPU 是以连续两字节且先低字节后高字节的顺序读写该寄存器的内容。在自动预置方式下，当 $\overline{EOP}$ 有效时，会将基本地址寄存器的内容自动装入。

（2）当前字计数寄存器（16 位）

每个通道都有一个当前字计数寄存器，它决定着一次需要传送的数据字节数。实际传送的字节数比编程写入的字节数大 1（如编程的初始值为 10，将导致传送 11 个字节），每传送一个字节后，其内容减 1。但其内容从 0 减 1 而到达 FFFFH 时，将产生终止计数信号 TC（使引脚信号 $\overline{EOP}$ 为低电平）。同样，CPU 是以连续两字节对它进行读写操作。当选择自动预置方式时，$\overline{EOP}$ 有效后，会自动将基本字节计数寄存器内容装入；若在非自动预置方式下，这个计数器在终止计数之后将为 FFFFH。

（3）基本地址寄存器和基本字计数寄存器（16 位）

每个通道都有一个基本地址寄存器和基字节计数寄存器，它的内容是在编程状态时，与当前地址寄存器和当前字计数寄存器同时由 CPU 写入的（即二者具有相同的地址），但 CPU 不能对它进行读操作。在自动预置方式下，基本寄存器的内容用于对当前地址寄存器和当前字计数寄存器进行再预置。

（4）方式寄存器（6 位）

每个通道都有一个 6 位的方式寄存器，用于指定 DMA 的操作类型、传送方式、是否自动预置和地址是按增 1 还是减 1 修改。由于所有通道的方式寄存器都具有相同的 I/O 地址，因而写入方式字时，以最低两位（D_1、D_0）来区分 4 个通道的地址。

方式寄存器控制字各位的意义如图 7-55 所示。

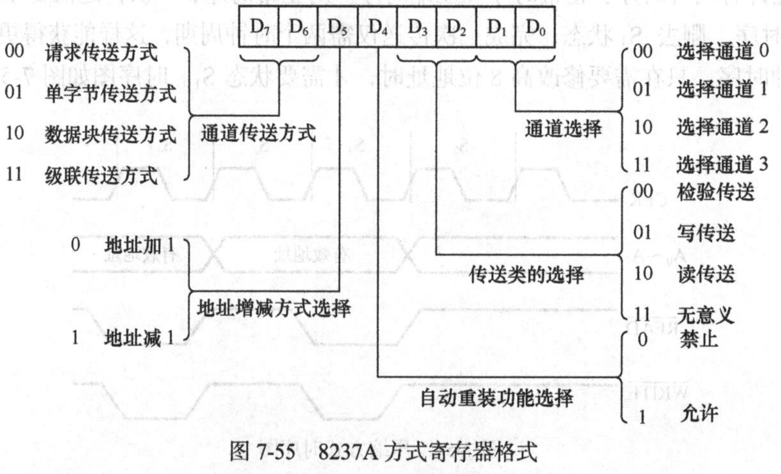

图 7-55 8237A 方式寄存器格式

（5）字计数暂存器（16位）和地址暂存器（16位）

这两个寄存器供8237A在DMA操作时使用，它们分别暂存当前地址寄存器和当前字计数寄存器内容。CPU不能直接访问他们。

（6）命令寄存器（8位）

该寄存器在编程状态下由CPU预置，以选择8237A的操作方式，其各位意义如图7-56所示。其中D_5位用于规定$\overline{MEMW}$或$\overline{IOW}$是在状态S_3还是在状态S_4有效，若D_5=1，为扩展写入，在S_3状态有效。

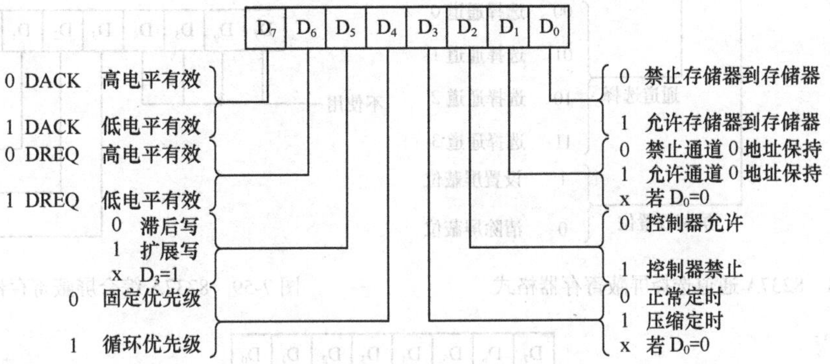

图7-56 8237A命令字格式

（7）请求寄存器（4位）

该寄存器用于在软件控制下产生DMA请求（HRQ有效），以替代硬件的信号。如图7-57所示，DMA请求寄存器的D_1、D_0位用来指出通道号，D_2位用来表示是否对相应通道设置DMA请求。应该注意，该寄存器有4位，每通道一位，但写入请求寄存器的操作每次只改变其中一位状态。

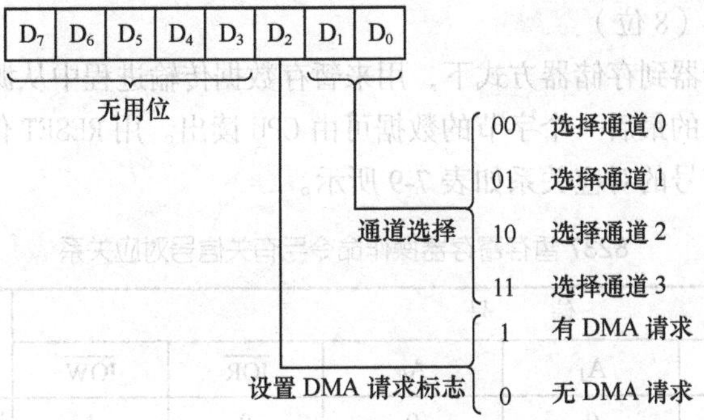

图7-57 8237A请求寄存器格式

（8）通道选择屏蔽寄存器

该寄存器用于控制某一个通道的请求，若对应的屏蔽位置位，则禁止该通道的DREQ请求，即对有效的DREQ信号置之不理。只有对应的屏蔽位复位，才允许DREQ请求，写入屏蔽寄存器的屏蔽字的格式如图7-58所示。

（9）综合屏蔽寄存器

该寄存器可用于同时控制多个通道的DMA请求，若对应的屏蔽位置位，则禁止对应通道的DREQ请求，即对有效的DREQ信号置之不理；只有对应的屏蔽位复位，才允许对应通道的DREQ

请求。写入综合屏蔽寄存器的屏蔽字的格式，如图 7-59 所示。

（10）状态寄存器（8 位）

其低 4 位表示通道是否已终止计数（$\overline{EOP}$=0），其高 4 位表示相应通道是否存在 DMA 请求 DREQ。CPU 可读出此寄存器内容。当 CPU 读该寄存器或接收到 RESET 信号后，D3 ~ D0 位复位。状态字的格式如图 7-60 所示。

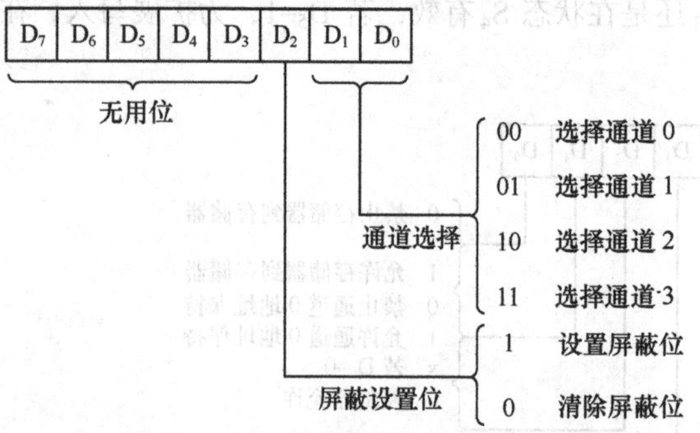

图 7-58　8237A 通道选择屏蔽寄存器格式

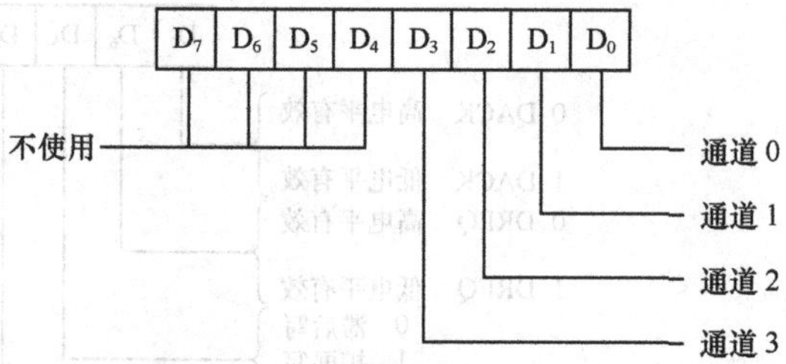

图 7-59　8237A 综合屏蔽寄存器格式

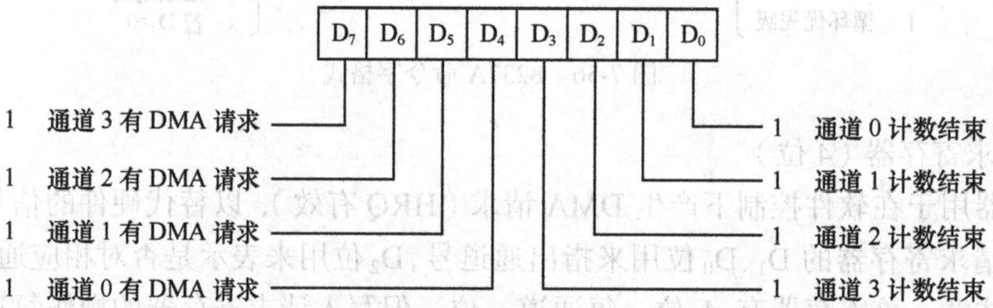

图 7-60 8237A 状态寄存器

（11）暂存寄存器（8 位）

该寄存器用于存储器到存储器方式下，用来暂存数据传输进程中从源地址读出的数据。当数据传输完成时，所传送的最后一个字节的数据可由 CPU 读出。用 RESET 信号可清除此暂存器。

操作命令与有关信号的对应关系如表 7-9 所示。

表 7-9　　8237 暂存寄存器操作命令与有关信号对应关系

信　号						操　作
A_3	A_2	A_1	A_0	$\overline{IOR}$	$\overline{IOW}$	
1	0	0	0	0	1	读状态寄存器
1	0	0	0	1	0	写命令寄存器
1	0	0	1	0	1	无效
1	0	0	1	1	0	写请求寄存器
1	0	1	0	0	1	无效
1	0	1	0	1	0	写选择屏蔽寄存器位
1	0	1	1	0	1	无效

续表

信号						操　作
A_3	A_2	A_1	A_0	$\overline{IOR}$	$\overline{IOW}$	
1	0	1	1	1	0	写方式寄存器
1	1	0	0	0	1	无效
1	1	0	0	1	0	清除先/后触发器
1	1	0	1	0	1	读暂时寄存器
1	1	0	1	1	0	主复位
1	1	1	0	0	1	无效
1	1	1	0	1	0	清除屏蔽寄存器
1	1	1	1	0	1	无效
1	1	1	1	1	0	写综合屏蔽寄存器

地址寄存器和字节计数器的端口地址如表 7-10 所示。

表 7-10　　地址寄存器和字节计数器端口地址

DMA 通道	基本地址寄存器和当前地址寄存器	基本字节计数器和当前字节计数器
通道 0	起始地址+0	起始地址+1
通道 1	起始地址+2	起始地址+3
通道 2	起始地址+4	起始地址+5
通道 3	起始地址+6	起始地址+7

为更好地了解 DMA 的原理和 DMAC 的编程使用方法，以下面这个例子来进一步说明。

试编写程序，在内存 6000H:0 开始单元存放 10 个数据，对 DMA 控制器 8237A 进行初始化，使每一次 DMA 请求从内存向外设传送一字节数据。

程序的流程图如图 7-61 所示，程序如下所示。

```
DATA      SEGMENT
OUT_DATA      DB   01,02,04,08,10H,20H,40H,80H,0FFH,00H
ATA       ENDS
EXTRA     SEGMENT  AT   6000H
EXT       DB   10   DUP (?)
EXTRA     ENDS
CODE      SEGMENT
          ASSUME   CS:CODE,DS:DATA,ES:EXTRA
START:    MOV      AX,DATA
          MOV      DS,AX
          MOV      AX,EXTRA
          MOV      ES,AX
          LEA      SI,OUT_DATA
          LEA      DI,EXT
          CLD
          MOV      CX,10
          REP      MOVSB
          OUT      0CH,AL           ;清字节指针
          MOV      AL,49H           ;写方式字
```

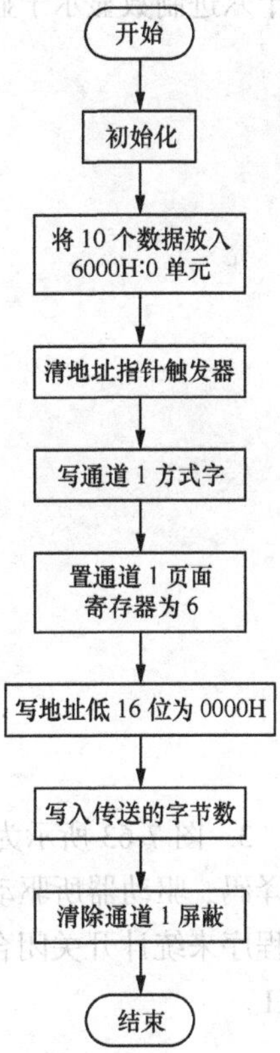

图 7-61　DMA 传送流程图

```
         OUT      0BH,AL
         MOV      AL,06          ;置地址页面寄存器
         OUT      83H,AL
         MOV      AL,0           ;写入基地址低16位
         OUT      02,AL
         OUT      02,AL
         MOV      AX,0AH         ;写入传送的字节数10
         OUT      03,AL          ;先写低字节
         MOV      AL,AH
         OUT      03,AL          ;后写高字节
         MOV      AL,01          ;清通道屏蔽,启动DMA
         OUT      0AH,AL
         MOV      AH,4CH
         INT      21H
CODE     ENDS
         END      START
```

习　题

1. 用74LS138译码器及其他门电路设计一个端口地址译码器，使CPU可以对以下地址范围寻址：740H～747H；750H～757H；758H～75FH；768H～76FH。

2. 图7-62所示为7段显示器接口，显示器采用共阳极接法，试编写程序段，使AL中的一位十六进制数显示于显示器上。输出锁存器地址为40H。

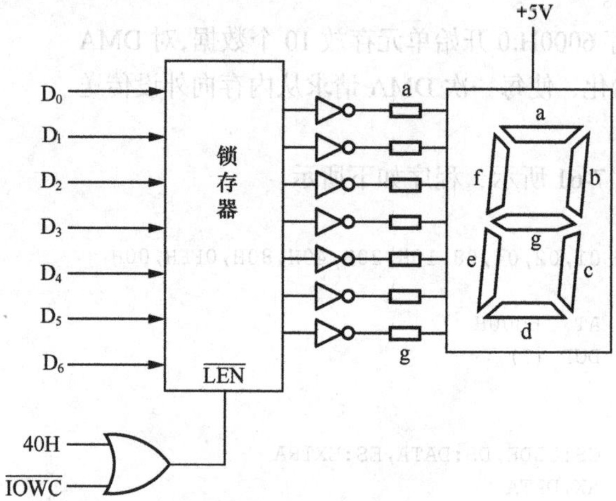

图7-62　7段LED显示电路

3. 图7-63所示为开关量检测与指示电路接口。显示器采用7段LED显示器，它由BCD-7段译码、驱动器所驱动，并采用共阴极接法（只有阴极为低电平，显示器才会发亮），试编写一段程序来统计开关闭合的个数，并显示在LED显示器上。输入缓冲器和输出数据锁存器地址为20H。

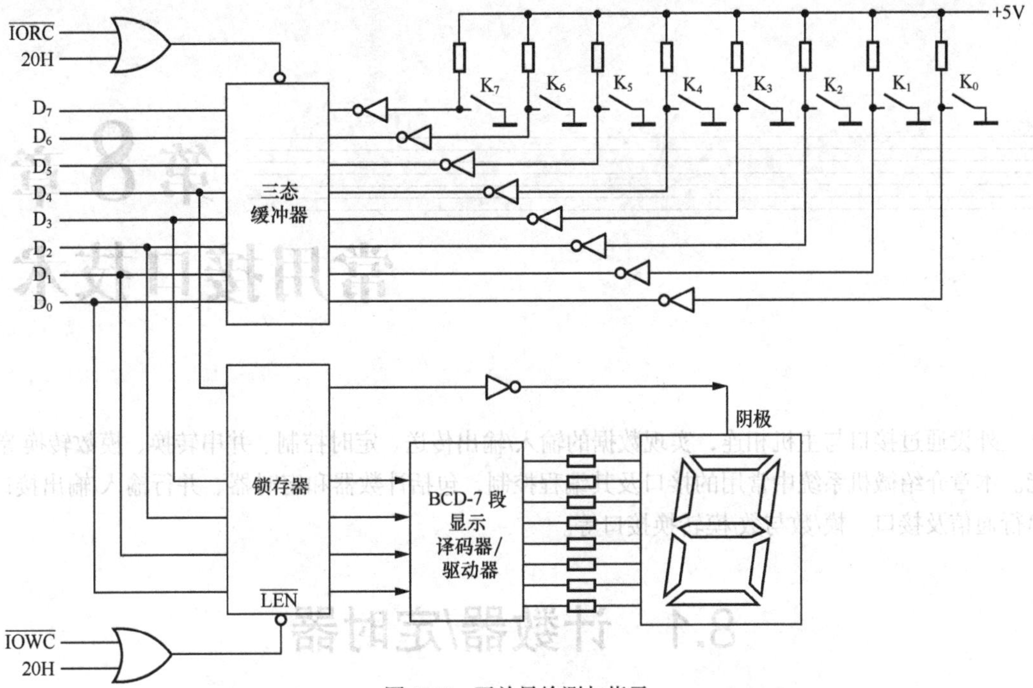

图 7-63　开关量检测与指示

4. 已知（SP）=0100H，（SS）=0300H，（CS）=0900H，IP=00A2H，（PSW）=0240H，以及00020H～00023H 单元的内容分别是 40H、00H、00H 和 01H，求执行 INT 8 指令并进入该指令响应的中断例程时，SP、SS、IP、CS、PSW 和堆栈最上面 3 个字的内容。

5. 试编写只有一片 8259A 的 8088 系统中的 8259A 的初始化程序，8259A 的地址为 02C0H 和 02C1H，要求：

（1）中断请求输入采用电平触发。

（2）IR_7 请求的中断类型是 23。

（3）采用缓冲器方式。

（4）采用普通的 EOI 命令。

6. 试根据不同的假设分别编写一段程序，使 8259A 的优先级顺序如下。

IR_4，IR_5，IR_6，IR_7，IR_0，IR_1，IR_2，IR_3

假定 CPU 为 8088，8259A 的偶地址为 20H。假设 1：当前的最高优先级为 IR_0；假设 2：当前的最高优先级为 IR_3。

7. 试编写一段程序，将 8259A 中 IRR、ISR 和 IMR 的内容传送至存储器从 REG_ARR 开始的数组中，假定 CPU 为 8086，8259A 的偶地址为 50H。

8. 设 8086 系统中有一片主 8259A 和一片从 8259A，从 8259A 接至主 8259A 的 IR_2 上，主、从 8259A 的偶地址分别是 20H 和 0A0H。主 8259A 的 IR_0 中断类型码是 8H，从 8259A 的 IR_0 的中断类型码是 70H。所有请求都是边沿触发，用 EOI 命令清除 ISR 位，两片 8259A 采用级联传送方式连接。主、从 8259A 的 IMR 都清除，$\overline{SP}/\overline{EN}$ 用作输入。试编写该中断系统的初始化程序。

9. 若一个中断系统有一片主 8259A 和 3 片从 8259A，从 8259A 分别接在主 8259A 的 IR_2、IR_3 和 IR_6 上，如主 8259A 的 IMR 置成 01010000，各从 8259A 的 IMR 的所有位都清零。除接在 IR_3 上的那片 8259A 外，其他 8259A 都按全嵌套方式工作，而接在 IR_3 上的那片 8259A 的最高优先级是 IR_5，试按优先级的顺序排列出各未被屏蔽的中断级，最高优先级在前。

第 8 章 常用接口技术

外设通过接口与主机相连，实现数据的输入/输出传送、定时控制、并串转换、模数转换等功能。本章介绍微机系统中常用的接口及其编程控制，包括计数器和定时器、并行输入/输出接口、串行通信及接口、模/数与数/模转换接口等。

8.1 计数器/定时器

在计算机应用系统中，常需要对事件进行定时或计数，如定时对动态存储器进行刷新、定时中断、定时检测扫描以及对某些外部事件进行计数等。

常用的定时方法有软件定时、不可编程的硬件定时和可编程的硬件定时 3 种。

采用软件定时，如循环执行一段延时子程序，可以产生一段时延。但所产生的时延长短因不同的机器而异，因为不同的机器执行同一段程序所用的时间不一样，而且循环程序占用 CPU 时间。

采用不可编程的硬件定时，如利用集成电路器件 555 外加电阻和电容构成延时电路。虽然电路不复杂，但电路连接好以后，延时长短也就确定了，使用不灵活。

采用可编程的硬件定时，则要用到可编程的计数器/定时器芯片，如典型的 Intel 8253/8254 计数器/定时器芯片。通过对该芯片编程，可以准确控制其延时的长短。当要修改延时的长度时，只需要对芯片进行重新编程就可以实现，不需要改变硬件电路。可编程的硬件定时方法功能强、使用灵活，能够满足各种定时和计数要求，得到了广泛应用。

Intel 8253/8254 是 Intel 公司生产的通用定时器/计数器芯片。8254 是在 8253 的基础上稍加改进而推出的改进型产品，两者的硬件组成和引脚完全相同。本节主要介绍 8253 可编程计数器/定时器的功能及编程使用方法，在本节的最后再简单介绍 8254 新增加的功能。

8.1.1 8253 的功能结构

Intel 8253 是一片具有 3 个独立的 16 位计数器通道的可编程计数器/定时器芯片，每个通道都可以通过编程设定为 6 种工作方式之一，每个计数器可设定为按二进制计数或二—十进制计数，最高计数速率可达 2MHz，使用单一的+5V 电源，具有 24 个引脚，双列直插式封装，其输入/输出引脚都与 TTL 电平兼容。

Intel 8253 的内部结构和引脚如图 8-1 所示。8253 内部有 3 个独立的计数器（也称为计数器通道或计数通道）、读写控制电路、数据总线缓冲器、控制字寄存器，对外有与系统总线相连的引脚及与外设相连的引脚。各部分的功能简介如下。

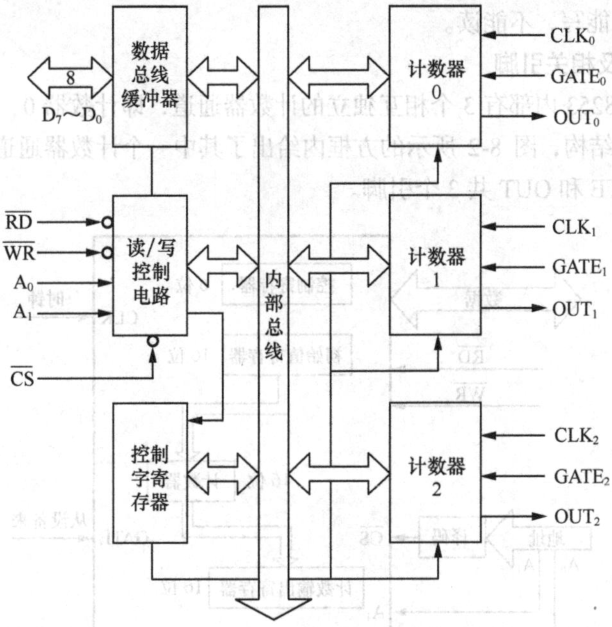

图 8-1 8253 内部结构图

1. 数据总线缓冲器及数据引脚

数据总线缓冲器是 8 位双向三态缓冲器，通过 D_7～D_0 引脚与系统总线的数据总线连接。CPU 通过数据缓冲器将控制命令字和计数值写入 8253 计数器，或者从 8253 计数器中读取当前的计数值。

2. 读/写控制电路及相关引脚

读/写控制电路通过读写控制引脚接收系统总线送来的读写控制信号并产生内部的各种控制信号。地址信号的高位译码后与 $\overline{CS}$ 引脚相连。当 $\overline{CS}$ 为高电平时，未选中该 8253 芯片，数据总线缓冲器处于三态，与系统的数据总线脱开，所以不能进行任何操作。当 $\overline{CS}$ 为低电平时，选中该 8253 芯片，系统地址总线的 A_1、A_0 连 8253 的 A_1、A_0 引脚，用来区别是访问控制字寄存器还是某个计数器。$\overline{RD}$ 和 $\overline{WR}$ 用于指示是对 8253 进行读出还是写入操作，通常它们分别与控制总线的读命令 IORC 和写命令 IOWC 相连。$\overline{CS}$、$\overline{WR}$、$\overline{RD}$、A_1、A_0 配合作用如表 8-1 所示。

表 8-1 8253 的读/写逻辑

$\overline{CS}$	$\overline{RD}$	$\overline{WR}$	A_1	A_0	操作
0	1	0	0	0	写计数器 0 的计数初值
0	1	0	0	1	写计数器 1 的计数初值
0	1	0	1	0	写计数器 2 的计数初值
0	1	0	1	1	写控制字
0	0	1	0	0	读计数器 0 的当前计数值
0	0	1	0	1	读计数器 1 的当前计数值
0	0	1	1	0	读计数器 2 的当前计数值

3. 控制字寄存器

控制字寄存器的内容在初始化编程时由 CPU 写入。通过写入控制字，来决定某个计数器的工作方式。该寄存器只能写，不能读。

4. 计数器通道及相关引脚

如图 8-1 所示，8253 内部有 3 个相互独立的计数器通道，即计数器 0、计数器 1 和计数器 2。3 个计数器有相同的结构，图 8-2 所示的方框内给出了其中一个计数器通道的结构。每个计数器通道都有 CLK、GATE 和 OUT 共 3 个引脚。

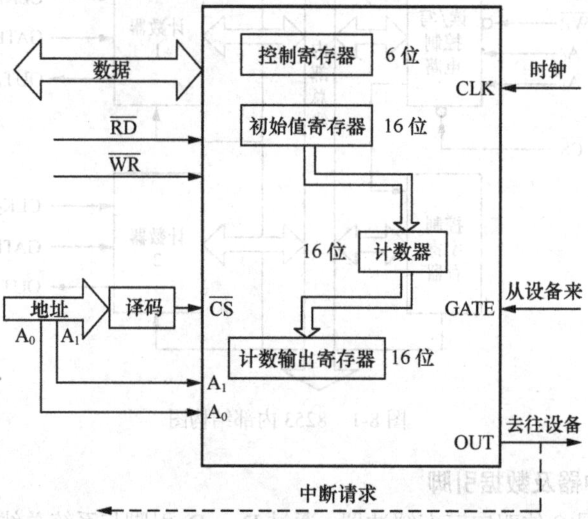

图 8-2　计数器通道逻辑图

图 8-2 中左边的 3 个寄存器都是 CPU 可访问的，包括控制寄存器、初始值寄存器、计数输出寄存器，图 8-2 中右边的计数器用于减 1 计数。

每个计数器通道内的控制寄存器都是 6 位的，用来存放 CPU 写入的该计数器的控制字。由表 8-1 可以看到，8253 芯片只有一个用于写控制字的端口地址，而 3 个独立计数器有 3 个控制字需要写。解决的办法是，用写到控制字端口地址的 8 位控制字中的高 2 位来确定该控制字剩下的低 6 位要写到哪个独立计数器，也就是说每个计数器通道的控制字实际上只有 6 位，因此每个计数器通道内的控制寄存器也是 6 位的。

每个计数器通道内的初始值寄存器用来寄存该通道的计数初值，由 CPU 写入。计数器通道的计数初值必须在计数之前由 CPU 预置并存入初始值寄存器。

每个计数器通道内的计数器为 16 位的减 1 计数器，它的初值由初始值寄存器送来。计数器对 CLK 引脚输入的时钟脉冲进行减 1 计数，每出现一个脉冲，计数器减 1，减到 0 时，在 OUT 引脚输出一个信号，起到计数的作用。8253 规定，加在 CLK 引脚的输入时钟周期不可以小于 380ns。计数器通道在减 1 计数过程中，根据不同的工作方式，OUT 引脚输出不同的波形，如按定时常数不断地输出为时钟周期整数倍的定时间隔信号，也就起到了定时的作用。

GATE 为门控信号输入引脚。当其输入为低电平时，通常为禁止计数器通道工作；当其输入为高电平时，才允许计数器通道工作。

计数通道内的计数器的内容可随时送入计数输出寄存器，CPU 可在任何时间从计数输出寄存器读出当前的 16 位计数值。CPU 通过计数输出寄存器读取当前的 16 位计数值而不是直接从计数器读出，一方面是为了不干扰计数器的工作；另一方面是为了避免在读计数器的低 8 位时，计数器的高 8 位已经改变，以至于读到错误数据的情况发生。

8.1.2　8253 的编程

在 8253 工作前，首先要对 8253 进行初始化编程，包括写控制字来确定每个计数器的工作方式，以及写计数初值给所选择的计数通道等。在 8253 工作期间，可以读出某个计数通道的当前计数值。

1. 控制字

8253 的控制字格式如图 8-3 所示，控制字各位的意义简介如下。

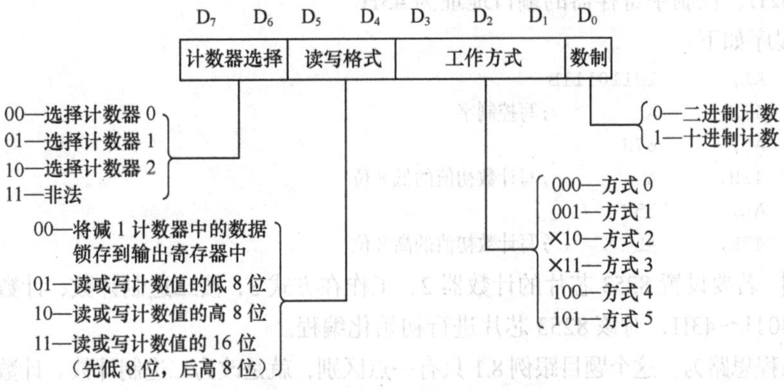

图 8-3　8253 控制字的格式

（1）计数器通道选择（D_7D_6）

控制字的最高两位 D_7D_6 用于决定该控制字是哪个通道的控制字。由于 3 个计数通道相互独立，且写入控制字都是对同一个控制寄存器进行操作（端口地址 $A_1A_0=11$），所以需要两位来决定该控制字是哪个通道的控制字。需注意的是，控制字的通道选择与通道计数器的地址是不同的。通道计数器的地址用于 CPU 向该计数器写初值，或者从计数器读当前值。

（2）读/写格式（D_5D_4）

控制字的 D_5D_4 两位指定读写计数值的格式。8253 的数据引脚只有 8 个，一次只能进行 8 位数据的传送，而计数器是 16 位的，计数值可以是 8 位也可以是 16 位。为了减少读写次数，8253 规定了几种读写计数值的格式，用控制字的 D_5D_4 两位指定。D_5D_4=01 指示只读写计数值的低 8 位，高 8 位自动置 0；D_5D_4=10 指示只读写计数值的高 8 位，低 8 位自动置 0；D_5D_4=11 指示先读写计数值的低 8 位，再读写高 8 位。在读取计数值时，$D_5D_4=00$，将计数器的当前计数值锁存在计数输出寄存器中，以便 CPU 读取。

（3）工作方式（$D_3D_2D_1$）

控制字的 $D_3D_2D_1$ 3 位决定了所选择的计数通道的工作方式。8253 共有 6 种不同的计数方式，用 3 位二进制数编码表示。后面将介绍这 6 种工作方式。

（4）数制选择（D_0）

控制字的 D_0 位指定所选计数通道的计数方式，D_0=0，按二进制计数；D_0=1，按二进制编码的十进制（BCD）计数。计数器先减 1 再判断是否为 0，因此计数初值为 0 实际上代表最大的计数初值，二进制计数的初值范围是 0000H～FFFFH，其中 0000H 是最大值，即 65536；BCD 计数的初值范围是 0000～9999，其中 0000 是最大值，即 10000。注意数在计算机中的 BCD 码表示形式与二进制表示形式的区别，如十进制的 64，用组合 BCD 码表示是 0110 0100，即 64H；而用二进制表示是 01000000B，即 40H。

2. 初始化编程

对 8253 的初始化编程包括写控制字确定所选计数通道的工作方式，以及写计数初值给所选择的计数通道。举例如下。

【例 8.1】 若要设置 8253 芯片的计数器 2，工作在方式 3，按二—十进制计数，计数初值为 3567，端口地址为 40H～43H，对该 8253 芯片进行初始化编程。

初始化编程思路为：计数初值为 3567，按二—十进制 BCD 计数，在计算机中 3567 的 BCD 码为 0011 0101 0110 0111，用 3567H 表示。因此，该计数初值的高、低 8 位都要写。计数器 2 的端口地址为 42H，控制字寄存器的端口地址为 43H。

初始化程序如下。

```
MOV     AL,     10110111B
OUT     43H,    AL          ;写控制字
MOV     AL,     67H
OUT     42H,    AL          ;写计数初值的低 8 位
MOV     AL,     35H
OUT     42H,    AL          ;写计数初值的高 8 位
```

【例 8.2】 若要设置 8253 芯片的计数器 2，工作在方式 3，按二进制计数，计数初值为 3567，端口地址为 40H～43H，对该 8253 芯片进行初始化编程。

初始化编程思路为：这个题目跟例 8.1 只有一点区别，就是改为二进制计数。计数初值为 3567，按二进制计数，在计算机中 3567 的二进制数表示为 1101 1110 1111B，用十六进制表示为 0DEFH。

初始化程序如下。

```
MOV     AL,     10110110B
OUT     43H,    AL          ;写控制字
MOV     AL,     0EFH
OUT     42H,    AL          ;写计数初值的低 8 位
MOV     AL,     0DH
OUT     42H,    AL          ;写计数初值的高 8 位
```

也可以省略将十进制数转换为二进制数的步骤，初始化程序如下。

```
MOV     AL,     10110110B
OUT     43H,    AL          ;写控制字
MOV     AX,     3567
OUT     42H,    AL          ;写计数初值的低 8 位
MOV     AL,     AH
OUT     42H,    AL          ;写计数初值的高 8 位
```

3．读取计数器的当前计数值

读取计数器的当前计数值可以有两种方法，一种是直接读计数器，另一种是先锁存再读取。输出锁存器在非锁存状态会随着计数器计数的变化而变化，直接读计数器是从锁存器得到计数器的当前值。但由于计数器处于工作状态，读出值不一定稳定。

由于 8253 的计数值是 16 位，而 8253 的数据线是 8 位，读取 16 位计数值需要分两次完成。为了避免读计数值过程中，计数值由于计数器的继续工作而有所改变，可以先将计数值锁存在计数输出寄存器（也称为输出锁存器）中，然后再读取。锁存的办法有两种：一是利用 GATE 信号使计数过程停止，二是利用 8253 的锁存命令将计数器的计数值锁存在输出锁存器中。8253 的每个通道都有一个 16 位的输出锁存器，平时输出锁存器的值随着计数器通道的计数值变化，当写入锁存命令后，它就会把计数器的现行值锁存，同时计数器继续计数。这样 CPU 从输出锁存器读出

的值就是执行锁存命令时计数器的值。在 CPU 读取计数值后，自动解除锁存状态，输出锁存器的值又随计数器的值变化。

【例 8.3】设 8253 芯片端口地址为 40H～43H，要读取通道 1 的 16 位计数值，程序如下。

```
MOV  AL,01000000B        ;计数器 1 的锁存命令
OUT  43H,AL              ;写入至控制字寄存器
IN   AL,41H              ;读低 8 位
MOV  BL,AL               ;存于 BL 中
IN   AL,41H              ;读高 8 位
MOV  BH,AL               ;存于 BH 中
```

8.1.3 8253 的工作方式

1. 方式 0——计数结束输出高电平

方式 0 是一种计数结束时 OUT 引脚输出高电平的工作方式。GATE 引脚输入信号为高电平时方式 0 的工作波形图如图 8-4 所示，OUT 引脚在计数期间输出低电平信号，计数到 0 后输出高电平信号。在实际应用中，常将计数结束后的上升沿作为中断请求信号，用作事件的计数或定时，如计数到零或时间到，发出中断请求信号等；也可用作计数到 0 或时间到的状态信号供查询式传送时查询。

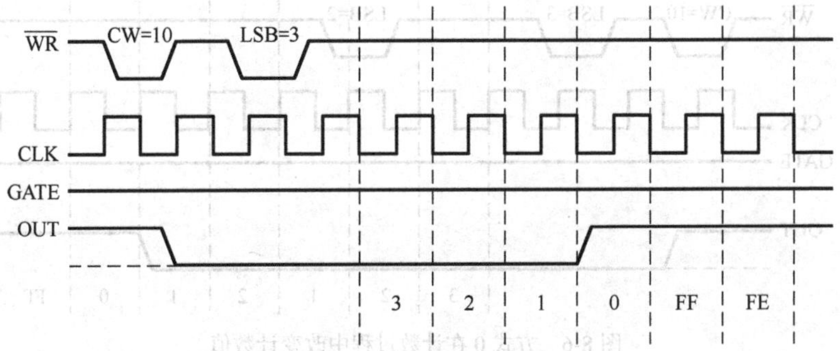

图 8-4 方式 0 工作波形

方式 0 的工作过程如下。

CPU 将控制字（Control Word，CW）写入某一计数通道后，如该控制字指明这一通道按方式 0 计数，则该通道的 OUT 引脚输出低电平信号。CPU 将计数初值写到计数初值寄存器后，经过一个时钟脉冲后将计数初值寄存器中的计数初值装入减 1 计数器开始计数。减 1 计数过程中 OUT 引脚继续输出低电平信号。减 1 计数到 0 后，OUT 引脚输出高电平信号。这样如果计数初值为 N，则在写入计数初值的第 $N+1$ 个脉冲后 OUT 引脚输出高电平。之后，OUT 引脚继续输出维持高电平信号，直到 CPU 再次写入计数初值才开始新的计数。在图 8-4 中，计数初值为 3，则在写入计数初值后的第 4 个脉冲后 OUT 引脚输出高电平，并维持高电平，直到 CPU 再次写入控制字或计数初值才开始新的计数。

在图 8-4 中，控制字 CW 的值为 10H，即 00010000B，指示计数器 0 工作在方式 0，按二进制计数，计数初值只写低 8 位。图中的 LSB（Least Significant Byte）指的是计数初值的低 8 位，在这个例子中，计数初值为 3。若 8253 的端口地址为 40H～43H，则对应的初始化编程如下。

```
MOV  AL, 10H
OUT  43H, AL
MOV  AL, 3
OUT  40H, AL
```

在方式 0 的计数过程中，GATE 引脚输入低电平信号则暂停计数。GATE 引脚的信号再次变为高电平时，再按暂停前的计数值接着计数，如图 8-5 所示。

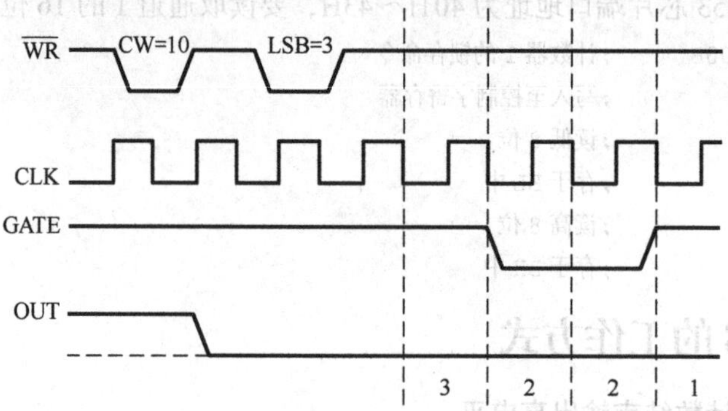

图 8-5　方式 0 中 GATE 信号的作用

计数过程中，如果重新写入 8 位计数初值，则在写入后计数器按照新的计数值计数。如果重新写入 16 位计数初值，则在写入第 1 个字节后，计数器停止计数，在写入第 2 个字节后再开始计数，如图 8-6 所示。即改变计数值是立即有效的。

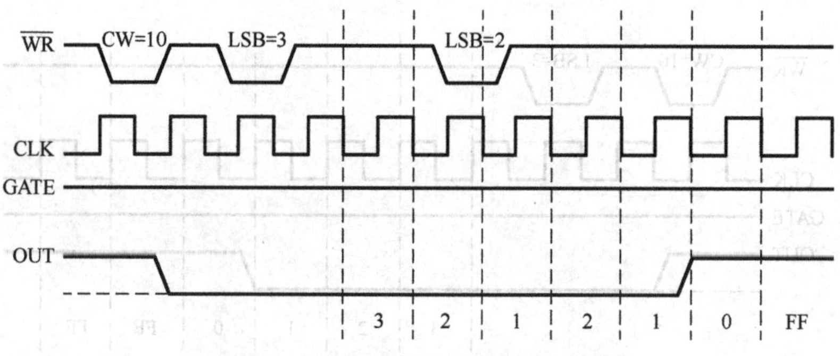

图 8-6　方式 0 在计数过程中改变计数值

2. 方式 1——硬件触发单脉冲

方式 1 是一种 GATE 引脚信号上升沿触发计数，在 OUT 引脚输出单个负脉冲的工作方式，其工作波形如图 8-7 所示。

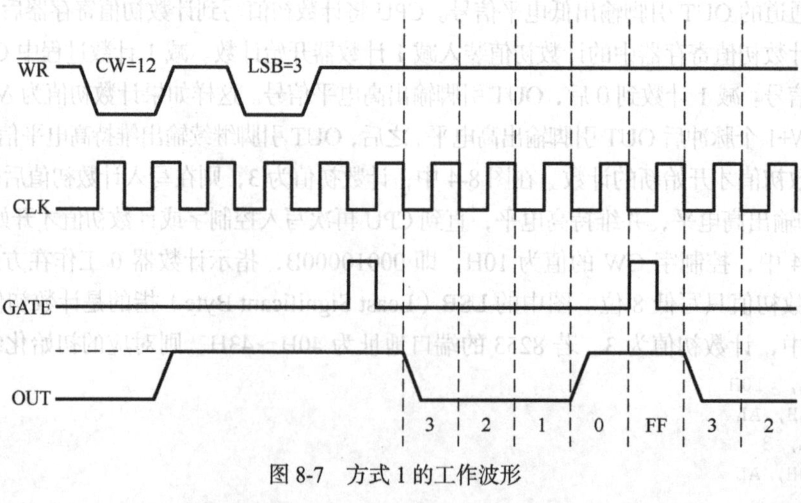

图 8-7　方式 1 的工作波形

方式 1 的工作过程如下。

在 CPU 写入方式 1 的控制字后，OUT 引脚输出高电平信号。CPU 写入计数初值后，还需等待 GATE 引脚输入正脉冲触发计数。当 GATE 引脚输入的信号由低变高（上升沿触发）后的第 1 个 CLK 脉冲到来时，将计数初值装入减 1 计数器开始计数，同时 OUT 引脚输出信号变为低电平。直到计数到 0，OUT 输出变为高电平。方式 1 在 GATE 引脚正脉冲触发后输出一个负脉冲，这种方式被称为硬件触发单脉冲方式。

计数到 0 后，如果 GATE 引脚又有外部触发脉冲到来，则按计数初值重新计数，再输出一个同样宽度的单拍负脉冲；否则处于停止等待状态。

在计数过程中，外部可以利用 GATE 信号重新触发，并在触发后的下一个 CLK 脉冲的下降沿，将计数初值寄存器中的计数初值装入减 1 计数器开始重新计数，如图 8-8 所示。

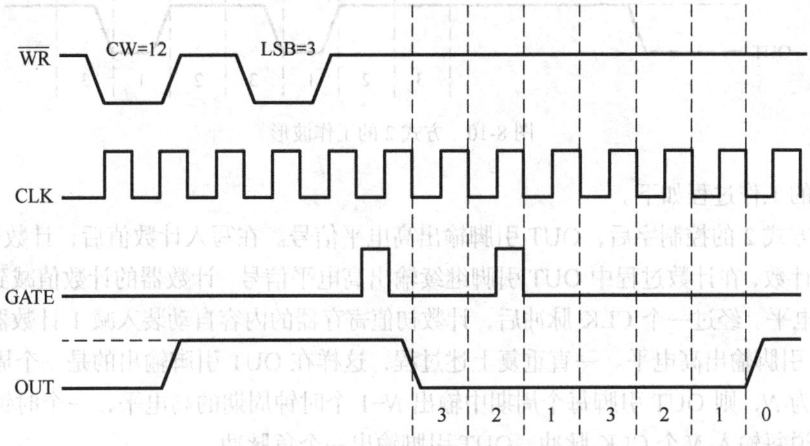

图 8-8 方式 1 中 GATE 信号的作用

在计数过程中，改变计数初值并不是立即有效的。原有的计数过程继续进行。当 GATE 引脚有新的触发脉冲到来时再按新的计数初值计数，如图 8-9 所示。

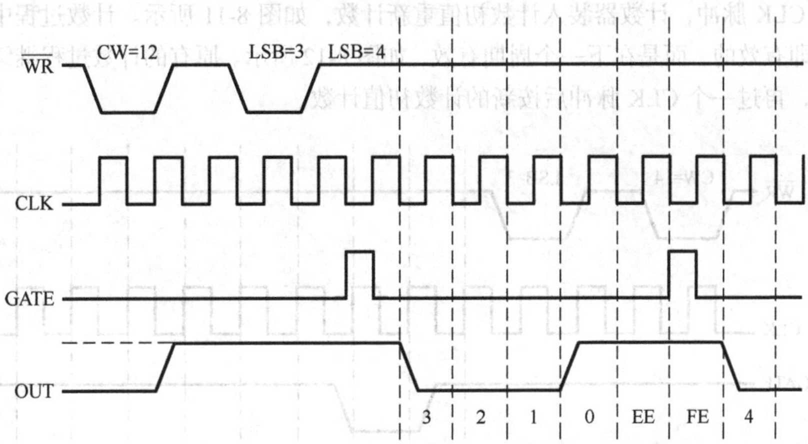

图 8-9 方式 1 在计数过程中改变计数值

3. 方式 2——频率发生器

方式 2 是一种在 GATE 引脚输入信号为高电平时，OUT 引脚输出周期信号的工作方式，其工作波形如图 8-10 所示。如果计数初值为 N，则 OUT 引脚输出周期信号的周期是 CLK 周期的 N

倍，频率是 CLK 频率的 N 分之一。因此方式 2 被称为周期信号发生器，或频率发生器，或分频器。

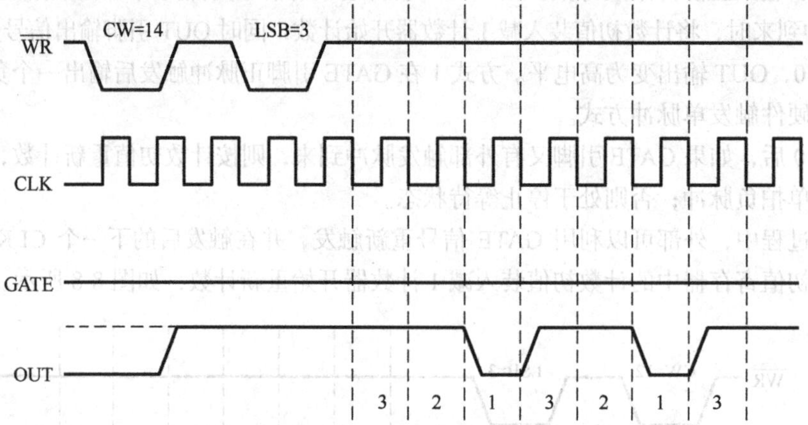

图 8-10　方式 2 的工作波形

方式 2 的工作过程如下。

在写入方式 2 的控制字后，OUT 引脚输出高电平信号。在写入计数值后，计数器对 CLK 脉冲进行减 1 计数，在计数过程中 OUT 引脚继续输出高电平信号。计数器的计数值减到 1 后，OUT 引脚输出低电平。经过一个 CLK 脉冲后，计数初值寄存器的内容自动装入减 1 计数器，重新开始计数，OUT 引脚输出高电平。一直重复上述过程，这样在 OUT 引脚输出的是一个周期信号。如果计数初值为 N，则 OUT 引脚每个周期中输出 $N-1$ 个时钟周期的高电平，一个时钟周期的低电平；也可以说每输入 N 个 CLK 脉冲，OUT 引脚输出一个负脉冲。

图 8-10 的例子中，计数初值为 3，OUT 引脚输出的信号中，有两个时钟周期的高电平，一个时钟周期的负电平，之后又回到高电平。得到的周期信号是每 3 个时钟周期中输出了一个负脉冲。

方式 2 计数过程中，GATE 引脚输入低电平信号则停止计数，在 GATE 引脚信号变成高电平后的下一个 CLK 脉冲，计数器装入计数初值重新计数，如图 8-11 所示。计数过程中，改变计数初值不是立即有效的，而是在下一个周期有效，如图 8-12 所示。原有的计数过程继续进行直到计数值为 1 后，再过一个 CLK 脉冲后按新的计数初值计数。

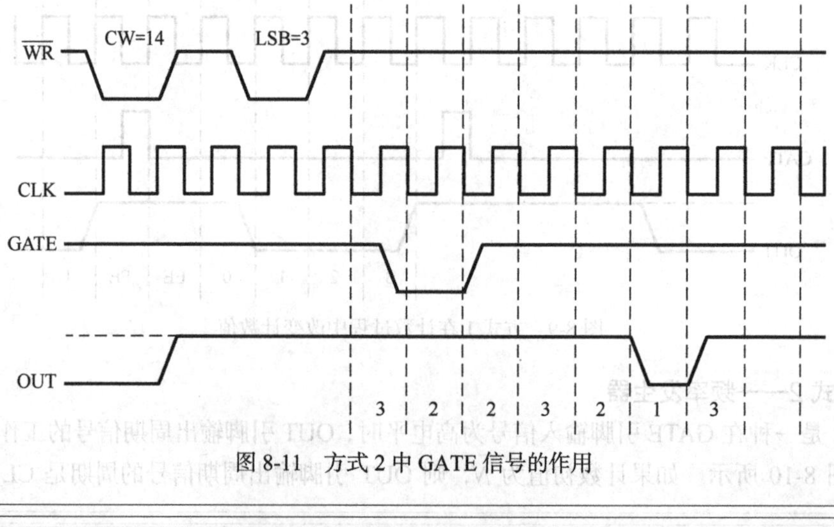

图 8-11　方式 2 中 GATE 信号的作用

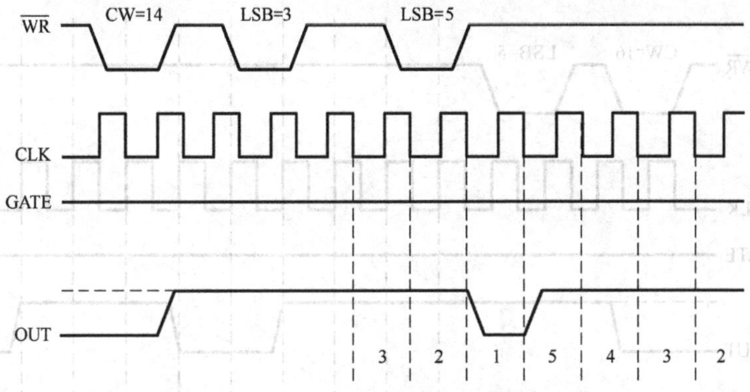

图 8-12　方式 2 在计数过程中改变计数初值

4. 方式 3——方波发生器

方式 3 与方式 2 相似，在 GATE 引脚输入信号为高电平时，OUT 引脚输出周期信号。如果计数初值为 N，则 OUT 引脚输出周期信号的周期是 CLK 周期的 N 倍，频率是 CLK 频率的 N 分之一。与方式 2 不同的是，方式 3 是输出方波信号，如图 8-13 所示。

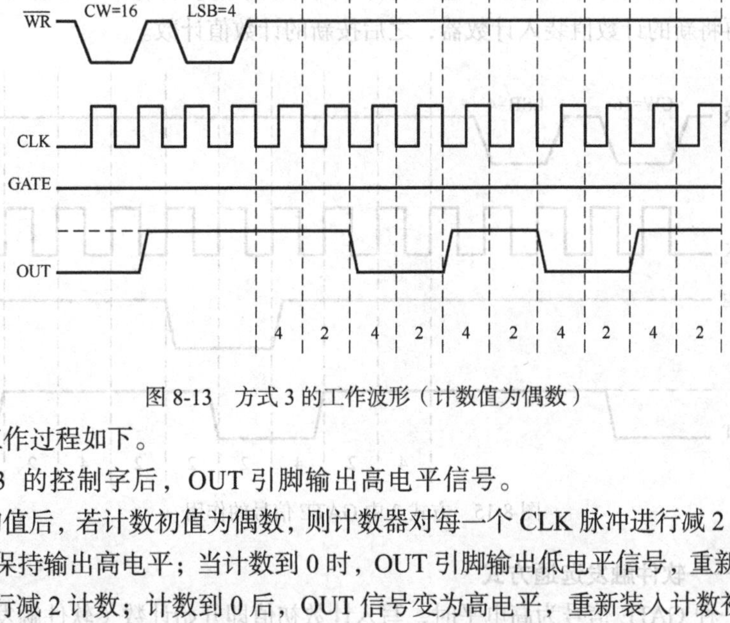

图 8-13　方式 3 的工作波形（计数值为偶数）

方式 3 的工作过程如下。

写入方式 3 的控制字后，OUT 引脚输出高电平信号。

写入计数初值后，若计数初值为偶数，则计数器对每一个 CLK 脉冲进行减 2 计数，在计数过程中 OUT 引脚保持输出高电平；当计数到 0 时，OUT 引脚输出低电平信号，重新装入计数初值，对 CLK 脉冲进行减 2 计数；计数到 0 后，OUT 信号变为高电平，重新装入计数初值开始对 CLK 进行减 2 计数计数。上述过程重复进行，在 OUT 引脚上输出连续的方波信号。

写入计数初值后，若计数值为奇数，则第一个 CLK 脉冲先减 1，以后，每个 CLK 脉冲使计数值减 2，在计数过程中 OUT 引脚保持输出高电平；计到 0 时，OUT 引脚输出低电平信号，重新装入计数初值后，第一个 CLK 脉冲计数值减 3，以后，每个 CLK 脉冲使计数值减 2，计到 0 时，OUT 改变状态。上述过程重复进行，在 OUT 引脚上输出近似的方波信号。

当计数初值 N 为偶数时，OUT 引脚输出 $N/2$ 个 CLK 周期的高电平信号，再输出 $N/2$ 个 CLK 周期的低电平信号，并重复该过程，输出连续的方波信号。当计数初值 N 为奇数时，OUT 引脚输出的高电平信号比低电平信号多一个时钟周期，如图 8-14 所示。当计数初值比较大时，即使计数初值为奇数，OUT 引脚上看到的波形仍近似于方波，因此方式 3 被称为方波发生器。

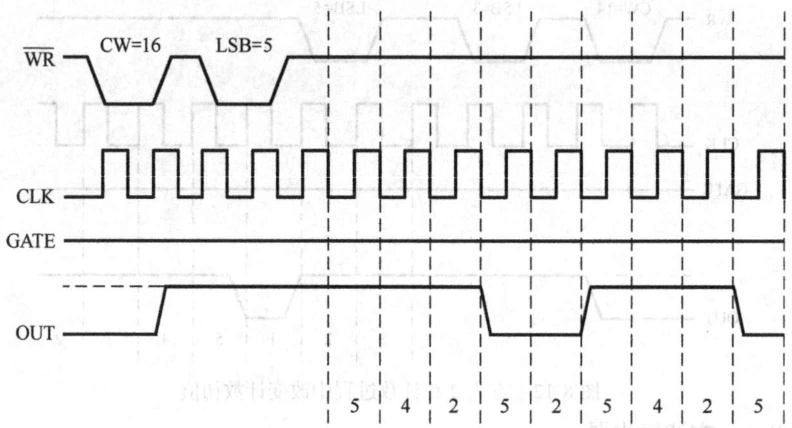

图 8-14　方式 3 的工作波形（计数值为奇数）

在方式 3 计数过程中，GATE 引脚输入低电平信号则停止计数，OUT 引脚输出高电平信号。当 GATE 引脚的信号变高以后，计数器装入计数初值重新计数，如图 8-15 所示。在计数过程中，改变计数初值并不影响现行计数过程，直到现行半周计数结束或者有 GATE 脉冲触发（变为低再变为高）时，再将新的计数值装入计数器，之后按新的计数值计数。

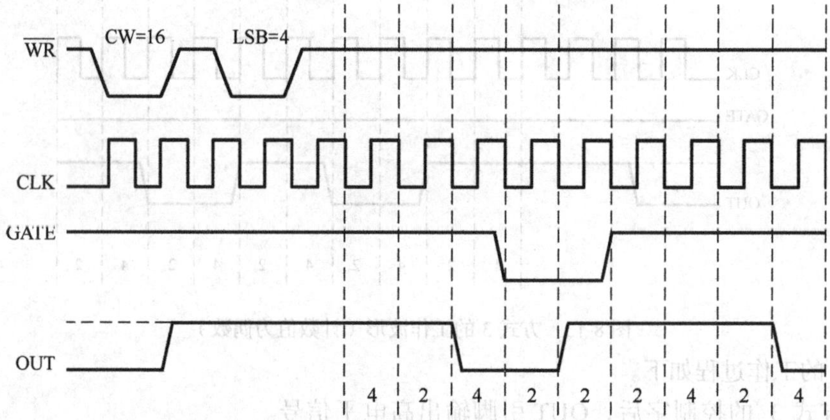

图 8-15　方式 3 中 GATE 信号的作用

5. 方式 4——软件触发选通方式

方式 4 是一种 GATE 信号为高电平时，写入计数初值即开始计数（软件触发），计数到 0 时输出一个时钟周期的负脉冲作为选通信号的工作方式，简称为软件触发选通方式。GATE 信号为高电平时，方式 4 的工作波形如图 8-16 所示。

方式 4 的工作过程如下。

写入方式 4 的控制字后，OUT 引脚输出高电平信号。在写入计数初值后的下一个时钟周期将计数初值装入计数器开始计数（即软件触发），OUT 引脚维持高电平。计数到 0 后，OUT 引脚输出低电平信号，持续一个 CLK 周期后恢复为高电平，计数器停止计数。

方式 4 中，如果计数初值为 N，则 OUT 引脚的输出波形为在 N+1 个 CLK 周期的高电平后输出一个 CLK 周期的负脉冲，可用作选通信号。

方式 4 中停止计数后，只有 CPU 再次写入计数初值才会启动另一次计数过程。在计数过程中改变计数初值，则立即按新的计数初值重新开始计数。若计数初值是两个字节，则置入第 1 个字节时停止计数，置入第 2 个字节后才按新的计数初值开始计数。GATE 引脚输入高电平信号时允许计数；GATE 引脚输入低电平信号时，禁止计数，不改变 OUT 引脚的输出，如图 8-17 所示。方式 4 计数过程中，改变计数初值是立即有效的，如图 8-18 所示。

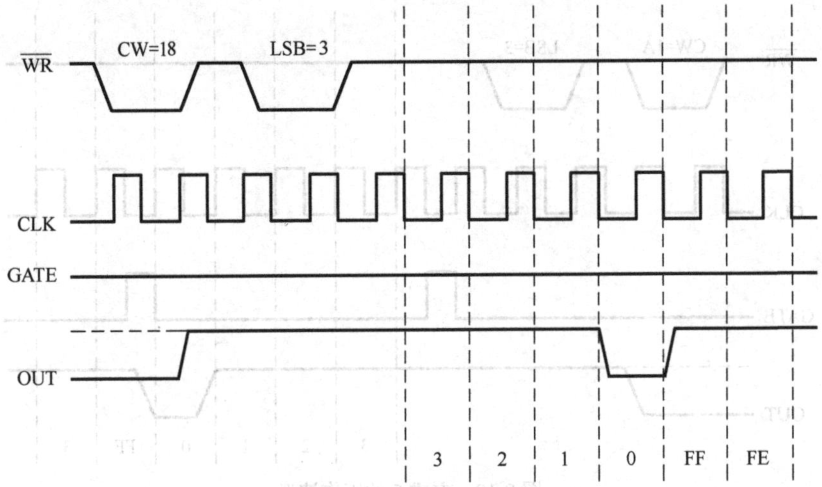

图 8-16　方式 4 的工作波形

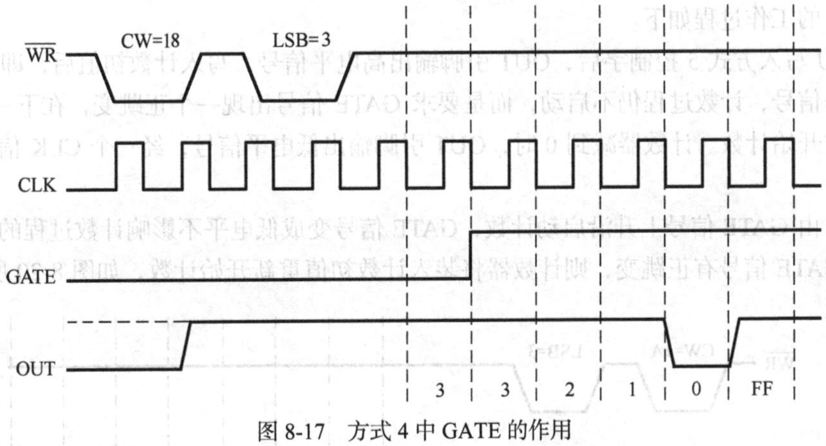

图 8-17　方式 4 中 GATE 的作用

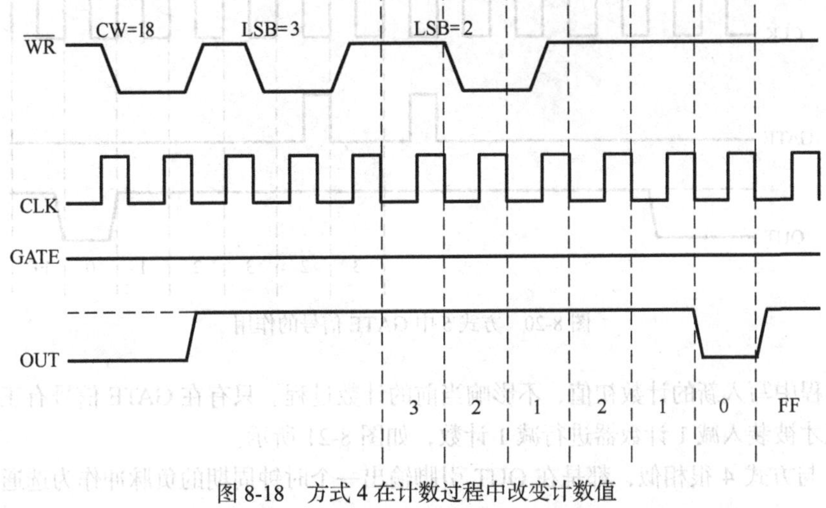

图 8-18　方式 4 在计数过程中改变计数值

6. 方式 5——硬件触发选通方式

方式 5 是一种 GATE 引脚信号上升沿触发计数，在 OUT 引脚输出一个时钟周期的负脉冲作为选通信号的工作方式，其工作波形如图 8-19 所示。

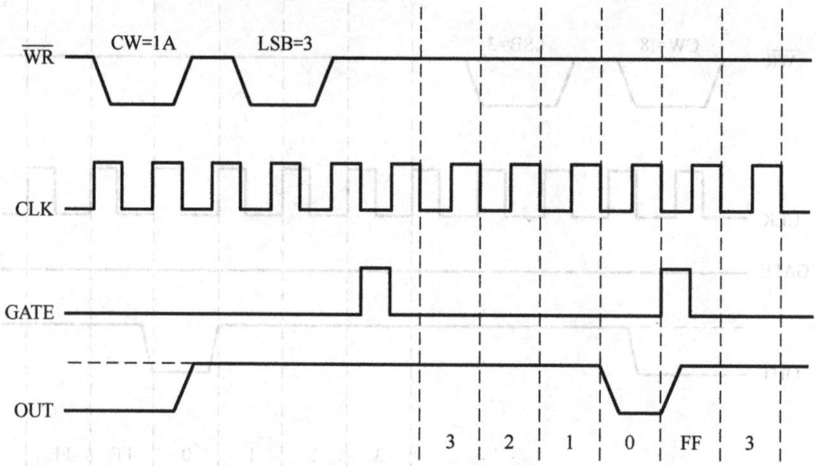

图 8-19　方式 5 的工作波形

方式 5 的工作过程如下。

在 CPU 写入方式 5 控制字后，OUT 引脚输出高电平信号，写入计数初值后，即使 GATE 引脚为高电平信号，计数过程仍不启动，而是要求 GATE 信号出现一个正跳变，在下一个 CLK 信号到来后才开始计数。计数器减到 0 时，OUT 引脚输出低电平信号，经一个 CLK 信号输出高电平信号。

方式 5 由 GATE 信号上升沿启动计数，GATE 信号变成低电平不影响计数过程的进行。计数过程中若 GATE 信号有正跳变，则计数器将装入计数初值重新开始计数，如图 8-20 所示。

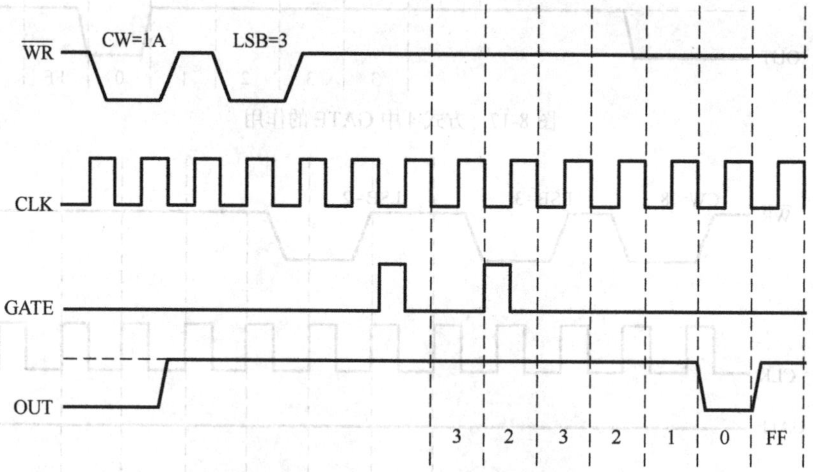

图 8-20　方式 5 中 GATE 信号的作用

计数过程中写入新的计数初值，不影响当前的计数过程。只有在 GATE 信号有正跳变时，新的计数初值才被装入减 1 计数器进行减 1 计数，如图 8-21 所示。

方式 5 与方式 4 很相似，都是在 OUT 引脚输出一个时钟周期的负脉冲作为选通信号，不同的是，方式 4 是写入计数初值触发计数，即软件触发；而方式 5 是 GATE 引脚的上升沿触发计数，即硬件触发选通方式。

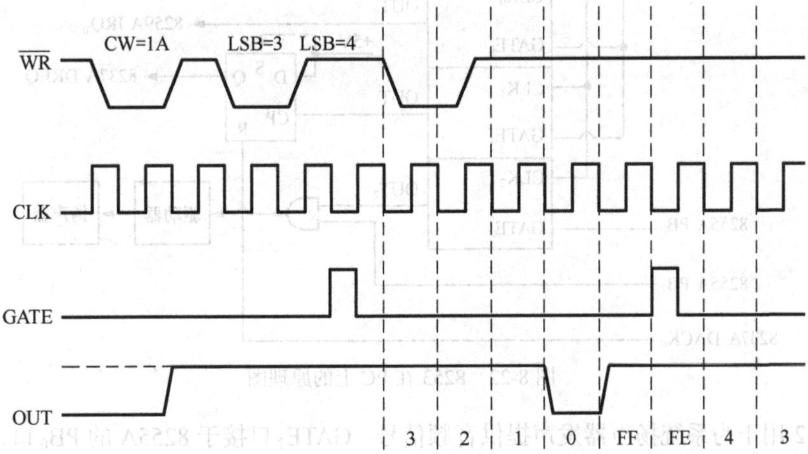

图 8-21　方式 5 在计数过程中改变计数值

方式 5 在触发法方式上与方式 1 相同，但 OUT 引脚的输出波形不同。若计数初值为 N，方式 1 输出宽度为 N 个 CLK 周期的负脉冲，而方式 5 是输出宽度为 1 个 CLK 周期的负脉冲，也称为选通脉冲。

8.1.4　8254 与 8253 的区别

8254 是 8253 的改进型，它们的引脚定义与排列、硬件组成等基本上是相同的。8254 的编程方式与 8253 是兼容的，凡是使用 8253 的地方均可用 8254 代替。8254 在 8253 的基础上做了以下改进：

① 8253 最高计数脉冲（CLK）的频率为 2MHz，而 8254 允许的最高计数脉冲频率可达 10MHz（8254 为 8MHz，8254-2 为 10MHz）。

② 8254 在每个计数器通道内部都有一个状态寄存器和状态锁存器，可以将状态字锁存后由 CPU 读取。状态字的后 6 位与控制寄存器的内容相同，即控制字中的后 6 位，最高位反映 OUT 引脚的状态，次高位反映计数初值是否已写入计数器 。

③ 8254 有一个读回命令字，这个命令可以让 3 个计数通道的计数值都锁存。

8.1.5　8253 在 PC 上的应用

在 IBM PC 的系统板上，有一片由 8253 构成的系统定时逻辑，系统分配给它的地址是 40H～43H，加到每个计数器 CLK 引脚的时钟脉冲频率均为 1.193 181 6MHZ（由系统时钟 CLK 经四分频得到）。图 8-22 给出了 8253 在 PC 上的连接原理图，3 个计数器在系统中的使用原理如下。

计数器 1 用于产生动态存储器刷新的定时控制。它的 $GATE_1$ 同样接于高电平，工作在方式 2。计数初值预置为 18D，于是 OUT_2 输出一个负脉冲系列，其周期为 18/1 193 181.6=15.08μs。该信号用于 D 触发器的触发时钟信号，使每隔 15.08μs 产生一个正脉冲，作为系统中 8237A DMAC 的 0 通道的请求信号，定时对系统的 DRAM 进行刷新操作。

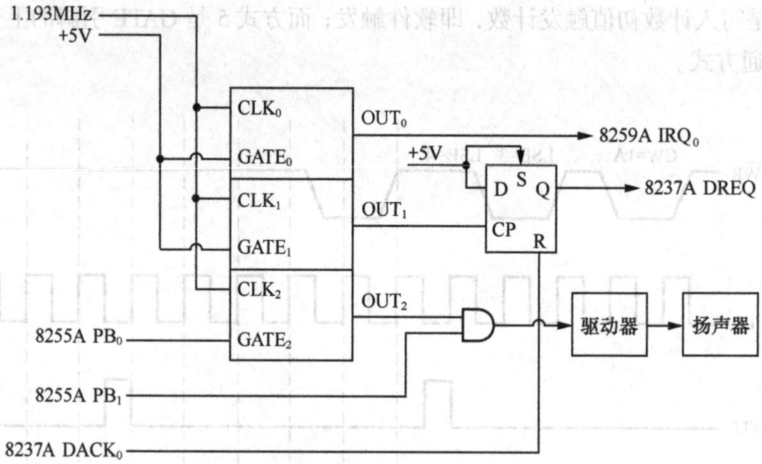

图 8-22　8253 在 PC 上的原理图

计数器 2 用于为系统扬声器发声提供音频信号。$GATE_2$ 口接于 8255A 的 PB_0 口，工作于方式 3，计数初值为 1331D。当 $GATE_2$ 为高电平时，启动计数器 2 输出 1 193 181.6/1 331 = 900Hz 的方波，该方波信号经过功率放大器和滤波后驱动扬声器。如图 8-22 所示，驱动扬声器的信号实际上受到了从并行接口芯片 8255A 来的双重控制。8255A 的 PB_0 口使能 8253；8255A 的 PB_1 使能与门。只有 PB_0 和 PB_1 同时为 1，才能驱动扬声器发声。可以通过改变 8253 输出频率来改变扬声器发声的音调。

下面两种编程方法可以控制计算机扬声器发声。

（1）通过 PB_1 对扬声器控制

在这种方法中，PB_0 = 0 使得 8253 计数器 2 的 OUT_2 输出为高电平。然后通过编程使得 PB_1 不断进行反相操作，高低电平分别持续相同的时间，使计数器 2 输出一定频率的方波，驱动扬声器发声。设 8255B 口地址为 61H，程序如下。

```
        IN   AL,  61H          ;读取 B 口的状态
        AND  AL,  11111100B    ;PB0=PB1=0
START:  XOR  AL,  02H          ;PB1 反相
        OUT  61H, AL           ;输出
        MOV  CX,  320
HERE:   LOOP HERE              ;高低电平持续一定时间
        JMP  START
```

（2）通过 8253 计数器 2 对扬声器控制

在这种方法中，8255A PB_0 端口输出为高电平，使能 8253 计数器 2；PB_1 端口也为高电平，打开与门。计数器 2 工作在方式 3，通过预置合适的计数初值，使计数器 2 输出一定频率的方波。程序如下。

```
        MOV  AL ,10110110B
        OUT  43H,AL            ;设置 8253 计数器控制字
        MOV  AX,0800H          ;计数初值选择 0800H
        OUT  42H,AL
        MOV  AL,AH
        OUT  42H,AL
        IN   AL,61H
        OR   AL,03H            ;令 PB0=PB1=1
```

```
                OUT  61H,AL        ;打开与门,使能 8253 计数器 2
                MOV  BL,06H
                SUB  CX,CX
WAIT:           LOOP WAIT          ;延时程序段,控制发声时间长度
                DEC  BL
                JNZ  WAIT
                AND  AL,0FCH
                OUT  61H,AL        ;关闭与门,切断脉冲信号源,停止发声
                INT  20H
```

8.1.6　8253 应用实例

利用 PC 内部的 8253 定时器及 8255A 并行口，控制计算机内部的扬声器发声，唱出歌曲 Mary Had a Little Lamb。

连接图如 8.1.5 小节中图 8-22 所示，将 8253 计数器 2 的工作方式设置为方式 3，在 OUT_2 引脚输出方波信号。8255A 的 PB_0 连接 $GATE_2$ 引脚，PB_0 为 1 时，计数器 2 工作；PB_0 为 0 时，暂停计数。8255A 的 PB_1 与 OUT_2 引脚一起连接与门的输入端。PB_1 为 1 时，与门的输出信号与 OUT_2 引脚输出的信号相同，正常工作时为一定频率的方波信号，经过驱动器放大，控制扬声器发声；PB_1 为 0 时，与门输出为 0，扬声器不发声。要扬声器正常发声，PB_1 和 PB_0 都必须为 1。

表 8-2 给出了歌曲 Mary Had a Little Lamb 的音调的频率值及长度。编程时，以 CLK_2 引脚的输入频率作为被除数，以表 8-2 各音调的频率值作为除数，求得定时器的计数值；再对 8253 计数器 2 进行初始化编程，并控制 8255A 的 PB_1 和 PB_0 值，结合延时子程序控制各音调的长度，让计算机唱出歌曲 Mary Had a Little Lamb。

表 8-2　　　各音调的频率值及长度

歌词	音调	频率（Hz）	长度	歌词	音调	频率（Hz）	长度
Mar	E4	330	1	Mar	E4	330	1
y	D4	294	1	y	D4	294	1
had	C4	262	1	had	C4	262	1
a	D4	294	1	a	D4	294	1
lit	E4	330	1	lit	E4	330	1
tle	E4	330	1	tle	E4	330	1
lamb	E4	330	2	lamb	E4	330	1
lit	D4	294	1	whose	E4	330	1
tle	D4	294	1	fleece	D4	294	1
lamb	D4	294	2	was	D4	294	1
lit	E4	330	1	white	E4	330	1
tle	G4	392	1	as	D4	294	1
lamb	G4	392	2	snow.	C4	262	4

已知 PC 内 8255A 端口范围为 60H～63H，8253 端口范围为 40H～43H，利用计算机内部的 8253 定时器 2 控制内部扬声器发声播放歌曲的程序如下。

```
STACK    SEGMENT    PARA STACK 'STACK'
         DB    32  DUP (?)
STACK    ENDS
DATA     SEGMENT
FREQ_L   DW        330, 1, 294, 1, 262, 1, 294, 1, 330, 1, 330, 1
```

```
          DW        330, 2, 294, 1, 294, 1, 294, 2, 330, 1, 392, 1
          DW        392, 2, 330, 1, 294, 1, 262, 1, 294, 1, 330, 1
          DW        330, 1, 330, 1, 330, 1, 294, 1, 294, 1, 330, 1
          DW        294, 1, 262, 4,0
DATA      ENDS
CODE      SEGMENT
            ASSUME CS:CODE, DS:DATA, SS:STACK
BEGIN:    MOV AX, DATA
          MOV DS, AX
          MOV AL, 0B6H
          OUT 43H, AL
          LEA DI, FREQ_L
NEXT:     MOV AX, 34DEH         ;1.193182MHz = 001234DEH
          MOV DX, 0012H         ;被除数在 DX、AX 中
          MOV BX, [DI]          ;频率值作为除数
          CMP BX, 0
          JZ  DONE              ;除数为 0，结束，返回 DOS
          DIV BX
          OUT 42H, AL           ;商作为计数值
          MOV AL, AH            ;商的高 8 位
          OUT 42H, AL
          IN  AL, 61H
          MOV AH, AL            ;保存扬声器状态
          OR  AL, 3
          OUT 61H, AL           ;打开扬声器，让扬声器发声
          INC DI
          INC DI
          MOV BX, [DI]          ;控制音调的时间
          CALL DELAY
          INC DI
          INC DI
          MOV AL, AH            ;恢复扬声器原来的状态
          OUT 61H, AL
          CALL DELAY2
          JMP NEXT
DONE:     MOV AH, 4CH
          INT 21H
DELAY     PROC
          PUSH AX
AGAIN1:   MOV CX, 16578         ; 16578*15.08μs=250ms
AGAIN:    IN  AL, 61H           ;8255A 的 PB4 每隔 15.08μs 翻转一次
          AND AL, 10H
          CMP AL, AH
          JE  AGAIN
          MOV AH, AL
          LOOP AGAIN
          DEC BL
          JNZ AGAIN1
          POP AX
          RET
DELAY     ENDP
DELAY2    PROC
```

```
          MOV CX, 1328     ;1328*15.08μs =20ms
REPEAT1:  IN  AL, 61H
          AND AL, 10H
          CMP AL, AH
          JE  REPEAT
          MOV AH, AL
          LOOP REPEAT1
          RET
DELAY     ENDP
CODE      ENDS
          END BEGIN
```

8.2 并行输入/输出接口

CPU 和 I/O 设备之间交换数据可以按位进行，即按串行方式传送；也可以一次传送一个字节或一个字，即按并行方式传送。按并行方式传送需使用并行方式输入/输出接口，最简单的并行方式输入/输出接口可以由三态缓冲器、锁存器等中、小规模集成电路组成，如 8286 数据收发器等。但这样的接口电路不可编程，其组成逻辑一旦确定，其功能也就确定了，不能改变。在数据并行传输中，由于多数外部设备工作速度比较低，且差异较大，解决外部设备与接口之间的定时协调问题十分重要。协调外部输入/输出设备与接口间的操作最常用的方法是采用联络信号，即所谓异步互锁的方法或应答方式。有了联络信号线，就使两个不同的时序系统（如 CPU 总线时序与外设的工作时序）得到协调，保证了 CPU 与外设间数据的可靠交换。

8255A 是 Intel 公司生产的可编程并行输入/输出接口芯片，该芯片有 3 个 8 位的并行输入/输出端口，有 3 种工作方式。可以编程控制这些端口工作在无条件传送方式、查询传送方式或中断传送方式，并提供这些传送方式所需的联络信号。由于 8255A 芯片已经提供了 CPU 与外设交换数据时所需的联络信号，因此，8255A 芯片作为系统总线与外部设备之间的并行输入/输出接口时，一般不需要再附加外部电路。8255A 芯片各端口功能可由软件选择，使用灵活，通用性强，是一种微型计算机系统的通用并行输入/输出接口芯片。本节将主要介绍 8255A 可编程并行输入/输出接口芯片的功能及编程使用方法，并给出应用实例。

8.2.1 8255A 的功能结构

8255A 是一种可编程的外设接口芯片（Programmable Peripheral Interface，PPI），是一片使用单一+5V 电源、40 脚、双列直插式的大规模集成电路。8255A 的通用性强，使用灵活，CPU 通过它可直接与外设相连接。

该芯片有 3 个 8 位的并行输入/输出端口 PA、PB 和 PC，24 个输入/输出引脚，PC 端口分为上半部分和下半部分两个 4 位的端口分别进行输入/输出传送，PC 引脚也用来提供传送时所需的联络信号。

8255A 有 3 种工作方式，即方式 0、方式 1 和方式 2。可以编程将端口 PA、PB、PC 设置为同时工作在方式 0 进行输入/输出传送。PA 端口和 PC 端口的高 4 位组成 A 组，可编程工作在 3 种工作方式之一，即方式 0、方式 1 或方式 2。PB 端口和 PC 端口的低 4 位组成 B 组，可编程工作在两种工作方式之一，即方式 0 或方式 1。

方式 0 为无条件传送方式。方式 1 和方式 2 工作在查询传送方式和中断传送方式，此时由 PA

口或 PB 口进行数据传送，PC 口提供 CPU 与外设交换数据时所需的联络信号，如数据是否准备好、是否需要向 CPU 发中断请求等。

8255A 的内部结构和引脚信号分别介绍如下。

1. 8255A 的内部结构

8255A 的内部结构如图 8-23 所示，它主要由以下几部分组成：

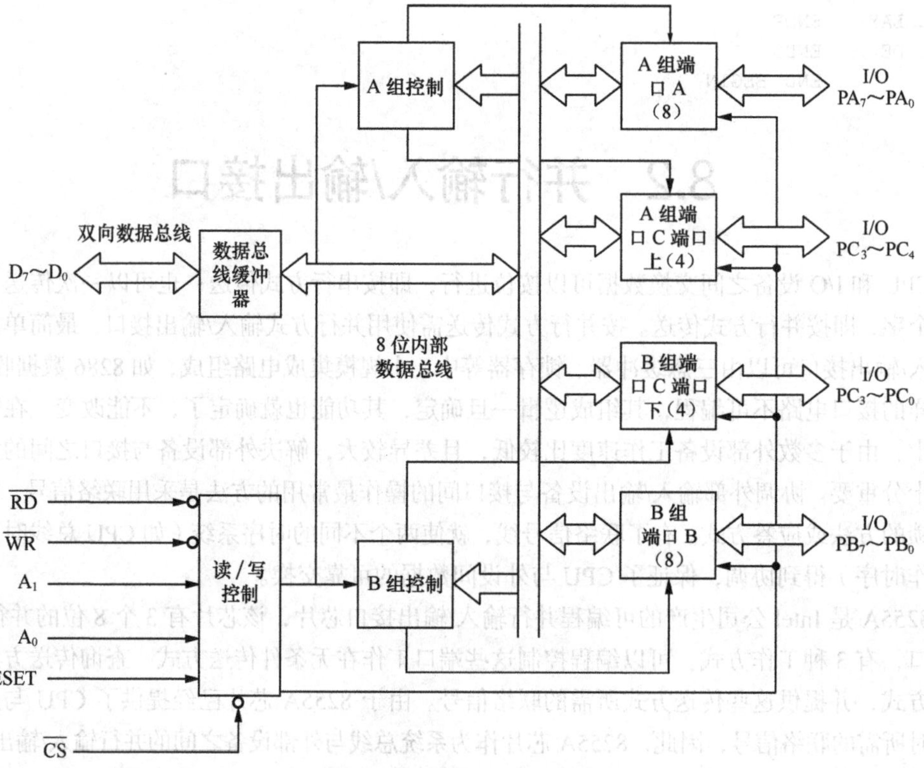

图 8-23　8255A 内部结构

（1）数据总线缓冲器

数据总线缓冲器是 8 位双向三态缓冲器，通过 D_7～D_0 引脚与系统总线的数据总线连接。CPU 通过数据缓冲器将数据或控制字写入 8255A 并行接口芯片，或者从 8255A 接口芯片中读取数据或状态信息。

（2）数据端口 PA、PB 和 PC

8255A 有 3 个 8 位的端口，即端口 PA、PB 和 PC。这 3 个端口都可以作为输入/输出端口，用于 CPU 与外部设备间交换数据或进行通信联络。每个端口都是 8 位，并都具有多种功能，但各有不同的特点。

端口 A 有一个 8 位的数据输出锁存/缓冲器和一个 8 位的数据输入锁存器。

端口 B 有一个 8 位的数据输出锁存/缓冲器和一个 8 位的数据输入缓冲器，无输入锁存功能。B 端口不可以工作于方式 2。

端口 C 有一个 8 位的数据输出锁存/缓冲器和一个 8 位的数据输入缓冲器，没有输入锁存器。端口 C 可在方式字控制下分为两个 4 位的端口（C 端口上和 C 端口下），此时每个 4 位的端口都有 4 位的输出锁存器。端口 C 既可以作为一个 8 位的输入/输出口用，又可作为两个 4 位的输入/

输出口使用，还可以用来配合端口 A 和端口 B 锁存输出控制信号和输入状态信号。由于它没有数据输入锁存器，端口 C 不能工作于方式 1 或方式 2。

锁存器和缓冲器的区别是，锁存器输出引脚的信号一般随着输入引脚的变化而变化，只有接收到锁存信号时，输出引脚才保持当前值不变，即锁存。缓冲器即三态缓冲器，就是为了匹配处理器与外设之间速度的差别而采用的，只有接收到输出控制命令时，才将三态缓冲器输入引脚的信号送三态缓冲器的输出引脚。

（3）A 组和 B 组控制电路

这是两组根据 CPU 的命令字控制 8255A 工作方式的电路。它们有控制寄存器，接受 CPU 输出的命令字，然后分别决定两组的工作方式，也可根据 CPU 的命令字对端口 C 的每一位实现按位“复位”或“置位”。其中 A 组控制电路控制端口 A 和端口 C 的上半部分（PC_7～PC_4）。B 组控制电路控制端口 B 和端口 C 的下半部分（PC_3～PC_0）。这两组控制逻辑都从读/写控制逻辑接收命令，从内部数据总线接收控制字，然后向各相关端口发出相应的控制命令。

（4）读/写和控制逻辑

这部分用来控制数据、控制字或状态字的传送。它接收从地址总线和控制总线来的信号并产生对 A、B 两组控制逻辑的控制信号；同时，也由它控制把外设的状态信息或输入数据通过相应的端口送至 CPU。

2. 8255A 的引脚

8255A 的引脚如图 8-24 所示，除电源和地以外，还包括与外设相连的引脚以及与系统总线相连的引脚两大部分。这两部分引脚的功能如下。

（1）和外围设备相连的引脚

- PA_7～PA_0：端口 A 的 8 位数据输入/输出引脚。
- PB_7～PB_0：端口 B 的 8 位数据输入/输出引脚。
- PC_7～PC_0：端口 C 的 8 位数据输入/输出引脚。这 8 个引脚也可分为高、低 4 位，高 4 位和低 4 位可以分别设置为输入或输出。PC 口除了作为一般的输入/输出口外，还可为 PA 口和 PB 口提供联络信号。

（2）与系统总线相连的引脚

- RESET：复位引脚，低电平有效。当在该引脚检测到低电平信号时，8255A 内部寄存器清零，PA、PB、PC 端口被设置为输入。
- $\overline{CS}$：片选信号，低电平有效。地址线的高位译码后连接该引脚，用于选中 8255A 芯片。$\overline{CS}$ 引脚上的信号有效时，才可以对 8255A 芯片进行读、写等操作。
- $\overline{RD}$：读控制，低电平有效。用于 CPU 从 8255A 读数据或状态。
- $\overline{WR}$：写控制，低电平有效。用于 CPU 向 8255A 写入数据或控制字。

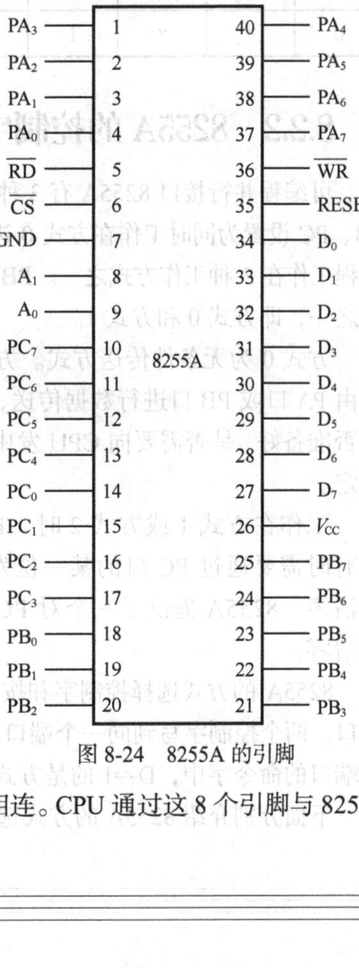

图 8-24 8255A 的引脚

- D_7～D_0：8255A 的数据引脚，和系统总线的数据总线相连。CPU 通过这 8 个引脚与 8255A 进行数据通信。

- A_1及A_0：端口选择信号，它们和$\overline{CS}$，$\overline{RD}$，$\overline{WR}$信号配合用来指示是访问控制字寄存器还是端口PA、PB、PC。通常，它们和地址总线的A_1、A_0相连。A_1A_0=00时可以对PA口进行读/写；A_1A_0=01时可以对PB口进行读/写；A_1A_0=10时可以对PC口进行读/写；A_1A_0=11时则用于写方式控制字或对PC口的按位置位/复位命令，只能写不能读，A_1A_0=11的端口也称为控制口。

概括起来，8255A的几个控制引脚信号和数据传输之间的关系如表8-3所示。

表8-3 8255A读写与控制逻辑

$\overline{CS}$	A_1	A_0	$\overline{RD}$	$\overline{WR}$	操作说明
0	0	0	0	1	读PA口，数据从端口A送数据总线
0	0	1	0	1	读PB口，数据从端口B送数据总线
0	1	0	0	1	读PC口，数据从端口C送数据总线
0	0	0	1	0	写PA口，数据从数据总线送端口A
0	0	1	1	0	写PB口，数据从数据总线送端口B
0	1	0	1	0	写PC口，数据从数据总线送端口C
0	1	1	1	0	若所写入8位数据的D_7为1，则该8位数据为方式控制字；若D_7为0，则该8位数据数据为对C端口的置位/复位命令
1	×	×	×	×	未选中该8255A芯片，其D_7～D_0引脚进入高阻状态
0	1	1	0	1	非法的信号组合，A_1A_0=11时，只能写不能读
0	×	×	1	1	读/写命令均无效，不对8255A进行读写，D_7～D_0进入高阻状态

8.2.2 8255A的控制字

可编程并行接口8255A有3种工作方式，即方式0、方式1和方式2。可以编程将端口PA、PB、PC设置为同时工作在方式0进行输入/输出传送。PA端口和PC端口的高4位组成A组，可编程工作在3种工作方式之一。PB端口和PC端口的低4位组成B组，可编程工作在两种工作方式之一，即方式0和方式1。

方式0为无条件传送方式。方式1和方式2则可工作在查询传送方式和中断传送方式，此时由PA口或PB口进行数据传送，PC口提供CPU与外设交换数据时所需的联络信号，如数据是否准备好、是否需要向CPU发中断请求等。端口的工作方式由8255A提供的方式选择控制字决定。

工作在方式1或方式2时，PC口的引脚提供CPU与外设交换数据时所需的联络信号，如有时需要通过PC口的某一位发中断允许信号等，因此有时需要对PC口的某一位置1或者清零。8255A提供了一个对PC口的按位置位/复位控制字，用于将PC口的某一位置1或者清零。

8255A的方式选择控制字和按位置位/复位控制字都是写到8255A的控制口，即A_1A_0=11的端口。两个控制字写到同一个端口，必须用特征位加以区别。8255A中规定，写到A_1A_0=11的控制端口的命令字中，D_7=1的是方式选择控制字，D_7=0的是按位置位/复位控制字。

下面分别介绍8255A的方式选择控制字和按位置位/复位控制字，8.2.3小节再介绍8255A芯片的 3 种工作方式。

1. 方式选择控制字

可编程并行接口 8255A 有 3 种基本的工作方式：方式 0（Mode 0）——基本输入/输出方式；方式 1（Mode 1）——选通输入/输出方式；方式 2（Mode 2）——双向传送方式。

可编程并行接口芯片 8255A 的工作方式可以由 CPU 向 8255A 的控制字寄存器输出一个方式选择控制字来进行选择。方式选择控制字中将 3 个数据端口分为两组来设定工作方式，即端口 A 和端口 C 的高 4 位作为 A 组，端口 B 和端口 C 的低 4 位作为 B 组。A 组可以编程工作在方式 0、方式 1 和方式 2，B 组可以编程工作在方式 0 和方式 1。

各端口的工作方式由 8255A 提供的方式选择控制字决定，方式选择控制字如图 8-25 所示，图中各位的具体意义如下。

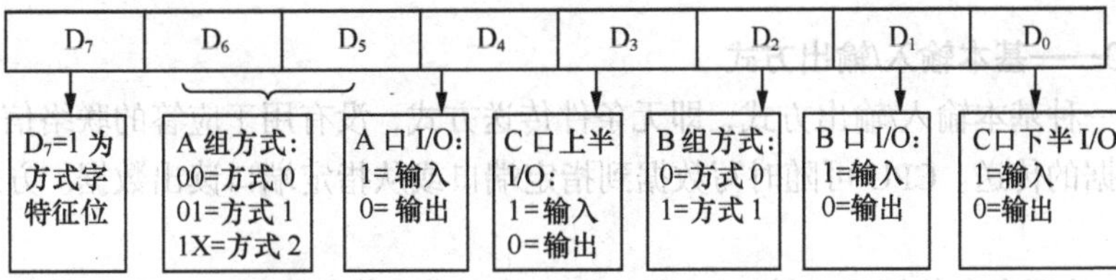

图 8-25　8255A 方式选择控制字

- D_7=1，为方式选择控制字的标识，以区别写到同一端口的按位置位/复位控制字。
- D_6D_5 两位用来选择 A 组的 3 种工作方式之一。D_6D_5 为 00 选择方式 0，为 01 选择方式 1，为 10 或者 11 都选择方式 2。
- D_4 位决定端口 A 以输入方式工作还是以输出方式工作，D_4=1 为输入（Input），D_4=0 为输出（Output）。注意，1 对应 Input，而 1 与 Input 的 I 像；0 对应 Output，而 0 与 Output 的 O 像。后面的输入/输出确定位 D_3、D_1、D_0 也有类似特点。
- D_3 位决定端口 C 高 4 位为输入还是输出，D_3=1 为输入，D_3=0 为输出。
- D_2 位用于选择 B 组的两种工作方式中的一种，D_2=0，选择方式 0；D_2=1 选择方式 1。
- D_1 位决定端口 B 为输入还是输出，D_1=1 为输入，D_1=0 为输出。
- D_0 位决定端口 C 低 4 位为输入还是输出，D0=1 为输入，D_0=0 为输出。

2. 按位置位/复位控制字

端口 C 的 8 位中的任意一位，都可以用一条输出指令来置位或复位（其他位的状态不变）。这个功能主要用于控制，例如，需要从端口 C 的某条引脚输出正的或负的选通脉冲，需要通过端口 C 的某个引脚发出中断允许信号等。按位置位/复位控制字格式如图 8-26 所示。

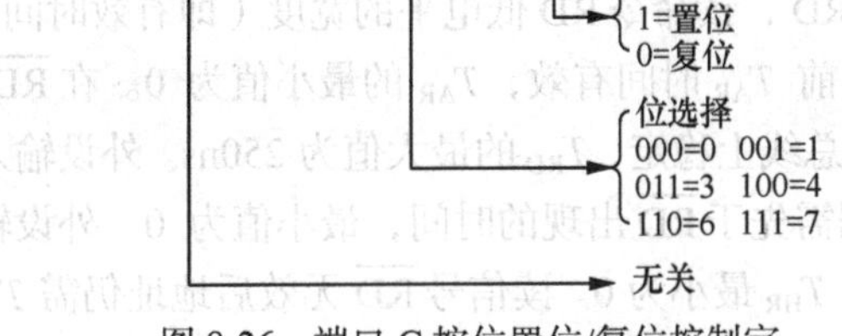

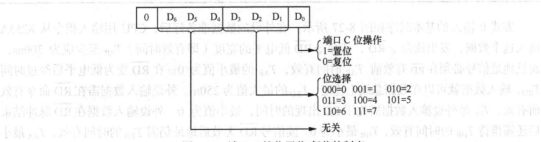

图 8-26　端口 C 按位置位/复位控制字

其中，D_7 必须是 0，以便与 8255A 的方式控制字有所区别；D_3、D_2、D_1 为位选择，如果 $D_3D_2D_1$=010，表示对 PC_2 操作，如果 $D_3D_2D_1$=011，表示对 PC_3 操作，以此类推；最低位 D_0 表示该操作是置位（D_0=1）还是复位（D_0=0）。

例如，若 8255A 的地址为 60H～63H（其中 63H 为控制字寄存器地址），若要使 PC_6 置位，可用下列指令实现。

```
MOV AL,00001101B
OUT 63H,AL
```

同理，如果要使已置位的 PC_6 复位，可以用下列指令实现。

```
MOV AL,00001100B
OUT 63H, AL
```

8.2.3 8255A 的工作方式

1. 方式 0——基本输入/输出方式

方式 0 是一种基本输入/输出方式，即无条件传送方式，没有用于应答的联络信号，也不使用中断来控制数据的传送。CPU 可随时写数据到指定端口或从指定端口读出数据。方式 0 的基本特点如下。

- 8255A 的两个 8 位端口（端口 A 和 B）以及两个 4 位的端口（C 端口上半部分和 C 端口下半部分）都可以作为方式 0 输入/输出，可有 16 种不同的输入/输出组合。
- 端口 C 高 4 位和低 4 位两部分可以同为输入/输出，也可以不相同。但 CPU 访问端口 C 作为一个 8 位整体访问，两个部分不能分别单独进行读写。若设定 C 口一半为输入，另一半为输出时，则访问端口 C 需采用适当的屏蔽措施，如表 8-4 所示。
- 输出有锁存而输入无锁存。从任何端口读取的数据是 CPU 执行读操作周期时出现在端口引脚上的数据，而 CPU 输出的数据则能保存在端口的输出锁存器并出现在端口引脚上，直到下一次输出操作时为止。

表 8-4　端口 C 方式 0 的输入/输出

CPU 操作	高 4 位（A 组）	低 4 位（B 组）	数据处理
IN	输入	输出	必须屏蔽掉低 4 位
IN	输出	输入	必须屏蔽掉高 4 位
IN	输入	输入	读入 8 位均为有用位
OUT	输入	输出	送出的数据只设在低 4 位
OUT	输出	输入	送出的数据只设在高 4 位
OUT	输出	输出	送出的数据设在高 4 位和低 4 位

方式 0 输入的基本时序如图 8-27 所示。在外设的数据准备好后，CPU 用输入指令从 8255A 读入这个数据，发出读命令 $\overline{RD}$，读命令 $\overline{RD}$ 低电平的宽度（即有效时间）T_{RR} 至少应为 300ns，而且地址信号必须在 $\overline{RD}$ 有效前 T_{AR} 时间有效，T_{AR} 的最小值为 0。在 $\overline{RD}$ 变为低电平后经过时间 T_{RD}，输入数据就可以在数据总线上稳定，T_{RD} 的最大值为 250ns。外设输入数据需在 $\overline{RD}$ 命令有效前有效，T_{IR} 是外设输入数据需先于 $\overline{RD}$ 出现的时间，最小值为 0。外设输入数据在 $\overline{RD}$ 脉冲结束后还需维持 T_{HR} 的时间有效，T_{HR} 最小为 0。读信号 $\overline{RD}$ 无效后地址仍需 T_{RA} 的时间有效，T_{RA} 最小

为 0。读信号 $\overline{RD}$ 无效后经过 T_{DF} 的时间数据引脚浮空，T_{DF} 的最小值为 10ns，最大值为 150ns。两次读操作之间最小时间间隔为 850ns。

8255A 方式 0 输出的基本时序如图 8-28 所示。

由输出指令把 CPU 的数据输出给外设，输出指令会给 8255A 发出低电平有效的写命令 $\overline{WR}$。对于 8255A，要求写脉冲宽度 T_{WW} 至少为 400ns。且地址信号必须在写信号前 T_{AW} 时间有效，T_{AW} 的最小值为 0；并在写信号结束后保持 T_{WA} 时间有效，T_{WA} 的最小值为 20ns。另外，要写出的数据必须在写信号结束前 T_{DW} 时间出现在数据总线上，T_{DW} 的最小值为 100ns；并在写信号结束后保持 T_{WD} 时间有效，T_{WD} 的最小值为 30ns。这样，在写信号后最多 T_{WB} 时间，写出的数据在输出端口出现，T_{WB} 的最大值为 350ns。

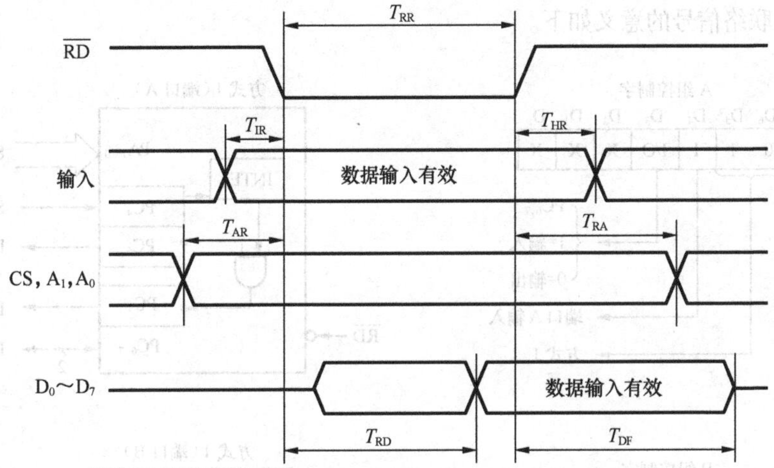

图 8-27　方式 0 的输入时序

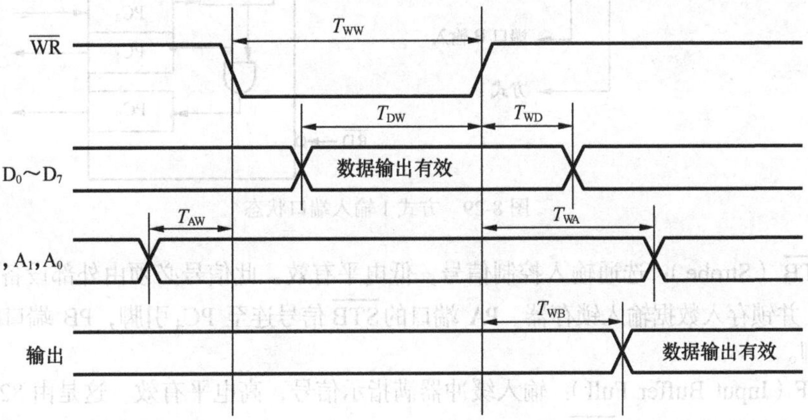

图 8-28　方式 0 的输出时序

2. 方式 1——选通输入/输出方式

8255A 工作在方式 1 时，无论是输入还是输出都是通过应答方式实现的。这时端口 A 和端口 B 作为数据端口，而端口 C 的一部分引脚用作握手信号线与中断请求线，端口 C 还保持有关状态可供 CPU 查询。如果外设能为 8255A 提供选通信号或者数据接收应答信号，则常使 8255A 工作于方式 1，此时 CPU 与外设间可以采用查询或中断方式传送数据。

8255A 端口 A 和 C 口的上半部分作为 A 组，端口 B 和 C 口的下半部分作为 B 组。A 组和 B 组可以分别设定为工作在方式 1 输入/输出。此时，端口 A 或端口 B 为输入/输出端口，且输入/输出均有锁存，而 C 口中的 3 位提供方式 1 输入/输出所需的联络信号。设置 A 组工作于方式 1 时，则余下的 13 位可工作于方式 0 或方式 1。设置 B 组工作于方式 1 时，端口 A 可选择工作于方式 2、方式 1 或方式 0。若端口 A 或 B 同时工作于方式 1，端口 C 余下两位还可作为输入/输出，用于传送数据或控制信号等，也可以单独置位/复位。

下面分别介绍方式 1 输入/输出的功能及时序。

（1）方式 1 输入

① 式 1 输入联络信号。图 8-29 给出了方式 1 输入时，控制字的表示方式和 C 端口引脚的定义。C 端口各联络信号的意义如下。

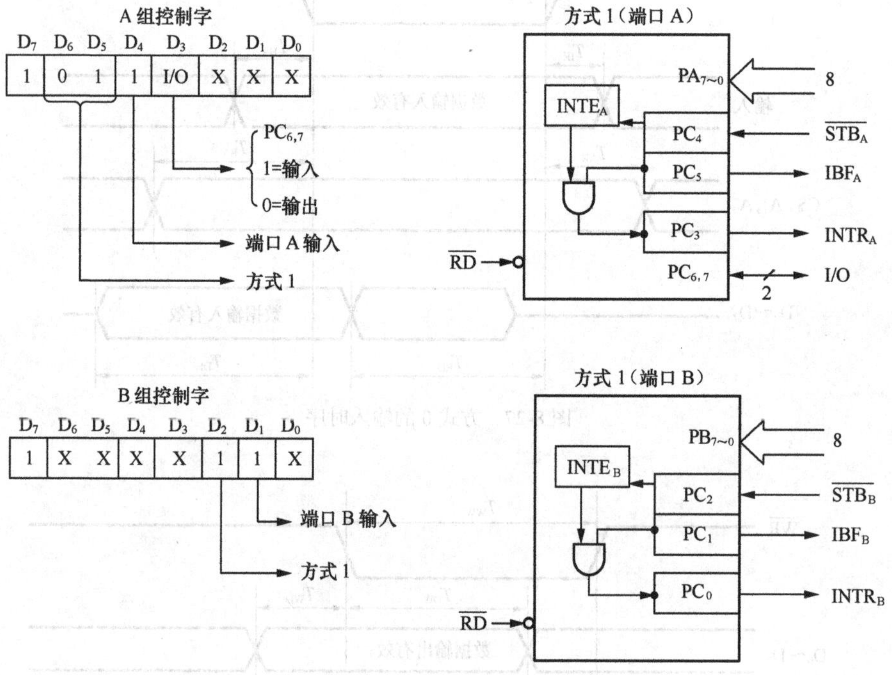

图 8-29 方式 1 输入端口状态

- $\overline{STB}$（Strobe）：选通输入控制信号，低电平有效。此信号必须由外部设备产生，用于将数据选通，并锁存入数据输入锁存器。PA 端口的 $\overline{STB}$ 信号连至 PC_4 引脚，PB 端口的 $\overline{STB}$ 信号连至 PC_2 引脚。
- IBF（Input Buffer Full）：输入缓冲器满指示信号，高电平有效。这是由 8255A 送给外设的信号，作为对外设送来的 $\overline{STB}$ 的响应信号。IBF 为高电平时，表明外设送来的数据已锁存入端口。只要 CPU 尚未从 8255A 的端口读走数据，则 IBF 一直保持高电平，向外设指明不能再传送数据。它由 $\overline{STB}$ 信号置位，而由 $\overline{RD}$ 信号的上升沿复位。PA 端口的 IBF 信号连至 PC_5 引脚，PB 端口的 IBF 信号连至 PC_5 引脚。
- INTR（Interrupt Request）：中断请求信号，高电平有效。它通常和 8259A 的某条 IR 线相连接，作为 8259A 的中断请求输入信号。当 $\overline{STB}$ 为高电平，IBF 也为高电平，且 INTE 为“1”

时，INTR 信号有效。PA 端口的 INTR 信号由 PC_3 引脚提供，PB 端口的 INTR 信号由 PC_0 引脚提供。

- $INTE_A$（Interrupt Enable A）：端口 A 中断允许信号。可以通过对 PC_4 的按位置位/复位来控制（PC_4=1，允许中断）。
- $INTE_B$（Interrupt Enable B）：端口 B 中断允许信号。可以通过对 PC_2 的按位置位/复位来控制（PC_2=1，允许中断）。

② 方式 1 输入时序。图 8-30 给出了方式 1 的输入时序。其输入的工作过程主要由与外设通信和与 CPU 通信的过程组成。下面以 PA 口方式 1 输入为例，讲解方式 1 的输入过程。PB 口的过程类似，只是握手信号对应的 PC 引脚不同。

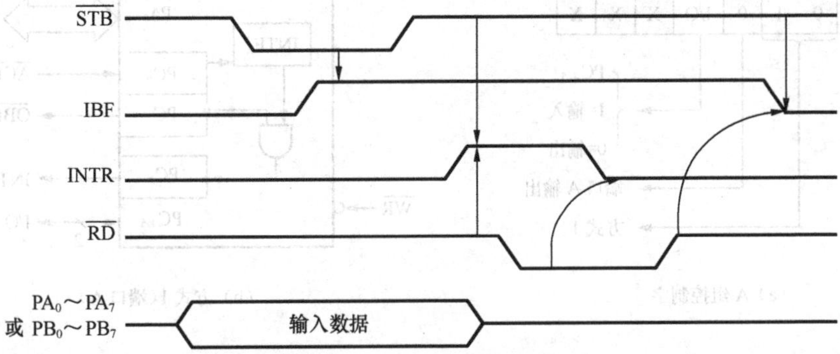

图 8-30　方式 1 的输入时序

与外设通信时，当输入设备已经准备好一个新数据时，首先检测 IBF_A 对应引脚（即 PC_5）的状态，若 IBF 为低（表示输入锁存器为“空”），则输入设备将数据放入 PA_7～PA_0（对端口 A），然后发出选通信号 $\overline{STB}$。$\overline{STB}$ 将 PA_7～PA_0 的数据置入输入数据锁存器。这时 8255A 使 IBF_A 对应引脚变为高电平，作为对输入设备的回答，并告诉外设输入锁存器已“满”，不要送来新的数据；同时将 IBF_A 对应的 PC_5 位置 1，以便 CPU 按查询方式工作时查询该位，确定输入数据是否已经在输入锁存器中。

与 CPU 通信则可以按中断方式和查询方式工作。采用中断方式工作时，当 $\overline{STB}$ 由低电平变为高电平时，对应外设将数据送入 PA 口的输入锁存器；IBF_A 变为高电平表示输入数据满，且对应端口的 $INTE_A$ 为 1 表示允许该端口中断后，8255A 使 $INTR_A$ 由低电平变为高电平，通过 8259A 向 CPU 发出中断请求。CPU 在执行完当前指令后，发出响应信号 INTA，并根据 8259A 提供的中断类型码，进入相应的中断服务程序。在中断服务程序中，CPU 执行读端口的指令，发出低电平有效的 $\overline{RD}$ 命令，把数据从 PA 口读入。8255A 的 $\overline{RD}$ 引脚上的信号来自于系统总线上的 $\overline{IORC}$，在执行读端口的总线读周期内由 CPU 或 8288 产生，$\overline{RD}$ 的下降沿使 $\overline{IORC}$ 信号变为无效的低电平，表示已响应了这次中断请求。$\overline{RD}$ 信号的上升沿（表示读过程已完成）使 IBF 变为无效的低电平，指示输入锁存器的数据已传送给 CPU，输入锁存器已处于“空”的状态，准备接受从输入设备来的新数据。

若采用查询方式工作，需要编程查询 IBF_A 对应的 PC_5 位是否为 1，若为 1，则表示输入缓冲器满，可以输入数据。CPU 执行 IN 指令后，发出低电平有效的 $\overline{RD}$ 命令，把数据读走，则输入缓冲器变为不满，IBF_A 变为低电平，指示外设可以输入新的数据。

（2）方式 1 输出

① 方式 1 输出联络信号。图 8-31 给出了方式 1 输出时，控制字的表示方式和 C 端口引脚的

定义。当端口 A 工作于方式 1 输出时，端口 C 的 PC_3、PC_6 和 PC_7 用作中断请求和握手信号线，并表征端口 A 的状态（中断请求线状态，输入数据缓冲器状态和中断允许位状态）。若端口 B 工作于方式 1 输出，则端口 C 的 PC_0、PC_1 和 PC_2 用作中断请求与握手线，并表征端口 B 的状态。端口 C 的各控制信号引脚的意义如下。

- $\overline{OBF}$（Output Buffer Full）：输出缓冲器满，低电平有效，由 8255A 输出给外设。当 $\overline{OBF}$ 有效时，表明 CPU 已经通过执行输出指令，将数据写入到端口 A 的数据输出锁存器并已出现在端口 A 的数据引脚上。也就是在执行输出指令时，CPU 发出的 $\overline{WR}$ 信号的上升沿使 $\overline{OBF}$ 变为有效，ACK（响应信号）的上升沿使 $\overline{OBF}$ 恢复为高电平。

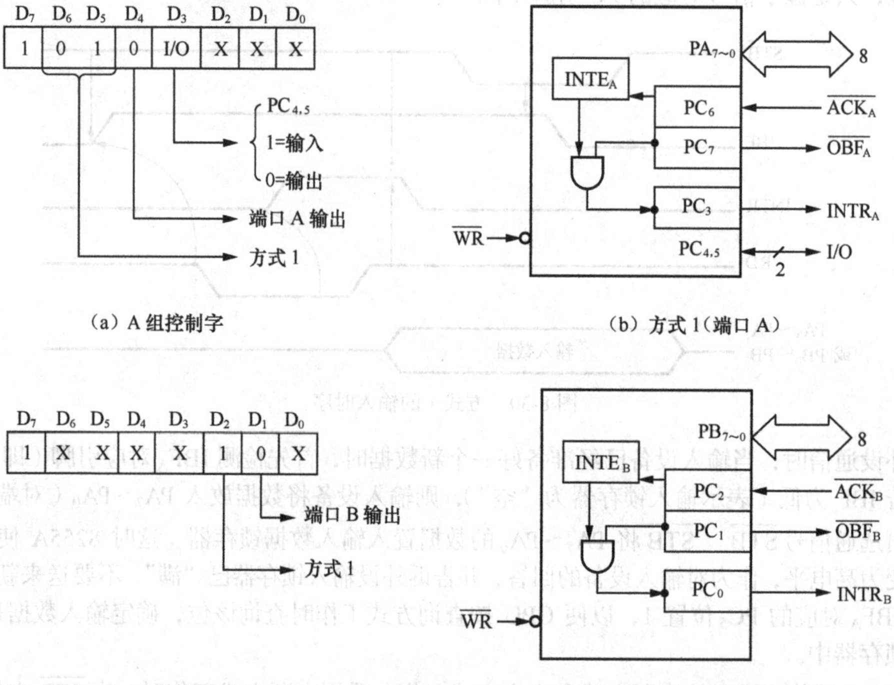

（a）A 组控制字　（b）方式 1（端口 A）

（c）B 组控制字　（d）方式 1（端口 B）

图 8-31　方式 1 的输出端口状态

- $\overline{ACK}$（Acknowledge）：响应信号，低电平有效，由外设送来。它是输出设备在接受了端口送来的数据之后的响应信号。

- INTR：中断请求信号，高电平有效。它通常和 8259A 的 IR 输入引脚相连，作为 8259A 的中断请求输入。当以下条件满足时 INTR 变为有效：INTE=1，OBF=1，ACK=1 时，也就是当输出设备收到 CPU 输出的数据之后，INTR 变为有效，请求 CPU 再次输出新的数据。$INTE_A$ 由 PC_6 置位/复位控制，而 $INTE_B$ 由 PC_2 置位/复位控制。

② 方式 1 输出时序。图 8-32 给出了方式 1 的输出时序。其工作过程如下。

当输出设备接受了前一次输出数据之后，8255A 通过 8259A 向 CPU 请求中断。CPU 响应中断，在中断服务程序中，CPU 执行一条输出指令并使 $\overline{WR}$ 信号有效。将数据总线上的数据锁存入 8255A 指定端口的输出数据锁存器，并立即出现在 PA_7～PA_0（或 PB_7～PB_0）上；$\overline{WR}$ 结束的上升沿撤销 INTR 请求，并且令 $\overline{OBF}$ 变为有效。这个信号发向外设，通知外设数据已到，外设可用这个信号作为数据的选通信号。当外设接收到 PA_7～PA_0（或 PB_7～PB_0）送来的数据后，便发出有效的$\overline{ACK}$信号给 8255A，作为响应回答信号；$\overline{ACK}$下降沿令$\overline{OBF}$变为无效，而$\overline{ACK}$上升沿使 INTR 变为有效，向 CPU 发出中断申请；CPU 响应中断，又开始下一个数据的输出过程。

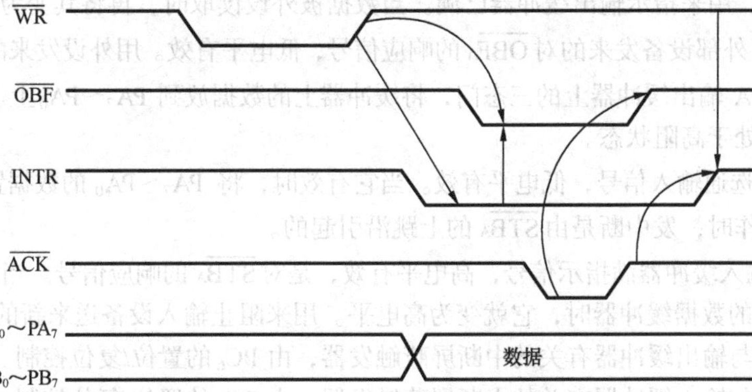

图 8-32 方式 1 的输出时序

3. 方式 2——双向选通输入/输出方式

方式 2 为双向选通输入/输出方式，只有 A 口可以工作在方式 2，此时，实际上是 A 口方式 1 输入和输出的组合，即 A 端口的信号线既可以输入又可以输出（当然不是同时输入和输出），且输入和输出都是有锁存的。A 口工作在方式 2 时所用的 C 口的联络信号线也是方式 1 输入和输出联络信号的合并，所用的引脚是 PC_7～PC_3，各联络信号线的意义也与方式 1 时相同。PC_3 引脚是输入和输出共用的中断请求引脚。

A 口工作在方式 2 时需要 C 口的 5 个引脚提供联络信号，此时 C 口还剩 3 个引脚可用来提供联络信号。这时若 B 口工作在方式 2 的话，也需要 5 个引脚提供联络信号，显然是不够用的。因此 8255 规定只有 A 口可以工作在方式 2。当 A 口工作在方式 2 时，B 口可以工作在方式 1（由 C 口剩下的 3 个引脚提供联络信号）或方式 0（C 口剩下的 3 个引脚可工作在方式 0）。

（1）方式 2 的联络信号

方式 2 的状态字和 C 口引脚联络信号如图 8-33 所示，可以看到方式 2 是 A 口工作在方式 1 输入和输出的联络信号的合并，所用的引脚是 PC_7～PC_3。

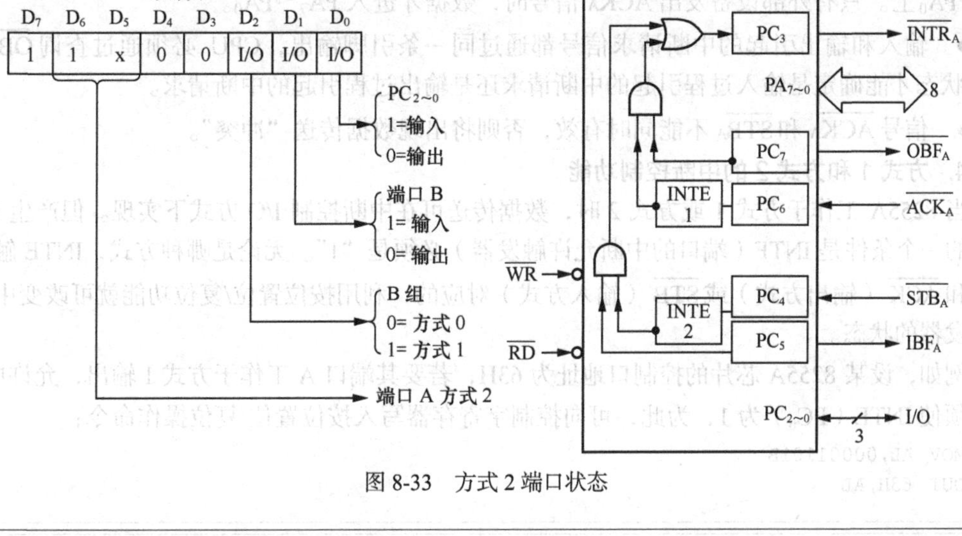

图 8-33 方式 2 端口状态

- $INTR_A$：中断请求信号，高电平有效。在输入和输出方式时，用来作为向 CPU 发出的中断请求信号。
- $\overline{OBF_A}$：输出缓冲器满，低电平有效。当来自 CPU 的数据写入端口 A 时，$\overline{OBF_A}$ 变为低电平，发给外设，用来指示输出缓冲器已满。当数据被外设读取时，再将其变为高电平。
- $\overline{ACK_A}$：外部设备发来的对 $\overline{OBF_A}$ 的响应信号，低电平有效。用外设发来的 $\overline{ACK_A}$ 低电平信号，打开端口 A 输出缓冲器上的三态门，将缓冲器上的数据放到 PA_7～PA_0 上。当 $\overline{ACK_A}$ 无效时，输出缓冲器处于高阻状态。
- $\overline{STB_A}$：选通输入信号，低电平有效。当它有效时，将 PA_7～PA_0 的数据置入数据输入锁存器。在双向工作时，发中断是由 $\overline{STB_A}$ 的上跳沿引起的。
- IBF_A：输入缓冲器满指示信号，高电平有效，是对 $\overline{STB_A}$ 的响应信号。当 PA_7～PA_0 上的数据装入端口 A 的数据缓冲器时，它就变为高电平。用来阻止输入设备送来新的数据。
- $INTE_1$：与输出缓冲器有关的中断屏蔽触发器，由 PC_6 的置位/复位控制。
- $INTE_2$：与输入缓冲器有关的中断屏蔽触发器，由 PC_4 的置位/复位控制。

（2）方式 2 时序

方式 2 的时序如图 8-34 所示，可以认为是方式 1 输出和输入的组合，但有以下不同：

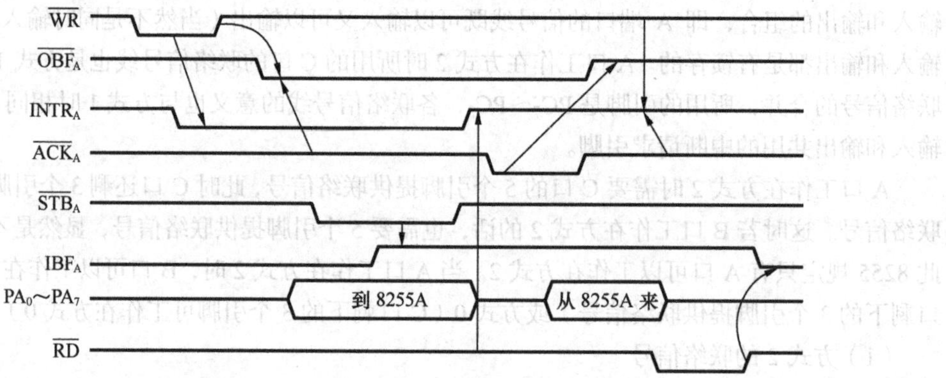

图 8-34　方式 2 时序

- 当 CPU 将数据写入端口 A 时，尽管 $\overline{OBF_A}$ 变为有效，但数据并不出现在端口的数据线 PA_7～PA_0 上。只有外部设备发出 $\overline{ACK_A}$ 信号时，数据才进入 PA_7～PA_0。
- 输入和输出引起的中断请求信号都通过同一条引脚输出，CPU 必须通过查询 $\overline{OBF_A}$ 和 IBF_A 状态才能确定是输入过程引起的中断请求还是输出过程引起的中断请求。
- 信号 $\overline{ACK_A}$ 和 $\overline{STB_A}$ 不能同时有效，否则将出现数据传送“冲突”。

4．方式 1 和方式 2 的中断控制功能

当 8255A 工作于方式 1 或方式 2 时，数据传送可在中断控制 I/O 方式下实现。但产生 INTR 信号的一个条件是 INTE（端口的中断允许触发器）必须是“1”。无论是哪种方式，INTE 触发器位是和 $\overline{ACK}$（输出方式）或 $\overline{STB}$（输入方式）对应的，利用按位置位/复位功能就可改变中断允许触发器的状态。

例如，设某 8255A 芯片的控制口地址为 63H，若要其端口 A 工作于方式 1 输出，允许中断，则必须使 INTE（PC_6）为 1，为此，可向控制字寄存器写入按位置位/复位操作命令：

```
MOV AL,00001101B
OUT 63H,AL
```

若要端口 B 工作于方式 1 输入，允许中断，则必须使 INTE（PC_2）为 1，为此，可向控制字寄存器写入以下的按位置位/复位操作命令：

```
MOV AL,00000101B
OUT 63H,AL
```

此外，当 8255A 工作于方式 1 或方式 2 时，端口 C 的内容还反映了端口 A 或 B 以及相应外部设备的状态，称为方式 1 或方式 2 的状态字。一次正常的读端口 C 的操作，便可读出状态信息。显然若由程序控制的 I/O 进行数据传送，则必须首先查询状态字的内容，才能和有关端口进行数据交换。8255A 工作在方式 1 或方式 2 时，读 PC 口可得到状态字，其格式如表 8-5 所示。

表 8-5 8255A 工作在方式 1/方式 2 时 PC 口状态

	D_7	D_6	D_5	D_4	D_3	D_2	D_1	D_0
方式 1 输入	I/O	I/O	IBF_A	$INTE_A$	$INTR_A$	$INTE_B$	IBF_B	$INTR_B$
方式 1 输出	OBF_A	$INTE_A$	I/O	I/O	$INTR_A$	$INTE_B$	OBF_B	$INTR_B$
方式 2	OBF_A	$INTE_1$	IBF_A	$INTE_2$	$INTR_A$	×	×	×

值得注意的是，在方式 1 或者方式 2 中，从端口 C 中读取的状态字，与端口 C 的引脚信号有所区别：

① 方式 1 输入时，PC_4 和 PC_2 引脚上的状态是由外设发来的选通输入信号 $\overline{STB}$。但从状态字读出的 D_4 和 D_2 位的内容，分别是两个通道的中断允许触发器 INTE 的状态。

② 方式 1 输出时，PC_6 和 PC_2 引脚上的状态是由外设发来的响应信号 $\overline{ACK}$。但从状态字读出的 D_6 和 D_2 位的内容，分别是两个通道的中断允许触发器 INTE 的状态。即在方式 1 输出时，由外设发来的联络信号 $\overline{STB}$ 和 $\overline{ACK}$ 无法从状态字中读得。

③ 方式 2 时，PC_6 引脚上的信号为 $\overline{ACK}$，PC_4 引脚上的信号为 $\overline{STB}$。但从状态字读出的 D_6 和 D_4 位的内容，分别是输入和输出的中断允许触发器 INTE 的状态。

8.2.4 8255A 应用举例

1. 以 8255A 作为终端机的接口

（1）要求

由 PA 通道输出字符到终端机的显示缓冲器，PB 通道用于键盘输入字符。PC 通道为终端状态信息输入通道。当 PC_2=1 时表示键盘输入字符就绪，当 PC_1 = 0 时表示显示缓冲器已空。要求用软件查询方法把从键盘输入的每个字符都送到终端机的显式缓冲器上，同时送到内存 BUFFER 开始的单元中，最多不超过 100 个字符。当输入回车符（ASCII 码为 0DH）时，则操作结束。假设 8255A 芯片的端口地址为 44H～47H。

（2）分析

根据上面的要求，不难看出，通道 A 应当设置成输出，通道 B 应当设置成输入，由于在 8255A 工作的过程中，要从通道 C 下半部分读入其状态，故通道 C 下半部分应设置成输入。通道 A 和通道 B 均设置成工作在方式 0。所以 8255A 的控制字如图 8-35 所示。

D_7	D_6	D_5	D_4	D_3	D_2	D_1	D_0
1	A 组方式		端口 A I/O	C 上 I/O	B 组方式	端口 B I/O	C 下 I/O
1	0	0	0	0	0	1	1

图 8-35　8255A 的控制字

（3）流程设计

在初始化 8255A 后，软件进入一个查询的循环中。通过读取通道 C 的状态字，检查 PC_2 的值是否为“1”。如果为 1，则表示键盘输入字符就绪，可以进入接收字符过程；否则该循环继续，不断读取通道 C 的状态字加以判断，直到 $PC_2=1$。当 8255A 从通道 B 接收到键盘输入的字符后，首先需要判断该字符是否为回车符。若判断为真，则整个输入过程结束；否则将该字符存储，同时进入另外一个查询的循环：判断显示缓冲器是否为空。当通道 C 的状态字的 $PC_1=0$ 时，表示缓冲器为空，这时可以由通道 A 将字符输出到显示器。在整个工作过程中，还需要一个计数器用于判断输入字符的数量是否超过 100。

（4）编写程序如下。

```
DATA      SEGMENT
BUFFER    DB   100 DUP(?)
COUNT     EQU  $-BUFFER
DATA      ENDS
STACK     SEGMENT  PARA  STACK 'STACK'
          DB  100 DUP(?)
STACK     ENDS
CODE      SEGMENT
          ASSUME  CS:CODE, DS:DATA, ES:DATA, SS:STACK
START:    MOV       AL, 10000011B        ;初始化 8255A
          OUT       47H, AL
          MOV       AX, DATA
          MOV       DS, AX
          MOV       ES, AX
          MOV       CX, COUNT
          LEA       DI, BUFFER
          CLD
CHECK1:   IN        AL, 46H
          TEST      AL, 00000100B        ;检测 PC2 位是否为"1"
          JZ        CHECK1               ;不为"1"，继续检测
          IN        AL, 45H
          CMP       AL, 0DH              ;检测输入字符是否为回车符
          JZ        DONE
          STOSB
          MOV       BL, AL
CHECK2:   IN        AL, 46H
          TEST      AL, 00000010B        ;检测 PC1 位是否为"0"
          JNZ       CHECK2
          MOV       AL, BL
          OUT       44H, AL
          DEC       CX
          JNZ       CHECK1
DONE:     MOV       AH, 4CH
```

```
         INT       21H
CODE     ENDS
         END       START
```

2. 以 8255A 为接口的数模/模数转换

8255A 可以作为系统与模/数（A/D）和数/模（D/A）转换子系统的接口，如图 8-36 所示。由于在一次 A/D 转换过程中模拟电压必须保持不变，因此需要一个采样和保持电路来使得输入电压恒定，并采用增益调整器来手动调整模拟信号的输入和输出。

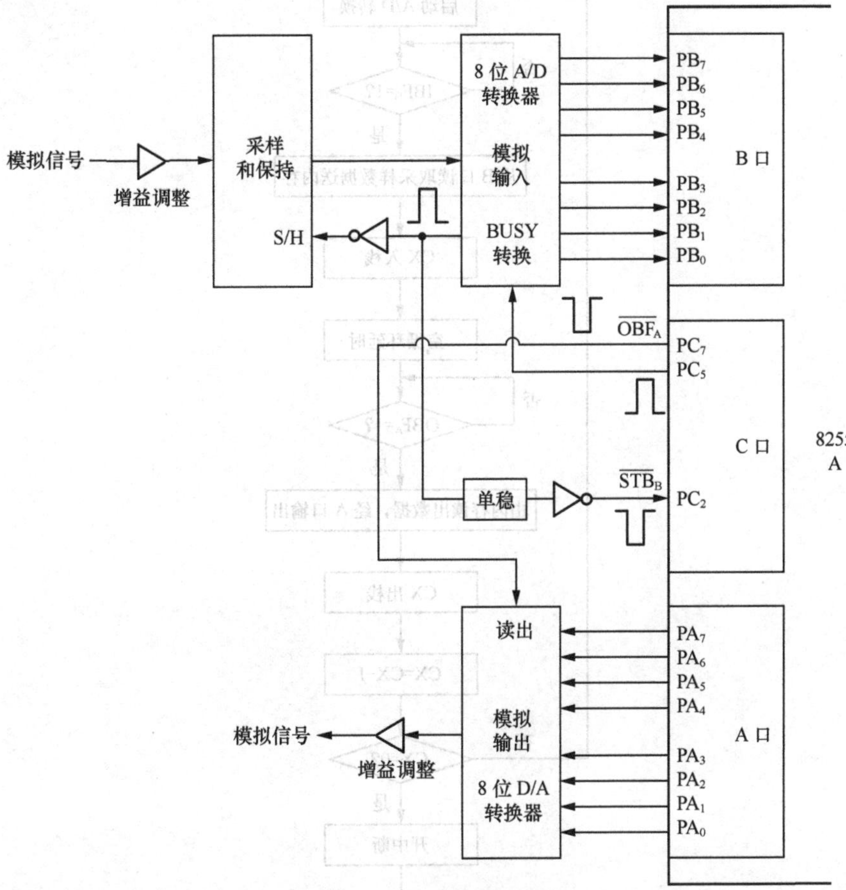

图 8-36　数模/模数转换电路图

在本例中，8255 的 A 口用作输出，工作在方式 1，并利用 $\overline{OBF_A}$ 作为与 D/A 转换器的连接信号，启动 D/A 转换。B 口设置成方式 1，用作输入。转换过程由来自 8255A 的 PC_5 引脚上的正脉冲信号启动，该信号使转换器输出一个“BUSY”信号。该信号同时连至采样—保持电路引脚 S/H 和一个负沿触发的单稳态电路。当“BUSY”信号为高电平时，采样电路输出保持恒定；当“BUSY”信号变低后，触发单稳态电路，使其输出翻转（$\overline{STB}$ 有效），使得数据输入 B 口。

设计程序以循环的方式检测 IBF_B 的值。如果 $IBF_B=1$，表示 8255A 已经将数据输入到 B 口的输入锁存器，CPU 可以从 B 口取出数据存到内存。

数字信号进入 B 口后保存于内存中，经过一段软件延时后，再由内存读出，此时以循环方式检测 $\overline{OBF_A}$ 的值，当 $\overline{OBF_A}=1$ 时，表示输出缓冲器为空，可以将数据写入 A 口。

本例设计的程序流程图如图 8-37 所示。

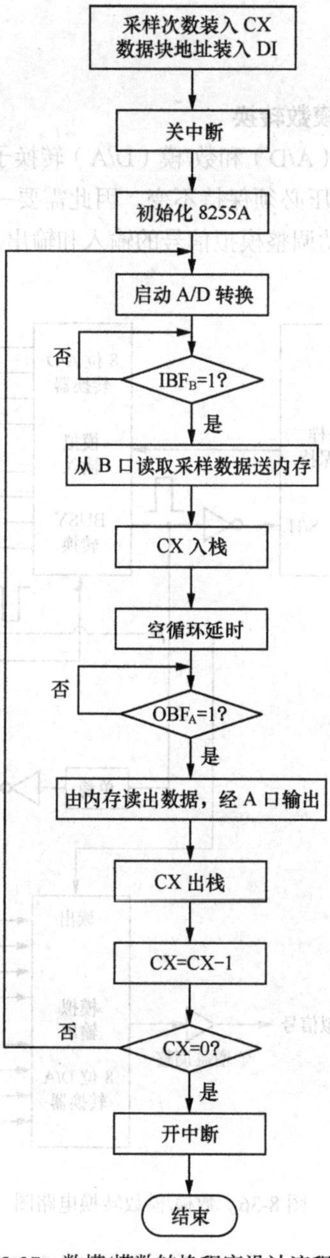

图 8-37 数模/模数转换程序设计流程图

设 8255A 的地址从 0FF00H 开始，实现上述功能的程序如下。

```
DATA      SEGMENT
STRING    DB       100 DUP(?)          ;存储采样点的值
COUNT     EQU      $-STRING            ;采样的次数
DATA      ENDS
STACK     SEGMENT PARA STACK 'STACK'
          DB       100 DUP(?)
STACK     ENDS
CODE      SEGMENT
          ASSUME   CS:CODE , DS:DATA , ES:DATA , SS:STACK
START     PROC     FAR
```

```
BEGIN:  PUSH    DS
        MOV     AX, 0
        PUSH    AX
        MOV     AX, DATA
        MOV     DS, AX
        MOV     ES, AX
        MOV     CX, COUNT               ;将采样次数装入 CX
        LEA     DI, STRING
        CLI
AGAIN:  MOV     DX, 0FF03H
        MOV     AL, 0A6H
        OUT     DX, AL                  ;初始化 8255A
        MOV     AL, BH
        MOV     DX, 0FF03H
        OUT     DX, AL                  ;置 PC5=1
        MOV     AL, BH
        MOV     DX, 0FF03H
        OUT     DX, AL                  ;置 PC5=0,启动 A/D 转换过程
        MOV     DX, 0FF02H
AGAIN1: IN      AL, DX
        TEST    AL, 02H
        JZ      AGAIN1                  ;检查 PC1 是否为 1
        MOV     DX, 0FF01H              ;PC1=1,数据已输入至输入锁存器
        IN      AL, DX
        MOV     [DI], AL
        PUSH    CX
        MOV     CX, 1000H
AGAIN2: LOOP    AGAIN2                  ;软件延时
CHECK:  MOV     DX, 0FF02H              ;读取 PC7 的值
        IN      AL, DX
        TEST    AL, 10000000B           ;PC7 是否为 1
        JZ      CHECK                   ;不为 1，继续检查
        MOV     AL, [DI]
        MOV     DX, 0FF00H
        OUT     DX, AL                  ;从 A 口输出
        INC     DI
        POP     CX
        DEC     CX
        JNZ     AGAIN                   ;CX 不为 0，继续接收输入
        STI
DONE:   RET
START   ENDP
CODE    ENDS
        END  BEGIN
```

8.3　模/数和数/模转换接口

将模拟信号转换成数字信号的电路，称为模/数转换器（Analog to Digital Converter，ADC），简称 A/D 转换器；将数字信号转换为模拟信号的电路称为数/模转换器（Digital to Analog Converter,

DAC)，简称 D/A 转换器；A/D 转换器和 D/A 转换器已成为信息系统中不可缺少的接口电路。在这一节，以典型的 D/A 转换器芯片 0832 和 A/D 转换器 0809 为例，介绍 D/A 转换器及 A/D 转换器的功能结构与 CPU 的连接及编程控制。

8.3.1 DAC0832 数模转换器芯片

1. DAC0832 芯片的功能结构

DAC0832 是一种典型的 8 位、电流输出型、通用 DAC 芯片。图 8-38 所示是 DAC0832 的功能示意图。

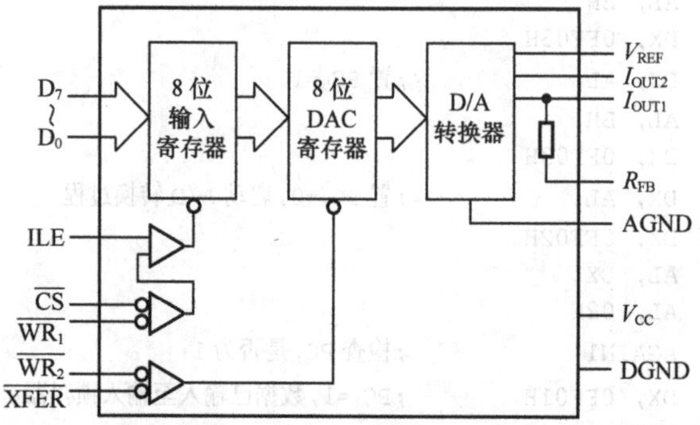

图 8-38 DAC0832 的功能示意图

DAC0832 的主体是 D/A 转换器，D/A 转换的结果（模拟量）由模拟开关控制基准电源流入从 I_{OUT1} 和 I_{OUT2} 的引脚输出的电流。I_{OUT1} 和 I_{OUT2} 引脚分别连运算放大器的反向和同向输入端，输出端 I_{OUT1} 的内部串一个 15kΩ的电阻 R_{fb}，电阻的另一端接运放输出端。运算放大器的输出电压为

$$V_{OUT} = -I_{OUT1} \times R_{fb}$$

由图 8-38 可知，DAC0832 的数字量是通过两级寄存器送至 D/A 转换器的输入端，之所以采用两级锁存器，是因为当后级锁存器正输出给 D/A 转换时，前一级又可以接收新的数据，从而提高了转换速度。引脚 $\overline{WR_1}$ 和 $\overline{WR_2}$ 是用来分别控制两级锁存器的。

图 8-39 所示为 DAC 0832 引脚图，各引脚含义如下。

- D_7～D_0：转换数据输入。
- $\overline{CS}$：片选信号（输入），低电平有效。由地址译码选中。
- ILE：数据锁存允许信号（输入），高电平有效。
- $\overline{WR_1}$：第 1 写信号（输入），低电平有效。和 ILE 信号一起控制数据在输入寄存器中的锁存。
- $\overline{WR_2}$：第 2 写信号（输入），低电平有效。与 XFER 信号合在一起控制数据在 DAC 寄存器中的写入。
- $\overline{XFER}$：数据传送控制信号（输入），低电平有效。
- I_{OUT1}：电流输出“1”。当数据为全“1”时，输出电流最大；为全“0”时输出电流最小。
- I_{OUT2}：电流输出“2”。D/A 转换器的特性之一是：$I_{OUT1}+I_{OUT2}$=常数。

● R_{FB}：运算放大器的反馈电阻端，电阻（15kΩ）已固化在芯片中。因为 DAC0832 是电流输出型 D/A 转换器，为得到电压的转换输出，使用时需在两个电流输出端接运算放大器，运算放大器的接法如图 8-40 所示。

● V_{REF}：基准电压，是外加高精度电压源，与芯片内的电阻网络相连接，该电压可正可负，范围为−10V～+10V。

● DGND：数字地。

● AGND：模拟地。

2. D/A 转换芯片与 CPU 的连接

D/A 转换芯片作为一个输出设备接口电路，与主机的连接比较简单，主要是处理好数据总线的连接。D/A 转换芯片与微机的通用连接如图 8-40 所示。

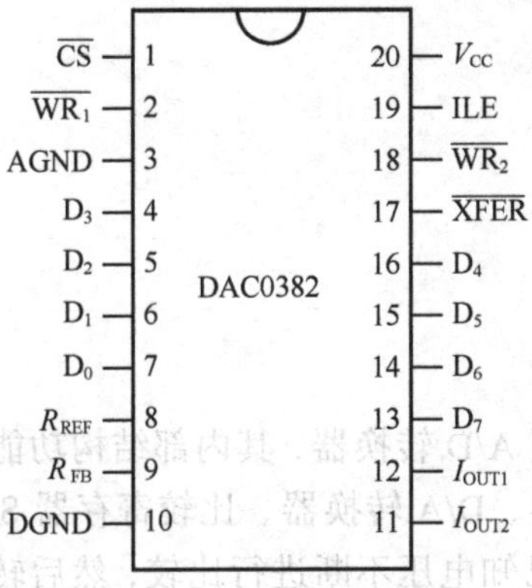

图 8-39　DAC0832 引脚图

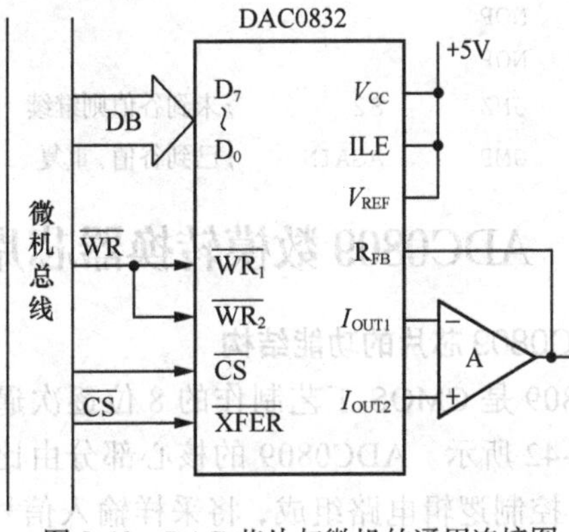

图 8-40　DAC 芯片与微机的通用连接图

3. DAC0832 芯片的应用

图 8-41 所示是 DAC0832 与 CPU 的接口电路以及模拟输出外围电路的例子。在该例中 8 位 D/A 转换器 DAC 0832 的端口地址为 290H，输入数据与输出电压的关系为

$$U_a = -(U_{REF}/256)\times N$$

$$U_b = (2U_{REF}/256)\times N - 5$$

U_{REF} 表示参考电压，N 表示数据，这里参考电压为 PC 的+5V 电压。

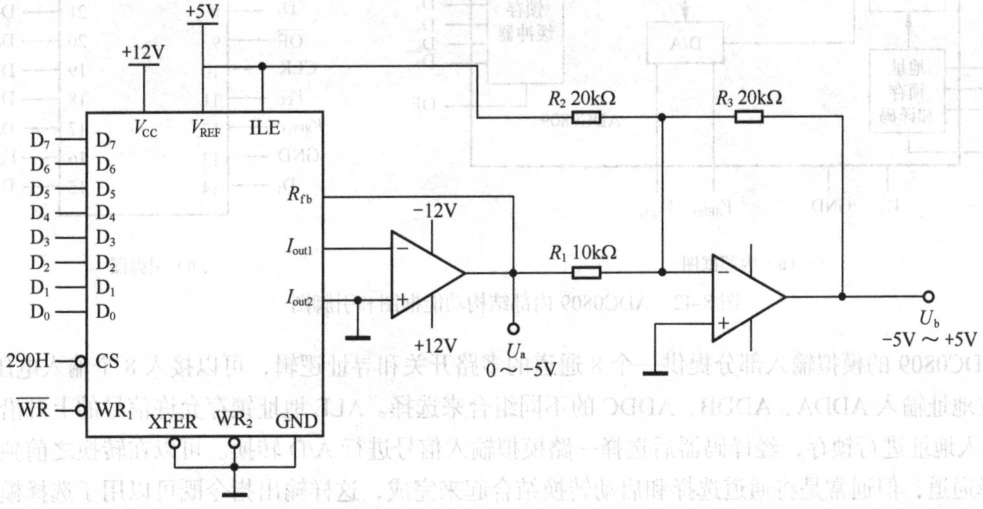

图 8-41　DAC0832 与 CPU 的接口电路

利用图 8-41 所示的 D/A 转换器，编写产生三角波的程序如下。

```
        MOV     AL, 0           ;初始值
        MOV     DX, 290H        ;D/A 转换器的端口地址
S1:     OUT     DX,AL
        NOP
        NOP
        NOP
AGAIN:  INC     AL              ;增量
        JNZ     S1              ;未到峰值继续
S2:     DEC     AL
        OUT     DX,AL
        NOP
        NOP
        NOP
        JNZ     S2          ;未到谷值则继续
        JMP     AGAIN       ;已到谷值,重复
```

8.3.2 ADC0809 数模转换器芯片

1. ADC0809 芯片的功能结构

ADC0809 是 CMOS 工艺制作的 8 位逐次逼近型 A/D 转换器，其内部结构功能框图和引脚图如图 8-42 所示。ADC0809 的核心部分由比较器、D/A 转换器、比较寄存器 SAR、时钟发生器以及控制逻辑电路组成，将采样输入信号与已知电压不断进行比较，然后转换成二进制数。

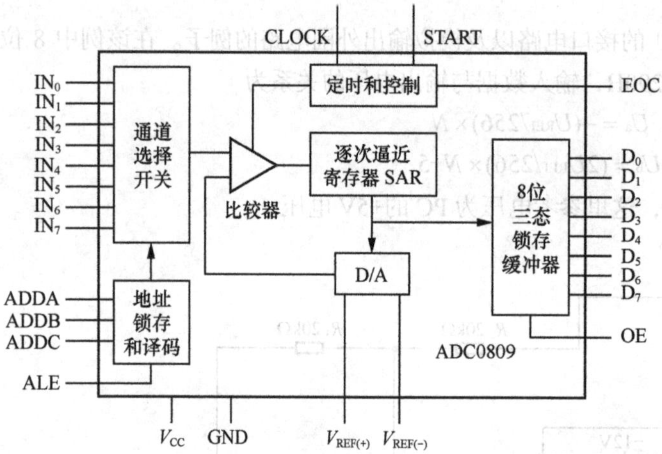

（a）内部框图

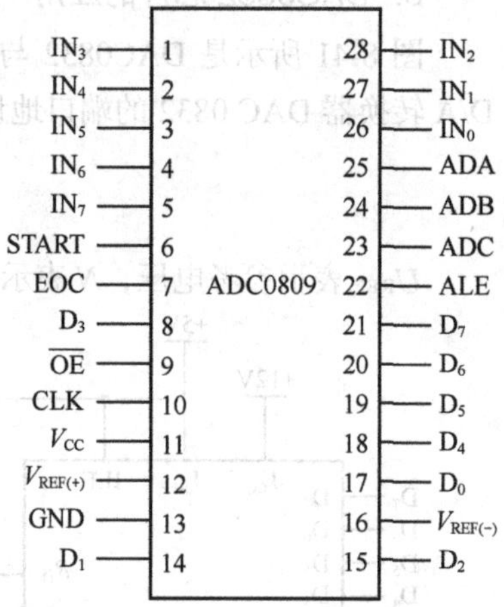

（b）引脚图

图 8-42 ADC0809 内部结构功能框图和引脚图

ADC0809 的模拟输入部分提供一个 8 通道的多路开关和寻址逻辑，可以接入 8 个输入电压，由 3 位地址输入 ADDA、ADDB、ADDC 的不同组合来选择。ALE 地址锁存允许信号的上升沿对 3 位输入地址进行锁存，经译码器后选择一路模拟输入信号进行 A/D 转换。可以在转换之前独立的选择通道，但通常是将通道选择和启动转换结合起来完成，这样输出指令既可以用于选择模拟

信号输入通道又可以用于启动转换。模拟通道选择如表 8-6 所示。

表 8-6 模拟通道选择

ADDC	ADDB	ADDA	通 道
0	0	0	IN_0
0	0	1	IN_1
0	1	0	IN2
0	1	1	IN3
1	0	0	IN4
1	0	1	IN5
1	1	0	IN6
1	1	1	IN7

下面的代码可完成通道选择和启动转换。

```
MOV   DX,PORT_ADDRESS   ;PORT_ADDRESS 为通道地址
OUT   DX, AL            ;启动转换
CALL  DELAY             ;调用延时或检测转换结束标志
IN    AL, DX            ;读取转换结果进入 AL 中
```

ADC0809 的工作时序如图 8-43 所示。

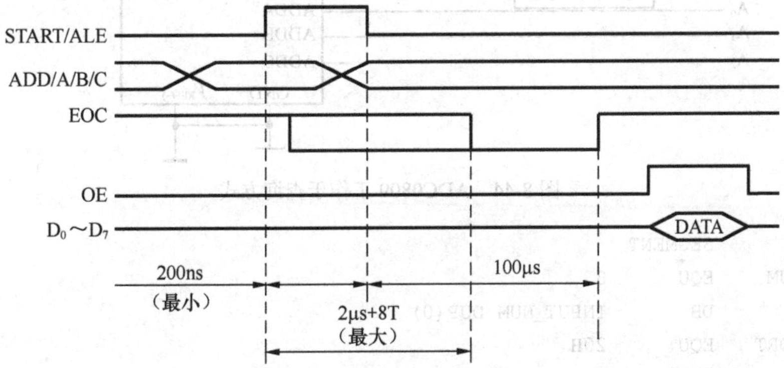

图 8-43 ADC0809 的工作时序

ADC0809 主体部分采用逐次逼近型 A/D 转换电路，转换启动由 START 信号控制，它要求正脉冲有效，脉冲宽度不小于 200ns。START 信号上升沿将内部逐次逼近寄存器复位，下降沿启动 A/D 转换。

由 CLK 时钟脉冲控制内部电路的工作,它的频率范围为 10kHz～1 280kHz,典型值为 640kHz。转换完成时，输出信号 EOC 有效（低电平有效）。该信号平时为高电平，在 START 信号上升沿之后的一段时间（不定）变为低电平。转换结束，EOC 又恢复为高电平。OE 为输出允许信号，高电平有效。输出允许信号打开三态锁存缓冲器，把转换后的数字信号送至数据总线。

2. A/D 转换芯片的应用

ADC0809 可以工作于查询方式，也可以工作于中断方式，下面分别结合例子介绍这两种方式。

（1）ADC0809 工作于查询方式。

ADC0809 工作于查询方式的连接图如图 8-44 所示，将转换结束信号 EOC 作为状态信号，经三态门接入数据总线。状态端口 STATE_PORT 的 I/O 地址设为 20H，可查询状态端口确定转换是否完成。ADC0809 芯片有 8 路模拟信号输入通道的多路开关，可以实现 8 个模拟信号的分时转换。

ADC0809 的 3 位地址线分别接系统地址总线的低 3 位，用于选定 8 路中的某一路。假定 8 个模拟通道的 I/O 地址分别为 298H～29FH。启动 A/D 转换只要执行输出指令，控制 START 为高；读入转换后的数字量只要执行输入指令，控制 OE 端为高电平。下面程序将 8 个模拟信号输入通道顺序转换，并读取转换后的数字量。

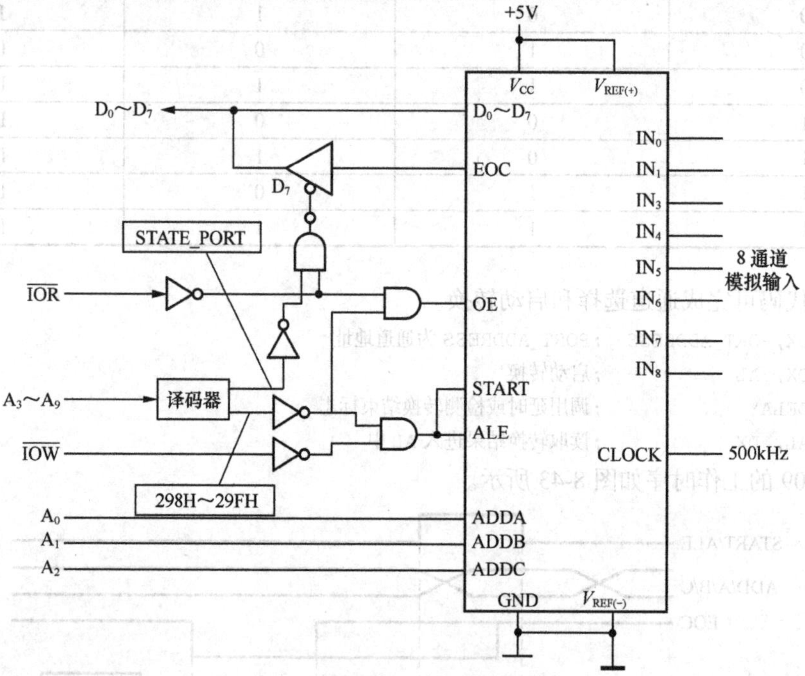

图 8-44　ADC0809 工作于查询方式

```
DATA          SEGMENT
INPUT_NUM     EQU      8
BUFFER        DB       INPUT_NUM DUP(0)
STATE_PORT    EQU      20H
DATA          ENDS
CODE          SEGMENT
              ASSUME   CS:CODE, DS:DATA
START:        MOV AX,  DATA
              MOV DS,  AX
              MOV BX,  OFFSET BUFFER      ;BX 存入数据缓冲区地址
              MOV CX,  INPUT_NUM          ;CX 存入检测的模拟输入量的个数
              MOV DX,  298H               ;DX 为 8 模拟通道起始地址
NEXT:         OUT DX,  AL
              PUSH DX                     ;将通道地址压栈保存
              MOV DX,  STATE_PORT         ;状态端口地址送入 DX
GETDATA:      IN  AL,  DX                 ;读取转换状态信息
              TEST AL, 80H                ;检查是否转换完成
              JZ  GETDATA                 ;否,继续检查
              POP DX
              IN  AL,  DX                 ;读入转换后的数字量
              MOV [BX],     AL            ;将读取的数字量存入数据缓冲区
```

```
            INC  BX                         ;缓冲区地址加 1
            INC  DX                         ;通道地址加 1
            LOOP NEXT                       ;转向下一个模拟通道进行检测
            MOV  AH,  4CH                   ;返回 DOS
            INT  21H
CODE        ENDS
            END  START
```

（2）ADC0809 工作于中断方式。

ADC0809 工作于中断方式的连接如图 8-45 所示，将 EOC 转换结束信号作为中断控制器的输入信号，这里使用 IRQ_7。同样，ADC0809 的 3 位地址线分别接系统总线的低 3 位，且假定 8 个模拟通道的 I/O 地址为 298H～29FH。首先执行输出命令选择要转换的模拟通道并启动 A/D 转换，当 CPU 接收到中断请求时，进入中断服务子程序读取转换后的数字量。

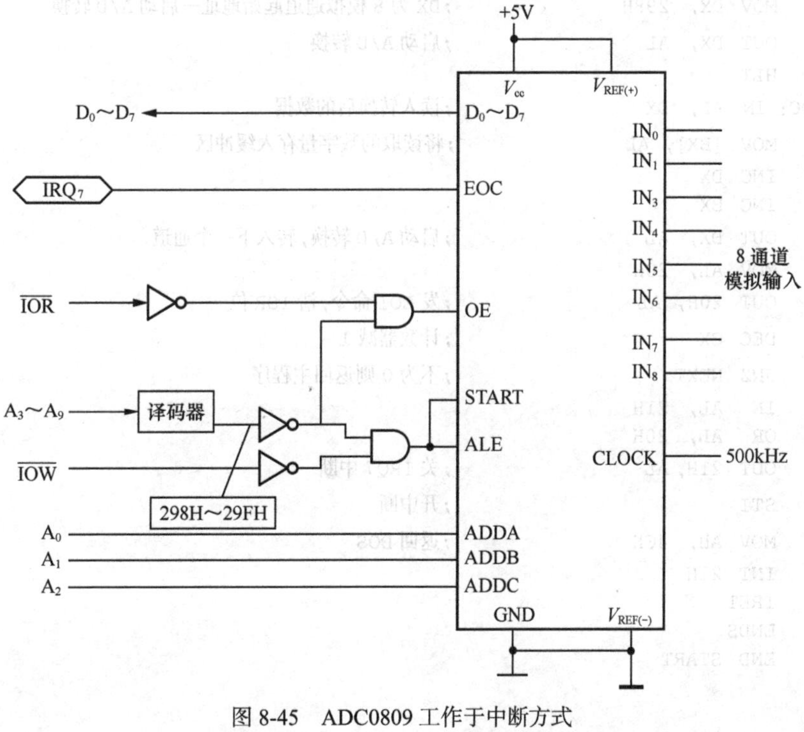

图 8-45　ADC0809 工作于中断方式

采用中断方式，主程序需要设置中断服务的工作环境，比如设置 IRQ_7 中断矢量，开放 CPU 中断等。此外就是 A/D 转换启动。转换结束时，ADC0809 输出 EOC 信号，产生中断请求。CPU 响应中断后，执行中断服务程序。中断服务程序的任务主要是读取转换结果，送入缓冲区。

程序如下。

```
DATA        SEGMENT
INPUT_NUM   EQU  8
BUFFER      DB   INPUT_NUM DUP(0)
DATA        ENDS
CODE        SEGMENT
ASSUME      CS:CODE,DS:DATA
```

```
START:   MOV  AX,  CS
         MOV  DS,  AX
         MOV  DX,  OFFSET INT_PROC   ;设置 IRQ7 中断矢量
         MOV  AX,  250FH
         INT  21H
         MOV  AX,  DATA
         MOV  DS,  AX
         MOV  BX,  OFFSET BUFFER     ;BX 存入数据缓冲区地址
         MOV  CX,  INPUT_NUM         ;CX 存入检测的模拟输入量的个数
         CLI                         ;关中断
         MOV  DX,  21H
         IN   AL,  DX
         AND  AL,  7FH               ;开放 IRQ7 中断
         OUT  DX,  AL
         STI                         ;开中断
         MOV  DX,  298H              ;DX 为 8 模拟通道起始地址—启动 A/D 转换
         OUT  DX,  AL                ;启动 A/D 转换
         HLT
INT_PROC: IN  AL,  DX                ;读入转换后的数据
         MOV  [BX], AL               ;将读取的数字量存入缓冲区
         INC  DX
         INC  BX
         OUT  DX,  AL                ;启动 A/D 转换,转入下一个通道
         MOV  AL,  20H
         OUT  20H, AL                ;发 EOI 命令,清 ISR 位
         DEC  CX                     ;计数器减 1
         JNZ  NEXT                   ;不为 0 则返回主程序
         IN   AL,  21H
         OR   AL,  80H
         OUT  21H, AL                ;关 IRQ7 中断
         STI                         ;开中断
         MOV  AH,  4CH               ;返回 DOS
         INT  21H
NEXT:    IRET
CODE     ENDS
         END  START
```

8.4 串行通信接口

本节首先介绍与串行通信有关的术语、概念和基础知识。然后分别介绍两类串行通信接口芯片。一类是通用异步收发器（Universal Asynchronous Receiver/Transmitter， UART），该类接口仅有异步工作方式，典型芯片有 INS 8250 和 NS 16550。INS 8250 用在 PC/XT 中，NS 16550 以及 NS 16650 等用在 80386 以后的 PC 中，NS 16550 较 INS 8250 增加了一个 16 字节的 FIFO，其余与 INS 8250 完全兼容；另一类是通用同步/异步收发器（Universal Synchronous/Asynchronous Receiver/Transmitter，USART)，该类接口有同步和异步两种工作方式，典型芯片有 Intel 8251。本节介绍串行通信的基本知识以及 UART 芯片 INS 8250 和 Intel 8251 的功能、结构及编程应用。

8.4.1　串行通信

1．概述

串行数据传送就是把一个字节或一个字的各位，每次一位地通过同一对导线或通信通道进行传送，串行传送也称为串行通信。在并行通信中，数据有多少位就要有同样数量的传送线，而串行通信只要一条传送线，所以串行通信节省传送线。这个优点在数据位数较多或是长距离传送时显得尤为突出。

2．同步通信和异步通信

串行通信可以分为两种类型：同步通信和异步通信。

（1）同步通信

采用同步通信时，将许多字符组成一个信息组，字符可以一个一个地传输。这就存在一个如何判断传送的是一个字节中的哪一位的问题。解决此问题的方法是保证发送和接收移位寄存器在初始时是同步的，然后同步计数，每 8 位为 1 个字节。用这种方法实现串行通信的关键问题是初始化后能否保持同步，若接收器由于某一原因丢失 1 位，那么后面接收到的所有字节都必定出错，为此，发送和接收的移位寄存器必须工作于同一个时钟，这种使发送与接收移位寄存器实现初始化同步并受同一个时钟信号控制的串行通信称为同步通信。

同步通信中，发送和接收移位寄存器的初始化通常是通过字符匹配过程来实现的。在每组信息（通常称为信息帧）的开始再加上同步字符，接收器把收到的各位都移入移位寄存器，当识别出此匹配字符（同步字符）时，就从该点开始按 8 位计数，即按每 8 位为 1 个数据字节，进行接收。在没有信息要传输时，要填上空字符，一般是同步字符，因为同步传输不允许有间隙。在 ASCII 码中，同步字符码是 0010110。在整个系统中，由一个统一的时钟来控制发送端的发送和接收端的采样。

（2）异步通信

用异步通信时，两个字符之间的传输间隔是任意的，所以，每个字符的前后都要用一些数位作为分隔位。串行异步通信发送端和接收端各有一个时钟发生器，尽管通常它们是工作于同一频率，但不可能精确相等。然而两个近似于同一频率的时钟可以在一段短时间内保持同步，这就是异步通信的依据。

异步通信对字符格式作了规定：用一个“起始位”作为字符的开始，输出线必须在逻辑上处于“1”状态。起始位后面是数据位（一般为 7 位，因为字符常用 7 位 ASCII 码表示），数据位由低往高排列。接着是奇偶校验位，不过校验位也可以不设置。最后是 1 位，1.5 位或 2 位的“停止位”。一个字符通常由 10 位或 11 位构成，称为 1 帧，如图 8-46 所示。

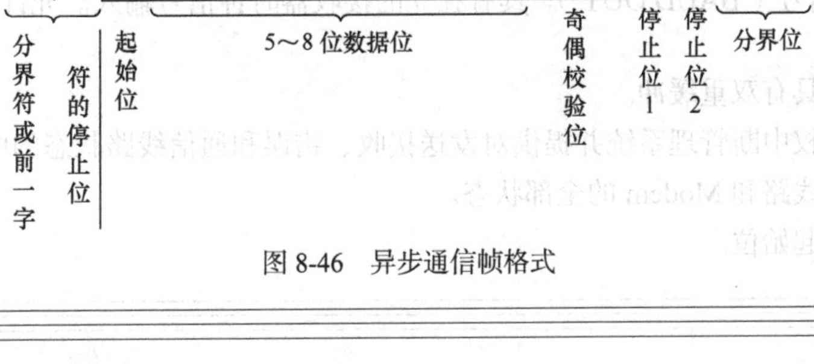

图 8-46　异步通信帧格式

异步接收器根据收到的起始位来同步本身的时钟，并利用已得到同步的接收器时钟来采样以后的 8 位数据（包括奇偶校验位）。到第 8 位到来时，接收时钟会少许偏离发送时钟，但这种偏离不会影响这很短的 8 位串行位流的正确接收。为可靠起见，在一个字符的末尾还安排了 1 位或 2 位的"停止位"。当接收端开始工作时，在每一个字符的头部即起始位处进行一次重新定位，这样保证每次采样对应一个数位。若接收时钟和发送时钟的偏差相差太大，从而引起在起始位之后刚采样几次就造成错位，会出现采样造成的接收错误。如果真出现这种情况，那么，就会出现停止位（规定停止位为高电平）为低电平（当然未必每个停止位都是低电平），于是会引起信息帧格式错误。这种错误称为"帧错误"(Frame Error)或"位组合错误"(Bit-misalignment)。

采用异步通信时，在发送器和接收器之间有两项约定：

① 字符格式：应规定数据位的位数（5～8 位），是否采用奇偶校验，是奇校验还是偶校验，以及停止位的位数（1 位、1.5 位或 2 位）。

② 波特率（Baud Rate）：规定每秒传送的位数。通常异步通信的传送速率为 50～19 200 波特（Bd）。

同步通信与异步通信相比较，同步通信可以获得较高的数据速率。此外，由于异步通信每个帧都要用起始位和停止位来做同步和结束标志，所以在位速率相同的情况下，同步通信一般能比异步通信具有更高的信息传送速率。但是，同步通信需要收发两端由同一时钟协调，所以需要多用一条通信线路来传送时钟信号，或者采用某种编码（如曼彻斯特编码）使得数据中包含时钟信息。

3. 串行通信的传送方式

串行数据传送有两种基本传送方式：半双工和全双工（见图 8-47）。

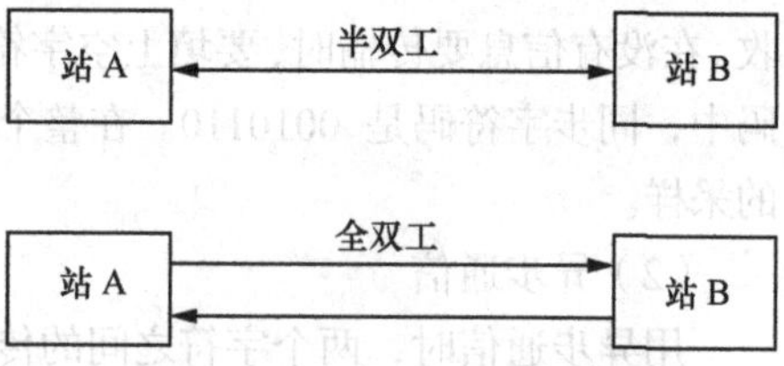

图 8-47 串行数据传送方式示意图

① 半双工（Half Duplex）：输入过程和输出过程使用同一通路。一端若处于发送状态，另一端就只能处于接收状态，反之亦然。

② 全双工（Full Duplex）：发送双方都可以同时发送与接收数据。

8.4.2 可编程通用异步收发器

INS 8250 是美国 National Semiconductor 公司生产的可编程通用异步收发器，它是专门为 Intel 的 8080/8085、8086/8088 系列微型计算机设计的异步通信接口芯片。

1. INS 8250 的基本功能

① 每个字符的数据位数（5～8 位）、奇偶校验（奇校验、偶校验或无奇偶校验），以及停止位数（1、1.5 或 2 个）均可以自由选择。

② 内装可编程波特率发生器，可对输入时钟进行 1～（2^{16}−1）的分频并产生 16 倍发送波特率的波特率输出信号（$\overline{\text{BAUD OUT}}$）。具有独立的接收器时钟信号输入。允许数据传送波特率为 50～96 000B/S。

③ 收和发都具有双重缓冲。

④ 具有优先权中断管理系统并提供对发送接收、错误和通信线路状态的中断检测。

⑤ 提供通信线路和 Modem 的全部状态。

⑥ 能检测假起始位。

⑦ 能产生和检测中止符。

⑧ 具有自诊断测试功能。

2. INS 8250 的内部结构与引脚信号

8250 的内部结构如图 8-48 所示。各部分的功能和有关引脚信号的含义如下。

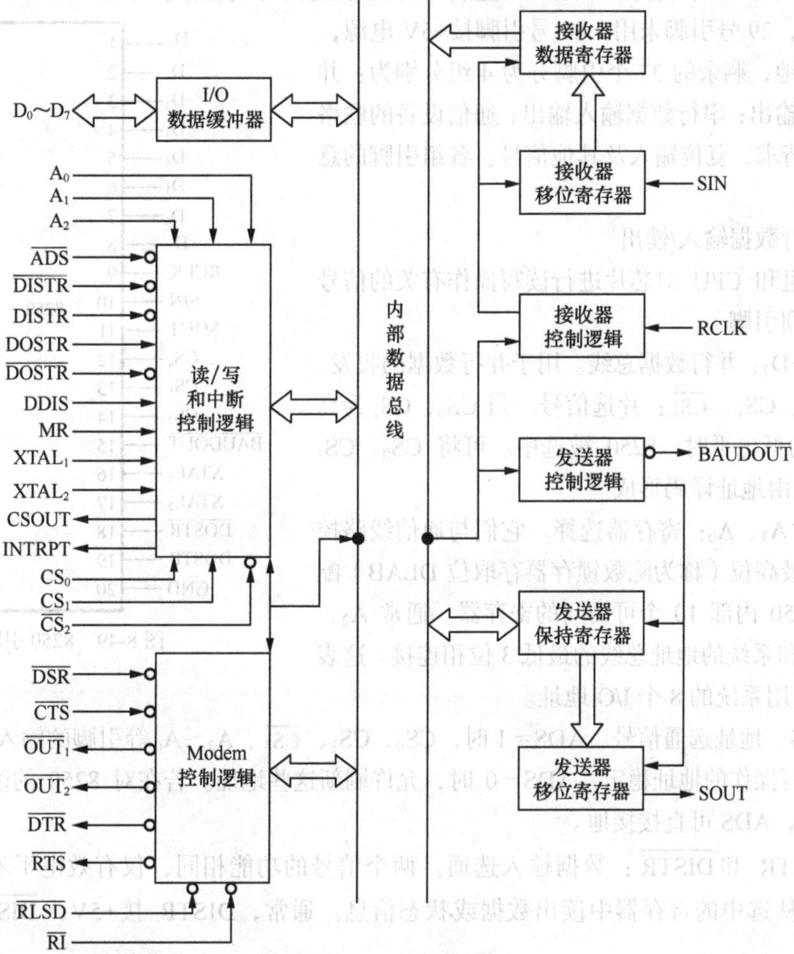

图 8-48　8250 内部结构图

① 数据输入/输出缓冲器：它是 8 位双向三态缓冲器，通过其引脚 D_0～D_7 实现 8250 与 CPU 之间的通信，包括数据、控制字、状态信息的传输。

② 读/写控制逻辑：接收系统送来的控制信号和控制命令，以实现对其他部分操作的控制。

③ Modem 控制逻辑：这部分的作用类似于 8251A 的相应部分。但 8250 有独立的可寻址的 Modem 控制寄存器和 Modem 状态寄存器，并增加了两个输入信号（$\overline{\text{RLSD}}$，$\overline{\text{RI}}$）和两个输出信号（$\overline{\text{OUT}_2}$，$\overline{\text{OUT}_1}$）。$\overline{\text{RLSD}}$ (Receive Line Signal Detect)和 $\overline{\text{RI}}$（Ring Instruction，振铃指示）是另外两个用于和 Modem 通信的信号。$\overline{\text{OUT}_2}$ 和 $\overline{\text{OUT}_1}$ 可由程序设定其输出电平，是通用的输出控制信号。

④ 接收器逻辑：它包括接收数据寄存器、接收器移位寄存器和相应的控制逻辑。通过 SIN（串行输入）引脚接收输入的串行数据，并以 RLCK（Receiver Clock）信号频率的 1/16 速率（即接收波特率）控制移位寄存器的操作。RCLK 通常和 $\overline{\text{BAUD OUT}}$ 相连接。

⑤ 发送器逻辑：它包括发送保持寄存器、发送器移位寄存器和相应的控制逻辑。CPU 送来

的数据经发送保持寄存器送入移位寄存器，发送的数据速率由内部的波特率产生器产生的时钟控制，串行数据由 SOUT（Serial Out，串行输出）引脚输出，并经 $\overline{\text{BAUD OUT}}$（波特输出）引脚输出频率为数据波特率 16 倍的时钟信号。$\overline{\text{BAUD OUT}}$ 的频率是 $XTAL_1$ 输入的时钟信号频率除以波特率发生器的除数锁存器内容所得的频率。

8250 是具有 40 个引脚、采用双列直插式封装的器件，其引脚图如图 8-49 所示。在 8250 的 40 个引脚中，29 号引脚未用，40 号引脚接+5V 电源，20 号引脚接地，剩余的 37 个引脚分为 4 组分别为：并行数据输入/输出；串行数据输入输出；通信设备的联络信号；中断请求、复位输入及其他信号。各组引脚的意义简介如下。

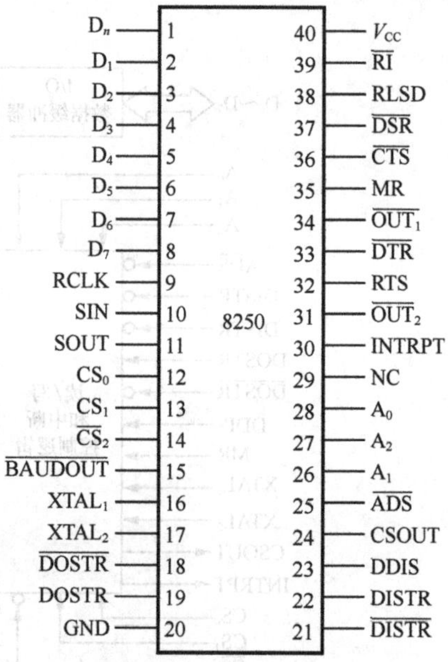

图 8-49　8250 引脚图

（1）并行数据输入/输出

这是一组和 CPU 对芯片进行读写操作有关的信号线，包括下列引脚：

- D_0～D_7：并行数据总线。用于并行数据的收发。
- CS_0、CS_1、$\overline{CS_2}$：片选信号。当 CS_0、CS_1 为高电平，$\overline{CS_2}$ 为低电平时，8250 被选中。可将 CS_0、CS_1 接+5V，$\overline{CS_2}$ 由地址译码形成。
- A_2、A_1、A_0：寄存器选择。它们与通信线路控制寄存器的最高位（称为除数锁存器存取位 DLAB）配合来选择 8250 内部 10 个可访问的寄存器。通常 A_2、A_1、A_0 直接和系统的地址总线的最低 3 位相连接。这表示 8250 需占用系统的 8 个 I/O 地址。
- ADS：地址选通信号。ADS = 1 时，CS_0、CS_1、$\overline{CS_2}$、A_2～A_0 等引脚的输入状态被锁存，从而使得读写操作的地址稳定。ADS = 0 时，允许刷新这些地址。若在对 8250 的读/写过程中，A_2～A_0 稳定，ADS 可直接接地。
- DISTR 和 $\overline{\text{DISTR}}$：数据输入选通。两个信号的功能相同，仅有效电平不同，当其有效时，允许从选中的寄存器中读出数据或状态信息。通常，DISTR 接+5V，$\overline{\text{DISTR}}$ 接系统的 IORC。
- DOSTR 和 $\overline{\text{DOSTR}}$：数据输出选通。有效时，允许 CPU 将数据或控制命令写入选中的寄存器。通常，DOSTR 接+5V，$\overline{\text{DOSTR}}$ 与 $\overline{\text{IOWC}}$ 相连。
- DDIR：禁止驱动器输出信号。每当 CPU 从 8250 读取数据时，DDIR=0，其他时候均为高电平。该信号常用于禁止挂在 CPU 与 8250 间数据线上的收发器动作。
- CSOUT：指示 8250 芯片被选中信号。

（2）串行数据输入/输出

- SOUT 和 SIN：串行数据发送与接收信号。用于与外设间收发数据。
- $XTAL_1$ 和 $XTAL_2$：外时钟。$XTAL_1$ 接外部时钟振荡器输出的时钟信号，$XTAL_2$ 输出基准时钟，以控制其他功能的定时等。
- RCLK：接收时钟输入端。若只以芯片的工作时钟为接收时钟，则只要将该引脚与 $\overline{\text{BAUD OUT}}$ 引脚直接相连即可。

（3）通信设备的联络信号

- $\overline{DTR}$：数据终端准备好信号。是由 8250 送往外设的，CPU 通过命令可以使 DTR 变为低电平即有效电平，从而通知外部设备，CPU 当前已经准备就绪。
- $\overline{DSR}$：数据设备准备好信号。是由外设送往 8250 的，低电平有效，它用来表示当前外设已经准备好。当 $\overline{DSR}$ 端出现低电平时，会在 8250 的状态寄存器的第 7 位上反映出来，所以 CPU 通过对状态寄存器的读取操作，便可以实现对 $\overline{DSR}$ 信号的检测。
- $\overline{RTS}$：请求发送信号。是由 8250 送往外设的，低电平时有效。CPU 可以通过编程命令使 $\overline{RTS}$ 变为有效电平，以表示 CPU 已经准备好发送。
- $\overline{CTS}$：清除请求发送信号。是对 $\overline{RTS}$ 的响应信号，它是由外设送往 8250 的，当 $\overline{CTS}$ 为低电平时，8250 才能执行发送操作。
- $\overline{RLSD}$：接收端线路信号检查输入信号。它由 Modem 控制。当 $\overline{RLSD}=0$ 时，说明 Modem 已接收到数据载波，8250 应当立即开始接收解调后的数据。
- $\overline{RI}$：振铃指示输入信号。也是由 Modem 控制。当 $\overline{RI}=0$ 时，表示 Modem 或数据装置接收到了电话线上的拨号呼叫，要求 8250 回答。

（4）中断请求、复位输入及其他信号

- INTRPT：中断请求信号。当内部某种类型的中断信号变为有效且允许中断时，则该引脚输出高电平，它被作为 8250 的中断请求信号，通常同 8259A 的某级 IR 输入相连。
- MR：主复位信号，高电平有效。当它有效时，除接收数据寄存器、发送保持寄存器、除数锁存器外，其余寄存器的内容均被清除，SOUT、$\overline{OUT_1}$、$\overline{OUT_2}$、$\overline{RTS}$、$\overline{DTR}$ 引脚信号被置为高电平，INTRPT 被强制置为低电平。通常，MR 和系统复位信号 RESET 连接。
- $\overline{OUT_1}$ 和 $\overline{OUT_2}$：用户指定的输出信号。由 Modem 控制寄存器的 D_1 和 D_3 位控制，可以通过编程来设置。

3. INS 8250 初始化编程

（1）INS 8250 内部初始化寄存器

8250 内部有 10 个可以访问的寄存器，其地址由 $A_2 \sim A_0$ 3 位地址线的 8 种组合指定，所以会出现其中几个寄存器共用一个地址的情况。对共用地址的寄存器，在识别时以传输线控制寄存器的 D_7 位 DLAB 加以区别。表 8-7 给出了 8250 内部寄存器在 PC 中的编址。

表 8-7　8250 内部寄存器编址

DLAB	A_2	A_1	A_0	被访问的寄存器	PC 中的地址
0	0	0	0	接收缓冲器（读）、发送缓冲器（写）	3F8H
0	0	0	1	中断允许寄存器	3F9H
×	0	1	0	中断标识寄存器（只读）	3FAH
×	0	1	1	通信线控制寄存器	3FBH
×	1	0	0	Modem 控制寄存器	3FCH
×	1	0	1	通信线路状态寄存器	3FDH
×	1	1	0	Modem 状态寄存器	3FEH
1	0	0	0	除数锁存器（低字节）	3F8H
1	0	0	1	除数锁存器（高字节）	3F9H

① 除数锁存器。8250 的发送信号的时钟信号由对 $XTAL_1$ 基准输入时钟信号进行分频得到，在 IBM PC 中，$XTAL_1$=1 84 3200Hz。8250 传送或接收串行数据时，使用的时钟信号的频率是数据传送波特率的 16 倍。因此，分频时使用的 16 位除数（分频系数）由以下公式算出：

$$除数 = XTAL_1主时钟频率/（发送波特率 \times 16）$$

CPU 对 8250 初始化时，分两次将这 16 位除数写入 8250 的两个 8 位的除数锁存器中。当 8250 工作于不同的波特率时，就要用不同的分频系数，也即需要写不同的除数到除数锁存器。8250 的输出波特率与除数寄存器的值之间的关系如表 8-8 所示。

表 8-8　　　　波特率—除数对应表

波特率（Bd）	除数	波特率（Bd）	除数	波特率（Bd）	除数
50	0 900	300	0 180H	2 400	0 030H
75	0 600H	600	00C0H	3 600	0 020H
110	0 417H	1 200	0 060H	4 800	0 018H
134.5	0 359H	1 800	0 040H	7 200	0 010H
150	0 300H	2 000	003AH	9 600	000CH

② 通信线路控制寄存器（LCR）。初始化的第 2 个参数是 LCR，它的格式如图 8-50 所示。

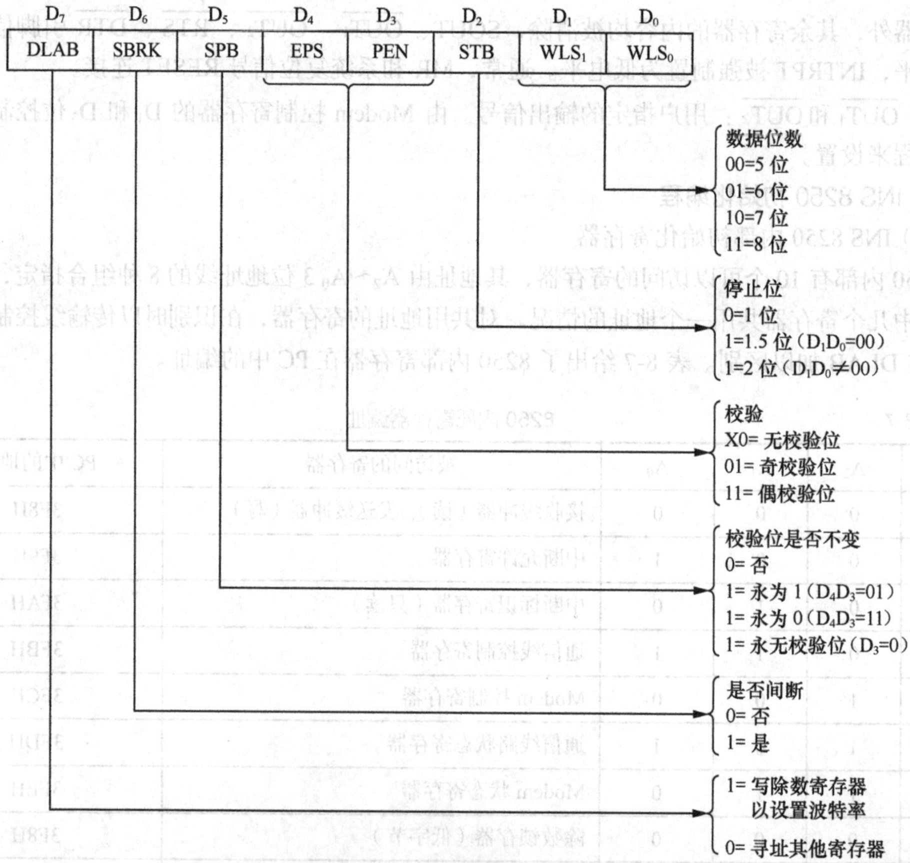

图 8-50　通信线路控制寄存器的控制字

LCR 的 D_7 位为 DLAB（Divide Latch Bit）位，当这位置 1 时，表示随后的指令中 A_2～A_0 为 000 或 001 所指向的端口是除数锁存器；当这位置 0 时，表示随后的指令中 A_2～A_0 为 000 或 001 所指向的端口是除数锁存器以外的其他公用端口。

LCR 的 D_6 位为 SBRK（Set Break）位，当 D_6 置 1 时，将使 8250 输出终止符号，即在发送数据线上输出连续低电平；当 D_6 置 0 时，将使 8250 结束输出终止符号。

LCR 的其他位用于决定在串行传输中要用的字符长度、停止位个数、奇偶校验类型，这些位的值可根据条件选择设置。

③ Modem 控制寄存器（MCR）。写入 Modem 控制寄存器的控制字有三方面的作用：决定连接到 Modem 的通信联络信号（$\overline{DTR}$，$\overline{RTS}$）是否为有效状态；决定通用输出信号 $\overline{OUT_2}$、$\overline{OUT_1}$ 的输出电平；决定 8250 是否工作于自诊断测试方式。当 D_4 位（回送位）为 1 时，则工作于自测试方式。这时 SOUT 输出高电平，而串行输入端 SIN 和系统自动脱离，发送器的移位寄存器的输出被送回到接收器的移位寄存器，Modem 控制器的 4 个输出信号端（$\overline{DTR}$，$\overline{RTS}$，$\overline{OUT_1}$，$\overline{OUT_2}$）在内部被连接到 Modem 的 4 个控制输入信号端（$\overline{CTS}$，$\overline{DTR}$，$\overline{RI}$，$\overline{RLSD}$），发送的串行数据立即在内部被接收。因而，可利用此性能来检测 8250 的发送与接收功能是否正常。

写入 Modem 控制寄存器的控制字的格式如图 8-51 所示。

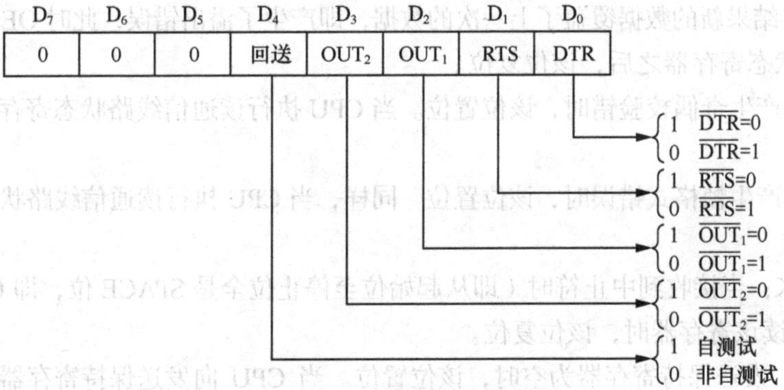

图 8-51　Modem 控制寄存器的控制字

④ 中断允许寄存器（IER）。若不需要中断，则该寄存器置 0。若需要中断，则将相应位置 1。其控制字格式如图 8-52 所示。

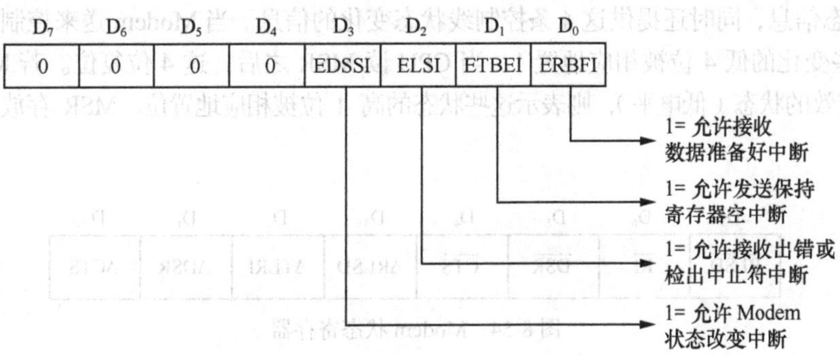

图 8-52　中断允许寄存器的控制字

以上各个寄存器是只能写入的寄存器，在初始化 8250 时，可以通过 OUT 指令预置它们的内容。

（2）INS 8250 内部状态寄存器

8250 初始化结束后，就可以用来进行串行通信了。每当要发送一个数据字符时，若发送数据缓冲器是空的，CPU 可以将一个字符输出给 8250 的发送数据缓冲器；如果接受数据缓冲器已经接收了一个字符，CPU 就可以从中读取。获得 8250 的内部状态，可以通过状态查询和中断两种方法。涉及的寄存器有以下几个。

① 通信线路状态寄存器（LSR）。该寄存器向 CPU 提供有关数据传输的状态，以便实现通信过程中的流量控制。其信息存储方式如图 8-53 所示。其中各位意义如下。

D_7	D_6	D_5	D_4	D_3	D_2	D_1	D_0
0	TSRE	THRE	BREAK	FE	PE	OE	DR

图 8-53 通信线路状态寄存器

- DR：若置位，表示 8250 已经接收到一个数据并将它放在接收数据缓冲器中。当 CPU 执行读数据寄存器操作时，该位复位。
- OE：若产生溢出错误，该位置位。如接收寄存器中，上一次的数据还没被 CPU 读走，新的数据又到了，结果新的数据覆盖了上一次的数据，即产生了溢出错误，此时 OE 位置 1。当 CPU 读出通信线路状态寄存器之后，该位复位。
- PE：当产生奇偶校验错时，该位置位。当 CPU 执行读通信线路状态寄存器常数之后，该位复位。
- FE：当产生帧格式错误时，该位置位。同样，当 CPU 执行读通信线路状态寄存器操作之后，该位复位。
- BREAK：当接收到中止符时（即从起始位至停止位全是 SPACE 位，即 0 状态位），该位置位。当 CPU 读该寄存器时，该位复位。
- THRE：发送保持寄存器为空时，该位置位。当 CPU 向发送保持寄存器写入数据时，该位复位。
- TSRE：当发送器的移位寄存器为空时，其发送器无数据发送，SOUT 输出高电平（Mark 位），该位置位。当数据由发送保持寄存器送入移位寄存器时，该位复位。

② Modem 状态寄存器（MSR）。MSR 提供了由 Modem 送来的控制线（$\overline{CTS}$，$\overline{DSR}$，$\overline{RLSD}$ 和 $\overline{RI}$）的状态信息，同时还提供这 4 条控制线状态变化的信息。当 Modem 送来控制信号改变状态时，反映这些变化的低 4 位被相应地置 1，当 CPU 读 MSR 之后，这 4 位复位。若 Modem 送来的控制信号为有效的状态（低电平），则表示这些状态的高 4 位被相应地置位。MSR 存放格式如图 8-54 所示。

D_7	D_6	D_5	D_4	D_3	D_2	D_1	D_0
$\overline{RLSD}$	$\overline{RI}$	$\overline{DSR}$	$\overline{CTS}$	ΔRLSD	ΔTERI	ΔDSR	ΔCTS

图 8-54 Modem 状态寄存器

其中，若 D_0、D_1 及 D_3 位置 1，表示该位所表示的状态自上次读 MSR 操作后发生了改变。

TERI 为 $\overline{RI}$ 检测位，若置 1 则表示铃响指示器输入信号 RI 已由开状态改变为关状态（从“1”变为“0”）。另外，若 8250 工作在自测试方式，CTS、DSR、$\overline{RI}$、$\overline{RLSD}$ 位将反映 MCR 中相应的 $\overline{DTR}$、$\overline{RTS}$、$\overline{OUT_1}$、$\overline{OUT_2}$ 位的状态。D_3～D_0 中任何一位置 1 时，8250 都产生 Modem 状态中断。

③ 中断标识寄存器（IIR）。8250 内部具有很强的中断结构，可以根据需要向 CPU 发出中断请求。在 4 级中断中，优先级从最高到最低的顺序是：接收器线路状态中断（由接收出错或检测到中止符产生），接收数据准备好中断，发送保持寄存器空中断，Modem 状态中断。在具有多个中断源共存时，查询 IIR 以了解中断源的性质是非常必要的。IIR 格式如图 8-55 所示。

D_7	D_6	D_5	D_4	D_3	D_2	D_1	D_0
0	0	0	0	0	IID_1	IID_0	INTR

图 8-55 中断标识寄存器

其中 D_0 表示是否有中断请求待处理，若为 0，表示 D_1 和 D_2 为中断识别码，指示中断源优先级最高的中断级。D_2～D_0 组合的意义如表 8-9 所示。

表 8-9 中断标识寄存器 D_2～D_0 的组合

中断标识寄存器			中断类型与原因	中断复位控制
位 2	位 1	位 0		
0	0	1	无中断	
1	1	0	接收器线路状态出错（奇偶错，重叠错，缺停止位，间断）	读通信线状态寄存器即可复位
1	0	0	接收数据准备好	读接收缓冲器即可复位
0	1	0	发送保持寄存器为空	向该寄存器写入数据后即可复位
0	0	0	Modem 中断（发送结束，数传机准备好，振铃指示，接收线路信号检测）	读 Modem 状态寄存器后即可复位

值得注意的是，通常查询中断识别寄存器是在有多个中断源的系统中，如果初始化指定了一个，就没有必要再查询了。

4. INS 8250 应用举例

（1）设计要求

现有一块以 INS 8250 为核心的异步串行通信适配卡，插于 IBM PC 上，设计一程序，利用 8250 的循环回送特性，将该 PC 作为发送和接收机，数据传输速率为 1 200Bd，从键盘输入内容，经接收后再在屏幕上显示出来。其中字符格式为 7 个信息位，1 个停止位。采用奇校验，数据的发送和接收均采用查询方式。

（2）设计思路

先进入波特率设置模式，将除数值写入除数锁存器，然后设置有关的停止位与校验模式。读出通信线路状态寄存器，判断是否有数据正确输入。程序流程如图 8-56 所示。

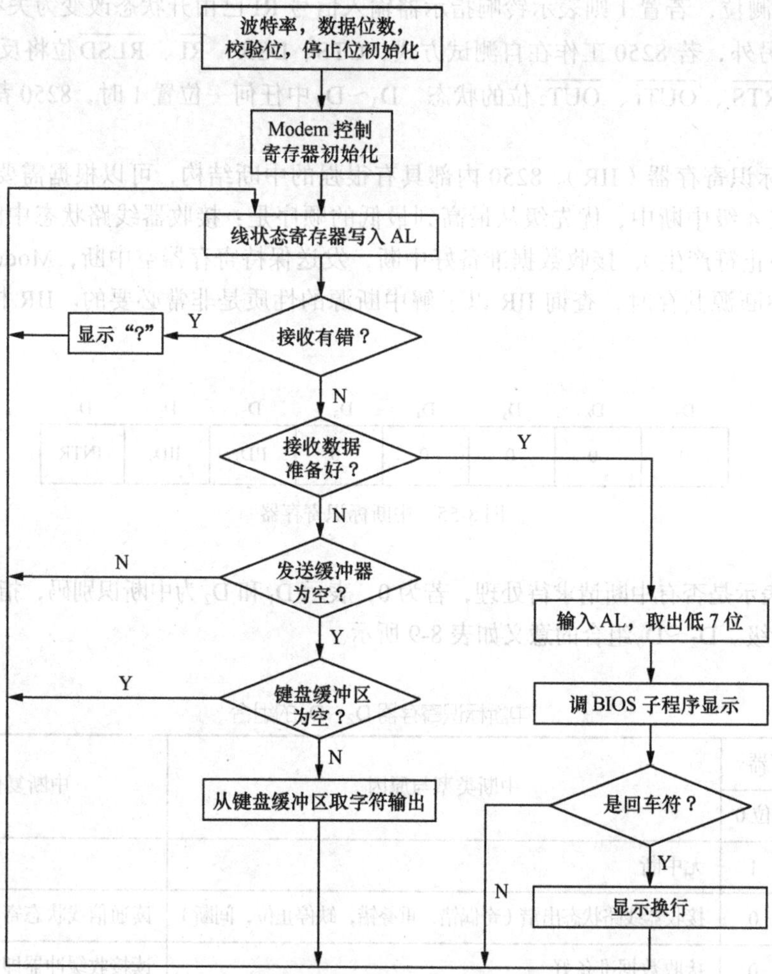

图 8-56　程序设计流程图

（3）程序设计

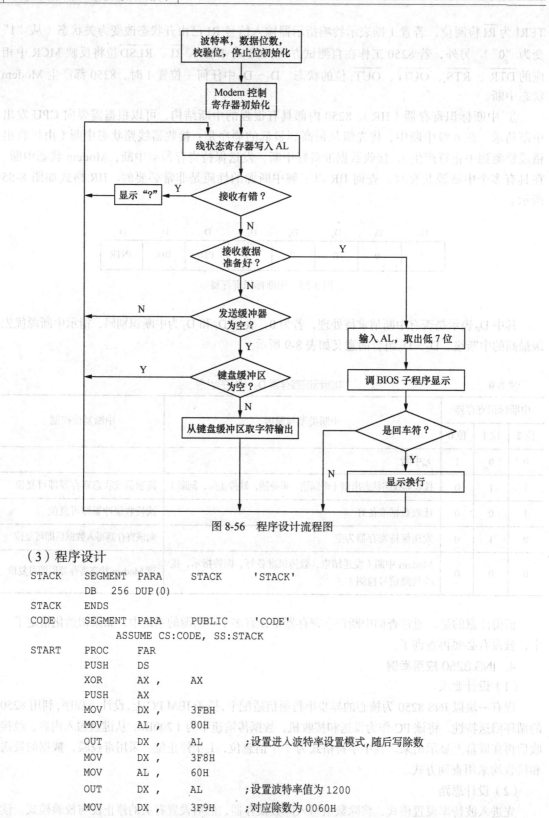

```
STACK    SEGMENT  PARA     STACK     'STACK'
         DB   256 DUP(0)
STACK    ENDS
CODE     SEGMENT  PARA     PUBLIC   'CODE'
              ASSUME CS:CODE, SS:STACK
START    PROC     FAR
         PUSH     DS
         XOR      AX ,     AX
         PUSH     AX
         MOV      DX ,     3FBH
         MOV      AL ,     80H
         OUT      DX ,     AL       ;设置进入波特率设置模式,随后写除数
         MOV      DX ,     3F8H
         MOV      AL ,     60H
         OUT      DX ,     AL          ;设置波特率值为 1200
         MOV      DX ,     3F9H     ;对应除数为 0060H
         MOV      AL ,     0
         OUT      DX ,     AL
```

```
        MOV     DX ,    3FBH
        MOV     AL ,    0AH
        OUT     DX ,    AL          ;设置为奇校验,1 位停止位,7 位数据位
        MOV     DX ,    3FCH
        MOV     AL ,    13H
        OUT     DX ,    AL          ;设 Modem 控制寄存器为自测试方式
        MOV     DX ,    3F9H
        MOV     AL ,    0           ;设中断允许寄存器为 0
        OUT     DX ,    AL          ;使 4 种中断被屏蔽
LOOP1:  MOV     DX ,    3FDH
        IN      AL ,    DX          ;输入通信线路状态寄存器
        TEST    AL ,    1EH         ;测试接收是否出错
        JNZ     ERROR
        TEST    AL ,    01H         ;测试数据是否准备好
        JNZ     RECEIVE
        TEST    AL ,    20H         ;检测是否"输出数据缓冲器空"
        JNZ     LOOP1
        MOV     AH ,    1           ;检测键盘缓冲区是否存字符
        INT     16H
        JZ      LOOP1               ;无,返回循环
        MOV     AH ,    0
        INT     16H
        MOV     DX ,    3F8H
        OUT     DX ,    AL          ;将字符代码发送到输出数据缓冲器
        JMP     LOOP1
RECEIVE: MOV    DX ,    3F8H
        IN      AL ,    DX
        AND     AL ,    7FH
        PUSH    AX
        MOV     BX ,    0
        MOV     AH ,    14          ;显示
        INT     10H
        POP     AX
        CMP     AL ,    0DH
        JNZ     LOOP1
        MOV     AL ,    0AH
        MOV     AH ,    14
        MOV     BX ,    0
        INT     10H
        JMP     LOOP1
ERROR:  MOV     DX ,    3F8H        ;输入错误字符,清除准备好标志
        IN      AL ,    DX
        MOV     AL ,    '?'
        MOV     BX ,    0
        MOV     AH ,    14
        INT     10H
        JMP     LOOP1
        RET
START   ENDP
CODE    ENDS
        END     START
```

8.4.3 可编程通用同步/异步收发器

1. 基本功能

8251A是可编程的串行通信接口，有字符同步和异步两种工作方式，概括起来有下列基本功能：

① 具有独立的发送和接收器，通信方式可采用单工、半双工或全双工的方式。

② 具有同步和异步两种串行通信方式。

③ 在同步方式中，每个字符可定义为5～8个数据位，数据通信波特率范围为0～64kbit/s，可选择内同步或外同步字符两种方式。

④ 在异步方式中，每个字符可定义为5～8个数据位，波特率因子为1、16、64，停止位的位数为1、1.5、2位，数据通信波特率范围为0～19.2kBaud。

⑤ 可进行奇偶校验，并可编程选择奇校验或偶校验。

⑥ 出错检测——具有奇偶、溢出和帧错误等检测电路。

2. 相关概念

（1）异步方式

异步方式是指发送和接收两地不用同一时钟同步的数据传输方式。为了保证异步通信的正确，必须在收发双方通信前约定字符格式、传送速率、时钟和校验方式等。

（2）同步方式

分为字符同步和位同步。字符同步方式是指以一组字符组成一个数据块（或称信息帧），在每一个数据块前附加一个或两个同步字符或标识符，在传送过程中发送端和接收端使用同一时钟信号进行控制，使每一位数据均保持位同步。同步传送速度高于异步传送，传送效率高；但同步传送要求发送端和接收端使用同一时钟，故硬件电路比较复杂。

同步检测分为内同步和外同步两种方式。采用哪种同步方式要取决于8251A的工作方式，由初始化时写入方式寄存器的方式字来决定。当8251A工作在内同步方式时，SYNDET作为输出端，首先搜索同步字符。8251A监测RXD线，每当RXD线上出现一个数据位时，接收下来并送入移位寄存器移位，与同步字符寄存器的内容进行比较，如果两者不相等，则接收下一位数据，并且重复上述比较过程。如果8251A检测到了所要求的一个或两个同步字符时，8251A的SYNDET升为高电平，表示同步字符已经找到，同步已经实现，后续收到的是有效数据。

当8251A工作在外同步方式时，SYNDET作为输入端。

在外同步情况下，通过同步输入端SYNDET加一个高电位来实现同步。外同步是由外部其他机构来检测同步字符，当外部检测到同步字符以后，从SYNDET端向8251A输入一个高电平信号，表示已达到同步，接收器可以串行接收数据。

实现同步之后，接收器和发送器之间就开始进行数据的同步传输，当然在初始化设置时接收器和发送器字符格式设置必须一致。这时，接收器利用时钟信号对RXD线进行采样，并把收到的数据位送到移位寄存器中。在RXRDY引脚上发出一个信号，表示收到了一个字符。

（3）数据传送速率

数据传送速率指每秒传输数据的位数（波特率）。

【例8.4】 每秒传送120个字符，而每个字符由10位数据位组成，则传送的波特率为

$$f_d = 10 \times 120 = 1\,200\ \text{bit/s} = 1\,200\ \text{波特}$$

（4）发送时钟与接收时钟

异步通信中，发送端和接收端各用一个时钟来确定发送和接收的速率，分别称为发送时钟和

接收时钟。这两个时钟的频率 f_c 和数据传输速率 f_d 的关系为

$$f_c = Kf_d$$

其中 K 称为波特率系数或波特率因子，取值可为 1、16 或 64。

3. 内部结构

图 8-57 所示是 8251A 的内部工作原理图。从图中可看出 8251A 可分为 5 个部分，这 5 个部分分别为接收器、发送器、数据总线缓冲器、调制解调器控制电路及读写控制逻辑电路。

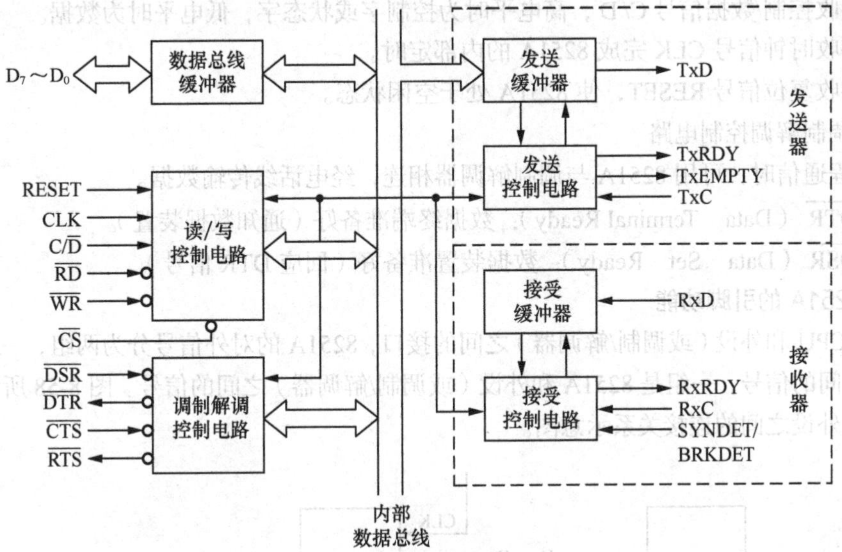

图 8-57　8251A 的内部工作原理图

（1）接收器

接收器由接收缓冲器和接收控制电路两部分组成。

它的作用是，接收移位寄存器接收在 RxD 上的串行数据并按规定的格式转换为并行数据，存放在接收数据缓冲器中。

当 8251A 允许接收并准备好接收数据时，监测 RxD 端，当检测到起始位（低电平）后，使用 16 倍率的内部 CLK，连续检测到 8 个 0 后确认收到串行数据的起始位。然后按波特率移位、检测 RXD，直至停止位。内部删除起始、奇偶、停止位后送到接收缓冲寄存器后，使 RxRDY 为高电平，向 CPU 提出中断申请，请求 CPU 读数据；或采用查询方式检测到 RxRDY 为 1 后读数据。

（2）发送器

发送器由发送缓冲器和发送控制电路两部分组成。

采用异步方式，由发送控制电路在其首尾加上起始位和停止位，然后从起始位开始，经移位寄存器从数据输出线 TXD 逐位串行输出。

采用同步方式，则在发送数据之前，发送器将自动送出 1 个或 2 个同步字符，然后才逐位串行输出数据。

如果 CPU 与 8251A 之间采用中断方式交换信息，那么 TXRDY 可作为向 CPU 发出的中断请求信号。当发送器中的 8 位数据串行发送完毕时，由发送控制电路向 CPU 发出 TXE 有效信号，表示发送器中移位寄存器已空。或查询到 TxRDY 为 1 时，CPU 可向 8251A 发送新的数据。

（3）数据总线缓冲器

数据总线缓冲器是 CPU 与 8251A 之间的数据接口。包含 3 个 8 位的缓冲寄存器，其中两个

寄存器分别用来存放 CPU 向 8251A 读取的数据或状态信息，一个寄存器用来存放 CPU 向 8251A 写入的数据或控制字。

（4）读/写控制电路

读/写控制电路用来配合数据总线缓冲器的工作。功能如下。

① 接收写信号 $\overline{WR}$，并将来自数据总线的数据和控制字写入 8251A。

② 接收读信号 $\overline{RD}$，并将数据或状态字从 8251A 送往数据总线。

③ 接收控制/数据信号 C/$\overline{D}$，高电平时为控制字或状态字，低电平时为数据。

④ 接收时钟信号 CLK 完成 8251A 的内部定时。

⑤ 接收复位信号 RESET，使 8251A 处于空闲状态。

（5）调制解调控制电路

在远程通信时，可用 8251A 与调制解调器相连，经电话线传输数据。

- $\overline{DTR}$（Data Terminal Ready）：数据终端准备好（通知数据装置）。
- $\overline{DSR}$（Data Set Ready）：数据装置准备好（回应 DTR 信号）。

4. 8251A 的引脚功能

作为 CPU 和外设（或调制/解调器）之间的接口，8251A 的对外信号分为两组，一组是 8251A 和 CPU 之间的信号，一组是 8251A 和外设（或调制/解调器）之间的信号。图 8-58 所示是 8251A 与 CPU 及外设之间的连接关系示意图。

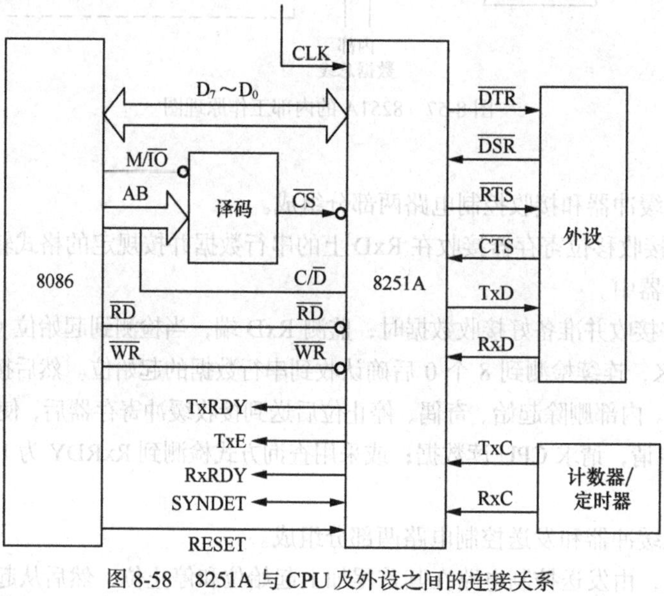

图 8-58　8251A 与 CPU 及外设之间的连接关系

（1）8251A 和 CPU 之间的连接信号

8251A 和 CPU 之间的连接信号可以分为 4 类，具体如下。

① 片选信号。

$\overline{CS}$：片选信号，它由 CPU 的地址信号通过译码后得到。

② 数据信号。

D_0～D_7：8 位，三态，双向数据线，与系统的数据总线相连。传输 CPU 对 8251A 的编程命令字和 8251A 送往 CPU 的状态信息及数据。

③ 读/写控制信号。

- $\overline{RD}$：读信号，低电平时，CPU 当前正在从 8251A 读取数据或者状态信息。
- $\overline{WR}$：写信号，低电平时，CPU 当前正在往 8251A 写入数据或者控制信息。
- C/$\overline{D}$：控制/数据信号，用来区分当前读/写的是数据还是控制信息或状态信息。该信号也可看作是 8251A 数据口/控制口的选择信号，一般接低位地址。

由此可知，$\overline{RD}$、$\overline{WR}$、C/$\overline{D}$这 3 个信号的组合，决定了 8251A 的具体操作。8251A 只用两个连续的端口地址，数据输入端口和数据输出端口合用同一个偶地址，而状态端口和控制端口合用同一个奇地址，端口地址配合读写控制信号以及写入顺序解决端口地址不足的问题。

④ 收发联络信号。

- TXRDY：发送器准备好信号，用来通知 CPU，8251A 已准备好发送一个字符。具体来讲，TXRDY 为高电平时，CPU 可往 8251A 传输一个数据，当 8251A 从 CPU 得到一个字符后，TXRDY 重新回到低电平。
- TXE：发送器空信号，TXE 为高电平时有效，用来表示此时 8251A 发送器中并行到串行转换器为空，说明一个发送动作已完成，可以传送下一个字符。
- RXRDY：RXRDY 高电平时，表示接收器已准备好，即当前 8251A 已经从外部设备或调制解调器接收到一个字符，等待 CPU 来取走，CPU 取走数据后，RXRDY 重新回到低电平。因此，在中断方式时，RXRDY、TXRDY 可用作中断请求信号；在查询方式时，RXRDY、TXRDY 可用作查询信号，判断 8251A 的当前状态，从而决定下一步动作。
- SYNDET：同步检测信号，只用于同步方式。

（2）8251A 与外部设备之间的连接信号

8251A 与外部设备之间的连接信号分为以下两类：

① 收发联络信号。

- $\overline{DTR}$：数据终端准备好信号，通知外部设备，CPU 当前已经准备就绪。
- $\overline{DSR}$：数据设备准备好信号，表示当前外设已经准备好。
- $\overline{RTS}$：请求发送信号，表示 CPU 已经准备好发送。
- $\overline{CTS}$：允许发送信号，是对$\overline{RTS}$的响应，由外设送往 8251A。

这 4 个信号是提供给 8251A 与外设联络用的。实际使用时，这 4 个信号可赋予不同的物理意义，可以将两对联络信号都用上，也可以只用其中的一对，还可以只用其中的一个信号进行联络。如果 8251A 和外设之间不需要任何联络信号，这 4 个信号中通常只有$\overline{CTS}$必须为低电平，其他 3 个信号可以悬空。

② 数据信号。

- TXD：发送器数据输出信号。当 CPU 送往 8251A 的并行数据被转变为串行数据后，通过 TXD 送往外设。
- RXD：接收器数据输入信号。用来接收外设送来的串行数据，数据进入 8251A 后被转变为并行方式。

（3）时钟、电源和地

8251A 除了与 CPU 及外设的连接信号外，还有电源端、地端和 3 个时钟端。

- CLK：时钟输入，用来产生 8251A 器件的内部时序。同步方式下，大于接收数据或发送数据的波特率的 30 倍。异步方式下，则要大于数据波特率的 4.5 倍。

- TXC：发送器时钟输入，用来控制发送字符的速度。同步方式下，TXC 的频率等于字符传输的波特率。异步方式下，TXC 的频率可以为字符传输波特率的 1 倍、16 倍或者 64 倍，具体倍数取决于 8251A 编程时指定的波特率因子。
- RXC：接收器时钟输入，用来控制接收字符的速度，和 TXC 一样。

在实际使用时，RXC 和 TXC 往往连在一起，由同一个外部时钟来提供，CLK 则由另一个频率较高的外部时钟来提供。8251A 没有内置的波特率发生器，必须由外部产生建立波特率的时钟信号，TXC、RXC 通常与 8253 连接。

TXC、RXC 时钟频率、波特率因子和波特率之间有如下关系：

$$时钟频率 = 波特率因子 \times 波特率$$

- VCC：电源输入。
- GND：地。

5. 8251A 的编程

（1）8251A 的初始化

编程的内容包括两大方面：一是由 CPU 发出的（控制字），即向 8251A 写入方式选择控制字（模式字）和操作命令控制字（模式字）；二是由 8251A 向 CPU 送出的状态字，由 CPU 从 8251A 读取。

8251A 有一奇一偶两个端口地址，偶地址对应数据输入和输出寄存器，奇地址端口对应状态寄存器、模式寄存器、控制寄存器和同步字符寄存器。

8251A 的初始化与其他芯片有个很重要的不同之处是，在 8251A 的模式字和控制字写入之前需要先进行一次复位，一般采用先送 3 个 00H，再送 40H 的方法，这是 8251A 的编程约定。

当复位完之后，由于 8251A 芯片只提供 2 个分别用于命令寄存器和数据寄存器的可访问地址，所以按照约定第 1 次写入奇地址的是模式字。如果编程 8251A 的工作方式为同步方式，紧接着送入奇地址的是同步字符。模式字还规定了同步字符的个数，必须根据模式字的设定，向奇地址写入 1 个或按顺序写入 2 个同步字符。如果是异步方式，则设置模式字后，便接着设置控制字。

之后，写入奇地址的数据一概被认为是控制字。控制字中如果包含复位命令，8251A 被复位。其后送入奇地址的字节又被认为是模式字。控制字中如果不包含复位命令，初始化完毕，便可以开始使用偶地址传送数据。

图 8-59 是 8251A 的初始化编程流程图。

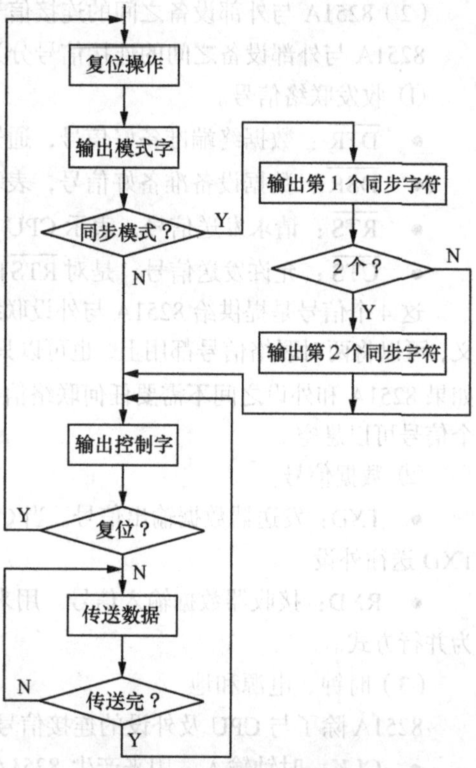

图 8-59　8251A 的初始化编程流程图

（2）方式选择控制字（模式字）

模式字用来规定数据传输的同步/异步方式、波特率、字符长度、停止位长度、校验方式等，格式如图 8-60 所示。

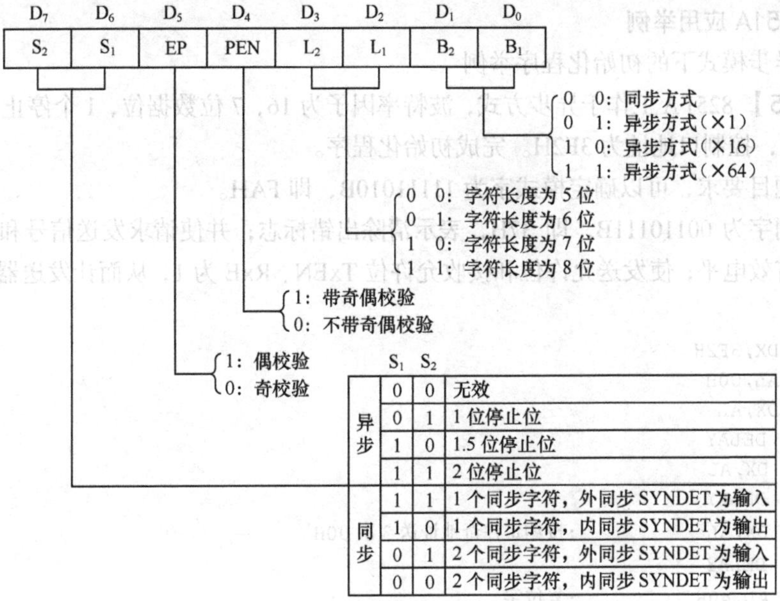

图 8-60　模式字的格式

（3）操作命令控制字（控制字）

控制字使 8251A 实现某种操作或进入规定的工作状态，格式如图 8-61 所示。

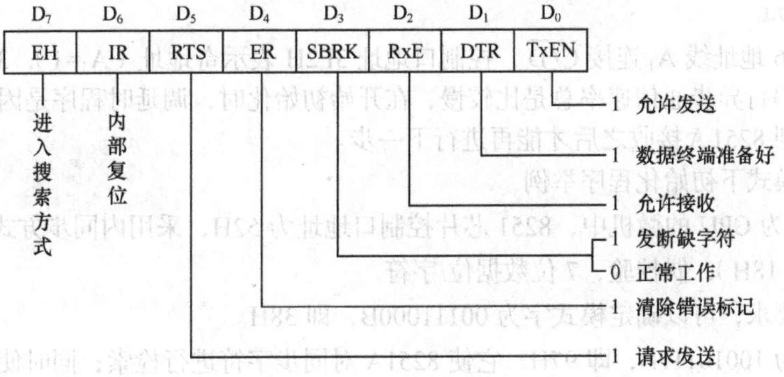

图 8-61　控制字的格式

（4）状态字

状态字用来判断数据传输状态，当需要检测 8251A 的工作状态时，经常要用到状态字。状态字存放在状态寄存器中，格式如图 8-62 所示。

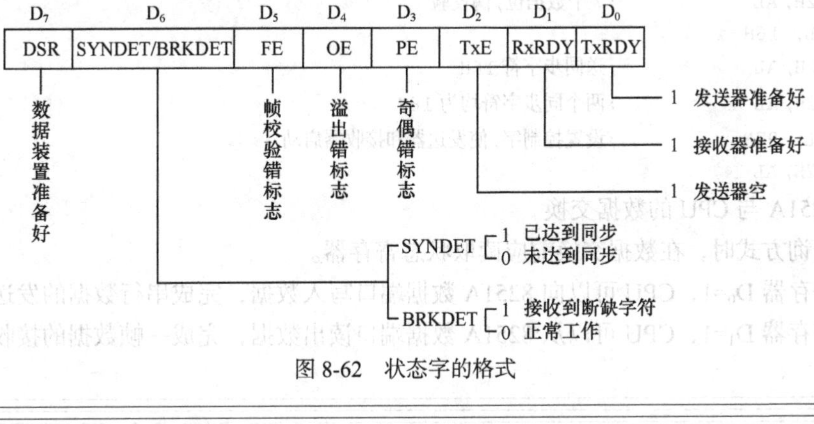

图 8-62　状态字的格式

6. 8251A 应用举例

（1）异步模式下的初始化程序举例

【例 8.5】 8251 A 工作于异步方式，波特率因子为 16，7 位数据位，1 个停止位，1 个偶校验，2 个停止位，控制口地址为 3F2H。完成初始化程序。

根据题目要求，可以确定模式字为 11111010B，即 FAH。

而控制字为 00110111B，即 37H，表示清除出错标志；并使请求发送信号和数据终端准备好信号处于有效电平；使发送允许位和接收允许位 TxEN、RxE 为 1，从而让发送器、接收器处于启动状态。

```
MOV   DX,3F2H
MOV   AL,00H
OUT   DX,AL
CALL  DELAY
OUT   DX,AL
CALL  DELAY
OUT   DX,AL              ;按约定往奇地址送 3 次 00H
CALL  DELAY
MOV   AL,40H             ;复位字
OUT   DX,AL
MOV   AL,11111010B       ;送模式字
OUT   DX,AL
MOV   AL,00110111B       ;设置控制字
OUT   DX,AL
```

注意：8086 地址线 A_1 连接 $C/\overline{D}$，控制口地址 3F2H 表示奇地址（A_1=1），3F0H 表示偶地址（A_1=0），由于串行异步通信速率总是比较慢，在开始初始化时，调延时程序是因为每送一个命令字，都必须等到 8251 A 接收之后才能再进行下一步。

（2）同步模式下初始化程序举例

设以 8086 为 CPU 的微机中，8251 芯片控制口地址为 52H，采用内同步方式，2 个同步字符（设同步字符为 18H），偶校验，7 位数据位/字符。

根据题目要求，可以确定模式字为 00111000B，即 38H。

而控制字为 10010111B，即 97H。它使 8251A 对同步字符进行检索；同时使状态寄存器中的 3 个出错标志复位；此外，使 8251A 的发送器启动，接收器也启动；控制字还通知 8251A，CPU 当前已经准备好进行数据传输。

具体程序段如下。

```
MOV  AL, 38H          ;设置模式字,同步模式,用 2 个同步字符
OUT  52H,AL           ;7 个数据位,偶校验
MOV  AL, 16H
OUT  52H,AL           ;送同步字符 16H
OUT  52H,AL           ;两个同步字符均为 16H
MOV  AL, 97H          ;设置控制字,使发送器和接收器启动
OUT  52H,AL
```

（3）8251A 与 CPU 的数据交换

采用查询方式时，在数据交换前应读取状态寄存器。

状态寄存器 D_0=1，CPU 可以向 8251A 数据端口写入数据，完成串行数据的发送；

状态寄存器 D_1=1，CPU 可以从 8251A 数据端口读出数据，完成一帧数据的接收。

采用中断方式时由于 8251A 没有单独的中断请求引脚，故：

TXRDY 引脚可以作为发送中断请求；

RXRDY 引脚可以作为接收中断请求。

收发均采用中断方式时，TXRDY、RXRDY 可以通过或门与系统总线的中断请求线连接。在 CPU 响应中断转到 ISP 中时，再对状态寄存器进行查询，以区分是发送中断还是接收中断。

① 8251A 串口数据发送程序流程如图 8-63 所示。

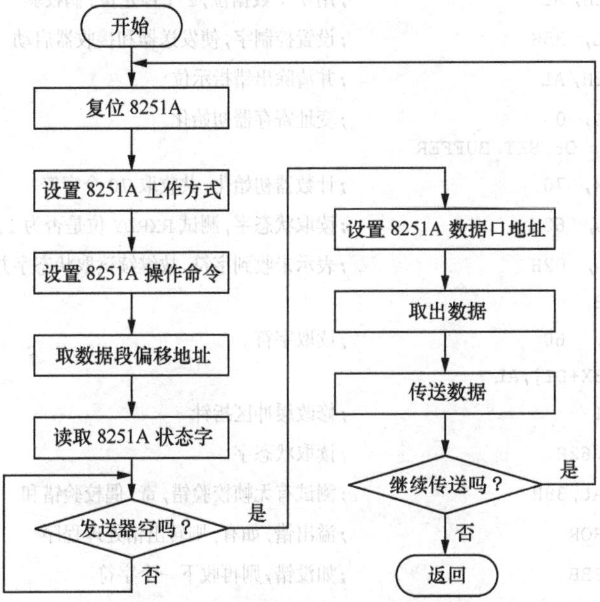

图 8-63　8251A 串口数据发送程序流程图

② 串口通信数据接收的实现。

8251A 串口数据接收程序流程如图 8-64 所示。

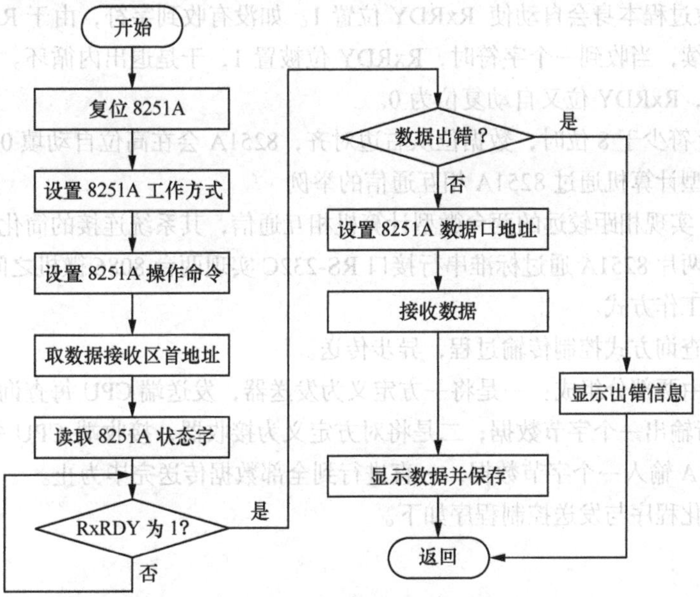

图 8-64　8251A 串口数据接收程序流程图

【例 8.6】 接收数据编程举例。

设以 8086 为 CPU 的微机中，8251A 的控制和状态端口地址为 62H，数据输入和输出端口地址为 60H，输入 70 个字符，放在 BUFFER 标号所指的内存缓冲区。程序段先对 8251A 进行初始化，然后对状态字进行测试，以便输入字符。

具体的程序段如下。

```
        MOV  AL, 0FAH          ;设置模式字,异步方式,波特率因子为 16
        OUT  62H, AL           ;用 7 个数据位,2 个停止位,偶校验
        MOV  AL, 35H           ;设置控制字,使发送器和接收器启动
        OUT  62H, AL           ;并清除出错指示位
        MOV  DI, 0             ;变址寄存器初始化
        MOV BX, OFFSET BUFFER
        MOV  CX, 70            ;计数器初始化,共收取 70 个字符
BBB:    IN   AL,  62H          ;读取状态字,测试 RXRDY 位是否为 1,如为 0
        TEST AL,  02H          ;表示未收到字符,故继续读取状态字并测试
        JZ  BBB
        IN  AL,  60            ;读取字符
        MOV  [BX+DI],AL
        INC  DI                ;修改缓冲区指针
        IN  AL,62H             ;读取状态字
        TEST  AL,38H           ;测试有无帧校验错,奇/偶校验错和
        JZ  ERROR              ;溢出错,如有,则转出错处理程序
        LOOP  BBB              ;如没错,则再收下一个字符
        JMP  EXIT              ;如输入满足 70 个字符,则结束
ERROR:  CALL  ERROR-CHULI      ;调出错处理
EXIT:…
```

说明：

① 字符接收过程本身会自动使 RxRDY 位置 1。如没有收到字符，由于 RxRDY 位为 0，会使内循环不断继续，当收到一个字符时，RxRDY 位被置 1，于是退出内循环。当 CPU 从 8251A 接口读取字符后，RxRDY 位又自动复位为 0。

② 当输入字符少于 8 位时，数据位从右边对齐，8251A 会在高位自动填 0。

（4）两台微型计算机通过 8251A 相互通信的举例

通过 8251A 实现相距较远的两台微型计算机相互通信，其系统连接的简化框图如图 8-65 所示。这时，利用两片 8251A 通过标准串行接口 RS-232C 实现两台 8086 微机之间的串行通信，可采用异步或同步工作方式。

设系统采用查询方式控制传输过程，异步传送。

初始化程序由两部分组成：一是将一方定义为发送器，发送端 CPU 每查询到 TXRDY 有效，则向 8251A 并行输出一个字节数据；二是将对方定义为接收器，接收端 CPU 每查询到 RXRDY 有效，则从 8251A 输入一个字节数据，一直进行到全部数据传送完毕为止。

发送端初始化程序与发送控制程序如下。

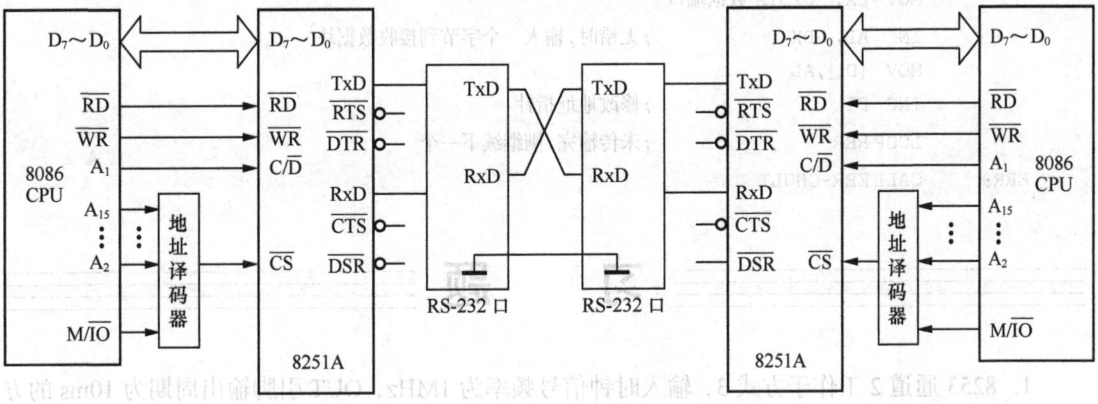

图 8-65　两台微型计算机相互通信的系统连接简化框图

```
START:  MOV DX,  8251A 控制端口
        MOV AL,  7FH
        OUT  DX,  AL                    ;将 8251A 定义为异步方式,8 位数据,1 位停止位
        MOV AL,  11H                    ;偶校验,取波特率系数为 64
        OUT  DX,  AL
        MOV  DI,  发送数据块首地址      ;设置地址指针
        MOV  CX,  发送数据块字节数      ;设置计数器初值
NEXT:   MOV  DX,  8251A 状态端口
        IN   AL,  DX
        AND  AL,  01H                   ;查询 TXRDY 有效否
        JZ   NEXT                       ;无效则等待
        MOV  DX,  8251A 数据端口
        MOV  AL,  [DI]                  ;向 8251A 输出一个字节数据
        OUT  DX,  AL
        INC  DI                         ;修改地址指针
        LOOP NEXT                       ;未传输完,则继续下一个
```

接收端初始化程序和接收控制程序如下。

```
RECEIVE: MOV DX,  8251A 控制端口
         MOV AL,  7FH
         OUT DX,  AL                    ;初始化 8251A,异步方式,8 位数据
         MOV AL,  14H                   ;1 位停止位,偶校验,波特率系数 64,允许接收
         OUT DX,  AL
         MOV DI,  接收数据块首地址      ;设置地址指针
         MOV CX,  接收数据块字节数      ;设置计数器初值
RRR:     MOV DX,  8251A 控制端口
         IN  AL,  DX
         ROR AL,  1                     ;查询 RXRDY 有效否
         ROR AL,  1
         JNC RRR                        ;无效则等待
         ROR AL,  1
         ROR AL,  1                     ;有效时,进一步查询是否有奇偶校验错
         JC  ERR                        ;有错时,转出错处理
```

```
        MOV  DX,  8251A数据端口
        IN   AL,  DX              ;无错时,输入一个字节到接收数据块
        MOV  [DI],AL
        INC  DI                   ;修改地址指针
        LOOP RRR                  ;未传输完,则继续下一个
ERR:    CALL ERR-CHULI
```

习　题

1. 8253 通道 2 工作于方式 3，输入时钟信号频率为 1MHz，OUT 引脚输出周期为 10ms 的方波。已知通道 0 的端口地址为 3F0H，试编写该 8253 芯片的初始化程序段。

2. 假设有一片 8253 芯片，其端口地址为 0FCH～0FFH，其 CLK 引脚输入的时钟信号周期为 0.84μs。现用该 8253 芯片的计数器 1，工作在方式 2，产生周期为 2ms 的信号，试写出该 8253 芯片的初始化程序。

3. 假设 8253 各端口的地址分别为 40H～43H，若计数器 0，OUT 引脚输出频率为 1kHz 的连续方波信号；计数器 1，每秒产生 18.2 次连续的方波信号；计数器 2，每 15.12μs 输出一次连续的单脉冲信号。CLK 时钟脉冲的频率为 1.19MHz。对以上计数器通道进行初始化编程。

4. 假设 8253 各端口的地址分别为 40H～43H，CLK 时钟信号频率为 1MHz，若要计数器产生周期为 1s 的方波，请问使用一片 8253 如何达到目的？写出初始化程序。

5. 假设 8255A 芯片起始端口地址为 60H，编写指令序列，分别完成：

（1）设置端口 A 组和 B 组都是方式 0，其中端口 B 和 C 是输出口，A 为输入口。

（2）设置端口 A 组为方式 2、B 组为方式 0 且端口 B 为输出。

（3）设置端口 A 组为方式 1 且端口 A 为输入、PC_6 和 PC_7 为输出；设置端口 B 组为方式 1 且端口 B 为输入。

6. 现要求用一个 8255A 作为终端机的接口。由 PA 通道输出字符到终端机的显示缓冲器，PB 通道用于键盘输入字符，PC 通道为终端状态信息输入通道。当 PC_0=1 表示键盘输入字符就绪，PC_7=0 表示显示缓冲器已空。要求用查询方法把从键盘输入的每个字符都送到终端机的显示缓冲器上，当输入的是回车符时（ASCII 码为 0DH）则操作结束。假设该 8255A 芯片的端口地址为 60H～63H，请编写包括 8255A 初始化的输入/输出驱动程序。

7. 要求 8250 以波特率为 9600B 进行异步通信，每个字符 7 位，1 个停止位，1 个奇偶校验位，允许所有中断，试进行 8250 的初始化编程。假设：8250 异步通信端口地址为 4E8H～4EFH。

8. 8251A 异步模式下，每字符 8 位，无奇偶校验，2 个停止位，波特率因子为 64，则每秒能传输的最大字符数是多少？

9. 编写 8251A 异步模式下的接收和发送程序，完成 256 个字符的发送和接收，设端口地址为 208H 和 209H，波特率因子为 16，1 个起始位，1 个停止位，无奇偶校验，每字符 8 位。

10. 对 8251A 进行编程时，必须遵守哪些约定？

11. 参考初始化流程，用程序段对 8251A 进行同步模式设置。奇地址端口地址为 66H，规定用内同步方式，同步字符为 2 个，用奇校验，7 个数据位。

附录

附录 A　ASCII 字符表

附表 1-1　　ASCII 字符表

高 3 位 / 低 4 位		0	1	2	3	4	5	6	7
		000	001	010	011	100	101	110	111
0	0000	NUL	DLE	SP	0	@	P	`	p
1	0001	SOH	DCI	!	1	A	Q	a	q
2	0010	STX	DC2	”	2	B	R	b	r
3	0011	ETX	DC3	#	3	C	S	c	s
4	0100	EOT	DC4	$	4	D	T	d	t
5	0101	ENQ	NAK	%	5	E	U	e	u
6	0110	ACK	SYN	&	6	F	V	f	v
7	0111	BEL	ETB	’	7	G	W	g	w
8	1000	BS	CAN	(	8	H	X	h	x
9	1001	HT	EM	)	9	I	Y	i	y
A	1010	LF	SUB	*	:	J	Z	j	z
B	1011	VT	ESC	+	;	K	[	k	{
C	1100	FF	FS	,	<	L	\	l	|
D	1101	CR	GS	-	=	M	]	m	}
E	1110	SO	RS	.	>	N	^	n	～
F	1111	SI	US	/	?	O	_	o	DEL

注：SP=空格，LF=换行，FF=换页，CR=回车，DEL=删除，BEL=振铃。

附录 B　ROM BIOS 中断调用

下面给出几种常用的 ROM BIOS 功能调用的具体使用方法。

B.1　显示器功能调用（INT 10H）

● AH=00H，设置显示方式。

入口参数：AL=方式号。方式号与显示方式的对应关系为：00--40×25 黑白文本方式；01—01--40×25 彩色文本方式；02--80×25 黑白文本；03--80×25 彩色文本；04--320×200 彩色图形；05--320×200 黑白图形；06--640×200 黑白图形；12H--B40×4B0 彩色图形。

● AH=01H，设置光标形状。

入口参数：CH=光标顶的值；CL=光标底的值。

● AH=02H，设置光标位置。

入口参数：BH=光标页号；DH=光标行号；DL=光标列号。

● AH=03H，读光标类型和当前位置。

入口参数：BH=光标页号。　　出口参数：CX=光标类型；DH=光标行号；DL=光标列号

● AH=04H，读光标位置。

出口参数：DH=光标行号；DL=光标列号。

● AH=05H，选择需显示的页。

入口参数：AL=新页值。

● AH=06H，屏幕上翻。

入口参数：AL=上翻行数（从窗口底部算起）；　AL=00（全窗口翻屏）。CH、CL=上翻区域左上角行、列号；DH、DL=上翻区域由下角行、列号；BH=显示属性。

● AH=07H，屏幕下翻。

入口参数：AL=下翻行数（从窗口底部算起）；　AL=00（全窗口翻屏）。CH、CL=上翻区域左上角行、列号；DH、DL=上翻区域由下角行、列号；BH=显示属性。

● AH=08H，读当前光标位置的字符、属性。

入口参数：BH=页号。出口参数：AL=读出的字符；AH=字符属性。

● AH=09H，在当前光标位置写字符和属性。

入口参数：BH=页号；BL=字符属性/字符颜色；AL=字符的 ASCII 码；CX=连续写字符的个数。

● AH=0AH，在当前光标位置上显示输入的字符。

入口参数：BH=页号；BL=字符属性/字符颜色；AL=字符的 ASCII 码；CX=连续写字符的个数。（DS:DX）=缓冲区最大字符数。

● AH=0BH，设置彩色/调色板。

入口参数：BH=0 时由 BL 的内容（0～F）选择背景色；BH=1 时由 BL 的内容（0，1）选择调色板 0 或 1。

● AH=0CH，在指定的位置上写点。

入口参数：AL=彩色值；DX=行号；CX=列号。

● AH=0DH，在指定的位置上读点。

入口参数：DX=行号；CX=列号。出口参数：AL=指定点的彩色值。

● AH=0EH，写字符并移光标位置。

入口参数：AL=写入字符；BH=页号；BL=前景颜色（图形方式）。

● AH=0FH，读当前显示状态。

出口参数：AL=当前显示方式；BH=页号；AH=屏幕上字符列数。

B.2 异步串行通信功能调用（INT 14H）

● AH=00H，初始化通信口。

入口参数：AL=初始化参数。其中，AL 的 D7D6D5 位设置波特率，000-111 值依次对应波特率 110、150、300、600、1200、2400、4800、9600 波特；D4D3 位选择奇偶校验，X0、01、11 分别表示无校验、奇校验、偶校验；D2 位设置停止位，0、1 分别表示使用 1、2 停止位；D1D0 位设置数据位长度，10、11 分别表示 7 和 8 位数据位。

出口参数：AH=返回通信线路状态。

● AH=01H，发送字符。

入口参数：AL=发送的字符。出口参数：AH=返回状态。

● AH=02H，接收字符。

出口参数：AL=接收的字符，AH=返回状态。

● AH=03H，读取异步通信口状态。

出口参数：AH=线路制状态，AL=调制解调器状态。

B.3 键盘功能调用（INT 16H）

● AH=00H，读键盘输入的字符。

出口参数：AX=键值代码。对于标准 ASCII 码按键，AL=输入字符的 ASCII 码，AH=该字符的扫描码；对于扩展按键（F1-F10 等，AL=00H,AH=键扩展码；对于小键盘的数字键，AL=数字值，AH=0。

● AH=01H，读键盘状态。

出口参数：ZF=1（无键按下）；ZF=0（有键按下），AX=字符代码(同 AH=0 功能)。

● AH=02H，读当前 8 个特殊键的状态。

出口参数：AL=键盘各种开关及大写键状态。AL 的 8 位从高到低位依次对应 Ins、Caps Lock、Num Lock、Scroll Lock、Alt、Ctrl、左 Shift、右 Shift， 对应键按下时，相应位为 1。

B.4 打印机功能调用（INT 17H）

● AH=00H，打印字符。

入口参数：AL=要打印的字符，DX=打印机号（0-2）。出口参数：AH=打印机状态。

● AH=01H，初始化打印机。

入口参数：DX=打印机号（0-2）。出口参数：AH=打印机状态。

● AH=02H，读打印机状态。

入口参数：DX=打印机号（0-2）。出口参数：AH=打印机状态。

上述 3 个功能返回打印机状态字节，该字节的某位为 1，则反映不忙（D7）、响应（D6）、无纸（D5）、选中（D4）、出错（D3）和超时错误（D0）。

B.5 时钟功能调用（INT 1AH）

● AH=00H，读当前时间。

出口参数：CX=计数值高位，DX=计数值低位，AL≠0 表示超过 24 小时。

- AH=01H，设置当前时间。

入口参数：CX=计数值高位，DX=计数值低位。

出口参数：AX=字符（有字符输入时）。

附录 C 常用 DOS 功能调用（INT 21H）

AH	功 能	入 口 参 数	出 口 参 数
00	程序终止	CS=程序段前缀的段值	
01	键盘输入并回显		AL=输入字符
02	显示输出字符	DL=输出字符的 ASCII 码	
03	异步串行通信输入		AL=输入数据
04	异步串行通信输出	DL=输出数据	
05	打印机输出	DL=输出字符	
06	直接控制台 I/O	DL=FF（输入）；DL=字符（输出）	AL=输入字符
07	键盘输入（无回显）		AL=输入字符
08	键盘输入（无回显）		AL=输入字符
09	显示字符串	DS:DX=串首地址；'$'结束字符串	
0A	键盘输入到缓冲区	DS:DX=缓冲区首地址 （DS:DX）=缓冲区最大字符数	（DS:DX+1）=实际输入的字 符数
0B	检验键盘状态		AL=00 无输入；AL=FF（有输入）
0C	清除输入缓冲区并请求指定的输入功能	AL=输入功能号 （1，6，7，8，A）	
0D	磁盘复位		清除文件缓冲区
0E	选择磁盘驱动器	DL=驱动器号 0=A，1=B，…	AL=驱动器数
0F	打开文件	DS:DX=FCB 首地址	AL=00 文件找到；AL=FF 未找到
10	关闭文件	DS:DX=FCB 首地址	AL=00 目录修改成功；AL=FF 未找到
11	查找第 1 个目录项	DS:DX=FCB 首地址	AL=00 找到；AL=FF 未找到
12	查找下 1 个目录项	DS:DX=FCB 首地址	AL=00 找到；AL=FF 未找到
13	删除文件	DS:DX=FCB 首地址	AL=00 删除成功；AL=FF 未找到
14	顺序读	DS:DX=FCB 首地址	AL=00（读成功） =01（文件结束，记录无数据） =02（DTA 空间不够） =03（文件结束，记录不完整）
15	顺序写	DS:DX=FCB 首地址	AL=00（写成功）；=01（盘满） =02（DTA 空间不够）
16	创建文件	DS:DX=FCB 首地址	AL =00 建立成功；=FF 无磁盘空间

续表

AH	功　能	入 口 参 数	出 口 参 数
17	文件重命名	DS:DX=FCB 首地址 （DS:DX+1）=旧文件名 （DS:DX+17）=新文件名	AL =00（成功） AL =FF（未成功）
19	取当前磁盘驱动器		AL =当前驱动器号
1A	置 DTA 地址	DS:DX=DTA 地址	
1B	取默认驱动器 FAT 信息		AL=每簇的扇区数 DS:BX=FAT 标识字节 CX=物理扇区大小 DX=默认驱动器的簇数
21	随机读	DS:DX=FCB 首地址	AL=00 读成功；=01 文件结束； =02（缓冲区溢出） =03（缓冲区不满）
22	随机写	DS:DX=FCB 首地址	AL=00（写成功）；=01（盘满）； =02（缓冲区溢出）
23	测定文件大小	DS:DX=FCB 首地址	AL=00 成功，文件长度在 FCB AL=FF 未找到
24	设置随机记录号	DS:DX=FCB 首地址	
25	设置中断向量	DS:DX=中断向量；AL=中断类型号	
26	建立程序段前缀	DX=新的程序段前缀	
27	随机分块读	DS:DX=FCB 首地址 CX=记录数	AL=00 读成功；=01（文件结束） =02（缓冲区太小，传输结束） =03（缓冲区不满）
28	随机分块写	DS:DX=FCB 首地址 CX=记录数	AL=00（写成功）；=01（盘满） =02（缓冲区溢出）
29	分析文件名	ES:DI=FCB 首地址 DS:SI=ASCIIZ 串 AL=控制分析标志	AL=00 标准文件 =01 多义文件；=02 非法盘符
2A	取日期		CX=年；DH:DL=月:日（二进制）
2B	设置日期	CX:DH:DL=年:月:日	AL=00（成功）；=FF（无效）
2C	取时间		CH:CL=时:分；DH:DL=秒:1/100 秒
2D	设置时间	CH:CL=时:分；DH:DL=秒:1/100 秒	AL=00（成功）；=FF（无效）
2E	置磁盘自动读写标志	AL=00 关闭标志；AL=01 打开	
2F	取磁盘缓冲区的首址		ES:BX=缓冲区首址
30	取 DOS 版本号		AH=发行号，AL=版本
31	结束并驻留	AL=返回码；DX=驻留区大小	
33	Ctrl-Break 检测	AL=00（取状态）； =01（置状态（DL）	DL=00（关闭 Ctrl-Break 检测） =01（打开 Ctrl-Break 检测）
35	取中断向量	AL=中断类型	ES:BX=中断向量

续表

AH	功 能	入 口 参 数	出 口 参 数
36	取空闲磁盘空间	DL=驱动器号 （0=默认，1=A，2=B，…）	成功：AX=每簇扇区数；BX=有效簇数；CX=每扇区字节数；DX=总簇数。失败：AX=FFFF
38	置/取国家信息	DS:DX=信息区首地址	BX=国家码；AX=错误码
39	建立子目录（MKDIR）	DS:DX=ASCII 串首地址	AX=错误码
3A	删除子目录（RMDIR）	DS:DX=ASCII 串首地址	AX=错误码
3B	改变目录（CHDIR）	DS:DX=ASCII 串首地址	AX=错误码
3C	建立文件	DS:DX=ASCII 串首地址； CX=文件属性	成功：AX=文件号 错误：AX=错误码
3D	打开文件	DS:DX=ASCII 串地址 AL=0 读；=1 写；=3 读/写	成功：AX=文件代号 错误：AX=错误码
3E	关闭文件	BX=文件代号	失败：AX=错误码
3F	读文件或设备	DS:DX=数据缓冲区地址 BX=文件代号 CX=读取的字节数	读成功：AX=实际读入的字节数 AX=0（已到文件尾） 读出错：AX=错误码
40	写文件或设备	DS:DX=数据缓冲区地址 BX=文件代号；CX=写入的字节数	写成功：AX=实际写入的字节数 写出错：AX=错误码
41	删除文件	DS:DX=ASCII 串地址	成功：AX=00 出错：AX=错误码（2，5）
42	移动文件指针	BX=文件代号；CX:DX=位移量 AL=移动方式	成功：DX：AX=新文件指针位置 出错：AX=错误码
43	置/取文件属性	DS:DX=ASCII 串地址；AL=0/1（取/置文件属性）；CX=文件属性	成功：CX=文件属性 失败：AX=错误码
44	设备文件 I/O 控制	BX=文件代号。AL=0/1（取/置状态）；AL=2/3（读/写数据）；=6（取输入状态）；=7（取输出状态）	DX=设备信息
45	复制文件代号	BX=文件代号 1。 AX=错误码	成功：AX=文件号 2；失败：
46	人工复制文件代号	BX=文件代号 1；CX=文件代号 2	失败：AX=错误码
47	取当前目录路径名	DL=驱动器号； DS:SI=ASCII 串地址	（DS:SI）=ASCII 串； 失败：AX=出错码
48	分配内存空间	BX=申请内存容量	成功：AX=分配内存首地址 失败：BX=最大可用内存空间
49	释放内容空间	ES=内存起始段地址	失败：AX=错误码
4A	调整已分配的存储块	ES=原内存起始地址 BX=再申请的容量	失败：BX=最大可用空间 AX=错误码
4B	装入/执行程序	DS:DX=ASCII 串地址； ES:BX=参数区首地址； AL=0/3（装入执行/装入不执行）	失败：AX=错误码
4C	程序中止	AL=返回码	
4D	取返回代码		AX=返回代码

续表

AH	功　能	入口参数	出口参数
4E	查找第 1 个匹配文件	DS:DX=ASCII 串地址；CX=属性	AX=出错代码（02，18）
4F	查找下一个匹配文件	DS:DX=ASCII 串地址	AX=出错代码（18）
54	取盘自动读写标志		AL=当前标志值
56	文件重命名	DS:DX=ASCII 串（旧） ES:DI=ASCII 串（新）	AX=出错码（03，05，17）
57	置/取文件日期和时间	BX=文件代号。AL=0（读取） AL=1 设置（DX:CX）	DX:CX=日期和时间 失败：AX=错误码

附录 D　8086/8088 指令系统表

指令类型	指令汇编格式	指令功能简介	操作数	标志位 ODITSZAPC
传送指令	MOV dst,src	dst←src	reg/mem/ seg,reg reg/ seg，mem reg/mem,data reg/ mem,seg	---------
压栈指令	PUSH src	SP←SP-2;[SP+1,SP]←src	Reg16/mem16/seg	---------
出栈指令	POP dst	dst←[SP+1,SP];SP←SP+2	Reg16/mem16/seg	---------
交换指令	XCHG opr1,opr2	Opr1←opr2	reg,mem/reg reg/mem,reg	---------
输入指令	IN ac,port IN ac,DX	ac←(port)端口的内容 ac←(DX)端口的内容	端口号多于 8 位 用 DX 间址	---------
输出指令	OUT port,ac OUT DX, ac	port←（ac）的内容 (DX)所指端口←（ac）的内容	端口号多于 8 位 用 DX 间址	---------
查表转换	XLAT	AL←[(BX)+(AL)]		---------
取偏移量	LEA reg,src	16 位 reg←src 的偏移量	16 位 reg,mem	---------
装指针	LDS reg,src	reg←src；DS←src+2	16 位 reg,mem	---------
	LES reg,src	reg←src；ES←src+2	16 位 reg,mem	---------
标志传送	LAHF	标志寄存器低 8 位装 AH		---------
	SAHF	AH 装入标志寄存器低 8 位		----rrrrr
	PUSHF	SP←SP-2;(SP+1,SP)←PSW		---------
	POPF	PSW←(SP+1,SP);SP←SP+2		Rrrrrrrrr
标志位操作	CLC	CF 位置 0		--------0
	CMC	CF 位求反		--------x
	STC	CF 位置 1		--------1
	CLD	DF 位置 0		-0-------
	STD	DF 位置 1		-1-------
	CLI	IF 位置 0		--0------
	STI	IF 位置 1		-- 1 ------

续表

指令类型	指令汇编格式	指令功能简介	操作数	标志位 ODITSZAPC
加法运算	ADD dst,src	dst←src+dst	Reg/mem,reg reg,mem reg/mem,data	x---xxxxx
带进位加法	ADC dst,src	dst←src+dst+CF	同上	x---xxxxx
加一指令	INC opr	opr←opr+1	Reg/mem	x---xxxx-
减法	SUB dst,src	dst←dst-src	Reg/mem,reg reg,mem reg/mem,data	x---xxxxx
带借位减	SUB dst,src	dst←dst-src-CF	同上	x---xxxxx
比较指令	CMP opr1,opr2	opr1-opr2	同上	x---xxxxx
减一	DEC opr	opr←opr-1	Reg/mem	x---xxxx-
取补指令	NEG opr	opr←0-opr	Reg/mem	x---xxxxx
无符号乘法	MUL src	AX←AL*src (DX,AX)←AX*src	8 位 reg/mem； 16 位 reg/mem	x---uuuux
带符号乘法	IMUL src	AX←AL*src (DX,AX)←AX*src	8 位 reg/mem； 16 位 reg/mem	x---uuuux
无符号除法	DIV src	AL←商；AH←余数； AX←商；DX←余数	8 位 reg/mem 16 位 reg/mem	u---uuuuu
带符号除法	IDIV src	AL←商；AH←余数 AX←商；DX←余数	8 位 reg/mem 16 位 reg/mem	u---uuuuu
符号扩展	CBW	将 AL 的符号扩展到 AH		---------
符号扩展	CWD	将 AX 的符号扩展到 DX		---------
十进制调整	AAA	将 AL 中的和调整为非压缩的 BCD 格式；AH←AH+CF		u---uuxux
	AAS	将 AL 中的差调整为非压缩的 BCD 格式；AH←AH-CF		u---uuxux
	DAA	将 AL 中的和调整为压缩的 BCD 码		u---xxxxx
	DAS	将 AL 中的差调整为压缩的 BCD 码		u---xxxxx
	AAM	将 AX 中的积调整为非压缩 BCD 码		u---xxuxu
	AAD	AX 非压缩 BCD 码转换为二进制数		u---xxuxu
逻辑运算	AND dst,src	dst←dst∧src	Reg/mem,reg reg,mem reg/mem,data	0---xxux0
	OR dst,src	dst←dst∨src	同上	0---xxux0
	XOR dst,src	dst←dst⊕src	同上	0---xxux0
	TEST opr1,opr2	dst∧src	同上	0---xxux0
	NOT opr	opr←$\overline{\text{opr}}$	Reg/mem	---------
移位指令	SHL opr,1 SHL opr, CL	逻辑左移	Reg/mem	x---xxuxx
	SAL opr,1 SAL opr,CL	算术左移	Reg/mem	x---xxuxx
	SHR opr,1 SHR opr,CL	逻辑右移	Reg/mem	x---xxuxx

续表

指令类型	指令汇编格式	指令功能简介	操作数	标志位 ODITSZAPC
	SAR opr,1 SAR opr,CL	算术右移	Reg/mem	x---xxuxx
	ROL opr,1 ROL opr,CL	循环左移	Reg/mem	x-------x
	ROR opr,1 ROR opr,CL	循环右移	Reg/mem	x-------x
	RCL opr,1 RCL opr,CL	带进位循环左移	Reg/mem	x-------x
	RCR opr,1 RCR opr,CL	带进位循环右移	Reg/mem	x-------x
串传送	MOVS(B/W)	(ES:DI)←(DS:SI)；SI←SI ± 1 或 2； DI←DI ± 1 或 2		---------
串存储	STOS(B/W)	(ES:DI)←AC；DI←DI ± 1 或 2		---------
串装载	LODS(B/W)	AC←(SI) SI←SI ± 1 或 2		---------
重复前缀	REP 串指令	当 CX=0，退出重复；否则 CX←CX-1，执行其后的指令		---------
串比较	CMPSB CMPSW	(DS:SI)-(ES:DI)；SI←SI ± 1 或 2 DI←DI ± 1 或 2		x---xxxxx
串搜索	SCAS(B/W)	AC←(ES:DI)；DI←DI ± 1 或 2		x-------x
相等重复	REPE/REPZ 串指令	当 CX=0 或 ZF=0 退出重复；否则，CX←CX-1，执行其后的串指令		---------
不相等重复	REPNE/REPNZ 串指令	当 CX=0 或 ZF=1 退出重复；否则，CX←CX-1，执行其后的串指令		---------
无条件转移	JMP label JMP reg16/mem	直接转移（short/near/far） 间接转移（段内 / 段间）		---------
条件转移指令	Jcc label	条件满足转移（短转移）		---------
调子程序指令	Call label Call r16/mem	直接调用（/near/far） 间接调用(段内 / 段间)		---------
子程序返回	RET RET i16	无参数返回 带参数返回		---------
中断指令	INT i8	中断调用	8 位整数	--00-----
	IRET	中断返回		---------
	INTO	溢出中断调用		
处理器控制	NOP	无操作		
	HLT	停机		
	WAIT	等待		
	ESC	换码		
	LOCK	封锁		
	segreg:	段前缀		

注：符号说明如下。

0—置 0；1—置 1；x—根据结果设置；-—无影响；u—无定义；r—恢复原先保存的值；

opr—操作数；src—源操作数；dst—目的操作数；reg—寄存器；segreg—段寄存器；mem—存储器；

data—立即数；∧—相与；∨—相或；⊕ —相异或。

附录E　DEBUG调试程序的使用方法

DEBUG 程序是 DOS 下输入、调试和运行汇编语言程序的工具软件。在 DOS 提示符下输入"DEBUG"，按回车；或者输入"DEBUG 文件名"，再按回车都可启动 DEBUG 程序。DEBUG 启动后屏幕上出现 DEBUG 提示符"-"，这时就可以输入 DEBUG 的各种命令了。出现提示符"-"后输入"？"并回车，屏幕上会显示 DEBUG 的所有命令及格式。DEBUG 命令都是一个字母后跟一个或多个参数。命令格式中放在[]中的参数是可选项，省略时用默认值。命令参数中，出现得最多的是 address（地址）和 range（范围）。address 是内存中的地址，用逻辑地址"段值:偏移量"表示。range 是命令所操作的内存范围，可以用"首地址:末地址"表示，末地址中的段值和首地址中的段值一样；也可以用"首地址 L 字节数"表示，L（Lenghth）是长度的意思；或者只给出首地址，长度用默认值。DEBUG 中不允许用标识符；不区分大小写；数都是十六进制数，且不用 H 表示，可以以字母开头。DEBUG 常用命令使用方法如下：

（1）寄存器命令 R，格式为：R[register]。用来检查或修改寄存器的内容。R 命令后面若不给出寄存器名，则显示所有寄存器的内容；若给出寄存器名，则可以显示并修改该寄存器的内容。R 命令后面只能跟 16 位寄存器名，若要修改，输入十六进制数；若不修改，回车即可。

（2）显示命令 D（Dump），格式为：D [range]，用于显示内存单元的内容，默认范围是接着上面显示完的继续显示 128 个字节。

（3）汇编命令 A（Assemble），格式为：A [address]。用于输入、汇编或者修改目标程序。用于输入汇编语言的语句并将语句汇编成机器码存放在指定单元。

（4）反汇编命令 U（Unassemble），格式为：U[rangc]。可以将某一段内存区域的内容反汇编，显示该区域二进制机器代码对应的汇编指令。

（5）写命令 W（Write），格式为：W　[address][drive][first sector][number]。用于把内存中一段区域的数据写入到磁盘指定区域或写入到某文件中。[address]是数据在内存的起始地址；如果没有给出地址，则以 CS:100(H)为起始地址。数据的字节数要放在 BX 和 CX 寄存器中。如果数据要写到磁盘中，则在 W 命令后要给出参数 [drive][first sector][number]。如果数据写到文件中，在要先用 N 命令指定要保存数据的文件名，文件的扩展名可以为.COM，文件也可以没有扩展名。

（6）装入命令 L（Load），格式为：L　[address][drive][first sector][number]。用于将指定文件或指定磁盘区域中的数据装到内存。[address]为内存区域的首地址，若没有规定则从 CS:100(H)开始。[drive][first sector][number]参数是将磁盘的数据装入内存用的。若从文件装入数据，则需在 L 命令执行前用 N 命令指定要装载的文件名称。如果 N 命令指定的文件扩展名为.COM，则数据或程序装入从 CS:100(H)开始的内存区域。如果 N 命令指的文件扩展名为.EXE，则装入从 CS:0000(H)开始的内存区域中。装入后在 BX 和 CX 中包含所装程序的字节数，而不是文件的大小。

（7）运行命令 G（Go），格式为：G [=address][addresses]。参数[=address]规定执行的起始地址，如不给出，则以当前的 CS:IP 为运行的起始地址；参数[addresses]为程序运行的断点地址，最多可以有 10 个断点，断点间以空格或逗号隔开；如果地址中没有给出段值，则以 CS 为段值。

（8）追踪命令 T（Trace），格式是：T[=address][value]。参数[=address]与 G 命令中的作用相同。参数[value]指明执行几条指令后停下来，若在 T 命令中没有给出值，则默认为 1。T 命令会进入到子程序、中断服务子程序等指令内部执行。如果不要看内部执行情况，可改用 P 命令执行。

（9）继续命令 P（Proceed），格式是：P[=address][number] 。P 命令的用法与 T 命令类似，只是不会进入到子程序或中断服务子程序中执行。

（10）退出命令 Q（Quit）。退出 DEBUG 时，只需在 DEBUG 提示符“-”后面输入“Q”即可。

（11）修改内存单元内容的命令 E（Enter），格式为：E address [list]。address 为要修改内容的内存单元的地址，或内存区域的首地址；[list]为向这些内存单元输入的数据列表，每个单元一个字节，数之间用空格或逗号隔开。[list]是可选项，如果不给出则逐一输入，每输入一个按空格键就可接着输入下一个单元的数据，退出输入按回车键即可。

（12）填充命令 F（Fill），格式为：F range List。range 的用法与前面 D 命令中相同，List 为要填入的数据列表，用法与 E 命令中相同。如果 List 所含的字节数比 range 要求的少，则 List 被重复使用，如果 List 所含的字节数比 range 要求的大，则多余的被略去。

（13）传送命令 M（Move），格式为：M　range address。range 指定要被拷贝的内存区域的地址范围，address 指定要拷贝去的内存区域的首地址。

（14）比较命令 C（Compare），格式为：C range address。range 指定要被比较的内存区域的地址范围，address 指定要比较的另一内存区域的首地址。把不同的单元的内容显示出来。

（15）十六进制运算命令 H（Hex），格式为：H Value1 Value2。显示两个十六进制数相加的和以及第 1 个数减去第 2 个数的差，以补码形式显示。

（16）输入命令 I（Input），格式为：I　port。从指定端口读入一个字节数据并显示。

（17）输出命令 O（Output），格式为：O port byte。将一字节数据送指定端口。

（18）搜索命令 S（Search），格式为：S　range list。在指定的地址范围内查找给定数据。

参考文献

[1] 舒贞权．任伟利．INTEL 8086/8088 系列微型计算机原理，西安交通大学出版社，1993.
[2] 周明德．微型计算机系统原理及应用．第 3 版，北京：清华大学出版社，1998.
[3] 周明德．微型计算机系统原理及应用．第 4 版，北京：清华大学出版社，2002.
[4] 戴梅萼，史嘉权．微型计算机技术及应用．第 3 版，北京：清华大学出版社，2003.
[5] 周荷琴，吴秀清．微型计算机原理与接口技术．合肥：中国科学技术大学出版社，2004.
[6] 冯博琴．微型计算机硬件技术基础．北京：高等教育出版社，2003.
[7] 王玉良，戴志涛，杨紫珊．微机原理与接口技术．北京邮电大学出版社，2000.
[8] 尹勇，李宇．PCI 总线设备开发宝典．北京航天航空大学出版社，2005.
[9] （美）Barry B.Bery. Intel 系列微处理器结构、编程和接口技术大全——80x86、Pentium 和 Pentium Pro．陈谊等译．北京：机械工业出版社，1997.
[10] 张弥左，王兆明，刑立军．微型计算机接口技术．北京：机械工业出版社，2004.
[11] 李肇庆．USB 接口技术．北京：国防工业出版社，2004.
[12] Myke.predko．PC 接口技术内幕．北京：中国电力出版社，2002.
[13] 艾德才，林成春．微机原理与接口技术．北京：中国水利水电出版社，2004.
[14] 钱晓捷，微机原理与接口技术．北京：机械工业出版社，2008.
[15] 葛纫秋，韩宇龙，武梦龙．微型计算机结构与编程．北京：高等教育出版社，2005.
[16] 清华大学科教仪器厂．TPC-USB 通用微机接口实验系统实验指导书 2005.
[17] 周明德，宋瀚涛．微型计算机原理及应用．北京：清华大学出版社，1991.
[18] 马义德，张在峰，徐光柱，等．微型计算机原理及应用（第 3 版），北京：高等教育出版社，2004.